PRINCIPES ET DÉVELOPPEMENTS

DE

GÉOMÉTRIE CINÉMATIQUE

OUVRAGE CONTENANT

DE

NOMBREUSES APPLICATIONS A LA THÉORIE DES SURFACES

PAR

Le Colonel A. MANNHEIM,

PROFESSEUR A L'ÉCOLE POLYTECHNIQUE.

PARIS,

GAUTHIER-VILLARS ET FILS, IMPRIMEURS-LIBRAIRES

DU BUREAU DES LONGITUDES, DE L'ÉCOLE POLYTECHNIQUE,

Quai des Grands-Augustins, 55.

1894

PRINCIPES ET DÉVELOPPEMENTS

DE

GÉOMÉTRIE CINÉMATIQUE

PARIS. — IMPRIMERIE GAUTHIER-VILLARS ET FILS,

18750   QUAI DES GRANDS-AUGUSTINS, 55.

PRINCIPES ET DÉVELOPPEMENTS

DE

GÉOMÉTRIE CINÉMATIQUE

OUVRAGE CONTENANT

DE

NOMBREUSES APPLICATIONS A LA THÉORIE DES SURFACES

PAR

Le Colonel A. MANNHEIM,

PROFESSEUR A L'ÉCOLE POLYTECHNIQUE.

PARIS,

GAUTHIER-VILLARS ET FILS, IMPRIMEURS-LIBRAIRES

DU BUREAU DES LONGITUDES, DE L'ÉCOLE POLYTECHNIQUE,

Quai des Grands-Augustins, 55.

1894

PRÉFACE.

Parmi les propriétés du mouvement que l'on démontre en Cinématique, il en est quelques-unes dans lesquelles n'interviennent ni le temps, ni aucun élément arbitraire étranger à la figure mobile ([1]). L'étude spéciale que j'ai faite de ces propriétés et de propriétés de même nature, purement géométriques, m'ayant conduit à en augmenter notablement le nombre, j'ai pensé qu'il importait de les réunir. Leur ensemble forme ainsi cette branche particulière de la Géométrie qu'on appelle généralement du nom que j'ai adopté : la *Géométrie cinématique*.

Tandis que la Cinématique a pour objet l'étude du mouvement indépendamment des forces, la Géométrie cinématique a pour objet l'étude du mouvement indépendamment des forces, du temps et de tout élément arbitraire étranger à la figure mobile. Réservant, avec Ampère, le nom de *déplacement* pour désigner un mouvement dans lequel on ne considère pas la vitesse, je dirai donc, pour bien préciser : *la Géométrie cinématique étudie les propriétés intrinsèques des déplacements des figures.*

Certaines de ces propriétés sont plus particulièrement utiles; leur emploi systématique m'a permis de constituer une méthode géométrique dont la valeur ressort de la variété, du nombre et de la nouveauté des résultats obtenus.

([1]) Par exemple, des axes coordonnés, éléments arbitraires qui figurent dans les énoncés de quelques théorèmes de Cinématique.

En ce qui concerne les Applications, ces résultats se rapportent à la Mécanique, ainsi qu'à l'Optique et surtout à la Théorie des surfaces.

Il m'a fallu, pour créer cet ensemble, laisser de côté bien des sujets tentants. Au lieu de m'appliquer à des problèmes divers, peut-être plus brillants, je me suis astreint, poursuivant toujours la même étude, à surmonter successivement toutes les difficultés qu'elle présentait, et, comme l'a dit l'illustre Chasles, « il y a une différence très grande entre un sujet traité complètement dans les questions nombreuses auxquelles il peut toujours donner lieu et les questions partielles et restreintes où l'on s'arrête à la moindre difficulté ».

Déjà, lorsque j'ai publié mon *Cours de Géométrie descriptive de l'École Polytechnique*, j'y avais ajouté de nombreux Suppléments qui permettaient aux travailleurs de se diriger dans une voie alors nouvelle. J'ai eu, dès cette époque, la satisfaction d'être suivi en France et plus encore à l'étranger.

En écrivant ces Suppléments qui, malgré leur forme nécessairement concise, sont devenus en quelque sorte un second livre à côté du livre proprement dit, je tenais à faire paraître en résumé, en substance, si je puis m'exprimer ainsi, quelques parties d'une suite considérable de travaux, poursuivis patiemment depuis de longues années et qu'il pouvait ne m'être pas donné de développer.

Je publie aujourd'hui le travail d'ensemble que je méditais, et j'y joins, toujours dans le même ordre d'idées, le complément de quelques recherches.

Ce Livre renferme les principes et développements de la Géométrie cinématique présentés didactiquement. Je ne me suis cependant pas proposé de lui donner le caractère d'un Traité; j'ai voulu simplement faire l'exposé méthodique de mes travaux relatifs à cette branche intéressante de la Géométrie. L'analyse succincte que je vais donner de cet Ouvrage montrera la marche que j'ai suivie et le point où je suis arrivé.

Descartes, le premier je crois, a fait usage d'une propriété du déplacement des figures, lorsqu'il a déterminé la tangente en un point d'une roulette.

En 1827, Cauchy, dans son Mémoire : *Sur les mouvements que peut prendre un système invariable libre, ou assujetti à certaines conditions* (^{1}), démontre comment le déplacement d'une figure plane sur son plan peut être obtenu en la liant à

(^{1}) *OEuvres complètes* d'Augustin Cauchy, 2ᵉ série, t. VII, p. 101.

une courbe qui roule sur une autre; mais il n'énonça pas explicitement cette propriété.

Chasles l'a donnée dans son *Mémoire de Géométrie sur la construction des normales à plusieurs courbes mécaniques* (¹).

La démonstration de la propriété fondamentale relative au déplacement plan, due à Cauchy, et la méthode des normales déduite par Chasles de cette propriété, forment dans l'Ouvrage actuel l'introduction aux éléments de la *Géométrie cinématique plane*. C'est d'ailleurs, pour la Géométrie cinématique plane, le seul emprunt que je fasse aux travaux de mes prédécesseurs. Je reproduis ensuite, en les groupant, les résultats de mes recherches sur le déplacement plan.

La première Partie de ce Livre comprend non seulement le déplacement plan des figures de forme invariable, mais aussi le déplacement des figures polygonales de forme variable. Pour cette dernière étude j'ai trouvé des formules primordiales que Bour a introduites, avec quelques-unes de leurs applications, dans le *Cours de Mécanique et Machines* qu'il a professé à l'École Polytechnique (²).

De l'usage de ces formules résulte une méthode des normales, simple, facile dans son emploi, qui comprend comme cas particulier celle de Chasles et qui permet, en outre, de construire les centres de courbure. Je l'ai développée en en présentant de nombreuses applications.

Ces formules ont leurs analogues pour le déplacement sur une sphère ou dans l'espace.

La deuxième Partie traite du déplacement dans l'Espace. Après avoir pris pour point de départ des propriétés dues à Chasles, j'expose, en les coordonnant, ceux de mes propres travaux qui, malgré leur diversité apparente, se rapportaient à une même idée, l'idée de constituer la *Géométrie cinématique*.

J'ai assujetti dans son déplacement le corps mobile à des conditions très

---

(¹) Présenté à la Société Philomathique en 1829 et imprimé en 1878 dans le *Bulletin de la Société mathématique de France.*

(²) Dès 1859, dans une Note qui a paru dans les *Annales de Tortolini*, j'avais fait usage de quelques-unes de ces formules, et déjà je faisais remarquer qu'elles constituaient des matériaux pour des éléments de Géométrie infinitésimale.

diverses. Cette étude, nouvelle au moment où je l'ai entreprise, m'a conduit à une méthode des normales pour le cas de l'espace.

Puis, j'ai considéré une figure mobile soumise à moins des cinq conditions nécessaires pour définir son déplacement, et qui peut alors être déplacée d'une infinité de manières à partir de sa position initiale.

La Cinématique ne traitant que du mouvement complètement défini, l'étude des propriétés de ces déplacements est du domaine exclusif de la Géométrie cinématique. Les Chapitres qui la renferment ont, par cela même, une grande importance. Le cas où le nombre des conditions est réduit à quatre a surtout pris un développement considérable.

Les Mémoires que je reproduis ensuite contiennent, pour des sujets très variés, de nombreuses applications des propriétés des déplacements des figures. Je n'en ferai pas ici l'énumération ; je citerai seulement la théorie du paraboloïde des huit droites, celle de l'hyperboloïde articulé, l'étude du contact du troisième ordre de deux surfaces et celle qui se rapporte à des questions dont les solutions dépendent des infiniment petits du troisième ordre, etc. J'ai été amené à trouver des théorèmes intéressants et à traiter des problèmes difficiles qui ne paraissaient pas susceptibles de démonstrations ou de solutions géométriques.

Afin de grouper les questions de même nature, j'ai dû nécessairement diviser certains Mémoires pour en répartir les matières dans différents Chapitres. Enfin, je développe des solutions que je m'étais borné à indiquer, et je termine la Géométrie cinématique de l'Espace par des notions sur le déplacement d'une figure polyédrale de dimensions variables, travail resté jusqu'ici inédit.

L'Appendice renferme plusieurs Notes qui permettent de voir comment j'ai abordé l'étude du déplacement sur son plan d'une figure polygonale de forme variable. Il contient aussi les solutions de questions qui, sans appartenir à la *Géométrie cinématique* proprement dite, s'y rattachent par quelque point. Du reste, il m'est arrivé aussi dans le courant de l'Ouvrage de donner des développements de Géométrie pure.

Ainsi, à l'exception des propriétés qui m'ont servi de point de départ, je puis dire que l'Ouvrage actuel est — tout entier — le résultat de mes recherches personnelles, et si, dans le courant de mon exposition, j'ai donné, en ayant soin d'ailleurs de nommer les auteurs, un certain nombre de théorèmes connus, c'est précisément parce que je les retrouve par mes procédés qui constituent, comme je l'ai déjà dit, une véritable méthode géométrique.

Je serais heureux si, en publiant dans leur ensemble ceux de mes travaux qui se rapportent à la *Géométrie cinématique*, j'avais pu faire assez apprécier les résultats obtenus et la méthode employée, pour encourager les géomètres à en poursuivre l'étude et provoquer ainsi de nouveaux progrès dans cette branche de la Géométrie.

A côté du Professeur Dr Schoenflies, à qui l'on doit un intéressant Volume sur la *Géométrie du mouvement*, j'aurais aimé à citer les Auteurs qui, dans ces dernières années, ont écrit des Mémoires ou des Thèses de Géométrie cinématique, mais j'ai craint des omissions regrettables. D'ailleurs ces travaux, parus en France ou à l'Étranger, seront certainement exposés avec détails lorsqu'on publiera, comme je l'espère, un Traité complet de Géométrie cinématique.

Je remercie M. O. Chemin, Ingénieur en chef des Ponts et Chaussées, du concours qu'il a bien voulu m'apporter pour revoir les épreuves de ce Livre.

Paris, mars 1894.

ERRATA ET ADDITIONS.

Page 2, ligne 10, *au lieu de* ligne (A), *mettre* ligne A.

Page 20, ligne 12, *mettre en tête le mot :* REMARQUE.

Page 29, dernière ligne, *après* Mathématiques, *ajouter* 1re série.

Page 81 : A propos du travail sur les *arcs de courbes*, etc., *voir* dans les *Comptes rendus* pour 1875 une Note de M. Genocchi.

Page 141 : *Voici une autre démonstration du lemme :* Le plan mobile (P) passe par la génératrice G de la surface réglée (G). Dans une autre de ses positions, il est en (P') et passe par la génératrice G'. Appelons *c* le point d'intersection de (P) et de G'; il est clair que la droite d'intersection C de (P) et de (P') passe par *c*. Ceci est constamment vrai, quelle que soit la génératrice G'; mais, lorsque cette droite est infiniment voisine de G, le point *c* est le point de contact de (P) et de (G), et la droite C est la caractéristique de (P) : donc le lemme est démontré.

Page 148, dernière ligne, *après* COURS, *mettre* 2e édition.

Page 150 : Sur le plan (T) tangent en *a* à la surface (S), on peut établir une conique permettant de déterminer le rayon de courbure, correspondant à *a*, de la courbe de contour apparent de (S) projetée orthogonalement sur un plan perpendiculaire à (T).

Cette conique n'est autre que la polaire réciproque, par rapport à une circonférence décrite sur (T) du point *a* comme centre, de l'indicatrice de Dupin.

Le rayon de courbure de la courbe de contour apparent de (S), projetée dans la direction d'une tangente *at*, est proportionnel au carré du segment compris sur *at* entre *a* et la tangente à cette conique, qui est menée perpendiculairement à cette droite.

On voit, d'après cela, que si l'on connaît les rayons de courbure de contour apparent de (S) pour trois directions partant de *a* tangentiellement à (S), on détermine facilement pour ce point les éléments de courbure de (S).

Page 163 : Le théorème LVII est dû à M. Haag, comme il est dit page 382.

Page 182 : Les surfaces sur lesquelles les points se déplacent doivent être indiquées par de petites lettres entre crochets.

Page 321, ligne 1, *au lieu de* trouve, *mettre* arrive.

Page 406, dernière ligne, *au lieu de* en m_1 à l'ellipsoïde, *mettre* en m à l'ellipsoïde.

Page 429, après le deuxième théorème, ajouter celui-ci : *Si l'on projette un ellipsoïde sur ses plans tangents, les ellipses de contour apparent ainsi obtenues occupent une région de l'espace limitée à une surface de l'onde.*

Page 528, *au lieu de* THÉORÈME I, *mettre* THÉORÈME VIII.

PRINCIPES ET DÉVELOPPEMENTS

DE

GÉOMÉTRIE CINÉMATIQUE.

PREMIÈRE PARTIE.
GÉOMÉTRIE CINÉMATIQUE PLANE.

THÉORIE DU DÉPLACEMENT D'UNE FIGURE PLANE SUR SON PLAN.

DÉFINITION ET NOTATIONS.

La *Cinématique* a pour objet l'étude du mouvement indépendamment des forces.

La *Géométrie cinématique* a pour objet l'étude du mouvement indépendamment des forces et du *temps*, c'est-à-dire qu'elle a pour objet l'étude des déplacements.

Nous réservons, avec Ampère, l'expression de *déplacement* pour un mouvement dans lequel on ne considère pas la vitesse ([1]).

Les propriétés géométriques relatives aux déplacements des figures, intéressantes en elles-mêmes, sont utiles en Mécanique ; employées en Géométrie comme on emploie les différentiations en Analyse, elles permettent d'arriver à des résultats concernant les figures immobiles.

([1]) « Il semble d'abord que, quand on a dit que la Mécanique est la réunion de toutes les vérités relatives aux mouvements ou aux forces considérées en général, on a suffisamment distingué cette science de toutes les autres. Mais on pourrait objecter que, dans la Géométrie, et surtout dans la théorie des lignes et des surfaces, on définit ces lignes ou ces surfaces en déterminant le déplacement du point ou de la ligne qui les décrit, et que ce déplacement est déjà un mouvement. La réponse que je ferai à cette objection, c'est qu'il n'y a réellement *mouvement* que quand, l'idée du temps pendant lequel a lieu le déplacement étant jointe à celle du déplacement lui-même, il en résulte la notion de la vitesse plus ou moins grande avec laquelle il s'opère, considération tout à fait étrangère à la Géométrie, qui fait le caractère propre de la Mécanique et la distingue à cet égard de la Géométrie. »

(AMPÈRE. *Essai sur la Philosophie des Sciences*, p. 63.)

Pour l'exposition des propriétés relatives aux déplacements, nous adoptons les notations suivantes. Les points sont marqués par de petites lettres; les lignes qu'ils décrivent, c'est-à-dire leurs *trajectoires*, sont indiquées par les lettres qui marquent ces points et que l'on place entre parenthèses : ainsi le point a décrit sa trajectoire (a). L'arc infiniment petit de cette trajectoire est indiqué par $d(a)$.

Les lignes, considérées indépendamment des points qui les décrivent, sont indiquées par de grandes lettres; les surfaces qu'elles engendrent sont indiquées par les lettres qui marquent ces lignes et que l'on place entre parenthèses : ainsi la ligne $\langle A \rangle$ engendre la surface (A).

Si l'on considère, pour un point, la surface sur laquelle il se déplace, et que j'appelle *surface trajectoire* du point, il faut avoir soin de distinguer cette surface de la surface engendrée par une ligne; on l'indique par une lettre entre crochets : ainsi le point a a pour surface trajectoire $[a]$.

THÉORIE DU CENTRE INSTANTANÉ DE ROTATION ET MÉTHODE DES NORMALES.

Déplacement fini d'une figure plane sur son plan.

Tout ce qui concerne le déplacement d'une figure plane sur son plan résulte du théorème suivant :

Étant données, sur un plan, deux figures égales, telles que l'on puisse amener l'une à coïncider avec l'autre par glissement sur le plan, on peut obtenir cette coïncidence par une simple rotation.

Le quadrilatère $abcd$ (*fig.* 1) est égal au quadrilatère $a'b'c'd'$, et nous supposons que, lorsque le côté ab coïncide avec $a'b'$, les deux quadrilatères coïncident.

Fig. 1.

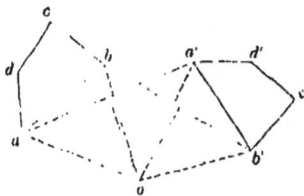

Dans ces circonstances, je vais montrer qu'il existe un point du plan autour duquel on peut faire tourner $abcd$ de manière à l'amener à coïncider avec $a'b'c'd'$.

Joignons le point a au point a' et élevons une perpendiculaire sur le milieu de la droite aa'. Joignons le point b au point b' et élevons une perpendiculaire sur le milieu de la droite *bb'*. Ces deux perpendiculaires se rencontrent au point *o* : nous allons montrer que ce point *o* est le centre de rotation qui répond à la question.

Il résulte de la construction de ce point que *ao* = *a'o* et *bo* = *b'o*.

Les deux triangles *abo*, *a'b'o* sont alors égaux comme ayant leurs trois côtés égaux chacun à chacun; l'angle *aob* est donc égal à l'angle *a'ob'*, et, par suite, l'angle *aoa'* est égal à l'angle *bob'*. En faisant tourner la figure autour du point *o* de manière que le point *a* revienne en *a'*, alors le point *b* vient en *b'*, et, par suite, les deux quadrilatères coïncident.

J'ai considéré deux quadrilatères, mais il est bien clair que l'on peut prendre une figure quelconque : les points de la première figure viendront coïncider, après la rotation autour du point *o*, avec les points correspondants de la deuxième figure.

Déplacement infiniment petit d'une figure plane sur son plan, centre instantané de rotation.

Ce que je viens d'expliquer, pour un déplacement fini, est évidemment vrai pour un déplacement infiniment petit.

Dans le cas du déplacement infiniment petit le centre *o* est appelé *centre instantané de rotation*, les droites *aa'*, *bb'*, ... sont les tangentes aux trajectoires des points *a*, *b*,... . et les perpendiculaires élevées sur les milieux de ces droites sont les normales à ces trajectoires. On peut donc dire :

Pour un déplacement infiniment petit d'une figure sur son plan les normales aux trajectoires des points de cette figure passent par un même point qui est le centre instantané de rotation.

Déplacement continu d'une figure plane sur son plan. Méthode des normales.

Si, au lieu d'un déplacement infiniment petit, il s'agit du déplacement continu de la figure sur son plan, la dernière propriété peut être énoncée ainsi :

Pour une position quelconque d'une figure plane que l'on déplace d'une manière continue sur son plan, les normales, issues des points de la figure, aux trajectoires de ces points passent par un même point.

De là résulte une méthode des normales dont je vais parler.

Il suffit de donner les trajectoires de deux points de la figure mobile pour déterminer ce qui est relatif au déplacement de cette figure. Si, par exemple (*fig.* 2), le segment *ab* de grandeur invariable se déplace de façon que le point *a* reste sur sa trajectoire (a), et le point b sur sa trajectoire (b), le centre instantané de rotation est le point de rencontre o des normales issues des points a

Fig. 1.

et b aux trajectoires (a), (b); *la normale à la courbe décrite par un point m entraîné avec le segment ab auquel il est lié invariablement est alors,* d'après ce que nous venons de voir, *la droite mo, qui joint le point m au centre instantané o.*

Du point o abaissons sur la droite ab la perpendiculaire oe; la tangente à la trajectoire du point e est la droite ab elle-même. En vertu de la rotation infiniment petite autour du point o, le point e se déplace alors dans la direction de ab; il est donc l'intersection de ab avec ce segment arrivé dans sa position infiniment voisine; il appartient, par suite, à la courbe à laquelle ab reste tangent. Ainsi : *le point où la droite ab touche son enveloppe est sur cette droite le pied de la perpendiculaire abaissée du centre instantané de rotation.*

Le même raisonnement s'applique à une courbe entraînée avec ab et l'on trouve ainsi que *les points où cette courbe touche son enveloppe sont les pieds des normales à cette courbe abaissée du centre instantané de rotation.*

Supposons qu'une ligne (droite ou courbe) de la figure mobile soit assujettie à passer par un même point. Le point de cette ligne qui, après un déplacement infiniment petit, vient coïncider avec ce point fixe a pour trajectoire un élément de cette ligne. La normale issue du point fixe à la ligne donnée passe donc par le centre instantané de rotation. Ainsi : *si une ligne de la figure mobile est assujettie à passer par un point fixe, pour une position de la figure, la normale à cette ligne élevée de ce point fixe passe par le centre instantané de rotation.*

De ces diverses propriétés, il résulte qu'on détermine facilement le centre instantané de rotation et, par suite, les normales aux trajectoires des points de la figure, et les points où les courbes entraînées touchent leurs enveloppes, lorsque le déplacement de la figure mobile est défini : 1° soit au moyen des trajectoires de deux points de la figure; 2° soit au moyen de la trajectoire d'un point et de l'enveloppe d'une ligne; 3° soit au moyen des enveloppes de deux lignes, qui comprend le cas où ces enveloppes se réduisent à deux points; 4° soit au moyen d'un point par lequel une ligne de la figure doit passer et de la trajectoire d'un point; 5° soit enfin au moyen d'un point par lequel une ligne doit passer et de l'enveloppe d'une ligne de la figure mobile.

Applications de la méthode des normales.

1° Une des premières applications de cette méthode a été faite par Hachette, dans son *Histoire des machines à vapeur*, à la ligne qu'il a nommée *courbe à longue inflexion* et qui est la ligne décrite par l'un des sommets du *parallélo-*

Fig. 3.

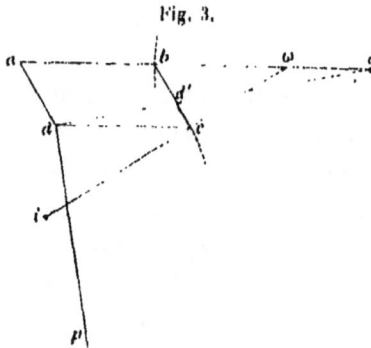

gramme articulé que Watt a inventé pour diriger dans sa machine à vapeur l'extrémité de la tige du piston.

abcd est (*fig.* 3) un parallélogramme articulé, c'est-à-dire dont les côtés sont formés par des tiges qui peuvent pivoter autour de leurs points de rencontre. Le côté *ab* passe par le point fixe *o*, le sommet *c* est lié par une tige au point fixe *i*. Lorsque *ab* tourne autour du point *o*, *b* et *c* décrivent des arcs de cercle et le point *d*, auquel est liée la tige *dp* du piston, décrit la courbe dont nous allons construire la normale pour le point *d*.

Menons la droite *od*, elle coupe *bc* au point *d'*. Il résulte du tracé qui donne ce point que, quelle que soit la position du parallélogramme, on trouve toujours le même point *d'* de *bc* et que le rapport de *od* à *od'* est constant. La courbe (*d*) décrite par *d* est donc homothétique à la courbe (*d'*) décrite par *d'*; par suite la normale en *d* à (*d*) est parallèle à la normale en *d'* à (*d'*).

Cette dernière s'obtient, d'après ce qui précède, en joignant le point *d'* au centre instantané de rotation ω obtenu à la rencontre des normales *b*ω, *c*ω aux trajectoires (*b*), (*c*), normales qui sont les rayons mêmes de ces circonférences de cercle.

La courbe à longue inflexion est une courbe du 6ᵉ degré. Ce degré s'abaisse lorsque le point décrivant appartient à l'un des côtés d'un système de tiges formant un quadrilatère particulier. Si la tige *ob* (*fig.* 4) est égale à la distance *oi* des centres fixes et si les tiges *bc* et *ci* sont égales, le point arbitraire *m* de *bc* décrit une *podaire de conique*. C'est ce que je vais démontrer.

Lorsqu'on déforme le quadrilatère *obci*, ses diagonales sont toujours perpendiculaires l'une à l'autre et le point de rencontre *e* de ces diagonales est le milieu

Fig. 4.

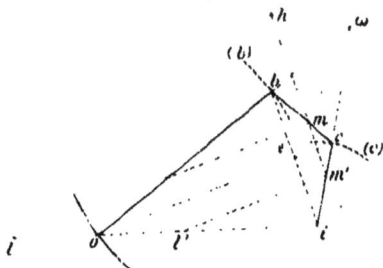

de *ib*. Par le point *m* menons *mm'* parallèlement à *bi*, on obtient ainsi toujours le même point *m'* sur *oc*. Les parallèles *ml*, *m'l'* à *oc* rencontrent *oi* aux points *l* et *l'* qui sont à égales distances du point *o* et qui sont toujours les mêmes sur *oi*. Le point *m'* décrit une circonférence de cercle dont le centre est *i*. L'angle droit *hm'l'*, dont le sommet décrit une circonférence de cercle, a son côté *m'l'*, qui passe par le point fixe *l'* : l'autre côté *hm'* enveloppe alors une conique. Le point *m*, pied de la perpendiculaire abaissée du point fixe *l* sur la tangente *hm'* à cette conique, appartient alors à une *podaire de conique* ([1]).

Nous avons dit que la normale à (*m*) est *ωm*. On peut aussi déterminer cette normale en s'appuyant sur ce que cette courbe est une podaire. Traitons à part le cas d'une podaire.

2° *On projette un point fixe o sur les tangentes d'une courbe* C, *on demande la normale en m à la podaire* (*m*) *ainsi obtenue.*

La figure mobile de grandeur invariable est ici (*fig.* 5) un angle droit dont un côté passe par le point fixe *o* et dont l'autre côté est tangent à C. Le centre

Fig. 5.

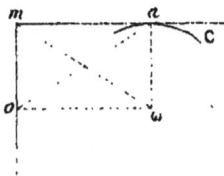

instantané, pour une position de cet angle, est à la rencontre ω de la perpendiculaire *oω* à *om* avec la normale *aω* à C.

([1]) Un point invariablement lié à *bc* décrit aussi une podaire de conique. J'ai donné une démonstration géométrique de cette propriété, en 1874, dans les *Proceedings of the London Mathematical Society*.

La normale en m à (m) est alors $m\omega$. On peut dire que cette normale et la droite oa sont également inclinées sur ma ou encore que cette normale passe par le milieu de oa.

3° *Triangle mobile de grandeur invariable dont deux côtés enveloppent des circonférences de cercles.*

ABC (*fig.* 6) est le triangle mobile; B touche une circonférence fixe de centre β

Fig. 6.

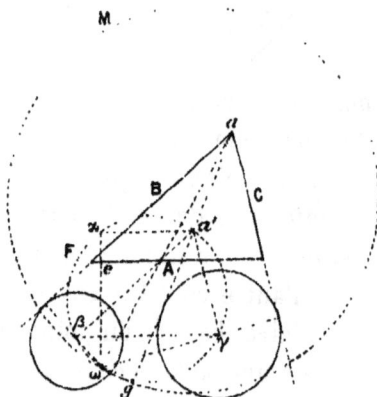

et C une circonférence de centre γ. Par les points β, γ menons respectivement des parallèles à B et C. Ces droites se coupent en a'.

Pendant le déplacement, ce point reste sur la circonférence $\beta a' \gamma$, puisque l'angle $\beta a' \gamma$ est constant comme étant égal à l'angle compris entre B et C, qui est constant.

Les distances du point a' aux droites B, C, étant égales aux rayons des circonférences données, sont constantes : *le segment aa' est alors de grandeur constante et il fait toujours les mêmes angles avec* B *et* C.

Il résulte de là que : *Pendant le déplacement, la droite aa' passe toujours par le même point g de la circonférence $\beta a' \gamma$, et le point a décrit une conchoïde de cercle.*

La perpendiculaire abaissée de β sur B et la perpendiculaire abaissée de γ sur C se coupent sur la circonférence $\beta a' \gamma$ en un point ω qui est le centre instantané de rotation pour un déplacement infiniment petit de la figure mobile.

La droite ωa est la normale en a à la conchoïde décrite par a.

Le pied e de la perpendiculaire abaissée de ω sur A donne le point e où cette droite touche son enveloppe.

La perpendiculaire ωe rencontre en $\varkappa$ la circonférence $\beta a' \gamma$ et la droite $\varkappa a'$ est parallèle à A. Cette droite fait alors un angle constant avec $a'\beta$: elle passe donc toujours par le même point α de la circonférence $\beta a' \gamma$.

Comme le point a' est invariablement lié au triangle mobile, sa distance à A est constante, par suite, αe est de longueur constante; donc : *la droite arbitraire A reste tangente à une circonférence de cercle dont le centre est α, situé sur la circonférence fixe $\beta a' \gamma$.*

Les parallèles à A, entraînées avec cette droite, enveloppent des circonférences concentriques de centre α, excepté celle qui passe par α, dont l'enveloppe se réduit à ce point.

Déplacement épicycloïdal.

Le déplacement continu d'une figure plane sur son plan peut être obtenu en liant cette figure à une courbe qui roule sans glisser sur une courbe fixe.

Le roulement d'une courbe sur une autre est un *déplacement épicycloïdal*, de telle sorte que la propriété que nous allons démontrer peut s'énoncer ainsi :

Le déplacement continu d'une figure plane sur son plan est un déplacement épi-cycloïdal.

Pour les diverses positions de la figure mobile, on a, sur le plan fixe (*fig.* 7), une suite de centres instantanés c, c_1, c_2, …; sur le plan de la figure mobile, on

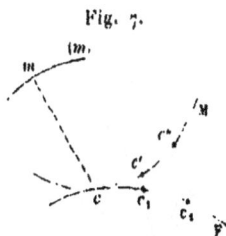

Fig. 7.

a les points c', c'', …, qui deviennent successivement ces centres de rotation. Les points c, c_1, c_2, … appartiennent à une courbe F qui est sur le plan fixe; les points c, c', c'', … sont sur une courbe M tracée sur le plan de la figure mobile. Les courbes F et M ont en commun le point c, qui est le centre instantané de rotation pour la position de la figure que nous considérons.

Les deux courbes F et M sont tangentes au point c; car l'angle compris entre leurs tangentes au point c est infiniment petit, puisque c'est de cet angle qu'il faut faire tourner la figure mobile pour amener c' en coïncidence avec c_1.

On a donc une courbe M, qui, dans chacune de ses positions, est tangente à F, et dont les différents points viennent coïncider successivement avec les points de la courbe F; en outre, chacun des points de M ne reste en coïncidence qu'avec un seul point de F. La courbe M roule alors, sans glissement, sur la courbe F. La proposition est donc démontrée.

Indépendante du temps et relative à un déplacement continu, cette proposition est un excellent exemple de proposition de Géométrie cinématique.

Lorsqu'une courbe roule sur une autre, la trajectoire d'un point entraîné prend le nom particulier de *roulette*. La courbe F porte le nom de *base de la roulette*.

Puisque le point de contact de M et de F est un centre instantané de rotation pour une position de la figure, on voit que *la normale à la roulette (m) décrite par un point m est la droite mc qui passe par le point de contact de M et de F.*

Si les courbes F et M sont des circonférences de cercles, la roulette décrite par un point de M est une *épicycloïde*.

Si le point décrivant est à l'intérieur de M, la roulette engendrée est une *épicycloïde raccourcie* et, si le point décrivant est à l'extérieur de M, la roulette est une *épicycloïde allongée*.

Si F se réduit à une droite, ses différentes épicycloïdes deviennent des *cycloïdes*.

EXEMPLES. — 1° *La figure mobile est (fig. 8) un segment de droite ab de grandeur invariable; le point a décrit la droite (a), le point b décrit la droite (b): on demande les courbes F et M relatives au déplacement continu de ab.*

Dans la position qu'occupe ab, le centre instantané s'obtient en menant des

Fig. 8.

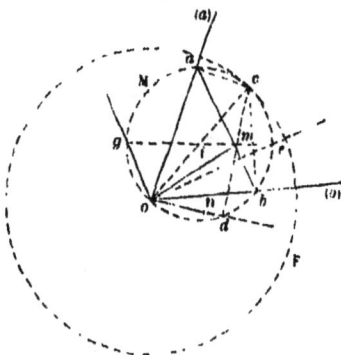

points a et b des perpendiculaires aux lignes décrites par ces points; ces droites se coupent au point c, qui est le centre instantané de rotation.

Le point c est l'extrémité du diamètre partant de o dans la circonférence circonscrite au triangle aob.

La longueur de ce diamètre, étant égale à ab divisé par le sinus de l'angle boa,

M.

2

reste de grandeur constante, quelle que soit la position de *ab*; donc : *la courbe* F *est la circonférence de cercle décrite du point o comme centre avec oc pour rayon.*

Fixons maintenant la droite *ab* et rendons mobiles les données, c'est-à-dire les droites (*a*) et (*b*).

Comme ces droites comprennent entre elles un angle constant pendant leur déplacement, les perpendiculaires *ac, bc* à ces droites comprennent aussi un angle constant; donc le point *c* est sur le segment capable de l'angle *acb*, c'est-à-dire qu'il reste sur la circonférence *aob* circonscrite au triangle *aob*; donc : *la courbe mobile* M *est la circonférence circonscrite au triangle aob.*

Dans la position de *ab* sur la figure, on retrouve bien que M est tangente en *c* à F. La circonférence M, dont le rayon est moitié de celui de F, roule à l'intérieur de cette dernière circonférence. Pendant ce roulement, *a* décrit le diamètre *oa* de F et *b* le diamètre *ob*; de même alors, *un point quelconque de* M *décrit un diamètre de* F.

Prenons un point quelconque *m* du plan de M. Menons le diamètre *mi* qui joint le point *m* au centre de M; les extrémités de ce diamètre sont *e, g*.

Lorsque M roule à l'intérieur de F, le point *e* décrit le diamètre *oe*, le point *g* décrit le diamètre *og*; le point *m* décrit alors une courbe qu'on peut considérer comme engendrée par un point d'une droite *eg*, de grandeur invariable, dont les extrémités décrivent les côtés d'un angle droit.

Le point m décrit donc une ellipse dont les axes coïncident, en directions, avec oe, og, et dont les demi-longueurs sont me, mg.

La normale en *m* à l'ellipse (*m*) décrite par ce point est la droite *mc* qui passe par le centre instantané *c*; cette droite rencontre M au point *d*, et, comme *od* est perpendiculaire à *cm*, la droite *od* est parallèle à la tangente en *m* à l'ellipse, c'est-à-dire que *od* est le diamètre dont la direction est conjuguée de *om*.

Pour avoir la longueur de ce diamètre conjugué de *om*, considérons le point *m* comme un point du segment *cd* dont la longueur reste invariable pendant le déplacement. Lorsque M roule à l'intérieur de F, le point *c* décrit le diamètre *oc*, et le point *d* le diamètre *od*. Lorsque le point *c* est venu au point *o*, le point *m* est venu sur la droite *od* en un point *n*, tel que *on* = *cm*; le point *n* ainsi obtenu est l'extrémité du diamètre conjugué du diamètre *om*. D'après cela, voici comment on résout cette question : *Construire les axes d'une ellipse dont on connaît les demi-diamètres conjugués om et on.*

Du point *m*, on abaisse une perpendiculaire sur *on*; on porte sur cette perpendiculaire, à partir du point *m*, une longueur *mc* égale à *on*; on joint le point o au point c et l'on décrit sur cette droite une circonférence de cercle. On joint le point m au centre de cette circonférence par une droite qui la rencontre aux points e et g; *les droites oe, og donnent les directions des axes de l'ellipse, et les segments me, mg sont les longueurs des demi-axes de cette courbe.*

On peut porter le segment on à partir du point m dans le sens opposé à mc, et l'on a encore une solution de la question.

Graphiquement, on n'a pas besoin de décrire une circonférence sur oc. Il suffit de mener la droite qui joint le point m au milieu i de oc, et de porter sur cette droite, à partir de i, les segments ie et ig, égaux à io, pour avoir les points e et g.

Pour arriver à la construction des axes de (m), nous n'avons pas eu besoin de recourir aux propriétés des diamètres conjugués. Ces propriétés peuvent, au contraire, s'en déduire très simplement, comme on va le voir.

Dans la circonférence M, on a

$$me \times mg = mc \times md = on \times om \sin nom.$$

On voit ainsi que : *le produit des deux demi-diamètres conjugués om, on par le sinus de l'angle qu'ils comprennent est égal au produit des demi-axes de l'ellipse (m).*

La somme des carrés des distances du point m aux extrémités d'un diamètre quelconque de la circonférence M est constante. On a alors

$$\overline{mo}^2 + \overline{mc}^2 = \overline{me}^2 + \overline{mg}^2$$

ou

$$\overline{om}^2 + \overline{on}^2 = \overline{me}^2 + \overline{mg}^2 ;$$

donc : *la somme des carrés de deux demi-diamètres conjugués de l'ellipse (m) est égale à la somme des carrés des demi-axes de cette courbe* [1].

Nous venons de trouver que : *lorsqu'une circonférence roule dans l'intérieur d'une circonférence fixe dont le rayon est double de son rayon, un point de la circonférence mobile décrit un diamètre de la circonférence fixe.*

Cette propriété va nous permettre de déterminer très simplement *quelle est l'enveloppe d'un diamètre d'une circonférence qui roule sur une circonférence fixe.*

La circonférence M (*fig.* 9) roule sur la circonférence fixe F et entraîne son diamètre ab; c'est l'enveloppe de ce diamètre que nous allons chercher.

Le point de contact c des deux circonférences est, pour la position de M, un

---

[1] Pour plus de développements, voir un article que j'ai publié dans les *Nouvelles Annales de Mathématiques*, 2ᵉ série, t. XVII; 1878.

centre instantané de rotation. On a le point où le diamètre *ab* touche son enveloppe en prenant le pied *e* de la perpendiculaire abaissée du point *c* sur ce

Fig. 9.

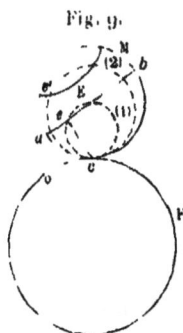

diamètre. Le lieu des points analogues au point *e* est alors la courbe enveloppe
du diamètre *ab*. On peut considérer le point *e* comme un point de la circonférence (1) tangente en *c* à M et dont le rayon est moitié du rayon de M. Ce point *e*
est tel que pendant le roulement de (1) à l'intérieur de M il décrit le diamètre *ab*. L'arc *ec* de la circonférence (1) est égal à l'arc *ac* de M. Prenons l'arc *oc*
sur F égal à l'arc *ac*. On peut considérer (1) comme tangente d'abord en son
point *e* à F en *o* : lorsque cette circonférence (1) roule sans glisser sur F et vient
toucher cette courbe en *c*, la roulette décrite à partir de *o* vient en *e* tangentiellement à *ab*; cela est vrai, quelle que soit la position de M; donc :

Le lieu des points e, c'est-à-dire l'enveloppe de ab, est l'épicycloïde engendrée par
ce point lorsque la circonférence (1) roule sur la circonférence F.

On démontre de la même manière que, si une circonférence (2) roule à l'intérieur de M, un point *e'* de cette courbe engendre une épicycloïde E et que l'enveloppe de cette courbe, entraînée avec M, n'est autre que l'épicycloïde engendrée
par le point *e'* de la circonférence (2) qui roule sur la circonférence F.

2° *La figure mobile est (fig. 4) le segment de droite bc de grandeur invariable*
dont les extrémités décrivent, l'une la circonférence (b) de centre o, l'autre la cir-
conférence (c) de centre i. On demande les courbes F et M relatives au déplacement
continu de bc.

Le centre instantané, comme nous l'avons vu (p. 6), est le point de rencontre ω des droites *ob*, *ic*. Ce que nous allons déterminer, c'est le lieu des points
tels que ω, sur le plan fixe et sur le plan entraîné avec *bc*.

Le triangle *bωi* coupé par la transversale *oc* donne

$$oc \times ic \times bo = bo \times bc \times ic.$$

Comme $ie = bc$, cette relation se réduit à

$$\frac{\omega c}{\omega o} = \frac{ie}{bo}.$$

Il résulte de là que le rapport $\dfrac{\omega c}{\omega o}$ est constant, donc :

Le lieu des points tels que ω est, sur le plan fixe, le lieu des points dont le rapport des distances à une circonférence (c) et à un point fixe o est constant : ce lieu est donc une ovale de Descartes.

Si bc est supposé fixe, c'est alors le quadrilatère *boic* qui se déforme. On a alors à faire pour ce quadrilatère, dont deux sommets sont fixes en b et c, ce que nous venons de faire pour le quadrilatère *obci* dont les sommets étaient fixes. On trouve donc encore pour la courbe, lieu des points tels que ω, une ovale de Descartes. Cette courbe est le lieu des points dont le rapport des distances au point fixe c et à la circonférence (o), décrite par o qui tourne autour de b, est constant.

Ainsi : *le déplacement du côté bc du quadrilatère obci, que l'on déforme en laissant fixe les sommets o et i, s'obtient en liant ce côté bc à une ovale de Descartes qui roule sur une ovale de Descartes.*

3° *La figure mobile est* (*fig.* 6) *l'angle de grandeur constante* (B, C) *dont les côtés enveloppent, l'un une circonférence de centre* β *et l'autre une circonférence de centre* γ; *on demande les courbes F et M relatives au déplacement continu de l'angle mobile.*

On peut définir le déplacement de l'angle mobile (B, C) en le liant à l'angle $\beta a' \gamma$ dont les côtés passent respectivement par les points fixes β et γ.

Le déplacement de cet angle est l'inverse de celui du plan de la figure entraînée par le segment de grandeur invariable $\beta\gamma$ qui se déplacerait de façon que ses extrémités parcourent $\beta a'$ et $\gamma a'$. En se rapportant à ce qui a été trouvé pour un pareil déplacement, nous pouvons immédiatement dire :

On obtient le déplacement de l'angle (B, C) *dont les côtés touchent des circonférences données en le liant à une circonférence M, décrite du point a' comme centre avec a'ω pour rayon, qui roule sur la circonférence F qui passe par les points* β, a', γ.

En s'appuyant sur ce qui a été démontré précédemment, on peut ajouter :
Pendant ce déplacement les points entraînés décrivent des conchoïdes de cercle, les droites entraînées enveloppent des circonférences de cercle, excepté celles qui passent par a' et dont les enveloppes se réduisent à des points de F.

TRIANGLE MOBILE DE GRANDEUR VARIABLE. CAS PARTICULIER ET APPLICATIONS.

On doit faire remonter l'origine du centre instantané de rotation aux Mémoires de Jean Bernoulli et d'Euler. La méthode des normales que je viens d'exposer est due à Chasles ([1]).

Maintenant, il ne s'agit plus que de mes propres travaux. Je les expose sans m'astreindre à les reproduire intégralement ni à les donner dans leur ordre chronologique.

Car on comprend que, pendant de longues années de labeur, j'ai dû, pour compléter certaines recherches, y revenir à plusieurs reprises et substituer à de premières solutions d'autres plus simples que je n'avais pas trouvées tout d'abord.

Le premier travail, dans lequel je me suis occupé de figures de forme variable, est intitulé :

Construction de la tangente, du point de contact d'une droite avec son enveloppe pour certains lieux géométriques. Applications à la détermination du centre de courbure des coniques ([2]).

Je le reproduis dans l'Appendice, pour montrer la voie que j'ai d'abord suivie. J'aurai, du reste, l'occasion d'arriver plus loin, en appliquant des procédés généraux, à quelques-uns des résultats qui s'y trouvent.

J'ai publié ensuite deux Notes pour lesquelles je puis répéter ce que je viens de dire et qui sont reproduites aussi dans l'Appendice; la première est intitulée :

Construction du centre de courbure de la courbe lieu des points dont les distances à deux courbes données sont dans un rapport constant ([3]).

La deuxième a pour titre : *Note de Géométrie infinitésimale.*

Au moyen de formules très simples que j'établis d'abord, je résous à nouveau la question traitée dans la première de ces deux Notes, et je termine par l'observation suivante dont j'ai parlé dans la Préface : « Les lemmes qui précèdent ordinairement les recherches de Géométrie infinitésimale pourraient être mis en ordre et constituer des *Éléments de Géométrie infinitésimale.* »

Pour ce qui concerne l'étude du déplacement d'une figure polygonale de forme variable, j'ai donné suite à cette observation en établissant quelques formules primordiales. Leur démonstration, comme on le verra plus loin, résulte de l'em-

---

([1]) J'ai développé quelques-uns des exemples donnés par Chasles et j'en ai ajouté d'autres pour lesquels j'ai déterminé les courbes F et M.

([2]) *Nouvelles Annales de Mathématiques,* 1ʳᵉ série, t. XVI; 1857.

([3]) *Annali di Matematica pura ed applicata,* t. I; 1858.

ploi d'un procédé qui consiste à profiter des éléments de la figure de forme variable qui, eux, restent invariables de grandeur pendant le déplacement. Comme cette manière d'opérer constitue un véritable procédé général de recherches, je vais d'abord m'y arrêter sur un exemple préliminaire.

Une droite mobile ab enveloppe une courbe donnée E (*fig.* 10); *la longueur de cette droite est définie par les courbes sur lesquelles doivent rester les extrémités a et b.*

Fig. 10.

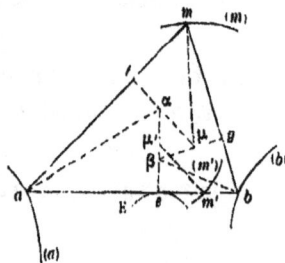

Sur cette droite, on construit un triangle abm semblable à un triangle donné et l'on opère de même pour chacune des positions de ab : les points tels que m appartiennent à une courbe (m) pour laquelle on demande la normale en m.

Puisque les triangles tels que *abm* restent semblables à un triangle donné, l'angle en *a* est de grandeur invariable. Lorsque le point *a* se déplace infiniment peu sur (*a*), le côté de l'angle constant *bam* reste tangent à E et le centre instantané de rotation, relatif au déplacement de cet angle, est au point de rencontre α de la normale en *a* à (*a*) et de la normale en *e* à E. Le pied *f* de la perpendiculaire abaissée de α sur *am* est le point où ce côté touche son enveloppe. De même, au moyen du centre instantané β, relatif au déplacement de l'angle constant *abm*, on a le point *g* où le côté *bm* touche son enveloppe. Relativement au déplacement de l'angle constant *amb*, le centre instantané μ est à la rencontre des perpendiculaires *f*μ, *g*μ aux côtés de cet angle : *la droite m*μ *est alors la normale demandée.*

Dans le cas particulier où la courbe (*a*) est la circonférence qui passe par les points *a*, *e*, *f* (*fig.* 11) et la courbe (*b*) la circonférence qui passe par les points *e*, *b*, *g*, la courbe (*m*) est alors la circonférence qui passe par les points *f*, *m*, *g*. Il est facile de voir que ces trois circonférences se coupent au même point *i*.

Menons la tangente *at* à la circonférence qui contient *a*, et la tangente *bt* à la circonférence qui contient *b*; ces deux droites se coupent au point *t*, on voit facilement que la circonférence qui passe par les points *a*, *b*, *t* passe par le point *i*.

On a de même une circonférence pour le côté *am* et une pour le côté *bm* qui passent aussi par le même point *i*. Cette remarque va nous être utile.

Fig. 11.

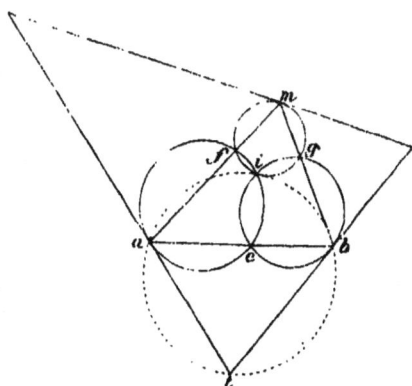

Reprenons (*fig.* 10) le triangle *abm*; le triangle αβμ lui est semblable et l'on a

$$\frac{\alpha\mu}{\mu\beta} = \frac{am}{mb},$$

D'après cela, dans le cas particulier où le triangle variable se réduit à *am'b*

Fig. 12.

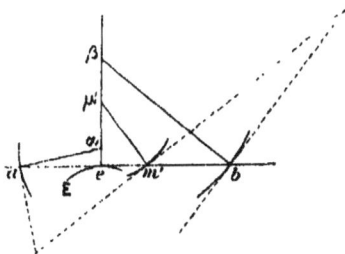

(*fig.* 12), lorsque *m'* est sur *ab*, le point μ', analogue au point μ, est alors sur αβ, de façon que

$$\frac{\alpha\mu'}{\mu'\beta} = \frac{am'}{m'b},$$

ce qui donne le résultat suivant :

On partage en m' un segment de droite ab de grandeur variable en segments proportionnels à deux segments donnés; pour avoir la normale à la courbe lieu des points tels que m', on mène la normale en a à la trajectoire de ce point, cette droite rencontre en α la normale issue de e à l'enveloppe de la droite mobile; on détermine de même le point β. On prend sur αβ un point μ' qui partage αβ comme m' partage ab et la droite μ'm' est la normale demandée.

Inversement, si une droite mobile est déplacée de façon que trois courbes données (*a*), (*m'*), (*b*) la partagent en segments proportionnels, on obtient, pour une position de cette droite, le point où elle touche son enveloppe en menant une perpendiculaire à la droite *ab* qui soit partagée par les normales *a*α, *m'*μ', *b*β de façon que l'on ait, sur cette perpendiculaire, les points α, μ' et β tels que $\frac{\alpha\mu'}{\mu'\beta} = \frac{am}{mb}$, et en prenant le point où cette perpendiculaire rencontre *ab*.

Le problème de Géométrie élémentaire auquel on est ainsi conduit se résout de plusieurs manières.

On a aussi la solution suivante : *Menons, en a, m', b, les tangentes aux courbes* (*a*), (*m'*), (*b*). *Ces trois droites et ab déterminent quatre triangles : les circonférences circonscrites à ces triangles se coupent en un même point; la circonférence qui passe par ce point et qui est tangente en m' (par exemple) à (m') coupe ab au point demandé.*

Ceci résulte de ce qui a été remarqué précédemment dans le cas du triangle mobile.

Remarque. — Si la droite mobile reste, pendant son déplacement, normale à l'une des courbes données (*a*), par exemple, le point où elle touche son enveloppe est un centre de courbure de (*a*).

Cette remarque permet de construire le centre de courbure d'une courbe dans certains cas particuliers. Voici une application de cette remarque.

Construction du centre de courbure d'une ellipse.

Supposons que la droite mobile (*fig.* 13) reste constamment normale à l'ellipse. On sait que cette courbe et ses axes la partagent en segments proportionnels.

Menons la tangente *ut* en *m*. Cette tangente, les axes de l'ellipse et la normale

Fig. 13.

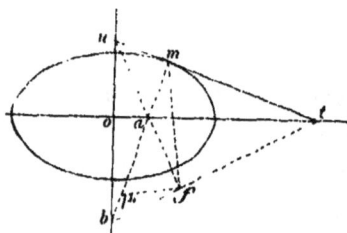

sont quatre droites qui déterminent des triangles et les circonférences circonscrites à ces triangles se coupent au point f, qui est, évidemment, à la rencontre de bt et de ua. D'après ce qui précède, la circonférence qui passe par le point f et qui est tangente en m à ut rencontre la normale au point μ où cette droite touche son enveloppe, c'est-à-dire au centre de courbure de l'ellipse.

D'après cela, *le centre de courbure μ s'obtient en prenant le point de rencontre de la normale en m et de la perpendiculaire $f\mu$ à fm.*

Une droite mab qui se déplace de façon à être partagée par ut et les axes de l'ellipse en segments proportionnels enveloppe une parabole, et le point où cette courbe touche la normale mab, c'est le point μ.

On peut donc dire : *La parabole tangente à mt, ma et aux axes de l'ellipse touche la normale ma au centre de courbure μ de l'ellipse.*

Reprenons la normale considérée comme droite mobile partagée par l'ellipse et par les axes de cette courbe en segments proportionnels. Pour avoir le point

Fig. 14.

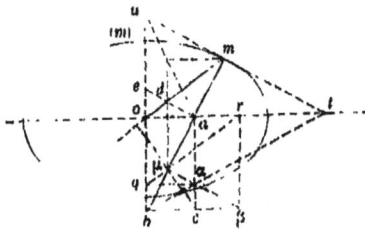

où elle touche son enveloppe, c'est-à-dire le point μ, on doit lui mener une perpendiculaire qui soit partagée par la normale et par les perpendiculaires $a\alpha$, $b\beta$ aux axes de façon que l'on ait

$$\frac{\mu\alpha}{\mu\beta} = \frac{ma}{mb}.$$

Les triangles uot, bca sont semblables comme ayant leurs côtés respectivement perpendiculaires.

La proportion précédente montre que, par rapport à ces triangles, les droites $\mu\alpha\beta$ et mab sont homologues.

Le point μ partage alors ab comme m partage ut. De là résultent différentes constructions. Menons ae parallèlement à tu, on a

$$\frac{tm}{mu} = \frac{ad}{de} = \frac{a\mu}{\mu b};$$

le point μ peut alors s'obtenir ainsi :

1° *Au point a où la normale en m rencontre l'un des axes, on mène une perpendiculaire à cette normale; cette droite rencontre en d le diamètre qui passe par m; on* *abaisse de ce point une perpendiculaire sur l'axe dont on a pris le point de rencontre avec la normale : cette perpendiculaire rencontre la normale au centre de courbure μ demandé.*

Il est facile de voir qu'on a aussi les constructions suivantes :

2° *On mène la droite ua, elle coupe la parallèle à ot, menée de m en un certain point : la parallèle à ob, menée de ce point, coupe la normale en m au centre de courbure μ.*

3° *Les perpendiculaires aα, bβ aux axes de l'ellipse se rencontrent en c; on abaisse de ce point une perpendiculaire sur le diamètre om : cette droite rencontre la normale en m, au centre de courbure μ.*

4° *La perpendiculaire élevée de o à om rencontre la normale ma en un point dont le symétrique, par rapport au milieu de ab, est le point μ.*

Construction du centre de courbure d'une parabole.

Des quatre constructions que nous venons de trouver pour l'ellipse, les deux premières s'appliquent à la parabole et permettent de retrouver les constructions suivantes :

Du point m de la parabole (fig. 15) on mène une parallèle à l'axe de cette courbe. Cette droite est rencontrée au point d par la perpendiculaire ad à la normale : la

Fig. 15.

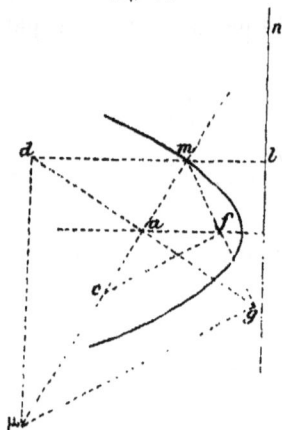

perpendiculaire abaissée de d, sur l'axe, coupe la normale au centre de courbure μ cherché.

La droite *ad* rencontre le rayon vecteur *mf* au point *g* et la droite *gμ* est perpendiculaire à *mg*, puisque *ma* est la bissectrice de l'angle *dmg*.

Il est facile de voir que *mg* est double de *mf*; on a donc aussi cette construction :

On prolonge mf jusqu'en g de sa propre longueur; la perpendiculaire gμ à mg rencontre la normale ma au centre de courbure μ.

Appelons *n* le point où la normale *ma* rencontre la directrice de la parabole et *l* le pied de la perpendiculaire abaissée de *m* sur la directrice. Élevons au point *f* la perpendiculaire *fc* à *mf*. Les triangles *mnl*, *mcf* sont égaux; donc *mn* = *mc*. Comme *mc* est la moitié de *m*μ, on retrouve ainsi cette propriété connue et que nous emploierons plus loin : *Le rayon de courbure m*μ *de la parabole est double du segment compris sur la normale en m entre ce point et celui où elle rencontre la directrice.*

C'est en admettant que la droite mobile, partagée dans un rapport constant par trois courbes fixes, reste constamment normale à l'une de ces courbes, que nous sommes arrivé aux constructions du centre de courbure de l'ellipse. Supposons maintenant que la courbe (*a*) (*fig.* 16) qui limite le segment mobile soit une

Fig. 16.

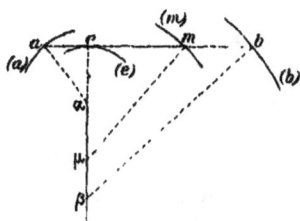

courbe parallèle à l'enveloppe (*e*) de ce segment. Le point de rencontre α des normales à (*a*) et (*e*) est le point de rencontre de deux normales à (*e*).

Lorsque (*a*) est une courbe infiniment voisine de (*e*), ce point α devient le centre de courbure de (*e*).

De là la solution de ce problème :

On partage en m, dans un rapport constant, le segment eb tangent à (e) et qui est compris entre son point de contact e et le point b où il rencontre (b); construire la normale à (m).

D'après ce que nous venons de dire, il suffit de joindre le point *m* au point μ, qui partage, dans le rapport donné, le segment compris entre le point β et le centre de courbure de (*e*).

Comme application de ce résultat, nous allons résoudre deux problèmes.

Construction du centre de courbure d'une hyperbole.

Le segment mn (*fig.* 17) d'une tangente à l'hyperbole, qui est compris entre les asymptotes, touche cette courbe en son point milieu e.

Fig. 17.

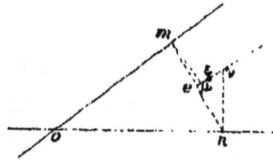

D'après cela, on obtient le centre de courbure de l'hyperbole en prenant le milieu ε du segment $\mu\nu$, intercepté sur la normale en e par les perpendiculaires $m\mu$, $n\nu$ aux asymptotes.

Construction du centre de courbure de la développée d'une conique.

Maclaurin, le premier, a résolu cette question. Il est arrivé à un résultat très élégant que nous allons retrouver.

Soient m et m' deux points d'une conique (m).

Toutes les coniques tangentes à (m), aux points m et m', ont leurs centres sur le diamètre de (m) qui est conjugué de la corde mm'. Si l'on suppose maintenant que m' soit infiniment voisin de m, on voit que :

Les coniques, qui ont avec une conique (m) en un point m de cette courbe un contact du troisième ordre, ont leurs centres sur le diamètre de (m) qui passe par m.

Comme, parmi toutes ces coniques, il y a une parabole, le problème à résoudre est ramené au cas de cette courbe.

Prenons une parabole et un point m de cette courbe (*fig.* 18).

Pour avoir le centre de courbure μ, il suffit de prendre $m\mu$ égal à deux fois mn.

Il résulte de cette construction de μ que la parabole partage, dans un rapport constant, les segments compris sur ses normales, entre sa développée et sa directrice.

D'après ce qui précède, en appelant μ' le centre de courbure de la développée et r le point de rencontre de la perpendiculaire nr à la directrice, avec la normale $\mu\mu'$ à la développée, on doit avoir $\mu\mu' = 2\,\mu r$.

Menons le diamètre *ms* de la parabole, on a $\mu s = \frac{3\mu'}{3}$, puisque $\mu m = \frac{3\mu n}{3}$; par suite

$$\mu\mu' = 3\mu s.$$

Ainsi *le rayon de courbure de la développée est égal à trois fois la portion de la normale en μ à cette courbe, comprise entre le point μ et le point où cette normale rencontre le diamètre qui passe par m.*

D'après ce que nous avons dit précédemment, le point μ′ est le centre de courbure de la développée de la conique (*m*), qui a avec la parabole au point *m*

Fig. 18.

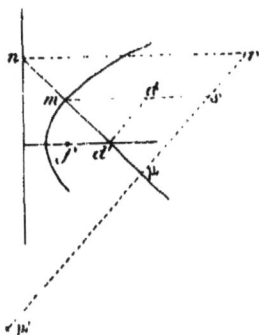

un contact du troisième ordre et la droite *ms* est un diamètre de cette courbe; donc ce que nous venons de trouver s'étend à la conique (*m*).

Plus loin, je donnerai d'autres applications de la construction qui a servi ici de point de départ.

CONSTRUCTIONS DES CENTRES DE COURBURE DES LIGNES ENVELOPPES OU DES LIGNES DÉCRITES PENDANT LE DÉPLACEMENT D'UNE FIGURE PLANE SUR SON PLAN ET EXEMPLES RELATIFS A UNE FIGURE DE FORME VARIABLE.

Pour arriver à ces constructions, on peut, lorsque l'on connaît la base de la roulette et la courbe roulante, pour une position de la figure mobile, substituer à ces courbes leurs cercles de courbure relatifs au centre instantané de rotation. Les problèmes que nous allons traiter sont alors ramenés au cas où ces deux courbes sont des circonférences de cercles.

Centre de courbure de l'enveloppe d'une courbe entraînée dans le déplacement d'une circonférence qui roule sur une circonférence.

Démontrons d'abord le lemme suivant :

Deux courbes parallèles entraînées dans le déplacement épicycloïdal ont pour enveloppes des courbes parallèles.

Pour une position quelconque de la figure, les points où ces courbes touchent leurs enveloppes sont les pieds des normales qui leur sont menées par le point de contact de la courbe mobile et de la courbe fixe. Comme il s'agit de courbes parallèles, la normale à l'une est normale à l'autre, et le segment compris entre les pieds de cette normale sur les courbes entraînées est de grandeur constante, quelle que soit la position de la figure. On voit ainsi que les courbes enveloppes ont les mêmes normales et que, sur toutes ces droites, elles interceptent des segments égaux : donc les enveloppes sont aussi des courbes parallèles entre elles.

Dans le cas particulier où la courbe entraînée est une circonférence de cercle, la courbe enveloppe se compose de branches parallèles distantes entre elles d'une longueur égale au diamètre de cette circonférence, et ces branches sont aussi parallèles à la courbe engendrée par le centre de cette circonférence.

Prenons maintenant une courbe quelconque C (*fig.* 19). Du point de contact

Fig. 19.

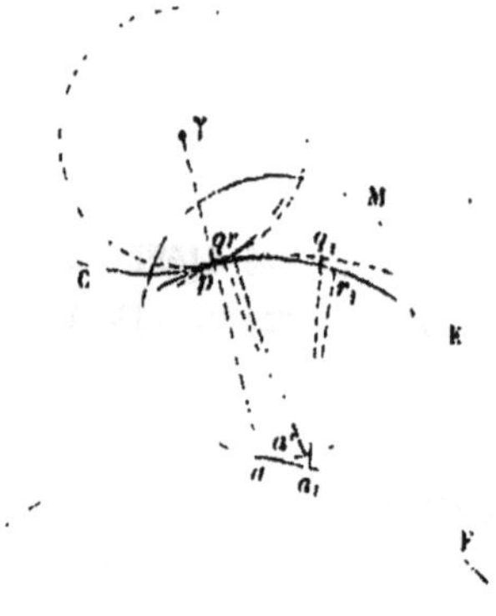

a de F et de M menons une normale *ap* à cette courbe; prolongeons *ap* jusqu'au centre de courbure γ de la courbe entraînée, et du point γ comme centre décrivons avec γp pour rayon le cercle de courbure de la courbe C. Sur la courbe mobile M prenons un point a' infiniment voisin du point a ; en menant du point a' une normale à la courbe entraînée C et une normale à son cercle de courbure, on obtient deux points q, r, qui sont l'un et l'autre infiniment voisins du point p, et l'angle $ra'q$ est infiniment petit du second ordre ([1]).

Après un déplacement infiniment petit de M, le point a' devient le centre instantané a_1, le point q vient au point q_1, qui est un point de la courbe enveloppe E de la courbe C entraînée, et le point r vient au point r_1, qui est un point de la courbe enveloppe du cercle de courbure entraîné. Les points q_1 et r_1 sont infiniment voisins du point p, et l'angle $r_1a_1q_1$, qui est égal à l'angle $ra'q$, est toujours infiniment petit du second ordre. Les développées des courbes enveloppes, qui sont des courbes tangentes à la normale pa, doivent alors toucher cette droite au même point : on voit ainsi que *les courbes enveloppes de la courbe entraînée et de son cercle de courbure sont des courbes ayant un contact du second ordre* ([2]).

Mais, en se rapportant au lemme, le cercle de courbure a pour enveloppe une courbe parallèle à la ligne décrite par le point γ : *on a donc le centre de courbure de* E *en construisant le centre de courbure de la courbe décrite par le point* γ ([3]).

On est ainsi amené à résoudre le problème suivant :

Construire le centre de courbure d'une épicycloïde ou d'une cycloïde.

M (*fig.* 20) est la circonférence qui roule sur la circonférence fixe F, m est le point qui engendre l'épicycloïde.

Joignons le point m au point de contact a des circonférences F et M. La droite ma est la normale au point m à l'épicycloïde. Joignons le point m au centre c de la circonférence M, et par le centre o de la circonférence F menons une parallèle à la droite mc ; cette droite rencontre la normale ma au point b.

([1]) En général, si l'on considère une courbe ayant avec C un contact de l'ordre n en p, les normales à ces courbes abaissées de a', qui est infiniment près de ap, c'est-à-dire les tangentes à leurs développées qui partent de a', font entre elles un angle infiniment petit du $n^{ième}$ ordre. Il est facile d'énoncer la réciproque.

([2]) De la même manière, on démontre le théorème suivant : *Deux courbes ayant entre elles un contact du $n^{ième}$ ordre au point p ont pour enveloppes des courbes ayant entre elles en ce point un contact de ce même ordre.*

([3]) Résultat dû à Euler (*loc. cit*). *Voir* aussi *Des méthodes en Géométrie*, par P. Serret, p. 83.

Les triangles *mac*, *boa* sont semblables, et l'on a

$$\frac{mc}{ca} = \frac{ob}{oa},$$

Dans cette proportion, les segments *mc*, *ca*, *oa* sont de grandeur constante, quelle que soit la position de la circonférence mobile; le segment *ob* est alors aussi de grandeur constante. Le lieu des points tels que *b* est donc la circonférence décrite du point *o* comme centre avec *ob* pour rayon.

Les triangles semblables *mac*, *boa* montrent aussi que le rapport de *ma* à *mb* est constant. La droite *ma* est donc partagée, quelle que soit la position de la circonférence M, par l'épicycloïde, la circonférence fixe F et la circonférence concentrique à celle-ci qui passe par le point *b*, en segments proportionnels.

Fig. 20.

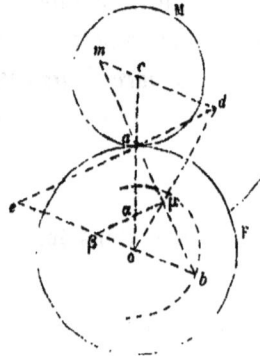

On peut alors construire le point où cette droite touche son enveloppe. La normale au point *m* à l'épicycloïde est la droite *ma*; la normale au point *a* à F est le rayon *ao*; la normale en *b* à la circonférence qui contient ce point est le rayon *bo*. On doit alors mener une perpendiculaire à la droite *ma* qui soit partagée par ces trois droites en segments proportionnels à *ma* et *mb*. Pour cela, *on élève au point a une perpendiculaire à ma; elle rencontre la droite mc au point d; la droite do coupe la normale ma au point μ : ce point μ est le centre de courbure demandé* ([1]).

Pour le faire voir, prolongeons la droite *ad* jusqu'au point *e* et menons paral-

_____

([1]) Cette construction, généralement attribuée à Savary, est due à Euler (*Nouveaux Commentaires de Saint-Pétersbourg* pour 1765, t. XI. p. 209).

M.   4

lèlement à cette droite la ligne $\mu\alpha\beta$; on a

$$\frac{\mu x}{\mu\beta} = \frac{da}{de} = \frac{ma}{mb}.$$

Le point μ est donc bien le pied de la perpendiculaire partagée par les normales aux trois courbes en segments proportionnels à ma, mb; c'est le centre de courbure de l'épicycloïde.

Pour avoir la relation qui existe entre le rayon de courbure $m\mu$ et les rayons des deux circonférences M et F, que nous désignerons par R_M et R_F, nous faisons usage du lemme suivant :

On donne un angle de sommet s (fig. 21) et un point o dans l'intérieur de cet

Fig. 21.

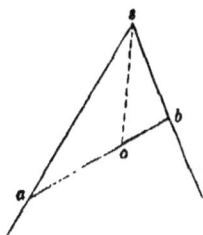

angle, on mène de ce point une transversale quelconque qui rencontre les côtés de l'angle aux points a et b; quelle que soit cette transversale, on a

$$\left(\frac{1}{ao} + \frac{1}{ob}\right)\frac{1}{\sin bos} = \text{const.} \quad (^1).$$

Appliquons ce lemme. Prenons (*fig. 20*) l'angle mdo et les deux transversales mb, co qui passent par le point a. On a

$$\frac{1}{ma} + \frac{1}{a\mu} = \left(\frac{1}{R_M} + \frac{1}{R_F}\right)\frac{1}{\sin oad}.$$

Appelons ρ le rayon de courbure $m\mu$ et φ l'angle mac; cette formule peut

___

(¹) *Voir*, dans ma brochure *Transformation des propriétés métriques des figures à l'aide de la théorie des polaires réciproques* (Mallet-Bachelier, 1857), l'origine de ce théorème ainsi qu'une démonstration directe, et, dans mon *Cours de Géométrie descriptive* (2ᵉ édition, p. 191), une autre démonstration et quelques applications. Ce théorème, du reste, peut être souvent très utilement employé : j'en ai fait beaucoup usage dans un *Mémoire d'Optique géométrique* qui se trouve à la fin de ce Volume.

s'écrire

$$(1) \qquad \frac{1}{ma} + \frac{1}{\rho - ma} \cdots \left(\frac{1}{R_M} + \frac{1}{R_F} \right) \frac{1}{\cos\varphi}.$$

Telle est la relation qui permet de déterminer ρ, connaissant l'angle φ et la portion de normale ma comprise entre le point décrivant et le point de contact des deux circonférences.

Si la base de la roulette est une droite et la courbe roulante toujours une circonférence de cercle, un point du plan de cette courbe décrit une cycloïde. La construction précédente s'applique à cette courbe.

Lorsque le point décrivant est sur la circonférence mobile, la roulette qu'il décrit est une cycloïde ordinaire. Dans ce cas, la construction du centre de courbure conduit à ce résultat bien connu : *Le rayon de courbure pour un point de la cycloïde ordinaire est le double de la portion de la normale à la courbe comprise entre ce point et la droite base de la roulette.*

Puis il est facile de retrouver que *la développée de la cycloïde ordinaire est une cycloïde qui lui est égale.* On sait que ce théorème est un cas particulier du suivant : *La développée d'une épicycloïde ordinaire est une courbe qui lui est semblable.*

Applications de la construction du centre de courbure d'une épicycloïde.

1° *Lieu du centre de la base d'une épicycloïde qui roule sur une droite.* — Soit μ (*fig.* 22) le centre de l'épicycloïde E pour le point m. La perpendiculaire μe à μm rencontre oa au point e; il est facile de voir que ea est constant quel que soit le point m de E. Du point o décrivons une circonférence de cercle avec oe pour rayon, et une circonférence ayant ea pour diamètre. Ces deux circonférences ont leurs rayons dans le rapport des rayons des circonférences de centre o et c. La droite om donne le point m' sur la circonférence décrite sur ea comme diamètre. L'épicycloïde décrite par ce point m' lorsque la circonférence qui le contient roule sur la circonférence de rayon oe est homothétique à E, et le point μ, diamétralement opposé à m', décrit une épicycloïde E' simplement semblable à E.

Le lieu des points μ est la développée E' de E.

La perpendiculaire $\mu\mu'$ à $m\mu$ rencontre om au point μ', qui est le centre de courbure de la développée de E. Le lieu des points tels que μ' est homothétique à E. C'est une courbe E″ développée de la développée E′. Ces divers résultats bien connus vont nous servir à démontrer cette proposition :

Une épicycloïde ordinaire E *roule sur une droite fixe* D; *le lieu décrit par le centre* o *de sa base est une ellipse.*

Le segment μμ′ est la longueur de l'arc de l'épicycloïde E″ compris entre μ′ et le point de rebroussement de E′. Ce point est un sommet de E″, il correspond

Fig. 22.

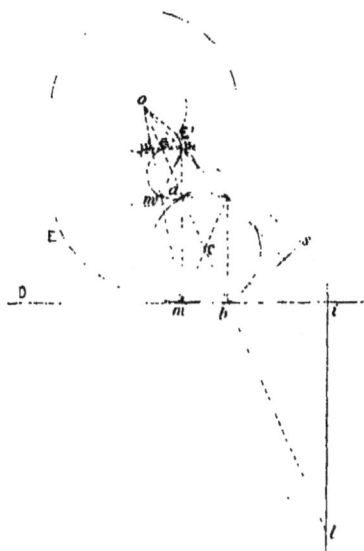

au sommet s de E. D'après cela, si l'on prolonge oμ jusqu'à sa rencontre en i avec D, ce point est fixe sur D, puisqu'il est sur cette droite la position que vient prendre le sommet s de E, lorsque E a roulé de façon à toucher D en son sommet.

Élevons du point i une perpendiculaire à D : soit l son point de rencontre avec ob prolongé, il est clair que $\frac{ea}{ab} = \frac{ab}{bl}$; donc le segment bl est de grandeur constante.

Le point o, qui est à une distance constante du point b, est donc un point marqué sur une droite dont les deux points b et l décrivent les côtés d'un angle droit : *le point* o *décrit donc une ellipse.*

2° *Construction du centre de courbure de la courbe engendrée par le foyer* f *d'une ellipse qui roule sur une droite.* — Soit e (*fig.* 23) le point où l'ellipse E

touche la droite fixe D. La perpendiculaire en *e* à D est la normale à l'ellipse,
elle coupe *ff'* au point *n*. La perpendiculaire *np* à cette normale rencontre *fe*

Fig. 23.

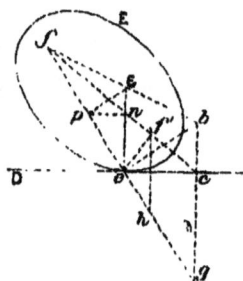

au point *p* et la perpendiculaire *pε* à *fe* rencontre la normale en *e* au centre de
courbure *ε* de l'ellipse E (¹) relatif au point *e*.

La perpendiculaire *eb* à *fe* coupe *fε* au point *b*, la perpendiculaire abaissée
de ce point sur D coupe *fe* au centre de courbure *g* demandé.

Les deux triangles *pnε* et *ecb*, dont les côtés sont parallèles, ont leurs sommets
sur des droites concourantes. On a donc le point *c* en prolongeant le grand axe
de l'ellipse jusqu'à sa rencontre avec D.

Il suffit alors d'élever de ce point *c* une perpendiculaire à D pour avoir *g*
sur *fe*.

Les points *f*, *n*, *f'*, *c* forment une division harmonique ; il en est de même des
points *f*, *e*, *h*, *g*.

On a alors

$$\frac{1}{fe} + \frac{1}{fg} = \frac{2}{fh},$$

mais *fh* est égal au grand axe $2a$ de l'ellipse.

On a donc simplement

$$\frac{1}{fe} + \frac{1}{fg} = \frac{1}{a} \quad (^2).$$

Dans le cas particulier où la courbe qui roule est une parabole, le centre de
courbure est le symétrique, par rapport au foyer, du point de contact *e* de la
parabole et de la droite. *La roulette décrite est alors une chaînette.* Résultat
connu.

(¹) Je montrerai plus loin comment on arrive à cette construction.

(²) Voir un Mémoire de Delaunay (*Journal de Mathématiques*, t. VI, p. 309).

Prenons (*fig.* 24) la chainette C, engendrée par le foyer *f* de la parabole P, la normale *fe* en ce point, et sur cette droite le centre de courbure *g* de C.

Puisque la courbe C partage en parties égales les tangentes à sa développée

Fig. 24.

limitées à leur point de contact et à la droite D, on a le centre de courbure de cette développée en prolongeant de sa longueur le segment *pg*.

Le segment *ep* est le rayon de courbure de P, *eg* est deux fois le rayon de courbure de C, et *gp* est égal au rayon de courbure de la développée de cette chainette.

Le triangle rectangle *gep* permet donc d'établir une relation entre ces trois rayons de courbure. Cette relation a été donnée par Lamarle.

La droite D est la base de la chainette C. On peut faire rouler C sur une droite et chercher le centre de courbure de la courbe enveloppée par D. La construction montre que ce point est sur D, ce qui conduit à ce résultat :

Lorsqu'une chainette roule sur une droite, sa base passe par un point fixe.

Puis on déduit de là que *la développante de chainette est une tractrice.*

Deux circonférences remarquables.

Reprenons une circonférence M qui roule sur une circonférence fixe F (*fig.* 25) et, au lieu d'entrainer un point *m* à distance finie, supposons qu'on entraine le point qui est à l'infini sur *am*. Pour construire le centre de courbure de la trajectoire de ce point, on doit mener la parallèle *cg* à *am*, cette droite rencontre au point *g* la perpendiculaire *ag* à *am*; la droite *og* coupe *am* au centre de courbure ν demandé.

Pour les différentes positions de *am* autour de *a*, on obtient un point tel que ν. Quel est le lieu de ces points?

On a

$$\frac{o\nu}{og} = \frac{oa}{oc} = \text{const.}$$

Le lieu des points ν est donc homothétique à la courbe lieu des points *g*, c'est-à-dire une circonférence de cercle.

La perpendiculaire v*i* à a*v* rencontre a*o* au point *i* : le segment a*i* est le diamètre de la circonférence lieu des points v.

Le résultat auquel nous venons d'arriver peut s'énoncer ainsi : *Les centres de*

Fig. 25.

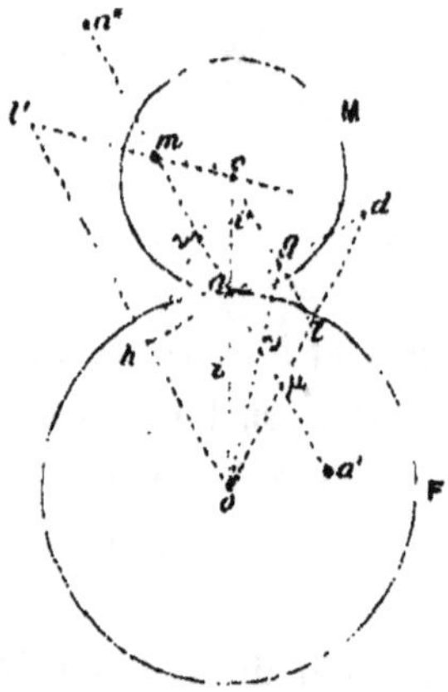

courbure des lignes décrites simultanément par les points à l'infini sont sur une circonférence de cercle tangente aux circonférences M *et* F *au centre instantané.*

Nous désignerons par I cette circonférence, et nous démontrerons plus loin une propriété qui comprend celle-ci comme cas particulier.

Construisons le point de la droite a*m* qui décrit une trajectoire dont le centre de courbure est à l'infini. Pour cela, il suffit de faire une construction inverse de celle qui donne le centre de courbure de la trajectoire d'un point.

Du point *o*, on mène o*h* parallèlement à a*m*; cette droite coupe en *h* la perpendiculaire a*h* à a*m*. La droite c*h* rencontre a*m* au point v′ demandé.

Pour chacune des positions de a*m* autour de *a*, on obtient un point tel que v′. Quel est le lieu de ce point ?

On a

$$\frac{cv'}{ch} = \frac{ca}{co} = \text{const.}$$

Le lieu des points v′ est donc homothétique à la courbe lieu des points *h*, c'est-à-dire une circonférence de cercle.

La perpendiculaire v′*i*′ à a*v*′ rencontre a*c* au point *i*′ : le segment a*i*″ est le diamètre de la circonférence lieu des points v′. Le résultat auquel nous venons d'arriver peut s'énoncer ainsi :

Les points dont les trajectoires ont leur centre de courbure à l'infini appartien-

nent à une circonférence de cercle tangente aux circonférences **M** *et* **F** *au centre instantané de rotation.*

Nous désignerons par J cette circonférence.

Il résulte de la construction des segments ai et ai'' qu'ils sont égaux ; donc :

Les circonférences I *et* J, *tangentes entre elles au centre instantané de rotation, sont égales et elles sont symétriques par rapport au point* o (¹).

Prolongeons cg jusqu'à sa rencontre en l avec od, on a

(2)
$$\frac{\mu\nu}{\mu a} = \frac{lg}{lc} = \frac{\mu a}{\mu m}, \qquad \text{d'où} \qquad \mu m \times \mu\nu = \overline{\mu a}^2 ;$$

de là la possibilité de déterminer μ lorsqu'on a ν.

Si l'on prolonge $a\mu$ de sa longueur jusqu'en a', on peut dire que m, a, ν, a' forment une division harmonique. Connaissant ν, on a donc a' et par suite μ, qui est le milieu de aa'.

Prolongeons oh jusqu'à sa rencontre en l' avec cm, on a

(3)
$$\frac{m\nu'}{ma} = \frac{l'h}{l'o} = \frac{ma}{m\mu} \qquad \text{d'où} \qquad m\nu' \times m\mu = \overline{ma}^2 ;$$

de là la possibilité de déterminer μ lorsqu'on a ν'.

Si l'on prolonge am de sa longueur jusqu'en a'', on peut dire que a'', ν', a, μ forment une division harmonique. Connaissant ν', on a alors μ qui est son conjugué.

Indépendamment des relations (2) et (3) qui lient μ à ν ou ν', on peut en obtenir d'autres résultant des deux divisions harmoniques dont il vient d'être question. On peut aussi employer la formule (1). Lorsque le point m est à l'infini, elle devient

$$\frac{\cos\varphi}{a\nu} = \frac{1}{R_M} + \frac{1}{R_F}.$$

La formule (1) peut alors s'écrire

(1')
$$\frac{1}{ma} + \frac{1}{a\mu} = \frac{1}{a\nu}.$$

(¹) Transon en 1845, dans le *Journal de Mathématiques*, et Bresse en 1853, dans le *Journal de l'École Polytechnique*, ont employé J.

Applications des circonférences I et J.

1° *A, B, C sont les côtés d'un triangle de grandeur invariable; les deux côtés B, C enveloppent des courbes dont les centres de courbure sont* β *et* γ; *on demande le centre de courbure de la courbe décrite par le sommet a, ainsi que celui de la courbe enveloppée par A.*

Les perpendiculaires abaissées respectivement de β et γ sur B et C (*fig.* 6) se coupent au centre instantané de rotation ω. La circonférence qui passe par les points β, ω, γ est la circonférence I. La perpendiculaire abaissée de ω sur A rencontre cette courbe au point α qui est alors le centre de courbure de la courbe enveloppée par A. Le conjugué harmonique de ω par rapport à *a* et par rapport au point où ω*a* coupe I est à une distance de ω dont le point milieu est le centre de courbure de la courbe décrite par *a*, c'est-à-dire *d'une conchoïde de la circonférence de cercle I.*

2° *Les extrémités a, b du segment ab de grandeur invariable* (*fig.* 8) *glissent sur deux droites fixes qui se coupent en o*; *on demande le centre de courbure de l'ellipse décrite par le point m de ab, ainsi que le centre de courbure de la courbe enveloppe de ab.*

La circonférence qui passe par les points *o, a, b* est une circonférence J. La droite *cm*, normale en *m* à l'ellipse (*m*), rencontre cette circonférence au point *d*. Faisant usage de la relation (3), en appelant μ le centre de courbure de (*m*) pour le point *m*, on a $m\mu = \dfrac{\overline{mc}^2}{md}$. Comme *mc* est égal au demi-diamètre conjugué de *om*, on retrouve alors une formule due à Dupin. D'après ce qui précède, on retrouve aussi un résultat dû à Chasles et qu'il énonce ainsi :

Si sur la normale en un point m d'une ellipse on porte, de part et d'autre de ce point, deux segments égaux au demi-diamètre conjugué de celui qui aboutit à ce point, puis, qu'on prenne sur cette même normale le pied de la perpendiculaire qui lui est abaissée du centre de la courbe, le centre du cercle osculateur au point m sera le conjugué harmonique de ce point par rapport aux extrémités des deux segments.

Du centre instantané *c* (*fig.* 26), abaissons une perpendiculaire sur *ab*, cette droite coupe la circonférence J en un point dont le symétrique, par rapport à *c*, est le centre de courbure de la courbe enveloppée par *ab*. Ceci provient de ce

M. 5

que les circonférences I et J sont symétriques par rapport à *c*; on peut énoncer ainsi ce résultat :

Le centre de courbure ε (fig. 26) de la courbe enveloppe de la droite de longueur constante ab, qui se déplace dans l'angle fixe boa, appartient à la perpendiculaire abaissée du centre instantané c sur ab; la distance εc est égale à la distance du point c au pied de la perpendiculaire abaissée de o sur εc.

Examinons directement la courbe enveloppe de *ab*. Pour une position *ab* du segment mobile, on a le point où il touche son enveloppe en prenant le

Fig. 26.

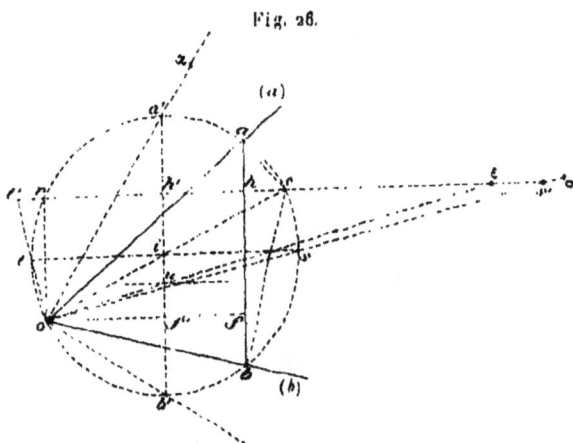

pied *h* de la perpendiculaire abaissée sur *ab* du centre instantané *c*. On peut remarquer que ce point et le pied *f* de la perpendiculaire abaissée de *o* sur *ab* sont à égales distances du milieu de *ab*.

Du centre *i* de la circonférence *oab*, abaissons une perpendiculaire sur *ab*. Cette droite rencontre cette circonférence aux points *s*, *t*. Pendant le déplacement, les droites *os*, *ot* sont fixes, puisque ce sont les bissectrices des angles formés par les droites (*a*), (*b*). Elles interceptent sur la droite *ch* le segment *s't'*, double de *st* et qui reste alors de grandeur constante. On voit donc que :

La développée de la courbe enveloppe de ab n'est autre que la courbe enveloppe du segment de grandeur constante s't' qui se déplace dans l'angle droit fixe s'ot'.

Menons le diamètre *a'b'* parallèlement à *ab*. Comme la distance entre *a'b'* et *ab* est invariable pendant le déplacement, l'enveloppe de *a'b'* est une courbe parallèle à l'enveloppe de *ab*; ces deux courbes ont alors même développée. Le segment *a'b'* de grandeur constante se déplace dans l'angle droit fixe *b'oa'*; ainsi :

L'enveloppe de a'b' a pour développée une courbe qui lui est semblable; le rapport de similitude est de 1 à 2.

On pouvait prévoir ce résultat puisque, comme il est facile de le démontrer, l'enveloppe de $a'b'$ est une épicycloïde ordinaire.

Abaissons or perpendiculairement à $s't'$ et prenons $ε$ symétrique de r par rapport au point e milieu de $s't'$. D'après une remarque précédente, ce point $ε$ est le point de contact de $s't'$ avec son enveloppe ; il est alors le centre de courbure de la courbe enveloppe de $a'b'$ et aussi de la courbe enveloppe de ab. On retrouve ainsi le théorème résultant de l'emploi des circonférences I et J.

Soient sur $a'b'$ les points h' et f' analogues à h et f. Il résulte de la construction de $ε$ que :

Le rayon de courbure $h'ε$ de la courbe enveloppe de la droite $a'b'$ qui se déplace dans un angle droit est égal à trois fois of' ou son égal ch', qui est la distance du centre instantané de rotation c à $a'b'$.

Ce théorème est dû à Lamarle.

La développée de l'enveloppe de $a'b'$ rencontre, à angle droit, la droite oa' au point $α$ dont la distance au point o est égale à $a'b'$. Cette développée rencontre os au point $σ$, qui est un point de rebroussement de cette courbe, et dont la distance à o est égale à $2a'b'$. L'arc de cette développée compris entre $α$ et $σ$ est égal au segment de $oσ$ compris entre $σ$ et le point où la droite $oσ$ est rencontrée par l'enveloppe de $a'b'$, c'est-à-dire le point pour lequel $a'b'$ devient perpendiculaire à $oσ$. D'après ce que nous avons trouvé, la longueur de ce segment est égale à $\frac{3}{4}oσ$, c'est-à-dire $\frac{3}{2}a'b'$.

Comme l'arc correspondant de l'enveloppe de $a'b'$ est la moitié de celui-ci, sa longueur est donc $\frac{3}{4}a'b'$. *La longueur totale de la courbe enveloppe de $a'b'$ est, par suite, égale à $6a'b'$.*

3° *D'un point fixe p (fig. 27), on abaisse des perpendiculaires sur les tangentes*

Fig. 27.

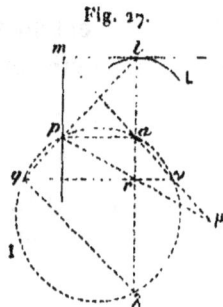

d'une courbe L ; *on demande de construire le centre de courbure de la courbe (m), lieu des pieds de ces perpendiculaires, courbe qu'on appelle podaire de* L.

Le point *m* est toujours le sommet de l'angle droit mobile *pml* dont un côté passe par le point fixe *p* et dont l'autre côté enveloppe L. La perpendiculaire *pa* à *pm* rencontre la normale en *l* à L au point *a*, centre instantané de rotation pour un déplacement infiniment petit de l'angle mobile. Soit λ le centre de courbure de L pour le point *l*. Les points *p*, *a*, λ appartiennent à une circonférence I. On a alors le centre de courbure demandé μ, en prenant ce point de façon à avoir $\overline{\mu a}^{\,2} = \mu m \times \mu v$.

Il suffit pour cela, comme il est facile de le voir, de mener la droite *pr* qui passe par le pied de la perpendiculaire *vr* à *lλ* : elle coupe la normale *ma* au point μ. Il est toujours important, lorsqu'on arrive à une construction, d'examiner les simplifications possibles : c'est ce que je vais faire ici. Prolongeons *vr* jusqu'à sa rencontre en *q* avec la droite *pl* : la droite λ*q* est perpendiculaire à *pl*. Il n'est pas alors nécessaire de tracer I pour avoir *v*; on opère ainsi :

Du centre de courbure λ on abaisse une perpendiculaire λq sur pl. Du pied q de cette perpendiculaire, on abaisse une perpendiculaire sur lλ on obtient ainsi r : la droite pr rencontre ma au centre de courbure μ demandé.

4° *Une droite ab du plan de la figure mobile (fig. 28) reste tangente à une courbe* L, *le point a décrit* (*a*) : *on demande de construire la tangente pour le centre*

Fig. 28.

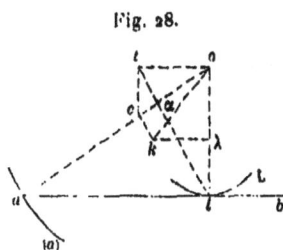

instantané o à la base de la roulette qui permet d'obtenir le déplacement épicycloïdal du plan de la figure mobile.

Sur la droite *oa*, construisons le point *c* de façon que $\frac{1}{oc} = \frac{1}{o\alpha} - \frac{1}{oa}$, le point α étant le centre de courbure de (*a*). Pour cela, menons du point *o* la droite *ot* parallèlement à *ab*. Cette droite est coupée par la droite *l*α au point *t* : la perpendiculaire *tc* à *ab* donne le point *c*.

La circonférence qui contient le point *c*, le point *o* et le centre de courbure λ de L est la circonférence I. On sait que cette courbe est tangente en *o* à la base de la roulette; on a alors la normale en *o* à cette courbe en menant la droite *ok* qui joint le point o au point de rencontre k des perpendiculaires ck, λk aux droites oa, ol.

Cette construction très simple peut être utilement employée lorsqu'il s'agit de construire le centre de courbure de la ligne décrite par un point qui fait partie d'une figure mobile de grandeur *variable*. Je vais donner un exemple.

5° *Une droite aa'* (*fig.* 29) *de longueur variable reste tangente à une courbe* L; *ses extrémités décrivent les courbes* (a) *et* (a') : *on demande de construire le centre de courbure de la courbe* (a''), *lieu des points tels que a'', qui détermine sur la droite aa' des segments proportionnels.*

La normale au point a'' à (a'') s'obtient en joignant le point a'' au point o'', qui est tel que

$$\frac{oo'}{o'o''} = \frac{aa'}{a'a''}.$$

Pendant le déplacement de aa', la droite oo' reste tangente à la développée de L; ses extrémités décrivent des courbes dont on sait construire les normales ok, $o'k'$. D'après ce qui précède, on peut déterminer la normale $o''k''$ à la courbe lieu des points o'', qui sont tels que

$$\frac{oo'}{o'o''} = \text{const.}$$

Il suffit, pour cela, de joindre le point o'' au point k'', déterminé de façon que $\frac{kk'}{k'k''} = \frac{oo'}{o'o''} = \frac{aa'}{a'a''}$. Connaissant k'', on projette ce point sur $o''a''$ au point c'', on

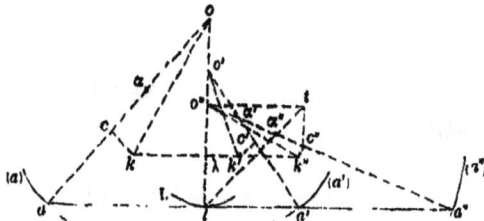

Fig. 29.

abaisse la perpendiculaire $c''t$ sur la parallèle menée du point o'' à aa' : la droite tl coupe la normale $o''a''$ au centre de courbure α'' cherché.

Inversement, on peut *construire le centre de courbure* λ *de l'enveloppe* L *d'une droite mobile sur laquelle trois courbes* (a), (a'). (a'') *déterminent constamment des segments proportionnels, connaissant les centres de courbure de ces courbes données.*

Pour cela, on détermine les trois droites ck, $c'k'$, $c''k'$ et l'on cherche une droite kk' telle que l'on ait $\dfrac{kk'}{k'k''} = \dfrac{aa'}{a'a''}$. Le point λ où cette droite rencontre la normale lo est le centre de courbure de l'enveloppe L.

Si la droite mobile remplissant les conditions imposées reste constamment normale à (a'), le point λ ainsi déterminé est le centre de courbure de la développée de (a).

Appliquons ceci à une ellipse.

6° *Construire le centre de courbure de la développée d'une ellipse.*

La normale à une ellipse (*fig.* 3o) est partagée par cette ellipse et par les axes de cette courbe en segments proportionnels. Si, en se déplaçant, elle reste

Fig. 3o.

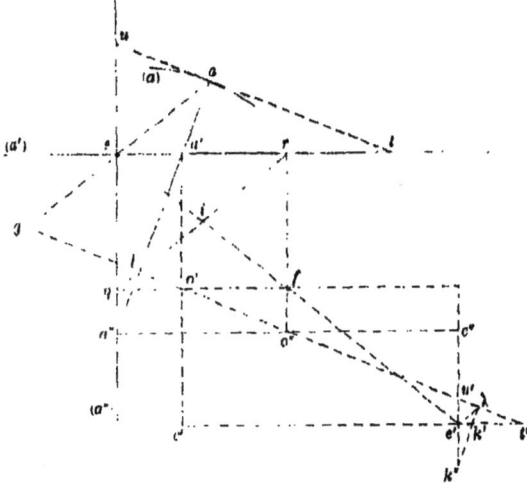

normale à l'ellipse, le centre de courbure de son enveloppe est le centre de courbure de la développée de l'ellipse; employons alors la construction précédente. On a l'ellipse (a) dont le centre de courbure est le point l. Les centres de courbure des axes (a') et (a'') sont à l'infini. *On a alors c' en prenant sur le prolongement de $a'o'$ un segment $o'c'$ égal à $a'o'$. De même pour c''. Puis on élève les perpendiculaires $c'k'$, $c''k''$. Ces droites se coupent en e' : en menant du point e' une parallèle à ae, on obtient le point cherché* λ. Car, en élevant sur $l\lambda$ la perpendiculaire $\lambda k' k''$, on a bien

$$\frac{\lambda k'}{\lambda k''} = \frac{aa'}{aa''}$$

comme le montrent les figures semblables $lue a''a$, $l'u'e'k'\lambda$.

Transformons cette construction. Les points e, f, e' sont en ligne droite et l'on a $ef = fe'$. Mais ef est partagée en deux parties égales par la diagonale qr, qui, comme il est facile de le voir, est parallèle à ae et contient l; on a donc $ie' = 3\,ie$.

Par suite, comme les droites ae, il et $e'\lambda$ sont parallèles entre elles, on a $l\lambda = 3\,lg$.

On obtient donc le point λ en portant à partir de l, sur la perpendiculaire à la normale al, un segment $l\lambda$ triple du segment lg intercepté sur cette perpendiculaire par le diamètre ae et la normale al.

Nous retrouvons ainsi la construction de Maclaurin à laquelle nous étions déjà arrivé.

7° *Un triangle abm (fig. 31) de grandeur invariable se déplace de façon que a décrive la courbe (a) et b la courbe (b) : on demande le centre de courbure μ de la*

Fig. 31.

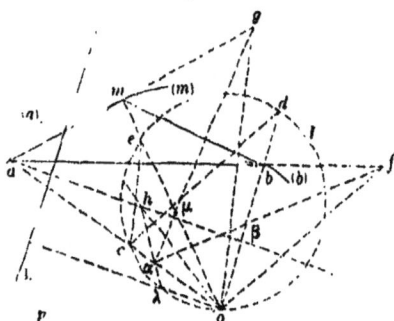

courbe (m) décrite par m, connaissant, pour la position du triangle abm, le centre de courbure α de (a) et le centre de courbure β de (b).

Le centre instantané o est le point de rencontre des droites $a\alpha$, $b\beta$. La droite mo est la normale à (m). Prenons sur $a\alpha$ et $b\beta$ les points c et d, tels que

$$\frac{1}{oc} = \frac{1}{o\alpha} - \frac{1}{oa},$$

$$\frac{1}{od} = \frac{1}{o\beta} - \frac{1}{ob}.$$

La circonférence qui passe par les points o, c, d est alors la circonférence I.

Joignons le point α au point β; cette droite rencontre ab au point f. Dans l'angle afo, les deux transversales oa, ob donnent (p. 26)

$$\left(\frac{1}{o\alpha} - \frac{1}{oa}\right)\frac{1}{\sin aof} : \left(\frac{1}{o\beta} - \frac{1}{ob}\right)\frac{1}{\sin bof}.$$

En tenant compte des égalités précédentes, il vient

$$oc \sin aof = od \sin bof.$$

Il résulte de là que cd est parallèle à of. De même, si le point μ était connu, on trouverait que ce est parallèle à og, le point e étant tel que

$$\frac{1}{oe} = \frac{1}{o\mu} - \frac{1}{om}.$$

Mais les angles ceo, cdo sont égaux; donc l'angle eog est égal à l'angle dof.

D'après cela, on a la construction suivante : *Après avoir déterminé o, on trace la droite* $\alpha\beta$. *Elle coupe ab en f. On construit l'angle mog égal à l'angle bof : la droite* αg *rencontre mo au centre de courbure demandé* μ. (¹).

Appliquons cette construction à la recherche du centre de courbure de l'enveloppe d'une droite L du plan du triangle abm, en déterminant le centre de courbure de la courbe décrite par le point qui est à l'infini sur la perpendiculaire $o\lambda$ abaissée de o sur L. Menons la droite oh telle que l'angle λoh soit égal à l'angle bof. Cette droite oh rencontre au point h la droite qui joint le point a au point décrivant, c'est-à-dire la perpendiculaire ah à L : la droite $h\alpha$ coupe la perpendiculaire $o\lambda$ à L au centre de courbure λ cherché. Comme on pouvait le prévoir, ce point est sur la circonférence l.

2ᵉ *solution.* — La tangente op à la circonférence l est la tangente commune au centre instantané o, à la base de la roulette et à la ligne mobile, relatives au déplacement du triangle abm. On peut alors écrire ainsi la formule (1) de la page 27 :

$$\left(\frac{1}{o\alpha} - \frac{1}{oa}\right)\sin \alpha op = \left(\frac{1}{o\beta} - \frac{1}{ob}\right)\sin \beta op.$$

D'autre part, l'angle $af\alpha$ coupé par les transversales $o\alpha$, $o\beta$ donne

$$\left(\frac{1}{o\alpha} - \frac{1}{oa}\right)\frac{1}{\sin fo\alpha} - \left(\frac{1}{o\beta} - \frac{1}{ob}\right)\frac{1}{\sin fo\beta}.$$

(¹) Cette construction est due à Bobillier.

Comparant avec la relation précédente, il vient

$$\frac{\sin \alpha op}{\sin \beta op} = \frac{\sin fo\alpha}{\sin fo\beta}.$$

Il résulte de cette égalité que l'angle $fo\beta$ ou fob est égal à l'angle αop.

De même, pour un autre point m, on a l'angle gom égal à l'angle αop; donc l'angle gom est égal à l'angle fob et l'on retrouve, par suite, la construction précédente.

8° *Les centres de courbure des éléments décrits simultanément par les points d'une droite appartiennent à une conique* (RIVALS).

Ce théorème est un cas particulier du théorème suivant :

Lorsqu'une ligne roule en entraînant une conique qui lui est tangente au centre instantané de rotation, le lieu des centres de courbure des éléments décrits simultanément par tous les points de cette conique est une autre conique tangente à la première au centre de rotation.

Soit a le centre instantané de rotation et a' le point infiniment voisin de la courbante roulante. Ce point a' appartient aussi à la conique entraînée.

Les droites qui joignent les points de cette conique au point a sont les normales aux trajectoires de ces points. Les droites qui joignent les mêmes points au point a' sont, après un déplacement infiniment petit, les normales aux trajectoires des points de la conique.

Après un déplacement infiniment petit, ces droites rencontrent les premières normales aux centres de courbure des trajectoires des points de la conique entraînée.

Mais les droites partant de a et a' et aboutissant aux mêmes points d'une conique forment deux faisceaux homographiques; les centres de courbure sont alors les intersections des rayons de deux faisceaux homographiques et appartiennent alors à une conique.

Le point a' est venu sur la courbe fixe; la nouvelle position de ce point et le point a sont les sommets des deux faisceaux dont les rayons déterminent les centres de courbure des trajectoires des points de la conique entraînée : *la conique, lieu de ces centres de courbure*, que nous désignerons par S, *est alors tangente en a à la courbe fixe et à la courbe roulante.*

Supposons maintenant que la conique entraînée se compose d'une droite D et de la droite T tangente en a à la courbe fixe et à la courbe roulante. Les cen-

M.

tres de courbure relatifs aux trajectoires des points de T se confondent au point a : donc le théorème de Rivals relatif à la droite D est démontré.

On peut, du reste, reprendre pour le cas d'une droite la démonstration même que nous venons d'employer dans le cas plus général d'une conique entraînée.

Cette dernière démonstration, appliquée au cas où la droite D est à l'infini, permet de retrouver directement la circonférence I.

Dans le cas où la droite D est à distance finie, on peut aussi, comme nous allons le voir, démontrer que les centres de courbure des trajectoires de ses points sont sur une conique S en faisant usage de la construction de Bobillier.

Soient toujours T (*fig.* 32) la tangente à la courbe roulante et à la base de la

Fig. 32.

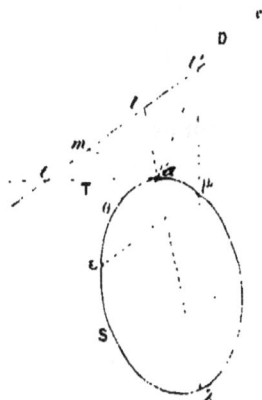

roulette au centre instantané de rotation et μ le centre de courbure de la trajectoire du point m de D.

Pour construire le centre de courbure de la trajectoire du point arbitraire l, on trace al' de façon que l'angle $l'al$ soit égal à l'angle mat et l'on mène la droite $l'\mu$ qui coupe al au centre de courbure λ cherché.

Les points tels que l et l' déterminent sur D deux divisions homographiques.

Les droites telles que al et $\mu l'$ déterminent alors deux faisceaux homographiques dont les rayons correspondants se coupent en des points, centres de courbure tels que λ, qui appartiennent à une conique; cette conique contient les sommets a et μ des deux faisceaux. Le théorème est donc démontré.

Lorsque m vient se confondre avec l, le point μ vient en a : S *est donc tangente en a à* T.

Menons la droite ae qui fait avec D un angle égal à l'angle mat. Le centre de courbure ε de la trajectoire de e est alors sur la parallèle $\mu\varepsilon$ à D. L'angle $\mu\varepsilon a$ étant égal à l'angle mat, la circonférence circonscrite au triangle $\mu a\varepsilon$ est tangente en a à T. Lorsque μ vient se confondre avec a, cette circonférence devient le cercle osculateur de S en a, et l'on voit que ce cercle passe par le point 0 où la parallèle à D menée de a rencontre S. J'en ai conclu seulement ([1]) que *les axes de la conique sont parallèles aux bissectrices des angles compris entre D et T.*

Mais la circonférence tangente en a à T et qui passe par 0 est une circonférence I. Je pouvais donc ajouter aussi que

Les coniques S *relatives à toutes les droites entraînées ont pour cercle osculateur commun en a la circonférence* I ([2]).

Ainsi non seulement les coniques S relatives à des droites quelconques entraînées sont tangentes en a à T, mais *ces coniques* S *ont en a avec la circonférence* I *un contact du second ordre.*

On peut démontrer directement ainsi ce théorème. Les coniques S relatives à deux droites sont tangentes entre elles en a et, comme elles ne peuvent avoir en outre en commun que le point qui est le centre de courbure de la trajectoire du point de rencontre unique de ces deux droites, il faut nécessairement qu'elles aient trois points confondus en a : donc, etc. Si l'on considère la droite de l'infini, la conique S correspondante est la circonférence I et l'on voit ainsi que cette circonférence est le cercle osculateur commun à toutes les coniques S.

Si, au lieu d'entraîner une droite D, on entraîne une courbe quelconque C, on peut définir très simplement le lieu des centres de courbure des éléments décrits par les points de cette courbe en faisant usage de l'une ou l'autre des circonférences I, J.

Si, par exemple, on emploie I, on joint un point quelconque m de C au centre instantané a : cette droite rencontre I au point ν ; on prend sur cette droite un point μ tel que $\mu\nu \times \mu m = \overline{\mu a}^2$. Le lieu des points μ est la courbe demandée; on a facilement aussi l'équation de ce lieu en coordonnées polaires en faisant usage de la formule (1).

Prenons pour pôle des rayons vecteurs le centre instantané a et pour origine des angles la droite menée du point a perpendiculairement à la tangente en ce point à la base de la roulette.

Si $r = f(\omega)$ est l'équation de C, la formule (1) peut s'écrire

$$\left[\frac{1}{f(\omega)} + \frac{1}{\rho} \right] \cos\omega = \text{const.,}$$

([1]) *Journal de l'École Polytechnique*, XXXVIIe Cahier.

([2]) Ce théorème a été signalé par le général Dewulf.

équation en coordonnées polaires du lieu Γ des centres de courbure des éléments décrits par les points de C; mais dans cette équation ρ n'est plus un rayon de courbure, mais un rayon vecteur.

On peut remarquer que, si la circonférence M qui roule sur une circonférence fixe F entraîne la courbe C et donne lieu à Γ, il suffit de faire rouler F sur la circonférence M supposée fixe et entraîner Γ pour obtenir C comme lieu des centres de courbure des éléments décrits par les points de Γ.

DÉPLACEMENT INFINIMENT PETIT D'UNE FIGURE POLYGONALE DE FORME VARIABLE. FORMULES DIVERSES.

Les éléments d'une figure polygonale sont les côtés et les angles. Je vais donner des formules relatives aux variations de grandeur de ces éléments.

C'est dans la *Mécanique* de Bour que j'ai fait connaître ces formules; j'ai donné aussi quelques-unes de leurs applications. Depuis j'ai eu l'occasion de montrer, dans des Mémoires que je reproduirai ici, le grand usage que l'on en peut faire; mais auparavant je crois utile, pour la facilité de l'exposition, de reprendre la démonstration de ces formules.

1ʳᵉ formule. — Expression de la variation de longueur d'un segment de droite et application.

Le segment ab (fig. 33), dont la longueur est l, se déplace en restant tangent à E; le point a décrit (a), et b la courbe (b). On demande la variation de longueur de l pour un déplacement infiniment petit de ab.

Prenons sur ab le segment ae de grandeur invariable. Pour un déplacement infiniment petit de a sur (a), on a relativement à ce segment le centre instantané α. En désignant par $d\theta$ l'angle de contingence de E, on a, en désignant par e_1 la nouvelle position de e, après un déplacement infiniment petit de ae,

$$ee_1 = \alpha c \cdot d\theta.$$

De même, en prenant le segment de grandeur invariable be et le centre instantané β, on a

$$ee_2 = \beta e \cdot d\theta,$$

par suite

$$e_1 e_2 = \alpha\beta \cdot d\theta.$$

Mais $e_1 e_2$, en négligeant des infiniment petits d'ordre supérieur, est égal à la variation de longueur de ab; on a donc l'expression

$$\text{(I)} \qquad \frac{dl}{d\theta} = \alpha\beta.$$

On voit que c'est en profitant d'éléments de la figure qui restent de grandeurs invariables, que nous sommes arrivé à cette formule. On peut remarquer aussi

Fig. 33.

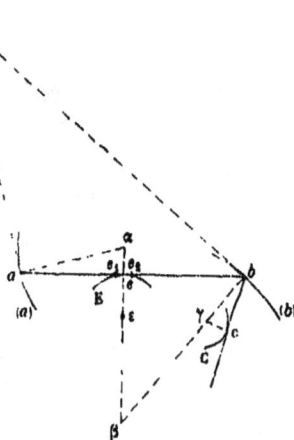

qu'il y a deux centres instantanés, α et β, qui se réunissent en un seul quand le segment mobile est de grandeur constante.

La démonstration employée ici a en outre l'avantage de montrer le signe de la variation de grandeur de ab selon les positions de α et β par rapport à ab et le sens dans lequel s'effectue le déplacement angulaire de ab.

On peut trouver la formule (I) en partant de ce fait que *la variation de longueur d'un segment mobile est égal à la somme algébrique des projections sur ce segment des chemins parcourus par ses extrémités*. On n'a plus que cette dernière expression lorsque le segment se déplace parallèlement à lui-même.

La formule (I) permet de retrouver très simplement la construction que nous avons donnée (p. 16) de la normale à la courbe qui partage un segment mobile en segments proportionnels.

En se reportant à la *fig.* 29 et en appliquant la formule (I) on voit que l'on peut écrire $\frac{d^2 aa'}{d\theta^2} = kk'$.

Dans le cas particulier où (b) est une courbe parallèle à E le point β est le point de rencontre de deux normales à E et, si ces deux courbes sont infiniment voisines, ce point de rencontre est le centre de courbure ε de E; on a alors

(I')
$$\frac{d\alpha\epsilon}{d\theta} = \alpha\epsilon.$$

Appliquons cette formule.

Construire la normale à la courbe (m) (*fig.* 34), *lieu des points m dont les dis-*

Fig. 34.

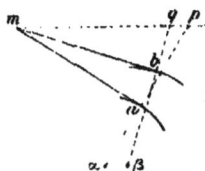

tances ma, mb à deux courbes données sont égales, ces distances étant comptées sur les tangentes à ces courbes.

Soient *mp* la normale demandée, α et β les centres de courbure des courbes données pour les points *a* et *b*.

Appliquant la formule (I') et remplaçant l'angle de contingence de (*a*) par $\frac{d(m)}{mp}$ la variation de longueur de *ma* est égale à

$$\frac{\alpha p \cdot d(m)}{mp}.$$

De même pour *mb*. On a alors

$$\frac{\alpha p}{mp} = \frac{\beta q}{mq},$$

d'où

$$\frac{\dfrac{\alpha p}{ma}}{\cos amp} = \frac{\dfrac{\beta q}{mb}}{\cos bmq}.$$

Comme *ma* = *mb*, il vient alors

$$\alpha p \cos amp = \beta q \cos bmq,$$

ce qui prouve que les distances de α et β à la droite *mp* sont égales; donc

La normale demandée est parallèle à αβ.

2e formule. — Expression de la variation de grandeur d'un angle mobile et application.

Soit l'angle abc (*fig.* 33), dont le côté ab reste tangent à E et le côté bc reste tangent à C.

Pour un déplacement infiniment petit de b sur (b), la variation de l'angle abc, ou Φ, est la différence des angles de contingence des courbes C et E. En employant le centre instantané β, on a

$$d(b) \quad b\beta \cdot d\theta$$

pour l'arc infiniment petit $d(b)$ décrit par b sur (b), d'où

$$d\theta = \frac{d(b)}{b\beta};$$

de même, en employant le centre instantané γ relatif à bc, on a

$$d\theta = \frac{d(b)}{b\gamma};$$

par suite,

(II)
$$d\Phi = d(b)\left(\frac{1}{b\gamma} - \frac{1}{b\beta}\right).$$

Appliquons cette formule.

La normale en m à l'ellipse (m) (*fig.* 35) est la bissectrice de l'angle fmf'

Fig. 35.

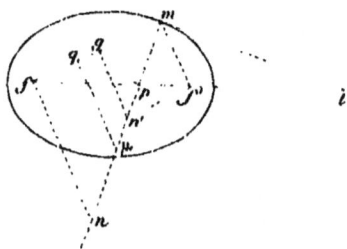

formé par les rayons vecteurs fm, $f'm$ qui aboutissent aux deux foyers. Pour un déplacement infiniment petit de m sur l'ellipse, les variations angulaires des angles égaux fmn nmf' sont égales; on a alors, en appelant μ le centre de courbure relatif au point m et fn, $f'n'$ des perpendiculaires aux rayons vecteurs,

$$\frac{1}{m\mu} - \frac{1}{mn} = \frac{1}{mn'} - \frac{1}{m\mu};$$

d'où

$$\frac{2}{m\mu} = \frac{1}{mn} + \frac{1}{mn'};$$

de là résulte que *le centre de courbure* μ *est l'harmonique conjuguée de m par rapport à n et n'.*

Appelons *p* et *t* les points où la normale et la tangente rencontrent le grand axe. Les points *t*, *p*, *t'*, *t* forment une division harmonique. Menons de ces points des parallèles à *mt* : on obtient ainsi *g* et *q*. Les points *m*, *g*, *q*, *t* forment alors une division harmonique; en élevant de ces points des perpendiculaires sur *tm*, on a des droites qui rencontrent la normale en des points qui forment une division harmonique.

Mais la perpendiculaire élevée du point *g* passe par le point *p* : donc la perpendiculaire élevée du point *q* passe par μ.

De là résulte cette construction de μ, que j'ai employée précédemment, et qui est bien connue :

Du point p où la normale rencontre le grand axe on élève une perpendiculaire à cette normale. Cette droite coupe l'un des rayons vecteurs, tm par exemple, au point q : la perpendiculaire élevée de ce point à ce rayon vecteur coupe la normale au centre de courbure cherché μ.

3ᵉ formule. — Expression du rapport d'arcs infiniment petits et applications.

Reprenons une droite mobile *ab* (*fig.* 33).

Pour un déplacement infiniment petit autour du centre instantané α, on a

$$d(a) = a\alpha.d\theta.$$

De même, une rotation autour du centre β donne

$$d(b) = b\beta.d\vartheta.$$

Divisant membre à membre ces deux égalités, il vient

(III) $$\frac{d(a)}{d(b)} = \frac{a\alpha}{b\beta}.$$

Appliquons cette formule :

1ᵉ *On joint constamment par une droite (fig.* 36) *l'extrémité a de l'aiguille des heures à l'extrémité b de l'aiguille des minutes : on demande le point où cette droite touche son enveloppe et le centre de courbure de cette enveloppe.*

Appelons *e* le point où *ab* touche son enveloppe.

Comme l'extrémité b parcourt des arcs égaux à douze fois les arcs parcourus par a, on a

$$d(b) = 12.d(a),$$

et alors, en employant la formule (III), on voit que

$$b\beta = 12.a\alpha.$$

Les triangles $ae\alpha$, $be\beta$ sont semblables et donnent

$$\frac{be}{ae} = \frac{b\beta}{a\alpha} = 12.$$

On a donc le point e en partageant ab en 13 parties égales et en prenant le point de division le plus rapproché de a.

Puisque le point e partage toujours ab en segments proportionnels, en appli-

Fig. 36.

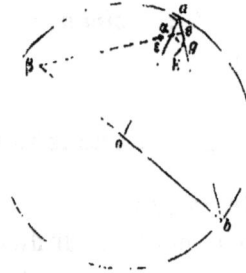

quant la formule (I'), on voit qu'*on obtient le centre de courbure de l'enveloppe de ab en partageant $\alpha\beta$ en 13 parties égales et en prenant le point de division le plus rapproché de a* ([1]).

2° *Les côtés d'un triangle abm mobile (fig. 37) et de grandeur variable restent tangents à trois courbes données; les sommets a et b décrivent deux courbes données : on demande la normale à la courbe décrite par le sommet m.*

Pour un déplacement infiniment petit de ab, on a, en appliquant la for-

---

([1]) L'enveloppe de ab est une épicycloïde (FOURET, *Société philomathique*, 16 mai 1868). *Voir* aussi BROCARD, *Nouvelles Annales de Mathématiques*, 2° série, t. XI, p. 329; P. GILBERT, *Annales de la Société scientifique de Bruxelles*, p. 153; 1880.

mule (III).

$$\frac{d(a)}{d(b)} = \frac{a\,\alpha}{b\,\overline{\beta}},$$

$$\frac{d(b)}{d(m)} \cdot \frac{b\,\beta'}{m\,\mu},$$

$$\frac{d(m)}{d(a)} \cdot \frac{m\,\mu'}{a\,\alpha'};$$

multipliant membre à membre ces trois égalités, on a

$$\frac{a\,\alpha, b\,\beta', m\,\mu'}{b\,\beta, a\,\alpha', m\,\mu} \qquad \text{d'où} \qquad \frac{m\,\mu}{m\,\mu'} \quad \frac{a\,\alpha, b\,\beta'}{b\,\overline{\beta}, a\,\alpha'}.$$

On a donc la normale demandée en construisant une droite issue de m et qui soit partagée par gα' et fβ' en segments mμ', mμ dont le rapport est déterminé.

On voit aussi de la même manière que, si l'on donne les courbes décrites par

Fig. 37.

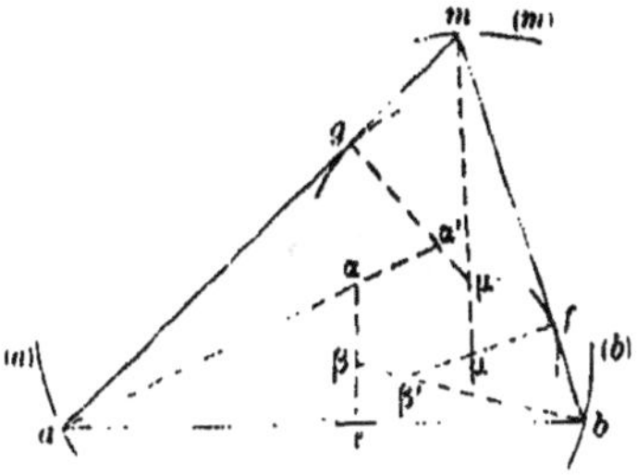

les trois sommets du triangle mobile, ainsi que les courbes enveloppées par les deux côtés *am*, *bm*, on détermine le point *e* où *ab* touche son enveloppe en construisant une perpendiculaire à cette droite, de façon que le rapport $\frac{a\alpha}{b\beta}$ soit égal à un rapport déterminé. Tout cela est vrai pour un polygone variable d'un nombre quelconque de côtés.

Ceci s'applique à la détermination du point où *mμ* touche son enveloppe, c'est-à-dire du centre de courbure de (*m*); car *mμ* est obtenu au moyen d'une figure polygonale. Mais il faut pouvoir définir le déplacement infiniment petit de cette figure, et, pour cela, on doit se donner les centres de courbure de (*a*), de (*b*) et des enveloppes des côtés de *abm*.

3° *On donne une ellipse (fig. 38); on prend un triangle mμg, dont les côtés sont la normale mμ, le diamètre passant par m, et la perpendiculaire élevée du centre de courbure μ à la normale mμ : on demande la normale en g à la courbe décrite par ce point lorsque m décrit l'ellipse donnée.*

Appelons λ le centre de courbure de la développée de l'ellipse, gh la normale cherchée et appliquons la formule (III), on a

$$\frac{d(m)}{d(\mu)} \cdot \frac{m\mu}{\mu\lambda},$$

$$\frac{d(\mu)}{d(g)} \cdot \cdot \frac{\mu\lambda}{gh},$$

$$\frac{d(g)}{d(m)} \cdot \frac{gf}{mc},$$

Multipliant membre à membre ces égalités, il vient

$$\text{I} \quad \frac{m\mu \cdot gf}{mc \cdot gh}.$$

D'après cela, on obtient h par cette construction : on mène du point μ la parallèle μe à om, cette droite rencontre ge au point e; la perpendiculaire à om

Fig. 38.

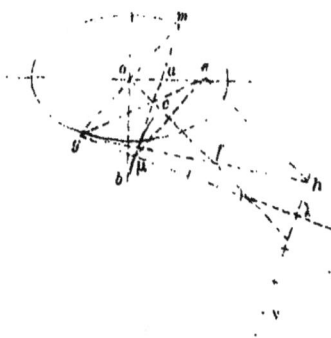

menée du point e rencontre la perpendiculaire λh à $\mu\lambda$ au point h. La droite gh est la normale demandée.

Connaissant cette normale et sachant que $\mu\lambda$ est égal à trois fois $g\mu$, on n'a qu'à prendre le point ν de façon que $\lambda\nu$ soit égal à trois fois λh pour obtenir en ce point ν *le centre de courbure de la développée de la développée de l'ellipse.*

La formule (III) peut s'écrire sous cette forme, donnée par Newton [1].

(III')
$$\frac{d(a)}{d(b)} = \frac{ae \cdot at}{be \cdot bt},$$

les droites at, bt étant (*fig.* 33) les tangentes en a et b à (a) et (b).

---

[1] *Tractatus de quadratura curvarum*, opusculum III, p. 206.

On peut trouver directement cette formule en coupant le triangle abt par la transversale qu'on obtient en prenant une position infiniment voisine de ab.

Si le point e est à l'infini, la droite ab se déplace parallèlement à elle-même; on a simplement

(III″)
$$\frac{d(a)}{d(b)} \cdot \frac{at}{bt},$$

comme on peut le voir tout de suite directement.

Appliquons cette dernière formule.

On donne une droite D (*fig.* 39) *et une courbe* (a). *Sur les ordonnées telles que ap, parallèles entre elles, on construit des triangles semblables au triangle apm :*

Fig. 39.

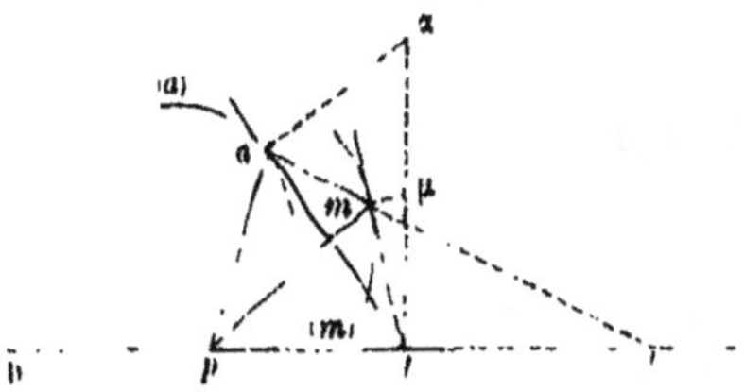

les sommets tels que m appartiennent à une courbe (m) : *on demande la relation entre le rayon de courbure* ρ_m *de* (m) *pour m et le rayon de courbure* ρ_a *de* (a) *pour le point a.*

Il résulte immédiatement de la génération de (m) que les tangentes at, mt aux courbes (a), (m) se coupent sur D.

Lorsque l'on déplace a sur (a), la droite am reste parallèle à elle-même et l'on a

$$\frac{d(a)}{d(m)} \cdot \frac{at}{mt}.$$

L'arc $d(a)$ est égal au produit de ρ_a par l'angle de contingence de (a) en a, et, comme cet angle est égal à $\frac{d(t)}{at}$, on a

$$d(a) = \rho_a \frac{d(t)}{at},$$

de même

$$d(m) \cdot \rho_m \frac{d(t)}{\mu t}.$$

On a alors

$$\frac{\rho_a}{\rho_m} \cdot \frac{at \cdot \varkappa t}{mt \cdot \mu t}.$$

et par suite, comme il est facile de le voir,

$$\frac{\rho_a}{\rho_m} = \frac{al^3}{ml^3} \times \frac{ml}{al}.$$

Telle est la relation cherchée.

On peut remarquer que $\frac{ml}{al}$ est constant et que cette relation s'applique aussi à la courbe (m) considérée comme lieu des points qui partagent dans un rapport constant les ordonnées telles que al de la courbe (a).

Dans le cas particulier où am est parallèle à D, *les rayons de courbure* ρ_a *et* ρ_m *sont simplement proportionnels aux cubes des tangentes* at, ml. On arrive au même résultat si (a) et (m) forment une seule courbe dont D est un diamètre. Ceci est applicable à l'ellipse; donc :

En deux points d'une ellipse, les rayons de courbure sont entre eux comme les cubes des tangentes à la courbe, qui sont issues de ces points et qui sont limitées à leur point de rencontre. Théorème bien connu.

APPLICATIONS DIVERSES DES FORMULES PRÉCÉDENTES. — DÉVELOPPEMENT DE LA MÉTHODE DES NORMALES ET DES CENTRES DE COURBURE.

Un triangle rectangle aoa' (fig. 40), *mobile et variable de grandeur, a son som-*

Fig. 40.

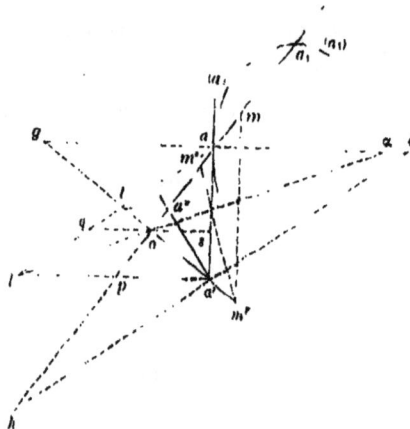

met de l'angle droit au point fixe o, son hypoténuse touche au sommet a une courbe (a): *construire la tangente en a' à la courbe* (a') *décrite par ce point lorsque a parcourt* (a).

Soient $a'e$ la normale en a' à (a') et α le centre de courbure de (a) pour le point a; on a

$$\frac{d(a)}{d(a')} = \frac{a\alpha}{a'e}.$$

Mais, en appelant $d\theta$ la variation angulaire de oa et oa', on a

$$d(a) = ag.d\theta, \quad d(a') = a'h.d\theta,$$

d'où

$$\frac{d(a)}{d(a')} = \frac{ag}{a'h}.$$

Par suite

$$\frac{a\alpha}{a'e} = \frac{ag}{a'h},$$

que l'on peut écrire

$$\frac{a\alpha}{ag} = \frac{a'e}{a'h}.$$

Elevons au point a' la perpendiculaire $a'l$ à aa'. Appelons l le point où cette droite rencontre xo. On a

$$\frac{a\alpha}{ag} = \frac{pl}{pa'} \quad \text{et} \quad \frac{a'e}{a'h} = \frac{pa}{ph}.$$

Portant ces valeurs dans la relation précédente, il vient

$$\frac{pl}{pa'} = \frac{pa}{ph}.$$

Il résulte de là que : *la normale $a'e$ est parallèle à la droite al* ou que *la tangente $a'a''$ à (a') est la perpendiculaire abaissée de a' sur al.*

Appelons a'' le point de rencontre de cette tangente avec oa et cherchons l'expression de oa'' en fonction de oa et de l'angle ω que oa fait avec (a).

Le point a'' est le point de rencontre des hauteurs du triangle laa'. Menons oq parallèlement à $a''t$, c'est-à-dire perpendiculairement à aa'. L'angle $a''la$, coupé par les transversales oa et oq, donne (p. 26)

$$\frac{1}{oa''} = \frac{1}{oa} = \frac{1}{oq\sin\omega}.$$

Mais

$$\frac{oq}{\alpha a} = \frac{lq}{la} = \frac{a's}{a'a}\sin^2\omega.$$

On a donc, en appelant ρ_a le rayon de courbure $a\alpha$ de (a) en a,

$$\frac{1}{oa''} = \frac{1}{oa} = \frac{1}{\rho_a\sin^3\omega}$$

Appliquons cette relation : *On a* (*fig.* 40) *des courbes* (*a*), (*a₁*), ... *dans un plan; on mène d'un point o une transversale qui les coupe aux points a, a₁, ... ; on prend sur cette droite un point m, tel que* $\sum \frac{\lambda_a}{oa} - \frac{\lambda_m}{om}$, λ_a *et* λ_m *étant des constantes. Lorsque la transversale tourne autour de o, les points, tels que m, appartiennent à une courbe* (*m*), *dont on demande le rayon de courbure* ρ_m.

Pour une variation angulaire infiniment petite de la transversale, on a

$$\sum \lambda_a d \cdot \frac{1}{oa} \quad \lambda_m d \cdot \frac{1}{om}.$$

d'où

$$\sum \lambda_a \frac{d.oa}{oa^2} \quad \lambda_m \frac{d.om}{om^2}.$$

Soit *mm'* la tangente en *m* à (*m*). On a, pour une variation angulaire *dθ* de la transversale *oam*,

$$d.oa = og.d\theta = \frac{oa^2}{oa'} d\theta,$$

de même

$$d.om = \frac{om^2}{om'} d\theta.$$

Portons ces valeurs dans la relation précédente, il vient

$$\sum \frac{\lambda_a}{oa'} - \frac{\lambda_m}{om'}.$$

Cette relation permet de construire la tangente *m'm*. Elle est de même forme que la relation d'où nous sommes parti. Opérant alors encore de la même manière, on a, en appelant *m''* un point analogue à *a''*,

$$\sum \frac{\lambda_a}{oa''} - \frac{\lambda_m}{om''}.$$

Mais nous avons trouvé précédemment

$$\frac{1}{oa''} \quad oa = \frac{1}{\rho_a \sin^3 \omega};$$

on a de même

$$\frac{1}{om''} = \frac{1}{om} + \frac{1}{\rho_m \sin^3 \varphi}.$$

Introduisons ces valeurs de $\frac{1}{oa''}$, $\frac{1}{om''}$ dans la dernière relation, il vient

$$\sum \frac{\lambda_a}{oa} - \sum \frac{\lambda_a}{\rho_a \sin^3 \omega} = \frac{\lambda_m}{om} - \frac{\lambda_m}{\rho_m \sin^3 \varphi}$$

Mais

$$\sum \frac{\lambda_a}{oa} = \frac{\lambda_m}{om};$$

donc

$$\sum \frac{\lambda_a}{\rho_a \sin^3 \omega} = \frac{\lambda_m}{\rho_m \sin^3 \varphi}.$$

Telle est la relation qui donne le rayon de courbure ρ_m. Voici quelques conséquences résultant de cette relation :

On a deux courbes (a), (a_1). *Sur une transversale issue du point fixe o, on prend le point m, harmonique conjuguée de o par rapport aux points a et a₁, où les courbes sont coupées par la transversale. Lorsque cette transversale tourne autour de o, le point m décrit une courbe* (m), *et l'on a, en conservant les notations précédentes,*

$$\sum \frac{1}{\rho_a \sin^3 \omega} = \frac{2}{\rho_m \sin^3 \varphi}.$$

Lorsque le point o est à l'infini, les transversales sont parallèles entre elles et le point m est le milieu du segment aa_1. La courbe (m) est alors une ligne diamétrale. La relation précédente subsiste et permet de déterminer le rayon de courbure en un point de cette ligne diamétrale.

Prenons une courbe géométrique A, supposons que les coefficients constants, tels que λ_a, soient égaux à l'unité et que λ_m soit égal au degré de la courbe A. Le point m est alors, par rapport à o, le centre des moyennes harmoniques des points $a, a_1, \ldots$, où la transversale coupe A. On sait, en vertu d'un théorème dû à Cotes, que la courbe (m) est une ligne droite. Le rayon de courbure ρ_m est alors infini et la relation précédente donne

$$\sum \frac{1}{\rho_a \sin^3 \omega} = 0.$$

Le théorème exprimé par cette relation est dû au D' Reiss ([1]). On peut en déduire divers théorèmes, entre autres celui qui est relatif aux rayons de courbure en deux points d'une conique (p. 53).

([1]) *Correspondance mathématique de Quételet*, t. IX, p. 289.

On a des courbes $A, A_1, \ldots$ *(fig. 11) dans un plan, on mène une tangente à chacune de ces courbes parallèlement à une certaine direction.*

Soient oa la distance du point fixe o à la tangente à A *et* λ_a *une constante. Paral-*

Fig. 11.

lèlement à toutes ces tangentes on prend une droite dont la distance om au point o soit telle que l'on ait $\sum \lambda_a . oa = \lambda_m . om.$

Lorsque la direction des tangentes varie, cette parallèle enveloppe une courbe M : *quelle est la relation entre le rayon de courbure* ϱ_m *de* M *et les rayons de courbure des courbes données ?*

On a

$$\sum \lambda_a\, oa = \lambda_m\, om,$$

d'où

$$\sum \lambda_a\, d.oa = \lambda_m\, d.om.$$

Menons *opq* parallèlement aux tangentes parallèles.

La droite *ap* est la normale en *a* à la podaire de A par rapport à *o* et *mq* est la normale en *m* à la podaire de M par rapport au même point. On a alors, pour une variation angulaire $d\omega$ de la direction des tangentes,

$$d.oa = op.d\omega, \qquad d.om = oq.d\omega.$$

Portons ces valeurs dans la relation précédente, elle devient

$$\sum \lambda_a . op = \lambda_m . oq.$$

D'après cela, il y a entre le point *q* et les points tels que *p* la même relation qu'entre *m* et les points tels que *a*.

Opérons, relativement aux points *p*, ... et *q*, comme nous venons de le faire.

M.

Appelons α et μ les centres de courbure de A et de M : on a alors

$$\sum \lambda_a \, om' = \lambda_m \, . om'.$$

Mais

$$\sum \lambda_a \, oa \quad \lambda_m \, om.$$

Retranchant terme à terme ces deux relations, il vient

$$\sum \lambda_a \rho_a = \lambda_m \rho_m :$$

telle est la relation cherchée.

Dans le cas particulier où il s'agit d'une seule courbe géométrique à laquelle on mène toutes les tangentes parallèles entre elles, si les coefficients, tels que λ_a, sont égaux à l'unité, on sait que M se réduit à un point. Le rayon de courbure ρ_m est alors égal à o et la relation précédente se réduit à

$$\sum \rho_a \quad o.$$

Le théorème exprimé par cette relation est dû à Duhamel ([1]).

On donne (fig. 42) une circonférence C de centre o et son diamètre pq. Des

Fig. 42.

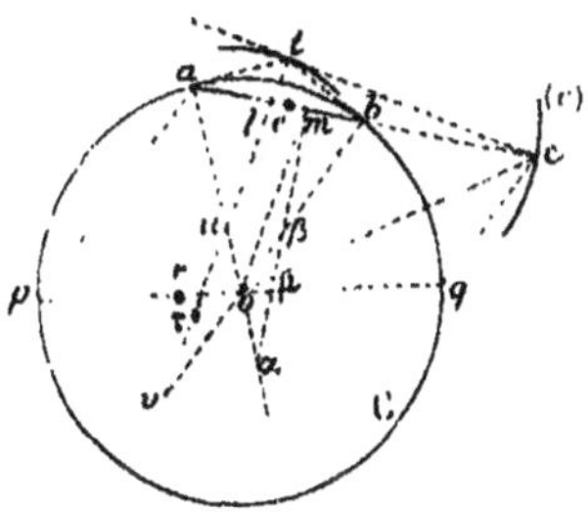

points p et o, on mène les parallèles pa, ob : quel est le point de contact de ab avec la courbe qu'enveloppe cette droite, lorsque ob tourne autour de o et quel est le centre de courbure de cette enveloppe ([2]), etc.?

Lorsque ob et pa, qui restent parallèles, ont tourné simultanément d'un même angle, l'arc sous-tendu par l'angle de sommet o est moitié de l'arc sous-tendu par l'angle de sommet p, à cause de la mesure de ces angles égaux.

([1]) *Journal de Mathématiques*, 1re série, t. IV, p. 364.

([2]) En 1887, M. G. de Longchamps a fait à la Société royale des Sciences de Prague une communi-cation sur ces questions.

On a donc, pour un déplacement infiniment petit de ob,

$$d(a) = 2d(b).$$

Soient m le point de contact de ab avec son enveloppe et t le point de rencontre des tangentes at, bt à C; on a, en appliquant la formule (III'),

$$\frac{d(a)}{d(b)} = \frac{at.am}{bt.bm} = \frac{am}{bm},$$

et, en tenant compte de la relation précédente, il vient

$$am = 2.bm.$$

Ainsi, *on obtient le point de contact m de ab avec son enveloppe en partageant ab en trois parties égales et en prenant le point de division le plus rapproché de b.*

Autrement. Élevons la perpendiculaire $m\beta\alpha$ à ab; appelons α et β les points de rencontre de cette droite avec ao et bo. On a, en appliquant la formule (III),

$$\frac{d(a)}{d(b)} = \frac{a\alpha}{b\beta},$$

par suite

$$a\alpha = 2\,b\beta.$$

Les triangles semblables $am\alpha$, $bm\beta$ donnent

$$\frac{am}{bm} = \frac{a\alpha}{b\beta} = 2,$$

donc

$$am = 2.bm \quad (^1).$$

Remarquons aussi que $m\alpha = 2.m\beta$.

La droite ab étant partagée dans un rapport constant par le point m où elle touche son enveloppe, on obtient le centre de courbure de cette enveloppe en partageant $\alpha\beta$ au point μ comme le point m partage ab.

(^{1}) La courbe (m) est l'épicycloïde engendrée par le point m de la circonférence décrite sur $b\beta$ comme diamètre lorsque cette courbe roule sur la circonférence décrite du point o comme centre avec $o\beta$ pour rayon. Prenons r de façon que $or = \dfrac{op}{3}$. La conchoïde, relative à la circonférence de centre o et qui passe par r, pour des droites qui partent de r et sur lesquelles on porte $\dfrac{2}{3}\,op$, est aussi (m). Enfin cette courbe est la podaire qu'on obtient en projetant r sur les tangentes à la circonférence décrite sur rq comme diamètre.

Les triangles $\alpha o \beta$ et $a t b$ sont semblables et les points m, μ sont homologues ; on obtient alors le point μ en prenant le point de rencontre de $\alpha\beta$ avec la perpendiculaire abaissée de o sur tm. Cette perpendiculaire et tm sont, en effet, des droites homologues.

La perpendiculaire abaissée de o sur tm passe par le pôle de cette droite, par rapport à C, c'est-à-dire par le point c, harmonique conjuguée de m par rapport à ab. Mais, comme

$$\frac{am}{mb} = \text{...},$$

on obtient alors c en prolongeant ab de sa propre longueur ou, encore, en prenant le point de rencontre de ab et de qc menée parallèlement à ob. Ainsi *le centre de courbure μ de (m) est à la rencontre de $m\alpha$ et de la droite oc.*

Cherchons la normale à la courbe (t), lieu de t, pôle de ab.

Soit tv la normale demandée. Pour un déplacement infiniment petit de ab, on a, en appliquant la formule (III) aux côtés du triangle abt,

$$\frac{d(a)}{d(t)} = \frac{ao}{to},$$

$$\frac{d(t)}{d(b)} = \frac{tv}{bo},$$

$$\frac{d(b)}{d(a)} = \frac{1}{2}.$$

Multipliant membre à membre ces trois égalités, il vient

$$tv = 2 . tu.$$

Ainsi *la normale en t à (t) est la droite tv, limitée à bo et partagée par ao en deux parties égales.*

Les droites ov, ou, ot et la parallèle menée de o à tv forment alors un faisceau harmonique dont les rayons divisent harmoniquement ab. Les points de rencontre des rayons ov, ou, ot avec ab sont b, a et e milieu de ab : donc le quatrième rayon coupe ab au point m. Ainsi :

La normale en t à (t) est parallèle à om.

La tangente en t à (t) est alors la polaire de m, puisque cette droite passe par t et qu'elle est perpendiculaire à om, résultat qu'on pouvait prévoir.

Cette polaire doit contenir c harmonique conjugué de m par rapport à ab. Ainsi :

La tangente en t à (t) est la droite tc.

Lorsque *ab* se déplace, le point *c* décrit une courbe (*c*). Pour avoir la normale en *c* à cette courbe, il suffit de remarquer que, sur la droite mobile *ab*, qui touche son enveloppe en *m*, on a porté le segment *bc* égal à *ab*; on a donc la normale en *c* à (*c*) (p. 16) en joignant ce point à l'extrémité du segment obtenu en prolongeant αβ de sa propre longueur; d'après une remarque précédente, on trouve ainsi *m* : donc *la normale en c à (c) est cm*; par suite, *la courbe (c) est une développante de (m)* (¹).

Cherchons le centre de courbure de la courbe (*t*). Le triangle *atc* se déforme pendant le déplacement de *ab*; il donne

$$\frac{d(t)}{d(a)} = \frac{tu}{ao},$$

$$\frac{d(a)}{d(c)} = \frac{a\alpha}{cm},$$

et, en appelant τ le centre de courbure demandé,

$$\frac{d(c)}{d(t)} = \frac{c l}{t\tau}.$$

Multipliant membre à membre ces égalités, il vient

$$1 = \frac{tu \times a\alpha \times c l}{ao \times cm \times t\tau}.$$

Mais

$$cm = \frac{4}{3} bc, \qquad a\alpha = \frac{4}{3} ao;$$

on a donc

$$\frac{t\tau}{tu} = \frac{c l}{c b},$$

et, par suite, on a aussi

$$\frac{t\tau}{2 tu} = \frac{c l}{2 c b},$$

De la première de ces deux proportions résulte que

$$\frac{\tau u}{t\tau} = \frac{l b}{c l}.$$

(¹) Il est facile de voir que (*c*) est l'épicycloïde engendrée par le point *c* de la circonférence égale à C qui touche cette courbe en *b* et qui roule sur elle. On peut aussi définir (*c*) comme conchoïde de cercle et comme podaire.

et, de la deuxième,

$$\frac{\tau v}{l\tau} = \frac{al}{cl}.$$

Divisant membre à membre, on obtient

$$\frac{\tau u}{\tau v} = \frac{bl}{al}.$$

D'après cela, *on obtient le centre de courbure τ en partageant uv par le point τ comme le point l partage ba.*

Construction du centre de courbure d'une ellipse et du centre de courbure de la développée de cette courbe.

Voici succinctement d'autres solutions de ces problèmes déjà traités précédemment.

Les droites (a) et (b) (*fig.* 43) se rencontrent à angle droit au point o; (a) est décrit par l'extrémité a du segment ab de grandeur constante, de même

Fig. 43.

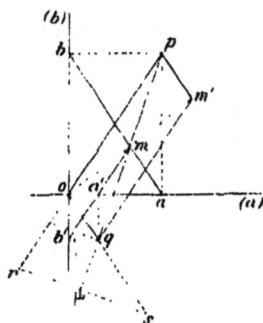

b décrit (b) lorsque ab se déplace dans l'angle droit aob. Le point m marqué sur ab décrit une ellipse (m).

Si l'on construit le rectangle $oapb$, on obtient le point p, et la droite pm est la normale en m à l'ellipse (m).

Menons du point m la parallèle $ma'b'$ à op. On a

$$mb' = mb \qquad \text{et} \qquad ma' = ma.$$

Le segment $a'b'$ est alors de grandeur constante et le point m est à des distances constantes de a' et b'.

On peut alors engendrer l'ellipse (*m*) au moyen du point *m* marqué sur *a'b'* qui se déplace dans l'angle droit donné. Si l'on construit le rectangle *oa'qb'*, on obtient le point *q*, et la droite *qm* normale en *m* à (*m*) doit alors être sur le prolongement de *pm*.

Comme le segment *op* est égal à *ab*, il est de grandeur constante.

De même pour *oq*. On voit aussi que *mp* = *mq*.

On peut dire alors que *l'ellipse* (*m*) *est le lieu des milieux des droites telles que pq qui joignent les extrémités des segments de grandeur constante op, oq qui font toujours des angles égaux avec* (*a*) *ou* (*b*) (¹).

D'après cette définition, pour avoir le centre de courbure μ de (*m*), on doit mener une perpendiculaire *rs* à *pq* telle que le segment *rs* de cette droite compris entre *op* et *oq* soit partagé par *pq* en deux parties égales et prendre le point où elle coupe *pq*. Voici alors comment on trouve μ : on élève au point *q* une perpendiculaire à *pq* : cette droite rencontre *a'b'* en un point qu'il suffit de joindre à *o* par une droite; celle-ci coupe *pq* au point μ cherché.

La droite *rs* (*fig.* 44) est la normale en μ à la développée de l'ellipse (*m*). On a alors le centre de courbure de cette développée en cherchant le point où *rs* touche son enveloppe. Pour cela, nous allons déterminer les normales en *r* et *s* aux courbes décrites par ces points lorsque *m* décrit (*m*). Appliquons la construction trouvée (p. 36) en supposant d'abord connu le centre de courbure μ' de la développée de (*m*).

Menons la droite *o*μ et, du point *r*, menons *rg* parallèlement à *pq*. Ces droites se coupent en *g* et l'on mène la parallèle *gv* à *rs*. Cette droite rencontre *op* au point *v* d'où l'on élève à *op* la perpendiculaire *vr'* et celle-ci coupe en *r'* la perpendiculaire μ'*r'* à μ*m'*; la droite *rr'* est la normale à la courbe lieu des points tels que *r*. De même, on a *ss'*, qui est la normale à la courbe lieu des points tels que *s*.

Puisque *r*μ = μ*s*, on doit avoir *r'*μ' = μ'*s'*. Comme le triangle *p'oq'* a ses côtés respectivement perpendiculaires aux côtés du triangle *poq*, on a le point μ' homologue du point μ en prenant le point de rencontre μ' de *p'q'* et de la perpendiculaire abaissée de *o'* sur *o*μ.

On obtient ainsi le centre de courbure μ' sans avoir besoin des droites *rr'*, *ss'*. Cette construction ne permet pas de soupçonner la construction si simple trouvée

(¹) Menons *pm'* parallèlement à *oq* et *qm'* parallèlement à *op*. On a ainsi le parallélogramme *opm'q*. On peut dire que *si le parallélogramme opm'q est formé de tiges articulées et si, laissant o fixe, on le déforme de façon que op et oq tournent en sens inverse d'angles égaux, le point m' décrit une ellipse dont la normale en m' est parallèle à la diagonale pq.*

par Maclaurin et à laquelle nous sommes déjà arrivé. Comme on doit nécessairement pouvoir l'en déduire, je vais montrer comment on peut le faire.

Menons le diamètre om qui coupe $\mu\mu'$ au point e : il s'agit de faire voir
que $\mu\mu' = 3\mu e$.

Soit l le point où oq rencontre gv, le point g est le milieu de lv puisque μ est
le milieu de rs. Par suite, la parallèle menée de g à op et la perpendiculaire
lf à rs se coupent au point e de cette dernière droite et ce point est le milieu
du segment lf intercepté par op et oq sur cette perpendiculaire. Ce point est
alors le point e où le diamètre om rencontre rs.

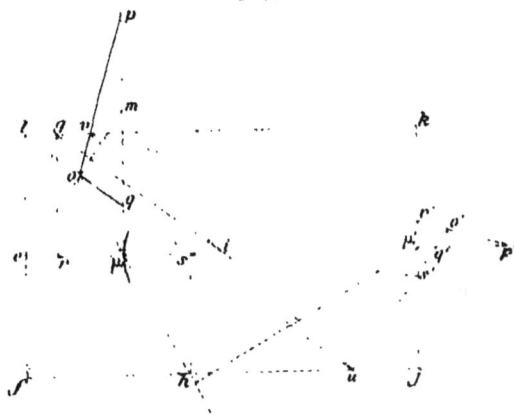

Fig. 14.

Les droites vu et rs se coupent en i, milieu de vu; la droite gi est alors parallèle à oq et, comme ge est parallèle à op, on voit que $si = re$ et, par suite,
$\mu i = \mu e$. Il suffit donc de démontrer que $i\mu' = ie$.

Les triangles $us'j$ et luf sont semblables; ils donnent

$$fu \times uj \quad fl \times s'j.$$

De même les triangles semblables vkr' et vlf donnent

$$lv \times vk \quad kr' \times fl.$$

Comme $s'j = kr'$, on a alors

$$fu \times uj - lv \times vk;$$

par suite, $lv = uj$ et le point i est bien le milieu de $e\mu'$. On retrouve donc que
$\mu\mu' = 3\mu e$.

Le centre de courbure de la développée d'une conique peut s'obtenir de bien
des manières. Voici encore comment on peut procéder pour y arriver.

Les droites op, oq sont les asymptotes d'une hyperbole, pq une tangente à cette courbe. Le point de contact de *pq* et de la courbe est le point *m*, milieu de *pq*. Afin d'avoir le centre de courbure de l'hyperbole pour le point *m*, nous avons

Fig. 45.

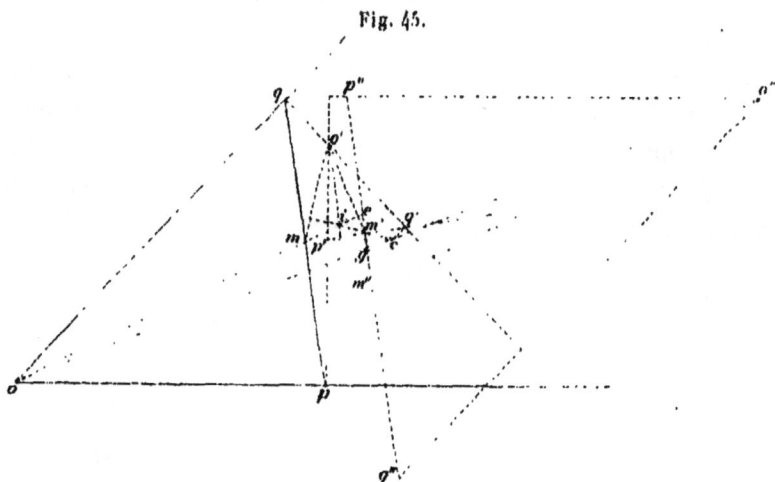

vu qu'on prend le milieu *m'* du segment *p'q'* intercepté sur la normale *mm'* par les perpendiculaires *pp'*, *qq'* aux asymptotes.

Puisque *m'* est le milieu de *p'q'*, on a le centre de courbure de la développée de l'hyperbole en prenant le milieu du segment intercepté sur la normale en *m'* à cette courbe par les normales aux courbes décrites par *p'* et *q'*. Celles-ci, d'après ce que nous avons trouvé (p. 36), s'obtiennent ainsi : on prolonge *pp'* de sa longueur et, par l'extrémité du segment ainsi déterminé, on mène une parallèle à *op*; cette droite coupe la normale en *m'* à la développée au point *p"*: la droite *p'p"* est la normale à la courbe décrite par *p'*. On construit de même le point *q"*. Le milieu *m"* du segment *p"q"* est le centre de courbure demandé.

On peut encore se proposer de retrouver le résultat de Maclaurin, c'est-à-dire, en menant le diamètre *ome*, de démontrer que $m'm'' = 3m'e$.

Il résulte de la construction que nous venons de faire que, si l'on mène *p'c*, *q'c* parallèlement aux asymptotes *op*, *oq*, le point *c* est le centre du parallélogramme qui a pour côtés ces asymptotes et les parallèles à ces droites que nous venons de mener et qui prolongées se rencontrent en *o"*. Le point *c* est alors le milieu de *oo"*. Comme *o"m"* est parallèle à *om*, la parallèle à ces droites menée du point *c* donne, sur *m'm"*, le point *g* qui est alors le milieu de *em"*.

La figure *opqo'm* et la figure *o'p'q'cm'* sont semblables et ont leurs côtés homologues perpendiculaires. La droite *cm'* est perpendiculaire à *o'm* et la droite *o'm'* est perpendiculaire à *me*. Les droites *me*, *cm'* se coupent en *i* qui est donc le point de rencontre des hauteurs du triangle *mo'm'*. La droite *o'i* est alors

M.

9

parallèle à *m'e*. Mais cette dernière droite partage en deux parties égales le diamètre *o'c* de la circonférence circonscrite à *cp'o'q'* : donc le point *m'* est le milieu de *ic* et, par suite, *m'* est le milieu de *eg*, c'est-à-dire *em' = m'g*. Or nous avons déjà trouvé que *eg = gm''*; donc 3*em' = m'm''*, ce qu'il fallait vérifier.

Caustique par réfraction. Constructions du point où un rayon réfracté touche son enveloppe et du centre de courbure de cette courbe.

Soient (*fig.* 46) (*m*) la courbe séparatrice des milieux, (*α*) l'enveloppe des rayons incidents et (*α'*) l'enveloppe des rayons réfractés, c'est-à-dire la caustique par réfraction. Proposons-nous d'abord de construire le point *α'* où le rayon réfracté *mα'* touche son enveloppe.

Désignons par μ le centre de courbure de (*m*) pour le point *m*, par *i* l'angle d'incidence μ*m*α, par *r* l'angle de réfraction μ*m*α', par λ l'indice de réfraction $\frac{\sin i}{\sin r}$, par I le segment *m*α, par R le segment *m*α' et enfin par ρ le rayon de courbure *m*μ. On a

$$\sin i = \lambda \sin r, \qquad \text{d'où} \qquad \cos i.di = \lambda \cos r.dr.$$

Remplaçant *di* et *dr* par leurs expressions résultant de l'emploi de la formule (II) (p. 47), on a

(*n*)
$$\cos i \left(\frac{1}{\rho} - \frac{\cos i}{I} \right) = \lambda \cos r \left(\frac{1}{\rho} - \frac{\cos r}{R} \right)$$

On obtient ainsi très simplement la relation qui existe entre les éléments de (*m*), de (*α*) et de (*α'*). On peut l'écrire

$$\left(\frac{\cos i}{\rho} - \frac{\cos^2 i}{I} \right) \frac{1}{\sin i} = \left(\frac{\cos r}{\rho} - \frac{\cos^2 r}{R} \right) \frac{1}{\sin r}$$

ou

$$\left(\frac{1}{m n} - \frac{1}{m c} \right) \frac{1}{\sin i} = \left(\frac{1}{m n'} - \frac{1}{m c'} \right) \frac{1}{\sin r}.$$

Il résulte de là que *les points* μ, *c, c' sont en ligne droite*. Cette propriété conduit à la construction suivante :

Du point α *on élève au rayon incident* α*m la perpendiculaire* α*b. Du point b où cette droite rencontre m*μ, *on élève à cette droite la perpendiculaire bc qui coupe le* *rayon incident au point c. On mène la droite cμ et l'on prend son point de rencontre c' avec le rayon réfracté. On abaisse alors la perpendiculaire c'b' sur mμ et du point b' la perpendiculaire b'α' sur le rayon réfracté : le pied α' de cette perpendiculaire est le point où le rayon réfracté touche la caustique.*

On peut remarquer que, si l'on prend α'm comme rayon incident, (α') comme

Fig. 46.

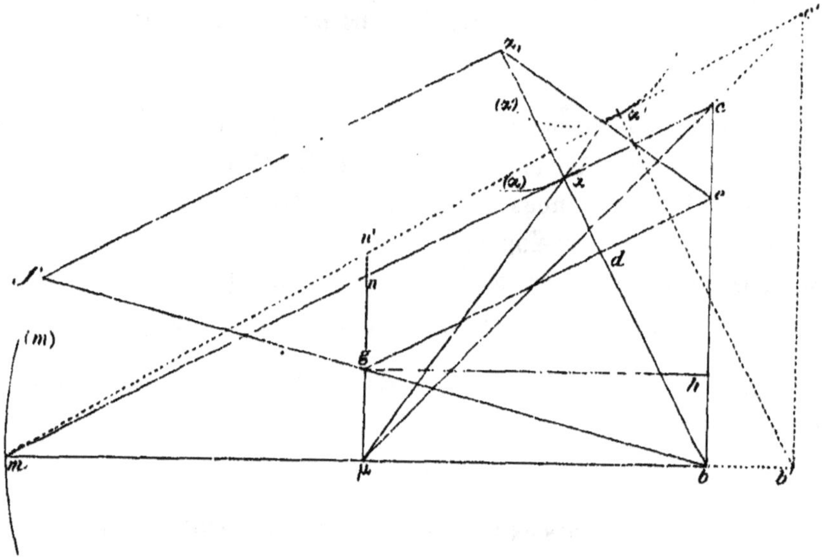

enveloppe de ces rayons, et si l'on choisit l'indice de réfraction de façon que le rayon réfracté soit dirigé suivant mα, celui-ci touchera son enveloppe au point α. On peut dire alors, en faisant usage d'un mot très employé par les physiciens, que cette construction est *réversible*.

Partons de cette construction pour traiter le problème plus complexe de la détermination du centre de courbure de la caustique. Quoique ce problème soit compliqué, la méthode géométrique qui conduit à sa solution est simple dans son emploi, parce que la construction de α' est *linéaire*. Suivant une remarque qui est générale, il suffit de déformer la figure polygonale qui constitue la construction de α' pour déterminer le point où la normale à (α') touche son enveloppe, c'est-à-dire le centre de courbure de la caustique. On applique pour cela les formules démontrées précédemment. Avec l'emploi de cette méthode si simple, on est certain d'avance d'arriver à une construction géométrique, but vers lequel doit toujours tendre le géomètre qui traite un problème analogue à celui dont je vais développer la solution.

Je montrerai ensuite comment on peut, de cette construction, déduire la relation qui existe entre les éléments qui entrent dans la relation (*a*) et les éléments de courbure des courbes (*m*), (α), (α').

Je décompose la déformation de la figure polygonale, relative à la construction de (α'), en trois parties constituant chacune un problème particulier.

Pour un déplacement infiniment petit du rayon incident, je considère :

1° La déformation du triangle *m*α*b*, et je cherche la normale à la courbe décrite par *b*;

2° La déformation du triangle *mbc*, et je cherche la normale à la courbe décrite par *c*.

3° Enfin, la déformation du triangle *m*μ*c*, et je cherche le point *o* où le côté μ*c* touche son enveloppe.

Arrivé là, il faut remarquer que, la construction de α' étant réversible, il doit alors en être de même de la construction de α$_1$ centre de courbure de (α'). D'après cela, il suffit, lorsqu'on a le point *o*, d'employer une construction inverse de celle qui a donné ce point pour obtenir α$_1$.

Telle est, dans son ensemble, la marche que je vais suivre.

Commençons par *construire la normale en b à la courbe (b) décrite par le sommet b du triangle m*α*b, pendant la déformation de ce triangle, lorsque m se déplace sur la courbe (m).*

J'ai déjà donné une solution de ce problème (p. 36). En voici une autre.

Appelons *bf* la normale cherchée, *f* étant le point d'intersection de cette normale avec la perpendiculaire à αα$_1$ élevée du centre de courbure α$_1$ de (α); on a

$$\frac{d(m)}{d(b)} = \frac{m\mu}{bg}, \qquad \frac{d(b)}{d(\alpha)} = \frac{bf}{\alpha\alpha_1}, \qquad \frac{d(\alpha)}{d(m)} = \frac{\alpha\alpha_1}{mb}.$$

Multipliant membre à membre ces trois égalités, il vient

$$1 = \frac{m\mu \times bf}{bg \times mb},$$

d'où

$$\frac{m\mu}{mb} = \frac{bg}{bf}.$$

Menons par le point *g* la droite *gde* parallèlement à *mc*. On a

$$\frac{bg}{bf} = \frac{bd}{b\alpha_1},$$

et alors

$$\frac{m\mu}{mb} = \frac{bd}{b\alpha_1},$$

que l'on peut écrire

$$\frac{m\mu}{mb\cos i} = \frac{\dfrac{bd}{\cos i}}{b\alpha_1}$$

ou

$$\frac{m\mu}{m\alpha} = \frac{be}{b\alpha_1}.$$

Il résulte de là que les triangles $m\mu\alpha$ et $eb\alpha_1$ sont semblables. Le côté $\alpha_1 e$ est alors perpendiculaire à $\alpha\mu$ et l'on a, pour déterminer g, la construction suivante :

Du point α_1 on abaisse sur $\alpha\mu$ la perpendiculaire $\alpha_1 e$; cette droite coupe bc au point e, d'où l'on mène eg parallèlement à mc. Cette droite rencontre la perpendiculaire élevée du point μ à mb au point g cherché : la droite bg est la normale demandée.

L'angle μbc restant droit pendant la déformation de la figure, le point g est le centre instantané de rotation relatif au déplacement infiniment petit de cet angle. Il suffit alors de *prendre sur bc le pied h de la perpendiculaire abaissée de g sur cette droite pour obtenir au point h le point de contact de bc avec son enveloppe.*

Pour le triangle mbc qui se déforme, on connaît donc les normales aux courbes décrites par les sommets m, b et les points de contact de chacun de ses côtés avec leurs enveloppes. Il reste à *construire la normale en c à la courbe (c) décrite par le sommet c du triangle mbc pendant sa déformation.*

Appelons ck (*fig.* 47) la normale demandée, elle rencontre gh en j, $\alpha\alpha_1$ en k; procédons comme précédemment, on a

$$\frac{d(m)}{d(b)} = \frac{m\mu}{bg}, \qquad \frac{d(b)}{d(c)} = \frac{bg}{cj}, \qquad \frac{d(c)}{d(m)} = \frac{ck}{mb}.$$

Multipliant membre à membre ces trois égalités, il vient

$$\frac{m\mu \times ck}{cj \times mb} = 1, \qquad \text{d'où} \qquad \frac{m\mu}{mb} = \frac{cj}{ck}.$$

Menons μl parallèlement à mc, on a

$$\frac{m\mu}{mb} = \frac{cl}{cb}, \qquad \text{donc} \qquad \frac{cj}{ck} = \frac{cl}{cb}.$$

Il résulte de là que *lj* est parallèle à *bk*, c'est-à-dire perpendiculaire à *mc*. La normale demandée s'obtient alors ainsi :

On mène μl parallèlement à mc et lj perpendiculairement à cette droite. La

Fig. 47.

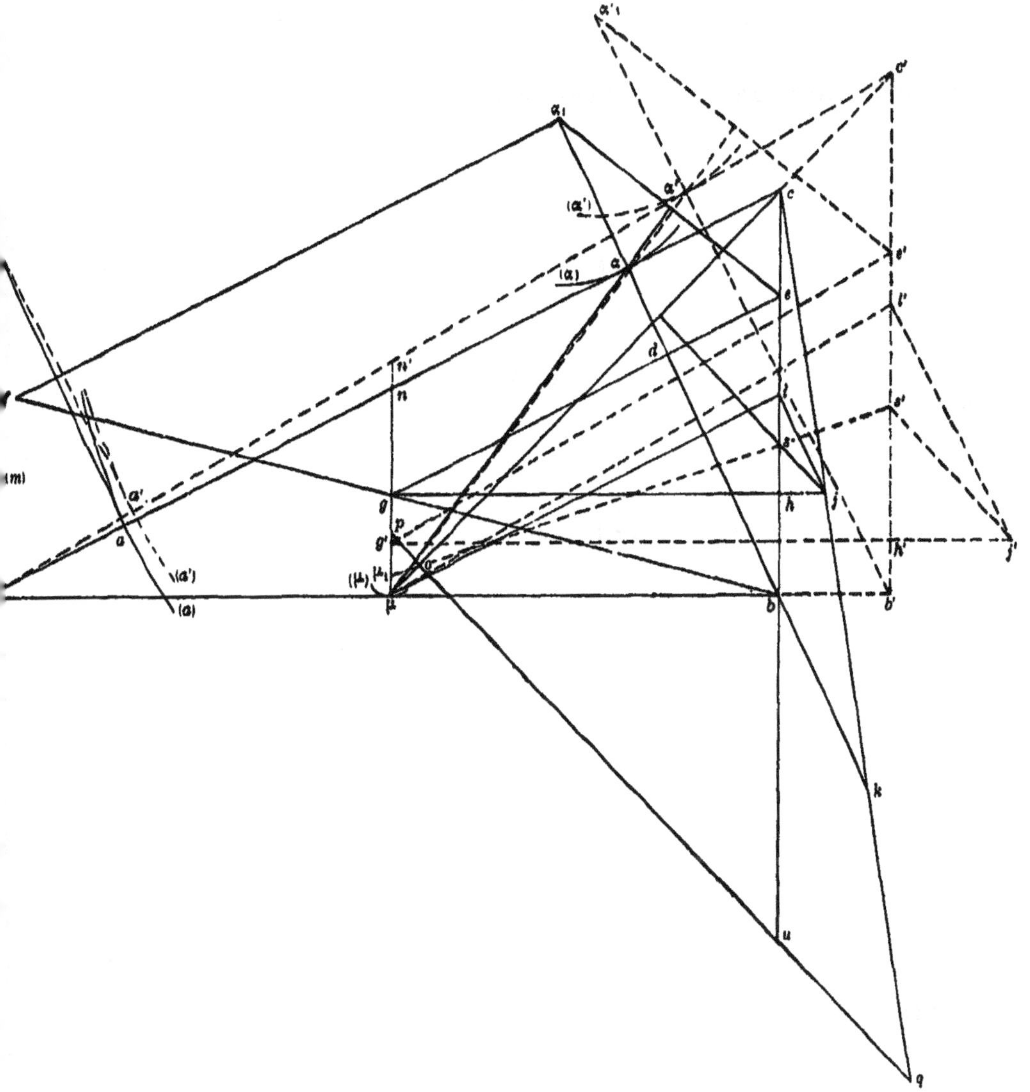

droite lj rencontre gh au point j : la droite cj est la normale à la courbe décrite par c.

Il ne nous reste plus qu'à *chercher en quel point le côté μc du triangle mμc touche son enveloppe pendant la déformation de ce triangle.*

Procédons toujours de la même manière : appelons o le point cherché et μ_1 le centre de courbure de la développée de (m), p et q étant les points d'intersection de la perpendiculaire en o à μc avec μn et ck; on a

$$\frac{d(m)}{d(\mu)} = \frac{m\mu}{\mu\mu_1}, \qquad \frac{d(\mu)}{d(c)} = \frac{\mu p}{cq}, \qquad \frac{d(c)}{d(m)} = \frac{ck}{mb};$$

multipliant membre à membre ces trois égalités, il vient

$$\frac{m\mu \times \mu p \times ck}{\mu\mu_1 \times cq \times mb} = 1.$$

Mais nous avons trouvé précédemment $\frac{m\mu \times ck}{mb} = cj$; on a donc

$$\frac{cj \times \mu p}{\mu\mu_1 \times cq} = 1$$

ou

$$\frac{\mu p}{\mu\mu_1} = \frac{cq}{cj}.$$

Du point j menons js perpendiculairement à $c\mu$. On a

$$\frac{cq}{cj} = \frac{cu}{cs},$$

u et s étant les points d'intersection de pq et de js avec cb; donc

$$\frac{\mu p}{\mu\mu_1} = \frac{cu}{cs}.$$

Il résulte de cette dernière proportion que la droite $s\mu_1$ passe par le point o. Ainsi la construction de ce point se réduit au tracé suivant : *Du point j*, obtenu comme on l'a vu, *on mène une perpendiculaire à $c\mu$, cette droite rencontre cb au point s : la droite $s\mu_1$ coupe $c\mu$ au point cherché o.*

En réunissant en une seule les trois constructions que nous venons de trouver, on obtient donc le point o. D'après ce que j'ai dit, il suffit de faire une construction inverse de celles-ci pour achever de résoudre le problème en question.

Voici cette construction inverse dont les lignes sont indiquées sur la figure par des traits discontinus :

La droite os coupe $c'b'$ au point s'; de ce point on abaisse la perpendiculaire $s'j'$

sur $c\mu$. D'un autre côté, on mène $\mu l'$ parallèlement à mc' et $l'j'$ perpendiculairement à cette droite. Cette dernière droite rencontre $s'j'$ au point j'; la perpendiculaire abaissée de ce point sur $b'c'$ coupe μg au point g'. On mène $g'e'$ parallèlement
à mc' et du point e' on abaisse une perpendiculaire sur $\mu\alpha'$: cette perpendiculaire
rencontre $b'\alpha'$ au point α'_i cherché.

Telle est la construction qui donne le centre de courbure α'_i de la caustique
par réfraction (α'). Je vais chercher, avec les données que j'ai adoptées, quelle
est la formule qui correspond à cette construction.

Calcul du rayon de courbure de la caustique par réfraction.

Appelons ρ_i le rayon de courbure $\mu\mu_i$ de la développée de (m), ρ_α le rayon de
courbure $\alpha\alpha_i$ de la courbe enveloppe des rayons incidents et $\rho_{\alpha'}$ le rayon de courbure $\alpha'\alpha'_i$ de la caustique par réfraction. Nous allons déterminer $\rho_{\alpha'}$ en fonction
de ρ_i, de ρ_α et des éléments qui entrent dans la formule (a).

Les triangles semblables $\mu\mu_i o$ et cso donnent

$$\frac{cs}{\mu\mu_i \text{ ou } \rho_i} = \frac{oc}{o\mu},$$

d'où

$$\frac{cs + \rho_i}{\rho_i} = \frac{\mu c}{o\mu};$$

de même

$$\frac{c's' + \rho_i}{\rho_i} = \frac{\mu c'}{o\mu};$$

donc

$$\frac{cs + \rho_i}{c's' + \rho_i} = \frac{\mu c}{\mu c'} = \frac{\mu b}{\mu b'},$$

que l'on peut écrire

(b)
$$\frac{cs + \rho_i}{\mu b} = \frac{c's' + \rho_i}{\mu b'}.$$

Les deux membres de cette égalité ont la même forme; il suffit alors de chercher l'expression du premier membre en fonction des éléments relatifs au rayon
incident. Calculons cs et pour cela cherchons les expressions de be, bl, bh.
Les triangles semblables $m\mu\alpha$, $eb\alpha_i$ donnent

$$be = \frac{b\alpha_i \times m\mu}{m\alpha} = \frac{(I \tan g\, i + \rho_\alpha)\rho}{I} = \rho \tan g\, i + \frac{\rho\rho_\alpha}{I};$$

puis on a

$$bl = \mu b \tan g\, i = mb \tan g\, i - \rho \tan g\, i = \frac{I \sin i}{\cos^2 i} - \rho \tan g\, i,$$

et alors

$$bh \quad \text{ou} \quad el = be - bl = 2\rho \tan i + \frac{\rho \rho_\alpha}{I} - \frac{I \sin i}{\cos^2 i}.$$

Écrivons maintenant $cs = cl + ls = \rho \tan i + ls$.

Les triangles mbc et lhj étant semblables et les droites $c\mu$, js étant homologues, on a

$$\frac{ls}{lh} = \frac{m\mu}{mb},$$

d'où

$$ls = \frac{\rho \cos i}{I}(bl - bh).$$

Remplaçant bl, bh par leurs valeurs, il vient

$$ls = 2\rho \tan i - \frac{3\rho^2 \sin i}{I} - \frac{\rho^2 \rho_\alpha \cos i}{I^2}$$

et, par suite,

$$cs = 3\rho \tan i - \frac{3\rho^2 \sin i}{I} - \frac{\rho^2 \rho_\alpha \cos i}{I^2}.$$

On a pour $c's'$ une expression analogue. Portant les valeurs de cs et de $c's'$ dans la relation (b), remplaçant μb, $\mu b'$ par leurs valeurs et divisant par ρ^2, il vient

$$\frac{\cos i \left(\dfrac{3 \tan i}{\rho} - \dfrac{3 \sin i}{I} - \dfrac{\rho_\alpha \cos i}{I^2} + \dfrac{\rho_1}{\rho^2} \right)}{I - \rho \cos i} = \frac{\cos r \left(\dfrac{3 \tan r}{\rho} - \dfrac{3 \sin r}{R} - \dfrac{\rho_{\alpha'} \cos r}{R^2} + \dfrac{\rho_1}{\rho^2} \right)}{R - \rho \cos r}.$$

Mais la relation (a) donne

$$\frac{I - \rho \cos i}{R - \rho \cos r} = \frac{I \tan i}{R \tan r}.$$

La relation précédente devient alors

$$\frac{\cos^2 i}{I \sin i} \left(\frac{3 \tan i}{\rho} - \frac{3 \sin i}{I} - \frac{\rho_\alpha \cos i}{I^2} + \frac{\rho_1}{\rho^2} \right) = \frac{\cos^2 r}{R \sin r} \left(\frac{3 \tan r}{\rho} - \frac{3 \sin r}{R} - \frac{\rho_{\alpha'} \cos r}{R^2} + \frac{\rho_1}{\rho^2} \right)$$

ou

$$\frac{3 \cos i}{I} \left(\frac{1}{\rho} - \frac{\cos i}{I} \right) - \frac{3 \cos r}{R} \left(\frac{1}{\rho} - \frac{\cos r}{R} \right)$$

$$+ \frac{\rho_1}{\rho^2} \left(\frac{\cos^2 i}{I \sin i} - \frac{\cos^2 r}{R \sin r} \right) = \frac{\rho_\alpha \cos^3 i}{I^3 \sin i} - \frac{\rho_{\alpha'} \cos^3 r}{R^3 \sin r}.$$

M.

Mais la relation (a) donne

$$\cos r \left(\frac{1}{\rho} - \frac{\cos r}{R} \right) = \cos i \left(\frac{1}{\rho} - \frac{\cos i}{I} \right) \frac{\sin r}{\sin i};$$

on a alors la relation cherchée

$$\frac{3}{\tan g\, i} \left(\frac{1}{\rho} - \frac{\cos i}{I} \right) \left(\frac{\sin i}{I} - \frac{\sin r}{R} \right)$$

$$+ \frac{\rho_1}{\rho^2} \left(\frac{\cos i}{I \tan g\, i} - \frac{\cos r}{R \tan g\, r} \right) = \frac{\rho_\alpha \cos^2 i}{I^3 \tan g\, i} - \frac{\rho_{\alpha'} \cos^2 r}{R^3 \tan g\, r}.$$

On ne doit pas oublier que cette relation correspond aux données adoptées pour la figure. Nous laissons de côté l'examen des changements de signes qu'introduiraient d'autres données, notre but principal étant la construction de α'_1.

Autre construction du centre de courbure de la caustique par réfraction.

Pour déterminer l'expression du segment ls, nous avons employé les triangles semblables mbc, lhj et les droites homologues $c\mu$, js. Il en est résulté que

$$\frac{ls}{sh} = \frac{m\mu}{mb}.$$

Il suffit donc, pour construire le point s, de partager lh comme le point μ partage mb ou encore comme le point l partage cb.

Voici comment on peut faire alors la construction du point s :

Du point f (fig. 48), où la droite gh rencontre μl, on mène une parallèle à ml : cette droite coupe bc au point s.

La droite $\mu_1 s$ rencontre $b'c'$ au point s'. Par une construction inverse de celle qui vient de nous donner le point s, on part du point s' pour avoir f'.

Ce point f' donne le point g' qui conduit, comme dans la première construction, au point α'_1, centre de courbure demandé.

Construction du centre de courbure de la développée de la courbe lieu des points dont le rapport des distances à deux courbes données est constant.

Prenons une développante (a) de (α). Au point a menons la tangente al à (a); cette droite coupe au point t la tangente mt à (m); projetons ce point t en a' sur le rayon réfracté. En faisant une construction analogue pour les différents points de (a), on obtient des points, tels que a', qui appartiennent à une développante de (α').

On a

$$ma = mt \sin i, \qquad ma' = mt \sin r,$$

par suite

$$\frac{ma}{ma'} = \lambda.$$

La courbe (m) est donc le lieu des points dont le rapport des distances à deux courbes fixes est constant.

La construction du point α'_1, que j'ai donnée, établit la liaison géométrique qui existe entre les points μ_1, α_1, α'_1; elle permet de construire μ_1 lorsqu'on

Fig. 48.

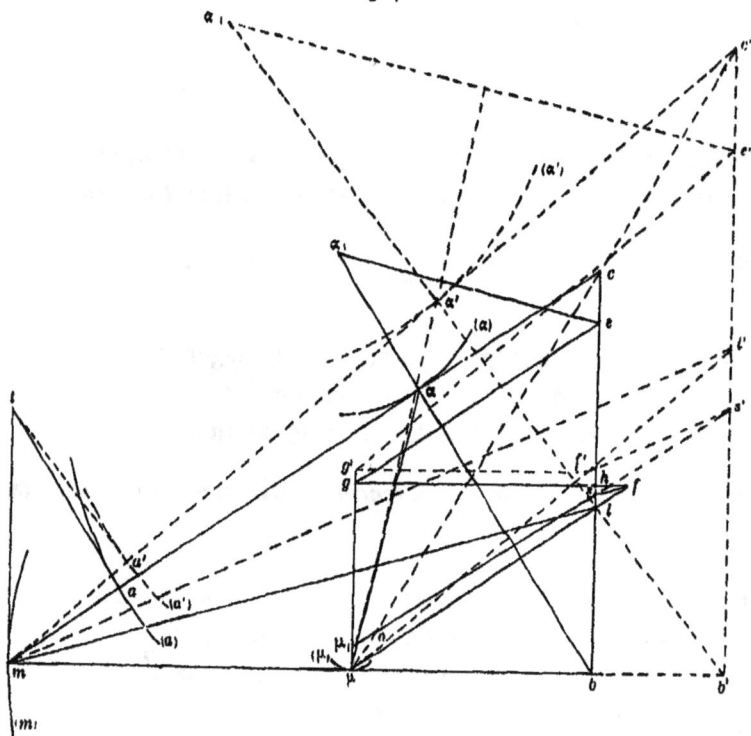

suppose connus les points α_1 et α'_1. Il suffit, en effet, au moyen de ces points, de déterminer s et s', ce qui ne nécessite que la connaissance du centre de courbure μ. La droite ss' coupe au point cherché μ_1 la perpendiculaire élevée du point μ à $m\mu$.

Nous avons ainsi résolu ce problème :

Étant données deux courbes (a), (a') *et les centres de courbure de leurs développées, construire le centre de courbure de la développée de la courbe* (m) *lieu des points dont le rapport des distances* ma, ma' *aux courbes* (a), (a') *est constant.*

Faisons remarquer que c'est simplement en appliquant la formule (III) que je suis arrivé à traiter des problèmes, et en particulier ce dernier, dont la solution pouvait paraître inabordable à cause de sa complication.

Sur les quadrilatères articulés.

Un quadrilatère est formé par quatre tiges, trois de ses sommets sont respectivement liés à des points fixes par des tiges; construire, pour une position du quadrilatère, la normale à la ligne que décrit le quatrième sommet pendant la déformation du quadrilatère.

abcm (*fig.* 49) est le quadrilatère formé par les quatre tiges ab, ac, bm, cm.

Fig. 49.

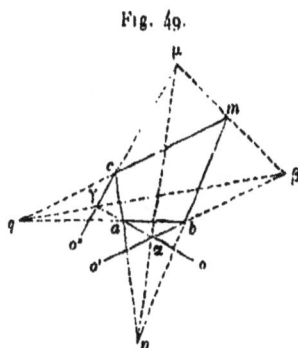

Le point a est lié au point o par la tige ao; le point b est lié au sommet o' par la tige bo'; enfin le point c est lié au point o" par la tige co". Le sommet libre est m.

Le point de rencontre α des droites ao, bo' est le centre instantané relatif au côté ab; on a

$$\frac{d(a)}{d(b)} = \frac{\alpha a}{\alpha b},$$

de même

$$\frac{d(b)}{d(m)} = \frac{\beta b}{\beta m},$$

$$\frac{d(m)}{d(c)} = \frac{\mu m}{\mu c},$$

$$\frac{d(c)}{d(a)} = \frac{\gamma c}{\gamma a}.$$

Multipliant membre à membre ces égalités, il vient

$$\alpha a \times \beta b \times \mu m \times \gamma c = \alpha b \times \beta m \times \mu c \times \gamma a.$$

Il résulte de cette relation, en vertu d'un théorème connu ([1]), que *les diagonales* $\alpha\mu$, $\beta\gamma$ *du quadrilatère formé par les quatre centres instantanés de rotation des côtés passent par les points de rencontre p et q des côtés opposés du quadrilatère abcm* ([2]).

D'après cela, on mène la droite $p\alpha$; elle coupe $o''c$ au point μ. La droite $m\mu$ est la normale demandée.

Cas particuliers. — Supposons que les diagonales du quadrilatère *abcm* se rencontrent à angle droit (elles se coupent alors toujours à angle droit pendant la déformation du quadrilatère) et que les points o', o'' soient confondus en un seul point o' sur la diagonale *am*.

On a alors (*fig.* 50) un système articulé pour lequel les points o', a, m res-

Fig. 50.

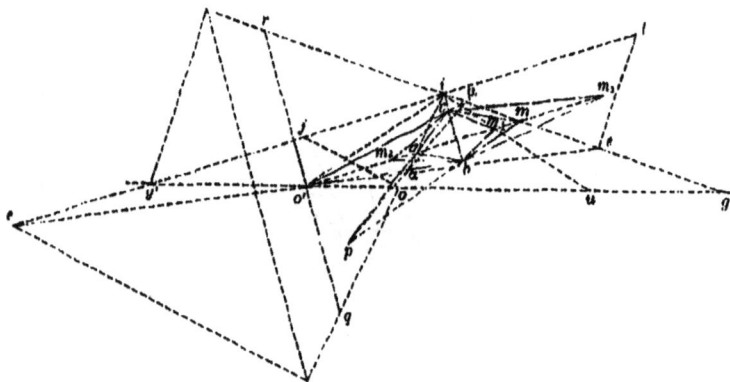

tent toujours en ligne droite, quelle que soit la déformation du quadrilatère.

Appliquons la construction précédente. Menons la droite $p\alpha$, elle coupe $o'c$ au point μ : la droite $m\mu$ est la normale à la courbe (m) décrite par le sommet libre m.

L'hexagone $o'bcp\mu mo'$ a ses sommets sur les droites $o'c$ et pm; en vertu du théorème de Pascal, les points de rencontre α, a, i de ses côtés opposés sont en

([1]) Chasles, *Traité de Géométrie supérieure*, 2ᵉ édition, n° 411.

([2]) Phillips, *Théorie de la coulisse de Stephenson* (*Annales des Mines*, 1853, et Brochure : Mallet-Bacheller, 1863).

ligne droite. Il résulte de là que *la normale en m à* (*m*) *passe par le point i où oa rencontre la diagonale bc*.

Comme le point *i* ne dépend pas de la position de *m* sur *o′a*, on voit que, *si l'on relie par des tiges aux points b et c différents points de o′a, les normales aux courbes décrites par ces points concourent au même point i*.

Prenons, en particulier, le point m_1 symétrique de *a* par rapport à *bc*, la normale à la courbe (m_1) décrite par ce point est im_1. De la connaissance de cette normale, on peut déduire que (m_1) est une circonférence de cercle dont le centre est le point où im_1 rencontre *oo′*; mais nous allons démontrer directement cette propriété. Supposons que l'on décrive une circonférence du point *c* comme centre avec *ca* pour rayon, on a

$$o'a \times o'm_1 = \overline{o'c}^2 - \overline{ca}^2 = \text{const.}$$

La courbe (m_1) est donc la transformée, par rayons vecteurs réciproques, de la circonférence décrite par *a*, c'est-à-dire une circonférence de cercle dont le centre est au point de rencontre de la droite *o′o* et de la droite qui joint le point m_1 au point *i* où *oa* coupe *bc*.

Si *oa* est égal à *oo′*, alors im_1 est parallèle à *oo′*, et m_1 décrit une droite perpendiculaire à *oo′* ([1]).

La circonférence décrite du point *i* comme centre avec *ia* pour rayon est tangente aux circonférences (*a*) et (m_1). Le lieu (*i*) des points, tels que *i*, est alors le lieu de points également distants de deux circonférences : c'est donc une conique.

La tangente en *i* à cette courbe est *ib*. On voit ainsi que *la diagonale bc enveloppe une conique*.

Prenons le symétrique m_2 de *m* par rapport à *bc*, et formons avec des tiges le losange mcm_2b. Lorsqu'on déforme le système à tiges, les points *m* et m_2 font partie d'une courbe qui rencontre la droite *o′a* aux deux positions de *m* et m_2 qu'on obtient en amenant le point décrivant sur la droite *o′a*. La courbe (*m*) est donc du quatrième ordre.

([1]) Ce système articulé, composé de sept tiges, au moyen duquel on peut tracer une circonférence ou une droite, est dû au général Peaucellier, qui l'a découvert en 1864. Depuis, MM. Hart et Kempe ont fait connaître, pour le même objet, des systèmes articulés composés de cinq tiges. Le professeur J.-J. Sylvester a fait, à l'Institution royale de la Grande-Bretagne, une très intéressante lecture qui a provoqué de nombreux travaux sur les systèmes articulés. [*Voir* LIGUINE, *Liste des travaux sur les compas composés* (*Bulletin des Sciences mathématiques*, 1883).]

On a

$$o'm \times o'm_1 = \overline{o'i}^2 - \overline{im}^2 = \overline{o'c}^2 - \overline{cm}^2 = \text{const.}$$

La courbe (m) *est donc une anallagmatique du quatrième ordre* ([1]).

Décrivons du point i comme centre une circonférence avec im pour rayon. Appelons C cette circonférence, elle est tangente en m et m_2 à l'anallagmatique (m). Mais, comme $\overline{o'i}^2 - \overline{im}^2 = \overline{o'c}^2 - \overline{cm}^2$, cette circonférence coupe orthogonalement la circonférence décrite du point o' comme centre avec un rayon égal à $\sqrt{\overline{o'c}^2 - \overline{cm}^2}$. On peut dire alors que *l'anallagmatique du quatrième degré* (m) *est l'enveloppe de circonférences dont les centres sont sur la conique* (i) *et qui coupent orthogonalement une circonférence donnée* ([2]).

Si le point décrivant est m_3, symétrique de o' par rapport à bc, alors (m_3) est une podaire de conique, car cette courbe est semblable à la courbe lieu du point de rencontre des diagonales am, bc, et cette courbe est la podaire de o' par rapport à la conique (i).

Cherchons sur la normale mi le point e, *centre de courbure de l'anallagmatique* (m). Pour un déplacement infiniment petit du quadrilatère articulé, le triangle aim se déforme et le point i se déplace sur la tangente ib à la conique (i).

Élevons en o la perpendiculaire oj à oi, cette droite coupe en j la parallèle ij menée du point i à o'm. On a

$$\frac{d(a)}{d(i)} = \frac{ao}{ij}.$$

Du centre de courbure cherché, élevons la perpendiculaire el à im, cette droite coupe en l la droite ij. On a

$$\frac{d(i)}{d(m)} = \frac{il}{me}.$$

Élevons du point o' une perpendiculaire à o'm, cette droite coupe en r et q les droites mi, ao. On a

$$\frac{d(m)}{d(a)} = \frac{mr}{aq}.$$

([1]) M. Moutard a donné le nom d'*anallagmatique* à une courbe qui se transforme en elle-même par rayons vecteurs réciproques.

([2]) Cette génération des anallagmatiques du quatrième degré est due à M. Moutard.

Multiplions membre à membre ces trois égalités, il vient

$$ao \times il \times mr = ij \times me \times aq.$$

Appelons ω et φ les angles que font ia et im avec ib; on a

$$il = \frac{ie}{\sin\varphi}, \qquad mr = \frac{mo'}{\sin\varphi}, \qquad ij = \frac{io}{\sin\omega}, \qquad aq = \frac{ao'}{\sin\omega}.$$

Portant ces valeurs dans la relation précédente, il vient

$$\frac{ao \times ie \times o'm}{\sin^2\varphi} = \frac{ij \times me \times ao'}{\sin^2\omega}.$$

Le triangle aim, coupé par la transversale $o'og$, donne

$$ao \times ig \times mo' = io \times ao' \times mg.$$

Par suite, la dernière relation devient

$$\frac{\dfrac{mg}{ig}}{\dfrac{me}{ig}} = \frac{\sin^2\varphi}{\sin^2\omega}.$$

Coupons le faisceau $o'i$, $o'm$, $o'e$, $o'g$ par la parallèle ij à $o'm$.

Le rapport anharmonique qui est dans le premier membre de la dernière égalité est égal à $\dfrac{ie'}{ig'}$. On a alors

$$ie'\sin^2\omega = ig'\sin^2\varphi,$$

et, par suite, on construit e' de la manière suivante : *on abaisse de g' une perpendiculaire sur mi; du pied de cette droite, on abaisse une perpendiculaire sur ig'; cette dernière droite rencontre ia en un point d'où l'on élève une perpendiculaire à ia : cette perpendiculaire coupe ig' au point e'. Il suffit maintenant de mener la droite $e'o'$: elle rencontre mi au centre de courbure demandé.*

Si l'on applique cette construction à la courbe (m_1), on trouve que, quelle que soit la position du quadrilatère, le centre de courbure est toujours sur $o'o$. Ce centre de courbure est alors unique, et nous retrouvons que la courbe (m_1) est une circonférence de cercle.

L'appareil du général Peaucellier se construit en prenant un losange $abcm$

(*fig.* 51) comme quadrilatère articulé ([1]). Cherchons, dans ce cas, les rapports des chemins élémentaires parcourus par les sommets opposés du losange.

Prenons d'abord les sommets a et m. Les segments des normales ai, mi aux

Fig. 51.

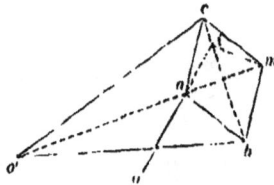

courbes (a) et (m), compris entre a ou m et la perpendiculaire élevée en o' à $o'm$, sont entre eux comme leurs projections $o'a$, $o'm$, puisqu'ils sont également inclinés sur $o'm$. On a donc

$$\frac{d(a)}{d(m)} = \frac{o'a}{o'm}.$$

Les sommets c, b décrivent des arcs de cercle. Les arcs élémentaires décrits par ces points sont entre eux comme les segments compris sur co', bo' entre c ou b et les points où la perpendiculaire élevée en i à cb rencontre co', bo'. Mais ces segments sont également inclinés sur cb : on a alors

$$\frac{d(c)}{d(b)} = \frac{ci}{ib}.$$

Arcs des courbes planes ou sphériques considérées comme enveloppes de cercles ([2]).

Les arcs des ovales de Descartes dépendent, en général, d'une transcendante compliquée. M. William Roberts a fait voir que *la différence des arcs de cette courbe compris entre deux rayons vecteurs issus d'un foyer est exprimable en arc d'ellipse* ([3]). Pour arriver à ce théorème, M. Roberts examine les courbes représentées par l'équation polaire

(1)
$$r^2 - 2r\Omega + \alpha = 0,$$

([1]) *Voir* à ce sujet, dans les *Nouvelles Annales de Mathématiques*, 2° série, t. XX, p. 456; 3° série, t. III, p. 199, des Notes de M. d'Ocagne, et dans le même Recueil, 3° série, t. I, p. 153, un Article de M. Liguine.

([2]) Je reproduis ici ce travail parce qu'il me donne l'occasion de faire connaître quelques formules de *Géométrie cinématique sphérique*.

([3]) *Journal de Mathématiques*, t. XV, p. 194.

M.

où Ω désigne une fonction quelconque de l'angle polaire ω, α une quantité constante, et il calcule la somme et la différence des arcs compris entre deux rayons vecteurs issus du pôle. Remarquant ensuite que l'équation polaire de l'ovale de Descartes est de la forme (1), l'un des foyers étant pris pour pôle, il arrive à son théorème en étudiant ce que deviennent alors les expressions trouvées dans le cas général pour la somme et la différence des arcs compris entre deux rayons vecteurs.

Interprétons les résultats généraux trouvés par M. Roberts, et pour cela définissons géométriquement les courbes représentées par l'équation (1).

Construisons (*fig.* 52) la courbe $\rho = \Omega$ et désignons-la par (A); décrivons du pôle P comme centre une circonférence ayant pour rayon $\sqrt{\alpha}$; enfin construi-

Fig. 52.

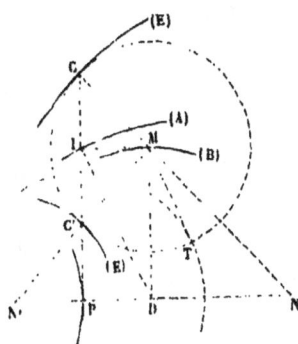

sons la courbe enveloppe des perpendiculaires élevées de tous les points de (A) aux rayons vecteurs qui y aboutissent, et désignons cette courbe par (B).

Je dis que la courbe enveloppe (E) des circonférences (M) décrites de tous les points de (B) comme centres et coupant orthogonalement la circonférence de rayon $\sqrt{\alpha}$ a pour équation polaire

$$r^2 - 2r\Omega + \alpha = 0.$$

Cherchons en quels points une de ces circonférences décrite d'un point quelconque M de (B) touche son enveloppe (E). Ces points ne sont autres que les points d'intersection de la circonférence (M) avec une circonférence infiniment voisine (M_1) ayant, comme la première, pour centre un point M_1 de B et coupant orthogonalement la circonférence de rayon $\sqrt{\alpha}$. Le point P étant le centre de la circonférence coupée orthogonalement par (M) et (M_1) fait partie de l'axe radical de ces circonférences, on sait, en outre, que cet axe radical est perpendiculaire à la ligne des centres MM_1; il faut donc, pour l'obtenir, abaisser une perpendiculaire du point P sur MM_1. Lorsque M_1, se rapprochant indéfiniment de M, arrive à se confondre avec ce point, la droite MM_1 devient tangente à (B) en M, et la perpendiculaire PI abaissée de P sur cette tangente coupe (M) aux points où elle touche son enveloppe.

Désignons par C et C′ ces deux points; d'après la manière dont ils sont déterminés, on voit que

$$PC + PC' = 2PI$$

et que

$$PC \times PC' = \alpha,$$

et comme PI est le rayon vecteur de (A), on a

$$PC + PC' = 2\Omega.$$

Les deux longueurs PC et PC′ sont donc les racines de l'équation (1) pour une valeur déterminée de ω, et lorsque l'on fait varier le point M sur (B) ou, ce qui revient au même, le point I sur (A), et par suite la valeur de ω, les points C et C′ décrivent la courbe (E), dont l'équation polaire est alors (1).

Nous sommes ainsi conduit à considérer l'équation (1) comme représentant une courbe enveloppe de circonférences. Les arcs dont nous allons nous occuper sont comptés à partir de points correspondants tels que C et C′ et limités à d'autres points correspondants. Pour plus de commodité dans le langage, nous dirons que ces arcs sont correspondants. Ainsi, lorsque nous considérerons un arc de (B) et que de tous les points de cet arc nous décrirons des circonférences, ces courbes détermineront sur chaque branche de (E) deux arcs qui sont nos arcs correspondants.

Ceci posé, interprétons géométriquement les résultats de M. Roberts. En désignant par s_1 et s_2 deux arcs correspondants, ce géomètre trouve

$$(2) \qquad s_1 + s_2 = 2 \int \sqrt{\frac{\Omega^2 + \Omega'^2 - \alpha}{\Omega^2 - \alpha}}\, \Omega\, d\omega,$$

$$(3) \qquad s_1 - s_2 = 2 \int \sqrt{\Omega^2 + \Omega'^2 - \alpha}\, d\omega,$$

où Ω' désigne la dérivée de Ω par rapport à ω.

$\dfrac{d\Omega}{d\omega}$ est la sous-normale de (A); d'ailleurs la normale à cette courbe au point I passe par le point D où la normale MD à (B) rencontre la perpendiculaire élevée du point P à PI; on a donc

$$\frac{d\Omega}{d\omega} \quad \text{ou} \quad \Omega' = PD.$$

PI étant égal à Ω et PD à Ω', $\sqrt{\Omega^2 + \Omega'^2}$ est égal à ID, c'est-à-dire à la normale en I à (B) ou à son égal MP.

$\sqrt{\Omega^2 + \Omega'^2 - \alpha}$ ou $\sqrt{\overline{MP}^2 - \alpha}$ est la longueur de la tangente MT menée de M à la circonférence (P) de rayon $\sqrt{\alpha}$, et par suite elle n'est autre que le rayon MC de la circonférence (M).

$\sqrt{\Omega^2 - \alpha}$ ou $\sqrt{\overline{PI}^2 - \alpha}$ est la tangente menée de I à la circonférence (P) de rayon $\sqrt{\alpha}$. Cette tangente est égale à IC, puisque les circonférences (M) et (P) se coupent orthogonalement.

Les égalités (2) et (3) peuvent donc s'écrire

$$(2') \qquad s_1 + s_2 = 2 \int \frac{MC \times PI}{IC} \, d\omega = 2 \int MN \cdot d\omega,$$

$$(3') \qquad s_1 - s_2 = 2 \int MC \cdot d\omega.$$

Voici maintenant une remarque importante.

Les formules (2) et (3) ont été établies en supposant que toutes les cordes de contact analogues à CC′ passent par un même point fixe P, mais les formules (2′) et (3′) sont évidemment applicables aux cas où les circonférences variables ont leurs centres sur une courbe quelconque, leurs rayons variant suivant une loi arbitraire. Dans ce dernier cas, il est évident aussi que les cordes de contact analogues à CC′ enveloppent une courbe quelconque. Pour appliquer l'équation (2′), on déterminera MN en considérant, pour la corde de contact correspondante à une circonférence (M), le point P où elle touche son enveloppe.

Arrivons à la démonstration directe des formules (2′) et (3′), démonstration qui fera bien comprendre à quoi tient la simplicité de ces formules.

De tous les points d'une courbe (B), on décrit des circonférences dont les rayons varient suivant une loi quelconque; on demande les relations qui existent entre les arcs correspondants de la courbe (E) enveloppe de ces circonférences.

Soient CC′ la corde de contact de la circonférence (M) avec (E) et P le point où CC′ touche l'enveloppe des cordes de contact telles que CC′. En désignant par ds_1 et par ds_2 les arcs élémentaires déterminés sur (E) par deux cordes infiniment voisines, on a

$$ds_1 = NC \, d\omega,$$
$$ds_2 = N'C' \, d\omega,$$

$d\omega$ étant l'angle de contingence en P de la courbe enveloppe des cordes telles que CC′; mais ces cordes sont respectivement perpendiculaires aux tangentes de (B), $d\omega$ est alors aussi l'angle de contingence de cette dernière courbe en M. En ajoutant et en retranchant les deux égalités que nous venons d'écrire, on a

$$ds_1 + ds_2 = (NC + N'C')\,d\omega = 2MN\,d\omega,$$
$$ds_1 - ds_2 = (NC - N'C')\,d\omega = 2MC\,d\omega,$$

puisque les triangles CMC′ et N′MN sont isocèles. En intégrant, nous avons les formules (2′) et (3′), et nous voyons que *c'est parce que les cordes de contact telles que CC′ coupent respectivement les deux branches de* (E) *sous des angles égaux, que ces formules sont aussi simples.* On doit remarquer qu'elles se changent l'une de l'autre, lorsque le point P, au lieu d'être sur le prolongement de CC′, comme nous l'avons supposé, est entre les points C et C′.

Passons aux applications des formules (2′) et (3′).

L'une de ces applications est relative à certaines courbes que nous allons définir et qui jouent un grand rôle dans la théorie des caustiques.

Lorsque des rayons émanés d'un point sont réfléchis par une courbe, ils enveloppent *une caustique par réflexion.* Le lieu des points qu'on obtient en portant sur chaque rayon réfléchi une longueur égale à celle du rayon incident est une trajectoire orthogonale des rayons réfléchis; c'est une développante particulière des caustiques. J. Bernoulli a donné à ces courbes le nom d'*anticaustiques.*

Nous étendons cette expression d'anticaustique à la courbe analogue que l'on obtient dans le cas de la réfraction, en considérant non plus un point lumineux, mais une courbe d'où s'échappent normalement les rayons lumineux.

Voici comment nous définirons l'*anticaustique* dans le cas de la réfraction.

L'*anticaustique* est l'enveloppe d'une suite de cercles dont les centres décrivent la ligne dirimante et dont les rayons sont aux distances de ces points à la courbe lumineuse dans un rapport constant qui est l'indice de réfraction ([1]). Cette courbe a deux branches que l'on distingue par le signe de l'indice. Ces deux branches peuvent être ou ne pas être des courbes distinctes; nous désignons toujours leur ensemble sous le nom d'*anticaustique complète* ([2]).

Soient (L) (*fig.* 53) une courbe lumineuse, (D) une ligne dirimante, AB un rayon lumineux réfracté suivant BE, C le point correspondant de l'anticaustique,

---

([1]) Ces courbes ont été étudiées par M. Quételet sous le nom de *caustiques secondaires.*

([2]) *Nouvelles Annales de Mathématiques*, t. XX, p. 220.

de telle façon que $\frac{AB}{BC}$ égale l'indice de réfraction λ. L'anticaustique complète

Fig. 53.

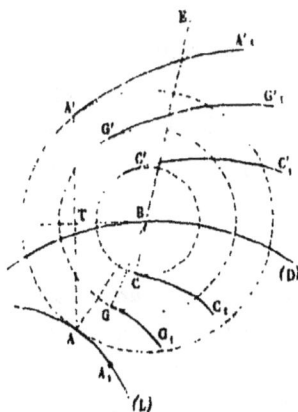

est l'enveloppe des circonférences telles que (B), décrite de B comme centre avec BC pour rayon.

En appliquant ce qui précède, on a, pour la différence des arcs élémentaires correspondants sur cette courbe

$$ds_1 - ds_2 = 2\,BC\,d\omega,$$

$d\omega$ étant l'angle de contingence de (D) en B.

Pour une autre anticaustique complète correspondante à l'indice $\mu = \frac{AB}{BG}$, on a

$$ds'_1 - ds'_2 = 2\,BG\,d\omega.$$

En divisant membre à membre ces deux égalités, il vient

$$\frac{ds'_1 - ds'_2}{ds_1 - ds_2} = \frac{BG}{CC} = \frac{\lambda}{\mu}$$

et, en intégrant,

$$\frac{G'G'_1 - GG_1}{C'C'_1 - CC_1} = \frac{\lambda}{\mu}.$$

On peut donc dire : *Pour deux anticaustiques complètes relatives à la même courbe lumineuse, à la même ligne dirimante et ne différant que par les indices de réfraction, les différences* ([1]) *des arcs correspondants sont dans le rapport inverse de ces indices.*

([1]) Dans certains cas, d'après une remarque faite précédemment, il faudrait dire les sommes.

On introduit l'arc de la courbe lumineuse elle-même en faisant $\mu = 1$; il vient alors

$$\frac{A'A'_1 - AA_1}{C'C'_1 - CC_1} = \lambda.$$

Dans le cas particulier où (L) se réduit à un point lumineux, la courbe $A'A_1$ n'est autre que la courbe que l'on obtient en abaissant du point lumineux des perpendiculaires sur les tangentes à (D) et en prolongeant ces droites de longueurs égales à elles-mêmes. En d'autres termes, la courbe $A'A'_1$ est semblable à la podaire de la ligne dirimante correspondante au point lumineux. Nous pouvons donc dire :

La différence des arcs correspondants d'une anticaustique complète relative à un point lumineux est exprimable en arc de la podaire de la ligne dirimante prise par rapport à ce point lumineux.

Prenons une circonférence O pour ligne dirimante et un point F_1 pour point lumineux; dans ce cas, l'anticaustique complète est une ovale de Descartes ([1]). D'après la propriété générale que nous venons d'énoncer, nous voyons immédiatement que la différence des arcs correspondants d'une ovale de Descartes est exprimable en arc de podaire d'un cercle. Mais cette courbe a des arcs exprimables en arcs d'ellipses ([2]) : donc la différence des arcs correspondants d'une ovale de Descartes est exprimable en arc d'ellipse.

Nous n'avons encore ainsi qu'une partie du théorème de M. Roberts, car il faut remarquer que les arcs correspondants de l'ovale de Descartes ne sont pas compris entre des droites passant par le point lumineux. Pour savoir comment sont disposés les arcs correspondants des ovales de Descartes, il faut connaître quelques propriétés de ces courbes.

Les cordes de contact des circonférences dont l'enveloppe est l'ovale de Descartes, anticaustique complète du cercle, passent par un point fixe. Ce point est un foyer de la courbe. C'est entre des droites issues de ce foyer que sont compris les arcs correspondants.

L'ovale de Descartes, considérée comme anticaustique complète du cercle correspondant à un point lumineux a sur son axe trois foyers réels. Elle peut être considérée comme enveloppe de cercles de trois manières différentes. La courbe se compose de deux branches (E) et (E') : l'une (E) renferme complètement

----

([1]) Ce théorème est de M. Quételet.

([2]) On arrive facilement à ce résultat en cherchant l'expression de l'arc élémentaire d'une ellipse engendrée par un point du plan d'une circonférence qui roule dans une autre de rayon double.

l'autre (E'); au dehors de la plus grande se trouve un foyer F_1, dans l'intérieur de l'autre les deux autres foyers F_2 et F_3, F_2 est entre F_1 et F_3.

Deux droites issues du foyer F_1 comprennent sur la même branche des arcs correspondants dont on doit prendre la *différence*.

Deux droites issues du foyer F_2 comprennent sur l'une et l'autre branche des arcs correspondants dont on doit prendre la *somme*.

Et pour le foyer F_3, on doit prendre sur l'une et l'autre branche les arcs correspondants et faire leur *différence*.

Nous pouvons résumer ces différents cas de la manière suivante :

Dans une ovale de Descartes, la différence des arcs correspondants compris entre des rayons vecteurs issus de l'un des foyers extrêmes est exprimable en arc d'ellipse ; pour le foyer moyen, c'est la somme des arcs correspondants qui est exprimable en arc d'ellipse.

Nous venons de trouver pour une ligne dirimante donnée comment on peut exprimer la différence des arcs correspondants ; proposons-nous le problème inverse et cherchons, par exemple, la ligne dirimante donnant lieu à une anti-caustique complète correspondante à un point lumineux, telle que la différence des arcs correspondants soit égale à une portion de droite.

D'après ce qui précède, il suffit de prendre pour ligne dirimante la courbe qui jouit de la propriété d'avoir une droite pour podaire. Cette courbe est une parabole. Donc *la différence des arcs correspondants de l'anticaustique complète d'une parabole, le foyer étant le point lumineux, est égale à un segment de droite que l'on peut facilement construire.*

Revenons à l'ovale de Descartes, que nous n'avons considérée que comme anti-caustique du cercle. L'équation polaire de cette courbe

$$(4) \qquad\qquad \rho^2 - 2\rho(a + b\cos\theta) + c^2 = 0$$

étant de la forme (1), cette ovale possède, comme toutes les courbes repré-sentées par l'équation (1), la propriété de se transformer en elle-même par rayons vecteurs réciproques, le pôle de transformation étant au pôle d'où partent les rayons vecteurs, et la constante de transformation étant le terme tout connu de l'équation polaire. Le pôle de transformation, en vertu de la pro-priété qu'il possède de permettre de transformer la courbe en elle-même, est appelé *pôle principal* (¹).

(¹) *Nouvelles Annales de Mathématiques*, t. XX, p. 218.

En nous reportant à la définition géométrique des courbes représentées par l'équation (1), nous voyons qu'on peut définir l'ovale de Descartes comme étant *la courbe enveloppe d'une suite de circonférences dont les centres décrivent une circonférence donnée et qui coupent orthogonalement une autre circonférence donnée.*

Le centre de cette dernière est le pôle principal de transformation.

Nous disons que les centres des circonférences variables décrivent une circonférence, parce que, d'après ce que nous avons vu précédemment, ils sont sur la courbe enveloppe des perpendiculaires élevées aux extrémités des rayons vecteurs de la courbe dont l'équation polaire est

$$\rho_1 = a + b \cos\theta,$$

et cette courbe est une podaire de cercle.

On doit remarquer que le pôle principal de l'ovale se confond avec l'un des foyers, et comme les trois foyers jouent le même rôle, il résulte immédiatement de là et de ce qui précède que l'ovale de Descartes a trois pôles principaux et est de trois manières différentes l'enveloppe des cercles qui ont pour centres radicaux les trois pôles principaux; enfin on démontre facilement que les centres des circonférences variables sont sur trois circonférences concentriques.

L'anticaustique du cercle a donc trois pôles principaux, mais, en considérant l'ovale de Descartes comme enveloppe de cercles dont les centres décrivent une circonférence et qui coupent orthogonalement un cercle donné, on n'a plus toujours trois foyers réels et par suite trois pôles principaux sur l'axe. Il suffit, pour le voir, de considérer le cas où, pour définir ainsi l'ovale de Descartes, on prend deux circonférences qui se coupent. Quoi qu'il en soit, les arcs correspondants de l'ovale de Descartes sont toujours compris entre des droites issues d'un pôle principal.

Enfin, pour terminer ce qui est relatif aux courbes planes, examinons la courbe enveloppe d'une suite de cercles décrits de tous les points d'une courbe quelconque comme centres avec les rayons de courbure correspondants pour rayons. Les points où l'une de ces circonférences touche son enveloppe se trouvent sur une perpendiculaire à la tangente en ce point à la courbe donnée et passant par le centre de courbure de la développée de cette courbe correspondant au même point. En d'autres termes, *l'enveloppe des cordes de contact des circonférences variables avec leur enveloppe est la troisième développée de la courbe donnée.*

Les points où ces circonférences touchent leur enveloppe sont d'un même côté

M.

par rapport au point où la ligne qui les contient touche son enveloppe : il y a donc
lieu de considérer la différence des arcs correspondants de l'enveloppe que nous
examinons. Comme les circonférences variables ont pour rayons les rayons de
courbure de la courbe donnée, on a pour cette différence

$$2 \int \rho \, ds,$$

c'est-à-dire deux fois la longueur de la courbe donnée.

Nous pouvons donc dire :

Lorsque de tous les points d'un arc d'une courbe donnée comme centres avec les
rayons de courbure pour rayons on décrit des circonférences, ces courbes donnent
lieu à une enveloppe pour laquelle la différence des arcs correspondants est égale à
deux fois la longueur de l'arc considéré.

Comme cas particulier, on peut examiner la développante de cercle qui conduit à une courbe dont l'équation polaire est de la forme (1).

Arrivons aux lignes sphériques.

On considère une sphère de centre O et une courbe (B) tracée sur sa surface;
de tous les points de cette ligne comme pôles, on décrit des circonférences (M)
de rayons variables; on demande l'expression de la différence des arcs correspondants de la courbe enveloppe (E) de toutes ces circonférences.

Soient M et M₁ deux points infiniment voisins sur (B); de ces points comme
pôles décrivons des petits cercles, les plans de ces cercles sont respectivement
perpendiculaires aux lignes OM, OM₁, et par suite la droite d'intersection de ces
deux plans est perpendiculaire au plan MOM₁. Lorsque M₁ se confond avec M,
ce plan est tangent suivant OM à la surface conique que l'on obtient en joignant
le centre O à tous les points de (B).

Désignons par CC′ la droite d'intersection des plans des circonférences (M) et
(M₁), C et C′ étant les points de contact de (M) avec (E). La droite CC′, intersection des plans des circonférences (M) et (M₁), peut être considérée comme
une génératrice de la surface développable enveloppe des plans des circonférences telles que (M), et la courbe (E) peut être aussi considérée comme l'intersection de la sphère avec cette surface développable.

Les génératrices de cette développable sont respectivement perpendiculaires
aux plans tangents à la surface conique dont le sommet est en O et dont (B) est
la directrice; CC′ et la génératrice voisine font donc entre elles un angle qui est
égal à l'angle du plan tangent suivant OM à la surface conique [O,(B)] avec le

plan tangent infiniment voisin, et ce dernier angle n'est autre que l'angle de contingence géodésique de (B) en M.

Ceci posé, appliquons sur un plan la surface développable, ses plans tangents et les petits cercles contenus dans ceux-ci. (E) se transformera en une courbe (E′) enveloppe de ces petits cercles, et nous pouvons faire usage de l'expression trouvée précédemment pour la différence des arcs correspondants des courbes planes. (E) et (E′) ont même longueur, et les rayons des petits cercles dont (E′) est l'enveloppe sont les sinus des rayons sphériques des petits cercles (M). La génératrice CC′ devient après le développement la corde de contact de (M) avec (E′), et toutes les cordes telles que CC′ enveloppent la transformée de l'arête de rebroussement de la surface développable. En appelant $d\gamma$ l'angle de deux cordes de contact infiniment voisines, nous avons, d'après ce qui précède, pour la différence des arcs correspondants,

$$(5) \qquad\qquad 2 \int \sin MC . d\gamma.$$

Cette formule peut être immédiatement employée dans le cas de la sphère, puisque $d\gamma$ est l'angle de contingence géodésique de (B) en M; elle correspond à la formule (3′) et donne celle-ci lorsqu'on suppose que le rayon de la sphère est devenu infini ([1]).

L'enveloppe des grands cercles tels que celui qui passe par C et C′ est l'intersection avec la sphère d'une surface conique de sommet O et dont la directrice est l'arête de rebroussement de la développable. Cette enveloppe se réduit à un point, lorsque cette arête de rebroussement se réduit elle-même à un point, c'est-à-dire lorsque la développable est simplement une surface conique.

Cette circonstance se présente, par exemple, toutes les fois que l'on considère la courbe d'intersection d'une surface ayant un pôle principal avec une sphère assujettie seulement à la condition de couper à angle droit la sphère ayant son centre au pôle principal et pour rayon la constante de la transformation qui permettrait de transformer la surface en elle-même par rayons vecteurs réciproques.

La courbe résultant de l'intersection d'un tore et d'une sphère quelconque offre toujours cette particularité, parce que tous les points de l'axe du tore sont des pôles principaux, et qu'il est toujours possible de trouver un point de cet axe qui sera le centre d'une sphère coupant à angle droit le tore et la sphère

---

([1]) On peut l'obtenir directement en faisant usage de quelques formules de Géométrie cinématique sphérique que l'on trouvera à la suite de ce travail.

donnée. Ce point de l'axe est le sommet d'une surface conique du second degré qui contient la courbe d'intersection du tore et de la sphère. Cette courbe peut être considérée sur la sphère comme l'enveloppe de petits cercles décrits de tous les points d'une ellipse sphérique comme pôles et coupant à angle droit un petit cercle donné. Sous cette forme, on voit qu'on peut appliquer la formule (5). Désignons par D la distance sphérique d'un point M de l'ellipse sphérique au pôle du petit cercle donné de rayon R, et par $d\gamma$ l'angle de contingence géodésique de l'ellipse en M; on a immédiatement, pour la différence des arcs correspondants de la courbe dont nous nous occupons,

$$3\int \frac{\sqrt{\sin^2 D - \sin^2 R}}{\cos R} d\gamma.$$

On peut faire sur la sphère une application de la formule (5) complètement analogue à ce que nous avons fait précédemment pour les anticaustiques.

De tous les points d'une ligne sphérique (B) comme pôles, décrivons des petits cercles dont les sinus des rayons sphériques soient aux sinus des distances sphériques de ces pôles à une courbe donnée (L) dans un rapport constant, nous obtiendrons ainsi une courbe enveloppe (E) et nous pourrons comparer la différence des arcs correspondants de cette courbe à celle des arcs correspondants de la courbe (E₁) engendrée comme (E) et qui ne diffère de celle-ci que par la valeur du rapport donné. Le rapport de ces différences est, comme pour les courbes planes, égal à l'inverse du quotient des rapports constants qui entrent dans la définition de (E) et de (E₁).

Lorsque (L) se réduit à un point, la différence des arcs correspondants de (E) est exprimable en arc de la courbe que l'on obtient en abaissant de ce point des arcs de grands cercles perpendiculaires aux tangentes de (B) et en prolongeant ces arcs de longueurs égales à eux-mêmes.

Montrons un exemple où cette différence est exprimable en arc de cercle, et pour cela rappelons d'abord quelques résultats.

Si le foyer F d'une conique plane est le point de contact du plan de cette conique avec une sphère, le cône ayant son sommet au centre de la sphère et pour directrice cette conique coupe la sphère suivant une conique sphérique ayant aussi F pour foyer.

Le cône ayant le centre de la sphère pour sommet et la podaire de la conique plane correspondante à F pour directrice, coupe la sphère suivant la podaire de l'ellipse sphérique correspondante au même point F.

La podaire correspondante au foyer de l'ellipse sphérique dont l'axe focal, augmenté de la distance sphérique des foyers, est égal à 2π est un grand cercle.

Si l'on joint, par des arcs de grand cercle, un point fixe d'une sphère à tous les points d'un grand cercle, en prolongeant chacun de ces arcs d'une longueur égale à eux-mêmes, on obtient un petit cercle.

A l'aide de tous ces résultats, on se rendra facilement compte de l'exactitude de la propriété suivante :

On considère sur une sphère une ellipse sphérique dont la distance sphérique des foyers augmentée de l'axe focal est égale à 2π; de tous les points de cette courbe comme pôles, on décrit des petits cercles dont les rayons sphériques ont des sinus proportionnels aux sinus des distances sphériques de leurs pôles à l'un des foyers de l'ellipse; la différence des arcs correspondants de la courbe enveloppe de ces cercles est exprimable en arc de cercle (¹).*

Ces quelques résultats suffisent pour montrer la nature des applications que l'on peut faire de la formule (5).

Quant à la formule (3'), nous avons laissé de côté tout ce qui est relatif à son emploi dans la transformation des propriétés d'arcs de courbes en propriétés d'arcs de courbes, soit à l'aide de la méthode des polaires réciproques, soit à l'aide de la transformation par rayons vecteurs réciproques.

Formules de Géométrie cinématique sphérique.

Cette Géométrie est tout à fait analogue à la Géométrie cinématique plane. Comme pour celle-ci, on part de la possibilité d'amener une figure sphérique de la position qu'elle occupe à une position infiniment voisine par une simple rotation. Mais, pour un point d'une courbe sphérique, on doit introduire, en outre de l'angle de contingence de cette courbe, son angle de contingence géodésique. Voici quelques formules de Géométrie cinématique sphérique.

ab est un arc de grand cercle qui touche son enveloppe en e; il est limité à deux courbes (a), (b). Menons les arcs normaux en a et b à ces courbes et ap-

---

(¹) En partant de ce théorème de Chasles : *Si du foyer d'une ellipse sphérique on abaisse perpendiculairement aux grands cercles tangents à cette courbe des arcs de grands cercles que l'on prolonge d'une longueur égale à eux-mêmes, le lieu des extrémités de ces arcs est une circonférence de cercle,* on généralise ainsi ce théorème :

De tous les points d'une ellipse sphérique comme pôles, on décrit des petits cercles dont les rayons sphériques ont des sinus proportionnels aux sinus des distances sphériques de leurs pôles à l'un des foyers de l'ellipse sphérique; la différence des arcs correspondants de la courbe enveloppe de ces cercles est exprimable en arc de cercle.

pelons α, β leurs points de rencontre avec l'arc normal en e à l'enveloppe de ab. La variation de la longueur l du segment ab est donnée par la formule

$$dl = d\gamma (\tang e\alpha - \tang e\beta),$$

dans laquelle $d\gamma$ est l'angle de contingence géodésique de l'enveloppe en e.

On a aussi cette autre formule

$$\frac{d(a)}{d(b)} = \frac{\sin a\alpha}{\cos e\alpha} \times \frac{\cos e\beta}{\sin b\beta}.$$

Prenons un angle mobile de sommet b, dont la grandeur Φ est variable, et qui est formé par deux arcs de grands cercles qui touchent leurs enveloppes en e et e'. Les arcs normaux en ces points à ces courbes coupent l'arc normal en b à (b) aux points β, β'. On a

$$d\Phi = d(b) \left(\frac{1}{\tang b\beta} - \frac{1}{\tang b\beta'} \right).$$

Si l'angle mobile est de grandeur invariable, les points β, β' se réunissent en un seul, β par exemple; les angles de contingence géodésique des côtés de l'angle sont entre eux dans le rapport $\frac{\cos e\beta}{\cos e'\beta}$.

SECONDE PARTIE.
GÉOMÉTRIE CINÉMATIQUE DE L'ESPACE.

INTRODUCTION.

Poinsot, dans sa *Théorie nouvelle de la rotation des corps*, après avoir rappelé les résultats relatifs au mouvement le plus général d'un corps solide, dus à Euler, d'Alembert et Lagrange, s'exprime ainsi :

« Il faut convenir que, dans toutes ces solutions, on ne voit guère que des calculs sans aucune image nette de la rotation du corps. On peut bien, par ces calculs plus ou moins longs et compliqués, parvenir à déterminer le lieu où se trouvera le corps au bout d'un temps donné, mais on ne voit pas du tout comment le corps y arrive : on le perd entièrement de vue, tandis qu'on voudrait l'observer et le suivre, pour ainsi dire, des yeux dans tout le cours de sa rotation. Or c'est cette idée claire du mouvement de rotation que j'ai tâché de découvrir, afin de mettre sous les yeux ce que personne ne s'était encore représenté. »

Et il termine la première partie de son beau Mémoire, partie toute géométrique, en énonçant cette propriété :

« *Tout le mouvement d'un corps se réduit à tourner sur un certain axe et à glisser en même temps le long de cet axe, de sorte que ce mouvement est exactement le même que celui d'une vis qui tourne dans son écrou.* »

Puis il ajoute :

« Tous les points du corps décrivent donc, sur des cylindres concentriques, de petits arcs d'hélices qui ont toutes le même pas. Dans l'instant suivant, c'est une autre vis d'un autre axe et d'un pas différent; et ainsi de suite d'un instant à l'autre : d'où l'on voit comment se forment les courbes simultanées que décrivent tous les points du corps et le long desquelles ils se meuvent comme en autant de canaux concentriques où ils seraient enfermés. »

On a en effet ainsi une image très nette du déplacement continu d'un corps solide.

Il est encore très facile de suivre un pareil déplacement, en remarquant, avec le général Poncelet ([1]), que « l'axe instantané décrira dans l'espace une première surface réglée sur les éléments de laquelle viendront s'appliquer successivement, par rotation et glissement, ceux d'une surface pareille qui, à son tour, peut être considérée comme décrite, d'un mouvement relatif, par l'axe instantané dans le système invariable mobile. »

Chasles est aussi arrivé à cette propriété que *le déplacement infiniment petit le plus général est un déplacement hélicoïdal*, mais, comme il le dit lui-même ([2]), un géomètre florentin, Giulio Mozzi, l'avait déjà donnée en 1763 dans un ouvrage intitulé : *Discorso matematico sopra il rotamento momentaneo dei corpi*.

C'est dans son beau Mémoire de 1843 ([3]) *Sur les propriétés relatives au mouvement infiniment petit d'un corps solide libre* que Chasles a montré aussi que le mouvement du corps n'est point autre chose que le « mouvement d'une vis dans son écrou ». Chasles énonce dans ce travail des propriétés très remarquables. Quelques-unes se rapportent aux *droites conjuguées* dont je ferai un usage constant.

Le Mémoire de Chasles, comme son titre l'indique, se rapporte à un corps solide *libre*. Je considère au contraire un corps solide non plus libre, mais assujetti à des conditions très diverses. Je montre alors la liaison qui existe entre l'axe instantané, dont il vient d'être parlé, et les éléments géométriques qui servent à assurer le déplacement du corps mobile. Je cherche, en outre, tout ce qui peut contribuer à éclaircir un pareil déplacement. Comme je l'ai dit dans la Préface, cette étude n'avait pas été abordée avant moi; elle m'a conduit à une méthode des normales dans l'espace. J'étudie ensuite des cas où la figure mobile n'est pas assujettie à des conditions en nombre suffisant pour assurer son déplacement et je passe aux applications. Celles-ci, très variées, sont relatives à la *théorie des surfaces*, à *la surface de l'onde*, etc.

([1]) *Supplément aux Éléments de Mécanique* de Resal, p. 187.

([2]) *Voir*, dans les *Comptes rendus de l'Académie des Sciences* pour 1861, la *Notice historique sur la question du déplacement d'une figure de forme invariable*, par Chasles.

J'ai donné dans mon *Cours de Géométrie descriptive* les noms des auteurs qui, depuis 1861, se sont occupés de ce sujet.

([3]) *Comptes rendus de l'Académie des Sciences*. Les premiers matériaux de ce Mémoire datent du 5 mars 1816, comme le prouvent les manuscrits de Chasles conservés aux archives de l'Académie des Sciences.

THÉORIE DU DÉPLACEMENT INFINIMENT PETIT D'UNE FIGURE DE FORME INVARIABLE.

Examen préliminaire relatif au déplacement infiniment petit d'un point, d'une droite et d'un plan.

Dans son déplacement continu, un point décrit une trajectoire. Le déplacement infiniment petit du point sur cette trajectoire peut évidemment être produit d'une infinité de manières par une rotation autour d'un axe situé dans le plan mené par le point considéré normalement à la trajectoire décrite. Il est clair que la droite, prise comme axe de rotation, ne doit pas passer par le point mobile. On peut donc dire :

Le déplacement infiniment petit d'un point mobile sur sa trajectoire peut être obtenu par une rotation autour d'une droite quelconque du plan normal à la trajectoire décrite, pourvu qu'elle ne passe pas par le point. Ce plan normal est mené par le point dans la position qu'il occupe au moment de son déplacement.

J'appelle *plan normal relatif au point* le plan ainsi mené normalement à la trajectoire décrite par le point mobile.

Soient ab un segment d'une droite D, et a_1b_1 la position de ce segment après un déplacement fini de D; montrons qu'on peut amener ab en coïncidence avec a_1b_1 par une simple rotation.

Menons les droites aa_1, bb_1, et prenons un plan (P) parallèle à ces droites. Soient $a'b'$, $a_1'b_1'$ les projections de ab et de a_1b_1 sur ce plan. Il est facile de voir que les segments $a'b'$, $a_1'b_1'$ sont égaux. Il existe alors sur (P) un centre de rotation qui permet d'amener $a'b'$ en coïncidence avec $a_1'b_1'$. Ce centre est le point de rencontre des perpendiculaires élevées à $a'a_1'$, $b'b_1'$, à partir des milieux de ces segments. Élevons de ce centre une perpendiculaire Δ à (P).

Lorsqu'on fait tourner $a'b'$ autour de Δ de manière à l'amener à coïncider avec $a_1'b_1'$, les segments ab et a_1b_1 arrivent aussi en coïncidence.

La droite Δ est donc l'axe de rotation qui permet d'amener D dans sa nouvelle position.

En outre, on voit que cette droite est l'intersection des plans menés perpendiculairement à aa_1, bb_1, à partir des milieux de ces segments.

M.   13

Lorsqu'on n'assujettit D qu'à un déplacement infiniment petit, l'axe Δ est alors la droite d'intersection des plans normaux relatifs à *a* et *b*.

Il est clair que, puisque tous les points de D viennent sur la nouvelle position de cette droite aux places qu'ils doivent occuper en même temps que *ab* vient en $a_1 b_1$, la droite Δ appartient au plan normal relatif à un point quelconque de D.

La connaissance des trajectoires de deux points d'une droite suffit pour déterminer cet axe de rotation. Si le point *a* décrit la courbe (*a*), si le point *b* décrit la courbe (*b*), en menant par les points *a* et *b* des plans respectivement normaux aux trajectoires de ces deux points et prenant leur droite d'intersection, on a l'axe Δ autour duquel il faut faire tourner le segment *ab* pour faire décrire à chacun des points *a* et *b* des éléments des courbes (*a*) et (*b*).

Si le segment *ab*, pour une de ses positions, est normal à la trajectoire du point *a*, le plan normal en *a* à cette trajectoire contient le segment *ab*; il coupe alors le plan normal en *b* à la trajectoire (*b*) suivant une droite Δ qui passe par le point *b*. Le déplacement de *ab* est donc, dans ce cas, une rotation infiniment petite autour de Δ, qui fait décrire aux points de la droite *ab* des éléments *dans un même plan*, à l'exception du point *b*, qui reste dans la même position. Cela veut dire que pour un déplacement du point *a*, infiniment petit du premier ordre, le déplacement du point *b* est infiniment petit d'ordre supérieur au premier.

Si la droite *ab*, dans l'une de ses positions, est normale en *a* et *b* aux trajectoires de ces points et si les tangentes en *a* et *b* à ces trajectoires sont dans le même plan, les plans normaux en *a* et *b* sont confondus; la droite Δ est une certaine droite de ce plan normal à la fois aux trajectoires des points *a* et *b*, et le déplacement autour de cette droite est une rotation qui fait décrire aux points de *ab* des éléments normaux à *ab* et situés *dans le même plan*.

Enfin, si le segment *ab*, dans l'une de ses positions, est normal aux trajectoires des points *a* et *b* et si les tangentes en ces points à ces trajectoires ne sont pas dans le même plan, la droite Δ est confondue avec *ab*, et le déplacement de ce segment *ab* ne peut plus être obtenu par une rotation. Les points de ce segment décrivent des éléments normaux à *ab* : car si l'un d'eux, *m*, ne décrivait pas un élément normal à *ab*, nous nous trouverions dans le premier cas examiné, et nous aurions un axe de rotation passant par ce point *m*. Au moyen de cet axe de rotation, tous les points du segment *ab* décriraient des éléments normaux à *ab* dans un même plan ; or, par hypothèse, les éléments décrits par les points *a* et *b* ne sont pas dans un même plan; on ne peut donc pas admettre que le point *m* ne décrive pas un élément normal à *ab*. On voit alors que *le seg-*

ment *ab* est normal aux trajectoires de tous ses points, et, d'après tout ce que nous venons de dire, on peut conclure :

THÉORÈME I. — En général, *les points d'une droite* D *peuvent être amenés dans une position infiniment voisine par une rotation autour d'une droite unique* Δ.

Je dis en général, parce que nous avons fait voir que, si la droite D est normale à la trajectoire d'un de ses points et qu'elle ne se déplace pas dans le même plan, la droite Δ est confondue avec D, et le déplacement de cette droite ne peut être obtenu par une simple rotation.

THÉORÈME II. — *Les plans normaux aux trajectoires de tous les points d'une droite se coupent suivant une même droite.*

On peut remarquer que ce théorème est toujours vrai, même lorsque D ne se déplace pas dans un même plan et est normale aux trajectoires de ses points. Dans ce cas, Δ est confondue avec D. Enfin, on a ce théorème :

THÉORÈME III. — *Lorsqu'une droite, qui ne se déplace pas dans un même plan, est normale à la trajectoire d'un de ses points, elle est normale aux trajectoires de tous ses points.*

Examinons maintenant le déplacement d'un plan.

On peut définir le déplacement d'un plan mobile (P) en donnant les trajectoires (*a*), (*b*) de deux de ses points *a*, *b*, et une surface (C) sur laquelle doit se trouver un troisième point *c* de (P). Le déplacement de la droite *ab* s'obtient par une rotation; de même pour *ac*; le déplacement de (P) pourrait aussi être effectué par une rotation, si les deux axes de rotation ainsi obtenus coïncidaient. Mais ces axes ne coïncident pas, puisque nous n'avons aucune raison de supposer que la normale en *c* à (C) rencontre l'axe correspondant à *ab*. On voit donc qu'en général le déplacement d'un plan (P), défini comme précédemment, ne peut être obtenu par une simple rotation.

On dit alors que le plan (P) est animé du déplacement le plus général, et, comme le déplacement d'un plan entraîne celui d'une figure de l'espace qui lui est invariablement liée, on dit alors aussi, lorsque ce déplacement n'est pas réductible à une simple rotation ou à une simple translation, que la figure de forme invariable est animée dans l'espace du déplacement le plus général.

APPLICATION.

Raccordement des surfaces réglées.

Pour exposer ce qui concerne le raccordement des surfaces réglées, il suffit d'appliquer le théorème I, d'après lequel *le déplacement infiniment petit d'une droite, qui n'est pas normale à la trajectoire d'un de ses points, peut être obtenu au moyen d'une rotation.*

Considérons une surface réglée (D) et un point a d'une des génératrices D de cette surface. A partir de a, traçons sur (D) une courbe (a) qui ne

Fig. 54.

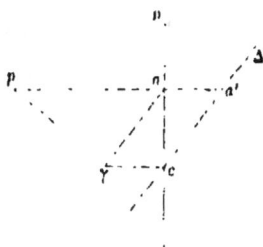

rencontre pas à angle droit les génératrices. Si nous assujettissons la génératrice D à venir coïncider successivement avec les génératrices de la surface (D), le point a décrivant la courbe que nous venons de tracer, le déplacement de cette génératrice D est bien défini. Le déplacement infiniment petit de cette droite, comme nous l'avons démontré, peut être obtenu au moyen d'une rotation infiniment petite autour d'une certaine droite Δ; les différents points de D, pendant cette rotation infiniment petite, décrivent des éléments pour venir se placer sur la génératrice D_1 infiniment voisine de D. Afin d'étudier ce qui est relatif aux plans tangents à la surface (D) aux différents points de cette droite, nous n'avons alors qu'à considérer les plans tangents à la surface engendrée par D qui tourne infiniment peu autour de la droite Δ.

Prenons (*fig.* 54) comme plan de projection un plan parallèle aux droites D et Δ. Les normales à l'élément de surface engendré par D, qui tourne autour de Δ, se projettent suivant des perpendiculaires à D, et ces droites rencontrent la droite Δ. Au point a, la normale est aa', le point a' étant sur la droite Δ. Le plan tangent en a est le plan mené par D perpendiculairement à aa'.

Lorsque le point a s'éloigne sur la droite D, la normale aa' tend à devenir parallèle au plan de projection, et, lorsque le point a est à l'infini, le plan tan-

gent en ce point est le plan mené par D perpendiculairement au plan de projection.

Lorsque le point *a* vient au point *c*, qui se projette au point de rencontre des
projections des deux droites D et Δ, la normale en *c* se projette en ce point de
rencontre ; le plan tangent est alors un plan mené par D parallèlement au plan
de projection. Ce plan est perpendiculaire au plan qui touche (D) à l'infini
sur D ; donc c'est le plan central, et alors le point de contact *c* est le point central sur la génératrice D.

On voit ainsi que *le pied de la perpendiculaire commune à D et Δ est, sur la
droite D, le point central relatif à cette génératrice, et que le plan central est parallèle à Δ.*

Les normales à (D) aux différents points de la droite D sont perpendiculaires
à cette droite et rencontrent Δ ; ces normales sont donc parallèles à un plan perpendiculaire à D et rencontrent les deux droites D et Δ. On trouve ainsi
qu'elles appartiennent à un paraboloïde hyperbolique : c'est le *paraboloïde des
normales.*

Pour une autre trajectoire du point *a* sur (D), on a une autre droite telle
que Δ. Cette nouvelle droite doit toujours conduire au même paraboloïde des
normales ; donc : *Le paraboloïde des normales, pour la génératrice D, est le lieu
des axes instantanés Δ relatifs aux déplacements infiniment petits de D sur (D).*

Pour construire le paraboloïde des normales, on doit connaître trois normales à la surface réglée. Cela revient à dire que la connaissance des plans
tangents à la surface réglée pour trois points d'une génératrice entraîne la connaissance de tous les plans tangents de cette surface réglée pour cette génératrice. On trouve ainsi que :

*Si deux surfaces gauches ont en commun une génératrice et pour trois points de
cette droite les mêmes plans tangents, elles ont les mêmes plans tangents pour tous
les points de cette génératrice commune.*

On dit alors que ces deux surfaces gauches *se raccordent* le long de cette génératrice.

Cette propriété établie, on achève très facilement ce qui concerne le raccordement des surfaces réglées ([1]).

([1]) *Voir* mon *Cours de Géométrie descriptive*, p. 272, 2ᵉ édit.

THÉORIE DU DÉPLACEMENT INFINIMENT PETIT D'UNE FIGURE
DE FORME INVARIABLE (suite).

Déplacement infiniment petit d'une figure plane dans l'espace.

Le plan (P) (*fig.* 55) contient une figure. Après un déplacement infiniment petit, il vient en (P₁), et la figure occupe une nouvelle position.

Amenons le plan (P₁) sur (P) en le faisant tourner autour de la droite d'intersection C de ces plans et en entraînant la figure qu'il contient. On peut ame-

Fig. 55.

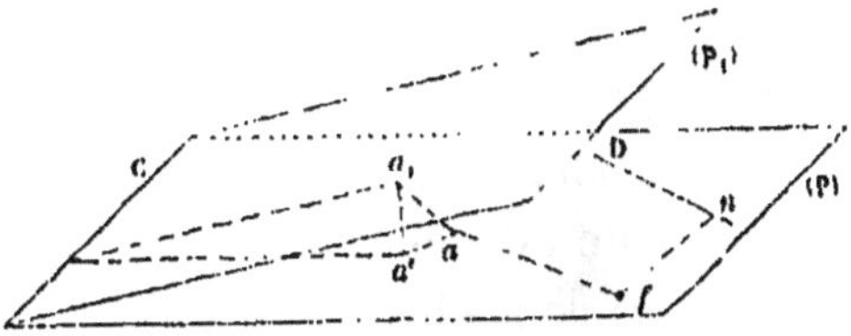

ner cette figure à coïncider avec la première position qu'elle occupait d'abord sur (P) en la faisant tourner autour d'un centre instantané f. On voit ainsi qu'on peut décomposer le déplacement de la figure plane en deux rotations, l'une autour d'une droite perpendiculaire à (P) élevée du point f : un point a de cette figure vient alors en a'; l'autre autour de la droite C, intersection des plans (P) et (P₁) : le point a' vient maintenant prendre la position a_1 que doit avoir le point a sur (P₁).

Le plan $a_1 aa'$ est perpendiculaire au plan (P), et, comme af est normale à la trajectoire aa', on voit que af est aussi normale à la trajectoire aa_1. On peut dire que af est la trace sur (P) du plan mené par a normalement à la trajectoire aa_1 de ce point, et, comme a est arbitraire sur le plan (P), on voit que :

Théorème IV. — *Les plans normaux aux trajectoires de tous les points du plan* (P) *passent par le point f.*

Le point f reçoit, pour cette raison, le nom de *foyer* du plan (P). Il jouit de la propriété d'être le seul point du plan (P) dont la trajectoire soit normale à ce plan (P), puisque son déplacement est une rotation infiniment petite autour de la droite C seulement.

Quand un plan se déplace d'une façon continue, il a, en général, dans chacune de ses positions un nouveau foyer; la courbe qui réunit tous ces points n'est pas une trajectoire orthogonale du plan mobile. Chacun des foyers jouit seulement de cette propriété : si on le considère comme marqué sur le plan mobile, son déplacement infiniment petit est normal à ce plan.

La droite C, intersection de (P) et de (P₁), porte le nom de *caractéristique*; c'est, en effet, la droite de contact du plan (P) et de la surface développable que ce plan enveloppe pendant son déplacement continu, puisque cette droite est l'intersection du plan (P) avec ce plan dans sa position infiniment voisine. Les points de cette droite jouissent de la propriété de se déplacer sur le plan (P) lui-même pour un déplacement infiniment petit de ce plan (P), puisqu'ils tournent seulement autour de la perpendiculaire à (P) en f, leurs rotations autour de la droite C ne changeant pas leurs positions.

Théorème V. — *Si une droite D du plan (P) est entraînée pendant le déplacement de ce plan, elle engendre une surface réglée (D); la perpendiculaire fn abaissée du foyer f du plan (P) sur la droite D est normale à la surface réglée (D).*

La droite fn est perpendiculaire à D, en outre elle est normale à la trajectoire décrite par le point n; elle est donc normale à deux lignes tracées sur la surface (D) à partir du point n; donc elle est normale à cette surface.

Dans le cas particulier où la droite D engendre un élément de surface développable, dont le plan tangent suivant D n'est pas normal à (P), le point où D touche l'arête de rebroussement de cette surface développable est le point où (P) doit être considéré comme normal à (D); il est alors au pied de la perpendiculaire abaissée de f sur D. Ce point doit du reste être sur C, comme nous le verrons plus loin.

Propriétés géométriques du déplacement infiniment petit d'une figure de forme invariable.

Appelons D (*fig.* 56) l'arête d'un faisceau de plans (P), (P₁), (P₂). Le plan normal à la trajectoire du point a de cette droite passe par le foyer du plan (P); il passe aussi par le foyer $f₁$ du plan (P₁); il contient donc la droite $ff₁$. Cela est vrai pour un point quelconque de D; on retrouve ainsi que :

Les plans normaux aux trajectoires des points d'une droite D se coupent suivant une même droite Δ.

Cette droite Δ est évidemment la même, quels que soient les deux plans du faisceau considéré; donc :

Théorème VI. — *Pour un déplacement infiniment petit d'un faisceau de plans formant une figure de forme invariable, les foyers de ces plans appartiennent à une même droite.*

Si l'arête du faisceau est à l'infini, les plans de ce faisceau sont parallèles, et la droite qui contient leurs foyers est la conjuguée de la droite à l'infini sur l'un quelconque de ces plans. Cette conjuguée L, qui contient les foyers de plans parallèles entre eux, je la désigne sous le nom d'*adjointe* aux plans.

Ainsi, *l'adjointe à un plan est la conjuguée de la droite à l'infini sur ce plan.*

Supposons que Δ soit elle-même liée à la figure mobile. Pour un déplacement de cette figure cette droite Δ est entraînée, et son déplacement peut lui-même être obtenu au moyen d'une rotation autour d'une certaine droite : *cette droite n'est autre que D*, comme nous allons le voir.

Le foyer f du plan (P) est, d'après ce que nous savons, un point dont la trajectoire est normale au plan (P), ou, ce qui est exactement la même chose, le

Fig. 56.

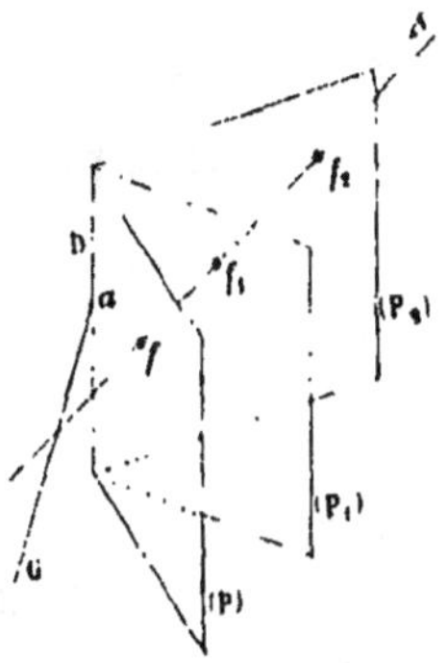

plan (P) est normal à la trajectoire du point f. De même le plan (P₁) est normal à la trajectoire du point f_1, et ainsi de suite. Les plans (P), (P₁) et (P₂) sont donc les plans normaux aux trajectoires des points de la droite Δ, et ils se coupent suivant la droite D, qui est alors l'axe instantané relatif à Δ.

Ainsi : *la droite D est l'axe instantané relatif à la droite Δ.*

Les droites D et Δ jouissent alors de cette propriété que, pendant le déplacement infiniment petit de la figure, l'une d'elles peut être considérée comme tournant autour de l'autre; c'est pourquoi l'illustre géomètre Chasles les a appelées *droites conjuguées* ([1]).

Une rotation infiniment petite de la figure mobile autour de D fait prendre à

([1]) Cette expression, ainsi que les termes *foyer* et *caractéristique*, sont tirés du Mémoire de 1843 (voir *Comptes rendus*). C'est aussi de ce Mémoire si important que sont extraits les théorèmes qui me servent de point de départ.

la droite Δ sa nouvelle position Δ₁ ; une autre rotation de la figure autour de Δ fait prendre à D la place que cette droite doit avoir. Le déplacement de Δ₁, en vertu de cette dernière rotation, est négligeable, puisque les points de cette droite décrivent des éléments infiniment petits du second ordre. Ces rotations autour de D et de Δ, qui amènent ces droites dans leurs nouvelles positions, amènent aussi la figure tout entière dans la position que celle-ci doit occuper.

Le déplacement de la figure mobile peut donc être obtenu au moyen de deux rotations, et, comme D est une droite arbitraire, on voit que :

THÉORÈME VII. — *Le déplacement infiniment petit d'une figure de grandeur invariable peut être obtenu d'une infinité de manières au moyen de deux rotations.*

Pendant le déplacement de la figure, les droites D et Δ sont telles que l'une tourne autour de l'autre. Il résulte de là que :

THÉORÈME VIII. — *Une droite G de la figure mobile, qui rencontre D et Δ, jouit de la propriété d'être normale aux trajectoires de ses points.*

En effet, le point de rencontre (G, D) ne faisant que tourner autour de Δ, sa trajectoire est normale à G ; de même pour le point (G, Δ), donc, etc.

THÉORÈME IX. — *Les projections, faites orthogonalement sur un plan, de deux droites conjuguées quelconques, se coupent en un point de la caractéristique de ce plan.*

La perpendiculaire au plan, qui rencontre les deux droites conjuguées, est normale aux trajectoires de ses points ; son pied sur le plan décrit donc un élément de ce plan et appartient alors à sa caractéristique.

THÉORÈME X. — *La caractéristique d'un plan est la projection de la conjuguée d'une droite quelconque perpendiculaire à ce plan.*

Ce théorème est une conséquence du précédent.

THÉORÈME XI. — *La caractéristique d'un plan (P) est la projection de la droite adjointe à un plan perpendiculaire à (P).*

On arrive tout de suite à ce théorème en appliquant le théorème précédent au cas où l'on a, à l'infini, une perpendiculaire à (P), perpendiculaire qui est définie par un plan perpendiculaire à (P).

THÉORÈME XII. — *Lorsque des plans sont parallèles à une même droite D, ou passent par une même droite, les plans normaux à chacun d'eux, menés respectivement par*
M.

leurs caractéristiques, passent par une même droite L, *qui est l'adjointe au plan per-pendiculaire à* D.

Cela provient de ce que, en vertu du théorème XI, on obtient la caractéristique de l'un quelconque de ces plans en projetant l'adjointe au plan perpendiculaire à D.

Les caractéristiques des plans du faisceau, étant les projections d'une même droite sur ces plans, sont les arêtes d'un dièdre droit, dont une face passe par cette droite et l'autre par l'arête du faisceau mobile. De là ce théorème :

Théorème XIII. — *Les caractéristiques des plans d'un faisceau mobile appartiennent à un hyperboloïde dont les plans des sections circulaires sont perpendiculaires, les uns à l'arête du faisceau, et les autres à l'adjointe au plan perpendiculaire à cette arête.*

Théorème XIV. — *Pour une position quelconque d'une figure mobile, les normales aux trajectoires des points entraînés qui s'appuient sur une droite* D *rencontrent la conjuguée* Δ *de cette droite.*

En effet, soit un point quelconque *i* de la figure mobile. La normale à la trajectoire (*i*) de ce point qui rencontre D n'est autre que la trace sur le plan (*i*, D) du plan normal relatif à *i*. Cette trace passe par le foyer du plan (*i*, D), c'est-à-dire qu'elle rencontre Δ. Le théorème est donc démontré.

Théorème XV. — *Pour une position quelconque d'une figure mobile, les normales aux trajectoires des points entraînés qui sont parallèles à un plan rencontrent toutes l'adjointe à ce plan.*

Ce théorème résulte du précédent lorsqu'on suppose D à l'infini sur un plan donné.

Le théorème XIV conduit très simplement, comme je le montrerai plus loin, à une méthode des normales dans le cas d'une figure mobile dans l'espace.

Il donne lieu aussi à diverses conséquences. On en déduit, par exemple, ce théorème :

Théorème XVI. — *Deux droites conjuguées* D, Δ, *et deux autres droites conjuguées quelconques* D', Δ', *sont toujours quatre génératrices d'un même mode de génération d'un hyperboloïde à une nappe.*

En effet, prenons une droite qui rencontre D, Δ et D'. Elle est normale aux trajectoires de ses points, puisqu'elle rencontre D et Δ, et, puisqu'elle s'appuie sur D', elle rencontre Δ'.

THÉORÈME XVII. — *Les adjointes aux plans d'une figure mobile de grandeur inva-riable sont des droites parallèles.*

Prenons (*fig.* 57) des plans (P), (P₁), (P₂) et un plan (Q) quelconques. Le plan (Q) coupe les premiers suivant les droites D, D₁, D₂, ... Tous ces plans

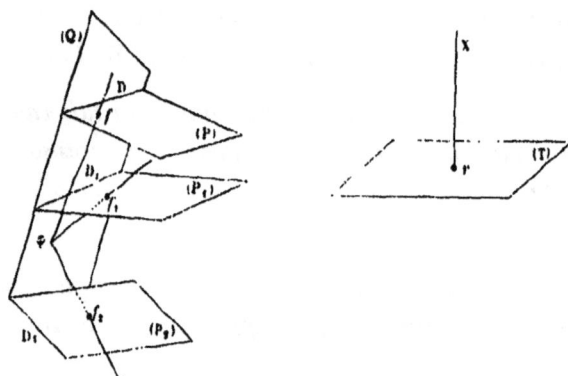

Fig. 57.

étant invariablement liés, déplaçons-les infiniment peu. Les droites D, D₁, D₂, ... ont alors pour conjuguées les droites qui joignent le foyer φ du plan (Q) aux foyers de chacun des plans (P), (P₁), (P₂). Supposons maintenant le plan (Q) à l'infini : les droites D, D₁, D₂ deviennent les droites à l'infini sur chacun des plans (P), (P₁), ...; leurs conjuguées, c'est-à-dire les adjointes à ces plans, passent par le foyer du plan (Q), et, comme ce plan est tout entier à l'infini, son foyer est lui-même à l'infini; ces adjointes sont donc des droites parallèles.

THÉORÈME XVIII. — *Le déplacement infiniment petit le plus général d'une figure de forme invariable est hélicoïdal.*

Menons un plan (T) perpendiculaire aux adjointes des plans (P), (P₁), (P₂), ... Les foyers des plans parallèles à (T) sont alors sur la perpendiculaire X à (T) élevée du foyer de ce plan.

Pendant le déplacement infiniment petit de la figure, les foyers de ces plans parallèles se déplacent suivant X, et ces plans tournent autour de cette droite : on a donc simultanément une rotation autour de X et une translation suivant cette droite, c'est-à-dire *un déplacement hélicoïdal*, ce qu'il fallait faire voir.

La droite X est l'*axe du déplacement* (¹).

_____

(¹) Cet axe est aussi désigné sous le nom d'*axe instantané de rotation et de glissement*.

On peut dire maintenant :

THÉORÈME XIX. — *L'adjointe à un plan quelconque de la figure mobile est la parallèle à l'axe du déplacement menée par le foyer de ce plan.*

Menons (*fig.* 58) la perpendiculaire commune *rc* à l'axe du déplacement X

Fig. 58.

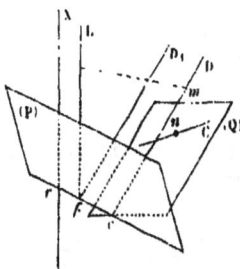

et à une droite arbitraire D. Par cette perpendiculaire menons un plan (P) perpendiculaire à D. Pendant le déplacement infiniment petit, le point *r*, qui est sur l'axe du déplacement, décrit un élément de cet axe; la droite *rc*, perpendiculaire à X et qui est dans le plan (P), est la normale à la trajectoire du point *r* qui est située dans ce plan (P); elle passe alors par le foyer *f* du plan (P).

Du point *m*, pris arbitrairement sur D, menons la normale à la trajectoire de ce point qui est parallèle à (P). Cette droite, étant normale à la trajectoire de *m* et perpendiculaire à D, est la normale en *m* à la surface (D) engendrée par D. En vertu du théorème XV, cette normale doit rencontrer l'adjointe L au plan (P), droite qui est la parallèle menée du foyer *f* à l'axe X.

Ce que nous venons de dire pour le point *m* est vrai pour tous les points de D, et, comme les normales issues des points de cette droite à la surface (D) forment le paraboloïde des normales de cette surface, on voit que L est une génératrice de ce paraboloïde; ainsi :

THÉORÈME XX. — *Le paraboloïde des normales, relatif à la surface* (D) *engendrée par une droite* D, *contient la droite* L *adjointe au plan perpendiculaire à* D.

Comme la position de L ne dépend que de la direction de D, on a ce théorème :

THÉORÈME XXI. — *Pour une position quelconque de la figure mobile, les paraboloïdes des normales relatifs aux surfaces engendrées par des droites parallèles passent tous par une même droite.*

Nous avons vu (p. 101) que le paraboloïde des normales relatif à D pour la surface (D) contient l'axe instantané Δ, qui n'est autre que la conjuguée D. Les droites L et Δ sont alors des génératrices du même système que D sur ce paraboloïde. Les trois droites D, L, Δ sont alors parallèles à un même plan. On peut dire aussi :

THÉORÈME XXII. — *Un plan mené parallèlement à deux droites conjuguées est parallèle à l'axe du déplacement.*

Le plan directeur du paraboloïde des normales auquel les trois droites Δ, L, D sont parallèles est le plan central de (D) pour la génératrice D. On voit alors que, puisque L et X sont parallèles :

THÉORÈME XXIII. — *Pour une position de la figure mobile, le plan central de la surface (D) engendrée par une droite arbitraire D est le plan mené par D parallèlement à la conjuguée Δ de D, ou encore, parallèlement à l'axe du déplacement X.*

La droite rc est la perpendiculaire commune aux génératrices Δ, L, D du paraboloïde des normales à (D) et rencontre X. Le pied c de cette perpendiculaire sur D est le point central relatif à cette droite. On peut donc énoncer ce théorème :

THÉORÈME XXIV. — *La perpendiculaire commune à deux droites conjuguées rencontre à angle droit l'axe du déplacement.*
Le pied de cette perpendiculaire sur D est le point central relatif à cette génératrice de la surface (D).

La première partie de cet énoncé résulte aussi de ce théorème :

THÉORÈME XXV. — *Les droites D, Δ et X appartiennent à un paraboloïde hyperbolique dont un plan directeur est perpendiculaire à X.*

Il suffit pour démontrer ce théorème de dire que les normales aux trajectoires des points de X qui rencontrent D rencontrent aussi Δ (théor. XIV).

Ce théorème est aussi une conséquence du théorème XVI, dans lequel on suppose que D′ est confondu avec X. La conjuguée Δ′ est alors à l'infini sur un plan perpendiculaire à X.

Par le point f menons la droite D_1 parallèlement à D, elle est alors la perpendiculaire à (P), issue du foyer de ce plan, et elle est tangente à l'élément d'hélice décrite par f. Pour les points de cette droite, autres que f, les normales à la surface (D_1) qu'elle engendre sont dans le plan (D_1, L); la droite D_1 engendre alors un élément de surface développable. Parmi les parallèles à D qui rencontrent rc, D_1 est la seule droite qui jouisse de cette propriété. En outre, on voit que :

THÉORÈME XXVI. — *Une droite engendre un élément de surface développable lorsqu'elle rencontre l'adjointe à un plan qui lui est perpendiculaire.*

APPLICATION A L'ÉTUDE DES HÉLICOÏDES RÉGLÉS.

Hélicoïde développable.

Plaçons verticalement (*fig.* 59) l'axe du déplacement X et prenons le plan vertical de projection parallèlement à une droite (D, D'). L'axe X se projette ho-

Fig. 59.

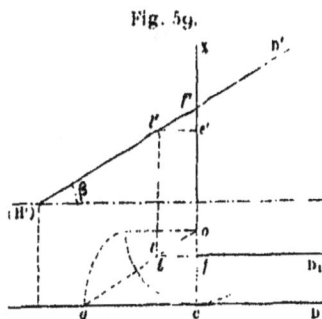

rizontalement au point *o*. Appelons (f, f') les projections du foyer du plan perpendiculaire à (D, D') mené par la perpendiculaire commune à cette droite et à l'axe du déplacement. Pour un déplacement infiniment petit, la droite (D_1, D'), menée par le point f parallèlement à (D, D'), engendre un élément de surface développable. Mais si, au lieu d'un déplacement infiniment petit; la droite (D_1, D') se déplace de la même manière d'une façon continue autour de l'axe du déplacement, elle engendre un hélicoïde développable dont l'arête de rebroussement est l'hélice décrite par (f, f').

Calculons la distance de l'axe du déplacement à la droite D_1. Appelons β l'angle que D_1 fait avec un plan horizontal et H le pas de l'hélice décrite par le point f. On a

$$\tan\beta = \frac{H}{2\pi of},$$

d'où

$$of = \frac{H}{2\pi} \cot\beta.$$

$\frac{H}{2\pi}$ est le pas réduit h; on a donc

$$of = h\cot\beta.$$

Ce segment, qu'il est facile de construire, doit être porté sur la perpendiculaire abaissée de o sur la projection horizontale D, de façon que son extrémité f entrainée dans le déplacement sorte de sa position dans la direction de la droite (D_1, D').

On peut remarquer que le plan qui projette (D_1, D') sur le plan vertical, étant entraîné dans le déplacement hélicoïdal, a pour enveloppe l'hélicoïde développable lieu de (D_1, D') qui est sa caractéristique.

Hélicoïde réglé.

Reprenons les mêmes données que précédemment. Le point (c, f') de la droite (D, D') (*fig.* 60) engendre une hélice sur le cylindre de révolution dont

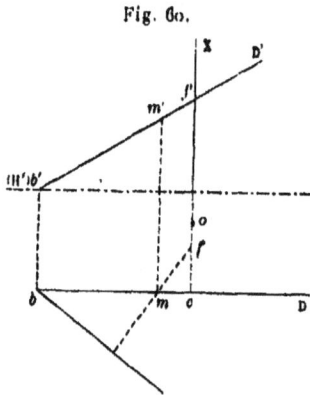

Fig. 60.

la section droite a pour rayon oc. On peut dire alors que *l'hélicoïde réglé est le lieu des droites également inclinées sur un plan perpendiculaire à l'axe d'un cylindre de révolution et qui touchent ce cylindre aux différents points d'une hélice.* Il résulte de là que le cône directeur de cette surface est un cône de révolution.

Nous avons démontré que le point (c, f') est le point central sur (D, D'). Cette propriété subsiste pendant le déplacement continu de (D, D'), c'est-à-dire que *l'hélice décrite par le point (c, f') est la ligne de striction de l'hélicoïde réglé engendré par la droite (D, D').*

Plan tangent. — Proposons-nous de construire le plan tangent à l'hélicoïde réglé au point m de la droite (D, D'). Nous avons vu que la normale en m à la surface engendrée par (D, D'), pour un déplacement infiniment petit, rencontre l'adjointe à un plan perpendiculaire à cette droite; si f est la projection de cette adjointe, la normale au point m se projette alors suivant la droite fm. La trace du plan tangent en m, sur un plan horizontal (H'), est perpendiculaire à cette droite, et, comme elle passe par la trace b de (D, D') sur (H'), on obtient une horizontale du plan tangent cherché en abaissant du point b une perpendiculaire sur la droite fm. Quel que soit le point pris sur la droite (D, D′), on a toujours à abaisser du même point b une perpendiculaire sur des droites partant du point f. Si l'on prend le point (c, f'), on voit que la trace sur (H′) du plan tangent en ce point est confondue avec la projection D; le plan tangent en (c, f') est donc le plan vertical qui projette horizontalement la droite (D, D′). Le point (c, f) étant le point central, on retrouve ainsi que *le plan central est parallèle à l'axe du déplacement.*

Lorsque le point de la droite (D, D′), pour lequel on veut construire le plan tangent, est à l'infini, on doit mener par le point f une parallèle à la projection D et abaisser du point b une perpendiculaire sur cette droite; on voit ainsi que le plan tangent au point qui est à l'infini sur (D, D′) est le plan qui projette cette droite sur le plan vertical de projection.

Construction du point où un plan mené par une génératrice touche l'hélicoïde réglé. — Un plan quelconque mené par (D, D′) est tangent à l'hélicoïde réglé; cherchons directement son point de contact. Supposons que ce plan soit entraîné en même temps que (D, D′); sa caractéristique, d'après ce que nous avons vu, est la projection de la verticale f. Cette caractéristique est alors une ligne de plus grande pente de ce plan; elle se projette horizontalement suivant la perpendiculaire abaissée du point f sur la projection horizontale du plan. Mais, comme il est facile de le voir, *la caractéristique d'un plan mobile qui contient successivement les génératrices d'une surface réglée passe par le point où le plan touche la surface réglée* ([1]); par suite, la perpendiculaire abaissée du point f sur la projection horizontale du plan rencontre la projection D au point m, projection du point de contact de ce plan, et l'on voit que la projection du point où un plan mené par (D, D′) touche l'hélicoïde réglé est le point de rencontre de D et de la perpendiculaire abaissée de f sur une horizontale de ce plan.

Il est utile de remarquer que, d'après cela, la projection horizontale mf de la caractéristique d'un plan qui passe par une droite (D, D′) contient le point f, qui est la projection horizontale du foyer d'un plan perpendiculaire à (D, D′).

Courbe de contact de l'hélicoïde réglé et d'un cylindre circonscrit. Courbe d'ombre. — Proposons-nous de construire la courbe d'ombre sur l'hélicoïde réglé éclairé par des rayons lumineux parallèles entre eux, c'est-à-dire la

---

([1]) Je reviendrai plus loin sur ce théorème à propos de la démonstration du théorème de Meusnier.

courbe de contact de l'hélicoïde réglé et d'un cylindre circonscrit dont les génératrices sont parallèles au rayon lumineux R (*fig.* 61) (¹).

Pour déterminer le point de cette courbe situé sur une génératrice D, menons par cette droite un plan parallèle à R. Ce plan touche l'hélicoïde réglé en un

Fig. 61.

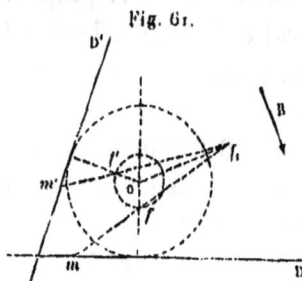

point qui appartient à la ligne d'ombre demandée. Ce plan d'ombre de D, supposé entraîné, a une caractéristique projetée suivant une droite qui, d'après la dernière remarque que nous venons de faire, contient le foyer f du plan perpendiculaire à D; ce plan, étant parallèle à R, a une caractéristique projetée suivant une droite qui contient aussi le foyer f_1 d'un plan perpendiculaire à R; la droite $f_1 f$, qui joint ces deux foyers, est alors la projection horizontale de la caractéristique du plan d'ombre de D, et elle rencontre la projection de cette génératrice au point m (²), qui est la projection du point de contact cherché.

Pour une autre génératrice projetée horizontalement en D′, le foyer f', correspondant au plan perpendiculaire à cette droite, est sur la perpendiculaire abaissée du point o sur D′ et à une distance $of' = of$. Quant au point f_1, il est fixe; on a alors le point de la courbe d'ombre situé sur D′ en prenant le point de rencontre de cette droite avec $f_1 f'$. On voit ainsi comment on construit par points la projection de la courbe d'ombre en faisant usage du point fixe f_1 et des différents points de la circonférence décrite du point o comme centre avec of pour rayon.

Il est inutile de reprendre pour le point f_1 une construction analogue à celle qui donne f. Lorsque, par la droite D, on a mené un plan parallèle au rayon lumineux, la caractéristique de ce plan se projette suivant la perpendiculaire abaissée du point f sur une horizontale de ce plan, et cette dernière droite rencontre au point f_1 la perpendiculaire abaissée du point o sur la projection horizontale du rayon lumineux.

_____

(¹) J'emploie ici comme plan unique de projection un plan perpendiculaire à l'axe du cylindre de révolution auquel sont tangentes les génératrices de l'hélicoïde réglé.

(²) J'applique encore le théorème dont je viens de faire usage à la page précédente.

Paramètre de distribution des plans tangents à l'hélicoïde réglé. — *Construire le paramètre de distribution des plans tangents à l'hélicoïde réglé.*

Soient o (*fig.* 62) la projection horizontale de l'axe du déplacement, (D, D') la génératrice de l'hélicoïde, et *f* la projection de l'adjointe L à un plan perpen-

Fig. 62.

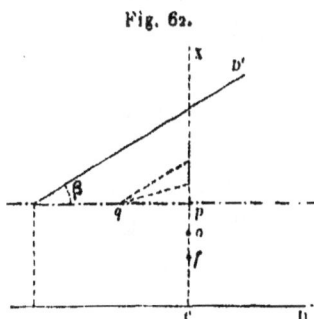

diculaire à (D, D'). Cette adjointe L est une génératrice du paraboloïde des normales à l'hélicoïde réglé relatif à la droite (D, D').

k étant le paramètre de distribution des plans tangents à l'hélicoïde réglé, on a ([1])

$$k = \frac{fc}{\tang(\mathrm{D}', \mathrm{L})}.$$

L'angle (D', L) est le complément de l'angle β que (D, D') fait avec le plan horizontal; on a alors

$$k = fc\,\tang\beta = oc\,\tang\beta - of\,\tang\beta.$$

On sait que *of* est égal à $h\cot\beta$; donc $k = oc\,\tang\beta - h.$

Dans le cas particulier où le segment *oc* est nul, c'est-à-dire lorsque la droite (D, D') engendre une *surface de vis*, le paramètre est égal à *h*. Ainsi, *pour une surface de vis quelconque, le paramètre de distribution des plans tangents est égal au pas réduit des hélices décrites pendant la génération de la surface de vis.*

Si *h* est nul, la surface est simplement de révolution; ainsi : *le paramètre de distribution des plans tangents à l'hyperboloïde de révolution engendré par une droite, dont la distance à l'axe est oc et qui fait un angle β avec un plan perpendiculaire à cet axe, est égal à oc tangβ.*

Appelons α l'angle que la tangente à l'hélice décrite par le point *c* fait avec le plan horizontal, on a

$$h = oc\,\tang\alpha.$$

([1]) *Voir* mon *Cours de Géométrie descriptive*, 2ᵉ édit., p. 270.

Introduisant cette valeur de h dans l'expression du paramètre k, il vient

$$k = oc \tan\beta - oc \tan\alpha.$$

Pour construire k, portons à partir du point p, sur une perpendiculaire à la projection verticale de l'axe du déplacement, un segment pq égal à oc; par le point q menons une droite parallèle à D' et une droite faisant avec pq l'angle α. Ces deux droites interceptent sur X un segment égal à k.

Lorsque $\alpha = \beta$, c'est-à-dire lorsque la droite (D, D') se confond avec la tangente à l'hélice décrite par le point c, on voit que le paramètre est nul; on a alors une surface développable engendrée par la droite mobile.

Lorsque la génératrice de l'hélicoïde réglé rencontre l'axe du déplacement sous un angle qui n'est pas droit, la surface engendrée porte le nom de *surface de vis à filet triangulaire*. Les constructions précédentes relatives à l'hélicoïde réglé sont applicables à cette surface. Le paramètre de distribution des plans tangents est égal au pas réduit, comme nous venons de le voir.

Lorsque la génératrice de l'hélicoïde réglé rencontre l'axe du déplacement à angle droit, la surface engendrée porte le nom de *surface de vis à filet carré* ou d'*hélicoïde gauche à plan directeur*. La construction du plan tangent en un point de cette surface s'obtient au moyen d'un paraboloïde de raccordement. De la construction générale de la courbe d'ombre relative à l'hélicoïde réglé il résulte que pour l'hélicoïde gauche à plan directeur cette courbe se réduit à une hélice. Comme pour la surface de vis à filet triangulaire, le paramètre de distribution des plans tangents est égal au pas réduit.

Propriétés géométriques du déplacement infiniment petit d'une figure de forme invariable (*suite*).

Supposons toujours que l'axe X du déplacement infiniment petit soit vertical, que D soit la droite entraînée, que Δ soit la conjuguée de D. La perpendiculaire commune rc à X et à D rencontre Δ au point e et lui est perpendiculaire.

Pendant le déplacement infiniment petit, tous les points de la figure mobile décrivent des éléments d'hélices de même pas et la droite rc décrit un élément de surface de vis à filet carré.

Puisque le plan (e, D) a son foyer au point e, ce point décrit un élément perpendiculaire à ce plan. Le plan (e, D) est alors normal en e à la surface de vis décrite par rc, ou encore le plan mené par rc perpendiculairement à D est tangent en e à cette surface.

De même le plan mené par rc perpendiculairement à Δ est tangent en c à la surface de vis; autrement dit : la droite Δ est parallèle à la normale en c à la surface de vis. Ainsi :

Théorème XXVII. — *La conjuguée Δ de D est parallèle à la normale en c à la surface de vis à filet carré décrite par la perpendiculaire commune ec aux droites D et Δ.*

Le point central sur *ec* est le point *r*, le plan central relatif à cette génératrice de la surface de vis est le plan vertical mené par *ec*, plan qui contient X ; on a alors, en appelant *h* le pas réduit des hélices décrites,

$$oc \, \text{tang}(\Delta, X) = oc \, \text{tang}(D, X) = h \quad (^1).$$

De cette relation résultent diverses conséquences : Si l'angle (Δ, X) est constant, *oc* l'est aussi, et réciproquement, donc :

Théorème XXVIII. — *Des droites parallèles ont pour conjuguées des droites situées dans un même plan parallèle à l'axe du déplacement.*

Théorème XXIX. — *Des droites situées dans un plan parallèle à l'axe du déplacement ont pour conjuguées des droites parallèles.*

Si l'angle (Δ, X) est droit, *oc* est nul, donc :

Théorème XXX. — *Lorsqu'une droite est dans un plan perpendiculaire à l'axe du déplacement, sa conjuguée passe par le point où ce plan rencontre l'axe.*

Si la droite D est tangente à l'hélice décrite par c, elle est perpendiculaire à Δ. Dans ce cas, D rencontrant l'adjointe à un plan qui lui est perpendiculaire décrit un élément de surface développable. Ainsi :

Théorème XXXI. — *Lorsque deux droites conjuguées sont perpendiculaires l'une à l'autre, elles décrivent des éléments de surfaces développables.*

Les démonstrations directes de ces diverses conséquences sont très simples. Appelons D′ une droite perpendiculaire à sa conjuguée Δ′. L'angle (D′, X) est alors le complément de l'angle (Δ′, X); on a donc

$$oc \, \text{cot}(D', X) = h.$$

Ainsi :

Théorème XXXII. — *Lorsque des droites engendrent des éléments de surfaces dé-*

(¹) Le pas réduit est égal au paramètre de distribution des plans tangents à la surface de vis engendrée par ec pour la génératrice ec, et l'on sait que ce paramètre est égal à la distance du point *c* au point central *r* divisé par la tangente de l'angle que le plan tangent en c à la surface de vis fait avec le plan central.

veloppables, leurs distances à l'axe du déplacement sont proportionnelles aux tangentes des angles qu'elles font respectivement avec cet axe.

J'ai fait remarquer, page 109, qu'une droite D', tangente à l'hélice décrite par *c*, rencontre l'adjointe au plan qui lui est perpendiculaire. Elle est, par suite (théor. IX), la caractéristique du plan (*r*, D'). Ainsi :

THÉORÈME XXXIII. — *Lorsqu'une droite est tangente à la trajectoire d'un de ses points, elle est la caractéristique du plan dont elle est la ligne de plus grande pente.*

Cherchons l'angle qu'une droite (ou un plan) fait avec sa position infiniment voisine. Le déplacement hélicoïdal résulte d'une translation et d'une rotation. Comme la translation ne modifie pas les angles, il suffit de réduire le déplacement à une rotation. En outre, on n'altère pas la grandeur des angles à trouver en transportant les droites parallèlement à elles-mêmes, de manière à les faire passer par un point de X.

Supposons ce transport effectué et le déplacement réduit à une simple rotation autour de X. On n'a plus alors que des cônes de révolution engendrés par les droites ou enveloppés par les plans. Au moyen de ces cônes, on déduit facilement : qu'*un plan perpendiculaire à un plan mobile, mené par la caractéristique de ce plan, est parallèle à l'axe du déplacement; que les plans centraux des surfaces engendrées par des droites quelconques sont parallèles à l'axe du déplacement*, et enfin les formules

$$\frac{d\varphi}{d\omega} = \sin\alpha, \qquad \frac{d\psi}{d\omega} = \cos\gamma,$$

où *dω* désigne la rotation infiniment petite autour de X; *dφ* l'angle qu'une droite fait avec sa position infiniment voisine; *α* son angle avec X; *dψ* l'angle qu'un plan fait avec sa position infiniment voisine et *γ* son angle avec X.

Il faut cinq conditions pour déterminer le déplacement d'une figure de forme invariable. Cas où il y a moins de cinq conditions.

Reprenons successivement, comme au début de la seconde Partie (p. 97), les éléments les plus simples de toute figure : un point, une droite, un plan.

Pour déterminer la position d'un point, il faut trois conditions. J'exprimerai cela en disant :

THÉORÈME XXXIV. — *L'immobilité d'un point est assurée par trois conditions.*

En retranchant une condition, on permet au point de se déplacer. Ce déplacement s'effectue suivant une ligne trajectoire.

THÉORÈME **XXXV**. — *Un point dont le déplacement est assujetti à deux conditions décrit une trajectoire déterminée.*

En retranchant encore une condition, il n'y en a plus qu'une et le point reste sur une surface. Ainsi :

THÉORÈME **XXXVI**. — *Un point dont le déplacement n'est assujetti qu'à une seule condition est astreint à rester sur une surface.*

A partir de la position qu'il occupe, le point peut se déplacer dans une infinité de directions; mais toutes ces directions appartiennent au plan tangent à la surface sur laquelle il se déplace.

La surface, lieu des trajectoires que le point peut décrire à partir de sa position initiale, je la désigne sous le nom de *surface trajectoire*.

Considérons le déplacement d'un segment de droite *ab*; comptons d'abord le nombre des conditions qui assurent l'immobilité de ce segment.

Il faut trois conditions pour fixer *a*. Le point *b* ne peut plus être assujetti qu'à deux conditions : car il appartient à la sphère décrite du point *a* comme centre avec *ab* pour rayon. Le point *b*, assujetti à deux nouvelles conditions, est fixé.

Les cinq conditions, ainsi employées, fixent le segment *ab* et, par suite, tous les points de la droite *ab*; nous pouvons donc dire :

THÉORÈME **XXXVII**. — *Cinq conditions fixent les positions de tous les points d'une droite et assurent leur immobilité.*

En retranchant une condition, on a des lignes trajectoires pour les différents points de la droite mobile. Ainsi :

THÉORÈME **XXXVIII**. — *Les points d'une droite, dont le déplacement n'est assujetti qu'à quatre conditions, décrivent des lignes trajectoires déterminées.*

Enfin, en retranchant encore une condition, on voit que :

THÉORÈME **XXXIX**. — *Trois conditions permettent le déplacement d'une droite de façon que ses points se déplacent sur des surfaces trajectoires.*

Nous avons vu que cinq conditions fixent les positions de tous les points d'une droite. Si l'on veut simplement fixer une droite considérée comme figure géométrique, on ne doit plus prendre que quatre conditions, puisqu'une droite peut glisser sur elle-même sans changer de position. Ainsi :

THÉORÈME **XL**. — *Quatre conditions fixent la position d'une ligne droite dans l'espace* (¹).

_____

(¹) On retrouve ainsi le nombre *quatre*, qui est le nombre des paramètres qui entrent dans les équations d'une droite.

En retranchant une condition, nous permettons à la droite de se déplacer et d'engendrer ainsi une surface réglée :

THÉORÈME XLI. — *Trois conditions permettent le déplacement d'une ligne droite et cette droite engendre alors une surface.*

Considérons maintenant le déplacement d'une figure plane dans l'espace; comptons d'abord le nombre des conditions qui assurent son immobilité.

Une droite de la figure étant fixée, un plan, sur lequel elle est marquée, ne peut que tourner autour de cette droite. On fixe la position de ce plan en ajoutant une condition aux cinq conditions fixant les points de la droite. Donc :

THÉORÈME XLII. — *Six conditions fixent la position d'une figure plane dans l'espace et assurent son immobilité* (¹).

En retranchant une condition, on permet à la figure de se déplacer.

THÉORÈME XLIII. — *Cinq conditions permettent le déplacement d'une figure plane dans l'espace.*

Il faut remarquer que les six conditions qui assurent l'immobilité d'une figure plane ne sont pas nécessaires pour fixer la position du plan considéré comme figure géométrique; dans ce dernier cas, en effet, il ne faut plus que trois conditions.

Le déplacement d'une figure plane entraine celui d'une figure quelconque qui lui est invariablement liée. Donc :

THÉORÈME XLIV. — *Il faut cinq conditions pour déterminer le déplacement d'une figure de forme invariable. Chaque point de la figure décrit une ligne trajectoire.*

En retranchant une condition, le déplacement de chaque point de la figure devient possible dans une infinité de directions. Chacun de ses points se déplace alors sur une surface trajectoire :

THÉORÈME XLV. — *Quatre conditions permettent le déplacement de la figure d'une infinité de manières; chaque point de la figure se déplace, en général, sur une surface trajectoire.*

Je dis *en général*, parce que nous verrons qu'il existe alors une infinité de points décrivant nécessairement les mêmes trajectoires, quel que soit le déplacement de la figure.

En retranchant une condition, chaque point de la figure peut, en général, être déplacé dans une direction arbitraire. Ainsi :

THÉORÈME XLVI. — *Trois conditions permettent, en général, le déplacement d'une figure de telle façon qu'un point puisse encore être dirigé arbitrairement.*

(¹) On retrouve ainsi le nombre *six*, qui est le nombre des équations d'équilibre.

Nous verrons que, dans ce dernier cas, certains points se déplacent nécessairement sur des surfaces.

Indépendamment des questions relatives au déplacement, ce que nous venons de dire peut être utile lorsqu'on veut chercher le nombre des conditions qu'il faut donner pour déterminer une figure dans l'espace, connaissant le nombre des paramètres qui suffisent pour déterminer sa forme. Il faut, par exemple, connaître les *trois* axes d'un ellipsoïde pour avoir la forme de cette surface. En ajoutant à ce nombre *trois* le nombre *six* relatif à la position, on retrouve bien qu'il faut neuf conditions pour déterminer un ellipsoïde de forme et de position. Quant aux déplacements, les nombres que nous venons de déterminer permettent de savoir si le lieu d'un point mobile est une ligne ou une surface. Si, par exemple, un ellipsoïde de grandeur invariable est assujetti à rester tangent à cinq ellipsoïdes, il est alors assujetti à cinq conditions, et, d'après ce que nous venons de dire, on peut le déplacer ; un point quelconque, invariablement lié à cet ellipsoïde, décrit alors une ligne trajectoire.

Si les quatre sommets d'un tétraèdre de grandeur invariable sont assujettis à rester sur quatre surfaces données, un point quelconque, invariablement lié au tétraèdre, et entraîné pendant le déplacement de ce tétraèdre, engendre une surface, puisque nous ne donnons que quatre conditions pour définir le déplacement de la figure.

J'appelle *complémentaires* les conditions qu'il faut ajouter à celles qui assurent le déplacement d'une figure pour obtenir son immobilité.

Lorsqu'il ne faut qu'une condition complémentaire pour assurer l'immobilité d'un point, c'est qu'il décrit une ligne ; deux conditions complémentaires correspondent au cas où le point considéré se déplace sur une surface.

Le nombre des conditions complémentaires n'est pas le même pour tous les points d'une figure mobile. Ainsi, lorsqu'une figure de forme invariable qui se déplace est assujettie à quatre conditions, certains points décrivent toujours les mêmes lignes ; pour ces points particuliers, il faut une condition complémentaire, tandis que pour tous les autres il en faut deux.

Je parlerai plus loin de ces points, pour montrer leur répartition dans l'espace ; en ce moment, je vais prouver leur existence, au moyen d'un exemple, en faisant usage de la considération des conditions complémentaires.

Un trièdre trirectangle est assujetti, pendant son déplacement, à avoir ses faces tangentes à un ellipsoïde donné, c'est-à-dire qu'il est assujetti à trois conditions : je dis que le sommet s de ce trièdre se déplace sur une surface.

Chaque point invariablement lié au trièdre peut être assujetti à trois conditions complémentaires, tandis que le sommet s ne peut être soumis qu'à deux conditions complémentaires. En effet, si l'on fixe le point s, le trièdre peut encore pivoter autour de ce sommet, parce que le cône circonscrit à l'ellipsoïde, dont le sommet est s, jouit de la propriété que, lorsqu'on peut lui circonscrire un trièdre trirectangle, on peut lui en circonscrire une infinité d'autres.

D'après cela, un point quelconque exige une condition complémentaire de plus que le sommet s; par suite, il ne faut que deux conditions complémentaires pour le point s : donc ce sommet se déplace sur une surface.

Réduction de chacune des diverses conditions simples, qui entrent dans la définition du déplacement d'une figure, à cette condition unique : un point est assujetti à rester sur une surface donnée.

Une figure, pendant son déplacement, peut être assujettie à des conditions très diverses. Nous ne considérerons que les conditions descriptives suivantes :

1° Un point a de la figure mobile est assujetti à rester sur une surface fixe $[a]$, ou, inversement, une surface (B) de la figure mobile est assujettie à toujours contenir un point fixe b;

2° Une courbe L de la figure mobile est assujettie à toucher une surface fixe (T), ou inversement;

Enfin les conditions suivantes, qui ne se modifient pas en inversant :

3° Une courbe L est assujettie à rencontrer une courbe fixe M;

4° Une surface (S) de la figure mobile est assujettie à toucher une surface fixe (T).

Chacune de ces conditions est simple; par suite, d'après ce qui précède, il faut en prendre cinq pour définir le déplacement d'une figure. Je dis qu'à chacune de ces conditions simples on peut substituer cette condition unique : *un point doit rester sur une surface*. L'étude du déplacement d'une figure mobile sera alors ramenée au cas où l'on donne cinq points de cette figure assujettis à rester sur cinq surfaces fixes.

Examinons successivement les conditions descriptives groupées sous les n°ˢ 1°, 2°, 3°, 4°.

a est un point de la figure mobile assujetti à rester sur $[a]$; après un déplacement, a est venu en a_1, toujours sur $[a]$. Pendant ce déplacement, $[a]$, supposée entraînée, est venue en $[a]_1$, qui contient a_1. Si l'on ramène $[a]_1$ à sa position première $[a]$, cette surface $[a]_1$, qui contient le point a_1, passera encore par ce point après le déplacement. Nous avons effectué ainsi deux déplacements successifs et inverses, après lesquels tous les points de la figure mobile sont revenus à leurs premières positions.

Les trajectoires d'un point entraîné dans ces deux déplacements n'en forment qu'une seule. Nous voyons ainsi que la condition du 1º peut être substituée à son inverse.

Examinons les circonstances présentées par les conditions du 2º.

Soit a le point où L touche la surface fixe (T); ce point, pendant le déplacement infiniment petit, décrit un élément situé dans le plan tangent en a à (T).

Nous pourrons donc, pour le point a, substituer à la condition donnée celle de se déplacer dans le plan tangent à (T).

Le cas inverse, c'est-à-dire celui où l'on donne une surface de la figure mobile assujettie à toucher une courbe fixe, se ramène encore à la même condition par des considérations analogues à celles qui ont été employées pour l'inverse du 1º.

Examinons le 3º.

Une courbe L est assujettie à rencontrer une courbe fixe M; après un déplacement infiniment petit, elle est venue en L_1 et elle a décrit une surface (L). Le point de rencontre a des courbes L et M s'est déplacé sur le plan tangent à (L). Mais ce plan est défini par les tangentes en a à L et à M; on a donc un point a se déplaçant sur un plan connu.

Enfin, pour le 4º, on voit bien que le point de contact des surfaces (S) et (T) se déplace sur le plan tangent commun à ces surfaces.

En résumé, quelles que soient les conditions simples que l'on considère parmi celles que nous avons énumérées, on peut leur substituer cette condition unique : un point doit se déplacer sur une surface.

Nous pouvons maintenant exposer la méthode des normales, relative au déplacement d'une figure assujettie à avoir cinq points sur cinq surfaces données.

APPLICATION

Méthode des normales dans le cas d'un déplacement assujetti à cinq conditions.

Comme je viens de le dire en terminant le paragraphe précédent, il suffit de considérer une figure de forme invariable assujettie, pendant son déplacement, à avoir cinq points sur cinq surfaces données.

Voici alors l'énoncé du problème que je vais résoudre :

PROBLÈME. — *Cinq points d'une figure mobile de forme invariable sont assujettis à se déplacer sur cinq surfaces données.*

Construire pour une position de la figure : 1° *le plan normal à la trajectoire d'un point quelconque entraîné;* 2° *la normale en un point arbitraire de la surface engendrée par une courbe quelconque entraînée;* 3° *la ligne suivant laquelle une surface entraînée touche son enveloppe;* 4° *l'axe du déplacement de la figure mobile;* 5° *le pas réduit des hélices infiniment petites décrites.*

Appelons (A), (B), (C), (E), (K) les cinq surfaces données sur lesquelles se déplacent les cinq points *a*, *b*, *c*, *e*, *k* de la figure mobile. Par ces cinq points, menons, pour une position de la figure, les normales A, B, C, E, K aux surfaces données. Nous ne connaissons pas les trajectoires des points *a*, *b*, *c*, *e*, *k*, mais nous savons que ces courbes appartiennent aux surfaces (A), (B), (C), (E), (K); par suite, elles ont pour normales les droites A, B, C, E, K.

Prenons quatre de ces normales : A, B, C, E.

Il y a deux droites D, Δ *réelles ou imaginaires, qui rencontrent ces quatre droites;* il est facile de le voir : les trois droites A, B, C déterminent un hyperboloïde; parmi les génératrices qui rencontrent A, B, C, si l'on prend celles qui passent par les points où cet hyperboloïde est rencontré par E, on a les droites qui s'appuient sur les quatre droites : A, B, C, E.

Les droites D *et* Δ *sont conjuguées.* — En effet, quel que soit le déplacement de la figure, la droite A est normale à la trajectoire du point *a* et elle s'appuie sur D; donc elle doit rencontrer la conjuguée de D. On peut répéter la même chose pour B, C, E, et l'on voit que la conjuguée de D doit rencontrer les quatre droites A, B, C, E; par conséquent, cette conjuguée est la droite Δ.

Nous avons ainsi, pour un groupe de quatre normales, un couple de droites conjuguées D, Δ, et, pour un autre groupe de quatre normales, nous aurons un autre couple de droites conjuguées, D', Δ'.

Soit *i* le point pour lequel on demande le plan normal relatif. De ce point, menons une droite qui rencontre D et Δ; cette droite, normale à la trajectoire de ses points (théor. VIII), fait partie du plan normal cherché.

Avec D', Δ' on a une autre droite de ce plan qui est alors déterminé ([1]).

Cherchons la normale en *i* à la surface (I) engendrée par une courbe I.

([1]) Les cinq droites A, B, C, E, K peuvent être groupées quatre par quatre de cinq manières différentes. Chacun de ces groupes donne une droite du plan normal cherché. Les normales A, B, C. E. K étant indépendantes l'une de l'autre, on peut alors énoncer le théorème suivant :

On donne cinq droites arbitraires, on prend un groupe de quatre de ces droites et l'on construit le

La normale cherchée doit être normale à I : elle est alors dans le plan normal mené du point i à cette courbe. Elle doit être aussi dans le plan normal relatif à (i) : elle est donc l'intersection de ces deux plans normaux.

Une surface (S) entraînée touche son enveloppe suivant une ligne *caractéristique;* cherchons des points de cette courbe.

Les points de cette caractéristique jouissent évidemment de la propriété que nous avons reconnue pour les points de la caractéristique d'un plan : les éléments de leurs trajectoires appartiennent à (S). D'après cela, pour avoir des points de la caractéristique de (S), on construit des normales à cette surface rencontrant deux droites conjuguées, et l'on prend les pieds de ces droites. Comme nous montrerons qu'il est facile de construire des couples de droites conjuguées en nombre quelconque, on peut avoir autant de points que l'on veut de cette caractéristique.

Nous savons construire deux couples de droites conjuguées D, Δ, et D', Δ'. Prenons pour chacun d'eux la perpendiculaire commune aux droites qui le composent; on a ainsi deux droites : la perpendiculaire commune à ces deux droites est l'axe du déplacement X (théor. XXIV) ([1]).

Quant au pas réduit, on l'obtient immédiatement en construisant l'expression du produit de la plus courte distance de D et de X par la tangente de l'angle (Δ, X) (théor. XXVII).

La connaissance des couples de droites conjuguées D, Δ, et D', Δ' a suffi pour la solution de toutes les parties de notre premier problème.

Nous pouvons conclure de là que :

THÉORÈME XLVII. — *Deux couples de droites conjuguées définissent complètement le déplacement infiniment petit d'une figure de forme invariable.*

Pour compléter la solution de ce premier problème, voici les solutions de quelques questions :

Étant donnés deux couples de droites conjuguées D, Δ, *et* D', Δ', *construire le foyer d'un plan* (P).

_____

couple des deux droites qui les rencontrent. D'un point quelconque de l'espace on mène la droite qui rencontre les deux droites de ce couple. On pourra ainsi mener de ce point cinq droites, puisqu'il y a autant de couples de deux droites qu'il est possible de former de groupes de quatre droites avec les cinq droites données. Les cinq droites ainsi déterminées sont dans un même plan.

Ce théorème, dû à Schönemann (voir *Journal de Borchardt*, 90ᵉ Cahier), a été retrouvé par M. Sylvester (*voir* les *Comptes rendus* pour 1861, t. LII, p. 742).

([1]) D'après cela, on peut ajouter à l'énoncé du théorème de la note précédente que : *les perpendiculaires communes à chacun des cinq couples de deux droites sont perpendiculaires à une même droite et la rencontre* (*voir* SCHÖNEMANN, *loc. cit.*)

Prenons sur (P) les traces des droites D et Δ et joignons ces traces par une droite; opérons de même avec les droites D', Δ' : les deux droites ainsi obtenues se coupent au foyer cherché.

Étant donnés deux couples de droites conjuguées, construire la conjuguée d'une droite donnée.

Par la droite donnée on fait passer deux plans, et l'on construit le foyer de chacun de ces plans. La droite qui joint ces deux points est la conjuguée cherchée.

Étant donnés deux couples de droites conjuguées, construire la droite adjointe à un plan et la caractéristique de ce plan.

Pour obtenir l'adjointe, il suffit de mener une droite du foyer du plan donné au foyer d'un plan qui lui est parallèle, et nous venons de montrer comment on construit ces points.

La caractéristique du plan est déterminée en joignant par une droite les points de rencontre des projections sur ce plan des droites conjuguées données.

La solution de notre premier problème montre comment on détermine deux couples de droites conjuguées; nous voyons maintenant comment, au moyen de ces droites, on achève de déterminer tout ce qui est relatif au déplacement de la figure mobile.

Jusqu'à présent je n'ai considéré que des conditions simples pour définir le déplacement de la figure. Il est important d'examiner deux cas qui se présentent fréquemment et qui conduisent à des conditions doubles.

Supposons que l'un des points a de la figure mobile doive se déplacer en restant sur deux surfaces données. Ce point doit alors parcourir la ligne d'intersection (a) de ces deux surfaces; il est ainsi assujetti à une condition double.

La solution générale est toujours applicable : pour une position de la figure, on mène par le point a des normales aux deux surfaces qui se coupent suivant (a), et l'on emploie ces droites comme précédemment.

Si l'on donne simplement la trajectoire (a) d'un point a de la figure mobile, on peut prendre, pour appliquer la solution générale, deux normales quelconques à (a) issues du point a, puisque cette courbe peut être considérée comme l'intersection d'une infinité de couples de surfaces dont les plans tangents sont simplement astreints à contenir la tangente en a à la trajectoire donnée de ce point. Ainsi :

THÉORÈME XLVIII. — *Lorsque, parmi les données du déplacement d'une figure de forme invariable, on a la trajectoire d'un point, on doit, pour construire deux couples de droites conjuguées, prendre pour une position de la figure deux normales à cette courbe, issues du point mobile.*

Si l'on prend ainsi deux normales à la trajectoire donnée et deux autres normales C, E pour constituer un groupe de quatre droites, on voit que l'une des droites, D, du couple de conjuguées passe par le point mobile, et que l'autre, Δ, qui est dans le plan normal relatif à ce point, s'appuie sur C et E. On voit bien alors que D et Δ rencontrent toutes les droites normales à la trajectoire donnée et qui sont issues du point mobile, comme on pouvait le prévoir.

On emploie la même construction dans le cas inverse, c'est-à-dire lorsque l'on donne une courbe qui, pendant le déplacement, doit toujours contenir un point fixe.

Examinons encore le cas où un plan (P) de la figure mobile est assujetti à toucher une surface développable.

On a ainsi une condition double. Par deux points *a* et *b* de la génératrice de contact G du plan avec la surface développable donnée, on mène les normales A, B à cette surface, et l'on emploie ces droites, comme dans la solution générale, pour construire deux couples de droites conjuguées.

Si nous ajoutons à ces normales les deux normales C, E pour constituer un groupe de quatre droites, afin de construire le couple D, Δ, nous voyons que l'une des droites conjuguées, D par exemple, est la perpendiculaire à (P) qui rencontre C et E; l'autre, Δ, est la droite qui réunit les traces de C et de E sur le plan mené par G perpendiculairement à (P). Ces deux droites conjuguées sont évidemment les mêmes, quels que soient les points *a* et *b* pris sur G; elles rencontrent toutes les normales à la surface développable issues de tous les points de G, comme cela doit être.

Dans ce qui précède, j'ai supposé que les droites D et Δ sont réelles; j'expliquerai plus loin (p. 132) comment on opère lorsqu'elles sont imaginaires.

THÉORIE DU DÉPLACEMENT D'UNE FIGURE DE FORME INVARIABLE LORSQUE CE DÉPLACEMENT N'EST ASSUJETTI QU'A QUATRE CONDITIONS.

Lorsqu'une figure mobile n'est assujettie qu'à quatre conditions, on peut, à partir de la position qu'elle occupe, la déplacer d'une infinité de manières. Un point, pour chacun de ces déplacements infiniment petits, décrit un élément de trajectoire et, comme nous l'avons déjà dit, tous ces éléments appartiennent à une surface que j'appelle *surface trajectoire* du point.

A partir de sa position initiale, une droite peut prendre une infinité de positions infiniment voisines de celle-ci. L'ensemble de toutes ces droites constitue un *pinceau de droites*. On peut dire que ce pinceau est, pour la droite, l'élément infinitésimal qui correspond à l'élément de la surface trajectoire d'un point.

Un plan, à partir de la position qu'il occupe, se déplace en restant tangent à une surface.

Commençons cette étude par ce qui concerne les surfaces trajectoires des points de la figure mobile. Ces surfaces trajectoires correspondent dans l'espace aux lignes décrites dans le mouvement plan ; elles sont, à proprement parler, la généralisation de ces lignes.

Ainsi, sur un plan, on sait que :

Lorsqu'une droite est normale à la trajectoire d'un de ses points, elle est normale aux trajectoires de tous ses points.

De même dans l'espace :

Lorsqu'une droite est normale à la surface trajectoire d'un de ses points, elle est normale aux surfaces trajectoires de tous ses points.

Dans le cas du déplacement d'une figure plane sur son plan :

Les normales aux trajectoires des points de cette figure passent par un même point qui est le centre instantané de rotation.

Dans le cas de l'espace, la propriété analogue est la suivante :

THÉORÈME XLIX. — *Les normales aux surfaces trajectoires des points d'une figure rencontrent, toutes, deux mêmes droites qui sont des axes simultanés de rotation* ([1]).

Ce théorème est fondamental et donne lieu à des applications diverses. Commençons par le démontrer.

Supposons que les quatre points a, b, c, e de la figure se déplacent sur quatre

Fig. 63.

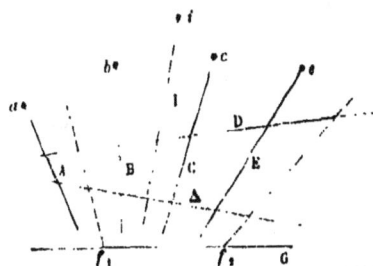

surfaces données (*fig.* 63). On connaît, par exemple, pour une position de la figure mobile, les normales A, B, C, E, menées des points a, b, c, e aux surfaces sur lesquelles se déplacent ces points.

Comme nous l'avons vu précédemment, il y a deux droites D, Δ réelles ou imaginaires, qui rencontrent ces quatre droites, et ces deux droites sont conjuguées.

Prenons maintenant un point quelconque i de la figure mobile, et menons de ce point i une droite I qui rencontre D et Δ. Quel que soit le déplacement, la trajectoire du point i est normale à cette droite (théor. VIII). Cette droite I, étant normale aux trajectoires qu'on peut faire décrire au point i à partir de sa position initiale, est alors la normale à la surface trajectoire de ce point.

Ainsi :

La normale à la surface trajectoire d'un point quelconque de la figure est la droite issue de ce point, et qui s'appuie sur D et Δ ([2]).

La propriété relative aux normales aux surfaces trajectoires des points de la figure est donc démontrée.

Comme D et Δ sont deux droites conjuguées, quels que soient les déplace-

---

([1]) C'est en 1866, à la Société Philomathique, que j'ai fait connaître ce théorème. J'ai appris en 1880, par la reproduction d'un travail de Schönemann, dans le *Journal de Borchardt*, que ce théorème s'y trouvait implicitement.

([2]) Nous verrons (p. 132) comment on opère lorsque les droites D, Δ sont imaginaires.

ments de la figure, on a donc les deux axes simultanés de rotation relatifs à tous les déplacements de cette figure.

Il est important de remarquer qu'un point de D ou Δ ne décrit toujours qu'un même élément de ligne, tandis qu'un point arbitraire de la figure mobile peut, à partir de sa position initiale, se déplacer d'une infinité de manières sur sa surface trajectoire. Cela résulte de ce que le déplacement infiniment petit d'un point d'une de ces droites est une simple rotation autour de l'autre. Du reste, il faut, avons-nous dit, mener du point considéré une droite rencontrant D et Δ pour avoir la normale à sa surface trajectoire; mais, si ce point appartient à l'une des droites D ou Δ, toute droite issue de ce point et qui s'appuie sur l'autre de ces droites remplit la condition demandée. On obtient alors une infinité de normales situées dans un même plan. Ce plan n'est autre que le plan normal relatif au point considéré.

Soit G une droite d'une figure dont le déplacement est assujetti à quatre conditions. Pour une position de la figure, les normales aux surfaces trajectoires des points de cette droite s'appuient sur D et Δ. On a ainsi des droites s'appuyant sur les trois droites G, D, Δ : elles appartiennent alors à l'hyperboloïde qui a pour directrices G, D, Δ.

On a alors ce théorème :

Théorème L. — *Lorsqu'une droite est entraînée dans le déplacement d'une figure assujettie à quatre conditions, pour une position de la figure, les normales aux surfaces trajectoires des points de cette droite appartiennent à un hyperboloïde.*

D'après cela, si trois points a, b, c de la droite G se déplacent respectivement sur trois plans $[a]$, $[b]$, $[c]$, la normale au point i de G, à l'ellipsoïde engendré par ce point, s'obtient en construisant la génératrice issue de i, de l'hyperboloïde qui a pour directrices les normales A, B, C menées aux trois plans donnés par les points a, b, c.

Considérons de nouveau la droite G comme faisant partie d'une figure assujettie à quatre conditions et donnant lieu au couple de droites conjuguées D, Δ. Je dis que :

Théorème LI. — *L'hyperboloïde défini par les trois droites G, D, Δ est le lieu des droites conjuguées de G correspondant à tous les déplacements qu'on peut imprimer à cette droite.*

Nous avons vu, en effet, que deux couples de droites conjuguées appartiennent à un même hyperboloïde (théor. XVI).

Pour imprimer à G tous les déplacements compatibles avec les données, il suffit donc de faire tourner cette droite autour des différentes génératrices de

M.

même système que G situées sur cet hyperboloïde. Il est facile de déduire de là
qu'il peut y avoir deux déplacements pour lesquels la droite G engendre des éléments de surface développable. Pour que la droite G engendre un pareil élément, il faut qu'elle soit perpendiculaire à sa conjuguée. On obtient deux
solutions, puisque, en général, sur un hyperboloïde, il y a deux génératrices
perpendiculaires à une génératrice donnée et du même système que cette génératrice. Il est facile d'avoir la direction de ces deux droites, en considérant les
génératrices du système différent qui leur sont parallèles. Celles-ci s'obtiennent
en menant des droites perpendiculaires à G et qui rencontrent cette droite ainsi
que D et Δ. Les plans tangents aux deux éléments de surface développable
que G peut décrire sont les plans menés par cette droite perpendiculairement
à ces deux conjuguées particulières.

Ces plans tangents ont pour caractéristique la droite G et pour foyers les points
où ils sont rencontrés par les conjuguées de G perpendiculaires à cette droite.

Si les génératrices de l'hyperboloïde des normales, perpendiculaires à G, sont
réelles, leurs points d'intersection avec G décrivent des surfaces trajectoires
tangentes à cette droite. Pour tous les déplacements, la droite G, à partir de sa
position initiale, décrit des éléments tangents à ces deux surfaces. Les points
de contact de G avec ces surfaces sont les *foyers* du pinceau engendré par G,
et le lieu de ces foyers constitue les *surfaces focales* auxquelles la droite G est
doublement tangente dans toutes ses positions.

Nous allons retrouver quelques-uns des résultats précédents au moyen de
l'adjointe à un plan (Q) perpendiculaire à G. Cette adjointe est la conjuguée de
la droite à l'infini sur ce plan. Elle appartient au paraboloïde qui a pour directrices D, Δ, et le plan (Q) pour plan directeur. Ainsi :

Théorème LII. — *Le lieu des adjointes à un plan perpendiculaire à la droite* G,
*pour tous les déplacements qu'on peut faire subir à la figure qui renferme cette droite,
est un paraboloïde hyperbolique dont un des plans directeurs est perpendiculaire à* G.

Cherchons dans quelles circonstances G engendre une surface développable.

Nous avons vu qu'une droite, pour engendrer une surface développable, doit
rencontrer l'adjointe à un plan qui lui est perpendiculaire. Nous devons donc
chercher les adjointes qui rencontrent G, c'est-à-dire les génératrices du paraboloïde de même système que D, Δ et qui rencontrent cette droite.

Pour cela, il suffit de mener les génératrices de ce système issues des points
où G rencontre le paraboloïde hyperbolique.

On voit déjà qu'il y a en général deux solutions.

Pour déterminer les points d'intersection de G et du paraboloïde, on construit les perpendiculaires à G qui rencontrent D et Δ. Les pieds de ces droites appartiennent aux adjointes cherchées; par suite, ces points sont sur G les points de contact de cette droite avec les arêtes de rebroussement des deux surfaces développables qu'elle peut engendrer.

Nous retrouvons ainsi, comme précédemment, les droites perpendiculaires à G et qui rencontrent D et Δ. Nous avions vu que les plans menés par G perpendiculairement à ces deux droites sont les plans tangents aux développables; nous pouvons ajouter maintenant que les pieds de ces droites sont des points centraux.

Lorsque les perpendiculaires à G, qui rencontrent D et Δ, se confondent, il n'existe plus qu'un seul déplacement pouvant faire décrire à G un élément de surface développable.

Cette circonstance se présente, par exemple, lorsqu'un plan (P), tangent en un de ses points a à une surface (A), se déplace de façon qu'une droite G issue de a reste toujours osculatrice à la surface en ce point.

Dans de pareilles conditions, G n'engendre de surface développable que lorsque le point a se déplace dans la direction même de cette droite.

Lorsque, parmi les quatre conditions auxquelles la figure mobile est assujettie, il y a des conditions doubles, on opère comme je l'ai indiqué précédemment. Si l'on donne les trajectoires de certains points, D ou Δ contient nécessairement ces points.

Prenons, par exemple, une figure dont deux points a, b soient assujettis à décrire deux courbes données (a), (b).

Les droites D, Δ, pour une position du segment ab, sont : la droite ab et la droite d'intersection des plans normaux relatifs aux points a et b.

Ces deux droites étant connues, on a toujours la normale à la surface $[i]$ décrite par un point i en menant de ce point une droite qui rencontre D et Δ.

APPLICATIONS.

Méthode des normales dans le cas où le déplacement de la figure mobile n'est assujettie qu'à quatre conditions.

Le problème à résoudre est le suivant :

Quatre points d'une figure mobile de forme invariable sont assujettis à se déplacer sur quatre surfaces données.

Construire, pour une position de la figure :

1° La normale à la surface sur laquelle se déplace nécessairement, en général, un point de la figure mobile;

2° *Les points où une surface entraînée touche le lieu de ses intersections succes-sives.*

Pour une position arbitraire de la figure mobile, les normales aux surfaces données, issues des points considérés, constituent un groupe de quatre droites qui donne lieu au couple D, Δ. En vertu du théorème XLIX, il suffit de mener du point considéré une droite qui rencontre D et Δ pour avoir la normale à la surface trajectoire de ce point.

Pour avoir les points où une surface (S) touche le lieu de ses intersections successives, on voit facilement qu'il suffit de chercher les pieds des normales à (S) qui rencontrent D et Δ. Le problème est ainsi complètement résolu.

Ces solutions ne sont applicables que lorsque D, Δ sont réelles.

Comment doit-on opérer lorsque ces droites sont imaginaires?

Appelons a, b, c, e (*fig.* 64) les points qui décrivent les surfaces données [a], [b], [c], [e], et A, B, C, E les normales à ces surfaces dont les pieds sont en ces points.

Soit i le point de la figure pour lequel on demande la normale à la surface trajectoire [i] qu'il décrit. Menons la droite ai et désignons par g le point où

Fig. 64.

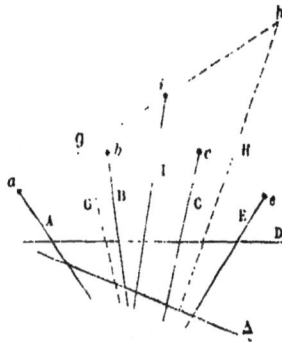

elle rencontre l'hyperboloïde défini par les droites A, B, C. Il est facile de con-struire g; pour cela, on prend la droite, autre que A, suivant laquelle l'hyper-boloïde est coupé par le plan (A, ai) : le point où cette droite rencontre ai est le point g. Par ce point passe une génératrice de l'hyperboloïde (A, B, C) de même système que A, B, C; désignons cette droite par G. De la même manière, en prenant les trois droites A, B, E, déterminons une droite H.

Les trois droites A, G, H *déterminent un hyperboloïde, et la génératrice de cette surface, du même système que ces droites et qui passe par le point i, est la normale demandée.*

En effet, les droites D, Δ, étant des génératrices des hyperboloïdes (A, B, C) et (A, B, E), sont rencontrées par G et H, et, par suite, sont des génératrices de l'hyperboloïde (A, G, H) : la génératrice de ce dernier hyperboloïde, issue de ι, rencontre donc D, Δ et c'est la droite demandée.

Cette construction, indépendante de l'existence des droites D, Δ, résout la question posée.

Prenons le cas particulier où le point ι est à l'infini dans la direction d'une perpendiculaire à un plan (P) (*fig.* 65).

Tout ce qui précède est applicable. On détermine encore des droites G′, H′, comme on vient de déterminer G, H, en employant une perpendiculaire à (P)

Fig. 65.

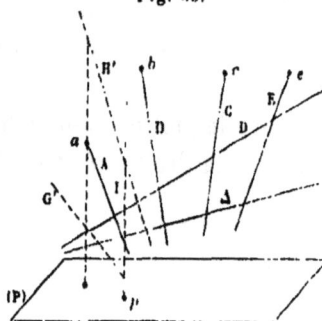

menée de *a*. L'hyperboloïde (A, G′, H′), qui contient déjà la perpendiculaire à (P) issue de *a*, contient encore une autre perpendiculaire à ce plan. Celle-ci est la normale I demandée.

Pour déterminer son pied *p* sur (P), on construit deux droites qui rencontrent A, G′, H′ : les projections de ces droites sur (P) se coupent au point *p*.

La normale que nous venons de déterminer est normale aux surfaces trajectoires de chacun de ses points; par suite, le plan (P) est tangent en *p* à la surface trajectoire de ce point.

En d'autres termes, nous avons construit *le point p où le plan* (P) *touche la surface à laquelle ce plan reste tangent pendant le déplacement de la figure mobile.*

La construction de la normale à la surface trajectoire d'un point d'une figure mobile, dont quatre points restent sur quatre surfaces données, conduit immédiatement à la construction du plan normal à la trajectoire décrite par un point d'une figure mobile dont cinq points restent sur cinq surfaces données.

Soient a, b, c, e, l les points qui décrivent les surfaces données. Faisons abstraction de la surface $[l]$ sur laquelle se déplace le point l; on détermine, comme nous venons de le voir lorsque D et Δ sont imaginaires, pour un point i invariablement lié à la figure mobile, la normale I à sa surface trajectoire $[i]$. Reprenons $[l]$ et faisons abstraction de $[e]$; le point i se déplace sur une nouvelle surface trajectoire $[i']$ qui donne lieu à une normale I'. Le plan (I, I') est alors le plan normal à la trajectoire (i) décrite par le point i lorsque les cinq points donnés restent sur leurs surfaces trajectoires.

C'est cette construction qui avait été annoncée précédemment pour le cas où D, Δ sont imaginaires.

Je vais particulariser les données du déplacement de la figure mobile et montrer comment on construit alors D, Δ afin d'établir un théorème qui me permettra d'exposer une théorie géométrique de la courbure d'une surface. Pour y arriver, j'ai besoin de quelques préliminaires.

J'appelle *normalie* le lieu de normales à une surface dont les pieds sont les points d'une courbe tracée sur cette surface. Cette courbe est la directrice de la normalie.

LEMME. — *A partir d'un point a sur une surface* (S), *il existe une courbe* M *telle que les normales à* (S), *dont les pieds sont des points de cette courbe, rencontrent la droite* A *normale à la surface* (S) *au point a.*

Du point a comme centre (*fig.* 66), décrivons une sphère. La ligne d'intersection de cette sphère et de la surface (S) est une courbe G. Les distances des

Fig. 66.

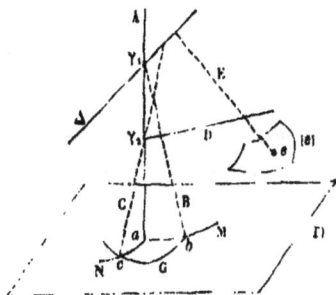

points de cette courbe au plan (T), tangent à (S) en a, sont inégales; car, si elles étaient égales, cette courbe G serait plane : ce serait une circonférence de cercle, et, en général, la section d'une surface (S) par une sphère n'est pas une circonférence de cercle. Puisque les points de la courbe G sont inégalement distants du plan (T), l'un de ces points est à une distance minima de ce plan tangent. Appelons b ce point. La distance du point b au plan (T) étant minima, la tangente en ce point à G est parallèle à ce plan tangent.

Le plan normal à G en b est alors perpendiculaire à (T), et, comme il contient le rayon de la sphère et par suite a, il contient aussi la normale A. La normale à (S), qui est dans ce plan normal à G, rencontre donc A.

Pour chacune des sphères décrites du point a comme centre, on a une courbe telle que G, et sur chacune de ces courbes un point tel que b. Tous ces points appartiennent à la directrice d'une normalie dont les génératrices rencontrent A : c'est la directrice dont il fallait établir l'existence.

Cette directrice comprend aussi le lieu des points tels que c, qui, sur les courbes G, sont chacun à une distance maxima du plan (T).

Appelons M la branche de cette directrice, lieu des points b, et N la branche relative aux points c.

Si le rayon de la sphère décrite du point a comme centre est infiniment petit, le point γ_1, où la normale à (S) issue de b rencontre A, est le centre de courbure de la section faite dans (S) par le plan mené par A tangentiellement à M en a. Le point b étant à une distance minima du plan (T), le rayon de courbure $a\gamma_1$ est le plus grand parmi les rayons de courbure des autres sections normales à (S) en a.

De même, la normale en c à (S) rencontre A en un point γ_2, et $a\gamma_2$ est le rayon de courbure le plus petit parmi les rayons de courbure des sections normales à (S) en a. Le plan de la section normale, qui a $a\gamma_2$ pour rayon de courbure, est tangent à N en a.

Les rayons de courbure $a\gamma_1$, $a\gamma_2$ sont appelés *rayons de courbure principaux* de la surface (S) pour le point a; les points γ_1, γ_2 sont les *centres de courbure principaux* relatifs à ce point, et les plans des sections de (S) qui ont γ_1, γ_2 pour centres de courbure sont les *plans des sections principales* de (S) au point a.

Les plans des sections principales de (S) en a sont distincts, c'est-à-dire que les branches M et N ne sont pas tangentes entre elles en a; car, si l'on admettait le contraire, les centres de courbure γ_1, γ_2 coïncideraient, et, par suite, il en serait de même des centres de courbure de toutes les sections normales de (S) en a, ce qui ne peut avoir lieu que dans un cas particulier facile à voir.

Conservons (*fig.* 66) la surface (S) sur laquelle on a M et N qui se rencontrent sous un angle fini. Du point a, décrivons une sphère. Elle coupe M en b' et N en c' [1]. Supposons que les points a, b', c', invariablement liés entre eux, appartiennent, avec un quatrième point e, à une figure de forme invariable.

[1] Les points b' et c' ne sont pas sur la figure.

Déplaçons cette figure de façon que a, b', c' restent sur (S), tandis que e reste sur une surface $[e]$. Le déplacement de la figure peut être effectué d'une infinité de manières, puisqu'elle n'est assujettie qu'à quatre conditions. On obtient ces déplacements au moyen de rotations simultanées autour de deux axes, qui, dans le cas actuel, sont faciles à construire, comme on va le voir.

Menons en a, b', c' les normales A, B', C' à (S), et en e la normale E à $[e]$. L'un des axes de rotation est la droite qui joint le point de rencontre de A et de B' au point où E rencontre le plan (A, C'). L'autre axe est la droite qui joint le point de rencontre de A et de C' au point où E rencontre le plan (A, B'). On a bien ainsi deux droites qui rencontrent à la fois les quatre droites A, B', C', E.

Tout cela est vrai, quel que soit le rayon de la sphère qui a donné b' et c'. Passons au cas limite où ce rayon est nul, et figurons en b et c les points b' et c'. Les droites ab, ac sont maintenant des tangentes à (S). La figure mobile doit alors se déplacer, de façon que les droites ab, ac restent tangentes à (S) en leur point de rencontre a, tandis que e reste sur $[e]$. Appelons D et Δ les axes simultanés de rotation relatifs à tous les déplacements de cette figure. D'après ce qui précède, l'une de ces droites est la droite Δ, qui joint le centre de courbure principal γ_1 au point de rencontre de E et du plan de la section principale tangente en a à N, l'autre est la droite D qui joint le centre de courbure principal γ_2 au point de rencontre de E et du plan de la section principale tangente en a à M.

On voit donc que :

THÉORÈME LIII. — *Lorsqu'une figure de forme invariable se déplace de façon qu'un de ses points e reste sur une surface $[e]$ et qu'un de ses plans reste tangent toujours en son point a, à une surface fixe (S), les axes simultanés de rotation au moyen desquels on obtient tous les déplacements de cette figure sont les droites qui joignent respectivement le centre de courbure d'une des deux sections principales de (S) pour le point a à la trace de la normale en e à $[e]$ sur le plan de l'autre section principale de (S) au même point a.*

Théorème sur les normalies.

Prenons encore une figure mobile qui se déplace de façon qu'un de ses plans reste tangent en son point a à la surface fixe (S). Entraînons la perpendiculaire A élevée du point a à ce plan tangent, droite qui est alors normale à (S). Pour un déplacement de la figure, la droite A engendre une normalie à (S). Les éléments de toutes les normalies que peut ainsi engendrer A, à partir de sa première position, peuvent être obtenus au moyen de rotations simultanées autour des droites D, Δ déterminées comme nous venons de le dire.

Mais le point γ_1 de A appartenant à Δ ne peut que tourner autour de D et engendre toujours le même élément de ligne. Cet élément de ligne et A déterminent un plan qui est alors tangent à toutes les normalies engendrées par A. De même, on a en γ_2 un plan tangent commun à toutes ces normalies. Ainsi : *toutes les normalies engendrées par A ont les mêmes plans tangents aux centres de courbure principaux* γ_1, γ_2.

Parmi les normalies engendrées par A, il y a celle qui a pour directrice M et dont le plan tangent en γ_2 est le plan de la section principale (A, B) qui contient D; il y a celle qui a pour directrice N et dont le plan tangent en γ_1 est le plan de la section principale (A, C) qui contient Δ; donc : *les plans tangents communs en* γ_1, γ_2 *aux normalies engendrées par A sont les plans des sections principales de* (S) *pour le point a.*

Puisque γ_1 tourne seulement autour de D, l'élément décrit par ce point est perpendiculaire au plan (A, D). Mais cet élément est dans le plan (A, C) qui contient Δ, donc : *Les plans* (A, D), (A, Δ) *sont perpendiculaires entre eux*, ou encore, *les sections principales de* (S) *en a sont rectangulaires.*

En résumé, on peut énoncer le théorème suivant :

Si, sur une surface (S), *à partir d'un point a on trace des courbes quelconques, les normalies à* (S), *qui ont ces courbes pour directrices, ont les mêmes plans tangents aux centres de courbure principaux de* (S) *situés sur la normale en a à cette surface, et ces plans tangents communs, qui sont les plans des sections principales de* (S) *en a, sont rectangulaires.*

Il résulte de ce théorème que, si l'on peut construire les points de contact de deux normalies à une surface dont les directrices partent d'un point de cette surface, on aura déterminé ainsi les centres de courbure principaux de la surface pour ce point. Voici un exemple.

Construction des centres de courbure principaux de la surface de vis à filet triangulaire.

L'axe de la vis (*fig.* 67) étant vertical, menons un plan horizontal (H') par le point o où cet axe est rencontré par la génératrice *om*. Le point f étant la projection de l'adjointe au plan perpendiculaire à *om*, la normale au point *m* à la surface de vis se projette suivant *fm* (*voir* p. 111).

Nous nous proposons de construire les centres de courbure principaux de la surface de vis qui sont sur la normale *fm*. Pour cela, nous allons déterminer les points de contact de deux normalies à cette surface qui contiennent cette normale. Prenons comme normalies le paraboloïde des normalies à la surface de vis

M. 18

dont les pieds sont les points de *om* et l'hélicoïde réglé engendré par la normale *fm* elle-même, que nous supposons entraînée pendant le déplacement hélicoïdal de la génératrice *om* de la surface de vis.

Occupons-nous d'abord de cet hélicoïde réglé. Soit *t* la trace sur (H′) de la normale *fm*. Le plan *omt* a alors pour trace sur ce plan la droite *ot*. Si ce plan

Fig. 67.

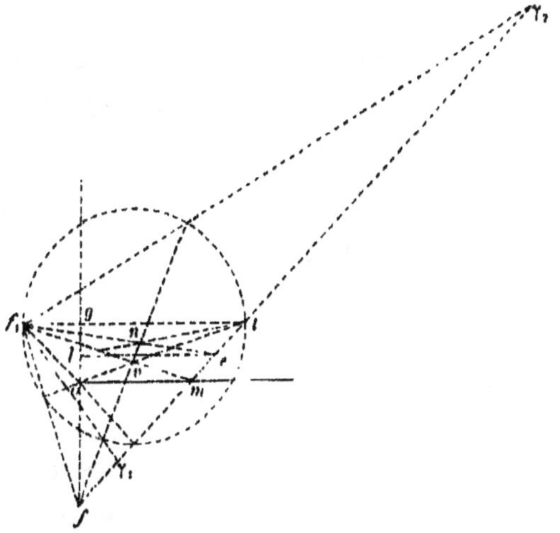

est entraîné dans le déplacement hélicoïdal, sa caractéristique est perpendiculaire à *ot*, et elle passe par le point *f₁*, projection de l'adjointe au plan perpendiculaire à *fm*.

Construisons le point *f₁*. Pendant son déplacement, le plan *omt* contenant toujours une génératrice de la surface de vis telle que *om*, sa caractéristique se projette suivant une droite qui passe par *f*. Cette droite est alors la perpendiculaire abaissée de ce point *f* sur *ot*; le point où elle rencontre la perpendiculaire abaissée de *o* sur *fm* est le point *f₁*.

Il résulte de cette construction que *f₁t* est perpendiculaire à *of*.

Le point *f₁* étant déterminé, on a tout de suite la projection *f₁e* de la normale en un point quelconque *e* de *fm* à l'hélicoïde réglé engendré par cette droite en joignant le point *f₁* au point *e*.

Le paraboloïde des normales à la surface de vis le long de *om* contient l'adjointe projetée en *f*. Ses génératrices se projettent suivant des parallèles à *om*. Sa trace sur (H′) se compose des droites *tg* et *og*. La génératrice qui passe en *e* se projette suivant *el*, qui est parallèle à *om*, et la trace de cette droite sur (H′) est en *l* sur la trace du paraboloïde. Le plan tangent en *e* à ce paraboloïde a pour trace sur (H′) la droite *lt*.

Si le point e était un centre de courbure principal, le plan tangent en ce point au paraboloïde serait perpendiculaire à la normale f_1e. Nous devons donc faire varier maintenant la position du point e sur fm jusqu'à ce que la droite telle que f_1e soit perpendiculaire à la droite telle que lt. Mais, lorsque e décrit fm, le point n décrit sur (H') une droite qui passe par le point f; on a alors la construction suivante :

On mène les droites f_1m, ot; elles se coupent en v. La droite fv rencontre la circonférence décrite sur f_1t comme diamètre en deux points : les droites qui joignent f_1 à ces deux points coupent fm en γ_1, γ_2, qui sont les projections horizontales des centres de courbure demandés.

Remarques. — Le paraboloïde des normales à la surface de vis relatif à la génératrice om est tangent au point g au plan (H').

Comme ce paraboloïde contient l'adjointe projetée en f, le plan (H') lui est normal au point f situé sur og. Nous avons donc sur la génératrice og, du paraboloïde des normales, les points f et g, où le plan (H') est normal et tangent à cette surface.

Le produit des distances de ces points au point central o, de og, est alors égal au carré du paramètre de distribution des plans tangents au paraboloïde pour la génératrice og; mais ce paramètre est égal au paramètre de distribution des plans tangents à la surface de vis ([1]), c'est-à-dire au pas réduit h des hélices décrites pendant le déplacement; on a donc

$$of \times og = h^2.$$

Comme dans le triangle $f_1 fl$, on a

$$f_1g \times gl = og(og + of);$$

on voit donc que $f_1g \times gl = h^2 + \overline{og}^2$.

Construction des centres de courbure principaux de la surface de vis à filet carré.

Nous allons résoudre ce problème en particularisant la construction que nous venons de donner pour la surface de vis à filet triangulaire.

La droite om (*fig.* 68) est maintenant dans le plan (H'). Le point f de la question précédente est à l'infini. La normale en m se projette suivant une perpendiculaire à om. La trace de cette normale sur (H') est au point m lui-même.

([1]) *Voir* mon *Cours de Géométrie descriptive*, 2ᵉ édit., p. 272.

Le point g de la *fig.* 67 est maintenant confondu avec o. Le point f_1, en vertu de la remarque précédente, est alors tel que $of_1 \times om = h^2$. Comme le pas réduit h est donné, on peut construire le point f_1.

La construction précédente devient alors celle-ci :

On mène (fig. 68) les droites ef_1, lm. Ces droites se coupent en n. La perpendiculaire abaissée de ce point sur om rencontre la circonférence décrite sur $f_1 m$ comme

Fig. 68.

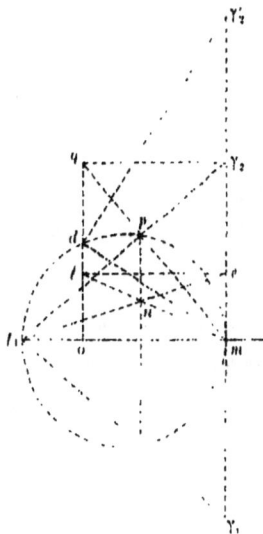

diamètre en deux points : les droites qui joignent ces points à f_1 rencontrent la normale en m aux points γ_1, γ_2, qui sont les projections horizontales des centres de courbure principaux demandés.

Simplifions cette construction ; on a

$$\overline{m\gamma_2}^2 = mp \times mq = mo \times mf_1 = \overline{md}^2 ;$$

ainsi $m\gamma_2 = md$.

Le point d s'obtient du reste facilement, puisque le segment od est égal au pas réduit h. Voici la construction à laquelle on arrive :

Sur la perpendiculaire élevée de o à om on porte un segment od égal au pas réduit h. On prend les segments $m\gamma_1$, $m\gamma_2$ égaux à md, et l'on a en γ_1, γ_2 les projections horizontales des centres de courbure principaux demandés.

L'angle odm est égal à l'angle compris entre les plans tangents en m et en o à la surface de vis ; on a alors la longueur $m\gamma'_2$ du rayon de courbure principal projeté suivant $m\gamma_2$, en élevant la perpendiculaire $d\gamma'_2$ à dm.

Le théorème sur les normales, dont je viens de faire usage dans cet exemple est un cas particulier d'un théorème que je donnerai plus loin (p. 157).

Théorie de la courbure d'une surface.

L'étude de la courbure des sections faites dans une surface par des plans menés par un point de cette surface, et obliques par rapport au plan tangent en ce point, se ramène à l'étude de la courbure des sections normales en ce point à la surface, au moyen du théorème suivant dû à Meusnier :

Si, par la droite at tangente en a à une surface (S), on mène un plan normal à cette surface et un plan oblique, le centre de courbure de la section faite dans (S) par ce plan oblique est la projection du centre de courbure de la section faite dans (S) par le plan normal.

Pour démontrer ce théorème, je vais établir ce lemme déjà employé : *Un plan mobile passe successivement par les génératrices d'une surface réglée; pour une position quelconque de ce plan, sa caractéristique passe par le point où il touche la surface réglée.*

(P) est le plan mobile (*fig.* 69); il passe par la génératrice G de la surface

Fig. 69.

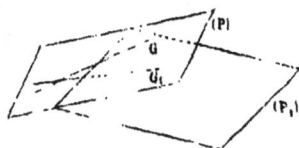

(G). Après un déplacement infiniment petit, ce plan vient en (P₁) et contient la génératrice G₁, infiniment voisine de G; la droite d'intersection de ces deux plans, c'est-à-dire la caractéristique de (P), rencontre donc G et G₁; elle est alors tangente à la surface (G), et le point où elle rencontre G est le point de contact du plan mobile (P) avec (G).

Remarque. — Si la surface réglée par les génératrices de laquelle passe le plan mobile (P) est une surface développable, la caractéristique de ce plan passe par le point où la génératrice qu'il contient touche l'arête de rebroussement de la surface développable, puisque c'est en ce point que (P) doit être considéré comme touchant la surface développable.

Démontrons maintenant le théorème de Meusnier.

Appliquons le théorème relatif aux normalies en prenant cette fois non plus des courbes quelconques tracées à partir du point *a* sur (S), mais des courbes ayant pour tangente *at* (*fig.* 70). Puisque toutes les normalies dont les directrices passent par *a* sont tangentes entre elles aux points γ_1 et γ_2 situés sur la

Fig. 70.

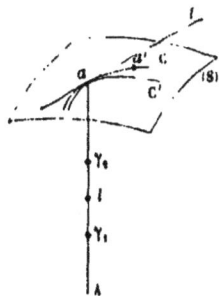

normale A, celles qui ont pour directrices des courbes tangentes entre elles en *a* sont, en outre, tangentes entre elles en ce point *a*; leur plan tangent commun en *a* est le plan de la normale A et de la tangente commune *at* à leurs courbes directrices; ces normalies ont donc les mêmes plans tangents au point *a*, au point γ_1 et au point γ_2; par suite, elles se raccordent.

Prenons l'une d'elles, celle qui a pour directrice une courbe C; menons au point *a* le plan normal à cette courbe. Menons de même à C un plan normal passant par le point *a'*, infiniment voisin de *a*, sur C. Ces deux plans normaux se coupent suivant l'axe de courbure de C, et cette droite est la caractéristique du plan normal en *a* à la courbe C, lorsqu'on déplace ce plan en le laissant normal à cette courbe. D'après le lemme, cette caractéristique passe par le point où ce plan normal touche la normalie dont la directrice est C : car ce plan, supposé mobile tout en restant normal à la courbe C, contient constamment une normale à la surface (S), c'est-à-dire une génératrice de la normalie. Ce plan normal, qui a pour caractéristique l'axe de courbure de C, touche au point *l* la normalie dont C est la directrice, et l'axe de courbure doit alors passer par ce point *l*.

Prenons une courbe C', tangente en *a* à la droite *at*, et répétons le même raisonnement : nous trouvons que l'axe de courbure de C' passe par le point où le plan normal en *a* à C' touche la normalie à (S) dont cette courbe est la directrice. Mais cette normalie se raccorde avec celle qui a pour directrice C; le plan normal commun à C et C' touche alors ces normalies au même point *l*. On voit donc que *toutes les courbes tracées sur la surface à partir du point a et tangentes entre elles en ce point ont pour axes de courbure des droites qui passent par le même point l.* L'axe de courbure d'une courbe étant la perpendiculaire à son plan osculateur élevée du centre de courbure de cette courbe, *on obtient donc les centres de courbure des directrices des normalies en projetant le même point l sur les plans osculateurs de ces courbes,* c'est-à-dire sur des plans qui passent par la tangente commune *al.*

Prenons comme directrice d'une normalie la courbe qui résulte de l'intersection de (S) et du plan mené par *al* normalement à cette surface; on a le centre de courbure de cette courbe en projetant le point *l* sur son plan; mais le point *l* est à lui-même sa projection; donc le point *l* est le centre de courbure de la section faite dans (S) par le plan normal qui contient *al*. En rapprochant ce résultat des précédents, on voit que le théorème de Meusnier, énoncé comme nous l'avons fait d'abord, est démontré.

Remarque. — Le plan normal en *a*, commun à toutes les courbes tracées sur la surface (S) à partir de ce point, est tangent aux normalies dont ces courbes sont les directrices, en un même point *l*, centre de courbure de la section normale à (S), qui est tangente à ces courbes directrices. Si l'on fait tourner de 90° ce plan normal autour de A, il devient le plan normal à (S) qui contient *al*, et l'on a alors ce théorème :

En un point a de la directrice d'une normalie à une surface (S), on mène un plan tangent à cette normalie : ce plan est normal à cette surface au centre de courbure, relatif à a, de la section qu'il détermine dans (S).

Construction du rayon de courbure d'une section normale.

Soient (*fig.* 71) A la normale en *a* à (S), normale que nous supposons placée verticalement. Sur A, on a les centres de courbure principaux γ_1, γ_2 de la surface (S).

Prenons une normalie à (S) qui contienne A, et soit γ le point représentatif [1] de l'élément de cette normalie le long de A. Je place γ de façon que la figure formée par les droites $\gamma\gamma_1$, $\gamma\gamma_2$, γa soit égale à la figure formée par les traces horizontales des plans qui touchent la normalie aux points γ_1, γ_2, *a*.

Les plans tangents à la normalie en γ_1 et γ_2 sont rectangulaires; les plans tangents en γ_2 et en *a* comprennent entre eux un angle φ. L'angle $\gamma_1\gamma\gamma_2$ est alors droit, et l'angle $\gamma_2\gamma a$ est égal à φ.

[1] *Voir* mon *Cours de Géométrie descriptive*, 2ᵉ édit., p. 232.

D'après le théorème qui vient d'être démontré, le plan tangent à la normalie, au centre de courbure de la section faite dans (S) par le plan tangent en a à

Fig. 71.

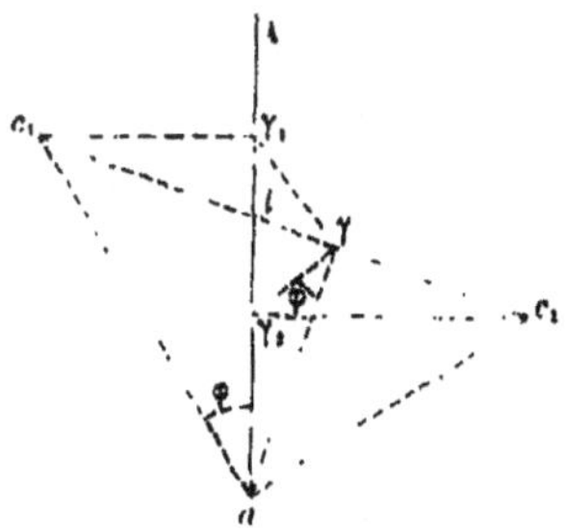

cette normalie, est perpendiculaire à ce dernier plan tangent. On obtient alors ce centre de courbure en l au point où A est coupée par la perpendiculaire γl à γa.

Le point l est donc facile à déterminer lorsque l'on a γ.

On peut construire ce point γ au moyen de deux segments capables : l'un, d'un angle droit décrit sur $\gamma_1 \gamma_2$, l'autre, de l'angle φ décrit sur $\gamma_2 a$. Nous allons l'obtenir directement. Prolongeons γl jusqu'à sa rencontre en c_1 et en c_2 avec les perpendiculaires élevées de γ_1 et γ_2 à A. Les points c_1, γ_1, γ, a appartiennent à la circonférence décrite sur ac_1 comme diamètre. L'angle $\gamma_1 ac_1$ est alors égal à $\gamma_1 \gamma c_1$ et, par suite, à φ. Les points a, γ_2, γ, c_2 appartiennent à la circonférence décrite sur $a_2 c_2$ comme diamètre. L'angle $c_2 a\gamma_2$ est alors égal à $\gamma_2 \gamma l$, c'est-à-dire au complément de φ. Il résulte de là que l'angle $c_2 ac_1$ est droit.

La construction qui donne le rayon de courbure d'une section normale peut donc être énoncée ainsi :

Soient (fig. 71) la normale A, les centres de courbure principaux γ_1, γ_2 et les perpendiculaires à A issues de ces points. On mène, du point a, la droite ac_1, qui fait avec A l'angle φ que le plan de la section normale, dont on cherche le rayon de courbure, fait avec le plan de la section principale dont le centre de courbure est γ_1 [1]. On élève, au point a, la perpendiculaire ac_2 à la droite ac_1; on joint le point c_1 au point c_2; cette droite rencontre A au point l : le segment al est le rayon de courbure de la section normale considérée.

Lorsque l'angle droit $c_2 ac_1$ tourne autour de a, on retrouve bien par cette construction que l se trouve entre γ_1 et γ_2.

---

[1] Il ne faut pas oublier que le plan de la section principale de (S), tangent en γ_2 à la normalie, lui est normal en γ_1 et que ce point est le centre de courbure de la section que ce plan détermine dans (S).

Après avoir construit le centre de courbure d'une section normale et appliqué le théorème de Meusnier, on obtient le centre de courbure d'une section oblique. Ce centre de courbure, comme je vais le montrer, peut se trouver directement.

Construction directe du centre de courbure de la section faite dans une surface par un plan oblique.

Le problème à résoudre est le suivant : *On donne pour un point a d'une surface (S) les plans des sections principales de cette surface, et les centres de courbure principaux* γ_1, γ_2 *situés sur la normale A en a à (S); on demande de construire le centre de courbure de la section E faite dans (S) par un plan quelconque (P) qui passe par a.*

Considérons la normalie à (S) qui a E pour directrice.

Circonscrivons à cette normalie un cylindre dont les génératrices sont perpendiculaires à (P). La trace de ce cylindre sur ce plan est la développée de la courbe E; le centre de courbure cherché ε est le point où cette développée touche la normale $a\varepsilon$ à E.

Pour A, on connaît trois plans tangents à la normalie : ce sont le plan tangent en a et les plans tangents en γ_1, γ_2, c'est-à-dire les plans des sections principales de (S) pour le point a. On peut donc facilement construire un paraboloïde de raccordement à cette normalie le long de A. Prenons le paraboloïde qui a pour plan directeur le plan mené perpendiculairement à (P) par la tangente en a à E.

Les génératrices de ce paraboloïde, du même système que A, ont alors pour projections sur (P) des droites qui passent par un même point. Ce point n'est autre que ε, puisque ε est le point de rencontre des projections de deux génératrices de ce paraboloïde.

Pour construire ε, on n'a donc qu'à projeter sur (P) une génératrice du même système que A et à prendre l'intersection de cette projection avec $a\varepsilon$. Voici cette construction :

Par γ_1, on mène un plan perpendiculaire à (P) et parallèle à la tangente at à E; ce plan coupe le plan de la section principale de (S), qui touche la normalie en γ_1, suivant une certaine droite. De même, pour le centre de courbure principal γ_2, on a une autre droite.

D'un point quelconque t de at, on mène une droite qui rencontre les deux droites que nous venons de construire : sa projection orthogonale sur (P) coupe la normale $a\varepsilon$ au centre de courbure cherché ε.

Dans le cas particulier où le plan sécant (P) passe par la normale A, la

M.

droite que l'on mène du point t doit rencontrer deux droites qui maintenant sont perpendiculaires à A. Nous reparlerons un peu plus loin de ces deux droites particulières; pour le moment, je vais montrer qu'on retrouve ainsi la construction donnée précédemment du centre de courbure d'une section normale.

Prenons (*fig.* 72) comme plans de projection le plan (T) tangent en a à (S) et le plan sécant qui est le plan normal (A, at). Les normales à la normalie

Fig. 72.

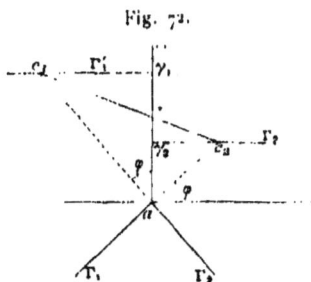

en γ_1 et γ_2 se projettent suivant les droites (Γ_1, Γ'_1) et (Γ_2, Γ'_2), et alors les perpendiculaires à celles-ci et à A, issues de γ_1, γ_2, se projettent suivant les droites (Γ_1, Γ'_2), (Γ_2, Γ'_1).

Pour avoir une droite rencontrant ces droites et at, il suffit de prolonger Γ_1 jusqu'à sa rencontre en c_2 avec Γ'_2, Γ_2 jusqu'à sa rencontre en c_1 avec Γ'_1 et de mener la droite $c_1 c_2$. Cette droite, dont les deux projections coïncident, est dans le plan bissecteur du dièdre, formé par les deux plans de projection, et qui est situé en arrière du plan normal (A, at) et au-dessus de (T) : elle rencontre donc at.

L'angle que le plan (A, at) tangent à la normalie en a fait avec le plan tangent en γ_2 à cette normalie est l'angle tac_2, que nous avons appelé φ. Puisque l'angle $c_2 ac_1$ est droit, l'angle $\gamma_1 ac_1$ est égal à φ; on a donc bien la construction trouvée précédemment (p. 144).

Relation d'Euler.

Traduisons en une formule la construction du rayon de courbure d'une section normale; nous retrouverons ainsi la relation qu'on désigne sous le nom de *relation d'Euler*.

Soient R_1 et R_2 les longueurs des rayons de courbure principaux de (S) au point a. Écrivons que l'aire du triangle rectangle $c_1 ac_2$ est égale à la somme des aires des triangles $c_1 al$ et lac_2 :

$$c_1 ac_2 = c_1 al + lac_2.$$

Le double de l'aire du triangle $c_1 ac_2$ est $ac_1 \times ac_2$; de même, pour le triangle $c_1 al$, on a $ac_1 \times al \times \sin\varphi$, et, pour le triangle lac_2, $al \times ac_2 \times \cos\varphi$; on a alors

$$ac_1 : ac_2 :: ac_1 . al : \sin\varphi : al . ac_2 . \cos\varphi.$$

En divisant par le produit $ac_1 : ac_2 :: al$, il vient

$$\frac{1}{al} = \frac{\sin\varphi}{ac_2} + \frac{\cos\varphi}{ac_1};$$

al est le rayon de courbure ρ de la section normale ; ac_2 est égal à $\dfrac{R_2}{\sin\varphi}$, ac_1 est égal à $\dfrac{R_1}{\cos\varphi}$. On a donc

$$\frac{1}{\rho} = \frac{\sin^2\varphi}{R_2} + \frac{\cos^2\varphi}{R_1}.$$

Cette relation permet de déterminer le rayon de courbure d'une section normale lorsqu'on connaît les rayons de courbure principaux R_1, R_2 et l'angle φ que cette section normale fait avec le plan de la section principale dont le rayon de courbure est R_1.

On peut aussi arriver à cette relation sans modifier la construction obtenue d'abord (p. 144) pour déterminer l.

On a (*fig.* 71)

$$\text{aire } \gamma_1\gamma_2 = \text{aire } \gamma_1\gamma l + \text{aire } l\gamma_2$$

ou

$$\gamma_1 \times \gamma_2 = \gamma_1 \times \gamma l \sin\varphi + \gamma_2 \times \gamma l \cos\varphi,$$

$$\frac{1}{\gamma l} = \frac{\sin\varphi}{\gamma_2} + \frac{\cos\varphi}{\gamma_1}.$$

Désignons par α l'angle γal ; on a

$$\gamma l = \rho \sin\alpha,$$

$$\gamma_1 = \frac{R_1 \sin\alpha}{\cos\varphi},$$

$$\gamma_2 = \frac{R_2 \sin\alpha}{\sin\varphi}.$$

Portant ces valeurs dans la relation précédente, on retrouve encore la relation d'Euler.

Indicatrice.

La relation d'Euler a conduit Dupin à la conique qu'il a nommée *indicatrice*. Cette courbe, pour *a*, est tracée sur le plan (T) tangent en ce point à (S). On place son centre en *a* et son grand axe dans le plan de la section principale dont γ_1 est le centre de courbure. Les carrés de ses diamètres sont proportionnels aux rayons de courbure des sections normales à (S) en *a* [1].

Théorème des tangentes conjuguées.

Je vais démontrer ce théorème, dû aussi à Dupin, en faisant usage des procédés que j'ai établis et déjà employés précédemment :

LEMME. — *La tangente en un point a à la directrice d'une normalie à une surface* (S) *et la trace du plan central de cette normalie sur le plan* (T), *tangent en a à* (S), *sont deux diamètres conjugués de l'indicatrice de* (S) *pour le point a.*

Soient toujours, comme précédemment (*fig.* 73), la normale A à (S) en *a*, qui est placée verticalement, γ_1, γ_2 les centres de courbure principaux de (S) sur (A), et pour un élément de normalie le point représentatif γ convenablement placé sur la figure. L'angle $\gamma_1\,\gamma\gamma_2$ est alors droit, et l'angle $\gamma_2\,\gamma a$ est égal à l'angle que les plans tangents en γ_2 et en *a* font entre eux.

Le pied *c* de la perpendiculaire γc, abaissée de γ sur A, est le point central sur cette normale, et l'angle $c\gamma a$ est l'angle compris entre le plan central de la normalie et le plan tangent en *a* à cette surface.

La figure, formée par les droites $\gamma\gamma_1$, γc, $\gamma\gamma_2$, γa, étant égale à la figure formée par les traces horizontales des plans qui touchent la normalie en γ_1, *c*, γ_2, *a* est

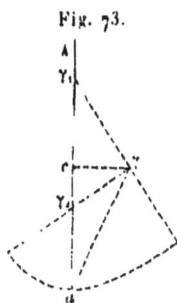

Fig. 73.

aussi égale à la figure formée par les traces de ces plans tangents sur (T), qui est le plan tangent à (S) en *a*.

---

[1] *Voir* mon *Cours*, p. 302 et suiv.

Au lieu de tracer l'indicatrice de (S) pour le point a sur le plan (T), traçons cette courbe sur le plan de la figure en mettant son centre en γ, en dirigeant son grand axe suivant $\gamma\gamma_2$ ([1]), et en la faisant passer par a. Appelons $\overline{a}$, b les longueurs demi-axes de cette conique. Puisque c'est une indicatrice, on a

$$\frac{a\gamma_1}{\alpha\gamma_1} = \frac{\overline{a}^2}{\overline{b}^2},$$

Cette relation montre que A est normale en a à l'indicatrice tracée sur le plan de la figure. Par suite γc, perpendiculaire à A, est parallèle à la tangente en a à cette courbe. Les droites γc, γa sont donc deux diamètres conjugués de l'indicatrice, et, comme ces droites correspondent aux traces sur (T) du plan central de la normalie et du plan tangent en a à cette surface, le lemme est établi. Démontrons maintenant le théorème des tangentes conjuguées :

Une courbe (a) (fig. 74) est tracée sur la surface (S); on mène au point a de cette courbe le plan tangent (T) à cette surface. Lorsqu'on déplace ce plan de façon qu'il soit toujours tangent à (S) et que son point de contact reste sur la courbe (a), sa caractéristique est une droite C qui passe par le point a et qui forme avec la tangente en a à la courbe (a) un système de diamètres conjugués de l'indicatrice de (S) pour le point a.

Démontrons d'abord que la caractéristique C passe par le point a. Les plans tangents à la surface (S) contiennent les tangentes à la courbe (a), c'est-à-dire

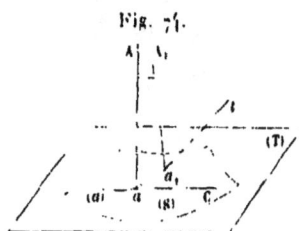

Fig. 74.

les génératrices de la surface développable formée par ces tangentes; la caractéristique du plan (T) passe alors par le point où ce plan est tangent à cette surface. Puisque le plan (T) n'est pas le plan osculateur de la courbe (a), il doit être considéré comme tangent à la surface développable au point a; donc la caractéristique C passe par ce point.

([1]) Puisque le plan tangent en γ_2 à la normalie est le plan de la section principale dont le centre de courbure est γ_1.

Prenons sur (a) le point a_1, infiniment voisin de a, et menons par les deux points a et a_1 les normales A et A_1 à la surface (S). Les plans tangents à cette surface aux points a et a_1 sont respectivement perpendiculaires à ces normales : le plan (T) est perpendiculaire à A, le plan (T_1) est perpendiculaire à A_1 ; la droite d'intersection de ces deux plans tangents est donc parallèle à la perpendiculaire commune à A et A_1. Ainsi, la droite C est parallèle à la perpendiculaire commune aux deux normales A et A_1. Le plan mené par A et par cette perpendiculaire commune a alors pour trace sur (T) la droite C, caractéristique de ce plan. Mais le plan mené par A et par cette perpendiculaire commune est le plan central de la normalie dont la directrice est la courbe (a), et, d'après le lemme précédent, la trace de ce plan est conjuguée de la tangente at à cette courbe directrice ; donc C et la tangente at sont deux diamètres conjugués de l'indicatrice au point a. Le théorème de Dupin est ainsi démontré.

Si l'on trace du point a une courbe (a') tangente à la droite C, on peut répéter pour cette courbe ce que nous venons de dire pour la courbe (a) ; on voit alors que la caractéristique du plan (T), lorsque le point de contact de ce plan se déplace sur (a'), est la droite at. C'est pour cette raison que les deux droites at et C sont désignées sous le nom de *tangentes conjuguées*.

Le théorème des tangentes conjuguées, extrêmement utile, donne lieu à de nombreuses conséquences.

Rayon de courbure de la courbe de contour apparent d'une surface projetée orthogonalement sur un plan.

Circonscrivons à la surface donnée (S) un cylindre dont les génératrices sont perpendiculaires au plan de projection. Appelons E la courbe de contact de ce cylindre et de (S), et E' la trace de ce cylindre sur le plan de projection. La courbe E' est la ligne de contour apparent de (S) sur ce plan.

Comme cette courbe ne change pas, à quelque distance que l'on transporte ce plan de projection parallèlement à lui-même, nous supposerons que ce plan passe par le point a de E, pour lequel nous allons chercher le rayon de courbure de E'.

Prenons E pour directrice d'une normalie à (S).

Les génératrices de cette normalie sont parallèles au plan de projection et se projettent suivant les normales à E'.

Des points infiniment voisins a et a_1 de E, menons les normales A et A_1 à (S), et soit c le pied sur A de la perpendiculaire commune à cette droite et à A_1. Le point c est le point de rencontre de deux normales à E', qui sont infiniment voisines. C'est alors le centre de courbure demandé.

On voit aussi que, pour la génératrice A de la normalie, ce centre de courbure est un point central, et que le plan central est perpendiculaire au plan de projection.

D'après cela, conservant les données de la *fig.* 73, on voit (*fig.* 75) que l'angle ω que les projetantes font avec le grand axe de l'indicatrice en a est

Fig. 75.

égal à l'angle $c\gamma\gamma_2$ que le plan central de la normalie fait avec le plan tangent en γ_2 à cette surface. Mais cet angle est égal à l'angle $\gamma_2\,\gamma_1\,\gamma$; on a alors la construction suivante pour déterminer c :

On mène $\gamma_1\gamma$ qui fait avec $\gamma_1\gamma_2$ l'angle donné ω. Cette droite rencontre au point γ la circonférence décrite sur $\gamma_1\gamma_2$ comme diamètre : la projection de γ sur A est le centre de courbure cherché.

On a

$$\gamma_2 c = \gamma c \, \tan g\, \omega = c\gamma_1 \tan g^2 \omega.$$

Désignons par R le rayon de courbure ac de E' en a. La relation précédente peut s'écrire

$$R - R_2 = (R_1 - R) \tan g^2 \omega,$$

d'où

$$R = R_1 \sin^2 \omega + R_2 \cos^2 \omega.$$

Telle est la relation qui existe entre le rayon de courbure de la courbe de contour apparent d'une surface, les rayons de courbure principaux de cette surface et l'angle de la projetante et du grand axe de l'indicatrice pour le point que l'on considère

Lorsque la surface est à courbures opposées, cette relation devient

$$R = R_1 \sin^2 \omega - R_2 \cos^2 \omega.$$

Si l'on veut que le rayon de courbure de la courbe de contour apparent soit nul, on doit alors avoir

$$R_1 \sin^2 \omega = R_2 \cos^2 \omega,$$

d'où

$$\text{tang}^2 \omega \quad \frac{R_2}{R_1} \quad \frac{\overline{b}^2}{\overline{a}^2},$$

$\overline{b}$ et $\overline{a}$ étant les demi-axes de l'indicatrice.

Il résulte de là que la direction de la projetante est la direction d'une asymptote de l'indicatrice. Ainsi, *quand on projette une surface à courbures opposées sur un plan perpendiculaire à la direction d'une des deux asymptotes de l'indicatrice en un point de cette surface, le rayon de courbure de la courbe de contour apparent est nul.*

On voit facilement aussi que :

Lorsque le plan de projection est également incliné sur les plans des sections principales de (S) *en a, le rayon de courbure de la courbe de contour apparent de* (S) *est égal à la demi-somme des rayons de courbure principaux de cette surface en a.*

Lorsque le plan de projection est perpendiculaire à l'un des diamètres conjugués égaux de l'indicatrice de (S) *en a, l'inverse du rayon de courbure de la courbe de contour apparent de* (S) *est égal à la demi-somme des inverses des rayons de courbure principaux de cette surface.*

Lorsque le plan de projection est parallèle à l'une des asymptotes de l'indicatrice de (S) *en a et à la normale* (A), *le rayon de courbure de la courbe de contour apparent de* (S) *est égal à la différence des rayons de courbure principaux de cette surface.*

Cette dernière circonstance se présente lorsque l'on projette une surface réglée sur un plan parallèle à l'une des génératrices de cette surface. Voici une application de cette remarque:

Reprenons une section C faite dans (S) par un plan normal (P) et la normalie à (S) qui a C pour directrice. Si l'on prend le contour apparent de cette normalie sur (P), on peut appliquer le dernier résultat énoncé. On voit ainsi que :

Le rayon de courbure de la développée de C pour le point l, centre de courbure de cette courbe, est égal à la différence des rayons de courbure principaux en l de la normalie qui a C pour directrice.

Voici une autre application :

Reprenons (S) et son contour apparent sur un plan mené par la normale A. Pour trouver le centre de courbure c de cette courbe, on fait usage d'une normalie (A) dont les génératrices sont parallèles au plan de projection. Le rayon de courbure de la courbe de contour apparent de cette normalie n'est autre que le rayon de courbure de la développée de la courbe de contour apparent de (S).

On peut dire alors, d'après ce qui précède, puisqu'on projette la normalie sur un plan qui contient A :

Le rayon de courbure de la développée de la courbe de contour apparent de (S) est égal à la différence des rayons de courbure principaux au point c de la normalie (A).

Je reviendrai plus loin sur ces deux derniers théorèmes, lorsque je m'occuperai particulièrement des problèmes relatifs à la théorie des surfaces et qui dépendent des infiniment petits du troisième ordre.

Droites de courbure.

Désignons par (A) une normalie à (S) qui a pour directrice une courbe C de cette surface et A la normale à (S) qui est élevée du point a de C. Sur A, on a les centres de courbure principaux γ_1, γ_2 de (S). De ces points, et perpendiculairement à A, menons les droites Γ_1, Γ_2 normales communes à toutes les normalies dont les directrices sont tracées sur (S) à partir de a. Ce sont ces deux droites Γ_1, Γ_2, que j'appelle *droites de courbure.*

Elles permettent de déterminer tout ce qui concerne la courbure de (S) pour le point a.

Cherchons d'abord le rayon de courbure de la section faite dans (S) par le plan (P) mené par A tangentiellement à C en a. Élevons de a la perpendiculaire an à (P), c'est-à-dire la normale à C qui est dans le plan (T) tangent à (S) en a. D'un point quelconque n de cette droite menons la droite G qui rencontre Γ_1, Γ_2. Cette droite rencontre (P) en un point qu'il suffit de projeter sur A pour avoir le centre de courbure l demandé.

La droite (G) est, en effet, une génératrice du paraboloïde des normales à la surface (A) relatif à A, et la construction précédente donne le point l où le plan (P) est normal à (A), point qui est, comme nous l'avons vu (p. 143), le centre de courbure de la section faite par (P) dans (S).

On peut dire aussi qu'on obtient l en prenant le point de rencontre de A et de la projection de G faite sur le plan (A, an).

Supposons que toute la figure tourne d'un angle droit autour de A. Les droites Γ_1 et Γ_2 viennent en Γ'_1, Γ'_2 et G vient en G', qui passe maintenant par un point de la tangente at à C. Il est évident qu'on obtient l à la rencontre de A et de la projection de G' sur (P). Les droites Γ'_1, Γ'_2 sont celles dont j'ai parlé page 146.

M.

Menons du point t la perpendiculaire à G' qui rencontre A. Appelons i ce point de rencontre. Prenons l'angle droit (it, G') et supposons que, le point t restant toujours sur (T), le côté it de l'angle droit passe toujours par i, tandis que G' s'appuie toujours sur Γ'_1, Γ'_2. Le point t décrit sur (T) une courbe I. Quelle que soit la position de t sur cette courbe, le centre de courbure l de la section faite dans (S) par le plan normal (A, at) s'obtient en projetant G' sur ce plan, comme nous l'avons dit. Cette projection de G' est la droite tl, qui est perpendiculaire à ti. On a

$$ai^2 = ai \times al.$$

Comme ai est constant, on voit que :

Les rayons de courbure des sections normales à (S) *en a sont proportionnels aux carrés des rayons vecteurs tels que at de la courbe* I.

Je dis que :

La courbe I *est une section conique.*

Pour le faire voir, je remarque que cette courbe est l'intersection du plan (T) et de la surface lieu des points tels que t, sommet d'un angle droit dont un côté passe par i et dont l'autre côté s'appuie sur Γ'_1, Γ'_2 qui sont parallèles à (T). Cette surface est du troisième ordre, puisque, sur G', il n'y a que trois points de cette surface : t et les deux points où G' rencontre Γ'_1, Γ'_2. Mais cette surface contient la droite qui joint les traces sur (T) des droites Γ'_1, Γ'_2, c'est-à-dire la droite à l'infini sur (T); elle ne coupe donc ce plan que suivant une conique, et par suite I est une conique. C'est l'*indicatrice*. Il résulte bien de sa construction que ses axes sont dans les plans des sections principales de (S) en a et que les carrés de ses demi-axes sont proportionnels aux rayons de courbure principaux de (S) pour le point a.

Reprenons la droite G'. Ses points de rencontre avec Γ'_1, Γ'_2 et le point t déterminent sur cette droite des segments qui sont toujours proportionnels à $a\gamma_1$, $a\gamma_2$ quelle que soit la position de t sur I, puisque Γ'_1 et Γ'_2 sont parallèles à (T). En projetant G' sur (T), cette proportionnalité se conserve. On voit ainsi que la projection de G' sur (T) est rencontrée par les axes de l'indicatrice en deux points qui déterminent avec t des segments proportionnels aux carrés des demi-axes de l'indicatrice. Donc :

La projection de G' *sur* (T) *est la normale en t à l'indicatrice* I.

Mais la projection de G' sur (T) est perpendiculaire à la projection de G sur le même plan ; donc :

G *se projette sur le plan tangent* (T) *suivant une droite parallèle à la tangente en t à* I, *c'est-à-dire une droite conjuguée de la direction at.*

La droite G étant une génératrice du paraboloïde des normales à la normalie (A), relatif à A, est parallèle au plan central de (A) pour A :

La trace de ce plan central sur (T) *est donc conjuguée de at.*

On retrouve ainsi un lemme démontré précédemment, et le *théorème des tangentes conjuguées* en résulte tout de suite, comme on l'a vu.

Cherchons le centre de courbure de la courbe de contour apparent de (S) que l'on projette orthogonalement sur un plan (Q) perpendiculaire à (T).

Nous savons que ce centre de courbure est la projection sur (Q) du point central situé sur A et relatif à la normalie à (S) dont la directrice est la courbe de contact de cette surface et du cylindre projetant qui lui est circonscrit. Le plan central de cette normalie pour A est le plan qui projette cette normale sur (Q). Comme ce plan central est un des plans directeurs du paraboloïde des normales à la normalie, il suffit de prendre une droite qui lui est parallèle et qui s'appuie sur les droites de courbure pour avoir une génératrice de ce paraboloïde des normales.

La projection de cette droite sur le plan central de la normalie donne le point central dont la projection sur (Q) est le centre de courbure demandé.

On voit bien que la connaissance des droites de courbure suffit pour déterminer ce qui concerne la courbure de (S) en *a*. J'aurai encore l'occasion de les employer dans la suite.

Des normales à une surface qui sont infiniment voisines d'une normale donnée de cette surface.

Nous savons que, *lorsqu'une figure de forme invariable se déplace de façon qu'un de ses points e reste sur une surface* [e] *et qu'un de ses plans* (T) *reste tangent toujours en son point a, à une surface fixe* (S), *les axes simultanés de rotation au moyen desquels on obtient tous les déplacements de cette figure sont les droites qui joignent respectivement le centre de courbure d'une des deux sections principales de* (S) *pour le point a à la trace de la normale en e à* [e] *sur le plan de l'autre section principale.*

Parmi les droites entraînées, prenons en particulier la perpendiculaire A en *a* à (T) qui reste constamment normale à (S). Les déplacements de cette droite ne dépendent pas de [e]. Choisissons alors cette dernière surface de façon que les axes simultanés de rotation soient perpendiculaires à A.

La droite Δ, issue du centre de courbure principal γ_1 (*fig.* 76) est dans le plan de la section principale qui est tangent en ce point à toutes les normalies

Fig. 76

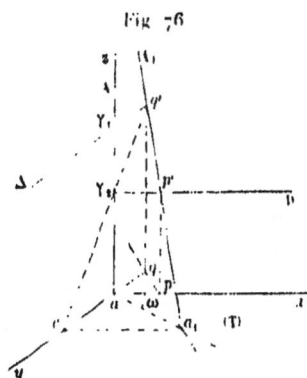

à (S), dont les directrices partent de a. La droite D, issue de γ_2, est dans le plan de l'autre section principale.

En tournant autour de D, la normale Δ vient prendre la position $q'\gamma_2$; puis, en tournant autour de Δ, cette droite vient en $q'p'a_1$.

Désignons par Δ_1 cette nouvelle position de Δ. La droite Δ_1 est normale en a_1 à (S); sa projection sur (T) est a_1pq.

Appelons ω l'angle que fait aa_1 avec ax, trace sur (T) du plan de la section principale qui contient D. On a, au moyen des triangles semblables $\gamma_1 q'\gamma_2$, $\gamma_2 ac$,

$$\frac{\gamma_1 q'}{aa_1 \sin\omega} = \frac{R_1 - R_2}{R_2},$$

d'où

$$\gamma_1 q' = \frac{aa_1 \sin\omega (R_1 - R_2)}{R_2};$$

de même on a

$$\gamma_2 p' = \frac{aa_1 \cos\omega (R_1 - R_2)}{R_1}.$$

Expression de l'angle $d\sigma$ que fait Δ avec la normale infiniment voisine Δ_1. — La tangente de cet angle est égale à $\frac{pq}{R_1 - R_2}$. On a alors, en employant les valeurs de $\gamma_1 q'$ et de $\gamma_2 p'$,

$$d\sigma^2 \quad \text{ou} \quad \frac{pq^2}{(R_1 - R_2)^2} = aa_1^2 \left(\frac{\cos^2\omega}{R_1^2} + \frac{\sin^2\omega}{R_2^2} \right).$$

En désignant aa_1 par ds, il vient

$$d\sigma = ds \sqrt{\frac{\cos^2\omega}{R_1^2} + \frac{\sin^2\omega}{R_2^2}}.$$

Expression de l'angle $d\theta$ que fait A_1 *avec le plan* (A, aa_1). — La tangente de cet angle est égale à la distance du point p' à ce plan normal divisée par R_2.

Comme la distance du plan p' au plan (A, aa_1) est égale à $\gamma_2 p' \sin\omega$, on a

$$d\theta \quad \frac{aa_1 \sin\omega \cos\omega (R_1 - R_2)}{R_1 R_2} \quad ds \sin\omega \cos\omega \left(\frac{1}{R_2} - \frac{1}{R_1} \right).$$

Cette formule est due à M. Bertrand ([1]), qui en a déduit ce théorème :

« *Si en un point* A, *pris sur une surface, on mène une normale* AZ, *puis que par le point* A *on fasse passer sur la surface deux lignes perpendiculaires sur lesquelles on prenne des longueurs infiniment petites et égales* AB, AC, *la normale au point* B *fera avec le plan* ZAB *un angle égal à celui que la normale au point* C *forme avec le plan* ZAC; *j'ajouterai que les deux normales seront toutes deux dans l'intérieur de l'angle dièdre* BAC *ou toutes deux en dehors de cet angle.* »

On peut aussi démontrer ce théorème sans employer l'expression de $d\theta$.

Remarque. — La normale A, dans toutes ses positions infiniment voisines, rencontre D et Δ. Nous serions arrivés à un résultat analogue avec d'autres axes simultanés de rotation. Il est bien clair pourtant que les normales à (S), infiniment voisines de A, ne rencontrent pas toutes les droites tracées à partir de γ_1 et de γ_2 dans les plans des sections principales, et qu'on peut prendre par couples comme axes de rotation. C'est qu'il ne faut pas oublier que nous n'avons conservé dans ce qui précède que les infiniment petits du premier ordre.

On voit ainsi comment il faut comprendre ce théorème de Sturm ([2]) : *Les normales infiniment voisines de* A *rencontrent deux droites.*

Généralisation du théorème sur les normalies.

Le théorème sur les normalies démontré page 136, qui a servi de point de départ pour la théorie de la courbure d'une surface, telle que je viens de l'exposer, peut être généralisé de la façon suivante :

Si les directrices de normalies à (S) *ont un contact du $n^{ème}$ ordre au point* a, *les sections faites dans les normalies correspondantes par des plans passant par les centres de courbure principaux de* (S), *relatifs à a, sont des courbes ayant un contact de l'ordre* $n + 1$.

Pour démontrer ce théorème, supposons que les directrices des normalies

([1]) *Journal de Liouville*, 1re série, t. IX, p. 133; 1844.

([2]) *Mémoire sur la théorie de la vision* (*Comptes rendus*, 1845).

à (S), qui passent par un point *a*, passent en outre par un point *b* de (S). Les normalies correspondantes ont alors en commun les normales A, B à (S) qui sont issues des points *a* et *b*. Coupons ces normalies par un plan arbitraire mené par le point γ_1. On obtient des sections tangentes entre elles en ce point et qui passent par le point *b'* où ce plan sécant rencontre la normale B.

Si le point *b* est infiniment voisin de *a*, le point *b'* est infiniment voisin de γ_1, et les courbes de section ont en ce point un contact du second ordre.

Si, au lieu de supposer que les directrices des normalies ont en commun deux points infiniment voisins, on suppose qu'elles ont en commun $n + 1$ points infiniment voisins, on trouve de la même manière que les sections faites par un plan mené par γ_1 ont en commun $n + 2$ points infiniment voisins. Ceci démontre le théorème que nous avons énoncé.

Théorème analogue au théorème de Meusnier.

Traçons sur une surface (S) des courbes (a_1), (a_2), ... tangentes entre elles en *a*. Le long de ces courbes circonscrivons à (S) des surfaces développables. Ces surfaces ont une génératrice commune $a\tau$, qui est la tangente conjuguée de la tangente *at* aux courbes (a_1), (a_2), ... Prenons les normalies à (S) qui ont ces courbes pour directrices.

L'axe de courbure de la surface développable [(1)] circonscrite à (S) le long de (a_1) est dans le plan normal à (S) mené par $a\tau$ et passe par le point β, où ce plan touche la normalie à (S) dont la directrice est (a_1). De même, pour la développable tangente à (S) le long de (a_2), l'axe de courbure passe par le point où ce même plan normal touche la normalie à (S) dont la directrice est (a_2).

Les normalies à (S), dont les directrices sont (a_1), (a_2), ... tangentes entre elles en *a*, se raccordent le long de la normale A à (S) au point *a*; le plan normal (A, $a\tau$) touche alors toutes ces normalies au même point β : donc

Lorsque des courbes tracées sur une surface (S) *sont tangentes entre elles en un point a, les surfaces développables circonscrites à* (S) *le long de ces courbes ont pour axes de courbure relatifs à la génératrice qui passe en a des droites qui passent par un même point β de la normale A à* (S) *en a.*

La *surface polaire* d'une courbe quelconque (a) tracée sur une surface (S),

---

[(1)] L'axe de courbure d'une surface développable, relatif à une génératrice, est l'intersection du plan normal à la surface mené par cette droite et du plan normal mené par la génératrice infiniment voisine.

c'est-à-dire la surface enveloppe des plans normaux à cette courbe, est une surface circonscrite à la normalie à (S) dont (a) est la directrice. La courbe de contact de ces deux surfaces coupe A au point α, où l'axe de courbure de (a) rencontre cette normale.

Prenons sur (S) des courbes ayant en a un contact du second ordre. Elles ont un même axe de courbure. Leurs surfaces polaires contiennent cette droite et sont circonscrites aux normalies à (S), dont ces courbes sont les directrices. Les courbes de contact avec ces normalies passent par le point α, et, en vertu du théorème des tangentes conjuguées, elles sont tangentes entre elles en ce point.

En appliquant le théorème précédent, nous pouvons dire maintenant :

Lorsque des courbes tracées sur une surface ont un contact du second ordre, les axes de courbure de leurs surfaces polaires passent par un même point.

Par le cercle osculateur de (a) faisons passer une sphère. Appelons E l'intersection de cette sphère et de (S). L'axe de courbure de (a) rencontre la sphère en un point γ, qui est le centre de courbure sphérique de E.

La surface polaire de E rencontre la sphère suivant la *développée sphérique* de E, c'est-à-dire suivant l'enveloppe sur la sphère des grands cercles normaux à E. L'axe de courbure de la surface polaire de E rencontre la sphère au centre de courbure de cette développée sphérique correspondant à γ.

Prenons différentes sphères passant par le cercle osculateur de (a) et leurs intersections E_1, E_2, .. avec (S). Les développées sphériques de ces courbes ont pour centres de courbure sphérique relatifs à ce point les traces sur les sphères des axes de courbure des surfaces polaires de E_1, E_2, ... Comme ces dernières droites passent par un même point et respectivement par les centres des sphères, on peut dire :

Par le cercle osculateur en a d'une courbe (a) tracée sur une surface (S), on fait passer des sphères, elles coupent (S) suivant des courbes; on obtient les centres de courbure de leurs développées sphériques en projetant un même point sur chacune de ces sphères.

Il est utile de remarquer que le point que l'on projette est dans le plan normal à (S) mené en a tangentiellement à (a).

Construire pour un point de la courbe d'intersection de deux surfaces :
1° l'axe de courbure de cette courbe; 2° le centre de la sphère osculatrice.

Soit (a) la courbe d'intersection des deux surfaces données (S) et (S'). Désignons par at la tangente à (a) au point a.

En vertu du théorème de Meusnier, le plan normal à (S), mené par *at*, est rencontré par l'axe de courbure cherché au centre de courbure de la section qu'il détermine dans (S). On peut répéter la même chose en prenant la section faite dans (S') par le plan normal à cette surface, mené par *at*. *On a donc l'axe de courbure de (a) en joignant par une droite les centres de courbure des sections faites dans (S) et (S') par les plans respectivement normaux à ces surfaces et menés par at.*

Le plan mené par *at* perpendiculairement à cet axe de courbure est le plan osculateur de (*a*) en *a*, et le point de rencontre de ce dernier plan et de l'axe de courbure est le centre de courbure de (*a*). Cette construction, due à Hachette, résulte, comme on le voit, du théorème de Meusnier. De même, pour résoudre la seconde partie du problème, nous allons appliquer le théorème analogue au théorème de Meusnier, qui vient d'être démontré.

Considérons d'abord (*a*) sur (S). Parmi toutes les sphères qu'on peut mener par le cercle osculateur de (*a*) en *a*, il y a celle dont le centre est à l'infini et qui se réduit au plan osculateur de (*a*). Ce plan coupe (S) suivant une courbe et le centre de courbure δ de la développée de cette courbe est la projection orthogonale d'un certain point β. Ce point β est aussi dans le plan normal à (S) mené par *at*. En supposant connu le point δ, il est alors facile de déterminer β.

De même, en considérant (*a*) sur (S'), on obtient un point β' analogue à β en employant un point δ' analogue à δ.

Prenons maintenant la sphère osculatrice de (*a*) et désignons par *o* son centre.

D'après le dernier théorème démontré, il faut joindre β ou β' au centre *o* de cette sphère pour avoir le centre de courbure unique des développées sphériques des courbes d'intersection de cette sphère avec (S) et (S').

Inversement, le centre *o* se trouve sur la droite $\beta\beta'$. D'après cela, on a la construction suivante :

On détermine les centres de courbure δ, δ' des développées des sections faites dans (S) et (S') par le plan osculateur de (a) en a. On élève en ces points des perpendiculaires à ce plan. Elles rencontrent respectivement en β, β' les plans menés par at normalement à (S) et à (S') : la droite $\beta\beta'$ rencontre le plan normal en a à (a) au centre o de la sphère osculatrice demandée.

Cette solution exige qu'on sache construire le centre de courbure de la développée de la section faite dans une surface par un plan, problème dont je donnerai plus loin différentes solutions.

ÉTUDE DE QUELQUES DÉPLACEMENTS PARTICULIERS.

—

PROPRIÉTÉS RELATIVES AUX TRAJECTOIRES DES POINTS D'UNE DROITE ET EXTENSION DE CES PROPRIÉTÉS AUX TRAJECTOIRES DE TOUS LES POINTS D'UNE FIGURE DE GRANDEUR INVARIABLE.

Les propriétés des trajectoires des points d'une droite mobile sont les propriétés d'une certaine série de courbes tracées sur la surface engendrée par cette droite. Ces courbes sont telles, que deux quelconques d'entre elles interceptent des segments égaux sur toutes les génératrices de cette surface. Elles peuvent être considérées comme cas particulier des courbes tracées sur une surface réglée, et qui déterminent des divisions homographiques sur toutes les génératrices de cette surface. Quelques-unes des propriétés des trajectoires des points d'une droite s'étendent immédiatement à ces courbes plus générales.

Désignons par D la droite mobile, et par (D) la surface réglée engendrée par cette droite. La génératrice D peut être amenée, d'une infinité de manières, à coïncider avec la génératrice D_1, qui lui est infiniment voisine; car un point a marqué sur D peut être assujetti à décrire sur (D) une infinité de courbes, à partir de la position qu'il occupe. A chacune des directions qu'on peut ainsi faire suivre à a correspond pour la droite D un axe instantané Δ qui est une droite conjuguée de D, excepté lorsque la trajectoire du point a est normale à D.

Considérons alors une trajectoire de a qui ne soit pas normale à D. A un déplacement de D sur (D) correspond une droite telle que Δ. Toutes ces droites appartiennent à une surface (Δ). Les droites entraînées en même temps que D, et qui deviennent successivement des axes instantanés, c'est-à-dire des génératrices de (Δ), appartiennent à une autre surface gauche. Il est facile de voir que cette dernière surface roule sur (Δ) pendant le déplacement continu de D, et qu'elle se raccorde constamment avec (Δ).

A chacune des trajectoires de a correspond une surface telle que (Δ). On a alors ce théorème connu :

THÉORÈME LIV. — *Une surface réglée peut être engendrée d'une infinité de manières par une de ses génératrices entraînée, pendant le roulement d'une surface réglée, sur une autre surface réglée. Ces deux dernières surfaces se raccordent constamment suivant un axe instantané.*

Puisque a, pour un déplacement infiniment petit, tourne autour de Δ, la tan-

M.

21

gente à la trajectoire de ce point est perpendiculaire au plan (a, Δ). Cette tangente rencontre D et la génératrice D_1 infiniment voisine de D; elle rencontre donc deux droites et est parallèle à un plan perpendiculaire à Δ. Il en est de même des tangentes aux trajectoires de tous les points de D. Ces droites appartiennent alors à un paraboloïde hyperbolique. On voit donc que :

THÉORÈME LV. — *Les tangentes aux trajectoires de tous les points d'une droite* D *appartiennent à un paraboloïde hyperbolique dont un plan directeur est perpendiculaire à la droite* Δ, *conjuguée de* D (¹).

Après un premier déplacement infiniment petit de D, le point a est venu en a_1 sur D_1, et la droite aa_1 est une génératrice de ce paraboloïde. Après un nouveau déplacement infiniment petit, a_1 vient en a_2 sur D_2, et la droite a_1a_2 est la génératrice d'un autre paraboloïde. Ces deux paraboloïdes ont en commun la droite D_1. Le plan (aa_1a_2), qui contient les droites aa_1, a_1a_2, est tangent à chacun de ces paraboloïdes. Ce plan n'est autre que le plan osculateur en a à la trajectoire de ce point. Les plans osculateurs des autres points de D étant tangents aux mêmes paraboloïdes, leur enveloppe est la surface développable circonscrite à deux paraboloïdes ayant une génératrice commune, c'est-à-dire une développable du quatrième ordre et de troisième classe. Ainsi :

THÉORÈME LVI. — *Les plans osculateurs des trajectoires des points d'une droite mobile enveloppent une surface développable qui est du quatrième ordre et de troisième classe.*

Ce théorème est un cas particulier de celui qu'on obtient en prenant le corrélatif du théorème suivant :

Quand autour de trois droites données dans l'espace on fait tourner trois plans formant trois faisceaux homographiques, le point d'intersection de ces trois plans décrit une courbe gauche du troisième ordre (²).

Mais il est essentiel de remarquer que, dans le cas du déplacement d'une droite D, le plan osculateur correspondant à la trajectoire du point qui est à l'infini sur cette droite est lui-même à l'infini.

Nous avons déjà dit que la tangente aa_1 à la trajectoire de a est perpendiculaire au plan (a, Δ). Il en est de même pour tous les points de D, c'est-à-dire

---

(¹) *Voir*, dans les *Comptes rendus*, séance du 26 juin 1843, le Mémoire de Chasles *Sur les propriétés géométriques relatives au mouvement infiniment petit d'un corps solide libre dans l'espace.*

(²) *Voir*, dans les *Comptes rendus*, séance du 10 août 1857, le Mémoire de Chasles *Sur les propriétés des courbes à double courbure du troisième ordre.*

que les plans normaux aux trajectoires des points de cette droite passent par Δ. Les plans passant par les points de D et par la droite Δ', qui doit devenir l'axe instantané, sont les plans qui, après un déplacement infiniment petit, seront normaux aux trajectoires des points de D. On a ainsi deux faisceaux de plans dont les arêtes sont Δ et Δ'. Les plans de ces faisceaux passant respectivement par les mêmes points de D sont homographiques. Lorsque la droite Δ' viendra en Δ₁, en entraînant le faisceau dont elle est l'arête, les plans de ce faisceau, après ce déplacement, couperont les plans du faisceau dont Δ est l'arête, suivant les axes de courbure des trajectoires des points de D. Ces axes de courbure, résultant de l'intersection des plans correspondants de deux faisceaux homographiques, appartiennent à une surface du second ordre qui contient Δ et Δ₁, c'est-à-dire qui se raccorde avec la surface (Δ). De là ce théorème :

THÉORÈME LVII. — *Les axes de courbure des trajectoires de tous les points d'une droite mobile appartiennent à une surface du second ordre* ([1]).

Je dis que cette surface du second ordre est un hyperboloïde. Pour le prouver, il suffit de faire voir qu'en général il n'y a aucun point sur D tel que l'axe de courbure de sa trajectoire soit à l'infini, c'est-à-dire qu'il n'y a pas de point de D qui soit un point d'inflexion sur sa trajectoire. Démontrons d'abord cette propriété.

Si un point a de D était un point d'inflexion sur sa trajectoire, les deux positions successives et infiniment voisines de a, c'est-à-dire a_1 et a_2, appartiendraient avec a à une même droite. Nous avons dit que aa_1 était parallèle à un plan perpendiculaire à Δ, et que a_1a_2 était parallèle à un plan perpendiculaire à Δ₁ : la droite $aa_1 a_2$, si elle existait, devrait donc être parallèle à l'intersection de ces deux plans; mais le plan mené par la droite commune aux deux paraboloïdes précédents, parallèlement à cette droite d'intersection de leurs plans directeurs, ne touche pas nécessairement ces deux paraboloïdes au même point a. Cela devrait être pour que les points a, a_1, a_2 soient en ligne droite. Donc il n'existe pas de point a qui soit un point d'inflexion sur sa trajectoire. Ainsi :

THÉORÈME LVIII. — *En général, il n'y a pas sur une droite mobile un point qui soit point d'inflexion sur sa trajectoire* ([2]).

([1]) *Voir*, dans le *Bulletin de la Société Philomathique*, séance du 25 juin 1870, une Note de M. Haag.

([2]) Lorsqu'il s'agit du déplacement d'une droite sur un plan, les points où elle rencontre la circonférence J (p. 32) sont des points d'inflexion sur leurs trajectoires.

Ce théorème peut encore se démontrer de la manière suivante : S'il existe un point a sur D qui soit point d'inflexion sur sa trajectoire, ce point doit se déplacer dans la direction de l'asymptote de l'indicatrice de (D) en a. La tangente à la trajectoire de ce point est donc nécessairement parallèle à l'une des génératrices du cône directeur de l'hyperboloïde osculateur de (D) suivant D. Nous venons de dire que la tangente à la trajectoire d'un point qui est point d'inflexion sur sa trajectoire est parallèle à l'intersection de deux certains plans. Comme nous pouvons disposer de ces plans de façon que leur droite d'intersection ne soit pas parallèle à l'une des génératrices du cône dont je viens de parler, nous voyons bien qu'il n'y a pas de point sur D qui soit un point d'inflexion sur sa trajectoire.

Si nous revenons à la surface du deuxième ordre, lieu des axes de courbure des trajectoires des points de D, nous pouvons dire que, ces axes étant à distance finie, *cette surface est un hyperboloïde.*

Le cône directeur de cet hyperboloïde a ses génératrices respectivement parallèles à ces axes de courbure et, par suite, perpendiculaires aux plans osculateurs des trajectoires des points de D. Il résulte de là que :

THÉORÈME LIX. — *Si d'un point de l'espace on mène des plans parallèles aux plans osculateurs des trajectoires de tous les points d'une droite mobile, ces plans enveloppent un cône du second ordre; en d'autres termes, la surface développable du quatrième ordre, qui est l'enveloppe des plans osculateurs des trajectoires de tous les points d'une droite mobile, a un cône directeur qui est du second ordre.*

Examinons le cas particulier où un point de D est un point d'inflexion sur sa trajectoire.

L'axe de courbure correspondant à ce point est alors à l'infini, et l'hyperboloïde des axes de courbure des points de D devient un paraboloïde. Les axes de courbure appartenant maintenant à un paraboloïde sont parallèles à un même plan. Les plans osculateurs des trajectoires des points de D étant respectivement perpendiculaires à ces axes de courbure sont parallèles à une même droite; ils enveloppent alors une surface cylindrique. Ainsi :

THÉORÈME LX. — *Si, pour une position quelconque d'une droite mobile, un point de cette droite est un point d'inflexion sur sa trajectoire, les plans osculateurs des trajectoires de tous les points de la droite enveloppent une surface cylindrique.*

Cette circonstance se présente constamment si l'on assujettit un point d'une droite mobile à parcourir une ligne droite.

Lorsque deux points de la droite mobile sont des points d'inflexion sur leurs trajectoires, il résulte de ce que nous venons de dire que les plans osculateurs des trajectoires de tous les points de la droite mobile sont parallèles entre eux. C'est ce qui arrive constamment lorsque deux points d'une droite décrivent deux droites données.

Il est facile de voir que, s'il y a sur la droite D plus de deux points qui soient des points d'inflexion sur leurs trajectoires, tous les points de la droite D jouissent de cette même propriété.

Occupons-nous maintenant des normales principales aux trajectoires des points de D. Construisons la normale principale en a à la trajectoire de ce point. Cette droite est dans le plan (a, Δ) qui est normal en a à cette trajectoire. Ce plan normal coupe encore l'hyperboloïde des axes de courbure suivant l'axe de courbure relatif à cette trajectoire; la normale principale est la perpendiculaire abaissée du point a sur cette droite.

L'hyperboloïde des axes de courbure, comme nous l'avons fait remarquer, contient Δ. Il sera donc défini, en supposant données deux droites du même système que Δ. Appelons G et H ces deux droites. Pour construire une normale principale, on opère alors ainsi : par Δ on mène un plan quelconque; ce plan coupe D au point a, G au point g et H au point h; du point a on abaisse la perpendiculaire ac sur gh : la droite ac est la normale principale en a, et le pied de cette perpendiculaire est le centre de courbure de la trajectoire de ce point. Lorsque le plan que nous venons de mener par Δ tourne autour de cette droite, la droite ac engendre la surface des normales principales des trajectoires des points de D, et le point c décrit la courbe lieu des centres de courbure de ces trajectoires.

Étudions d'abord la surface formée par les normales principales. Je dis que le cône directeur de cette surface est du troisième ordre.

Prenons un point quelconque l sur Δ et construisons le cône directeur de l'hyperboloïde des axes de courbure de façon qu'il ait son sommet en l. Ce cône, qui est du second ordre, contient Δ, et tout plan mené par cette droite le coupe suivant une seule génératrice. La perpendiculaire à cette génératrice, située dans ce plan sécant et menée du point l, est parallèle à l'une des normales principales. Le lieu des perpendiculaires ainsi construites constitue le cône directeur de la surface des normales principales.

On voit déjà que tout plan mené par Δ coupe ce cône suivant une droite; mais Δ, étant perpendiculaire à deux génératrices de l'hyperboloïde des axes de courbure, est une génératrice double sur ce cône directeur. Le plan sécant mené par Δ renferme une droite et la ligne double Δ; donc le cône directeur est du troisième ordre. Ainsi :

THÉORÈME LXI. — *Le cône directeur de la surface des normales principales des trajectoires de tous les points d'une droite mobile est un cône du troisième ordre qui a une génératrice double.*

Prenons le plan (*l*, D); il coupe ce cône directeur suivant trois droites. Ces trois droites sont les normales principales issues du point *l*. Puisqu'à partir d'un point quelconque de Δ on peut mener trois normales principales, la droite Δ est une droite triple de la surface des normales principales. Tout plan mené par Δ coupe, en outre, cette surface suivant une droite; on voit alors qu'elle est du quatrième ordre. Ainsi :

THÉORÈME LXII. — *La surface formée par les normales principales des trajectoires de tous les points d'une droite mobile est une surface du quatrième ordre qui possède une droite triple.*

L'intersection de cette surface avec l'hyperboloïde des axes de courbure est la courbe lieu des centres de courbure des trajectoires des points de D. On voit ainsi immédiatement que cette courbe est du cinquième ordre.

Nous allons arriver autrement à ce résultat. Considérons le point *c* comme sommet d'un angle droit dont l'un des côtés s'appuie sur D et Δ et l'autre côté sur G et H. Le point *c* appartient alors à une surface du quatrième ordre, qui contient les quatre droites D, Δ, G, H; car sur le côté *gh* de l'angle droit il y a deux points tels que *c*, et les points *g*, *h* font partie du lieu. Cette surface est donc du quatrième ordre, et, comme elle contient les trois droites Δ, G, H de l'hyperboloïde des axes de courbure, elle coupe cette surface suivant une courbe du cinquième ordre. Ainsi :

THÉORÈME LVIII. — *Le lieu des centres de courbure des trajectoires de tous les points d'une droite mobile est une courbe du cinquième ordre.*

Cette courbe rencontre le plan de l'infini en cinq points, dont un, toujours réel, est le centre de courbure de la trajectoire du point qui est à l'infini sur D. Les quatre points restants sur le plan de l'infini doivent être imaginaires, puisque nous avons vu qu'en général il n'y a pas, sur une droite, de point qui soit point d'inflexion sur sa trajectoire. Ainsi, sur une droite quelconque, il y a quatre points imaginaires dont les trajectoires ont leurs centres de courbure à l'infini, et, par suite, dans un corps quelconque que l'on déplace, les points qui sont des points d'inflexion sur leurs trajectoires appartiennent à une surface imaginaire du quatrième ordre. Si parmi ces points il y en a de réels, ils ne peuvent être que sur une ligne double de cette surface. Nous pouvons donc énoncer ce théorème :

THÉORÈME LXIV. — *Pour une position quelconque d'une figure mobile de forme invariable, les points de cette figure qui sont des points d'inflexion sur leurs trajectoires appartiennent à une surface imaginaire du quatrième ordre, et, s'il existe des points réels de cette nature, ils sont sur une ligne double de cette surface.*

Remarquons que, s'il s'agit du mouvement d'un corps solide, les points dont nous nous occupons sont ceux pour lesquels l'accélération normale est nulle (¹).

Reprenons la droite mobile D et sa conjuguée Δ. Appelons toujours Δ′ la droite qui, après un déplacement infiniment petit autour de Δ, deviendra le nouvel axe instantané Δ₁. Désignons par Δ″ la droite, qui deviendra ensuite l'axe instantané Δ₂. Les plans passant par des points de D et par Δ′, ainsi que les plans passant par les mêmes points de D et par Δ″, deviendront des plans normaux aux trajectoires de ces points lorsque Δ′ et Δ″ seront venus en Δ₁ et Δ₂. Nous avons maintenant trois faisceaux dont les arêtes sont Δ, Δ′, Δ″ et dont les plans passent par les points de D; ces faisceaux sont donc homographiques et ne cesseront pas d'être homographiques lorsque Δ′ sera venu en Δ₁ et Δ″ en Δ₂. Nous aurons alors trois faisceaux homographiques dont les arêtes sont trois génératrices infiniment voisines de (Δ). Les plans correspondants se coupent en des points qui appartiennent à une cubique gauche.

Ces points, intersection chacun de trois plans normaux infiniment voisins, sont les centres des sphères osculatrices des trajectoires des points de D. Nous pouvons donc dire :

THÉORÈME LXV. — *Pour une position quelconque d'une droite mobile, les centres des sphères osculatrices des trajectoires des points de cette droite appartiennent à une cubique gauche* (²).

On peut arriver à ce théorème en considérant les hyperboloïdes des axes de courbure des trajectoires des points de la droite D prise dans deux positions infiniment rapprochées. Ces hyperboloïdes se coupent suivant Δ et la partie restante de leur intersection est la cubique gauche que nous venons de trouver.

(¹) *Voir,* dans le 37ᵉ Cahier du *Journal de l'École Polytechnique,* le Mémoire de M. Resal *Sur les propriétés géométriques du mouvement le plus général d'un corps solide.*

(²) HAAG, *loc. cit.*

Lorsque le centre de la sphère osculatrice d'une courbe est à l'infini, cette sphère se réduit à un plan qui n'est autre qu'un plan osculateur stationnaire. La cubique gauche dont nous venons de parler rencontrant le plan de l'infini en trois points, on voit qu'il y a sur une droite trois points pour lesquels les plans osculateurs de leurs trajectoires sont stationnaires. Nous énoncerons ainsi ce résultat :

THÉORÈME LXVI. — *Parmi les points d'une droite mobile, il y en a trois pour lesquels les plans osculateurs de leurs trajectoires sont stationnaires.*

Il résulte de là que :

THÉORÈME LXVII. — *Pour une position quelconque d'une figure mobile de forme invariable, les points pour lesquels les plans osculateurs de leurs trajectoires sont stationnaires sont sur une surface du troisième ordre.*

Ou, en employant le langage de la Cinématique : *Dans un corps solide en mouvement, les points pour lesquels la suraccélération binormale est nulle sont sur une surface du troisième ordre.*

Les droites situées sur cette surface du troisième ordre sont telles que les plans osculateurs des trajectoires de tous leurs points sont stationnaires et, comme il y a toujours une droite réelle sur une surface du troisième ordre, nous voyons que :

THÉORÈME LXVIII. — *Pour une position quelconque d'une figure mobile de forme invariable, il existe toujours une droite telle, que les plans osculateurs des trajectoires de tous ses points sont stationnaires.*

On peut remarquer aussi qu'une droite mobile sur laquelle il y a quatre points, tels que les plans osculateurs de leurs trajectoires soient stationnaires, est tout entière sur la surface du troisième ordre dont je viens de parler et, par suite, que les trajectoires de tous ses points possèdent aussi des plans osculateurs stationnaires.

On obtient immédiatement une pareille droite D en assujettissant quatre points d'une droite à rester sur quatre plans donnés. Pour une position quelconque de D, la trajectoire d'un point arbitraire pris sur cette droite a un plan osculateur stationnaire et, par suite, *cette trajectoire est plane.*

Je dis, de plus, que cette courbe est une ellipse; pour le faire voir, supprimons l'un des plans sur lesquels doit rester l'un des points de D. Cette droite D est alors telle, que trois de ses points restent sur trois plans donnés. Dans ces conditions, un point quelconque de la droite décrit un ellipsoïde. Par suite, si la trajectoire de ce point est plane, cette trajectoire est une ellipse; on peut donc énoncer cet intéressant théorème, sur lequel je vais revenir plus loin.

THÉORÈME LXIX. — *Lorsque quatre points d'une droite mobile restent sur quatre plans donnés, un point quelconque de cette droite décrit une ellipse.*

Nous sommes arrivé à la cubique gauche, lieu des centres des sphères osculatrices, en employant deux hyperboloïdes des axes de courbure.

Considérons un troisième hyperboloïde de même nature que ceux-ci, et qui en est infiniment voisin. Les points de rencontre de cette surface avec la cubique gauche sont les centres de sphères osculatrices stationnaires. On a ainsi six points de rencontre : deux sur Δ et quatre autres. Les deux points sur Δ sont ceux pour lesquels l'hyperboloïde des axes de courbure a avec la surface (Δ) un contact du second ordre. Ils se distinguent donc des quatre autres; ils correspondent sur D à deux points qui se distinguent aussi parmi les six points de D pour lesquels on a des sphères osculatrices stationnaires. De là résultent ces théorèmes :

THÉORÈME LXX. — *Pour une position quelconque d'une droite mobile, il y a six points sur cette droite pour lesquels les sphères osculatrices de leurs trajectoires sont stationnaires.*

THÉORÈME LXXI. — *Pour une position quelconque d'une figure mobile de forme invariable, les points pour lesquels les sphères osculatrices de leurs trajectoires sont stationnaires appartiennent à un lieu qui se compose d'une surface du second ordre et d'une surface du quatrième ordre.*

Droite mobile dont tous les points décrivent des ellipses.

C'est en employant quelques propositions de Géométrie cinématique que je viens d'arriver au théorème LXIX. Or, quelle que soit la voie suivie, la découverte d'une vérité géométrique constitue toujours un progrès; mais, à côté de ce progrès, il y en a un autre d'ordre différent, qui consiste à démontrer *géométriquement* une vérité géométrique, en ne recourant qu'au plus petit nombre possible de propriétés primordiales. Les démonstrations données par plusieurs

M.

géomètres du théorème LXIX ne répondant pas à cette idée, j'ai été amené à en reprendre l'étude (¹).

THÉORÈME 1. — *On donne quatre plans* $(P_1), (P_2), (P_3), (P_4),$ *et une droite* D *qui les rencontre aux points* p_1, p_2, p_3, p_4 : *d'un point quelconque de l'un des plans on peut mener une droite, et une seule, qui soit partagée par les plans donnés comme ceux-ci partagent* D.

Soit a_1 un point quelconque de (P_1). Menons un plan parallèle à (P_2) et à une distance telle, qu'une droite arbitraire, issue de a_1, soit partagée par (P_2) et par ce plan parallèle, en segments dont le rapport soit égal à $\frac{p_1 p_2}{p_1 p_4}$. Ce plan parallèle à (P_2) coupe (P_4) suivant une droite. On obtient une droite analogue sur (P_4) en opérant avec (P_3) comme nous venons de le faire avec (P_2).

Ces deux droites se coupent en un point a_4 : la droite $a_1 a_4$ est la droite demandée et il résulte de sa construction qu'elle est unique.

Je dirai que la droite $a_1 a_4$ est *proportionnelle à* D et que les points a_1, a_2, a_3, a_4 où elle rencontre les plans donnés sont des *points correspondants*.

Remarque. — *La droite proportionnelle à* D *qui passe par un point à l'infini sur l'un des plans est tout entière à l'infini.*

THÉORÈME 2. — *Sur chacun des plans donnés les points correspondant aux points d'une droite arbitraire* $a_1 b_1$ *de l'un d'eux sont en ligne droite.*

Des points a_1, b_1 menons les droites $a_1 a_4, b_1 b_4$ proportionnelles à D et formons le quadrilatère gauche $a_1 b_1 a_4 b_4$. Les droites $a_2 b_2, a_3 b_3$ partagent, comme l'on sait, en segments proportionnels aux segments de D, toutes les droites qui divisent proportionnellement les côtés $a_1 b_1, a_4 b_4$: donc, etc.

Je dirai que les droites $a_1 b_1, a_2 b_2, a_3 b_3, a_4 b_4$ sont *correspondantes*.

THÉORÈME 3. — *On construit des droites proportionnelles à* D *et l'on prend sur chacune de ces droites le point homologue à un point arbitraire* p_3 *de* D : *tous ces points appartiennent à un même plan* (P_3).

Il résulte de la démonstration du théorème précédent que les points homologues de p_3, sur les droites proportionnelles à D qui s'appuient sur $a_1 b_1$, appartiennent à une droite $a_3 b_3$. On peut dire la même chose pour toutes les droites

---

(¹) Pour les théorèmes de cette étude géométrique, j'adopte un numérotage spécial.

ssues de p_1 qui s'appuient sur $a_1 b_1$. On obtient ainsi les droites partant de p_5 et qui s'appuient sur $a_5 b_5$. Leur lieu est un plan (P_5) qui contient d'après cela l'homologue de p_5 pris sur une droite quelconque proportionnelle à D.

Par chacun des points de D passe un plan tel que (P_5). Je dirai que *tous ces plans appartiennent au système des quatre plans donnés*.

Remarque. — Du théorème 2 résulte qu'*à une droite de l'un des plans du système correspond une droite sur tous les autres*.

THÉORÈME 4. — *Si, sur l'un des plans du système, on prend des droites convergentes en un point à distance finie ou infinie, il leur correspond, sur tous les autres plans, des droites convergentes en un point à distance finie ou infinie.*

Ce théorème se démontre immédiatement en employant la droite proportionnelle à D qui passe par le point de convergence des droites données.

THÉORÈME 5. — *A une conique tracée sur l'un des plans du système correspond une conique sur chacun des autres plans du système.*

A une droite de l'un des plans du système correspond une droite sur chacun des autres plans; par suite, à une courbe d'un certain ordre correspond une courbe de ce même ordre sur chacun des autres plans du système. En particulier, ceci est vrai pour une conique tracée sur l'un des plans du système.

THÉORÈME 6. — *Si une conique C_1 tracée sur (P_1) est une ellipse, les courbes correspondantes sont aussi des ellipses.*

Car C_1 n'ayant pas de point à l'infini il en est de même pour les coniques correspondantes.

THÉORÈME 7. — *Les centres des coniques correspondantes C_1, C_2, C_3 sont des points d'une droite proportionnelle à D.*

En effet, une tangente à C_1 a pour correspondantes des tangentes aux coniques C_2, C_3, …. Deux tangentes à C_1, qui sont parallèles, ont pour correspondantes, d'après le théorème 4, des tangentes parallèles pour chacune des ellipses correspondantes à C_1. Par suite, les diamètres de contact de ces tangentes parallèles se correspondent et alors aussi les centres des ellipses correspondantes. Ils sont donc sur une droite proportionnelle à D.

Appliquons les théorèmes précédents : prenons un ellipsoïde (S) et couponsle par un plan arbitraire (P). Appelons S la section ainsi obtenue. On sait que *les normales à* (S), *dont les pieds sont les points de* S, *sont partagées par* (P) *et les plans principaux de* (S) *en segments proportionnels.* c'est-à-dire que *ces normales sont des droites proportionnelles.*

De ce que nous venons de démontrer il résulte que :

Les traces de ces normales sur les plans principaux de (S) *sont des ellipses,* que *les centres de ces courbes sont sur une droite qui passe par le centre de* S et enfin que *cette droite des centres est proportionnelle aux normales de* (S).

Prenons l'ellipsoïde concentrique et homothétique à (S) qui est tangent à (P). Son point de contact avec (P) est, comme l'on sait, le centre de S. La perpendiculaire à (P) élevée de ce centre est la normale à cet ellipsoïde. Comme cette surface est homothétique à (S), cette normale est proportionnelle aux normales de (S); elle est alors la droite des centres des ellipses qui entrent dans le dernier énoncé. On peut donc compléter celui-ci en disant : *Cette droite des centres est perpendiculaire au plan* (P).

Reprenons maintenant les plans du système et la droite D dont nous nous sommes servi d'abord.

J'appelle *droite égale* à D une droite sur laquelle les plans du système déterminent des segments égaux aux segments que ces plans déterminent sur D.

THÉORÈME 8. — *Sur une droite arbitraire* $a_1 b_1$ *de* (P_1) *il ne peut y avoir que deux points par lesquels passent des droites égales à* D.

Par a_1 et b_1 (*fig.* 77) menons des droites proportionnelles à D; elles ren-

Fig. 77.

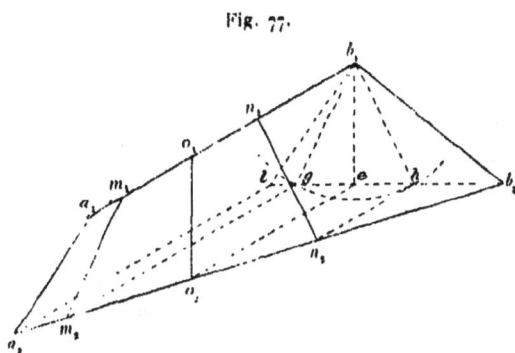

contrent (P_2) en a_2 et b_2. Par a_2 menons la droite $a_2 l$, égale et parallèle à $a_1 b_1$, puis menons la droite $l b_2$. Sur le plan $b_1 l b_2$ décrivons, de b_1 comme centre, une circonférence avec un rayon égal au segment compris sur D entre (P_1) et (P_2).

Cette circonférence coupe lb_2 aux points g, h; de ces points menons gm_2, hn_2 parallèlement à a_2l. Les points m_2, n_2, où ces droites rencontrent a_2b_2, appartiennent aux droites égales demandées : l'une est m_2m_1, parallèle à gb_1, l'autre est n_2n_1, parallèle à hb_1.

D'abord les segments m_1m_2, n_1n_2 sont égaux, puisqu'ils sont respectivement égaux aux segments égaux gb_1, hb_1; ensuite ils appartiennent à des droites proportionnelles à D, puisque a_1a_2, m_1m_2, n_1n_2 étant parallèles au plan lb_1h partagent a_1b_1 et a_2b_2 en segments proportionnels.

On voit ainsi que les droites égales qui s'appuient sur a_1b_1 sont les deux seules droites m_1m_2, n_1n_2.

Lorsque l'arc décrit du point b_1 comme centre coupe l_2b en deux points, il y a deux droites égales qui s'appuient sur a_1b_1. Mais si cet arc est tangent à lb_2 il n'y a plus qu'une droite égale o_1o_2 et sa longueur est celle de la perpendiculaire abaissée de b_1 sur lb_2. La droite o_1o_2 est alors, parmi les droites proportionnelles à D qui s'appuient sur a_1b_1, celle sur laquelle les plans du système interceptent les plus petits segments. L'arc tangent à lb_2 touche cette droite au milieu de gh. De tout ce qui précède on déduit ce théorème :

THÉORÈME 9. — *La droite proportionnelle à D qui s'appuie sur a_1b_1 et sur laquelle il y a les plus petits segments est la droite o_1o_2 qui joint les milieux des segments m_1n_1, m_2n_2 déterminés sur les droites correspondantes a_1b_1, a_2b_2 par deux droites égales. Le segment o_1o_2 est égal à la bissectrice du triangle isoscèle gb_1h.*

THÉORÈME 10. — *Le lieu des points d'un plan du système d'où partent des droites égales est une ellipse E.*

Ce lieu est une conique puisque, d'après le théorème précédent, une droite quelconque de ce plan ne le rencontre qu'en deux points. Cette conique est une ellipse; elle ne peut en effet avoir de point à l'infini puisque d'un pareil point on ne peut pas mener une droite égale à une droite donnée à distance finie.

Sous une autre forme, on retrouve ainsi ce théorème :

Si l'on déplace une droite de façon que quatre de ses points restent sur quatre plans donnés, tous ses points décrivent simultanément des ellipses.

Ces ellipses sont des courbes correspondantes à E et, en vertu du théorème 7, on voit que :

Les centres de toutes ces ellipses sont en ligne droite.

Théorème 11. — *La droite O des centres des ellipses correspondantes à E est, parmi les droites proportionnelles à D, celle sur laquelle les segments interceptés par les plans du système sont les plus petits possible* (Halphen).

Avec une corde de direction arbitraire de l'ellipse E, la corde de l'ellipse correspondante sur (P_2) et les droites égales qui joignent les extrémités de ces droites, on forme un quadrilatère gauche analogue au quadrilatère $m_1 m_2 n_1 n_2$.

D'après ce que nous avons vu, la droite proportionnelle à D qui s'appuie sur ces cordes et sur laquelle il y a les plus petits segments s'obtient en menant une droite par les milieux de ces cordes. Pour chacune des cordes de E parallèles entre elles on obtient ainsi une droite qui passe par le milieu de cette corde ; toutes ces droites s'appuient sur le diamètre dont la direction est conjuguée de celle de ces cordes parallèles.

On peut répéter pour ce diamètre ce que je viens de dire pour une corde et l'on trouve ainsi que la droite proportionnelle à D, sur laquelle les plans du système interceptent les plus petits segments, passe par le centre de E et alors aussi par les centres des ellipses correspondantes à cette courbe. Le théorème se trouve ainsi démontré.

Théorème 12. — *Les droites égales qui s'appuient sur E sont également inclinées sur la droite O des centres des ellipses correspondantes à E.*

Supposons que m_1, n_1 (*fig.* 77) soient les extrémités d'un diamètre de E. Parmi les droites proportionnelles à D qui s'appuient sur ce diamètre, celle sur laquelle se trouvent les plus petits segments est la droite $o_1 o_2$ qui est égale, comme nous l'avons vu, à la bissectrice du triangle isocèle $g b_1 h$ dont les côtés égaux sont parallèles à $m_1 m_2$, $n_1 n_2$. Les droites égales $m_1 m_2$, $n_1 n_2$ sont alors également inclinées sur $o_1 o_2$. Mais pour un autre diamètre de E on est toujours conduit à construire un triangle isocèle égal à $g b_1 h$ puisque les côtés de ce triangle doivent être égaux à $m_1 m_2$, $n_1 n_2$ et que la bissectrice doit être égale à $o_1 o_2$. Ces triangles isocèles étant égaux, le théorème est démontré.

Théorème 13. — *La distance $o_1 o_2$ des centres des ellipses décrites par les points m_1, m_2 d'une droite égale mobile est égale à la projection du segment $m_1 m_2$ sur la droite O.*

Cela résulte de ce que $o_1 o_2$ est égal et parallèle à la bissectrice du triangle isocèle $g b_1 h$ et que cette bissectrice est la hauteur de ce triangle.

THÉORÈME 14. — *Les points de deux droites proportionnelles à* D *qui se déplacent en restant chacune égale à elle-même décrivent sur chacun des plans donnés des ellipses concentriques et homothétiques* (HALPHEN).

Quelle que soit la droite proportionnelle que l'on prenne comme droite égale mobile, on a toujours le même centre pour les ellipses décrites sur l'un des plans donnés parce que ce point est, sur la droite unique O, proportionnelle à D, sur laquelle les plans donnés déterminent les segments les plus petits possible.

Prenons (*fig.* 77) les droites proportionnelles $n_1 n_2 n_3$ et $b_1 b_2 b_3$ qui partent de deux points d'une droite issue de o_1. On a

$$\frac{o_1 n_1}{o_1 b_1} = \frac{o_2 n_2}{o_2 b_2} = \frac{eh}{eb_2}.$$

Ce dernier rapport est constant, quelle que soit la position de b_1 sur E, puisque les triangles isocèles tels que $g b_1 h$ sont toujours égaux et que $b_1 b_2$ est un segment de grandeur constante.

Le rapport $\frac{o_1 n_1}{o_1 b_1}$ est alors constant et le théorème est démontré.

Comme application des théorèmes précédents démontrons que :

Lorsqu'une droite se déplace de façon que trois de ses points restent sur trois plans donnés, un quatrième point de cette droite décrit un ellipsoïde qui a pour centre le point de rencontre des plans donnés.

Ajoutons un quatrième plan passant par le quatrième point de la droite mobile. Si l'on déplace maintenant la droite de façon que ce point reste sur ce plan, il décrira une ellipse. La section faite par ce plan dans la surface engendrée est donc une ellipse. Comme ceci est vrai quel que soit ce plan, cette surface est par suite un ellipsoïde.

Si le plan mené par le point décrivant passe par le point de rencontre des trois plans donnés, il résulte du théorème 11 que ce point est le centre de l'ellipse décrite. Ce plan, mené par le point de rencontre des plans donnés, étant arbitraire, ce dernier point est le centre de l'ellipsoïde engendré par le quatrième point de la droite mobile. Le théorème est donc démontré.

Ce théorème, qui est dû à Dupin, donne lieu à ce cas particulier intéressant :

Lorsqu'une droite se déplace de façon que trois de ses points restent respective-

ment sur trois plans parallèles à une droite, un quatrième point de cette droite décrit un plan.

Figure mobile de grandeur invariable dont tous les points décrivent des ellipses.

Nous n'avons considéré jusqu'à présent qu'une droite égale mobile dont quatre points restent sur quatre plans fixes. Nous allons montrer comment la propriété de cette droite de faire toujours, pendant son déplacement, le même angle avec la droite des centres des ellipses décrites par ses points, conduit aisément à déterminer les conditions de déplacement d'une figure de forme invariable dont chacun des points décrit une ellipse.

Conservons les notations précédentes avec cette seule différence que nous appellerons D' la droite désignée précédemment par D. Plaçons O verticalement, appelons (H) un plan horizontal fixe. La droite égale mobile D', se déplaçant toujours de façon que quatre de ses points restent sur les plans (P_1), (P_2), (P_3), (P_4), fait constamment le même angle avec (H).

Appelons D la projection de D' sur le plan (H).

Puisque, comme nous l'avons démontré, les points de D' décrivent des ellipses dont les centres sont sur O, les points de la droite D décrivent des ellipses concentriques dont le centre commun est le pied o de O sur (H).

LEMME. — *Le déplacement sur (H) de la droite D dont les points décrivent des ellipses concentriques peut être obtenu en liant cette droite à une circonférence qui roule dans l'intérieur d'une autre de rayon double.*

Pour un déplacement infiniment petit de D on a un centre instantané de rotation c. La circonférence décrite sur oc comme diamètre rencontre (je le suppose d'abord) D en deux points réels. Les normales aux trajectoires de ces points passent par c et par suite les tangentes à ces trajectoires passent par o. Mais les trajectoires de ces points sont des ellipses et pour une pareille courbe il ne peut y avoir de tangentes passant par le centre que si cette courbe est infiniment aplatie : ces deux points décrivent donc chacun une droite et le déplacement de D est alors celui d'une droite dont deux points décrivent chacun une droite. Un pareil déplacement peut être obtenu (p. 9), en supposant que D soit lié à la circonférence $\frac{C}{2}$ décrite sur *oc* comme diamètre que l'on fait rouler à l'intérieur de la circonférence C décrite du point *o* comme centre avec *oc* pour rayon.

Mais ces circonférences existent toujours et ne dépendent aucunement de la réalité des points de rencontre de D avec la circonférence décrite sur *oc* comme diamètre ; par conséquent le résultat auquel nous venons d'arriver est général et le lemme est démontré.

Nous savons que D′ fait toujours un angle constant avec sa projection D. On obtiendra alors le déplacement de D′ en supposant que sur son plan projetant, qui est entraîné avec D, cette droite soit déplacée en même temps parallèlement à la direction des projetantes, c'est-à-dire qu'elle glisse dans la direction de O.

D'après cela, appelons (Cy) le cylindre dont C est la section droite, et $\left(\frac{Cy}{2}\right)$ le cylindre dont $\frac{C}{2}$ est la section droite ; nous obtiendrons le déplacement de D′ en liant cette droite au cylindre $\left(\frac{Cy}{2}\right)$ qui roule à l'intérieur de (Cy) en même temps qu'il glisse dans la direction de ses génératrices, de façon qu'un point de D′ soit assujetti à se déplacer sur le plan du système qui le contient (¹).

Le déplacement de $\left(\frac{Cy}{2}\right)$ étant ainsi défini, on peut entraîner une figure de forme invariable avec ce cylindre mobile. Nous savons déjà que tous les points de D′ décrivent des ellipses. Nous allons montrer qu'*il en est de même de tous les points de la figure entraînée.* Pour cela il suffit de faire voir que la trajectoire d'un quelconque de ces points est une ligne plane, puisque la projection de cette trajectoire sur (H) est la ligne décrite par un point du plan de $\frac{C}{2}$, qui roule dans C, et l'on sait que cette courbe est une ellipse.

Pour y arriver, démontrons d'abord le théorème suivant :

THÉORÈME 15. — *Le cylindre* $\left(\frac{Cy}{2}\right)$ *roule à l'intérieur de* (Cy) *et glisse dans la direction de ses génératrices de façon qu'un point* m′ *se déplace sur un plan fixe donné : parmi tous les points entraînés il y en a une infinité qui décrivent des droites.*

Soit [m′] le plan donné sur lequel se déplace m′ ; supposons que le plan ho-

(¹) *Voir*, dans les *Comptes rendus*, la communication faite par M. Darboux le 17 janvier 1881 *Sur le déplacement d'une figure invariable*.

M.   23

rizontal (H) passe maintenant par le point de rencontre de [m'] et de O; désignons toujours par o ce point de rencontre.

Fig. 78.

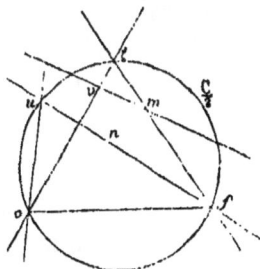

Prenons le plan (H) pour plan de la *fig.* 78. Soit ot l'horizontale de [m'] qui passe par o. Menons par m' l'horizontale $m't'$ dont la projection sur (H) est la droite mt qui passe par le point de rencontre t de $\frac{C}{2}$ et de l'horizontale ot du plan [m']. L'horizontale $m't'$, menée ainsi par m', rencontre le cylindre $\left(\frac{Cy}{2}\right)$ au point f' dont la projection est f. Lorsque $\left(\frac{Cy}{2}\right)$ roule et glisse comme nous l'avons dit, le point t' se déplace dans le plan vertical ot. Je dis que le point f' décrit une ligne droite.

La ligne décrite par f' se projette sur (H) suivant la ligne of. Sa projection sur le plan vertical of, faite au moyen de parallèles à ot, est une droite, comme la projection de [m'] sur ce plan, car les perpendiculaires à O abaissées des points de cette dernière droite sont partagées dans un rapport constant par la projection de la trajectoire de f', puisque ce rapport est toujours égal à $\frac{mt}{ft}$.

La trajectoire de f' se projetant suivant des droites sur deux plans différents est donc une droite. Comme tous les points de la verticale, qui contient f', décrivent des lignes égales à la trajectoire de ce point, ils décrivent des droites. Le théorème est donc démontré.

THÉORÈME 16. — *Excepté les points de la verticale f', tous les points invariablement liés au cylindre $\left(\frac{Cy}{2}\right)$ décrivent des ellipses.*

Par le point f' menons arbitrairement l'horizontale $f'u'$ dont la projection (*fig.* 78) est fu. Un point quelconque n' de cette droite, entraînée avec $\left(\frac{Cy}{2}\right)$, décrit une ligne plane, car la projection de cette ligne faite sur le plan vertical *of*, au moyen de parallèles à *ou*, est une ligne qui partage dans un rapport constant les perpendiculaires abaissées des points de la droite *of* sur O. D'autre part, la trajectoire de *n'* se projette sur (H) suivant une ellipse, puisque cette courbe est engendrée par le point *n* du segment de grandeur constante *uf* dont les extrémités décrivent les droites *ou* et *of*. La trajectoire de *n'* est donc une ellipse.

Les points de la verticale qui contient *n'* décrivent évidemment des ellipses égales à l'ellipse décrite par ce point. On voit donc que tous les points de toutes les horizontales partant de *f'*, c'est-à-dire tous les points du plan horizontal mené par *f'*, décrivent des ellipses, et qu'il en est de même pour tous les points de l'espace, car ils peuvent toujours être liés aux points de ce plan à l'aide de verticales.

En résumé, tous les points liés à $\left(\dfrac{Cy}{2}\right)$ décrivent des ellipses, excepté les points de la verticale *f'* qui décrivent des segments de droite, lesquels d'ailleurs sont, à proprement parler, des ellipses aplaties.

Remarques. — Les ellipses décrites par les points du plan horizontal mené par f' ont toutes pour centre le point o.

Les plans des ellipses décrites par les points d'une horizontale menée par f' passent par une même droite issue du centre commun o.

THÉORÈME 17. — *Les plans des ellipses décrites par les points d'une horizontale arbitraire, liée au cylindre mobile* $\left(\dfrac{Cy}{2}\right)$, *enveloppent un cône du second degré.*

Nous savons déjà que ces plans passent par *o*; il suffit de montrer que l'enveloppe de leurs traces sur un plan est une conique.

Prenons une horizontale arbitraire à la hauteur du point *f'*. Nous savons construire pour un point *m'* de cette droite l'horizontale *ot* du plan de sa trajectoire. Appelons *v* le point où cette droite rencontre la projection sur (H) de l'horizontale donnée. La droite *vm'* est alors, sur le plan qui projette cette horizontale, la trace du plan de la trajectoire de *m'*. Les droites telles que *ft* et *ot*, qui se coupent sur $\dfrac{C}{2}$ forment deux faisceaux homographiques. Les points tels que *m'* et *v* déterminent alors deux divisions homographiques, et les droites telles que *vm'*, qui joignent les points correspondants, enveloppent une conique. Cette conique n'est autre que la trace du cône enveloppe des plans des trajectoires décrites par les points de l'horizontale donnée. Le théorème est donc démontré.

Il est facile de voir que *la conique, trace de ce cône sur le plan projetant de la droite donnée, est tangente aux plans horizontaux menés par o et f'*.

Le centre de cette conique appartient à la projection orthogonale, faite sur le plan de cette courbe, de l'axe de $\left(\frac{Cy}{2}\right)$; *il est, du reste, sur un plan horizontal à égales distances de o et de f'.*

Remarque. — Les plans des trajectoires décrites par les points d'une horizontale étant respectivement parallèles aux plans des trajectoires des points d'une droite entraînée dont cette horizontale est la projection, le théorème précédent montre que *les plans des trajectoires des points d'une droite quelconque enveloppent une surface dont le cône directeur est du second ordre.*

Pour terminer, j'ajoute comme conséquences de ce qui précède :

Théorème 18. — *Lorsque les points d'une figure mobile dans l'espace décrivent des ellipses, ces courbes ont leurs centres sur une même droite et leurs projections sur un plan perpendiculaire à cette droite sont des ellipses dont la somme ou la différence des axes est constante.*

Problème. — *Construire le point lié à* $\left(\frac{Cy}{2}\right)$ *et qui se déplace sur un plan donné.*

Le point de rencontre γ du plan donné et de O est le centre de la trajectoire du point demandé. Par le point γ menons l'horizontale du plan donné et, par le point où cette droite rencontre $\left(\frac{Cy}{2}\right)$, menons la génératrice de ce cylindre ; l'horizontale qui s'appuie sur cette génératrice et qui passe par le point où $\left(\frac{Cy}{2}\right)$ est rencontré par la parallèle à *of'*, menée du point γ, coupe le plan donné au point cherché.

Déplacement particulier d'une droite.

Nous avons vu (p. 168) que : *Lorsque quatre points d'une droite restent sur quatre plans fixes, un point quelconque de la droite décrit une ligne plane.*

Ce théorème est un cas particulier du théorème suivant, sur lequel nous reviendrons plus loin, en parlant de la transformation de démonstration :

Théorème LXXII. — *Lorsque quatre points d'une droite mobile restent sur des sphères fixes dont les centres sont dans un même plan, un point quelconque de la droite décrit une ligne qui appartient à une sphère dont le centre est aussi sur ce plan. Les centres des sphères qui contiennent les lignes ainsi décrites appartiennent à une conique.*

Voici une démonstration directe de ce théorème.

Désignons par a, b, c, e les points de la droite mobile D qui restent respectivement sur des sphères dont les centres α, β, γ, ε sont sur un même plan (P). Pour un déplacement infiniment petit de D, on ne connaît pas les trajectoires des points a, b, c, e, mais on sait que les plans normaux aux trajectoires de ces points se coupent suivant une même droite Δ. Les traces de ces plans sur le plan (P) sont les droites qui joignent α, β, γ, ε à la trace δ de Δ sur (P). Ces traces forment un faisceau dont le rapport anharmonique est égal au rapport anharmonique du faisceau formé par les plans normaux relatifs aux trajectoires de a, b, c, e.

Ce dernier rapport anharmonique est constant, puisqu'il est égal au rapport anharmonique des quatre points a, b, c, e; par suite, δ décrit sur (P) une conique C qui passe par α, β, γ, ε.

La trace sur (P) d'un plan normal relatif à la trajectoire d'un point m de D passe par δ et, lorsque D se déplace, cette trace passe par le même point μ de C, car le faisceau des plans normaux reste homographique à lui-même et alors les traces de ces plans forment aussi un faisceau homographique.

Puisque le plan normal à la trajectoire du point arbitraire m passe toujours par le point μ, c'est que le point m décrit une ligne sur une sphère dont le centre est μ, et le théorème est démontré.

La conique C a deux points à l'infini; il y a donc sur D deux points qui décrivent des lignes planes. D'après cela, l'étude du déplacement de D peut être ramenée à l'étude du déplacement d'une droite dont deux points a, b restent sur des sphères $[a]$, $[b]$, de centres α et β, tandis que deux autres points restent sur des plans dont la droite d'intersection R est perpendiculaire à $\alpha\beta$.

Lorsque la droite D se déplace en remplissant ces conditions, il est facile de trouver le degré de la ligne sphérique décrite par un point de cette droite.

Si l'on supprime la sphère $[b]$, on a une droite mobile dont trois points restent, l'un a sur une sphère $[a]$ et chacun des deux autres sur un plan : un point quelconque de la droite décrit une surface trajectoire. Pour trouver le degré de cette surface, cherchons le degré de sa trace sur l'un des plans donnés (Q). Cette trace est décrite par un point de la droite mobile quand celle-ci se déplace sur ce plan, de manière que a reste sur la circonférence suivant laquelle la sphère $[a]$ rencontre le plan (Q), tandis qu'un point g de la droite mobile reste sur la droite d'intersection R des deux plans donnés.

Il est facile de voir que cette courbe est du quatrième degré; mais elle ne rencontre qu'en six points la trace de la sphère [b] sur (Q), parce qu'un point d'un segment mobile de grandeur constante dont les extrémités restent sur deux circonférences de cercles décrit une ligne du sixième degré; par suite, pour six positions de ce segment, ses extrémités sont sur les traces de [a] et [b], tandis que son point g est sur R. Il résulte de là que : *la ligne sphérique décrite par un point de la droite mobile est du sixième ordre,* puisque le plan (Q) ne rencontre cette ligne qu'en six points.

Déplacement d'une droite dont quatre points restent sur quatre surfaces données.

Nous avons vu que quatre conditions déterminent le déplacement de tous les points d'une droite; nous pouvons donc définir le déplacement d'une droite D en donnant quatre surfaces (A), (B), (C), (E) sur lesquelles les points a, b, c, e de D doivent se déplacer.

Le premier problème que nous allons résoudre, et qui comprend des cas particuliers intéressants que nous examinerons ensuite, est le suivant :

Construire la normale, en un point quelconque de la surface (D), *engendrée par une droite* D *que l'on déplace, de façon que quatre de ses points a, b, c, e restent sur quatre surfaces données* (A), (B), (C), (E). *Construire le plan normal à la trajectoire d'un point arbitraire m de cette droite.*

La solution au moyen d'une surface de raccordement, la seule que les auteurs qui m'ont précédé avaient employée pour déterminer les plans tangents aux surfaces réglées, n'est pas applicable ici, bien que les conditions données soient distinctes.

Appelons A, B, C, E les normales aux surfaces données, qui pour une position de D sont issues des points a, b, c, e (*fig.* 79). On ne connait pas les trajectoires décrites par les quatre points a, b, c, e, mais on sait que le plan normal à la trajectoire décrite par le point a contient la conjuguée Δ de D; la normale A à la surface (A) sur laquelle reste le point a rencontre donc la conjuguée de D; il en est de même des normales aux trois autres surfaces directrices élevées respectivement des points b, c, e; donc la conjuguée de D est la droite Δ qui rencontre les quatre normales A, B, C, E aux surfaces directrices.

Il n'y a qu'une seule droite rencontrant A, B, C, E, puisque D rencontre déjà ces quatre droites et qu'il n'existe que deux droites qui rencontrent quatre droites données. Pour construire Δ, coupons l'hyperboloïde, défini par A, B, C, par le plan (D, E) qui le coupe déjà suivant D : la partie restante de l'intersection est une droite H. Cette droite rencontre E en un point h et la génératrice de l'hyperboloïde qui passe par h est la droite Δ.

Fig. 79.

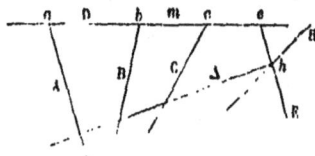

Le plan tangent à (D) au point arbitraire m de D est le plan mené par cette droite perpendiculairement au plan (m, Δ); on peut dire aussi que la normale en m à (D) est la droite qui joint m au point où Δ est rencontré par le plan mené du point m perpendiculairement à D.

La tangente en m à la trajectoire de ce point est la perpendiculaire élevée de m au plan (m, Δ).

Cas particuliers. — *Les points a et b de D restent sur une même surface et D est, en outre, assujettie à toucher deux surfaces données.*

Les normales élevées des points a et b (*fig.* 80) à la surface sur laquelle restent ces points rencontrent la conjuguée de D et, comme cette conjuguée appartient au paraboloïde des normales à la surface engendrée par cette droite, elle rencontre aussi les normales C et E aux deux autres surfaces directrices; Δ est alors déterminé, comme précédemment, au moyen de quatre droites A, B, C, E.

Si les points a et b sont infiniment voisins, la droite D est tangente à trois surfaces directrices, et le point a décrit sur la surface directrice [a] la courbe de

Fig. 80.

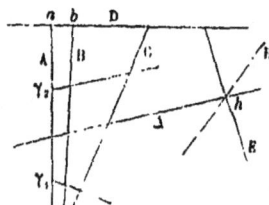

contact de cette surface et de la surface réglée engendrée par D. Dans ce cas, l'hyperboloïde défini par A, B, C est l'hyperboloïde mené par C, et qui est de raccordement avec l'élément de normalie qui contient A et B. Aux centres de courbure principaux γ_1 et γ_2, les plans tangents à cette normalie sont les plans des sections principales de la surface [a]. Les trois directrices de cet hyperboloïde sont alors D et les droites qui, partant des points γ_1, γ_2, aboutissent aux points où la droite C rencontre les plans des sections principales de [a]. Cet hyperboloïde de raccordement étant défini au moyen de ces trois droites, on sait construire, comme précédemment, celle de ses génératrices qui rencontre E, et obtenir ainsi la droite Δ. Connaissant Δ, on peut déterminer la tangente à la trajectoire du point a; on a ainsi une solution de cette question : *Une droite qui reste tangente à trois surfaces directrices engendre une surface réglée : construire la tangente en un point de la courbe de contact de cette surface et d'une des surfaces directrices.*

Les points a et b peuvent être confondus sans que les surfaces directrices de ces points le soient. Les points a et b ainsi confondus décrivent alors la ligne d'intersection (a) de ces surfaces directrices; par suite, *la droite D est assujettie à avoir un point a sur une courbe (a) pendant que les points c, e restent sur des surfaces données.* La solution, dans ce cas, est très simple : la droite conjuguée est dans le plan normal en a à la trajectoire (a) de ce point, et elle rencontre C, E; par conséquent, c'est la droite qui joint les traces des normales C, E sur le plan normal en a à la trajectoire (a).

Dans le cas où *la droite est assujettie à avoir deux de ses points sur deux courbes données*, la droite Δ est l'intersection des plans normaux menés en ces points aux trajectoires qu'ils décrivent, ainsi que nous l'avons déjà dit.

On peut supposer que les surfaces (A), (B), (C) soient confondues, (E) restant distincte. On a alors le problème suivant :

En un de ses points a, une droite mobile D a un contact du second ordre avec une surface (A), un autre de ses points reste sur une surface (E) : construire le plan normal à la trajectoire (a) du point a et la normale à (D) en un point arbitraire m de D.

En raisonnant comme précédemment on trouve la solution suivante. On prend la normalie à (A) qui a D pour directrice, on mène la droite Δ qui, s'appuyant sur A et E, a un contact du second ordre avec la normalie : le plan (a, Δ) est le plan normal relatif à (a) et la normale en m à (D) passe par le point où Δ est rencontrée par le plan perpendiculaire à D et issu du point m.

Pour cette construction la connaissance des centres de courbure principaux de (A) ne suffit plus. La droite Δ est une génératrice de l'hyperboloïde qui a un contact du second ordre avec la normalie le long de A, hyperboloïde que nous apprendrons plus loin à construire.

Les points a, b, c étant toujours confondus, ne réunissons en une seule surface que (A) et (B); on est conduit alors à considérer *la surface (D) engendrée par une droite* D, *tangente en son point a à une surface* [a] *aux différents points d'une courbe* (a) *tracée sur cette surface, et dont un autre point c reste sur une surface* [c]. La normale à (D) au point *m* de D s'obtient toujours comme précédemment au moyen de la conjuguée Δ de D. Cette conjuguée est dans le plan normal en *a* à (a), elle passe par le point où ce plan est rencontré par E et par le point où il touche la normalie à [a] dont la directrice est D.

Enfin supposons réunis les quatre points *a, b, c, e*. Deux cas sont à considérer : les surfaces [a], [b], [c] sont confondues en une seule, la surface [e] étant distincte ou bien toutes les surfaces directrices sont confondues en une seule.

Examinons d'abord le cas où [e] est distincte; voici le problème :

En son point a, une droite mobile D a un contact du second ordre avec une surface [a] *aux différents points d'une courbe* (a) *tracée sur cette surface : construire, en un point quelconque de D, la normale à la surface engendrée par cette droite.*

On considère la normalie à [a] dont la directrice est D et l'on prend dans le plan normal en *a* à (a) la droite qui a avec cette normalie un contact du second ordre, c'est-à-dire la génératrice de l'hyperboloïde osculateur de cette normalie le long de A. Cette génératrice est la conjuguée Δ de D et l'on achève comme nous l'avons vu page 183.

Lorsque les surfaces sont toutes confondues, le problème est le suivant :

Une droite D se déplace de façon à avoir un contact du troisième ordre avec une surface donnée, on demande de construire, en un point quelconque de D, la normale à la surface (D) *engendrée par cette droite et le plan normal en un point de la courbe de contact de* (D) *et de* [a].

On considère la normalie à (A) dont la directrice est (D) et l'on détermine la droite unique qui, s'appuyant sur A, a avec cette normalie un contact du troisième ordre. Cette droite, qui est la conjuguée Δ de D, permet d'achever la solution.

Pour les solutions des problèmes précédents, j'ai fait usage des propriétés de la droite conjuguée. On ne peut plus y recourir lorsque la droite mobile est normale à la trajectoire donnée d'un de ses points.

En effet, la droite mobile est alors confondue avec sa conjuguée; on arrive facilement, dans ce cas, à la solution demandée en faisant usage de l'adjointe au plan perpendiculaire à la droite mobile.

Comme on le verra plus loin, on peut aussi employer cette adjointe pour la solution de quelques-uns des problèmes que je viens de traiter.

Déplacement d'une droite dont trois points restent sur les faces
d'un trièdre trirectangle ([1]).

Soient ox, oy, oz les arêtes d'un trièdre trirectangle et G une droite mobile. Cette droite rencontre en a la face du trièdre perpendiculaire à ox, en b la face perpendiculaire à y et en c la face perpendiculaire à oz. Les trois points a, b, c, marqués sur G, étant assujettis pendant le déplacement de cette droite à rester sur les faces qui les contiennent, on sait qu'un point quelconque m de G engendre un ellipsoïde $[m]$ (p. 175). Menons respectivement des points a, b, c les perpendiculaires A, B, C aux faces du trièdre. Ces trois droites déterminent un hyperboloïde (H) qui est (théor. L) le lieu des normales aux surfaces trajectoires des points de G. *On obtient alors la normale en m à l'ellipsoïde $[m]$ en menant la génératrice de* (H) *qui est issue de m.*

Considérons le cône directeur de (H); parmi ses génératrices il y a celles qui sont parallèles à A, B, C. Ces droites forment un trièdre trirectangle inscrit dans ce cône directeur. On sait qu'alors on peut déplacer ce trièdre sans qu'il cesse d'être inscrit dans ce cône. Par le sommet de ce cône menons un plan perpendiculaire à G; d'après ce que je viens de rappeler, ce plan le coupe suivant deux génératrices perpendiculaires à G et perpendiculaires entre elles. Par suite :

Deux génératrices de (H) *rencontrent* G *à angle droit; ces génératrices sont perpendiculaires l'une à l'autre.*

La droite G, et cette droite considérée dans les positions infiniment voisines qu'elle peut prendre, forment un pinceau [G]. Sur G les foyers f, f', ... de ce pinceau sont les pieds des génératrices F, F' de (H), perpendiculaires à G (p. 130). Ces génératrices sont en ces points les normales aux surfaces focales du pinceau [G]. Comme nous venons de montrer que ces droites existent et qu'elles sont perpendiculaires l'une à l'autre, nous concluons que :

Le pinceau [G] *est un pinceau de normales.*

([1]) Je reviendrai plus loin sur le déplacement d'une droite lorsque ce déplacement est défini indépendamment des trajectoires des points de cette droite.

Cela étant vrai, quelle que soit la position de G, on arrive ainsi à cette proposition, due à M. Darboux :

La droite mobile G demeure, dans toutes ses positions, normale à une surface.

La surface (S), à laquelle la droite G reste normale, a pour centres de courbure principaux les points f et f', et les plans de ses sections principales sont perpendiculaires à F et à F'.

Cherchons à construire f et f'; pour cela nous n'avons qu'à déterminer les points de rencontre de G avec la sphère (Σ), lieu des sommets des trièdres trirectangles circonscrits à (H).

Parmi les génératrices de (H), l'une d'elles C' est parallèle à C et rencontre à angle droit A et B en deux points de la sphère (Σ). De même on a une génératrice A' qui rencontre B et C à angle droit et une génératrice B' qui rencontre A et C à angle droit. Sur chacune des droites A', B', C' se trouvent donc deux points de (Σ); cette sphère est alors déterminée, et l'on peut dire que :

La sphère (Σ) est circonscrite au prisme droit rectangulaire qu'on obtient en menant respectivement de chacun des points marqués sur G des plans parallèles aux faces du trièdre qui contiennent les deux autres points marqués sur G.

Prenons le rectangle, face de ce prisme, qui est dans le plan mené du point a parallèlement au plan des xy, et circonscrivons une circonférence de cercle à ce rectangle. Cette circonférence rencontre en deux points la parallèle menée du point a à la droite B. Par ces deux points et les deux points de la droite B, qui appartiennent à (Σ), faisons passer une circonférence de cercle : elle est dans le plan (G, B) et elle coupe la droite G aux points f et f' cherchés.

Les droites issues de f et f', qui rencontrent A', B', C', sont les droites F et F'.

Nous voyons ainsi comment on construit les centres de courbure principaux de (S) sur la droite G. Les plans des sections principales de cette surface, menés par cette droite, sont du reste perpendiculaires à F et à F'.

Soit (P) (*fig.* 81) le plan de la section principale de S qui contient F. Déplaçons infiniment peu la droite G, de façon qu'elle reste sur ce plan. Cette droite touche alors son enveloppe en f, et F est la normale en ce point à cette courbe. Appelons l le pied de la perpendiculaire abaissée de o sur G et [l] la surface lieu des points, tels que l, relatifs à toutes les positions de G. La surface [l] coupe (P) suivant une courbe dont la normale en l est la droite qui joint ce point au pied n de la perpendiculaire abaissée de o sur F, car cette courbe est sur (P) la podaire de l'enveloppe de G, par rapport au pied de la perpendiculaire abaissée de o sur ce plan.

Le plan (P) coupe le plan des yz suivant une droite perpendiculaire à la projection de A sur ce plan. Cette projection de A coupe F au point g qui est sur (P) le pied de la génératrice de (H) perpendiculaire à ce plan; en effet, étant parallèle à F', cette dernière génératrice rencontre bien A et F qui sont du système différent.

Prenons maintenant le point i, milieu du segment al, et considérons la surface [i], lieu des points tels que i. Elle coupe le plan (P) suivant une courbe dont on a la normale en i en joignant le point i au milieu du segment gn intercepté

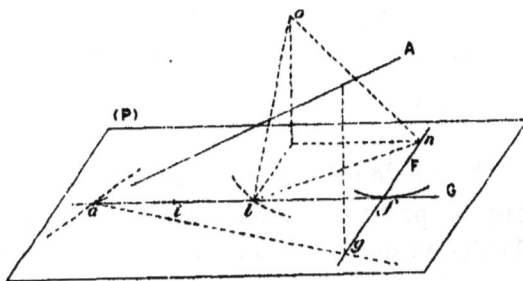

Fig. 81.

sur F par les normales ag, ln. Ce point milieu n'est autre que f, comme il est facile de le voir, en vertu de ce théorème :

La génératrice de (H), *qui est parallèle à* G, *est dans le plan* (o, G) *à une distance de* G *égale à la distance du point* o *à cette droite* ([1]).

Ainsi la normale en i à la trace de [i] sur (P) est la droite G elle-même.

On a un résultat analogue pour la trace de [i] sur l'autre plan de section principale de (S); donc la droite G est normale à la surface [i]. Ceci étant vrai, quelle que soit la position de G, la surface [i] n'est autre que la surface (S).

J'ai ainsi démontré cette partie complémentaire du théorème de M. Darboux :

Les droites, telles que G, *sont normales à la surface lieu des milieux des segments compris respectivement sur ces droites, entre le point où elles rencontrent une des faces du trièdre donné et la projection orthogonale sur* G *du sommet de ce trièdre.*

([1]) Ce théorème résulte de ce que la projection de G sur l'une quelconque des faces du trièdre est la diagonale d'un rectangle dont l'autre diagonale a pour extrémités le point o d'une part et d'autre part un point qui appartient à la projection sur cette même face de la génératrice de (H) parallèle à G.

Déplacement des génératrices de l'hyperboloïde articulé à propos de la théorie géométrique de cet appareil. Polhodie et herpolhodie.

En 1878, M. Greenhill a énoncé une élégante proposition relative à l'hyperboloïde à une nappe dont les génératrices, construites au moyen de tiges articulées à leurs points de rencontre, permettent la déformation de cette surface.

Peu de temps après, cette proposition a été démontrée par M. le professeur A. Cayley dans le t. VIII du *Messenger of Mathematics*.

Enfin M. Darboux, dans d'intéressantes notes ajoutées au *Cours de Mécanique* de M. Despeyrous, l'a démontrée, ainsi que d'autres relatives au même hyperboloïde.

Je vais exposer la théorie de cet hyperboloïde articulé ; elle m'a permis de retrouver simplement des propositions relatives à la polhodie, à l'herpolhodie, aux surfaces homofocales du second ordre, et aussi d'en découvrir de nouvelles.

Soient ox, oy, oz les demi-axes d'un prisme droit rectangulaire, et sur les faces de ce prisme parallèles à oz, les diagonales P, Q, R, S, qui forment un quadrilatère gauche.

Les côtés opposés P, R rencontrent à angle droit oy et sont à des distances égales de o ; de même pour S et Q par rapport à ox. On peut, en conservant à P, Q, R, S *leurs longueurs, déformer ce quadrilatère de façon qu'il en soit toujours ainsi.*

Considérons l'hyperboloïde à une nappe (H) qui a pour sommets les milieux des côtés du quadrilatère et dont l'axe non transverse est égal à la hauteur du prisme ; *le quadrilatère gauche est sur* (H) *et détermine cette surface.*

Construisons ce quadrilatère au moyen de tiges articulées et déformons-le, ainsi que je viens de le dire. A chacune de ses positions correspond un hyperboloïde ; nous allons démontrer que :

Tous ces hyperboloïdes sont homofocaux.

La projection de P sur le plan des xz, plan principal de (H), est une asymptote de l'hyperbole, section principale de (H) par ce plan des xz, et la longueur de P est la distance focale relative à cette hyperbole. Il en est de même pour Q relativement à l'autre hyperbole principale. Mais P et Q sont des segments de grandeurs invariables ; par suite, pendant la déformation de (H), on a sur chacun des plans principaux des xz et des yz des hyperboles homofocales ; donc .....

Soient G une génératrice de (H), *p*, *r* les points où elle rencontre P, R. Déformons le quadrilatère et soit (H₁) le nouvel hyperboloïde correspondant. Soient p_1, r_1 les points où sont venus les points *p*, *r* et G₁ la droite qui joint ces deux points. Soient *p'*, *r'*, p'_1, r'_1 les projections des points *p*, *r*, p_1, r_1 sur le plan des *xz*. Les droites *op'₁*, *or'₁* sont les asymptotes de l'hyperbole principale de (H₁). On a évidemment $op'_1 \times or'_1 = op' \times or'$; ce produit est égal au carré de la demi-distance focale des hyperboles homofocales, sections principales de (H) et (H₁) dans le plan des *xz*.

D'après cela, la projection de G₁ sur ce plan est une tangente à l'hyperbole principale trace de (H₁); par suite, G₁ qui rencontre, comme nous le savons, les nouvelles positions de P et de R, est une génératrice de (H₁); donc :

Les génératrices de l'hyperboloïde (H) *deviennent les génératrices des hyperboloïdes qui résultent de la déformation de cette surface.*

On peut alors construire un hyperboloïde articulé au moyen d'un nombre quelconque de ses génératrices.

Pendant la déformation, le milieu de P décrit *oy* qui est perpendiculaire à P; ce segment est alors normal aux trajectoires de ses points. De même pour Q. *Le point de rencontre de* P *et de* Q *décrit alors une trajectoire normale à ces droites, c'est-à-dire au plan* (P, Q) *qui est tangent à* (H).

De même pour le point de rencontre de P et de S. Le milieu de P et les extrémités de ce segment sont alors trois points qui sortent de leurs positions normalement à (H); cette droite, pour un déplacement infiniment petit, se déplace alors sur le paraboloïde des normales à (H) relatif à P; par suite,

La trajectoire d'un point quelconque de P *est normale à* (H).

Les trajectoires des points *p*, *r* sont alors normales au segment *pr* de G; donc *le segment pr reste de grandeur constante pendant la déformation de* (H).

Les points *p*, *r* se déplacent normalement à (H); le milieu de *pr* aussi (on le voit en s'appuyant sur ce qui a été démontré page 62); il en est alors de même d'un point quelconque de cette droite. Ainsi *un point quelconque de* (H) *décrit une trajectoire qui est constamment normale à cet hyperboloïde pendant sa déformation.*

Il ne reste plus qu'à grouper les résultats précédents pour retrouver ce théorème de M. Greenhill :

L'hyperboloïde articulé (H) *peut se déformer en conservant son centre et ses*

axes en direction. Il se transforme successivement en hyperboloïdes qui lui sont homofocaux et ses points décrivent des trajectoires orthogonales à tous ces hyperboloïdes.

La trajectoire (*m*) du point quelconque *m* de la génératrice arbitraire G, étant une trajectoire orthogonale d'hyperboloïdes homofocaux, est l'intersection de l'ellipsoïde et de l'hyperboloïde homofocaux à (H) qui passent par *m* et sur lesquels *elle est une ligne de courbure.*

On peut remarquer que la trajectoire décrite par un point de (H), situé sur un plan principal de cette surface, est une conique homofocale aux coniques traces de (H) sur ce plan.

Les points α, β, γ de G, où cette droite rencontre les plans principaux, restent donc sur ces plans pendant la déformation, et, comme ils décrivent des trajectoires normales à G, on a ce théorème :

Les plans principaux de (H) déterminent sur une génératrice arbitraire G de cette surface des segments qui restent de grandeurs invariables pendant la déformation.

Abaissons *ot* perpendiculairement sur G et lions invariablement ces deux droites. Le plan (*ot*, G) touche (H) au point à l'infini sur G. Lorsqu'on déforme (H), ce point à l'infini sort de sa position normalement à ce plan : c'est donc le foyer de ce plan et par suite G est la normale à la trajectoire du point *t*. On peut donc énoncer ce théorème :

La droite G est normale à la trajectoire du point t, sommet de l'angle droit (ot, G); les segments compris entre t et les points α, β, γ où G rencontre les plans principaux sont de grandeurs constantes.

De ce théorème il résulte que :

Si l'on déplace la droite G de façon que α, β, γ restent toujours sur les plans principaux et que le plan, mené de o perpendiculairement à G et lié à cette droite, passe toujours par o, le déplacement de G s'effectue comme pendant la déformation de l'hyperboloïde articulé.

Le même théorème permet aussi de retrouver que :

Un plan perpendiculaire à G et lié à cette droite reste tangent à une sphère dont le centre est o (DARBOUX).

Après la déformation de (H), la génératrice arbitraire G est venue en G, et le point m de cette droite est venu en m_1. Ce point m_1 est appelé le *correspondant* de m. Menons la corde mm_1 de la trajectoire (m) et, de même, menons les cordes relatives aux trajectoires des points de G. Toutes ces cordes appartiennent à un paraboloïde hyperbolique qui contient G et G,. Les milieux de ces cordes sont alors sur une génératrice de ce paraboloïde, c'est-à-dire en ligne droite. La projection de cette droite sur l'un ou l'autre des plans principaux de (H) est, en vertu d'un théorème connu, perpendiculaire à la corde de l'arc de conique décrit, pendant la déformation de (H), par le point de (G) qui reste sur ce plan principal. De là, ce théorème important :

La droite qui contient les milieux des cordes des arcs décrits par les points d'une génératrice de (H) *pendant la déformation de cette surface est perpendiculaire à toutes ces cordes.*

Appelons n un autre point de G, et n_1 son correspondant. Projetons les cordes mm_1, nn_1 sur un plan perpendiculaire à la droite qui joint le milieu μ de mm_1 au milieu de ν nn_1. Soient $m'm'_1$, $n'n'_1$ les projections de ces cordes; ces deux droites se coupent mutuellement en parties égales et la figure $m'n'm'_1n'_1$ est un parallélogramme. On voit alors tout de suite que :

G *et* G, *font des angles égaux avec la droite* $\mu\nu$ *qui contient les milieux des cordes; les droites* mn_1, m_1n *sont égales et font des angles égaux avec la droite* $\mu\nu$; *les droites* G, G, *font des angles égaux avec les droites, telles que* mm_1, *qui joignent deux points correspondants* : il en est de même de m_1n, mn_1; *la droite qui joint les milieux de* m_1n *et* mn_1 *est coupée en son milieu à angle droit par* $\mu\nu$; *cette droite et les droites* G *et* G, *sont parallèles à un même plan.*

Projetons les hyperboloïdes homofocaux (H), (H,) sur un plan perpendiculaire à mm_1. En vertu d'un théorème connu, on sait que les lignes de contour apparent de (H) et (H,) sur ce plan sont des coniques homofocales.

Les projections des génératrices G, L de (H), qui passent par m, sont tangentes à l'une de ces coniques. De même les projections de G,, L, sont tangentes à l'autre conique. Ces quatre tangentes passent par un même point et, comme elles sont tangentes à deux coniques homofocales, la bissectrice de l'angle compris entre les projections de G et de L est aussi la bissectrice de l'angle compris entre les projections de G, et de L,. De là cette propriété :

L'angle dont tourne autour de mm_1 *le plan* (mm_1, G) *pour venir coincider avec le plan* (mm_1, G_1) *est égal à l'angle dont tourne le plan* (mm_1, L) *pour coïncider avec le plan* (mm_1, L_1).

Soient l un point arbitraire de L et l_1 son correspondant. Les droites ml, mm_1, mn_1 sont les arêtes d'un trièdre qui, en vertu des propriétés précédentes, est égal au trièdre dont les arêtes sont $m_1 l_1$, $m_1 m$, $m_1 n$; car les dièdres qui ont pour arêtes mm_1 sont égaux : l'angle plan lmm_1 est égal à l'angle $l_1 m_1 m$ et l'angle $n_1 mm_1$ est égal à l'angle $nm_1 m$. De l'égalité de ces trièdres, il résulte que *l'angle* lmn_1 *est égal à l'angle* $l_1 m_1 n$. Mais $m_1 l_1$ est égal à ml, et nous avons démontré que mn_1 est égal à $m_1 n$; donc les triangles lmn_1, $l_1 m_1 n$ sont égaux, et, par conséquent, le segment ln_1 est égal à $n_1 l$. Ainsi :

Si l'on prend sur les hyperboloïdes homofocaux (H) *et* (H₁) *les points arbitraires* l, n *et leurs correspondants* l_1, n_1, *le segment* ln_1 *est égal au segment* $l_1 n$.

C'est le théorème qu'Ivory a trouvé par l'Analyse et qui est ainsi démontré géométriquement.

Sur un plan parallèle à G et G₁, projetons ces droites et les coniques que décrivent les traces de G sur les plans principaux pendant la déformation de (H). On obtient ainsi trois coniques concentriques et la projection de G est une normale commune à ces trois courbes. De même pour la projection de G₁.

Sur ce plan de projection les cordes de ces coniques, qui joignent les pieds de ces normales, étant perpendiculaires à la projection de $\mu\nu$, sont parallèles entre elles. Ces normales à ces coniques sont alors également inclinées sur les cordes et doivent être symétriques par rapport à un axe commun à ces courbes. La projection de la droite $\mu\nu$ se confond donc avec cet axe, c'est-à-dire que cette projection passe par la projection de o. Il résulte de là que :

Le plan, mené par o *et la droite* $\mu\nu$, *est perpendiculaire à un plan parallèle à* G *et* G₁ ([1]).

Le plan $(o, \mu\nu)$ est alors, en vertu d'une propriété démontrée précédemment, perpendiculaire au segment dont les extrémités sont les milieux de mn_1, $m_1 n$, et il passe par le milieu de ce segment; donc

Les milieux des segments mn_1, $m_1 n$ *sont à égales distances de* o.

Soient α et α_1 les traces de G et de G₁ sur un plan principal. Dans les triangles αom_1 et $\alpha_1 om$, d'après ce que nous venons de démontrer, les médianes qui

---

[1] On voit aussi que : *si l'on projette, sur un plan parallèle à* G *et* G₁, *les coniques décrites sur les plans principaux par les traces de* G, *on obtient trois coniques concentriques dont les axes sont dirigés suivant les mêmes droites.*

partent de o sont égales, et comme, d'après le théorème d'Ivory, les côtés αm_1, $\alpha_1 m$ sont égaux, on a

$$\overline{o\alpha}^2 + \overline{om_1}^2 = \overline{o\alpha_1}^2 + \overline{om}^2$$

ou

$$\overline{om_1}^2 - \overline{om}^2 = \overline{o\alpha_1}^2 - \overline{o\alpha}^2.$$

Les points α, α_1 sont des points correspondants sur les coniques homofocales, traces de (H) et (H$_1$) sur le plan principal qui contient ces points. On voit facilement que $\overline{o\alpha_1}^2 - \overline{o\alpha}^2$ est égal à la différence des carrés des demi-axes correspondants de ces coniques; donc $\overline{om_1}^2 - \overline{om}^2$ est égal à la différence des carrés de ces demi-axes, qui sont des demi-axes de (H) et (H$_1$). On retrouve ainsi que

La différence des carrés des distances du centre o à deux points correspondants est constante.

On en déduit cette conséquence connue :

La somme des carrés des distances de o à deux points pris sur (H) *et* (H$_1$) *est égale à la somme des carrés des distances de o à leurs correspondants.*

Il résulte de là que, pour deux points l, n et leurs correspondants,

Les milieux des droites nl_1, $n_1 l$ sont à égales distances de o.

Par les points m, n, menons les lignes de courbure de (H); elles se coupent en u et v, dont les correspondants sont u_1, v_1. Supposons que mu, nv appartiennent à des ellipsoïdes homofocaux à (H). Les points u_1, v_1 sont sur ces ellipsoïdes; par rapport à ces surfaces, on a les points correspondants u et n, m et v, u_1 et n_1, m_1 et v_1.

Les segments nm_1, mn_1, vu_1, u_1v sont alors égaux, et, d'après ce que nous venons de démontrer, *les milieux de ces quatre segments sont à égales distances de o.*

Le point m de G décrit un ellipsoïde lorsque cette droite se déplace de façon que les points α, β, γ, où elle rencontre les plans principaux de (H), restent sur ces plans. De même, le point m appartient à l'ellipsoïde engendré de la même manière au moyen de l'autre génératrice L qui passe par ce point. La trajectoire (m), que décrit m pendant la déformation de (H), est donc l'intersection de deux ellipsoïdes concentriques, dont les axes sont dirigés suivant ox, oy, oz. Par (m), on peut alors faire passer une infinité d'ellipsoïdes. Prenons l'ellipsoïde (E), tangent en m au plan (π) qui est mené de m perpendiculairement à G, c'est-à-dire qui a pour normale G. Cela est possible, en supposant m sur G d'un même côté par rapport à α, β, γ, puisque cette droite est normale à (m). La normale à (E), dont le pied est m_1, étant partagée par les plans principaux en segments proportionnels à $m\alpha$, $m\beta$, $m\gamma$, n'est autre que G_1, position de G que prend cette droite lorsque, après la déformation de (H), le point m est venu en m_1. Le plan tangent en m_1 à (E) est alors la nouvelle position du plan (π), entraîné avec G, lorsque cette droite est venue en G_1. Mais nous avons démontré qu'un plan perpendiculaire à G et entraîné avec cette droite reste tangent à une sphère de centre o; donc *la courbe* (m) *est le lieu des points de contact des plans tangents communs à l'ellipsoïde* (E) *et à une sphère concentrique : cette courbe est alors une polhodie* ([1]).

Pendant la déformation de (H), la droite G coïncide successivement avec les génératrices de la normalie à l'ellipsoïde (E) dont la directrice est la polhodie (m). D'après ce qui précède, si l'on porte sur les génératrices de cette normalie, et à partir des points de (m), des segments égaux au segment arbitraire mn, les extrémités de ces segments appartiennent à une polhodie relative à un ellipsoïde qui a pour axes ox, oy, oz, et qui est normal en n à G.

Soient $\overline{a}$ le demi grand axe de (E) et t le pied de la perpendiculaire abaissée de o sur G ; on a $m\alpha \times mt = \overline{a}^{-2}$; de même pour les autres axes de (E).

Pour l'ellipsoïde normal à G en n, on a $nt(nm + m\alpha) = \overline{a'}^{-2}$, en appelant $\overline{a'}$ son demi grand axe.

Cette relation, en tenant compte de la précédente, peut s'écrire

$$ nt\left(nm + \frac{\overline{a}^{-2}}{mt} \right) = \overline{a'}^{-2} \qquad \text{ou} \qquad \overline{a}^{-2}\frac{nt}{mt} + nm \times nt = \overline{a'}^{-2} $$

Pour les autres axes de l'ellipsoïde normal à G au point n, on a des relations analogues dans lesquelles mn, mt, nt sont de longueurs constantes. Ces relations montrent que :

L'ellipsoïde, qui est normal à G en n, est homofocal à un ellipsoïde homothétique à (E). (DARBOUX.)

Nous avons pris l'ellipsoïde (E) de façon qu'il soit normal à G en m. On a aussi un ellipsoïde normal en m à L et ce que nous avons dit pour (E) peut se répéter pour ce dernier ellipsoïde, c'est-à-dire que (m) est une polhodie sur cette surface; donc :

La courbe (m) *est une polhodie de deux manières différentes.*

([1]) On sait que la courbe de contact de ces plans et de la sphère est sur un cône du second degré dont le sommet est o; donc, *pendant la déformation de* (H), *la génératrice G est successivement parallèle aux génératrices d'un cône du second degré.*

En étudiant les surfaces homofocales du second ordre, je suis arrivé à ce théorème (¹) :

La normale en m à une surface du second ordre a pour polaire, par rapport à cette surface, l'axe de courbure de la ligne d'intersection des surfaces homofocales à celle-ci, qui passent par m.

D'après cela, on a l'axe de courbure de la polhodie (m) en prenant, par rapport à (H), la polaire de la normale en m à cette surface.

Ceci est vrai pour les axes de courbure de toutes les polhodies décrites simultanément par les points de G. Mais les normales à (H) dont les pieds sont sur G forment un paraboloïde de normales à (H); on voit donc que :

Par rapport à l'hyperboloïde (H) *la polaire réciproque du paraboloïde lieu des normales à cette surface qui sont issues des points de G est l'hyperboloïde des axes de courbure des trajectoires des points de cette droite.*

Parmi les génératrices de cet hyperboloïde, il y a celles qui sont les axes de courbure des trajectoires des points α, β, γ, droites qui sont perpendiculaires aux plans principaux de (H). Ces droites sont alors parallèles aux arêtes d'un trièdre trirectangle. On peut donc placer un pareil trièdre sur le cône directeur de l'hyperboloïde des axes de courbure des trajectoires des points de G et, par suite, il y a une infinité d'autres trièdres trirectangles sur ce cône. La droite G étant une génératrice de cet hyperboloïde, il existe alors deux génératrices de cette surface qui sont perpendiculaires entre elles et qui sont perpendiculaires à G; mais ces génératrices sont des axes de courbure pour des polhodies décrites par deux points de G; on voit donc que :

Deux points de G décrivent des polhodies dont les plans osculateurs en ces points sont tangents à la surface (G) *engendrée par G; ces deux plans osculateurs sont perpendiculaires l'un à l'autre.*

L'axe de courbure de la trajectoire d'un point quelconque de G passe par le point où la surface (G) est touchée par le plan normal en ce point à cette trajectoire, plan qui est aussi normal à (G). D'après cela,

Le point central sur G décrit une trajectoire qui a pour axe de courbure une parallèle à G (²).

(¹) Voir plus loin ce qui concerne les surfaces homofocales du second ordre.

(²) On peut encore arriver ainsi à ce résultat. Le plan (o, G) est normal à (H) au point central

Fixons le plan (π) et faisons rouler sur ce plan l'ellipsoïde (E) dont le centre reste fixe. Les points de contact de (E) et de (π) appartiennent à une herpolhodie (σ). Si (E) touche (π) au point m, l'herpolhodie (σ) est tangente en ce point à la polhodie (m). Il suffit donc de déformer (H) de façon que, o étant fixe, la droite G reste perpendiculaire à (π) et que m se déplace sur (π) normalement à (H) pour que ce point décrive (σ).

Prenons l'hyperboloïde $\left(\frac{H}{2}\right)$, homothétique à (H), m étant le centre d'homothétie et $\frac{1}{2}$ le rapport d'homothétie. Cet hyperboloïde contient G, L, ainsi que la perpendiculaire O abaissée de o sur (π), droite qui est l'homologue de la génératrice de (H), parallèle à G. Si $\left(\frac{H}{2}\right)$ est articulé, comme il contient G et L, il se déformera en même temps que (H), sans cesser de contenir O, et m se déplaçant sur (π) normalement à $\left(\frac{H}{2}\right)$ décrira toujours (σ).

Les segments des génératrices de $\left(\frac{H}{2}\right)$, compris entre L et O, sont de grandeurs constantes; donc :

Tous les points de L se déplacent simultanément sur des sphères dont les centres sont sur O : le point m reste sur (π), et, s'il se déplace normalement à L, il décrit une hyperpolhodie [1].

Démontrons directement ce théorème [2] :

Les points e, f, g d'une droite mobile L sont liés par des tiges aux points e', f', g' d'une droite fixe O : les autres points de L se déplacent aussi sur des sphères dont les centres sont sur O.

Appelons toujours $\left(\frac{H}{2}\right)$ l'hyperboloïde déterminé par ee', ff', gg' pour une position de L. Cet hyperboloïde est le lieu des normales aux surfaces trajectoires des points de L. La normale à la surface trajectoire $[l]$ du point arbitraire l de L est la génératrice ll' de $\left(\frac{H}{2}\right)$, le point l' de O étant tel que les rapports anhar-

---

sur G. Ce plan contient alors la normale en ce point à (H) et cette normale a pour polaire, par rapport à (H), une droite qui passe par le pôle du plan (o, G), c'est-à-dire par le point qui est à l'infini sur G : donc, etc.

[1] M. Darboux, à qui l'on doit ce théorème et cette démonstration, a fait remarquer qu'on peut alors décrire un plan au moyen d'un appareil composé de quatre tiges articulées; j'ajoute qu'une droite dans l'espace peut alors être décrite au moyen d'un appareil composé de huit tiges articulées.

[2] On peut le déduire du théorème général que j'ai fait connaître page 181.

moniques des points e', f', g', l' et des points e, f, g, l soient égaux. Ce point l' est alors bien déterminé indépendamment de la position de L; donc :

Les normales à la surface [l] *passent par un même point de* O; *cette surface est donc une sphère dont le centre est un point de cette droite.*

Comme l est arbitraire, le théorème est démontré.

Pour le point m, où L est rencontrée par la génératrice de $\left(\dfrac{H}{2}\right)$ parallèle à O, le centre de la sphère [m] est à l'infini; on retrouve ainsi que *le point m décrit un plan* (π) (¹).

Les génératrices de $\left(\dfrac{H}{2}\right)$, de même système que L, sont les axes de rotation au moyen desquels on obtient tous les déplacements de L. Lions à cette droite mobile un plan qui lui est perpendiculaire. Pour un déplacement de L, la caractéristique de ce plan est la projection de l'axe de rotation relatif à ce déplacement. Comme cet axe est une génératrice de $\left(\dfrac{H}{2}\right)$, il rencontre la génératrice de cet hyperboloïde, qui est parallèle à L. Cette caractéristique contient alors la trace de cette génératrice sur le plan entraîné. Ceci est vrai, quel que soit le déplacement de L; donc les caractéristiques du plan entraîné, relatives à tous les déplacements de L, passent par un même point. On trouve ainsi le point où le plan entraîné touche la surface à laquelle il reste tangent; mais la génératrice de $\left(\dfrac{H}{2}\right)$, parallèle à L, rencontre O au même point o, quelle que soit la position de L; donc les normales à la surface à laquelle le plan entraîné reste tangent passent par un même point. Comme ce point est le même pour tous les plans perpendiculaires à L, on voit que :

Les plans perpendiculaires à la droite mobile L *entraînés avec cette droite restent tangents à des sphères ayant pour centre commun le point* o *de la droite* O.

Parmi ces plans, celui qui passe par o contient toujours ce point; on peut alors dire :

Si un angle droit se déplace de façon que l'un de ses côtés passe par un point fixe o *et que deux points* e, f *de l'autre côté* L *soient liés par des tiges aux points* e', f' *en ligne droite avec* o, *chaque point de* L *se déplace sur une sphère, il existe un point* m *qui reste sur un plan* (π).

(¹) Notre démonstration montre bien qu'il n'y aura pas sur L de point décrivant un plan, si les tiges ee', ff', gg' appartiennent à un paraboloïde hyperbolique.

On peut ajouter, d'après ce qui a déjà été démontré : *Si L se déplace normalement aux trajectoires de ses points, le point m décrit l'herpolhodie (σ).*

Supposons que L se déplace ainsi en ayant toujours ses points e, f, g liés aux points e', f', g' de la droite O. Le point e se déplace alors normalement à L et à ee', c'est-à-dire normalement à $\left(\frac{H}{2}\right)$. Ceci est vrai pour tous les points de L. On voit bien ainsi que :

Lorsque L se déplace normalement aux trajectoires de ses points, la surface (L) qu'elle engendre est normale à $\left(\frac{H}{2}\right)$ en chacun des points de L.

Supposons toujours que L se déplace normalement aux trajectoires de ses points. Entraînons avec L le plan (ee', L) normal à la trajectoire (e) de e. La caractéristique de ce plan, qui est l'axe de courbure de (e), passe par e' et par le point η, où ce plan touche la surface (L). Ce point η est alors le point où le plan (ee', L), qui est tangent en e à $\left(\frac{H}{2}\right)$, est normal à cette surface. Ainsi,

Lorsque L reste normale aux trajectoires de ses points, l'axe de courbure de (e) est la droite qui joint le point e', où le plan tangent en e à $\left(\frac{H}{2}\right)$ coupe O, au point η où ce même plan est normal à cet hyperboloïde.

Puisque e et η sont les points où un plan, qui passe par L, est tangent ou normal à $\left(\frac{H}{2}\right)$, ces deux points ne peuvent se confondre et le rayon de courbure de la trajectoire d'un point de L ne peut être nul. Ceci est vrai pour m, qui décrit l'herpolhodie (σ), comme nous l'avons démontré; donc :

L'herpolhodie (σ), lieu des points de contact de l'ellipsoïde (E), dont le centre est fixe, et du plan (π) sur lequel il roule, ne peut pas avoir de point de rebroussement. (De Sparre.)

Supposons que m, qui reste sur (π), soit le point central sur la génératrice L de $\left(\frac{H}{2}\right)$ [1]; alors, d'après ce qui précède, on voit que *l'axe de courbure de la*

---

[1] Afin de se trouver dans ces conditions, il suffit de déformer l'hyperboloïde articulé $\left(\frac{H}{2}\right)$ en prenant comme droite fixe la génératrice parallèle à celle qui passe par le point central d'une autre génératrice.

trajectoire de m est à l'infini, et par suite *le point m est un point d'inflexion sur* (σ) (¹).

Reprenons l'hyperboloïde (H). Par rapport au point *m*, (H) et $\left(\frac{H}{2}\right)$ sont homothétiques; par conséquent, si ce point *m* est le point central sur la génératrice L de $\left(\frac{H}{2}\right)$, il est aussi le point central sur cette droite, considérée comme génératrice de (H). D'après cela et ce qui précède, on voit que :

Si l'ellipsoïde (E), *dont le centre est fixe, est normal à* G *en* m, *point central sur* L, *il touchera le plan* (π), *sur lequel il roule, aux différents points de l'herpolhodie* (σ), *et le point* m *est un point d'inflexion de cette courbe.*

Examinons maintenant si l'ellipsoïde (E) peut être quelconque. Prenons le plan des *xy* comme plan de projection. Les génératrices G, L de l'hyperboloïde (H) se projettent (*fig.* 82) en G′, L′ suivant des tangentes à l'ellipse de

Fig. 82.

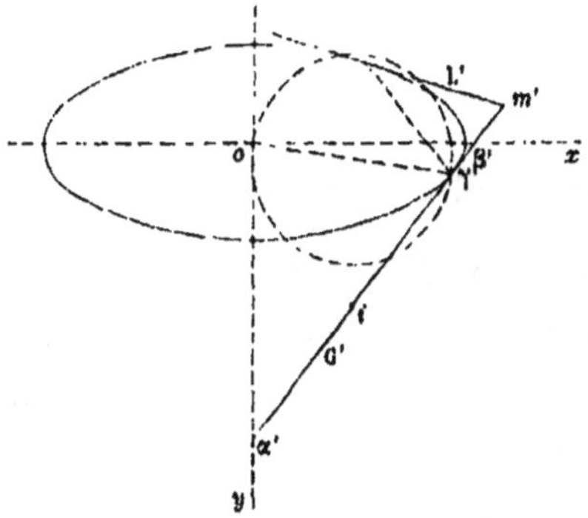

gorge de (H) et leur point de rencontre *m* se projette en *m*′. La corde de contact de ces tangentes est la trace du plan tangent en *m* à (H). Si *m* est le point central sur L, le plan (*o*, L) est normal en ce point à (H), et la projection de la normale en *m* à (H) est alors la perpendiculaire abaissée de *m*′ sur cette corde; en outre, la trace de cette normale sur le plan des *xy* doit être sur la trace du plan (*o*, L), et extérieurement à l'ellipse de gorge. D'après cela, si G′ touche cette ellipse en γ, le point où L′ touche cette courbe doit être à l'intérieur de la circonférence décrite sur *o*γ comme diamètre. De plus, comme *m* est, sur (E),

---

(¹) On arrive aussi à ce résultat en faisant usage de ce qui a été dit pour l'axe de courbure de la polhodie engendrée par le point central d'une génératrice de (H).

le pied de la normale G à cette surface, ce point m est d'un même côté sur G par rapport à α, β, γ, où G rencontre les plans principaux de (H).

Ainsi, lorsque m est le point central sur L, sa projection m' est nécessairement dans la position indiquée sur la figure.

Soient α', β' les projections de α, β et ι le milieu de $\gamma\alpha'$. La projection de m' sur le petit axe de l'ellipse est à l'intérieur de cette courbe; la projection de ι sur le même axe est à l'extérieur de cette courbe; on a alors

$$ m'\beta' < \frac{m'\iota}{2} \qquad \text{ou} \qquad \frac{1}{m'\beta'} > \frac{1}{m'\iota}. $$

Comme $\dfrac{2}{m'\iota} = \dfrac{1}{m'\gamma} + \dfrac{1}{m'\alpha'}$, on a alors

$$ \frac{1}{m'\beta'} > \frac{1}{m'\gamma} + \frac{1}{m'\alpha'}. $$

Mais $m'\alpha'$, $m'\beta'$, $m'\gamma$, comme les segments $m\alpha$, $m\beta$, $m\gamma$, sont proportionnels aux carrés des demi-axes de E; donc, $\overline{a}, \overline{b}, \overline{c}$ étant ces demi-axes, on a

$$ \frac{1}{\overline{b}^2} > \frac{1}{\overline{a}^2} + \frac{1}{\overline{c}^2}. $$

D'après cela, (E) ne peut pas être un ellipsoïde *central*. On voit que :

Un ellipsoïde quelconque (E), *dont le centre est fixe et qui roule sur un plan, touche ce plan aux différents points d'une herpolhodie qui peut avoir des points d'inflexion. Mais, lorsque l'ellipsoïde qui roule est un ellipsoïde central, l'herpolhodie ne présente pas de point d'inflexion.*

Nous retrouvons ainsi un théorème auquel M. Hess est arrivé par l'analyse.

Il est curieux que, dans cette théorie géométrique de l'hyperboloïde articulé, où j'ai pris comme point de départ le théorème de M. A.-C. Greenhill, le théorème d'Ivory et celui de M. Hess se trouvent rapprochés; ces théorèmes ne paraissaient avoir entre eux aucun lien.

Voici comment on arrive directement à démontrer que l'herpolhodie de Poinsot n'est pas ondulée.

C'est *dans sa théorie nouvelle de la rotation des corps* que Poinsot a introduit les deux courbes : la polhodie (s), l'herpolhodie (σ). La première de ces courbes est, sur *l'ellipsoïde central*, le lieu des points qui deviennent les points de contact de cette surface et d'un plan fixe, lorsque, suivant l'expression de Poinsot, « cet ellipsoïde, dont le centre est retenu immobile au même point de

M.

l'espace, roule sans glisser sur ce plan fixe », et l'herpolhodie (σ) est le lieu des points de contact de cet ellipsoïde et du plan fixe.

Des deux cônes qui ont pour sommet commun le centre o de l'ellipsoïde et pour directrices les courbes (s) et (σ), celui qui a pour base (σ) est immobile. L'autre, qui est du second degré, comme l'a démontré Poinsot, roule sur le premier pendant le déplacement de l'ellipsoïde central.

Avant de m'occuper de l'ellipsoïde central, je vais d'abord considérer le déplacement d'un ellipsoïde quelconque et étudier géométriquement les courbes analogues à (s) et (σ) relatives à cette surface.

Je vais montrer directement que l'herpolhodie relative à un ellipsoïde quelconque peut avoir des points d'inflexion, mais qu'il n'en est pas de même de l'herpolhodie de Poinsot.

Du centre o d'un ellipsoïde (E), décrivons une sphère (S) dont la grandeur h du rayon est comprise entre la moitié du petit axe de l'ellipsoïde et la moitié du grand axe de cette surface.

La polhodie n'est autre que la courbe de contact de (E) avec la surface développable circonscrite à cette surface et à la sphère (S).

Il résulte de cette génération que la polhodie est l'intersection de (E) et de l'ellipsoïde, polaire réciproque de (S) par rapport à (E) ([1]).

Ces deux ellipsoïdes concentriques ont leurs axes dirigés suivant les mêmes droites; l'un des cônes du second degré qui contient leur courbe d'intersection a alors son sommet au centre o et a les mêmes plans principaux que (E). On retrouve ainsi cette propriété rappelée plus haut : *le cône dont le sommet est au centre o et qui a pour directrice la polhodie (s) est un cône du second degré qui a les mêmes plans principaux que* (E).

Par suite la polhodie se projette sur ces plans principaux suivant des arcs de coniques; de là résulte que :

La polhodie n'a ni rayon de courbure nul, ni rayon de courbure infini.

Cherchons *le plan osculateur en un point quelconque m de la polhodie* (s).

Appelons p le pied de la perpendiculaire abaissée du centre o sur le plan tangent en m à l'ellipsoïde. Les points p et m sont les points où un plan touche (E) et (S).

Si l'on déplace infiniment peu ce plan, de façon qu'il reste tangent à (E) et à (S), il a pour caractéristique la droite pm, génératrice de la surface déve-

---

([1]) Voir *Traité des propriétés projectives* de Poncelet, t. II, p. 90.

loppable circonscrite à ces deux surfaces. Après un nouveau déplacement, il coupe *pm* au point *r*, où cette droite touche l'arête de rebroussement de cette surface développable. Le point *r* étant l'intersection de plans qui touchent (E) en trois points infiniment voisins sur (*s*) est alors le sommet du cône circonscrit à (E) suivant une courbe dont le plan est le plan osculateur de la polhodie en *m*. Autrement dit : *le point r est, par rapport à l'ellipsoïde, le pôle du plan osculateur de la polhodie en m.*

Le problème de la construction de ce plan osculateur est ainsi ramené à la détermination du point *r*. Cherchons ce point.

Prenons la normalie à (E), qui a pour directrice la polhodie (*s*). La tangente *mt* à la polhodie étant conjuguée de *mp*, le plan normal à (E), mené par cette dernière droite, est un plan central de cette normalie (p. 148). Il la touche alors en un point *e*, qui est le point central sur la normale en *m* à (E).

Déplaçons infiniment peu ce plan normal, de façon que, restant normal à (E), il passe par la génératrice de la surface développable, qui est infiniment voisine de *pm*. La caractéristique de ce plan (p. 141), passe par le point *o*, par le point *e* et par le point *r*.

Le point r s'obtient donc en prenant le point de rencontre de pm et du diamètre de l'ellipsoïde qui contient le point central e.

Connaissant *r*, on prendra le plan polaire de ce point par rapport à (E) et l'on aura le plan osculateur de la polhodie.

Cherchons l'expression de la *distance centrale em* qui nous sera utile.
Pour cela, il suffit d'appliquer ces théorèmes connus :

Le produit de la distance centrale em, par le rayon de courbure de la section faite dans (E) *par le plan normal à cette surface mené par pm, est égal au produit des rayons de courbure principaux de* (E) *en m* [1].

Le rayon de courbure d'une section normale à (E) *en m est égal au carré du demi-diamètre parallèle à la tangente en m, divisé par la distance du centre o au plan tangent en ce point à* (E).

On trouve facilement que :

La distance centrale em est égale au rayon de courbure de la section normale en m à (E) *menée par mt, multiplié par le carré du sinus de l'angle compris*

---

[1] Je démontrerai plus loin ce théorème lorsque j'étudierai les pinceaux de droites.

entre mt et mp, c'est-à-dire que cette distance centrale est egale à $\frac{l^2}{h}$, en représentant toujours par h la distance op et par l la longueur de la perpendiculaire abaissée de l'extrémité du diamètre parallèle à *mt* sur le diamètre parallèle à *pm.* Ainsi :

$$em = \frac{l^2}{h}.$$

Le centre o étant immobile, faisons maintenant rouler l'ellipsoïde (E) sur son plan tangent en m supposé fixe. Le cône du second degré de sommet o, qui contient la polhodie, roule alors sur le cône fixe de sommet o et dont la base est l'herpolhodie (σ). Les différents points de (s) viennent sur ce cône fixe en des points de (σ); on peut dire que *l'herpolhodie est ainsi, sur le cône fixe, la transformée de la polhodie.*

On peut arriver aussi à l'herpolhodie (σ) en développant d'abord le cône, qui contient la polhodie (s), sur son plan tangent le long de *om* pour avoir la transformée de (s) sur ce plan, et en enroulant ensuite ce plan tangent sur le cône fixe pour avoir la transformée de cette transformée.

Si, au contraire, au lieu d'enrouler ce plan tangent sur le cône fixe, on développe celui-ci sur ce plan, on voit que la transformée de l'herpolhodie n'est autre que la transformée de la polhodie.

On peut alors déterminer le centre de courbure de cette transformée, au moyen de la construction connue (¹), en la faisant dériver soit de (s) soit de (σ).

Rapprochant ces deux constructions, on trouve que :

Les axes de courbure de la polhodie et de l'herpolhodie relatifs au point m se coupent en un même point du plan tangent commun aux deux cônes le long de om.

D'après cela, on construit le centre de courbure de l'herpolhodie pour le point m en prenant, sur le plan tangent aux cônes le long de *om*, la trace de l'axe de courbure de la polhodie relatif à m et en projetant cette trace sur le plan fixe. Il résulte de là que :

La polhodie n'ayant pas de rayon de courbure nul, il en est de même de l'herpolhodie.

Mais, quoique la polhodie n'ait pas de rayon de courbure infini, on voit qu'il peut y avoir pour le point m de l'herpolhodie un rayon de courbure infini, si

---

(¹) *Voir* mon *Cours de Géométrie descriptive,* 2ᵉ éd., p. 242.

le plan osculateur de la polhodie en ce point est normal au plan tangent commun aux deux cônes le long de *om*.

Je vais montrer qu'il peut en être ainsi pour un ellipsoïde arbitraire, mais non pour l'ellipsoïde central. Les droites *mt*, *mp*, *mo* sont les directions de trois diamètres conjugués de l'ellipsoïde. Projetons orthogonalement cette surface sur un plan perpendiculaire à *mt*. La ligne de contact du cylindre projetant est, sur (E), l'ellipse (ε), dont le plan, déterminé par *mp* et *mo*, est perpendiculaire au plan tangent en *m*.

Sur le plan de projection, on a (*fig.* 83) l'ellipse (ε') sur laquelle est le point *m'*,

Fig. 83.

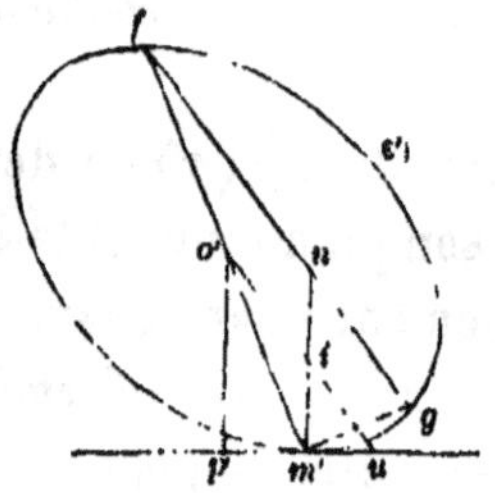

projection de *m*, et le point *p'*, projection de *p*. Le plan tangent commun aux cônes suivant *om* se projette sur *o'm'*.

Si le point *m* est un point d'inflexion sur l'herpolhodie, le plan osculateur de la polhodie doit se projeter suivant la perpendiculaire *m'g* à *m'o*. Le pôle de ce plan osculateur se projette en *u* à la rencontre de *p'm'* et du diamètre qui passe par le milieu de *m'g*.

D'après ce que nous avons vu, le point central désigné par *e* doit se projeter maintenant au point *i*, où le diamètre *o'u* rencontre la normale *m'n*. On peut choisir l'ellipsoïde, de façon qu'il en soit ainsi. Il suffit de prendre un ellipsoïde circonscrit au premier le long de (ε) et qui passe par l'extrémité d'un demi-diamètre δ, parallèle à *mt*, tel que

$$m'i = \frac{\delta^2 \sin^2(mp, tm)}{h}.$$

Comme cela est toujours possible, nous concluons que :

On peut construire un ellipsoïde pour lequel le point m est un point d'inflexion sur l'herpolhodie.

Au contraire, s'il s'agit de l'ellipsoïde central, le point central *e* ne peut pas se projeter en *i*. Pour le faire voir, calculons l'expression du segment *m'i* et nous verrons que ce segment est toujours plus petit que la distance centrale *em*. Il en résultera que le plan osculateur de la polhodie ne peut pas être normal au cône du second degré qui contient cette courbe.

Cherchons l'expression de *m'ι*.

Soit *f* l'extrémité du diamètre *m'o'*; joignons le point *f* au point *g*. Cette droite coupe la normale *m'i* au point *n*, et l'on a $m'i = \frac{m'n}{2}$.

On sait que, *si le triangle rectangle gm'f, inscrit dans l'ellipse (ε'), tourne autour de son sommet m', l'hypoténuse fg passe toujours par le même point n.*

J'ajoute que *le produit m'n × o'p' reste constant lorsque le point m' se déplace sur (ε')*, ce qui est facile à voir.

Ou encore, en introduisant l'expression de la constante :

L'inverse de m'i est égal à la distance h multipliée par la somme des inverses des carrés des demi-axes de l'ellipse (ε').

Prenons un ellipsoïde *central* dont les demi-axes, en commençant par le plus grand, sont *a*, *b*, *c*; on sait que $\frac{1}{c^2} < \frac{1}{a^2} + \frac{1}{b^2}$.

Appelons α et β les longueurs de deux demi-diamètres rectangulaires de l'ellipse (ε), dont l'un est parallèle au plan de projection, et appelons γ la longueur du demi-diamètre perpendiculaire au plan de cette ellipse.

On sait que, *dans un ellipsoïde, la somme des inverses des carrés de trois diamètres rectangulaires deux à deux est constante.* On a alors

$$\frac{1}{\alpha^2} + \frac{1}{\beta^2} + \frac{1}{\gamma^2} = \frac{1}{a^2} + \frac{1}{b^2} + \frac{1}{c^2};$$

d'où

$$\frac{1}{\alpha^2} + \frac{1}{\beta^2} + \frac{1}{\gamma^2} - \frac{2}{c^2} = \frac{1}{a^2} + \frac{1}{b^2} - \frac{1}{c^2};$$

par suite, puisqu'il s'agit d'un ellipsoïde central, le second membre est plus grand que zéro, et l'on a $\frac{1}{\alpha^2} + \frac{1}{\beta^2} > \frac{1}{c^2} - \frac{1}{\gamma^2}$. Comme γ est plus grand que *c*, on peut écrire $\frac{1}{\alpha^2} + \frac{1}{\beta^2} > \frac{1}{\gamma^2}$. Les deux demi-diamètres rectangulaires α, β se projettent suivant deux demi-diamètres rectangulaires de l'ellipse (ε') et la somme des inverses de leurs carrés est plus grande que $\frac{1}{\alpha^2} + \frac{1}{\beta^2}$.

Comme la somme des inverses des carrés de ces demi-diamètres est égale à la somme des inverses des carrés des demi-axes de (ε'), on peut substituer cette dernière somme au premier membre de l'inégalité précédente.

D'autre part, en considérant la section faite dans (E) par le plan diamétral parallèle au plan tangent en m, on voit que γ est plus petit que l (voir en haut de la page 204). On peut donc remplacer, dans l'inégalité précédente, $\frac{1}{\gamma^2}$ par $\frac{1}{l^2}$.

De ce que nous venons de dire, on conclut que *la somme des inverses des carrés des demi-axes de* (ι') *est plus grande que* $\frac{1}{l^2}$, et, en tenant compte des expressions trouvées précédemment pour $\frac{1}{m'i}$ et $\frac{1}{em}$, on voit que :

Quel que soit h, la distance centrale em est, dans le cas de l'ellipsoïde central, toujours plus grande que m'i.

Comme nous l'avons déjà dit, il résulte de là que :

Le rayon de courbure de l'herpolhodie en m ne peut pas être infini.

Ainsi, le point m étant arbitraire sur l'herpolhodie, cette courbe ne peut avoir en ce point ni rayon de courbure nul, ni rayon de courbure infini, et nous pouvons alors conclure que *l'herpolhodie de Poinsot n'est pas ondulée.*

DÉPLACEMENT D'UNE DROITE, ARÊTE D'UN FAISCEAU DE PLANS OU D'UN DIÈDRE MOBILE.

Quatre plans (A), (B), (C), (E), *liés invariablement, contiennent une droite* D; *chacun de ces plans est tangent à une surface donnée. Lorsqu'on déplace ce faisceau de façon que ces quatre plans restent respectivement tangents aux surfaces données, la droite* D *engendre une surface* (D). *Proposons-nous de construire le plan tangent à* (D) *pour un point de* D *et les caractéristiques des plans du faisceau.*

Soit a (*fig.* 84) le point de contact du plan (A) avec l'une des surfaces

Fig. 84.

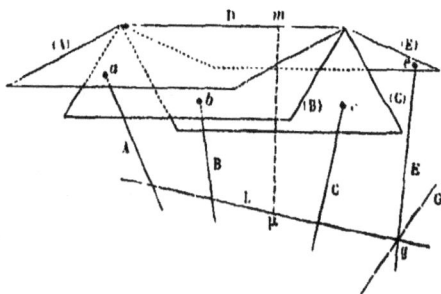

directrices données. Lorsqu'on déplace la figure de forme invariable, le plan (A) a une caractéristique qui passe par le point a; mais la caractéristique d'un plan qui passe par une droite D est la projection de l'adjointe au plan perpendiculaire à cette droite (théor. XI); la droite A normale en a à la surface directrice donnée doit donc rencontrer cette adjointe.

Ce que nous venons de dire pour l'un des plans, on peut le répéter pour les trois autres; on voit donc que, en menant aux surfaces directrices données des normales issues des points où ces surfaces sont touchées par les quatre plans (A), (B), (C), (E), on obtient quatre droites qui doivent rencontrer l'adjointe au plan perpendiculaire à D. Ces quatre droites A, B, C, E sont parallèles à un plan perpendiculaire à D; par suite elles rencontrent la droite à l'infini sur ce plan. Il n'existe alors qu'une seule droite à distance finie qui rencontre A, B, C, E, et cette droite L est l'adjointe demandée.

Construisons L. Considérons le paraboloïde qui a pour directrices les normales A, B, C. Coupons ce paraboloïde par le plan mené par la normale E, perpendiculairement à la droite D, c'est-à-dire par un plan parallèle à l'un des plans directeurs de ce paraboloïde; la section est une droite G, qui rencontre E en un point g: la génératrice du paraboloïde (A, B, C), qui passe par le point g, est la droite L qu'il s'agissait de construire.

La droite L, adjointe au plan perpendiculaire à D est (théor. XX) une droite qui appartient au paraboloïde des normales à la surface (D) engendrée par D; on obtient donc le plan tangent en un point quelconque m de D à la surface (D) de la manière suivante: on mène par m un plan perpendiculaire à D, ce plan rencontre L en un point μ; la droite $m\mu$ est la génératrice du paraboloïde des normales, et, par conséquent, c'est la normale au point m à (D); le plan tangent demandé lui est perpendiculaire.

On peut encore dire que ce plan tangent est le plan mené par D perpendiculairement au plan déterminé par le point m et par la droite L.

Au moyen de la droite L, on obtient la caractéristique de l'un quelconque des quatre plans du faisceau mobile en projetant cette droite L sur ce plan.

On peut remarquer que ce paraboloïde des normales à la surface (D) pour la droite D est déterminé; par conséquent, cette droite engendre un élément de surface réglée, quoique les conditions qui définissent le déplacement de la figure de forme invariable ne soient qu'au nombre de quatre seulement, et que, en général, dans ces circonstances, les points admettent des surfaces trajectoires et les droites donnent naissance à des pinceaux. Dans une figure de forme invariable, dont les déplacements sont assujettis à quatre conditions, il existe une infinité de droites telles que D, comme nous le verrons plus loin.

Prenons (*fig.* 85) le même problème dans le cas particulier où l'on n'a plus que *deux plans assujettis à rester tangents à une surface donnée, la droite* D *étant en outre assujettie à toucher deux autres surfaces données.*

Fig. 85.

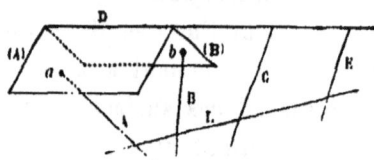

Des points de contact a et b des deux plans avec la surface directrice, menons des normales à cette surface; des points, où la droite D touche les autres surfaces directrices, menons les normales C, E à ces surfaces. Comme nous l'avons montré, l'adjointe au plan perpendiculaire à D rencontre A et B, et, puisque cette droite appartient au paraboloïde des normales à la surface (D) engendrée par D, elle rencontre aussi C et E; elle doit donc rencontrer A, B, C, E. On la détermine ainsi que nous venons de le dire plus haut et, lorsqu'elle est construite, on achève comme nous l'avons vu pour déterminer soit le plan tangent en un point quelconque m de D, soit la caractéristique de l'une des faces du dièdre mobile.

Supposons (*fig.* 86) que l'angle du dièdre formé par les plans (A) et (B) diffère infiniment peu de deux droits; alors a et b sont infiniment voisins de D, et la droite qui joint ces deux points est la tangente conjuguée de D par rapport à la surface directrice à laquelle la droite D est maintenant tangente. Cette droite est, en outre, toujours assujettie à toucher deux autres surfaces directrices données.

En définitive, *la droite* D *est maintenant tangente à trois surfaces directrices, et un plan* (A) *mené par cette droite reste tangent à l'une de ces surfaces successivement aux points de contact de* D *avec cette surface.*

Fig. 86.

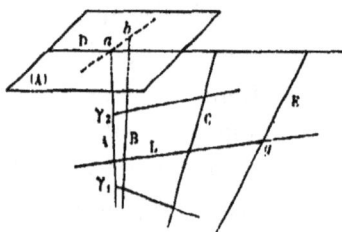

Le paraboloïde employé pour déterminer la droite L, adjointe au plan perpendiculaire à D, est le paraboloïde des trois droites A, B, C. Maintenant A et B sont

M.   27

deux droites infiniment voisines; ce paraboloïde est donc le paraboloïde mené par C et qui se raccorde avec la normalie ayant pour directrice une courbe passant par les points *a* et *b*.

L'adjointe L étant tangente à cette normalie, on peut dire :

THÉORÈME LXXIII. — *Lorsqu'un plan contenant une droite se déplace de telle façon qu'il reste, ainsi que la droite, tangent à une surface, l'adjointe au plan perpendiculaire à cette droite est tangente à la normalie à la surface donnée qui a pour directrice la tangente conjuguée de la droite mobile.*

Construisons L. Le paraboloïde mené par C et qui se raccorde avec la normalie a pour plans tangents, aux centres de courbure principaux γ_1 et γ_2 situés sur la normale A, les plans des sections principales de la surface directrice. Ses directrices sont les droites qui joignent les points γ_1, γ_2 aux points de rencontre de la droite C avec les plans de sections principales. Ce paraboloïde est déterminé par ces deux droites et par son plan directeur, qui est toujours perpendiculaire à D.

Prenons le point de rencontre *g* de la droite E avec ce paraboloïde, la génératrice L qui passe par *g* est l'adjointe demandée.

Projetant L sur le plan (A) tangent en *a* à la surface directrice donnée, on obtient la caractéristique de ce plan mobile. Comme cette droite est conjuguée de la tangente à la ligne de contact de (D) avec la surface directrice, *il suffit de prendre la tangente conjuguée de cette projection de l'adjointe L pour avoir, au point a, la tangente à la courbe de contact de la surface réglée* (D) *avec la surface directrice à laquelle le plan* (A) *reste tangent.*

Nous avons déjà trouvé (p. 183) une construction de cette tangente. De l'ensemble de ces deux constructions résulte une propriété que je donnerai plus loin.

Si la surface (C), d'abord parallèle à (A), se rapproche indéfiniment de cette surface, à la limite la droite D a un contact du deuxième ordre avec (A); on peut alors se proposer un problème analogue aux précédents en prenant :

Une droite D *qui est assujettie en se déplaçant à avoir un contact du deuxième ordre avec une surface* (A) *et qui est tangente à une surface* (E).

La même solution. est toujours applicable. La normalie qu'il faut considérer maintenant a pour directrice la droite D elle-même. L'adjointe L s'appuie sur A, elle a avec cette normalie un contact du deuxième ordre, et elle rencontre E.

Propriétés relatives au déplacement d'un faisceau de plans.

Appelons toujours D l'arète d'un faisceau de plans de forme invariable et qui est mobile.

Prenons le faisceau dans deux positions infiniment voisines. Un plan de ce faisceau considéré dans ces deux positions donne lieu à une droite d'intersection qui est la caractéristique de ce plan. Chacun des plans du faisceau a, de la même façon, une caractéristique. Toutes ces droites peuvent être considérées comme les intersections des plans correspondants de deux faisceaux homographiques; elles appartiennent donc à un hyperboloïde. On retrouve ainsi cette partie du théorème XIII :

Les caractéristiques des plans d'un faisceau mobile appartiennent à un hyperboloïde à une nappe.

On peut remarquer que cet hyperboloïde, qui passe par D, a, en chacun des points de cette droite, le même plan tangent que la surface réglée (D) engendrée par D pendant le déplacement du faisceau.

Si, au lieu de considérer le faisceau dans deux positions infiniment voisines, on le considère dans trois positions infiniment voisines, on a alors trois faisceaux homographiques, et les points d'intersection des plans correspondants de ces faisceaux appartiennent à une cubique gauche.

Les points de cette cubique sont les points où les caractéristiques des plans du faisceau touchent respectivement les arêtes de rebroussement des surfaces développables que chacun des plans du faisceau enveloppe pendant le déplacement continu de cette figure. On peut donc dire :

THÉORÈME LXXIV. — *Les caractéristiques des plans d'un faisceau mobile touchent les arêtes de rebroussement des surfaces enveloppes des plans du faisceau en des points qui appartiennent à une cubique gauche.*

Si un plan sécant coupe cette cubique en plus de trois points, c'est que cette courbe est tout entière sur le plan sécant. Cette circonstance se présente constamment si l'on suppose que quatre des plans du faisceau mobile passent toujours par quatre points fixes d'un plan donné. On voit ainsi que :

THÉORÈME LXXV. — *Lorsque quatre plans d'un faisceau mobile passent chacun par un point fixe d'un plan donné, tout autre plan du faisceau passe aussi par un point de ce plan.*

La démonstration directe de ce théorème va nous permettre d'en compléter l'énoncé.

Considérons les traces des plans du faisceau mobile sur le plan qui contient les quatre points fixes. Ces traces déterminent un faisceau de droites dont le rapport anharmonique est constant puisqu'il est toujours égal à celui du faisceau de plans, quelle que soit la position de celui-ci.

On a donc sur le plan fixe, pour toutes les positions du faisceau mobile, des faisceaux de droites ayant même rapport anharmonique et dont quatre droites passent par quatre points fixes. Le lieu des sommets de tous ces faisceaux est alors une conique; donc, en revenant au faisceau de plans mobile dans l'espace, on peut dire :

Théorème LXXVI. — *Les points fixes par lesquels passent les plans d'un faisceau mobile dont quatre plans sont assujettis à passer respectivement par quatre points d'un plan donné sont situés sur une conique qui est le lieu de la trace sur ce plan de l'arête du faisceau mobile.*

Le théorème ainsi complété est un cas particulier du théorème suivant, que nous retrouverons plus loin, et dont voici une démonstration directe :

Théorème LXXVII. — *Lorsque quatre plans d'un faisceau de forme invariable touchent respectivement quatre sphères fixes, dont les centres* α, β, γ, ε *sont sur un plan* (P), *un plan quelconque du faisceau touche aussi une sphère dont le centre est sur* (P). *Les centres de toutes ces sphères appartiennent à une conique.*

On ne connaît pas les caractéristiques des plans du faisceau relatives à un déplacement infiniment petit de ce faisceau; mais on sait que ces droites sont les projections d'une droite L. Les plans projetant ainsi cette droite ont pour traces sur (P) les droites qui joignent α, β, γ, ε au point *l*, trace de L sur (P). Ces traces forment un faisceau dont le rapport anharmonique est égal au rapport anharmonique du faisceau dont l'arête est L, rapport qui est lui-même égal au rapport anharmonique du faisceau mobile. Lorsqu'on déplace celui-ci, ce rapport anharmonique reste constant : donc *l* décrit une conique C qui passe par α, β, γ, ε.

La trace sur (P) du plan, mené normalement à un plan arbitraire du faisceau mobile suivant la caractéristique de ce dernier plan, passe par *l* et, lorsque le faisceau donné se déplace, cette trace passe constamment par le même point de C. En effet, le faisceau dont l'arête est L reste homographique à lui-même et alors les traces de ces plans normaux forment un faisceau de droites qui reste homographique à lui-même.

On voit donc que le plan normal à un plan du faisceau mobile mené par la caractéristique de ce plan passe toujours par un point fixe et par suite, que ce plan du faisceau mobile reste tangent à une sphère dont le centre est un point de C; ce qu'il fallait établir.

La surface rectifiante d'une courbe gauche est l'enveloppe des plans perpendiculaires aux plans osculateurs de cette courbe menés respectivement par les tangentes de cette courbe.

On peut dire aussi que cette surface rectifiante est l'enveloppe des plans normaux à la surface développable lieu des tangentes à la courbe gauche et menés respectivement par les génératrices de cette surface. Les génératrices de la surface rectifiante sont alors les axes de courbure de la surface développable (p. 158).

Un point de l'arête de rebroussement de la surface rectifiante est le point de rencontre de trois plans normaux à la surface développable menés respectivement par trois génératrices de cette surface et qui sont infiniment voisines. Ces plans normaux à la surface développable sont aussi les plans normaux aux trajectoires orthogonales des génératrices de cette surface. Mais ces trajectoires orthogonales sont les lignes de courbure de la surface développable, et les axes de courbure de ces lignes sont les axes de courbure de cette surface. On peut donc dire :

La surface rectifiante d'une courbe gauche est le lieu des axes de courbure des lignes de courbure de la surface développable dont la courbe gauche donnée est l'arête de rebroussement; et l'arête de rebroussement de cette surface rectifiante est le lieu des centres des sphères osculatrices de ces lignes de courbure.

Ceci posé, reprenons le faisceau mobile.

Pour un déplacement infiniment petit de ce faisceau, chacun de ses plans touche son enveloppe suivant sa caractéristique, et l'on obtient toutes ces caractéristiques en projetant sur chacun des plans du faisceau l'adjointe au plan perpendiculaire à l'arête du faisceau. Ces plans projetants sont des plans normaux aux surfaces développables enveloppes des plans du faisceau. Ils forment un faisceau qui est homographique au faisceau mobile.

Après un nouveau déplacement du faisceau mobile, on a une nouvelle adjointe et un nouveau faisceau homographique formés de plans projetants. Les plans de ce faisceau coupent respectivement les plans correspondants du premier faisceau de plans projetants, suivant les génératrices d'un hyperboloïde à une nappe. En considérant un troisième déplacement infiniment petit, on arrive à des points appartenant aux plans correspondants de trois faisceaux homographiques. Ces points appartiennent alors à une cubique gauche. L'un quelconque d'entre eux est l'intersection de trois plans normaux à une surface développable, menés respectivement par des génératrices infiniment voisines; il est donc le centre commun aux sphères osculatrices des lignes de courbure de cette développable pour les points de ces lignes situés sur une même génératrice de la surface développable. On voit ainsi que :

THÉORÈME LXXVIII. — *Pour une position d'un faisceau de plans de forme invariable qui est mobile, les centres des sphères osculatrices des lignes de courbure des surfaces développables enveloppes des plans de ce faisceau appartiennent à une cubique gauche.*

Cette cubique rencontre le plan de l'infini en trois points; par suite :

THÉORÈME LXXIX. — *Dans chaque position d'un faisceau de plans de forme invariable qui est mobile, il y a trois plans de ce faisceau dont les enveloppes donnent lieu à des lignes de courbure ayant des plans osculateurs stationnaires.*

Lorsque le plan osculateur d'une ligne de courbure d'une surface développable est stationnaire, le plan tangent à cette surface fait avec ce plan osculateur un angle dont la variation est nulle. Nous pouvons donc énoncer le précédent théorème en disant :

Il y a trois plans du faisceau mobile qui, pour un déplacement infiniment petit, font avec des plans fixes des angles constants.

Ces trois derniers théorèmes peuvent être énoncés en considérant comme figure mobile des plans invariablement liés et parallèles à une même droite, car des plans parallèles enveloppent des surfaces parallèles.

Analogie entre les propriétés relatives aux surfaces décrites par les points d'une droite et les surfaces touchées par les plans d'un faisceau mobile.

En présentant parallèlement des propriétés relatives aux déplacements d'une droite et celles qui concernent les déplacements d'un faisceau de plans, nous allons voir qu'elles offrent une grande analogie.

Une droite G étant supposée faire partie d'une figure dont le déplacement n'est assujetti qu'à quatre conditions, les points de cette droite décrivent des surfaces trajectoires. Nous savons que :

Les normales aux surfaces trajectoires des points d'une droite appartiennent à un hyperboloïde.

Cet *hyperboloïde des normales* est le lieu de toutes les conjuguées de la droite mobile.

Si l'on donne à la droite mobile un déplacement particulier, les points de cette droite décrivent des trajectoires sur leurs surfaces trajectoires. Ces courbes ont chacune un axe de courbure et, relativement à ces axes de courbure, nous avons démontré le théorème suivant :

Les axes de courbure des trajectoires des points d'une droite appartiennent à un hyperboloïde qui contient la conjuguée de cette droite.

Cet hyperboloïde des axes de courbure et l'hyperboloïde des normales aux surfaces trajectoires des points de G se coupent suivant la conjuguée de G et suivant une cubique gauche.

Un point de cette cubique est le point de rencontre de l'axe de courbure de la trajectoire d'un certain point *m* de G et de la normale à la surface trajectoire de ce point. C'est donc le centre de courbure de la section faite dans cette surface trajectoire par un plan normal à cette surface et qui contient la tangente à la trajectoire (*m*).

On voit ainsi que :

THÉORÈME LXXX. — *Pour un déplacement arbitraire, les plans normaux aux surfaces trajectoires des points d'une droite, qui contiennent respectivement les tangentes aux lignes décrites par les points de cette droite, déterminent, dans ces surfaces trajectoires, des sections dont les centres de courbure sont sur une cubique gauche.*

Ce sont ces différents théorèmes dont je vais donner les analogues en considérant maintenant les déplacements d'un faisceau de plans qui fait partie d'une figure assujettie à quatre conditions. Appelons toujours D et Δ les deux axes simultanés de rotations relatifs aux déplacements de cette figure.

Désignons le faisceau par la lettre R qui en indiquera aussi l'arête. Chacun des plans de ce faisceau reste tangent à une surface. Le point de contact de l'un des plans avec la surface à laquelle il reste tangent est le pied de la perpendiculaire à ce plan qui rencontre D et Δ.

De cette construction résulte le théorème suivant :

Théorème LXXXI. — *Les surfaces auxquelles restent tangents les plans d'un faisceau mobile ont pour normales, aux points de contact de ces plans, des droites appartenant à un paraboloïde hyperbolique.*

Ce *paraboloïde de normales* est le lieu des adjointes aux plans perpendiculaires à R.

Si l'on imprime au faisceau un déplacement particulier, chacun de ses plans enveloppera une surface développable. Les axes de courbure de ces développables donnent lieu à ce théorème :

Théorème LXXXII. — *Les axes de courbure des surfaces développables enveloppes des plans d'un faisceau R appartiennent à un hyperboloïde qui contient l'adjointe au plan perpendiculaire à l'arête R de ce faisceau.*

Cet hyperboloïde des axes de courbure et le paraboloïde de normales se coupent suivant l'adjointe au plan perpendiculaire à R et suivant une cubique gauche. Un point de cette cubique est le point de rencontre de l'axe de courbure de la surface développable enveloppe d'un plan (M) du faisceau avec la normale M à la surface à laquelle ce plan reste tangent. Ce point de la cubique est donc le centre de courbure de la courbe de contour apparent de cette surface que l'on a projetée sur un plan mené par la normale à cette surface perpendiculairement à la génératrice de l'enveloppe de (M).

On a donc ce théorème :

Théorème LXXXIII. — *Les plans* A, B, C... *d'un faisceau R touchent, en* a, b, c.... *les surfaces* (A), (B), (C),... *auxquelles ces plans restent tangents pendant les déplacements du faisceau. Pour un déplacement arbitraire du faisceau R, on prend les courbes de contour apparent des surfaces* (A), (B), (C) *sur des plans menés par a, b, c. .perpendiculairement aux caractéristiques des plans* A, B, C, ...; *les centres de courbure de ces courbes appartiennent à une cubique gauche.*

Comme des plans parallèles enveloppent des surfaces parallèles, on peut énoncer ce théorème en considérant des plans invariablement liés et parallèles à une même droite.

Faisons encore remarquer l'analogie des théorèmes LXXII et LXXVII.

Je montrerai plus loin la raison de ces analogies relatives aux déplacements d'une droite et aux déplacements d'un faisceau de plans.

Emploi d'un dièdre mobile dans la solution de ce problème : Construire l'hyperboloïde osculateur d'une surface réglée définie par trois surfaces ou courbes directrices.

Chasles a montré que l'hyperboloïde qui a pour directrices les asymptotes des indicatrices d'une surface réglée (D) en trois points d'une génératrice D de cette surface est osculateur de (D) le long de cette génératrice. Il suffit donc de chercher les asymptotes de ces indicatrices pour trois points de D.

La construction de l'asymptote de l'indicatrice de (D) au point a, où cette droite touche une surface directrice (A), se ramène à la construction de l'asymptote de l'indicatrice de cette surface en a. Pour le montrer, considérons la courbe de contact (a) de (D) et de (A). Aux différents points de cette courbe, ces deux surfaces ont les mêmes plans tangents. Par suite, lorsque le plan tangent en a aux surfaces (A) et (D) se déplace en restant tangent à (A), de façon que son point de contact soit toujours un point de (a), sa caractéristique est conjuguée de la tangente au point a à la ligne (a) par rapport à (A) et à (D). Ces deux surfaces ont donc en a un système commun de diamètres conjugués.

Ce système de diamètres, que l'on connaît pour (A), est aussi un système de diamètres conjugués par rapport aux asymptotes de l'indicatrice de (D) en a, mais on a l'une de ces droites, c'est la génératrice D : on peut alors facilement construire l'autre.

Cherchons maintenant l'asymptote de l'indicatrice de (D) au point où D rencontre une courbe directrice. Prenons d'abord un dièdre mobile dont les faces sont tangentes en b et c à cette courbe et dont l'arête D touche deux surfaces directrices (E), (F).

Aux points b et c menons respectivement des perpendiculaires aux faces du dièdre. Ces droites et les normales E, F aux surfaces directrices sont quatre droites perpendiculaires à D.

La droite unique L, qui les rencontre, est l'adjointe au plan perpendiculaire à D. En projetant L sur les faces du dièdre, on obtient les caractéristiques de ces faces correspondant à un déplacement infiniment petit du dièdre.

Supposons maintenant que le dièdre diffère infiniment peu de deux droits; on n'a plus alors qu'un plan (P) sur lequel une droite D est marquée; ce plan touche toujours la courbe directrice en un point de D, et cette droite reste tangente aux surfaces directrices (E), (F).

M.   28

Les points b et c sont actuellement infiniment voisins; les droites B, C déterminent un élément de surface réglée dont le plan directeur est perpendiculaire à D et dont les directrices sont : la tangente à la courbe donnée et l'axe de courbure de cette courbe. On peut construire le paraboloïde qui passe par E et qui se raccorde avec cet élément de surface. Ce paraboloïde est rencontré par F en un point; la génératrice de ce paraboloïde qui passe par ce point est l'adjointe L au plan perpendiculaire à D. En projetant L sur (P), on a la caractéristique de ce plan et l'on achève comme précédemment.

Déplacement infiniment petit d'un dièdre et applications.

Prenons d'abord les faces du dièdre respectivement tangentes à des surfaces développables données. Les lignes de contact des faces du dièdre avec ces développables sont les caractéristiques de ces faces. Les plans normaux aux faces du dièdre menés par ces caractéristiques se coupent suivant une droite L qui est l'adjointe au plan perpendiculaire à l'arête D du dièdre mobile. Cette droite est une génératrice du paraboloïde des normales à la surface (D) engendrée par l'arête du dièdre mobile. On sait aussi que L est une des droites conjuguées de D qui, prise comme axe de rotation, permet d'amener cette arête dans sa position infiniment voisine. Si, en même temps que l'on déplace D, on entraîne l'une des faces du dièdre en lui conservant sa caractéristique, l'autre face aussi viendra prendre la position qu'elle doit occuper; donc :

THÉORÈME LXXXIV. — *Le déplacement infiniment petit d'un dièdre mobile peut être obtenu par une simple rotation.*

Cela est encore vrai lorsque l'arête du dièdre engendre un élément de surface développable.

THÉORÈME LXXXV. — *Lorsque l'arête d'un dièdre engendre un élément de surface gauche, et que l'une des faces du dièdre a pour caractéristique une droite perpendiculaire à cette arête, le déplacement infiniment petit du dièdre ne peut pas s'obtenir par une simple rotation.*

En effet, dans ce cas, le plan mené normalement à cette face suivant sa caractéristique coupe le paraboloïde des normales à (D) suivant une droite à l'infini. Le déplacement du dièdre, tournant autour de cette droite, se réduit à une translation dans la direction de l'arête D, translation qui laisse le dièdre dans la position qu'il occupe.

Il résulte aussi de ce que nous venons de dire que :

THÉORÈME LXXXVI. — *Lorsque l'une des faces d'un dièdre mobile a pour caractéristique une droite perpendiculaire à l'arête de ce dièdre, l'autre face a aussi une caractéristique perpendiculaire à cette arête.*

Ces deux caractéristiques ne rencontrent pas l'arête D au même point si (D) est un élément de surface gauche.

Si l'on fait tourner infiniment peu un dièdre autour d'une droite perpendiculaire à l'arête D de ce dièdre, les faces ont pour caractéristiques des perpendiculaires à cette arête; ces droites rencontrent D au même point et cette arête engendre un élément de surface développable.

Les déplacements que l'on peut donner au dièdre droit formé par les sections principales d'une surface, autour de sa position initiale, donnent lieu à des applications de ce qui précède : il y a deux déplacements pour lesquels l'arête engendre des éléments de surface développable, et, en outre, un déplacement qu'on ne peut obtenir par une simple rotation.

Il est intéressant de remarquer l'analogie qu'il y a entre le déplacement d'un dièdre et le déplacement d'un segment de droite : on peut, en général, obtenir ces déplacements par une simple rotation, mais pour le dièdre comme pour la droite il existe un cas d'exception.

Pour le segment de droite, le cas exceptionnel se présente lorsque la trajectoire d'un point de la droite mobile est perpendiculaire à cette droite, et pour le dièdre, comme nous venons de le voir, lorsque la caractéristique d'une des faces du dièdre est perpendiculaire à l'arête de ce dièdre.

Voici une démonstration directe du théorème LXXXVI.

Du centre *o* d'une sphère, menons des plans (A), (B) parallèlement aux faces du dièdre. Soit *om* le rayon de la sphère qui est parallèle à l'arête du dièdre. Les plans (A), (B) coupent la sphère suivant deux grands cercles qui se rencontrent en *m* et qui comprennent un angle égal à l'angle ω du dièdre.

Après un déplacement infiniment petit du dièdre, effectuons les mêmes constructions. Nous avons des plans (A₁), (B₁) qui se coupent suivant le rayon *om₁* et rencontrent la sphère suivant des grands cercles, comprenant aussi entre eux l'angle ω, puisque le dièdre mobile est de grandeur invariable. On peut amener sur la sphère l'angle formé par les deux premiers grands cercles, et dont le sommet est m, à coïncider avec les côtés de l'angle dont le sommet est m_1, au moyen d'une rotation infiniment petite autour du centre instantané c. Par suite, on peut amener les plans (A), (B) à coïncider avec les plans (A_1), (B_1) au moyen d'une rotation infiniment petite autour du rayon oc. Les caractéristiques de (A) et de (B) sont les projections de oc. Ces caractéristiques sont respectivement parallèles aux caractéristiques des faces du dièdre mobile; mais l'une de ces faces a pour caractéristique une droite perpendiculaire à l'arête du dièdre; le plan (A), parallèle à cette face, a alors pour caractéristique une perpendiculaire au rayon om. Le rayon oc, dont cette caractéristique est la projection, est donc dans un plan perpendiculaire à om, et la projection de oc sur le plan (B) est alors aussi perpendiculaire à ce rayon om. La face du dièdre correspondant à (B) a, par suite, pour caractéristique une perpendiculaire à l'arête du dièdre, et le théorème est démontré.

Comme application, proposons-nous de démontrer ce théorème :

Une ligne tracée sur une surface gauche coupe sous un angle constant les génératrices rectilignes de la surface; si elle est en même temps une ligne géodésique, elle ne peut être que la ligne de striction (O. Bonnet).

Appelons (G) la surface réglée, G une génératrice et a le point où cette droite est rencontrée par la ligne géodésique (a). Menons en a et par la droite G le plan normal à (G); menons aussi en ce point le plan normal (A) à (a). Ces deux plans forment un dièdre dont l'arête est la normale en a à (G) et qui, par hypothèse, est de grandeur constante, quel que soit le point de la courbe (a) que l'on considère. Déplaçons infiniment peu ce dièdre, de façon que a reste toujours sur (a) et que ses faces soient toujours normales à (G) et à (a). La caractéristique de la face (A) étant perpendiculaire au plan osculateur de (a) est perpendiculaire à l'arête du dièdre. Il en est alors de même pour la caractéristique de la face qui contient G. Cette caractéristique rencontre G à l'infini et, comme ce point de rencontre est le point où cette face touche (G), on voit qu'elle est tangente à (G) à l'infini. Le plan mené par G, et qui est perpendiculaire à cette face, est alors le plan central; comme ce plan touche (G) en a, ce point est le point central sur G; or il est arbitraire sur (a) : tous les points de cette courbe jouissent donc de la même propriété et elle est alors la ligne de striction de (G). Le théorème est démontré.

Il est facile de construire une surface réglée sur laquelle il existe une ligne géodésique rencontrant les génératrices sous des angles égaux. Prenons pour cela une courbe arbitraire (a) et, par un quelconque de ses points a, menons son plan rectifiant. Dans ce plan et à partir de a, traçons une droite G faisant avec la tangente *at* à (*a*) un angle donné. En répétant cette construction pour tous les points de (*a*), le lieu des droites G ainsi construites est la surface (G) demandée.

Cette surface (G) est donc le lieu engendré par l'un des côtés G d'un angle mobile (G, *at*) de grandeur invariable, dont le plan est constamment perpendiculaire au plan osculateur d'une courbe donnée (*a*) et dont l'un des côtés *at* touche toujours cette courbe au sommet *a* de l'angle mobile.

Partant de cette génération, démontrons à nouveau le théorème précédent.

Pour la surface engendrée par *at*, le plan central se confond avec le plan de l'angle mobile. Celui-ci coupe alors le plan qui lui est mené normalement par sa caractéristique suivant cette droite même. Le plan de cette caractéristique et du côté G, qui est le plan central de (G) (théorème, p. 117), est donc le plan de l'angle lui-même, c'est-à-dire le plan qui touche (G) en *a*. Par suite *a* est le point central sur G et (*a*) est la ligne de striction de la surface (G).

Prenons *un dièdre mobile de grandeur invariable dont l'arête D est tangente à la ligne d'intersection* (*a*) *de deux surfaces et dont les faces restent tangentes respectivement à ces surfaces qui se coupent constamment sous le même angle.*

Pour un déplacement infiniment petit de ce dièdre de grandeur invariable, ses faces ont pour caractéristiques des droites C, C' qui passent par *a* et qui sont des tangentes conjuguées de D relativement aux surfaces données.

Les plans normaux aux faces du dièdre, menés respectivement par C et C', sont parallèles à l'axe du déplacement (théorème, p. 117). La droite d'intersection L de ces plans normaux est donc parallèle à l'axe du déplacement ; en outre, on voit qu'elle passe par le point *a*.

Le plan central de la surface engendrée par D est aussi parallèle à l'axe du déplacement. Comme ce plan contient *a*, il doit contenir L. Ce plan central est ici le plan rectifiant de (*a*), puisque D engendre une surface développable.

On trouve ainsi ce théorème :

THÉORÈME LXXXVII. — *Lorsque deux surfaces se coupent constamment sous le même angle, les plans menés normalement à ces surfaces respectivement par les tangentes conjuguées de la droite D tangente à leur ligne d'intersection, et le plan rectifiant de cette courbe, mené par D, se coupent suivant une même droite.*

Comme cas particulier de ce théorème, on retrouve que :

Lorsque deux surfaces se coupent constamment sous le même angle, si leur ligne d'intersection est une ligne de courbure de l'une des surfaces, elle est aussi ligne de courbure de l'autre.

Si le dièdre de grandeur invariable se déplace de façon que son arête reste tangente à une courbe donnée et que l'une de ses faces coïncide avec le plan osculateur de la courbe, le théorème précédent ne conduit pas à la construction de la caractéristique de l'autre face du dièdre. On obtient cette droite en considérant le déplacement du dièdre complémentaire du premier dont une face coïncide alors avec le plan rectifiant de la courbe. On trouve ainsi que *la caractéristique de l'autre face est la projection de la droite rectifiante de la courbe.*

Reprenons *un dièdre mobile de grandeur invariable dont les faces restent respectivement tangentes à des surfaces données* (A), (B) (*qui se coupent constamment sous le même angle*) *et dont l'arête est tangente à la courbe d'intersection* (a) *de ces surfaces.*

Prenons un arc infiniment petit aa_1 sur (a), et menons, à partir de a et a_1, les normales aux surfaces (A) et (B).

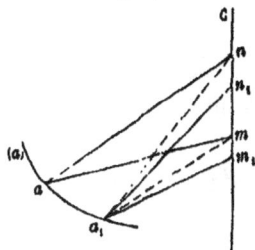

Fig. 87.

Les normales issues de a sont am et an; celles qui sont issues de a_1 sont a_1m_1 et a_1n_1 : l'angle man égal à l'angle $m_1a_1n_1$.

On peut amener ces angles en coïncidence au moyen de deux rotations : l'une, qui amène en coïncidence les plans de ces angles, a lieu autour de la caractéristique du plan man; l'autre a lieu autour d'une perpendiculaire à ce plan issue de son foyer.

La caractéristique du plan man, qui reste normal à (a) pendant son déplacement, est l'axe de courbure C de cette courbe. La perpendiculaire au plan man issue de son foyer est la tangente en a à (a).

En tournant autour de C, a vient en a_1 et l'angle man vient en ma_1n; puis cet angle tourne autour de a_1 et vient coïncider avec l'angle $m_1a_1n_1$.

Il résulte de là que l'angle m_1a_1m est égal à l'angle n_1a_1n, et, comme aa_1 est normal au plan de l'angle mobile, ces angles mesurent les angles des normales $a_1 m_1$, $a_1 n_1$ avec les plans maa_1 et naa_1. Ainsi,

Lorsque a décrit aa_1, la normale am à (A) vient en $a_1 m_1$, qui fait avec le plan maa_1, normal à (A), un angle égal à l'angle que $a_1 n_1$ fait avec le plan naa_1 qui est normal à (B) ([1]).

Il est important de remarquer que, tandis que $a_1 m_1$ est extérieur au dièdre dont les faces sont maa_1, naa_1, la normale $a_1 n_1$ est à l'intérieur de ce dièdre. Si $a_1 m_1$ avait été à l'intérieur, $a_1 n_1$ aurait été à l'extérieur.

Déplacement du dièdre droit formé par les sections principales d'une surface. Théorie du paraboloïde des huit droites.

L'étude des déplacements du dièdre droit formé par les sections principales d'une surface va nous amener à un paraboloïde que j'appelle *paraboloïde des huit droites*. L'importance de la considération de cette surface résulte de ce qu'elle exprime géométriquement la liaison qui existe entre les éléments de courbure des deux nappes de la surface des centres de courbure principaux d'une surface, et qu'elle donne lieu à diverses applications, parmi lesquelles l'étude de surfaces dont les rayons de courbure principaux sont fonctions l'une de l'autre.

Soient (S) une surface, a un de ses points, A la normale en ce point, b, c les centres de courbure principaux situés sur A. Menons des points b, c les droites de courbure B, C qui sont, comme nous l'avons vu (p. 153), normales aux normalies à (S) dont les directrices partent de a; ces droites sont aussi respectivement normales aux nappes (B), (C) de la surface des centres de courbure principaux de (S). Je désigne cette dernière surface, composée de deux nappes, sous le nom de *développée* de (S).

Appelons d, e les centres de courbure principaux de (B) situés sur B; g et h les centres de courbure principaux de (C) situés sur C.

De chacun de ces centres de courbure principaux menons les droites de courbure D, E, G, H des nappes (B), (C) de la développée de (S).

([1]) Cette propriété permet de démontrer simplement ce théorème important sur les surfaces orthogonales que l'on doit à Dupin :

Dans un système triplement orthogonal, la ligne d'intersection des deux surfaces appartenant à deux séries différentes est une ligne de courbure pour chacune de ces surfaces.

Les plans (B, D), (B, E) sont les plans des sections principales de (B); de même (C, G), (C, H) sont les plans des sections principales de (C).

Le dièdre droit, formé par les sections principales de (S), peut se déplacer, autour de la position qu'il occupe, de façon que ses faces soient toujours des plans de sections principales. Ces faces touchent (B), (C) aux points b, c où l'arête A du dièdre mobile touche ces mêmes nappes.

Appelons A″ la tangente conjuguée de A par rapport à (B) et A′ la tangente conjuguée de A par rapport à (C). La normale B, et la normale à (B) infiniment voisine de celle-ci qui s'appuie sur A″ d'une part; la normale C, et la normale à (C) infiniment voisine de celle-ci qui s'appuie sur A′ d'autre part, sont quatre droites au moyen desquelles, d'après le théorème LXXIII, on peut déterminer l'adjointe L au plan perpendiculaire à A pour un déplacement du dièdre formé par les sections principales de (S). Mais, comme le déplacement de ce dièdre peut se faire d'une infinité de manières autour de sa première position, sans qu'il cesse d'avoir pour faces des plans de sections principales de (S), il y a une infinité d'adjointes, et comme elles doivent toutes rencontrer ces quatre droites, *elles appartiennent alors à un même paraboloïde.*

On peut dire que ce paraboloïde passe par C et qu'il est de raccordement avec l'élément de normalie à (B) qui contient B et la normale à (B) infiniment voisine de celle-ci qui s'appuie sur A″.

Il est facile d'avoir les directrices de ce paraboloïde puisqu'on connaît les plans tangents à cet élément de normalie aux points b, d, e. Ces plans tangents sont les plans (B, A″), (B, E), (B, D).

Appelons $d′$ et $e′$ les points de rencontre des plans (B, E) (B, D) avec C : les droites $dd′$, $ee′$ appartiennent au paraboloïde, ainsi que A″ qui rencontre C.

Les trois droites A″, $dd′$, $ee′$ définissent alors ce paraboloïde.

De même, on peut considérer cette surface comme menée par B et de raccordement avec l'élément de normalie à (C) qui contient C et la normale à (C) infiniment voisine de celle-ci qui s'appuie sur A′. On arrive ainsi à voir que les droites A′, $gg′$, $hh′$ analogues aux précédentes définissent aussi ce paraboloïde.

On a donc déjà les six droites A″, $dd′$, $ee′$, A′, $gg′$, $hh′$ qui appartiennent au même paraboloïde. Et comme B et C sont aussi sur cette surface, on voit que l'on a huit droites appartenant à un même paraboloïde; c'est pourquoi j'ai nommé cette surface *le paraboloïde des huit droites.*

L'ensemble des droites $dd′$, $ee′$, $gg′$, $hh′$ génératrices de même système de ce paraboloïde, issues des centres de courbure d, e, g, h de (B), (C) et qui sont dans les plans des sections principales de ces nappes expriment géométriquement la liaison existant entre les éléments de courbure des nappes (B) et (C).

Avant de faire voir l'usage que l'on peut faire de ces droites, je vais démontrer que :

Les droites A', A''' *sont les axes de courbure des lignes de courbure de* (S) *pour le point a.*

Considérons la ligne de courbure de (S) partant de *a* et normale au plan (A, C). Prenons sur cette ligne de courbure un point a_1, infiniment voisin de *a*, et le plan normal en ce point à cette même courbe. Ce plan touche (B) en un point infiniment voisin de *b* et qui est situé sur A. On a donc deux plans normaux à la ligne de courbure, qui se coupent suivant l'axe de courbure de cette courbe, et qui ne sont autres que deux plans tangents à (B) en deux points infiniment voisins situés sur A. Ces deux plans tangents se coupent suivant A'', tangente conjuguée de A : donc A'' est l'axe de courbure de la ligne de courbure.

Supposant connues les normales A, B, C, voici la solution du problème suivant relatif à la courbure des nappes (B) et (C) :

On donne les axes de courbure A' *et* A'' *des deux lignes de courbure de* (S), *qui passent au point a, et les plans des sections principales de* (B) *et de* (C) : *on demande de construire les centres de courbure principaux de* (B) *et de* (C).

Le paraboloïde des huit droites contient A' et A''; son plan directeur est perpendiculaire à A, il est alors déterminé. Les points où les plans des sections principales de (B) et de (C) touchent cette surface sont les centres de courbure cherchés. Construisons ces points : appelons toujours *d'* le point de rencontre de C avec le plan d'une des sections principales de (B). On mène de ce point un plan parallèle à A' et A'' : ce plan coupe B au centre de courbure *d*. On répète une construction analogue pour les autres centres de courbure.

Connaissant les normales A, B, C, on résoudra de la même manière les problèmes suivants :

1° *On donne les centres de courbure principaux de* (B) *et les plans des sections principales de* (B) *et de* (C) : *on demande les centres de courbure principaux de* (C) *et les axes de courbure* A' *et* A''.

2° *On donne les droites de courbure* D *et* G : *on demande les centres de courbure principaux c et h, ainsi que* A' *et* A''.

La connaissance des droites D et G suffit pour la détermination de tous les éléments relatifs à la courbure des nappes (B) et (C). Puisque D rencontre à angle droit la normale B, deux conditions seulement suffisent pour déterminer cette droite; de même pour G.

On voit donc que :

Quatre conditions suffisent pour déterminer ce qui concerne la courbure des nappes (B) *et* (C).

On peut, au moyen du paraboloïde des huit droites, obtenir les relations analytiques qui existent entre les éléments de courbure des deux nappes de la développée de (S). Voici comment on peut arriver directement à ces relations.

A partir de *a*, traçons sur (S) les lignes de courbure de cette surface et prenons les normalies à (S) dont ces courbes sont les directrices. Ces normalies développables sont circonscrites aux nappes de la développée de (S). Considérons en particulier celle qui est circonscrite à (C) et dont l'arête de rebroussement passe par *b*.

Cette normalie a au point *c* un contact du second ordre avec le cylindre circonscrit à (C), dont les génératrices sont parallèles à A. Il résulte de là que le plan mené par *c* perpendiculairement à A coupe ces deux surfaces : la normalie et le cylindre, suivant des courbes ayant un contact du second ordre.

Le centre de courbure commun à ces deux courbes est au point de rencontre *i* de la droite C et de l'axe de courbure de la normalie développable. Cette dernière droite n'est autre que A″, axe de courbure de la ligne de courbure de (S), directrice de cette normalie.

La section faite dans le cylindre est la courbe de contour apparent, sur le plan de cette section, de la nappe (C) projetée orthogonalement. Ainsi *ci* est le rayon de courbure de la courbe de contour apparent de (C); nous désignerons ce rayon par R′.

Ce que nous venons de dire en considérant la nappe (C) peut se répéter pour (B). Nous énoncerons alors le théorème suivant :

Les axes de courbure des lignes de courbure passant par un point a d'une surface (S) *rencontrent les droites de courbure de cette surface, relatives à ce point, aux centres de courbure des courbes de contour apparent des nappes de la développée de cette surface, nappes projetées orthogonalement sur les plans menés par ces droites de courbure perpendiculairement à la normale A en a à* (S).

Supposons (S) convexe au point *a* et le centre de courbure principal *b* entre le point *a* et le point *c*. Le point *i* et le centre de courbure de la directrice de la normale développable circonscrite à (C) sont alors nécessairement de part et d'autre de A. De là ce résultat :

On projette sur le plan tangent à (S) en a les lignes de courbure de cette surface, qui passent en ce point, et les nappes (B) et (C) de la développée de (S). Si l'on obtient pour l'une de ces nappes une courbe de contour apparent tournant sa concavité dans le même sens que la projection d'une des lignes de courbure de (S), la courbe de contour apparent de l'autre nappe et la projection de l'autre ligne de courbure de (S) tournent, au contraire, leurs concavités en sens opposés.

Désignons par R_1 et R_2 les rayons de courbure principaux de (S) pour le point a; par r_1 et r_2 les rayons de courbure principaux de (B) pour le point b; par t_1 et t_2 les rayons de courbure principaux de (C) pour le point c; enfin par α'' l'angle compris entre A'' et A. Il résulte de ce que nous avons démontré jusqu'à présent que

$$(1) \qquad \tan \alpha'' = \frac{-R'}{R_1 - R_2};$$

mais A et A'' sont deux diamètres conjugués de l'indicatrice de (B) pour le point b et, dans une ellipse dont les demi-axes sont $\overline{a}$ et $\overline{b}$, la tangente de l'angle de deux diamètres conjugués est donnée par la formule

$$\frac{a^2 \sin^2 \beta + b^2 \cos^2 \beta}{\sin \beta \cos \beta (\overline{a}^2 - \overline{b}^2)},$$

β étant l'angle de l'un des diamètres conjugués avec le grand axe de cette courbe.

En introduisant les rayons de courbure principaux de (B), on a donc aussi

$$(2) \qquad \tan \alpha'' = \frac{r_1 \sin^2 \beta + r_2 \cos^2 \beta}{\sin \beta \cos \beta (r_1 - r_2)},$$

β étant maintenant l'angle que fait A avec le grand axe de l'indicatrice de (B) pour le point b.

Le numérateur de cette expression n'est autre chose que le rayon de courbure R'' de la courbe de contour apparent de (B); on peut donc écrire

$$(3) \qquad \tan \alpha'' = \frac{2 R''}{\sin 2\beta (r_1 - r_2)}.$$

En égalant cette valeur à celle trouvée plus haut, il vient

(4)
$$\frac{R'}{R''} = \frac{-2(R_1 - R_2)}{\sin 2\beta (r_1 - r_2)}.$$

On trouve de même, en considérant l'axe de courbure A′ et en appelant γ l'angle que fait A avec le grand axe de l'indicatrice de (C) en c,

(5)
$$\frac{R'}{R'} = \frac{2(R_1 - R_2)}{\sin 2\gamma (t_1 - t_2)}.$$

Les relations (4) et (5) sont celles qu'il s'agissait d'établir. On en déduit la relation suivante, qui ne contient pas de rayons de courbure de courbes de contour apparent :

(6) $4(R_1 - R_2)^2 + (r_1 - r_2)(t_1 - t_2) \sin 2\beta \sin 2\gamma = 0.$

On pourrait tirer de là quelques conséquences qu'il paraît inutile d'énoncer ici.

Le paraboloïde des huit droites est, comme nous l'avons vu, le lieu des adjointes au plan perpendiculaires à A relatives à tous les déplacements du dièdre droit formé par les plans des sections principales de (S) et qui ne cesse pas d'avoir pour faces des plans de sections principales de cette surface.

Mais ces adjointes sont les axes de rotation relatifs aux déplacements de ce dièdre ; donc :

Théorème LXXXVIII. — *Le paraboloïde des huit droites est le lieu des axes autour desquels il faut faire tourner les deux plans des sections principales en un point d'une surface pour les amener dans l'une quelconque des positions infiniment voisines qu'ils peuvent occuper.*

Représentons (*fig.* 88) la normale A et les droites de courbure B, C. Soient bs, cs' les axes de courbure A″, A′ des lignes de courbure de (S) en a. Ces droites rencontrent le plan (T), tangent en a à (S), aux points s et s'. La droite ss' est la trace du paraboloïde des huit droites sur le plan (T).

Déplaçons le dièdre des sections principales de façon que la normale A s'appuie sur une courbe quelconque (l) tracée à partir de a sur (S). Ce déplacement peut s'obtenir au moyen d'une rotation autour de L, génératrice du paraboloïde, qui passe par le point où ss' est rencontrée par la normale à (l) située dans le plan (T).

Traçons à partir de a et normalement à al une courbe (t) qui coupe sous un angle constant les lignes de courbure de (S). Faisons tourner, comme précédemment, autour de L, le dièdre des sections principales en entraînant le plan (A, *al*). Ce plan restera normal à (*t*). Sa caractéristique, axe de courbure de (*t*),

Fig. 88.

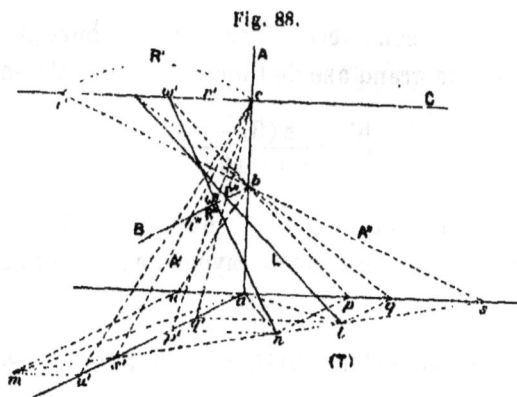

est la projection de L. Cette projection passe évidemment par *l* : ce point est alors le centre de courbure géodésique de la courbe (*t*); donc :

La trace ss' du paraboloïde des huit droites sur le plan (T) *est le lieu des centres de courbure géodésique des courbes issues de a et qui coupent sous des angles constants les lignes de courbure de* (S).

Tournant autour de L, les plans des sections principales de (S) ont pour caractéristiques les droites *bq*, *cq'*, projections de L sur ces plans. Comme ces plans restent tangents aux nappes (B) et (C), ces projections sont les tangentes conjuguées des tangentes qui contiennent respectivement les points de contact de ces plans avec (B) et (C). Ce résultat peut s'énoncer ainsi :

La normalie à (S), *dont la directrice est* (*l*), *touche* (B) *et* (C) *suivant des courbes dont les tangentes en b et c ont pour tangentes conjuguées les projections bq, cq' de* L.

Si au point *a* la normale à la directrice de la normalie est parallèle à *ss'*, alors les tangentes conjuguées des tangentes aux courbes de contact de cette normalie avec (B) et (C) sont perpendiculaires à A. On voit ainsi que :

Par une normale quelconque A d'une surface (S), *on peut toujours faire passer une normalie à* (S) *qui touche les nappes de la développée de cette surface suivant des courbes dont les tangentes ont pour tangentes conjuguées des perpendiculaires à* A.

Dans ce cas particulier du déplacement de A, le dièdre droit des plans des sections principales entraîné avec A a un déplacement qu'on ne peut obtenir par une simple rotation. En effet, dans ce cas, la génératrice du paraboloïde des huit droites est à l'infini et perpendiculaire à A. La rotation autour de cette droite se réduit à une translation dans la direction de A, translation qui ne modifie pas la position du dièdre.

Surfaces dont les rayons de courbure principaux sont fonctions l'un de l'autre.

Ces surfaces n'avaient été étudiées qu'analytiquement; l'étude géométrique qui suit est une application des propriétés du paraboloïde des huit droites.

Traçons sur (S) une courbe (a) telle que pour tous les points de cette courbe l'un des rayons de courbure principaux de (S) ait une longueur constante. Comme, par hypothèse, il existe une liaison entre les rayons de courbure principaux de (S), l'autre rayon de courbure principal de cette surface a aussi une longueur constante pour tous les points de (a).

Prenons (a) comme directrice d'une normalie à (S). Cette normalie, que j'appelle (A), touche (B) et (C) suivant des courbes (b), (c), extrémités de rayons de courbure égaux et qui sont alors des trajectoires orthogonales des génératrices de (A). Désignant par (S)ₐ une surface dont les rayons de courbure sont fonctions l'un de l'autre, on voit donc que :

Pour une surface (S)ₐ *il existe une normalie dont les courbes de contact avec les nappes de la développée de cette surface rencontrent simultanément à angle droit les génératrices de cette normalie.*

Déplaçons le dièdre droit formé par les sections principales de (S)ₐ de façon que son arête A décrive (A).

La face, qui reste tangente à (B) le long de (b), a pour caractéristique la tangente conjuguée de la tangente à (b). Mais cette face reste normale à (c) donc cette caractéristique est l'axe de courbure de (c) et elle passe alors par le point ω″, centre de courbure de la section faite dans (C) par le plan mené par c perpendiculairement à A. C'est alors la droite bω″. De même la caractéristique de l'autre face est la droite cω′. Le point ω′ étant l'analogue de ω″.

D'autre part, nous savons qu'on obtient ces caractéristiques en projetant une certaine génératrice du paraboloïde des huit droites; par suite :

La droite ω′ω″ *est une génératrice du paraboloïde des huit droites.*

Ainsi, *lorsqu'une surface a ses rayons de courbure principaux fonctions l'un de l'autre, aux huit droites remarquables du paraboloïde précédent il faut en ajouter une neuvième.*

La génératrice $\omega'\omega''$ rencontre ss' au point n et la droite an est normale à (A), puisque cette génératrice doit appartenir aussi au paraboloïde des normales à (A).

L'axe de courbure $c\omega''$ de (b) rencontre au point c le plan tangent à (B) en b; donc : bc est le rayon de courbure géodésique de (b), et, comme bc reste de grandeur constante, la courbe (b) est un cercle géodésique. De même pour (c). Ces cercles rencontrent à angle droit les lignes géodésiques arêtes de rebroussement des normalies à (S), qui sont développables. Ainsi :

Les courbes (b) et (c) sont des cercles géodésiques de rayons égaux qui rencontrent à angle droit les arêtes de rebroussement des normalies développables relatives à $(S)_R$.

Appelons r' le rayon de courbure $c\omega'$ et r'' le rayon de courbure $b\omega''$.

Les trois droites A', $\omega'\omega''$, A'' sont des génératrices de même système du paraboloïde des huit droites ; elles déterminent sur B et C des segments proportionnels. Nous avons vu que A' et A'' déterminent sur B et C des segments égaux à R' et R'' ; on a alors

$$\frac{r'}{R'} = \frac{R'' - r''}{R''} = 1 - \frac{r''}{R''},$$

d'où l'on déduit la relation très simple

$$\frac{r'}{R'} + \frac{r''}{R''} = 1,$$

La normale A et cette droite dans sa position infiniment voisine interceptent sur (b) et (c) des arcs infiniment petits $d(b)$ et $d(c)$ qui sont dans le rapport inverse des cosinus des angles que ces arcs font avec le plan central de (A).

Ce plan central est parallèle au plan qui projette $\omega'\omega''$ sur (T); la trace de ce plan projetant détermine avec as et as' un triangle rectangle dont les côtés sont égaux à r' et r'' et dont l'hypoténuse fait avec as et as' les angles dont je viens de parler. Le rapport des cosinus de ces angles est alors $\frac{r'}{r''}$; donc

$$\frac{d(b)}{d(c)} = \frac{r''}{r'}.$$

Déplaçons a sur la ligne de courbure tangente à as. La normale A entraînée touche (B) suivant une courbe dont la tangente en b est conjuguée de A; cette droite est donc A''.

Appelons ε le centre de courbure correspondant à c, de la section faite dans (C) par le plan (A, C).

Menons bj perpendiculairement à Λ'' et appelons j le point où cette droite coupe C; on a alors

$$\frac{d\mathrm{R}_1}{d\mathrm{R}_2} = -\frac{c\varepsilon}{cj}.$$

Mais $cj = -\dfrac{\overline{bc}^1}{ci'}$ (en mettant le signe $-$ parce que les points $i'j$ sont nécessairement de côtés différents par rapport à c); il vient

$$\frac{d\mathrm{R}_1}{d\mathrm{R}_2} = -\frac{c\varepsilon \times ci'}{\overline{bc}^2}.$$

Comme le produit $c\varepsilon \times ci'$ est égal au produit $t_1 t_2$ des rayons de courbure principaux de (C) en c (¹), on arrive à

$$\frac{d\mathrm{R}_1}{d\mathrm{R}_2} = -\frac{t_1 t_2}{(\mathrm{R}_1 - \mathrm{R}_2)^2}.$$

De même, en déplaçant a sur l'autre ligne de courbure et tenant compte de ce que $d\mathrm{R}_2$ correspond encore à l'accroissement $d\mathrm{R}_1$ en vertu de la liaison entre R_1 et R_2, on a

$$\frac{d\mathrm{R}_2}{d\mathrm{R}_1} = -\frac{r_1 r_2}{(\mathrm{R}_1 - \mathrm{R}_2)^2}.$$

Faisant le produit de ces deux égalités, il vient

$$r_1 r_2 t_1 t_2 = (\mathrm{R}_1 - \mathrm{R}_2)^4,$$

relation due à Halphen, et qui conduit à ce théorème :

Pour une surface (S)$_\mathrm{R}$ *le produit des rayons de courbure principaux en b et c des nappes* (B) *et* (C) *de la développée de cette surface est égal à la quatrième puissance de la distance bc comprise entre les centres de courbure principaux de* (S)$_\mathrm{R}$.

De là résulte que le produit $r_1 r_2$ et le produit $t_1 t_2$ ont le même signe; donc :

Les nappes de la développée d'une surface (S)$_\mathrm{R}$ *sont simultanément convexes ou simultanément à courbures opposées.*

(¹) Cette propriété sera démontrée plus loin dans la théorie des pinceaux de normales à une surface.

Voici une démonstration directe de ce théorème.

Prenons comme plan de projection un plan perpendiculaire au plan directeur du paraboloïde des huit droites, auquel les axes de courbure A', A″ des lignes de

Fig. 89.

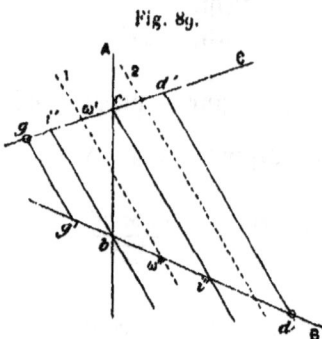

courbure de (S) sont parallèles. Projetons sur ce plan les génératrices du paraboloïde et conservons pour les projections ainsi obtenues les notations des points et lignes de l'espace.

Ces axes de courbure se projettent alors suivant les parallèles *bi′*, *ci″*.

Les plans des sections principales de (B) rencontrent C aux points *d′*, *e′*, qui sont nécessairement de côtés différents par rapport à *c*. Marquons seulement *d′* et menons de ce point la parallèle *d′d* à *ci″*. Cette droite coupe B au point *d*, projection du centre de courbure principal *d*.

De même, marquant sur B le point *g′*, on obtient le centre de courbure principal *g* de (C).

Si la droite L, qui coupe C et B aux points ω′, ω″, est figurée par la droite 1, *g* et ω″ étant alors d'un même côté par rapport à *c*, la surface (C) est convexe et l'on voit qu'il en est de même de (B).

Si la droite L vient en 2, on voit que (C) est à courbures opposées. Il en est de même de (B) parce que le rayon de courbure *bi″* de contour apparent doit être plus petit que le rayon de courbure *r″* correspondant à cette droite 2.

On peut discuter de la même manière le cas où (S) est à courbures opposées; on arrive aux mêmes résultats et le théorème est alors démontré.

Reprenons une surface (S)ᵣ et la normalie (A) qui touche (B) et (C) suivant les courbes (*b*) et (*c*), trajectoires orthogonales des génératrices de cette normalie.

Appelons (*a*) la directrice de (A) et traçons sur le plan (T) tangent à (S)ᵣ en *a* (*fig.* 88) la normale *an* à (*a*).

Le point *p* étant la projection de *n* sur *as*, la droite *bp* est la conjuguée de

M.

la tangente à (*b*), c'est-à-dire de la perpendiculaire à A, qui est dans le plan (A, C).

Les droites A et *bs* forment aussi un système de diamètres conjugués de l'indicatrice de (B) en *b*.

Supposons que la normalie dont la directrice est (*l*) touche (B) suivant une courbe dont la tangente soit *bu* : alors *bu* et *bq* sont des diamètres conjugués. On a ainsi trois systèmes de diamètres conjugués qui déterminent sur *as* les six points *u*, *a*, *p*, *q*, *s* et le point à l'infini qui sont en involution. Par suite les points *m*, *s'*, *n*, *l*, *s* et le point à l'infini sur *ss'*, ainsi que les points *u'*, *s'*, *p'*, *q'*, *a* et le point à l'infini sur *as'*, sont aussi en involution. Mais deux systèmes de diamètres conjugués de l'indicatrice de (C) en *c* rencontrent *as'* aux points *a*, *s'*, *p'* et à l'infini : donc *cq'*, *cu'* sont des diamètres conjugués. Il résulte de là que la normalie, dont la directrice est (*l*), touche (C) suivant une courbe dont la tangente en *c* est *cu'*. Si maintenant on prend sur la surface (S)$_R$ une courbe (*m*) dont la normale sur (T) est la droite *am*, on voit, comme précédemment, que la normalie qui a cette courbe pour directrice touche (B) et (C) suivant des courbes tangentes à *bq* et *cq*.

On conclut de là que :

Les normalies à une surface (S)$_R$ *qui touchent l'une des nappes de la développée de cette surface suivant des courbes conjuguées touchent aussi l'autre nappe suivant des courbes conjuguées* (RIBAUCOUR).

De ce qui précède, il résulte aussi que :

Les asymptotes en b et c des indicatrices des nappes de la développée d'une surface (S)$_R$ *sont les projections de deux génératrices du paraboloïde des huit droites.*

Cherchons quelle relation doit exister entre R$_1$ et R$_2$ pour que des normalies à (S)$_R$ touchent les nappes (B) et (C) de la développée de cette surface suivant des lignes de courbure de ces nappes.

Dans le cas où, en se déplaçant, la normale A touche (B) et (C) suivant des lignes de courbure, les plans des sections principales de (S) entraînés avec A ont pour caractéristiques des perpendiculaires à ces lignes de courbure.

Les plans menés par ces caractéristiques perpendiculairement à ces plans de sections principales sont alors normaux en *b* et *c* à ces lignes de courbure. La droite L suivant laquelle ils se coupent, et qui appartient au paraboloïde des normales relatif à l'élément de normalie engendré par A, est alors la conjuguée de *bc*. Le segment *bc* pouvant être amené dans sa position infiniment voisine par une simple rotation reste de grandeur constante; donc :

Si des normales à une surface touchent les nappes de la développée de cette surface suivant des lignes de courbure, le segment, compris sur une génératrice quelconque de ces normales entre deux centres de courbure principaux correspondants, est de grandeur constante (RIBAUCOUR).

Prenons une surface pour laquelle la distance comprise entre deux centres de courbure principaux est de grandeur constante. Le segment *bc* et les plans des sections principales (A, B), (A, C) forment alors une figure de grandeur invariable.

Cette figure peut être considérée comme se déplaçant de façon que le plan (A, C) touche toujours en son point *b* la nappe (B), tandis que son point *c* reste sur (C).

En appliquant alors le théorème LIII, on voit que les droites *dd'*, *ee'* sont les axes simultanés de rotation pour tous les déplacements de la figure mobile.

On peut encore supposer que cette figure mobile se déplace de façon que son plan (A, B) touche en son point *c* la nappe (C), tandis que *b* reste sur (B). On trouve alors que les axes simultanés sont *gg'*, *hh'*.

Mais puisqu'il s'agit des mêmes déplacements d'une même figure, ces axes simultanés de rotation doivent coïncider avec les premiers. On a donc ce théorème :

Pour une surface telle que la distance de deux quelconques de ses centres de courbure principaux correspondants reste constante, les plans des sections principales de l'une des nappes de sa développée passent par les centres de courbure principaux de l'autre nappe.

De là résulte que :

Le produit des rayons de courbure principaux de l'une ou l'autre des nappes de cette surface est égal au carré de la distance constante des centres de courbure principaux correspondants.

Supposons que le dièdre droit des sections principales d'une surface (S), tourne autour de L, la normale A vient en A_1 et touche (B) et (C) en des points dont nous désignerons les distances à A par b_1 et c_1. La projection de A_1 sur (T) coupe *as* et *bs'* en des points dont les distances à *a* sont aussi égales à

b_1, c_1. Mais cette projection de A_1 est perpendiculaire à la direction conjuguée de la tangente en a à (l); on a alors

$$\frac{lq}{aq} \cdot \frac{c_1}{b_1} = \frac{R_1}{R_2}.$$

En considérant des triangles semblables, qu'on aperçoit facilement, on a

$$c_1 = au' \frac{dR_1}{R_1}, \qquad b_1 = au \frac{dR_2}{R_2};$$

substituant ces valeurs dans la relation précédente, il vient

$$\frac{lq \times au'}{aq \times au} \frac{dR_1}{dR_2} = \left(\frac{R_1}{R_2}\right)^2$$

ou, en appelant φ et ψ les angles que font avec as les tangentes en a à (l) et (m),

(1) $$\tang\varphi \tang\psi \frac{dR_2}{dR_1} = \left(\frac{R_2}{R_1}\right)^2.$$

Si φ' et ψ' sont les angles que font avec as les tangentes conjuguées des tangentes à (l) et (m), on a

$$\tang\varphi \tang\varphi' \tang\psi \tang\psi' = \left(\frac{R_2}{R_1}\right)^2;$$

par suite, la relation (1) devient

(2) $$\tang\varphi' \tang\psi' = \frac{dR_2}{dR_1}.$$

Les relations (1) et (2) correspondent à deux théorèmes généraux dont nous n'énoncerons que les conséquences suivantes :

Les normalies qui touchent les nappes de la développée d'une surface suivant des courbes conjuguées ont pour directrices :

$1°$ *Des courbes dont les directions conjuguées font avec as des angles complémentaires, lorsque* $R_1 - R_2 = $ const.;

$2°$ *Des courbes dont les directions conjuguées sont perpendiculaires entre elles, lorsque* $R_1 + R_2 = $ const.;

$3°$ *Des courbes qui sont conjuguées lorsque* $R_1 R_2 = $ const.;

$4°$ *Des courbes telles que la direction de l'une est symétrique de la direction conjuguée de l'autre, lorsque* $\frac{R_1}{R_2} = $ const;

5° *Des courbes faisant avec as des angles complémentaires, lorsque*

$$\frac{1}{R_1} - \frac{1}{R_2} = \text{const.};$$

6° *Des courbes se rencontrant à angle droit, lorsque* $\frac{1}{R_1} + \frac{1}{R_2} = \text{const.}$, etc.

Ces théorèmes ou leurs réciproques donnent lieu aussi à d'intéressantes conséquences parmi lesquelles celles-ci :

Lorsque le produit des rayons de courbure d'une surface est constant, les normales qui ont pour directrices des lignes asymptotiques de cette surface touchent les nappes de la développée de cette surface suivant des lignes asymptotiques.

Lorsque, entre les rayons de courbure d'une surface, on a la relation

$$\frac{1}{R_1} + \frac{1}{R_2} = \text{const.},$$

les nappes de la développée de cette surface sont convexes.

Ceci s'applique aux surfaces à étendue minima. Ainsi l'hélicoïde gauche à plan directeur a pour développée une surface qui est hélicoïdale et convexe.

DÉPLACEMENT DE QUELQUES TRIÈDRES PARTICULIERS.

Prenons d'abord *un trièdre trirectangle dont les arêtes sont la tangente, la normale principale et la binormale en un point d'une courbe gauche* (a).

Ce trièdre se déplace de façon que son sommet a décrive la courbe (a) *et ses faces sont toujours un plan osculateur, un plan normal et un plan rectifiant de* (a).

Appelons T la tangente en a, N la normale principale de (a) en ce point et B la binormale.

Cherchons les foyers et les caractéristiques des faces du trièdre mobile.

Le plan normal en a, qui se déplace en restant normal à (a), a pour caractéristique l'axe de courbure Δ de cette courbe. Cette droite est la conjuguée de T.

Le plan osculateur a pour caractéristique la droite T.

Le point a est le foyer du plan normal à (a).

Le foyer du plan osculateur étant à la rencontre de ce plan et de la droite Δ n'est autre que le centre de courbure de (a) pour le point a.

Cherchons la caractéristique du plan rectifiant (B, T).

Appelons *da* l'angle de contingence de (a) en a, *d*(a) un arc infiniment petit de (a), ρ le rayon de courbure de cette courbe en a, $d\omega$ la rotation infiniment petite du dièdre autour de l'axe du déplacement X : on a (p. 117)

$$d\alpha = \sin(T, X)\, d\omega;$$

mais

$$d\alpha = \frac{d(a)}{\rho};$$

donc

$$\frac{d(a)}{\rho} = \sin(T, X)\, d\omega;$$

d'où

$$\frac{d(a)}{d\omega} = \rho \sin(T, X).$$

Considérons le plan osculateur en a : il fait avec le plan osculateur infiniment voisin un angle égal à $\dfrac{d(a)}{r}$, r étant le rayon de seconde courbure de (a). Cet angle est aussi égal (p. 117) à $\cos(T, X)\, d\omega$, en désignant par (T, X) l'angle du plan osculateur avec X; car l'axe du déplacement X est parallèle au plan rectifiant, puisque ce plan n'est autre que le plan normal au plan osculateur mené suivant la caractéristique T de ce plan.

Ainsi

$$\frac{d(a)}{r} = \cos(T, X)\, d\omega;$$

d'où

$$\frac{d(a)}{d\omega} = r \cos(T, X).$$

Par suite, en rapprochant cette valeur de celle qui a été trouvée plus haut, il vient

$$\frac{r}{\rho} = \tan(T, X).$$

Nous avons ainsi la tangente de l'angle que l'axe du déplacement fait avec T. La caractéristique cherchée étant, dans le cas actuel, parallèle à X, nous l'obtiendrons en menant du point a dans le plan rectifiant une droite faisant avec T un angle dont la tangente est égale à $\dfrac{r}{\rho}$.

Cette caractéristique n'est autre que la droite rectifiante de Lancret. Elle est la caractéristique du plan normal à la surface développable lieu des droites T, plan qui se déplace en restant normal à cette surface; c'est alors aussi l'axe de courbure de cette surface développable.

L'axe X du déplacement du trièdre mobile est parallèle à cette droite; il rencontre N et l'on a sa distance à T et à Δ, puisque ces droites sont conjuguées (théorème XXVII). Cet axe est donc déterminé.

Prenons *un trièdre trirectangle qui a pour arêtes : la normale* A *à une surface* (S) *au point a d'une courbe* (a) *tracée sur cette surface, la tangente* T *en a à cette courbe et la perpendiculaire* P *élevée de a à ces deux droites. Il se déplace de façon que ses faces soient toujours un plan normal en a à* (a), *un plan* (T) *tangent en a à* (S), *et enfin un plan normal à* (S) *mené par* T.

Pendant le déplacement, *a* décrit (*a*), la droite A engendre une normalie à (S) et la droite T engendre une surface développable.

Le plan normal en *a* à (*a*) a pour caractéristique l'axe de courbure de (*a*). Cette droite rencontre A au centre de courbure *l* de la section faite dans (S) par le plan normal qui contient T.

Le plan central de la normalie (A) est parallèle à l'axe X relatif au déplacement du trièdre et contient la tangente conjuguée de T.

Le foyer du plan (T, A) est sur la normale A au point où le plan (T, A) est normal à la normalie : c'est donc le centre de courbure *l*.

On voit de la même manière que le foyer du plan (T) est sur P à la rencontre de cette droite avec l'axe de courbure de (*a*).

On peut dire aussi que cet axe de courbure est la conjuguée de T et qu'il rencontre les faces du dièdre (A, T), (P, T) aux foyers de ces faces.

La droite P étant normale à la trajectoire d'un de ses points, il n'y a pas lieu de chercher sa conjuguée; mais on peut facilement déterminer l'adjointe au plan perpendiculaire à P. Cette droite est l'intersection des plans perpendiculaires aux faces (P, A), (P, T) menés suivant les caractéristiques de ces faces, caractéristiques que l'on connaît.

Prenons *un trièdre trirectangle dont le sommet est a, dont une face* (T) *est tangente en son point a à une surface* (S) *et dont une arête* G *est tangente à une ligne de courbure de* (S). *Ce trièdre se déplace de façon que* G *reste toujours tangente à une ligne de courbure du même système.*

Le point *a* peut se déplacer sur (S) dans toutes les directions. Pour chacune des positions de ce point, la droite G reste tangente à la ligne de courbure du même système qui passe par *a*, et la position de cette droite G détermine celle du trièdre lui-même.

Nous avons vu (théorème LIII) que les droites D, Δ à l'aide desquelles on obtient tous les déplacements de la figure sont situées dans les plans des sections principales de (S) et sont issues des centres de courbure principaux de cette surface. En outre, nous savons que, lorsque a se déplace sur l'une ou l'autre des lignes de courbure qui passent par ce point, la droite G engendre des éléments de surface développable. Pour pouvoir obtenir ces déplacements de G par une simple rotation autour de l'une ou l'autre des droites D ou Δ, *ces droites doivent donc être les axes de courbure des lignes de courbure qui passent par a.*

La connaissance de ces droites D, Δ permet de construire la normale à la surface trajectoire d'un point i entraîné avec le trièdre. On a ainsi la solution de ce problème :

Un segment ai, de grandeur constante, se déplace de façon que l'une de ses extrémités parcoure (S); *ce segment fait des angles constants avec les lignes de courbure de* (S) : *construire la normale à la surface trajectoire de i.*

DÉPLACEMENT D'UNE SURFACE DE GRANDEUR INVARIABLE ASSUJETTIE A DES CONDITIONS MULTIPLES.

La surface mobile (S) étant assujettie, pendant son déplacement, à avoir cinq de ses points a, b, c, e, k sur cinq surfaces données $[a]$, $[b]$, $[c]$, $[e]$, $[k]$, on détermine le plan normal relatif à un point i, invariablement lié à la surface (S) au moyen de la construction donnée page 123.

Je me propose d'examiner ce que devient cette construction générale lorsque, les points a, b, c, e, k n'étant plus distincts, le déplacement de (S) est soumis à des conditions multiples.

Supposons b confondu avec a. On a alors une tangente ab à (S) et le point a de cette tangente. Les deux circonstances suivantes peuvent se présenter :

1º La surface (b) est confondue avec $[a]$:

(S) *se déplace alors de manière que la droite ab soit, en son point a, tangente à la surface $[a]$, les points c, e, k restant toujours sur les surfaces $[c]$, $[e]$, $[k]$.*

2º Les surfaces $[a]$ et $[b]$ se coupent suivant une courbe (a):

(S) *se déplace de manière que le point a décrive une courbe (a), les points c, e, k restant sur les surfaces $[c]$, $[e]$, $[k]$.*

Examinons seulement le premier cas, le deuxième ayant déjà été traité. Désignons toujours par les grandes lettres A, B, ... sans parenthèses les normales aux surfaces fixes, qui, pour une position quelconque de la figure mobile, sont issues des points a, b, ...

Les deux normales A, B, qui étaient distinctes, appartiennent maintenant à la normalie à [a], dont la directrice est la tangente ab.

Pour construire le plan normal relatif au point i entraîné, on détermine le couple de droites conjuguées D et Δ, qui rencontrent A, C, E, K, puis le couple D', Δ', qui rencontrent C, E ainsi que A, et la normale infiniment voisine de cette droite qui s'appuie sur ab. Ces droites D', Δ' sont des génératrices de l'hyperboloïde qui a pour directrices A, C, E; elles sont issues des points où cet hyperboloïde touche la normalie. De cette normalie, on connaît le plan tangent en a, qui est le plan de A et de ab, et les plans tangents en γ_1, γ_2, centres de courbure principaux de [a] situés sur A, c'est-à-dire les plans des sections principales de [a].

Connaissant deux couples de droites conjuguées, on résout facilement, comme nous l'avons vu page 124, tous les problèmes relatifs au déplacement de (S).

Rapprochons le point c des deux premiers déjà confondus, deux cas peuvent se présenter :

1° Le point c peut arriver en a, de façon que la tangente ac au chemin suivi par c fasse avec ab un angle fini;

2° Le point c peut arriver en a tangentiellement à la droite ab en suivant une courbe J tracée sur (S).

Quant à la surface [c], je suppose d'abord qu'elle soit réunie en [a] avec les surfaces [a], [b] déjà confondues.

Dans le premier cas, (S) *se déplace de façon que ses tangentes ab, ac touchent, en leur point a, une surface donnée* [a], *les points c et k restant toujours sur* [c] *et* [k].

D'après le théorème LIII, si l'on fait abstraction du point k, les droites D, Δ qui partent des centres de courbure principaux γ_1, γ_2 de [a] et qui passent par les points de rencontre de E avec les plans des sections principales de cette surface forment un premier couple de droites conjuguées.

En introduisant K à la place de E, on obtient un deuxième couple.

Nous savons que la connaissance de ces deux couples suffit pour la solution complète des problèmes relatifs au déplacement de la surface mobile (théorème XLVII). Je ne reproduirai plus cette remarque, applicable toutes les fois qu'on possède deux couples de droites conjuguées.

M.

31

Dans le deuxième cas, (S) *se déplace de façon que la courbe* J *ait en son point a un contact du deuxième ordre avec la surface* [a], *les points e et k restant toujours sur les surfaces* [e], [k].

On considère alors l'hyperboloïde osculateur, suivant A, à la normalie à [a] dont la directrice est J. La droite E rencontre cet hyperboloïde en deux points, par lesquels passe un premier couple de droites conjuguées. Le deuxième couple est déterminé en faisant usage de la droite K.

Nous avons supposé que [c] venait se confondre avec [a] et [b], déjà réunies en [a]. Supposons que [c] vienne se confondre avec [a], tandis que [b] coupe cette surface suivant la courbe (a).

(S) *se déplace alors de telle façon que son point a décrive une courbe* (a) *tracée sur une surface donnée* [a], *et que la tangente ac à* (S) *soit tangente à* [a], *les points e et k de* (S) *se déplaçant sur les surfaces* [e], [k].

On détermine facilement un couple de droites conjuguées, en considérant pour cela deux normales à (a) issues du point a.

Rapprochons indéfiniment le point e des trois premiers déjà confondus.

Ce rapprochement peut être effectué de trois manières :

1° Le point e arrive en a en suivant un chemin ae, différent des chemins ab, ac, supposés distincts;

2° Le point e arrive en a en suivant un chemin ae, différent du chemin déterminé par a, b, c, points qui appartiennent à une courbe J;

3° Le point e arrive en a en suivant un chemin qui se raccorde avec la courbe J, sur laquelle on a alors à considérer quatre points infiniment voisins a, b, c, e.

Supposons d'abord que la surface [e] soit confondue avec [a], [b], [c] déjà réunies en [a].

Dans le premier cas, la surface (S) n'est assujettie qu'à quatre conditions : elle doit être tangente en son point a à une surface [a] et avoir un point k sur une surface [k], et nous savons alors construire les droites D et Δ.

Dans le deuxième cas, *la surface* (S) *est assujettie à avoir le point k sur la surface* [k] *et à se déplacer en restant tangente, en son point a, à* [a], *de telle façon que la courbe* J *qu'elle contient ait avec la surface* [a] *un contact du deuxième ordre.*

Lorsque, pour une de ses positions, (S) remplit ces conditions, en vertu du théorème de Meusnier, toute courbe tracée sur (S) tangentiellement à J en *a* a aussi avec [*a*] un contact du deuxième ordre; par suite, le même déplacement de (S) peut être défini au moyen de l'une quelconque des courbes qu'on peut ainsi tracer sur cette surface. Cette remarque conduit immédiatement à une propriété utile des normalies. En effet, n'assujettissons plus le point *k* à rester sur [*k*]: (S) n'est alors soumise qu'à quatre conditions. Dans ce cas, les deux droites D, Δ sont des génératrices de l'hyperboloïde osculateur le long de A à la normalie à [*a*] dont la directrice est J, génératrices qui doivent être situées dans les plans des sections principales de [*a*] et menées des centres de courbure principaux γ_1, γ_2, situés sur A; mais nous venons de voir que le même déplacement de (S) peut être obtenu au moyen d'autres courbes tracées sur cette surface: on doit donc, en employant l'une ou l'autre de ces courbes, obtenir les mêmes droites D, Δ.

De là résulte la propriété suivante :

Théorème LXXXVIII. — *Les normalies à* [*a*] *qui ont pour directrices des courbes tangentes entre elles en a admettent aux centres de courbure principaux* γ_1, γ_2 *de* [*a*] *les mêmes droites osculatrices situées dans les plans des sections principales de cette surface; en d'autres termes, elles ont en* γ_1, γ_2 *un contact du second ordre.*

Ce théorème, qui découle si naturellement de la considération du déplacement de (S), est un cas particulier du théorème sur les normalies démontré page 157.

Revenons au deuxième cas. Sans tenir compte de la normale K, on a déjà un couple de droites D, Δ.

Le deuxième couple est fourni par les deux génératrices de l'hyperboloïde osculateur issues des points où cette surface est rencontrée par la droite K.

Dans le troisième cas, (S) *se déplace de façon que le point k reste sur la surface* [*k*] *et que la courbe J que cette surface* (S) *contient ait en son point a, avec la surface* [*a*], *un contact du troisième ordre.*

Considérons l'hyperboloïde osculateur le long de A à la normalie à [*a*] dont la directrice est J. Cet hyperboloïde est rencontré en deux points par K; les génératrices qui passent par ces points, et qui ne sont pas du même système que la normale A, forment un premier couple de droites conjuguées.

Le deuxième couple est formé par l'ensemble des droites qui rencontrent A et qui ont avec la normalie un contact du troisième ordre.

Si les quatre surfaces [*a*], [*b*], [*c*], [*e*] ne sont pas supposées confondues, quatre hypothèses doivent être faites.

Je signalerai simplement la suivante :

|a| et |b| se coupent suivant une courbe (a), [c] est supposée confondue avec |a|, et [e] est confondue avec |b|.

On a alors :

Une surface (S) *qui se déplace de façon qu'une de ses tangentes ab soit constamment tangente, en son point a, à une courbe donnée* (a), *tandis qu'un de ses points k reste sur une surface* [k].

Enfin, rapprochons indéfiniment le point *k* des quatre premiers déjà réunis, en supposant que la surface [*k*] vienne elle-même se confondre avec les quatre premières surfaces réunies en une seule [*a*].

Nous avons à distinguer différentes circonstances :

1° Le point *k* suit un chemin différent de *ab*, *ac*, *ae*;

2° Le point *k* suit un chemin différent de *ae*, et de *a*, *b*, *c* qui sont sur une courbe J;

3° Le point *k* suit un chemin qui se raccorde avec *ae* et détermine une courbe J, différente de J, laquelle contient *a*, *b*, *c*;

4° Le point *k* suit un chemin différent de *a*, *b*, *c*, *e*, points appartenant à une même courbe J;

5° Le point *k* suit un chemin qui se raccorde avec une courbe J tracée sur (S), et qui contient déjà les quatre points *a*, *b*, *c*, *e*.

Dans le premier et le deuxième cas, la surface n'est plus soumise, pendant son déplacement, à cinq conditions.

Dans le troisième cas, *la surface* (S) *est assujettie à se déplacer de façon que les courbes* J *et* J, *qu'elle contient aient en leur point de rencontre avec la surface* [*a*] *un contact du deuxième ordre.*

Les génératrices de l'hyperboloïde osculateur de la normalie à [*a*] dont J est la directrice, et qui sont issues des centres de courbure principaux γ_1 et γ_2 situés sur A, forment un premier couple de droites conjuguées; de même, en considérant J$_1$, on a un deuxième couple de droites conjuguées.

En particulier, J et J$_1$ peuvent être sur (S) les deux lignes asymptotiques qui passent en *a*; on voit alors que (S) touche la surface [*a*] suivant *une courbe* (a), *lieu des points de* [*a*] *pour lesquels les indicatrices sont semblables entre elles.* A l'aide des deux couples de droites conjuguées que nous savons construire, nous pouvons déterminer la tangente en un point de ce lieu.

On peut définir ce lieu à un autre point de vue. Supposons que (S) soit réduite à un plan (P) sur lequel on a deux droites J et J, qui se coupent en *a*. Le plan (P) se déplace alors de telle façon que les droites J et J, soient osculatrices en *a* à la surface fixe [*a*]. En définitive, on a :

Un angle (J, J,) *de grandeur constante, qui se déplace de telle façon que ses côtés soient osculateurs, en leur point de rencontre, à une surface fixe.*

Le sommet de cet angle décrit une courbe qui n'est autre que le lieu dont je viens de parler et dont on peut construire facilement la tangente.

Dans le quatrième cas, (S) *est assujettie à toucher* [*a*] *en son point a, et une courbe* (J) *qu'elle contient doit avoir avec* [*a*] *un contact du troisième ordre.*

Un premier couple de droites conjuguées s'obtient en menant, des centres de courbure principaux γ_1, γ_2, les droites osculatrices de la normalie à [*a*] dont J est la directrice. Le deuxième couple de droites conjuguées est formé des droites qui s'appuient sur A et qui ont avec la normalie un contact du troisième ordre.

Enfin le cinquième cas est celui où (S) *se déplace de telle façon qu'une courbe* J *qu'elle contient ait, toujours en un de ses points a, un contact du quatrième ordre avec la surface fixe* [*a*].

Les droites qui ont avec la normalie à [*a*] dont J est la directrice un contact du troisième ordre forment le premier et le seul couple de droites que l'on puisse construire. Pour un point *i*, invariablement lié à (S), on peut construire la droite I, issue de ce point et rencontrant D, Δ, droite qui fait partie du plan normal relatif à ce point.

Ce plan normal est la limite des positions d'un plan contenant I, et une droite telle que celle-ci s'appuyant sur les droites respectivement infiniment voisines de D et Δ, et qui ont avec la normalie un contact du troisième ordre.

Si toutes les surfaces [*a*], [*b*], [*c*], [*e*], [*k*] ne sont pas réunies en une seule, les circonstances suivantes peuvent, par exemple, se présenter :

(S) *se déplace de façon à rester tangente, en son point a, à une surface* [*a*]; *une de ses tangentes ab reste tangente à une courbe* (*a*) *tracée sur* [*a*];

Une surface (S), *qui contient une courbe* J, *se déplace de façon que la courbe* J *reste tangente, en son point a, à une courbe* (*a*) *tracée sur* [*a*] *et ait avec cette surface un contact du deuxième ordre.*

THÉORIE DU DÉPLACEMENT D'UNE FIGURE DE FORME INVARIABLE LORSQUE CE DÉPLACEMENT N'EST ASSUJETTI QU'A QUATRE CONDITIONS (Suite).

Lorsqu'une figure de grandeur invariable n'est assujettie dans son déplacement qu'à quatre conditions, on peut la déplacer d'une infinité de manières à partir de la position qu'elle occupe. Les points de cette figure restent sur leurs surfaces trajectoires et, comme nous l'avons déjà démontré, pour une position de cette figure les normales à ces surfaces rencontrent, toutes, les deux mêmes droites.

Cette propriété étant fondamentale pour tout ce qui suit, je vais en donner une deuxième démonstration.

Prenons une droite G assujettie dans son déplacement à avoir ses trois points a, b, c sur trois surfaces données. Pour un déplacement arbitraire, cette droite a une conjuguée qui rencontre les droites A, B, C normales aux surfaces [a], [b], [c] en a, b, c. Cette conjuguée est alors une génératrice de l'hyperboloïde défini par ces trois normales. Inversement, une quelconque des génératrices de cet hyperboloïde est une conjuguée de G relative à un déplacement de cette droite. Les plans qui passent respectivement par ces différentes conjuguées et par un point de G sont les plans normaux aux différentes trajectoires décrites par ce point. Tous ces plans normaux se coupent suivant la génératrice de l'hyperboloïde (A, B, C) qui passe par ce point et qui est du même système que A, B, C. Cette génératrice est alors la normale à la surface trajectoire de ce point de G. Comme ce point est arbitraire, on a le théorème suivant :

THÉORÈME LXXXIX. — *Lorsque trois points d'une droite restent chacun sur une surface donnée, les normales aux surfaces trajectoires des points de cette droite appartiennent à un hyperboloïde.*

Supposons que la droite G fasse partie d'une figure de forme invariable et qu'un point m de cette figure soit assujetti à se déplacer sur une surface [m], pendant que les points a, b, c de G se déplacent sur [a], [b], [c]. Désignons par A, B, C, M les normales à ces surfaces issues, pour une position quelconque de la figure, des points a, b, c, m.

Les normales aux surfaces trajectoires des points de G appartiennent à un hyperboloïde (A, B, C), qui est rencontré par M en deux points. Par ces points passent les génératrices D, Δ de cet hyperboloïde, du même système que G. Par le point *m* menons une droite H qui rencontre G au point *n*. Le plan des deux droites G, H coupe l'hyperboloïde (A, B, C) suivant G et une droite L. Désignons par *l* le point où cette droite rencontre H.

La normale N à la surface trajectoire du point *n* rencontre D, Δ; il en est de même de L, droite qui est normale à la surface trajectoire du point *l*. L'hyperboloïde (A, B, C) et l'hyperboloïde des normales aux surfaces trajectoires des points de H, qui se coupent suivant les droites L, N, se coupent en outre suivant les droites D, Δ. Les normales aux surfaces trajectoires des points de H rencontrent donc D et Δ, et, comme la droite H est quelconque dans le plan (G, *m*), il en est de même des normales aux surfaces trajectoires de tous les points de ce plan.

La normale à la surface trajectoire d'un point quelconque de la figure rencontre ce plan en un point, et, comme elle est la normale à la surface trajectoire de ce point, elle s'appuie aussi sur D et Δ; donc nous retrouvons que :

Les normales aux surfaces trajectoires des points d'une figure de forme invariable rencontrent, toutes, deux mêmes droites D, Δ.

Remarque. — Les normales aux surfaces trajectoires de deux points quelconques de la figure mobile ne peuvent se rencontrer que sur ces droites.

Reprenons la droite mobile G.

Les plans tangents aux surfaces trajectoires des points de cette droite sont respectivement perpendiculaires aux génératrices d'un hyperboloïde; ils sont donc parallèles aux plans tangents au cône supplémentaire du cône directeur de cet hyperboloïde. Ce cône supplémentaire, qui est du deuxième ordre, est le cône directeur de la développable enveloppe de ces plans tangents. Ainsi :

THÉORÈME XC. — *La surface enveloppe des plans tangents aux surfaces trajectoires des points d'une droite a un cône directeur du deuxième ordre.*

Cherchons le degré de cette surface développable. Considérons pour cela un premier déplacement de G : nous savons que les tangentes aux trajectoires des points de cette droite appartiennent à un paraboloïde contenant G. Pour un autre déplacement de la droite mobile, à partir de sa première position, on a un autre paraboloïde passant aussi par G. Les tangentes aux trajectoires d'un même point *m* relatives à ces deux déplacements sont donc les génératrices de deux paraboloïdes. Le plan de ces tangentes étant le plan tangent à la surface trajectoire du point *m*, on voit ainsi que les plans tangents aux surfaces trajectoires des points d'une droite sont tangents à deux paraboloïdes ayant une génératrice commune; par suite l'enveloppe de ces plans tangents est du quatrième ordre et de la troisième classe. Ainsi :

THÉORÈME XCI. — *La surface développable enveloppe des plans tangents aux surfaces trajectoires de tous les points d'une droite est du quatrième ordre et de la troisième classe.*

(Le théorème LXXX fait partie de la théorie que je développe maintenant; mais, comme il a été déjà démontré page 215, je ne le reproduis pas ici.)

Un point à l'infini sur la cubique, dont il est question dans le théorème LXXX, correspond à une section normale à une surface trajectoire, dont le plan contient la tangente à une ligne asymptotique de cette surface trajectoire. Comme trois points de cette cubique sont à l'infini, on a ce théorème :

THÉORÈME XCII. — *Sur une droite mobile, il y a trois points dont les trajectoires sont tangentes à des lignes asymptotiques de leurs surfaces trajectoires.*

Puisque, sur une droite quelconque, il existe trois points de cette nature, les points d'une figure de forme invariable, qui jouissent de la propriété de décrire des éléments de lignes asymptotiques sur leurs surfaces trajectoires, appartiennent à une surface du troisième ordre. Cette surface doit contenir D et Δ, car les points de chacune de ces droites décrivent toujours les mêmes éléments de lignes. Ainsi :

THÉORÈME XCIII. — *Le lieu des points d'une figure de forme invariable dont les trajectoires sont tangentes à des lignes asymptotiques de leurs surfaces trajectoires est une surface du troisième ordre qui contient les droites* D, Δ.

Pour chaque déplacement, on a une surface du troisième ordre différente. On peut remarquer que par un point quelconque il ne passe que deux de ces surfaces du troisième ordre : elles correspondent aux déplacements qui font décrire à ce point des éléments des deux lignes asymptotiques de sa surface trajectoire.

Si l'on déplace une droite de façon que les trajectoires de quatre de ses points soient tangentes à des lignes asymptotiques des surfaces trajectoires de ces points, cette droite est tout entière sur la surface du troisième ordre relative à ce déplacement, et, par suite, tous ses points jouissent de cette propriété. Ainsi :

THÉORÈME XCIV. — *Si les trajectoires de quatre points d'une droite sont tangentes à des lignes asymptotiques des surfaces trajectoires de ces points, il en est de même des trajectoires de tous les points de la droite.*

Tous les points des droites réelles de la surface du troisième ordre dont nous venons de parler jouissent de la propriété de décrire simultanément des éléments de lignes asymptotiques sur leurs surfaces trajectoires. Comme sur une surface du troisième ordre il y a toujours au moins une droite réelle, on voit que :

THÉORÈME XCV. — *Dans une figure de forme invariable, il existe toujours au moins une droite dont tous les points décrivent des éléments de lignes asymptotiques sur leurs surfaces trajectoires.*

Je ne parle pas des droites D, Δ, qui peuvent être imaginaires.

A deux positions successives de la figure mobile correspondent deux surfaces du troisième ordre analogues à la précédente. Les points de la ligne d'intersection de ces deux surfaces décrivent des trajectoires ayant successivement deux éléments en commun avec des lignes asymptotiques de leurs surfaces trajectoires, c'est-à-dire ayant avec ces lignes asymptotiques un contact du deuxième ordre. Les deux surfaces du troisième ordre se coupent suivant une ligne de l'ordre 3^2. Ainsi :

THÉORÈME XCVI. — *Le lieu des points d'une figure dont les trajectoires ont avec des lignes asymptotiques de leurs surfaces trajectoires un contact du deuxième ordre est une ligne d'ordre 3^2.*

Introduisons, pour une troisième position de la figure, une troisième surface du troisième ordre. Cette surface coupe les deux premières aux points dont les trajectoires ont un contact du troisième ordre avec les lignes asymptotiques des surfaces trajectoires de ces points. Ces trois surfaces se coupent en 3^3 points. Ainsi :

THÉORÈME XCVII. — *Les points d'une figure dont les trajectoires ont un contact du troisième ordre avec des lignes asymptotiques des surfaces trajectoires de ces points sont au nombre de 3^3.*

La cubique gauche qui entre dans l'énoncé du théorème LXXX rencontre la droite G en deux points. Ces deux points de G sont donc confondus avec les

M. 3_2

centres de courbure des sections normales à leurs surfaces trajectoires. Ces sections normales ont alors leurs rayons de courbure nuls, et par suite il en est de même des trajectoires de ces deux points de G. Je reparlerai plus loin de ces points dont les trajectoires ont leurs rayons de courbure nuls.

Cherchons combien il y a de points sur une droite dont les trajectoires ont leurs plans osculateurs normaux aux surfaces trajectoires de ces points.

Prenons un plan parallèle aux tangentes aux trajectoires de tous les points de la droite mobile G, et considérons sur ce plan la base du cône directeur de la surface développable enveloppe des plans osculateurs des trajectoires de G. Par le sommet de ce cône menons des parallèles aux normales aux surfaces trajectoires des points de G. Ces parallèles sont les génératrices d'un deuxième cône du second ordre.

Il s'agit alors de mener un plan tangent au premier cône directeur coupant celui-ci suivant une droite qui soit perpendiculaire à la trace de ce plan tangent sur le plan de la base de ce premier cône.

Le lieu des perpendiculaires abaissées du sommet des cônes sur les tangentes à la base du premier de ces cônes est du troisième ordre. Ce cône du troisième ordre coupe le cône directeur de l'hyperboloïde des normales aux surfaces trajectoires des points de G suivant six génératrices. Il y a donc six droites répondant à la question que nous nous étions posée, et, par suite :

THÉORÈME XCVIII. — *Pour une position quelconque d'une droite mobile, il y a six points de cette droite dont les trajectoires ont leurs plans osculateurs normaux aux surfaces trajectoires de ces points.*

Il résulte immédiatement de là que :

THÉORÈME XCIX. — *Le lieu des points d'une figure dont les trajectoires ont leurs plans osculateurs normaux aux surfaces trajectoires de ces points est une surface du sixième ordre.*

Avant de m'occuper des points d'une figure de l'espace dont les trajectoires ont leurs rayons de courbure nuls, je vais dire un mot des points analogues relatifs au cas du déplacement d'une figure plane sur son plan.

Pour que le rayon de courbure de la trajectoire d'un point soit nul, il faut que, pour un déplacement infiniment petit, l'arc décrit soit infiniment petit d'ordre supérieur. D'après cela, le centre instantané de rotation est le seul point *réel* dont la trajectoire ait un rayon de courbure nul.

Mais nous avons vu (p. 41) que *le lieu des centres de courbure des trajectoires de tous les points d'une droite est une conique.* Les points de rencontre de la droite et de cette conique sont ceux dont la trajectoire a un rayon de courbure nul; d'après ce que je viens de dire, ces deux points sont imaginaires. Comme il y a ainsi deux points imaginaires sur toute droite du plan mobile, les points de ce plan dont les trajectoires ont leurs rayons de courbure nuls appartiennent à une conique imaginaire.

Le centre instantané de rotation, étant un point réel de ce lieu, doit être un point double, c'est-à-dire que cette conique se compose de deux droites imaginaires.

Je dis de plus que ce lieu passe par les points imaginaires à l'infini situés sur un cercle et qu'on appelle *points cycliques.* Pour le montrer, considérons sur le plan mobile une circonférence de cercle qui touche la base de la roulette du déplacement épicycloïdal de ce plan au centre instantané de rotation. Le lieu des centres de courbure des trajectoires des points de cette circonférence est une circonférence de cercle tangente à la première au centre instantané de rotation. Les points d'intersection de ces deux circonférences, qui ne sont autres que les points cycliques, doivent donc être considérés comme donnant lieu chacun à une trajectoire dont le rayon de courbure est nul (¹).

Il résulte de là déjà que :

THÉORÈME C. — *Les centres de courbure des trajectoires des points d'une courbe qui passe par les points imaginaires à l'infini situés sur un cercle appartiennent à une courbe qui passe aussi par ces points* (²).

On voit aussi que les points du plan dont les trajectoires ont leurs rayons de courbure nuls appartiennent à deux droites imaginaires qui se coupent au centre instantané de rotation et passent par les points cycliques. Ces droites imaginaires qui sont les asymptotes d'un cercle de rayon nul ont été nommées *droites isotropes.*

(¹) Du reste, ces points doivent être considérés comme immobiles, puisqu'ils appartiennent aux circonférences situées sur le plan fixe sur lequel se déplace le plan mobile.

Il n'en est pas de même dans le cas du déplacement d'une figure dans l'espace. Les sphères entraînées ne cessent pas de passer par le cercle à l'infini, et ce cercle est immobile en tant que ligne, puisqu'il appartient à toutes les sphères fixes de l'espace, mais un quelconque de ses points est entraîné avec un plan qui le contient. On doit alors considérer ce cercle comme glissant sur lui-même.

(²) *Voir,* page 43, l'équation en coordonnées polaires du lieu des centres de courbure des trajectoires des points d'une courbe quelconque.

En faisant usage de cette expression, nous dirons alors :

THÉORÈME CI. — *Lorsqu'un plan glisse sur lui-même, le lieu des points de ce plan dont les trajectoires ont leurs rayons de courbure nuls se compose des droites isotropes qui se coupent au centre instantané de rotation.*

On peut obtenir immédiatement ce résultat en employant la formule (1), page 27.

Tout ceci ne montre pas la marche à suivre pour arriver aux généralisations des derniers théorèmes.

Une simple remarque nous éclairera à ce sujet.

Une droite isotrope qui passe par le centre instantané est normale à la trajectoire de l'un quelconque de ses points. Les points du plan mobile dont les trajectoires ont leurs rayons de courbure nuls sont donc ceux pour lesquels les droites isotropes sont normales à ces lignes trajectoires. On est ainsi conduit à formuler cette remarque de la façon suivante :

THÉORÈME CII. — *Lorsqu'en un point non singulier d'une courbe la normale est une droite isotrope, cette courbe a en ce point un rayon de courbure nul.*

Cette normale isotrope est aussi, comme l'on sait, tangente à la courbe. On peut alors dans cet énoncé substituer le mot *tangente* au mot *normale*.

Analytiquement, ce théorème résulte immédiatement de l'expression du rayon de courbure d'une courbe plane, puisque le numérateur de cette expression, égalé à zéro, montre que les points de la courbe pour lesquels le rayon de courbure est nul sont ceux pour lesquels la tangente à la courbe a pour coefficient angulaire $\pm \sqrt{-1}$.

Dans le cas d'une figure de l'espace, nous allons considérer le cercle imaginaire à l'infini situé sur une sphère. Les plans tangents à ce cercle sont des *plans isotropes*, et les droites qui rencontrent ce cercle sont des *droites isotropes*.

Reprenons la droite G de l'espace. Les points de cette droite dont les trajectoires ont leurs rayons de courbure nuls sont ceux pour lesquels ces trajectoires ont des tangentes isotropes. Les plans normaux en ces points à ces courbes et qui passent par la conjuguée de G doivent donc être des plans isotropes. Il existe donc sur la droite deux points dont les trajectoires ont leurs rayons de courbure nuls, puisque par la conjuguée de cette droite on ne peut mener que deux plans isotropes. Ainsi :

THÉORÈME CIII. — *Sur une droite mobile, il y a deux points imaginaires dont les trajectoires ont leurs rayons de courbure nuls.*

Nous aurions pu arriver à ce résultat en raisonnant comme nous l'avons fait précédemment pour le cas d'une droite mobile sur un plan.

En effet, dans le cas du déplacement infiniment petit d'une figure dans l'espace, les arcs décrits simultanément sont de même ordre. Il n'y a donc pas de point réel dont la trajectoire ait son rayon de courbure nul. Nous savons que le lieu des axes de courbure des trajectoires de tous les points d'une droite est un hyperboloïde; les deux points de rencontre de la droite mobile et de cet hyperboloïde sont ceux dont les trajectoires ont leurs rayons de courbure nuls.

Si l'axe de courbure qui rencontre la droite n'était pas relatif à la trajectoire de ce point de rencontre, mais bien à la trajectoire d'un autre point de la droite mobile, il en résulterait que cette droite serait normale à la trajectoire de ce point et, par suite, aux trajectoires de tous ses points. Elle rencontrerait alors les axes de courbure des trajectoires de tous ses points et serait tout entière sur l'hyperboloïde lieu de ces axes.

On voit ainsi comment on retrouve le théorème CIII, et en outre que :

THÉORÈME CIV. — *Lorsqu'une droite est normale à la trajectoire d'un de ses points, elle est tout entière sur l'hyperboloïde des axes de courbure des trajectoires de ces points* ([1]).

Il résulte immédiatement du théorème CIII que :

THÉORÈME CV. — *Le lieu des points d'une figure de forme invariable dont les lignes trajectoires ont leurs rayons de courbure nuls est une surface imaginaire du second ordre.*

Revenons aux surfaces trajectoires des points d'une figure mobile.
Le théorème CII peut se généraliser ainsi :

THÉORÈME CVI. — *Lorsqu'en un point non singulier d'une surface la normale est une droite isotrope, cette surface a en ce point ses rayons de courbure principaux nuls, et réciproquement.*

Ce théorème résulte immédiatement de l'équation qui donne les rayons de courbure principaux d'une surface.

Si l'on veut obtenir maintenant les points d'une figure de forme invariable

---

([1]) Ce théorème résulte aussi de ce que l'hyperboloïde des axes de courbure des trajectoires des points d'une droite contient la conjuguée de cette droite, et que, dans le cas actuel, la droite mobile est à elle-même sa conjuguée.

dont les surfaces trajectoires ont un rayon de courbure principal nul, il suffit de prendre ceux dont les normales à leurs surfaces trajectoires sont des droites isotropes. Mais toutes les normales aux surfaces trajectoires des points d'une figure rencontrent D et Δ; donc les points que nous cherchons sont ceux de la surface réglée formée par les droites isotropes rencontrant D, Δ. Cette surface, qui a pour directrice le cercle imaginaire à l'infini et les droites D, Δ, est du quatrième ordre. Nous avons donc ce théorème :

Théorème CVII. — *Le lieu des points d'une figure de forme invariable dont les surfaces trajectoires ont un rayon de courbure principal nul est la surface réglée imaginaire du quatrième ordre qui passe par le cercle imaginaire à l'infini et par les droites* D, Δ.

Cette surface a trois droites doubles : D, Δ et une droite à l'infini.

Puisqu'elle contient le cercle imaginaire à l'infini, nous pouvons énoncer le théorème suivant, tout à fait analogue au théorème C :

Théorème CVIII. — *Les centres de courbure principaux des surfaces trajectoires des points d'une surface qui contient le cercle imaginaire à l'infini appartiennent à une surface qui contient aussi ce cercle.*

Il résulte du théorème CVII que :

Théorème CIX. — *Sur une droite mobile, il y a quatre points imaginaires dont les surfaces trajectoires ont un rayon de courbure principal nul.*

En un point quelconque de la surface du quatrième ordre lieu des droites isotropes rencontrant D et Δ, le plan tangent à la surface trajectoire de ce point est un plan isotrope. Si le point que l'on considère appartient aussi à une seconde surface du quatrième ordre analogue à la précédente et que l'on obtient après un déplacement infiniment petit de la figure mobile, ce point sera tel, qu'après son déplacement, le plan tangent à sa surface trajectoire sera encore un plan isotrope. Ce point aura donc décrit un élément de la ligne de contact de sa surface trajectoire et de la développable isotrope qui est circonscrite à cette surface trajectoire, c'est-à-dire un élément de ligne de courbure de celle-ci. Il en est de même de tous les points de la ligne d'intersection de ces deux surfaces du quatrième ordre. Cette ligne d'intersection se compose du cercle imaginaire à l'infini, de trois droites doubles et d'une courbe du huitième ordre.

Introduisons, pour un nouveau déplacement, une troisième surface du quatrième ordre. Ces trois surfaces du quatrième ordre contiennent chacune le cercle imaginaire à l'infini et se coupent en quarante-six points. Ces points décrivent des trajectoires ayant un contact du second ordre avec des lignes de courbure de leurs surfaces trajectoires; ils appartiennent à une courbe, à laquelle nous allons arriver, et dont tous les points jouissent de cette propriété. Dans ce but, cherchons d'abord le lieu des points de l'espace dont les trajectoires sont tangentes à des lignes de courbure de leurs surfaces trajectoires.

Reprenons la droite mobile G et l'hyperboloïde des normales aux surfaces trajectoires de ses points. En vertu du théorème LXXX, les centres de courbure des sections normales aux surfaces trajectoires des points de G, menées tangentiellement aux lignes décrites par les points de cette droite pour un déplacement arbitraire, sont sur une cubique gauche. Cette cubique varie avec le déplacement considéré. Sur chacune des normales aux surfaces trajectoires des points de G, les centres de courbure principaux sont des positions limites pour les points appartenant aux différentes cubiques qu'on peut obtenir ainsi. Le lieu des centres de courbure principaux des surfaces trajectoires des points de G est alors, sur l'hyperboloïde des normales, la courbe qui limite la région occupée par ces cubiques gauches. Ce lieu est donc l'enveloppe de ces cubiques. Les points de contact de ce lieu et de l'une des cubiques sont les points d'intersection de deux cubiques gauches infiniment voisines; par suite, ils sont au nombre de quatre. Ces quatre points de contact correspondent à des sections normales dont les centres de courbure coïncident avec des centres de courbure principaux de surfaces trajectoires. Ces sections normales sont donc tangentes à des lignes de courbure de ces surfaces trajectoires. Ainsi :

THÉORÈME CX. — *Sur une droite mobile, il y a quatre points dont les trajectoires sont tangentes à des lignes de courbure des surfaces trajectoires de ces points.*

De ce que nous venons de dire nous pouvons aussi déduire l'ordre de la courbe enveloppe des cubiques. Cette courbe est, en effet, rencontrée par une cubique en huit points, et comme elle a toujours deux points sur la normale à la surface trajectoire d'un point quelconque de G, elle doit avoir quatre points sur G ([1]). Par suite, elle est du sixième ordre. Ainsi :

THÉORÈME CXI. — *Le lieu des centres de courbure principaux des surfaces trajectoires des points d'une droite est une courbe gauche du sixième ordre.*

_____

([1]) Ceci est une conséquence de la formule $pq' + p'q$ donnée par Chasles pour déterminer le nombre des points d'intersection de deux courbes gauches tracées sur un hyperboloïde (*Comptes rendus*, 16 décembre 1861).

Du théorème CX nous concluons, comme précédemment, que :

THÉORÈME CXII. — *Le lieu des points d'une figure dont les trajectoires sont tangentes à des lignes de courbure de leurs surfaces trajectoires est une surface du quatrième ordre qui contient les droites* D, Δ.

Cette surface contient la courbe du huitième ordre que nous avons trouvée déjà. On peut aussi remarquer que par chaque point de l'espace il n'y a, en général, que deux déplacements donnant lieu à des surfaces du quatrième ordre passant par ce point.

La courbe lieu des centres de courbure principaux des surfaces trajectoires des points de G rencontre le plan de l'infini en six points. Ces centres de courbure à l'infini correspondent aux points de la droite G dont les surfaces trajectoires ont un rayon de courbure principal infini, ou, en d'autres termes, qui ont un centre de courbure à l'infini, c'est-à-dire qui sont des *points paraboliques* sur leurs surfaces trajectoires. Nous voyons alors que :

THÉORÈME CXIII. — *Sur une droite mobile, il y a six points qui sont des points paraboliques sur leurs surfaces trajectoires.*

Par suite, comme précédemment, en remarquant que, parmi les points dont les surfaces trajectoires ont un centre de courbure à l'infini, figurent ceux du cercle imaginaire à l'infini :

THÉORÈME CXIV. — *Le lieu des points d'une figure qui sont points paraboliques sur leurs surfaces trajectoires est une surface du sixième ordre qui contient le cercle imaginaire à l'infini.*

THÉORÈME CXV. — *La courbe dont les points décrivent des trajectoires tangentes aux lignes lieux des points paraboliques sur les surfaces trajectoires de ces points est de l'ordre* $6^2 - 2$.

THÉORÈME CXVI. — *Les points dont les trajectoires ont un contact du deuxième ordre avec les lignes lieux des points paraboliques sur les surfaces trajectoires de ces points sont au nombre de* $6^3 - 30$.

Ce que nous venons de dire à propos des points dont les surfaces trajectoires ont un centre de courbure principal situé sur le plan de l'infini peut se répéter en considérant les points dont les surfaces trajectoires ont un centre de courbure principal sur un plan fixe quelconque. On trouve encore dans ce cas une surface du sixième ordre. Cette surface coupe le plan donné suivant une courbe du quatrième ordre (théorème CVII) et une droite double. Cette droite joint sur le plan donné les traces des droites D, Δ.

Les normales aux surfaces trajectoires des points de G contiennent chacune deux points de la courbe du sixième ordre, lieu des centres de courbure principaux de ces surfaces. Parmi ces normales, celles qui sont tangentes à cette courbe correspondent aux points de G dont les surfaces trajectoires ont des rayons de courbure principaux égaux. Le nombre de ces normales, c'est-à-dire le nombre des génératrices de l'hyperboloïde des normales relatives à G, qui sont tangentes à la courbe du sixième ordre, donne le nombre de ces points. Au moyen d'une formule due à Chasles ([1]), on trouve que ce nombre est huit. Ainsi :

THÉORÈME CXVII. — *Sur une droite mobile, il y a huit points dont les surfaces trajectoires ont des rayons de courbure principaux égaux.*

De là résulte la conséquence suivante :

THÉORÈME CXVIII. — *Le lieu des points d'une figure dont les surfaces trajectoires ont des rayons de courbure principaux égaux est une surface du huitième ordre.*

Cherchons maintenant combien, sur une droite, il y a de points dont les surfaces trajectoires ont des rayons de courbure principaux égaux et de signes contraires.

Considérons la droite G, l'hyperboloïde des normales aux surfaces trajectoires des points de G et la courbe du sixième ordre lieu des centres de courbure principaux de ces surfaces.

A partir d'un point quelconque de G, sur la normale qui passe en ce point et en sens inverse des rayons de courbure principaux, portons des longueurs égales à ces rayons de courbure. Cette construction étant faite pour tous les points de G, les extrémités des segments ainsi obtenus appartiennent à une courbe du huitième ordre. Cette courbe rencontre la courbe du sixième ordre, lieu des centres de courbure principaux des surfaces trajectoires des points de G, en vingt points. Parmi ces points, il y en a dix qui sont communs à ces deux courbes : quatre sont situés sur G et six sont à l'infini; les dix points restants sont répartis par paires sur les génératrices de l'hyperboloïde des normales. Le segment compris entre deux de ces points pris sur une même génératrice a son milieu sur G. Ce point de G a une surface trajectoire dont les rayons de

_____

([1]) *Comptes rendus*, 16 décembre 1861.

M.

courbure principaux sont égaux et de signes contraires; il y a donc, d'après ce qui précède, cinq points de G de cette nature. Ainsi :

THÉORÈME CXIX. — *Sur une droite mobile, il y a cinq points dont les surfaces tra-jectoires ont leurs rayons de courbure principaux égaux et de signes contraires.*

D'où l'on déduit :

THÉORÈME CXX. — *Le lieu des points d'une figure dont les surfaces trajectoires ont des rayons de courbure principaux égaux et de signes contraires est une surface du cinquième ordre.*

Il est important de remarquer que les théorèmes qui viennent d'être démontrés relativement à une droite mobile se rapportent toujours à une droite absolument arbitraire.

POINTS, DROITES ET PLANS PARTICULIERS. CONOÏDE DE PLUCKER.

Lorsqu'une figure mobile de grandeur invariable n'est assujettie qu'à quatre conditions, on peut la déplacer d'une infinité de manières à partir de la position qu'elle occupe. En général, pour des déplacements infiniment petits, un point reste sur sa surface trajectoire; une droite, à partir de sa position primitive, décrit les différentes *surfaces élémentaires* d'un pinceau et un plan reste tangent à une surface, c'est-à-dire qu'il ne cesse pas de passer par le point où il touche cette surface.

Nous avons déjà parlé des points des droites D, Δ : dans tous les déplacements, ils engendrent respectivement le même élément de ligne. Nous allons chercher maintenant les droites qui, à partir de leurs positions initiales, engendrent, non plus des surfaces élémentaires de pinceaux, mais des éléments de surfaces tangents entre eux et les plans qui contiennent, non plus leurs points de contact avec les surfaces auxquelles ils restent tangents, mais des droites de contact.

Les droites D, Δ étant des axes simultanés de rotation pour tous les déplacements de la figure mobile, on déduit de là que :

THÉORÈME CXXI. — *Quel que soit le déplacement de la figure, un plan perpendi-*

culaire à D ou Δ touche, suivant la même droite, la surface à laquelle il reste tangent.

En effet, si l'on considère un plan perpendiculaire à D, sa rotation autour de cette droite le fera glisser sur lui-même; il ne se déplacera alors qu'en vertu de la rotation autour de Δ, et après un déplacement infiniment petit ce plan contiendra encore la projection de Δ faite sur lui-même.

Proposons-nous maintenant de *chercher les droites qui, à partir de leurs positions initiales et pour tous les déplacements de la figure mobile, engendrent des éléments de surfaces tangents entre eux.*

Nous avons déjà deux de ces droites : ce sont D et Δ, puisque chacun de leurs points décrit toujours un même élément. Occupons-nous de chercher les autres droites.

Appelons X l'une d'elles; prenons un point *i* sur cette droite; la normale à tous les éléments que ce point peut décrire, à partir de sa position initiale, est la droite menée du point *i* et qui s'appuie sur D et Δ.

Si la droite X engendre toujours des éléments de surfaces tangents entre eux, la droite que nous construisons ainsi est normale en *i* à tous ces éléments. De même pour chacun des points de X, il y a une droite perpendiculaire à X qui s'appuie sur D et Δ. Toutes ces droites appartiennent à un paraboloïde qui contient D, Δ, X et, en outre, X est une ligne de striction de cette surface.

Puisque ce paraboloïde a comme ligne de striction une ligne droite, l'autre ligne de striction est aussi une droite; celle-ci est alors la perpendiculaire commune à D et Δ; désignons-la par O. Cette droite O est une génératrice du paraboloïde, et X doit la rencontrer à angle droit. Ainsi :

Pour déterminer toutes les droites telles que X, nous devons chercher les lignes de striction des paraboloïdes qui contiennent D et Δ et dont un plan directeur est parallèle à la perpendiculaire commune à ces droites.

Prenons un point *a* sur Δ; une droite quelconque issue de ce point, et qui s'appuie sur D, est une génératrice de l'un de ces paraboloïdes : la perpendiculaire commune à cette droite et à O est une ligne de striction de ce paraboloïde et par conséquent une droite X. Lorsqu'on fait varier la droite issue du point *a*, on obtient toutes les droites X demandées.

Quelle est la surface formée par ces droites?

Pour répondre à cette question, cherchons suivant quelle ligne cette surface coupe le plan qui contient *a* et D. Cette dernière droite fait partie de cette intersection; pour obtenir la nature de la partie restante, faisons la projection de la figure sur un plan perpendiculaire à O. Cette droite O se projette en *o* et les droites D et Δ ont pour projections des lignes qui se coupent en ce point. Les droites issues de *a* et qui s'appuient sur D se projettent suivant toutes les lignes menées de la projection de *a*. Les perpendiculaires abaissées de *o* sur ces dernières droites sont les projections des droites X et leurs pieds appartiennent à une circonférence de cercle qui n'est autre que la projection de la ligne d'intersection dont nous nous occupons.

Nous voyons ainsi que :

La surface formée par les droites X coupe le plan (*a*, D) *suivant une droite et une ellipse : cette surface est donc du troisième ordre.*

On peut dire :

Cette surface est un conoïde droit ayant pour directrice une ellipse qui rencontre la directrice rectiligne et dont la projection sur le plan directeur est une circonférence de cercle.

Chacun des déplacements infiniment petits qu'on peut imprimer à la figure mobile, à partir de sa position initiale, est un déplacement hélicoïdal donnant lieu à un axe de déplacement. Les droites X, dont nous venons de parler, ne sont autres que ces axes de déplacement, comme cela résulte de leur construction (théorème XXV). Ainsi :

THÉORÈME CXIX. — *Lorsqu'une figure de forme invariable n'est assujettie qu'à quatre conditions, les axes de tous les déplacements qu'on peut lui imprimer, à partir de sa position primitive, sont les génératrices d'un conoïde droit du troisième ordre.*

Plücker, le premier, a signalé ce conoïde (¹); c'est pourquoi je le désigne sous le nom de *conoïde de Plücker*.

Étudions ce conoïde, dont les génératrices jouissent, comme on vient de le voir, d'une importante propriété dans la théorie qui nous occupe actuellement.

(¹) Ce conoïde joue un grand rôle dans *The theory of screws* de R.-S. BALL, où il est appelé *cylindroïde*, du nom que lui a donné M. le professeur A. Cayley.

Étude spéciale du conoïde de Plücker.

Soient (*fig.* 90) D et Δ les projections horizontales de deux horizontales données D', Δ'. La perpendiculaire commune O à ces droites se projette au point de rencontre o de D et Δ.

Fig. 90.

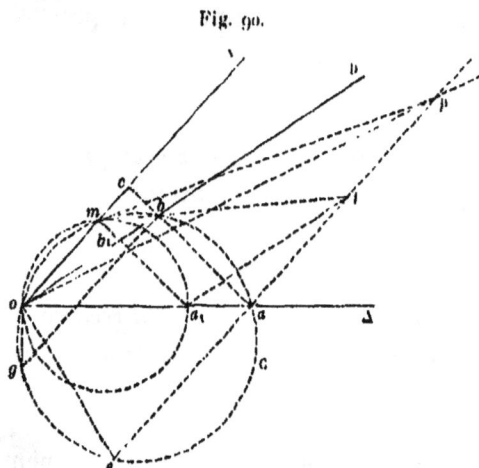

Par O, menons un plan arbitraire et prenons-le pour plan directeur d'un paraboloïde hyperbolique qui a pour directrices les deux droites données. Une des génératrices X' de ce paraboloïde est perpendiculaire à ce plan et par suite à toutes les génératrices qu'elle rencontre : elle est alors la ligne de striction de ce paraboloïde.

Lorsqu'on fait tourner autour de O le plan mené par cette droite, les droites X' engendrent un conoïde de Plücker. Ainsi :

Le lieu des perpendiculaires communes à O et aux droites qui s'appuient sur D', Δ' est un conoïde de Plücker.

Le lieu des lignes de striction des paraboloïdes isoscèles qui contiennent D' et Δ' est un conoïde de Plücker.

Si, parmi les droites qui s'appuient sur D' et Δ', on prend celles qui rencontrent une courbe quelconque, elles forment une surface réglée qui donne lieu à cette propriété :

Si une surface réglée a deux directrices rectilignes et si l'on prend les perpendiculaires communes à ses génératrices et à la perpendiculaire commune aux deux directrices rectilignes, on obtient des droites qui appartiennent à un conoïde de Plücker.

D'après cela, *les perpendiculaires communes à une génératrice d'un hyperboloïde et aux génératrices du même système appartiennent à un conoïde de Plücker.*

Revenons au conoïde défini par les horizontales D′, Δ′. Pour construire les droites X′, il suffit de mener les perpendiculaires communes à O et aux droites qui, s'appuyant sur l'une des directrices, passent par un même point de l'autre.

Prenons, par exemple, comme point fixe le point *a*′ de Δ′. Parmi les droites menées de ce point et qui s'appuient sur D′, il y en a une perpendiculaire à Δ′. Cette droite donne Δ′ comme génératrice du conoïde ; de même D′ appartient au conoïde. Sur une droite quelconque *a*′*b*′, on a le point *c*′ de la génératrice X′ et les points de D′ et Δ′. Cette droite rencontre alors le conoïde en trois points. On retrouve ainsi que :

Le conoïde de Plücker est une surface du troisième degré.

Par suite, *un plan mené par une génératrice, c'est-à-dire un plan tangent au conoïde, coupe cette surface suivant cette génératrice et suivant une conique.*

Nous avons montré qu'un plan mené par l'une ou l'autre des directrices du conoïde coupe cette surface suivant une ellipse dont la projection sur un plan parallèle à ces droites est un cercle. Comme on va le voir, cette propriété est vraie pour une génératrice quelconque du conoïde.

Le plan (X′, *a*′ *b*′) (*fig.* 91), *mené par la génératrice arbitraire* X′, *coupe le co-*

Fig. 91.

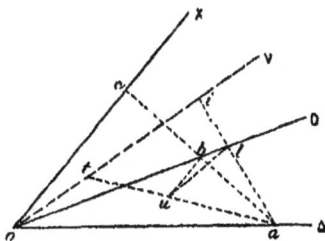

noïde suivant une conique dont la projection sur le plan directeur du conoïde est une circonférence de cercle.

Construisons le point de rencontre de ce plan et de la génératrice arbitraire V′ qui se projette suivant V.

Pour cela, cherchons l'intersection des plans $(X', a'b')$ et (V', a') qui passent déjà par a'. Coupons ces deux plans par le plan horizontal qui contient D'.

L'intersection de ce plan avec $(X', a'b')$ se projette suivant la parallèle bu à X. L'intersection avec (V', a') se projette suivant la parallèle lu à V. Ces droites se coupent au point u; au est alors la projection de la droite d'intersection des deux plans. Elle coupe V au point t; le lieu des points t, lorsque V' varie, est la projection de la courbe d'intersection du conoïde et du plan $(X', a'b')$.

L'angle $\widehat{ati} = \widehat{aul} = \widehat{abl} = \text{const.}$

Les points t appartiennent donc à la circonférence circonscrite au triangle oab.

Ainsi : *un plan mené par une génératrice, c'est-à-dire un plan tangent au conoïde, coupe cette surface suivant cette génératrice et suivant une ellipse C' dont la projection sur un plan parallèle aux deux directrices données est une circonférence de cercle.*

On peut définir un conoïde de Plücker en se donnant une verticale O, un plan directeur horizontal, et une ellipse C' qui rencontre cette droite et dont la projection sur ce plan directeur est un cercle.

En appelant *génératrices extrêmes du conoïde* celles qui sont dans les plans horizontaux tangents à C', il est facile de voir que :

Les génératrices extrêmes sont perpendiculaires l'une à l'autre; elles sont à égales distances du point milieu du segment de la perpendiculaire commune à D' et Δ' limitées à ces droites.

Les génératrices qui partent d'un même point de O font des angles égaux avec les génératrices extrêmes.

Deux génératrices à égales distances des génératrices extrêmes font respectivement des angles égaux avec ces droites.

La plus courte distance de D' et Δ' est égale à la plus courte distance entre les génératrices extrêmes multipliées par le sinus de l'angle (D', Δ').

La génération du conoïde au moyen de C' montre aussi que :

La droite O est une droite double du conoïde, puisque la section de la surface par un plan horizontal quelconque se compose de deux génératrices qui se coupent sur O.

Reprenons (*fig.* 90) la génératrice X', menons un plan par cette droite et faisons-le tourner autour de X'.

Dans chacune de ses positions, il coupe le conoïde suivant une conique C′, dont la projection est une circonférence C; je vais démontrer que :

Toutes les circonférences C, ainsi obtenues, sont tangentes entre elles en o, et que leurs centres sont sur une droite symétrique de X, par rapport à la bissectrice de l'angle (D, Δ). (PICQUET.)

Quel que soit le plan sécant mené par X′, il coupe D′ et Δ′ chacune en un point, et la droite qui joint les projections de ces points est parallèle à *ab*; donc les circonférences C, qui sont circonscrites aux triangles tels que *oab*, sont tangentes entre elles en *o*.

La tangente en *o* à ces circonférences fait, avec D, un angle égal à l'angle *bao*. La ligne des centres fait alors, avec D, un angle complémentaire de celui-ci, c'est-à-dire égal à l'angle (X, Δ). Par suite, cette droite est la symétrique de X par rapport à la bissectrice de l'angle (D, Δ).

Dans le cas particulier où les plans sécants sont menés par l'une des directrices, les circonférences correspondantes ont leurs centres sur la projection de l'autre directrice.

Construction du plan tangent. — Sur X′, on prend le point *m*′ qui se projette en *m* : on demande le plan tangent en *m*′ au conoïde.

Par *m*, faisons passer une circonférence C. Le centre de cette courbe est sur la ligne des centres que nous savons construire, et sur la perpendiculaire élevée à X du milieu de *om*. Cette circonférence C coupe Δ au point *a* : la parallèle *at* à X est la projection de la trace du plan tangent demandé sur le plan horizontal mené par Δ′.

Ce plan est, en effet, le plan mené par X′, qui coupe le conoïde suivant C′, et il contient la tangente en *m*′ à cette conique ([1]).

Cherchons directement le plan tangent en *m*′.

Menons (*fig.* 92) la génératrice projetée suivant X₁ et qui est infiniment voisine de celle projetée suivant X. Abaissons de *a* une perpendiculaire sur X₁. La droite qui joint *m* au pied *m*₁ de cette perpendiculaire est la projection d'une tangente au conoïde au point *m*′. Cette droite se projette suivant la tan-

---

([1]) *Paraboloïde osculateur.* — La conique C′ est l'intersection du conoïde par son plan tangent en *m*′. La tangente en *m*′ à C′ est alors une asymptote de l'indicatrice du conoïde en ce point. Le lieu des tangentes analogues à celle-ci, lorsqu'on fait tourner le plan sécant autour de X′, est le paraboloïde osculateur du conoïde pour la génératrice X′. Sur le plan horizontal (Δ′) la trace de ce paraboloïde est la droite *op*.

gente en m à la circonférence décrite sur oa_1 comme diamètre et comme elle est
dans le plan (a_1, D') puisque les droites projetées suivant $a_1 m$, $a_1 m_1$ s'appuient

Fig. 92.

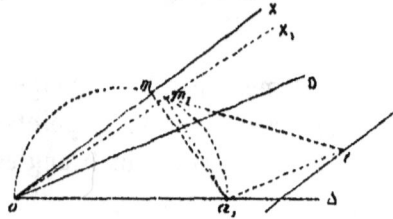

sur D', sa trace t, sur le plan horizontal qui contient Δ', est sur la parallèle $a_1 t$
à D. Du point t il suffit de mener une parallèle à X pour avoir, sur ce plan horizontal, la trace du plan tangent demandé.

On retrouve ainsi la construction précédente.

*Un conoïde de Plücker peut être engendré au moyen du déplacement continu
d'une ellipse de grandeur invariable et, pour cela, on peut employer une infinité
d'ellipses différentes.*

La démonstration que je vais donner de cette propriété est extrêmement simple ;
elle montre bien ce que doit être la courbe directrice d'un conoïde droit, pour
qu'en la déplaçant, sans modifier sa grandeur, elle puisse engendrer ce conoïde.

Appelons (Cy) un cylindre vertical de révolution dont l'axe est O, et C sa
trace sur un plan horizontal (H). Appelons $\left(\frac{Cy}{2}\right)$ un cylindre de révolution
contenant O et tangent à (Cy); désignons par $\frac{C}{2}$ sa trace sur (H). Lorsque $\left(\frac{Cy}{2}\right)$
roule dans (Cy), chacun des points de sa surface décrit une perpendiculaire
à O. Une ligne arbitraire L tracée sur $\left(\frac{Cy}{2}\right)$ engendre un conoïde droit qui a
pour directrices L et O. De là résulte que :

*Tout conoïde droit, dont la courbe directrice se projette sur le plan directeur sui-
vant une circonférence passant par le pied de la directrice rectiligne, peut être engendré au moyen du déplacement continu de cette courbe directrice.*

Prenons un exemple. On sait qu'un cylindre de révolution qui contient la
directrice rectiligne d'un hélicoïde gauche à plan directeur coupe cette surface
suivant une hélice. On peut prendre cette hélice pour directrice de l'hélicoïde
et appliquer la propriété précédente. Mais, comme le cylindre sécant n'est assu-

M.   34

jetti qu'à la seule condition de contenir la directrice rectiligne de l'hélicoïde, il en existe une infinité; donc :

Un hélicoïde gauche à plan directeur peut être engendré au moyen du déplacement continu, non hélicoïdal, d'une hélice de grandeur invariable et, pour cela, on peut employer une infinité d'hélices différentes.

Montrons que le conoïde de Plücker jouit d'une propriété analogue.

Par le centre de $\frac{C}{2}$ menons un plan arbitraire (P), il coupe $\left(\frac{Cy}{2}\right)$ suivant une ellipse E. Pendant le roulement de $\left(\frac{Cy}{2}\right)$, cette ellipse engendre le conoïde droit dont elle est la courbe directrice. Puisque la projection de E sur (H) est $\frac{C}{2}$ qui passe par *o*, pied de O sur (H), ce conoïde est un conoïde de Plücker : je le désignerai par (Pl). La section de ce conoïde par un plan mené par une quelconque de ses génératrices étant une ellipse dont la projection sur (H) est une circonférence, on obtient, pour (Pl), le mode de génération que j'ai énoncé, et, en outre, on voit que (Pl) peut être engendré ainsi d'une infinité de manières.

Il est clair que, par ce mode de génération, on n'engendre que la partie du conoïde qui est dans le cylindre à l'intérieur duquel s'effectue le roulement, mais cette partie est aussi grande que l'on veut.

La courbe d'intersection de (Pl) et d'un cylindre, qui a O pour axe de révolution, est, dans ce mode de génération, la transformée de l'ellipse génératrice de (Pl); donc : *Un conoïde de Plücker et un cylindre, dont l'axe de révolution est la droite double de ce conoïde, se coupent suivant une courbe dont les arcs sont exprimables en arcs d'ellipses.*

On a aussi les résultats suivants, qu'il suffit d'énoncer (*voir* p. 34) :

Pendant le déplacement de E, le centre de cette ellipse décrit une circonférence;

Le petit axe de cette courbe touche constamment une épicycloïde G qui est l'enveloppe d'un segment de grandeur constante dont les extrémités décrivent les côtés X_1, X_2 *d'un angle droit;*

La projection sur (H) *du grand axe de* E *enveloppe une courbe* G_1 *égale à* G *et dont les axes* X_3, X_4 *sont les bissectrices de l'angle droit précédent;*

La surface enveloppe de (P) *est une surface d'égale pente qui a* G *pour directrice, et dont l'arête de rebroussement a pour projection sur* (H) *la développée de* G, *c'est-à-dire une courbe homothétique à* G_1 *et double de celle-ci.*

Par le point *o'*, où (P) coupe O, menons l'horizontale X' de ce plan : cette droite est une génératrice de (Pl). Menons la corde *a'b'* de E parallèlement au grand axe de cette ellipse; pendant le déplacement de E, les extrémités de cette corde décrivent les droites D', Δ', et elle est successivement perpendiculaire aux génératrices de (Pl). On voit bien ainsi comment ce conoïde peut être engendré au moyen de perpendiculaires communes à O et aux segments tels que $a'b'$ qui s'appuient sur D', Δ'.

Projetons sur (H) toutes les lignes dont nous venons de parler, on obtient la *fig.* 93. Le segment ab, projection de $a'b'$, reste de grandeur constante pen-

Fig. 93.

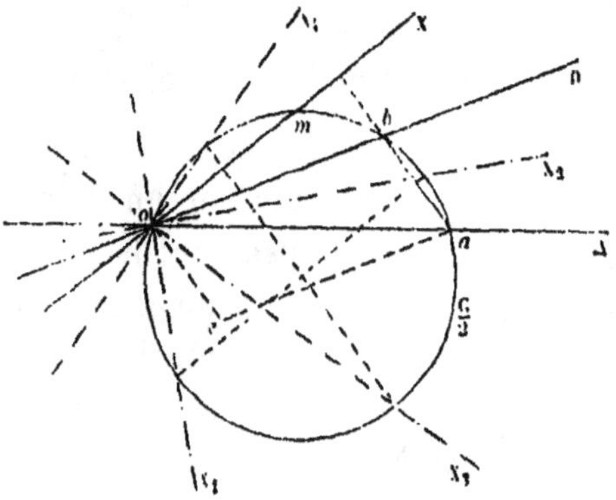

dant le déplacement de ce dernier segment. Il est évident que X_1, X_2 sont les bissectrices des angles formés par D, Δ, et que X_3, X_4 font des angles de 45° avec ces bissectrices.

Conservons la même figure, en supposant que (P) soit incliné à 45° sur (H). Le segment ab est alors égal à la plus courte distance l comprise entre D', Δ'. Le segment om, dont la longueur est égale à la distance du point central relatif à X' au point où (P) touche (Pl), donne la longueur du paramètre de distribution des plans tangents à (Pl) pour la génératrice X'. On construit alors ainsi ce paramètre : *On élève à* X *la perpendiculaire oe égale à l; du point e, on mène ea parallèlement à* D; *on abaisse ab perpendiculairement à* X : *la circonférence oab coupe* X *en m, et le segment om est la longueur demandée du paramètre relatif à* X'.

Appelons k ce paramètre, φ l'angle compris entre D et Δ, ω l'angle que X fait avec Δ; il résulte de cette construction que

$$ k = \frac{l}{\sin \varphi} \cdot \cos (2\omega - \varphi). $$

Remarquons que la circonférence oab a son centre sur la droite symétrique de X par rapport à la bissectrice X_2, et que son diamètre est égal à la plus courte distance des génératrices extrêmes du conoïde, c'est-à-dire $\frac{l}{\sin\varphi}$. Il est alors facile d'avoir l'extrémité du diamètre qui part de o; *la projection sur* X *de l'extrémité de ce diamètre donne le point m.*

D'après cela, on peut construire simplement les génératrices pour lesquelles k a une longueur donnée, comprise entre zéro et $\frac{l}{\sin\varphi}$.

Si l'on appelle ψ l'angle (X, X_2), on trouve tout de suite que

$$k = \frac{l}{\sin\varphi}\cos 2\psi.$$

Par là, ou directement, on voit que, *pour les génératrices* X_1, X_2, *qui passent par les extrémités du petit axe de* E, *le paramètre k atteint sa longueur maxima* $\frac{l}{\sin\varphi}$, *qui est la plus courte distance entre les génératrices extrêmes du conoïde; et que, pour ces génératrices extrêmes, le paramètre k est nul.*

On peut arriver de bien des manières à assurer le déplacement d'une ellipse de grandeur invariable de façon que cette courbe engendre un conoïde de Plücker; je ne donnerai que l'exemple suivant :

Une ellipse de grandeur invariable, assujettie pendant son déplacement à avoir les extrémités de son petit axe sur deux des arêtes d'un trièdre trirectangle fixe et à rencontrer la troisième arête, engendre un conoïde de Plücker.

Représentation plane relative aux déplacements d'une figure de forme invariable assujettie à quatre conditions.

Soient l, m, n trois points d'une droite mobile O. Ces points étant assujettis à rester sur les surfaces données $[l]$, $[m]$, $[n]$, la droite O peut se déplacer d'une infinité de manières autour de sa position primitive. Ces déplacements étant infiniment petits, elle engendre ainsi un pinceau $[O]$, et chacun des déplacements de O donne lieu à une *surface élémentaire* de ce pinceau.

Menons respectivement des points l, m, n les normales aux surfaces trajectoires de ces points. Ces trois normales déterminent un hyperboloïde (Hy) dont les génératrices du même système que O sont les axes instantanés au moyen desquels on obtient les déplacements de O.

Sur O, le pied e de la droite X, qui est la perpendiculaire commune à O et à l'un de ces axes, est le point central relatif à l'élément de surface engendré par O pendant sa rotation autour de cet axe. Cette perpendiculaire X est la normale en *e* à cet élément.

A chacun des déplacements de O autour de sa position correspond ainsi une droite X. Ces droites X, étant les perpendiculaires communes à O et aux génératrices de (Hy) du même système que O, appartiennent à un conoïde de Plücker (p. 162).

On voit que :

Si, des points centraux des surfaces élémentaires d'un pinceau, on élève des normales à ces surfaces, ces droites sont les génératrices d'un conoïde de Plücker.

Faisons tourner d'un angle droit ces normales autour de O. Elles deviennent les perpendiculaires communes à O et aux droites du pinceau [O].

On peut donc dire aussi :

Les perpendiculaires communes à O et aux droites du pinceau [O] *sont les génératrices d'un conoïde de Plücker.*

Prenons maintenant une figure de forme invariable dont les déplacements sont assujettis à quatre conditions. Nous avons trouvé (théorème CXIX) que le lieu des axes de tous les déplacements qu'on peut lui imprimer à partir de sa position primitive est un conoïde de Plücker.

Supposons que ce conoïde soit le lieu des droites X, dont nous venons de parler, et employons les mêmes notations. Les droites X sont maintenant les axes de tous les déplacements qu'on peut imprimer à la figure mobile, et la droite O entraînée engendre un pinceau [O].

Pour un déplacement infiniment petit de la figure mobile au moyen d'un axe X, O engendre un élément de surface de vis, et nous avons vu (p. 114) que le paramètre de distribution des plans tangents à cette surface est égal au *pas réduit* des hélices décrites pendant ce déplacement. Le pinceau [O] permet donc d'obtenir les axes des déplacements de la figure mobile, ainsi que les pas réduits des hélices décrites.

Nous allons voir, en étudiant un pinceau de droites, qu'on peut le représenter par une circonférence de cercle.

Cette circonférence représente non seulement le pinceau [O], mais elle permet aussi, d'après ce que nous venons de dire, de déterminer les éléments des déplacements d'une figure mobile assujettie à quatre conditions (¹).

_____

(¹) Voir *Académie royale d'Irlande*, séance du 9 avril 1883, un travail de M. R.-S. Ball sur ce sujet.

PINCEAUX DE DROITES ET NORMALIES.

Les recherches optiques ont conduit à l'étude des systèmes de droites. C'est Hamilton qui, dans sa théorie *Of systems of rays*, a le premier donné à cette étude le développement qu'elle comporte.

Dans un premier supplément, inséré dans les *Transactions of the royal Irish Academy*, ce Géomètre est arrivé à des propriétés des pinceaux encore peu connues. L'étude générale des systèmes de rayons rectilignes a été reprise analytiquement par Kummer dans un beau Mémoire qui a paru en 1860 (t. 57 du *Journal de Crelle*) : les *Nouvelles Annales de Mathématiques*, 2ᵉ série, contiennent une traduction de ce Mémoire faite par M. le général Dewulf.

Je vais étudier géométriquement un pinceau de droites; je considère pour cela les surfaces formées respectivement par une droite du pinceau et par cette droite prise dans chacune de ses positions infiniment voisines.

Ces surfaces que j'appelle *élémentaires* sont représentées sur un même plan par de simples lignes droites. Ces *droites auxiliaires*, dans leur ensemble, constituent une représentation plane du pinceau. Introduisant alors une circonférence de cercle, je démontre simplement les propriétés d'un pinceau déjà connues et d'autres qui n'avaient pas été remarquées.

L'intérêt de ma méthode géométrique ne consiste pas seulement dans la découverte de ses propriétés nouvelles, mais elle a l'avantage de les coordonner toutes en une théorie générale des pinceaux.

De la droite auxiliaire.

Le *Mémoire sur les surfaces engendrées par une ligne droite* que Chasles a publié dans la *Correspondance mathématique de Quetelet*, t. XI, avait surtout pour objet de montrer les avantages que la théorie du rapport anharmonique apporte en Géométrie. Pour une surface engendrée par une ligne droite, l'égalité de deux rapports anharmoniques donne immédiatement une expression de la loi de variation des plans tangents à une pareille surface aux différents points d'une génératrice.

Cette loi de variation des plans tangents est aussi mon point de départ; mais j'en abandonne tout de suite l'expression analytique pour ne considérer que sa représentation géométrique. C'est cette représentation qui donne lieu à ce que j'appelle la *droite auxiliaire*.

Prenons une génératrice G d'une surface gauche; tout plan mené par cette droite touche cette surface au point où il est rencontré par la génératrice infiniment voisine de G, c'est-à-dire en un point unique. Pour tout point de G on a pour plan tangent celui qui est déterminé par ce point et par la génératrice infiniment voisine de G. On a donc des points sur la génératrice G et les plans tangents en ces points, qui se correspondent de telle façon qu'à un point correspond un plan tangent et à tout plan mené par G ne correspond qu'un point de contact.

Afin de fixer les positions de ces points et de ces plans, prenons pour origine un point o sur G et le plan tangent en ce point à la surface gauche; les points de la génératrice seront déterminés par leurs distances à o et les plans tangents en ces points par leurs inclinaisons sur le plan tangent en o.

Soient y la distance d'un point quelconque de G au point o et Y l'angle que font entre eux les plans tangents en ces points.

En vertu de la correspondance dont je viens de parler, on doit avoir

$$y \tang Y + \lambda y + \mu \tang Y + \nu = 0,$$

dans laquelle λ, μ, ν sont des constantes.

Cette relation satisfait à la condition de donner pour chaque valeur de y une direction bien déterminée pour le plan tangent au point dont on prend la distance à o et pour toute valeur de Y une seule valeur de y.

Remarquons maintenant que, y et Y devant s'annuler en même temps, la relation précédente ne doit pas renfermer la constante ν.

La loi de variation des plans tangents aux différents points de G peut donc s'écrire

(1)
$$y + \lambda \frac{y}{\tang Y} + \mu = 0.$$

Posons

$$\frac{y}{\tang Y} = x,$$

cette relation devient

$$y + \lambda x + \mu = 0,$$

équation d'une ligne droite A (*fig.* 94) rapportée à G prise pour axe des y et à la perpendiculaire qui lui est élevée du point o prise comme axe des x.

Pour un point quelconque a' de A, on a, dans le triangle oaa',

$$oa = aa' \tang aa'o$$

ou

$$y = x \tang aa'o,$$

et, comme $y = x \tang Y$, on voit que l'angle $aa'o$ n'est autre que Y.

Mais l'angle $aa'o$ est égal à l'angle xoa'; l'angle Y correspondant au point a, c'est-à-dire l'angle que le plan tangent en a fait avec le plan tangent en o, donne alors l'inclinaison sur l'axe des x du rayon vecteur obtenu en joignant l'origine o au point a' qui se projette en a.

Ainsi, pour un point quelconque a de la génératrice G, on a l'angle que le plan tangent en ce point fait avec le plan tangent en o en mesurant l'inclinaison sur l'axe des x du rayon vecteur obtenu en joignant l'origine o au point a' qui se projette en a.

La droite A au moyen de laquelle on peut construire les angles des plans tangents à la surface gauche représente géométriquement la loi de variation exprimée par la relation (1) : c'est la *droite auxiliaire* relative au point o.

Lorsque le point a s'éloigne du point o, y croît ainsi que Y. Si a est arrivé en n, le rayon vecteur correspondant est l'axe des y.

Par suite, le plan tangent en ce point est perpendiculaire au plan tangent en o, ou, en d'autres termes, le plan tangent en o est normal en n. Ainsi :

THÉORÈME 1' ([1]). — *Pour une génératrice G d'une surface gauche, la droite auxiliaire A relative au point o de G coupe cette génératrice au point où le plan tangent en o est normal à la surface gauche.*

Lorsque a s'est éloigné indéfiniment, le rayon vecteur correspondant est la parallèle à A menée du point o. L'inclinaison de A sur l'axe des x est donc l'angle que le plan tangent au point qui est à l'infini sur G fait avec le plan tangent en o. Le plan tangent à l'infini est normal à la surface gauche au point c obtenu en projetant sur G le pied de la perpendiculaire oc' abaissée du point o sur A. Ce point c est le *point central*, le plan tangent en ce point est le *plan central*, et l'on voit que :

THÉORÈME 2'. — *Le plan central, pour la génératrice G, fait avec le plan tangent*

([1]) J'emploie un numérotage spécial pour les nombreux théorèmes relatifs à la droite auxiliaire, aux pinceaux de droites et aux normalies.

en o un angle qui est mesuré par l'inclinaison sur l'axe des x de la perpendiculaire abaissée du point o sur la droite auxiliaire relative à ce point.

A une même génératrice d'une surface gauche correspondent des droites auxiliaires relatives aux différents points de cette droite. Si nous plaçons l'origine au point central c, la droite auxiliaire correspondante sera parallèle à G, car, pour obtenir le point central, on a vu qu'il fallait projeter sur G le pied de la perpendiculaire abaissée de l'origine sur la droite auxiliaire relative à ce point.

La loi de variation des plans tangents étant exprimée par l'équation de la droite auxiliaire est donc, dans le cas particulier où l'origine est au point central,

$$x = k,$$

k étant une constante, ou

$$\frac{y}{\tan Y} = k.$$

On peut écrire $\tan Y = \frac{y}{k}$ et l'on retrouve ainsi que :

THÉORÈME 3'. — *Un plan quelconque étant mené par une génératrice d'une surface gauche, la distance au point central c du point où il est tangent à la surface est proportionnelle à la tangente trigonométrique de l'inclinaison de ce plan sur le plan tangent en c.* (CHASLES).

La constante *k, paramètre de distribution des plans tangents,* se trouve construite sur la figure, elle est égale à *cc'.*

Puisque c est un point déterminé de G, et que *cc'* est une longueur constante, le point c' est déterminé aussi. Donc :

THÉORÈME 4'. — *Les droites auxiliaires relatives aux différents points d'une même génératrice passent par un même point.*

Ce point c', qui n'est autre que le *point représentatif* dont j'ai déjà parlé (p. 143), étant connu, on obtient la droite auxiliaire A' relative à un point quelconque o' en élevant du point représentatif c' une perpendiculaire à la droite qui joint c' au point o'.

PROBLÈME 1. — *Connaissant trois points o, a, b d'une génératrice G d'une surface gauche et les plans tangents en ces points à cette surface, construire : la droite auxiliaire relative au point o, l'angle sur le plan tangent en o du plan tangent*

M. 35

en un point quelconque de G, *le point central et le paramètre de distribution des plans tangents pour la génératrice* G.

Du point o (*fig.* 94), menons les droites oa', ob' faisant avec ox des angles respectivement égaux aux angles que les plans tangents en a et en b font avec le

Fig. 94.

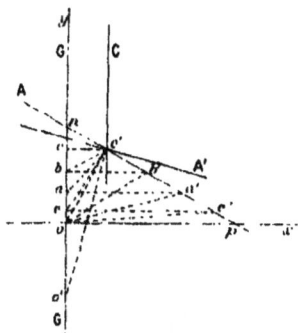

plan tangent en o. Ces droites rencontrent aux points a' et b' les perpendiculaires menées des points a et b à G : la droite A qui joint ces deux points est la droite auxiliaire relative au point o.

Au point quelconque e de G élevons la perpendiculaire ee' sur cette droite : l'angle xoe' mesure l'inclinaison du plan tangent en e sur le plan tangent en o.

Abaissons du point o la perpendiculaire oc' sur cette droite : le pied de cette perpendiculaire projeté en c sur G donne le point central; la distance cc' est le paramètre de distribution des plans tangents cherchés.

Voici une autre solution du même problème. On connaît les plans tangents aux trois points a, b, o, et les angles qu'ils font entre eux. Décrivons sur oa un segment capable de l'angle que le plan tangent en o fait avec le plan tangent en a. De même, pour o et b : les deux circonférences ainsi déterminées se coupent au point c'. Le pied c de la perpendiculaire, abaissée de ce point sur G, est le point central, et cc' est le paramètre de distribution.

Le point c', ainsi déterminé, est le point représentatif de l'élément de surface réglée le long de G, et l'on sait que la droite qui joint le point c' à un point quelconque e de G fait avec cc' un angle qui est égal à l'angle que le plan tangent en e fait avec le plan central.

Au lieu de construire le point central et le paramètre de distribution, on peut se proposer de chercher :

PROBLÈME II.   *Quelles sont les expressions de la distance* co *et l'expression de la*

*longueur cc', en fonction de ao, bo, et des angles que font, avec le plan tangent en o,
les plans tangents en a et b.*

Prenons la droite G pour axe des y, et la perpendiculaire ox pour axe des abscisses. Appelons a et b les ordonnées des points a' et b', α et β, les angles que les plans tangents en a et b font avec le plan tangent en o. Les abscisses des points a' et b' sont $\dfrac{a}{\tang\alpha}$ et $\dfrac{b}{\tang\beta}$.

L'équation de la droite Λ est

$$y = -\frac{\dfrac{1}{a} - \dfrac{1}{b}}{\dfrac{1}{a\,\tang\beta} - \dfrac{1}{b\,\tang\alpha}}\,x - \frac{\dfrac{a}{\tang\alpha} - \dfrac{b}{\tang\beta}}{\dfrac{1}{a\,\tang\beta} - \dfrac{1}{b\,\tang\alpha}}.$$

L'équation de la perpendiculaire oc' est

$$y = -\frac{\dfrac{1}{a\,\tang\beta} - \dfrac{1}{b\,\tang\alpha}}{\dfrac{1}{a} - \dfrac{1}{b}}\,x.$$

En résolvant ces deux équations par rapport à x et y pour avoir les coordonnées de leur point de rencontre c', on trouve

$$(2) \qquad x \quad \text{ou} \quad cc' = \frac{\left(\dfrac{1}{\tang\alpha} - \dfrac{1}{\tang\beta}\right)\left(\dfrac{1}{a} - \dfrac{1}{b}\right)}{\left(\dfrac{1}{a\,\tang\beta} - \dfrac{1}{b\,\tang\alpha}\right)^2 + \left(\dfrac{1}{a} - \dfrac{1}{b}\right)^2},$$

$$(3) \qquad y \quad \text{ou} \quad oc = \frac{\left(\dfrac{1}{\tang\alpha} - \dfrac{1}{\tang\beta}\right)\left(\dfrac{1}{b\,\tang\alpha} - \dfrac{1}{a\,\tang\beta}\right)}{\left(\dfrac{1}{a\,\tang\beta} - \dfrac{1}{b\,\tang\alpha}\right)^2 + \left(\dfrac{1}{a} - \dfrac{1}{b}\right)^2}.$$

On a aussi l'ordonnée à l'origine

$$(4) \qquad on = \frac{\dfrac{1}{\tang} - \dfrac{1}{\tang\alpha}}{\dfrac{1}{a\,\tang\beta} - \dfrac{1}{b\,\tang\alpha}},$$

l'abscisse à l'origine

$$(5) \qquad op = \frac{\dfrac{1}{\tang\alpha} - \dfrac{1}{\tang\beta}}{\dfrac{1}{a} - \dfrac{1}{b}}.$$

Lorsque les angles α et β diffèrent d'un angle droit

$$\tan g\,\alpha.\tan g\,\beta$$

et l'on a alors

(6)
$$\frac{1}{\sigma n} = \frac{\sin^2\alpha}{a} + \frac{\cos^2\alpha}{b},$$

(7)
$$\frac{1}{\sigma p} = \frac{1}{2}\left(\frac{1}{a} - \frac{1}{b}\right)\sin 2\alpha.$$

On peut encore arriver à la droite auxiliaire de la manière suivante en prenant le théorème 3' pour point de départ.

Soit G (*fig.* 94) une génératrice d'une surface gauche. Au point central c, élevons une perpendiculaire à G, et portons sur cette droite, à partir du point c, une longueur cc' égale à la constante qui entre dans l'énoncé du théorème 3'.

L'angle $cc'o$, d'après ce théorème, est l'angle que le plan tangent en o fait avec le plan tangent en c. De même, on connaît pour le point a l'angle que le plan tangent en ce point fait avec le plan central; par suite, les plans tangents en a et en o comprennent entre eux l'angle $ac'o$.

Je mène du point o la droite oa', faisant, avec aa', un angle égal à cet angle $ac'o$. Les points $oac'a'$ ainsi déterminés appartiennent à une même circonférence de cercle; mais l'angle oaa' est droit : donc il en est de même de l'angle $oc'a'$. Ainsi, le point a' est situé sur la perpendiculaire A, menée du point c' à oc'; comme le point a est arbitraire, tous les points tels que a' appartiennent à la même droite A.

L'angle xoa' est égal à l'angle $aa'o$; mais celui-ci, dans la circonférence $oac'a'$, a même mesure que l'angle $ac'o$. On voit donc que l'angle xoa' est égal à l'angle que font entre eux les plans tangents en a et en o.

Nous avons ainsi la droite auxiliaire A relative au point o, et nous retrouvons la propriété que cette droite possède de permettre de construire les angles des plans tangents aux différents points de G avec le plan tangent en o.

Enfin, voici une troisième manière d'arriver à la droite auxiliaire.

Considérons une génératrice G (*fig.* 94) d'une surface gauche (G), et le paraboloïde de raccordement le long de cette droite qui a, pour l'un de ses plans directeurs, un plan perpendiculaire à G. On sait que ce paraboloïde a pour sommet le point central c sur G, qu'il a, pour la génératrice G et pour sa génératrice perpendiculaire à cette droite, menée du point c, même paramètre de distribution que (G); enfin, que, sur cette dernière droite, le point c est aussi un point central.

Les deux systèmes de génératrices de ce paraboloïde sont les unes perpendiculaires à G et les autres du même système que cette génératrice.

La connaissance d'une quelconque des génératrices de ce dernier système entraîne celle de tous les plans tangents à la surface (G) aux différents points de G. Le plan tangent en un point *a* de cette droite est, en effet, le plan contenant G et la perpendiculaire à cette droite issue du point *a* qui s'appuie sur la génératrice dont je viens de parler. Mais, pour être bien représentée, cette génératrice du même système que G nécessite l'emploi de deux plans de projection; au lieu de cela, nous allons choisir parmi les génératrices du paraboloïde celle qui est bien définie, au moyen d'une seule projection, sur un plan tangent à (G). La projection de cette génératrice sera la droite auxiliaire relative au point de contact de ce plan tangent.

Prenons pour plan horizontal de projection le plan tangent en *o* à la surface (G), et pour plan vertical un plan perpendiculaire à G mené du point *o*. Sur le plan horizontal, toutes les génératrices du même système que G se projettent suivant les droites passant par un même point *n* situé sur G.

Soit *np* la droite représentant les deux projections d'une même génératrice : cette droite est, comme je vais le montrer, la droite auxiliaire relative au point *o*.

Prenons un point *a* sur G. La génératrice passant en ce point et qui est perpendiculaire à G, a pour projection horizontale *aa'* et pour projection verticale *oa'*. Le plan tangent en *a* a donc pour trace verticale *oa'*; et comme il est perpendiculaire au plan vertical de projection, *poa'* mesure l'angle qu'il fait avec le plan horizontal, c'est-à-dire avec le plan tangent en *o*. On voit donc déjà que la droite *np* permet de construire les inclinaisons des différents plans tangents aux points de G sur le plan tangent en *o*.

Cherchons le point central sur G. Pour cela, menons la perpendiculaire commune à G et à la droite projetée suivant *np*. La projection verticale de cette perpendiculaire est *oc'*; sa projection horizontale est *cc'*, et par suite, d'après ce que nous avons dit plus haut, son pied *c* sur G est le point central relatif à cette génératrice.

Cherchons le paramètre de distribution des plans tangents à la surface (G) pour G.

Ce paramètre est le même que pour le paraboloïde de raccordement, et, d'après ce que nous venons de rappeler, il est égal au paramètre de distribution des plans tangents à ce paraboloïde pour la génératrice dont les projections sont (*oc'*, *cc'*). Le point central sur cette droite a pour projection (*o*, *c*); le plan central est le plan *c'oG*; le plan tangent en *c'* au paraboloïde est déterminé par la droite (oc', cc') et par la droite projetée en np : l'angle de ces deux plans est l'angle de G et de la droite projetée suivant np.

Si nous désignons cet angle par ξ, le paramètre de distribution est égal à $\frac{oc'}{\tan g\xi}$. Comme G est perpendiculaire au plan vertical de projection, ξ est le complément de l'angle que fait avec le plan vertical la droite projetée suivant np. La tangente de ce dernier angle est $\frac{no}{np}$; le paramètre cherché est donc $\frac{oc' \times no}{np}$.

Mais les triangles semblables onp et $cc'o$ donnent $\frac{no}{np} = \frac{cc'}{oc'}$; introduisant cette valeur de $\frac{no}{np}$ dans l'expression du paramètre, on voit que celui-ci est égal à cc'. Nous retrouvons donc, pour la droite np, les propriétés de la droite auxiliaire.

Il reste à dire comment est placée dans l'espace la génératrice projetée suivant np. Cette droite est dans le plan qui, mené par op, est également incliné sur les deux plans de projection. Ce plan, qui est tangent en p au paraboloïde, fait un angle de 45° avec le plan tangent en o. On voit donc qu'on obtient *la droite auxiliaire relative au point o, en projetant sur le plan tangent en ce point la droite suivant laquelle le paraboloïde de raccordement est coupé par le plan mené par op, et faisant avec le plan tangent en o un angle de 45° (*)*.

On peut bien mener ainsi deux plans tangents; mais ils donnent simplement deux droites symétriques par rapport à G. L'une ou l'autre de ces droites peut être prise comme droite auxiliaire.

Pour la génératrice op, o est le point central, op est le paramètre de distribution, puisque le plan tangent en p fait un angle de 45° avec le plan tangent en o. Appelons o_1 un point situé sur op et infiniment voisin du point o; le paramètre de distribution op est la limite du rapport de la distance oo_1 à l'angle compris entre le plan tangent en o et le plan tangent en o_1.

Si nous désignons cet angle par X, on a

$$\tan g X = \frac{oo_1}{op};$$

et, remplaçant op par sa valeur (7), il vient

(8)
$$\tan g X = \frac{oo_1}{2}\left(\frac{1}{a} - \frac{1}{b}\right)\sin 2x.$$

(*) On peut arriver à la droite auxiliaire en employant le paraboloïde des normales à (G) le long de G; c'est ainsi que je l'ai obtenu dans mon *Cours de Géométrie descriptive*, 2ᵉ éd., p. 280.

Nous avons ainsi l'expression de l'angle dont tourne le plan tangent en o, lorsqu'on passe de ce point au point o_1, étant donnés les plans tangents aux trois points o, a, b, les plans tangents en a et b étant rectangulaires.

Des pinceaux de droites.

Des droites assujetties à deux conditions forment une *congruence*. L'élément infinitésimal d'une congruence est un *pinceau de droites*. Prenons une droite G et des droites voisines de celle-ci faisant partie d'une congruence. Par un point a de G, menons une surface $[a]$ qui coupe ces droites. Amenons successivement G en coïncidence avec les droites qui lui sont voisines en laissant a sur $[a]$. Chacun des points de G reste sur sa surface trajectoire, et, d'après ce que nous avons démontré page 130, il existe, sur G, deux points f et f' dont les surfaces trajectoires sont tangentes à G. Sur chaque droite de la congruence, il y a deux points analogues à f et f'. Lorsque la droite G vient coïncider avec G_1, qui lui est infiniment voisine, elle engendre une surface réglée tangente en f à la surface trajectoire de ce point. La ligne qui joint f au point analogue f_1 de G_1 est alors tangente à cette surface. Il résulte de là que la surface lieu des points tels que f et f', qu'on appelle *surface focale* de la congruence, est tangente à G en f et aussi en f'; on peut dire alors :

THÉORÈME 5'. — *Les droites d'une congruence sont tangentes aux nappes de la surface focale.* (MALUS.)

Fig. 95.

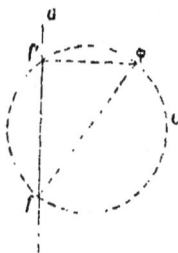

Pour définir un pinceau $[G]$, on donne (*fig. 95*) une droite G ou *rayon* du pinceau, les points f et f' *foyers* du rayon G, et les nappes (F), (F') de la *surface focale* que G touche en f et f'. Les plans tangents aux nappes (F), (F') aux foyers f et f' sont les *plans focaux* du pinceau $[G]$ ([1]). Lorsque l'on déplace le

---

([1]) Les expressions de *rayon*, *foyer*, *surface focale* sont tirées de l'Optique, où l'on considère des pinceaux de rayons lumineux.

rayon G, de manière à l'amener dans une position infiniment voisine, il engendre un élément de surface réglée qui est une *surface élémentaire* du pinceau.

Toutes les surfaces élémentaires du pinceau [G] ont les *plans focaux* pour plans tangents communs en f et f'.

Soient G (*fig.* 96) un rayon d'un pinceau, f_1 et f_2 les foyers de ce rayon.

Fig. 96.

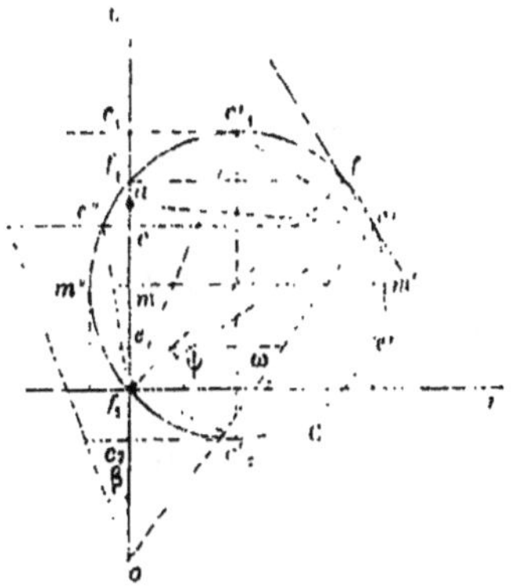

Quel que soit le rayon infiniment voisin de G, il détermine avec cette droite une *surface élémentaire*, donnant lieu à une droite auxiliaire relative à une origine prise sur G.

Si nous prenons f_2 pour origine, les droites auxiliaires de toutes les surfaces élémentaires passeront par un même point f, puisque ces surfaces sont tangentes en f_1 et f_2 aux surfaces focales.

Traçons la droite auxiliaire fc' relative à une des surfaces élémentaires du pinceau, le point central sur G s'obtient, comme nous savons, en projetant en c sur cette droite le pied de la perpendiculaire c' abaissée du point f_2 sur la droite auxiliaire fc'.

L'angle $f_2 c' f$ étant droit, les points tels que c' sont sur la circonférence qui contient les trois points f_2, f_1, f.

Les points centraux, d'après cela, occupent sur G la portion de cette droite qui est la projection du diamètre de cette circonférence. On voit donc que :

THÉORÈME G'. — *Les points centraux de toutes les surfaces élémentaires d'un pinceau se trouvent sur un segment déterminé du rayon de ce pinceau.* (KUMMER.)

Kummer appelle *points limites* les points c_1, c_2, qui limitent ce segment de G. En appelant $2d$ la longueur de ce segment, et ψ l'angle que font entre eux les plans focaux, on a, dans le triangle $f_2 f_1 f$,

$$f_1 f_2 = 2 d \sin \psi,$$

et l'on voit que :

THÉORÈME 7'. — *La distance focale est égale à la distance qui sépare les points limites multipliée par le sinus de l'angle que font entre eux les plans focaux.*

Le paramètre de distribution des plans tangents à la surface élémentaire dont la droite auxiliaire est fc' est égal à cc' ; de même, pour une autre surface élémentaire, on aura un point tel que c' sur la circonférence qui passe par les points f_1, f_2, f. On voit donc que :

THÉORÈME 8'. — *Si dans un plan passant par un rayon d'un pinceau on porte, sur des perpendiculaires à ce rayon élevées des points centraux des surfaces élémentaires et, à partir de ces points, des longueurs égales aux paramètres de distribution de ces surfaces, les extrémités des longueurs ainsi portées sont sur une circonférence* C *passant par les foyers du rayon.*

Autrement dit : *Le lieu des points représentatifs des surfaces élémentaires d'un pinceau est une circonférence* C *qui passe par les foyers du rayon.*

Cette propriété remarquable subsiste pour un pinceau dont les foyers sont imaginaires.

Les plans centraux correspondant aux points limites ont été nommés par Kummer *plans principaux*. L'angle compris entre ces plans étant égal à $c_2' f_2 c_1'$ est droit. On voit donc que :

THÉORÈME 9'. — *Aux points limites les plans centraux des surfaces élémentaires sont perpendiculaires entre eux.* (KUMMER.)

Appelons l la distance d'un point quelconque o de G au point central c, l_1 et l_2 les distances du même point o aux points limites, ω l'angle que le plan central en c fait avec le plan principal en c_1 ; sur la figure ω est égal à l'angle $c' f_2, c_1'$ ou à l'angle $c' c_2' c_1'$.

Dans le triangle $c' c_2' c_1'$, on a

$$c_1' c_1' = \frac{c' c_2'}{\cos \omega},$$

mais

$$c' c_2' = \frac{c c_2}{\cos \omega};$$

M.

on a donc

$$c_1' c_2' \quad \frac{cc_2}{\cos^2 \omega},$$

c'est-à-dire

$$l_1 - l_2 = \frac{l - l_2}{\cos^2 \omega},$$

ou

(9) $$l_1 \cos^2 \omega + l_2 \sin^2 \omega = l.$$

Cette élégante relation est due à Hamilton.

Menons, à partir du point o, une droite faisant avec G un angle β. Elle est coupée par les tangentes $c_1 c_1'$, $c_2 c_2'$ et par la droite cc' en des points dont je désignerai les distances au point o par l_1', l_2', l'. On a

$$l = l' \cos\beta,$$
$$l_1 = l_1' \cos\beta,$$
$$l_2 = l_2' \cos\beta;$$

par suite, la relation (9) devient

$$l_1 \cos^2 \omega + l_2' \sin^2 \omega = l'.$$

On peut déduire de là le théorème suivant :

Théorème 10′. — *On donne (fig. 97) une droite G, une circonférence C et deux*

Fig. 97.

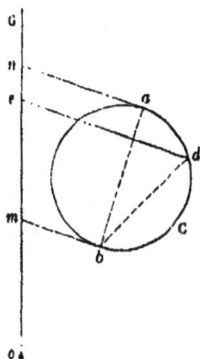

tangentes an, bm, parallèles entre elles : quelle que soit la droite ed parallèle à ces deux tangentes, on a

$$on \cos^2 dba + om \sin^2 dba = oe.$$

Ce théorème nous sera utile plus loin.

A un point central c sur G (*fig.* 96) correspondent deux surfaces élémentaires; leurs paramètres sont cc', cc''. Les plans centraux de ces surfaces sont également inclinés sur les plans principaux, puisque l'angle $c'f_2c'_1$ est égal à l'angle c'_1f_2c'. Ce dernier résultat peut s'énoncer ainsi :

Théorème 11′. — *Les plans centraux de deux surfaces élémentaires ayant le même point central sont également inclinés sur les plans principaux.*

Si l'on considère en particulier le point milieu de la distance focale, point que nous appellerons avec Kummer *centre du rayon*, les plans centraux des surfaces élémentaires ayant en ce point leur point central sont rectangulaires.

On voit sur la figure que $cc' \times cc''$ est égal à $cf_1 \times cf_2$; on peut donc dire :

Théorème 12′. — *Deux surfaces élémentaires ayant même point central sont telles que le produit de leurs paramètres de distribution est égal au produit des distances de leur point central aux foyers du rayon.*

On peut remarquer que les valeurs extrêmes des paramètres de distribution des surfaces élémentaires d'un pinceau correspondent aux surfaces ayant le centre du rayon pour point central.

Menons $c'e'$ parallèlement à G; les points c et e également éloignés du centre du rayon sont les points centraux de deux surfaces élémentaires ayant même paramètre de distribution. Les plans centraux de ces surfaces sont évidemment également inclinés sur les plans centraux des surfaces élémentaires ayant le centre du rayon pour point central. On peut énoncer ainsi ce dernier résultat :

Théorème 13′. — *Deux surfaces élémentaires d'un pinceau ayant même paramètre de distribution ont leurs points centraux à égale distance du centre du rayon du pinceau et leurs plans centraux également inclinés sur les plans centraux relatifs à ce centre.*

Cherchons l'expression du paramètre de distribution cc' ou k d'une surface élémentaire dont le point central est e (*fig.* 96), en fonction des valeurs extrêmes k_1, k_2 des paramètres de toutes les surfaces élémentaires et de l'angle φ que le plan central de cette surface fait avec le plan central relatif à la surface dont le paramètre est maximum. Pour trouver cette relation, nous n'avons qu'à appliquer le théorème 10′, en considérant les tangentes à la circonférence qui sont parallèles à G, et la parallèle à cette même droite menée du point c'; on a alors

(10) $$k = k_1 \cos^2\varphi + k_2 \sin^4\varphi,$$

relation tout à fait analogue à la relation (9).

Prenons un segment de G et aux extrémités de ce segment les plans tangents à une surface élémentaire; l'angle compris entre ces plans est ce que Kummer a appelé l'*angle de déviation relatif au segment*.

Si nous considérons le segment oa (*fig.* 96), la surface élémentaire dont le point central est c et le paramètre cc', l'angle de déviation pour ce segment est égal à l'angle $ac'o$.

Les angles de déviation pour un même segment qui correspondent à toutes les surfaces élémentaires du pinceau sont donc les angles sous lesquels on voit ce segment des différents points de la circonférence C. Les points pour lesquels on obtiendra les valeurs extrêmes de cet angle sont évidemment les points de contact avec C des deux circonférences menées par les points a et o.

A un angle de déviation donné correspond, pour une même surface élémentaire, une infinité de segments. Nous allons considérer les segments ayant même origine sur G, correspondant à un angle de déviation donné, et relatifs à toutes les surfaces élémentaires du pinceau. Nous nous proposons de chercher la relation qui existe entre l'un quelconque de ces segments et les segments de valeurs extrêmes.

Soient o (*fig.* 98) l'origine des segments sur G, et β l'angle de déviation donné; pour construire un des segments, on joint le point o à un point quelconque c' de la circonférence C, et l'on mène la droite $c'a$ telle que l'angle $ac'o$ soit égal à β : oa est l'un des segments.

Circonscrivons une circonférence au triangle $oc'a$: cette circonférence est tangente en o à une droite menée du point o qui fait avec G l'angle donné β. On peut dire que les segments cherchés sont interceptés sur G par des circonférences tangentes en o à cette dernière droite.

Par suite, on aura les valeurs extrêmes de ces segments en prenant parmi toutes ces circonférences celles qui sont tangentes à C : désignons par R_1, R_2 ces valeurs extrêmes.

Cherchons l'angle que le plan tangent en o à une surface élémentaire fait avec le plan principal relatif au point limite c_2. Considérons la surface élémentaire dont le point central est c et le paramètre cc'. Le plan tangent en o à cette surface et le plan focal en f_2 comprennent entre eux un angle dont la mesure est la moitié de l'arc f_2d. Le plan focal en f_2 fait avec le plan principal en c_2 un angle dont la mesure est la moitié de l'arc $f_2 c_2'$. L'angle que nous cherchons, et que je désignerai par α, a donc pour mesure la moitié de l'arc $c_1' d$. On voit alors que

Fig. 98.

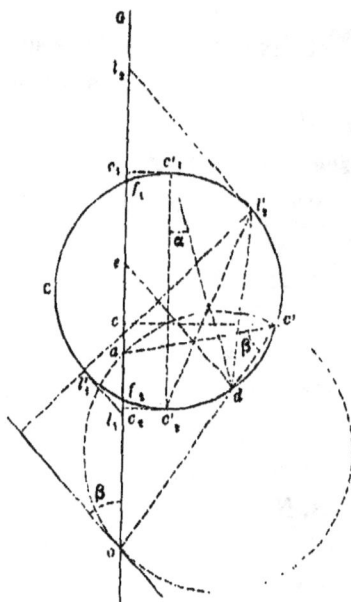

l'angle $c_2' c_1' d$ est égal à α. Ce que nous nous proposons de trouver, c'est l'expression de oa en fonction de α, R_1, R_2.

Pour cela, transformons par rayons vecteurs réciproques les circonférences qui donnent les segments tels que oa en prenant le point o pour pôle de transformation et la puissance de telle façon que la circonférence C soit transformée en elle-même. Les circonférences que nous transformons, étant tangentes entre elles au pôle de transformation, deviennent des droites parallèles et faisant avec G l'angle β. Les circonférences qui donnent les segments R_1, R_2 deviennent les tangentes à C parallèles à la direction commune de toutes ces droites. Ces tangentes $l_1 l_1'$, $l_2 l_2'$ touchent C en l_1', l_2' aux extrémités d'un diamètre de C qui fait avec G un angle égal à $\frac{\pi}{2} - \beta$.

La circonférence oac' se transforme en une droite ed parallèle aux tangentes dont je viens de parler. En appliquant le théorème 10', on a

$$ol_2 \sin^2 l_1' l_2' d + ol_1 \cos^2 l_1' l_2' d = oe;$$

mais

$$ol_2 . R_2 = ol_1 . R_1 = oe \times oa = \text{con t}.$$

On a alors

(11)
$$\frac{\sin^2 l'_1 l'_2 d}{R_2} + \frac{\cos^2 l'_1 l'_2 d}{R_1} = \frac{1}{oa};$$

mais l'angle

$$l'_1 l'_2 d = l'_1 l'_2 c'_2 + \alpha = \frac{\frac{\pi}{2} - \beta}{2} + \alpha,$$

car l'angle $l'_1 l'_2 c'_2$ est la moitié de l'angle que $l'_1 l'_2$ fait avec $c'_1 c'_2$; la relation précédente devient donc

(12)
$$\frac{\cos^2\left(\alpha + \frac{\frac{\pi}{2} - \beta}{2}\right)}{R_1} + \frac{\sin^2\left(\alpha + \frac{\frac{\pi}{2} - \beta}{2}\right)}{R_2} = \frac{1}{oa};$$

qui est la relation cherchée. Elle est due à Kummer.

Lorsque β est égal à $\frac{\pi}{2}$, cette formule devient

$$\frac{\cos^2\alpha}{R_1} + \frac{\sin^2\alpha}{R_2} = \frac{1}{oa};$$

qui avait été donnée par Hamilton. Les extrémités des segments correspondants à cette déviation sont l'origine o et les points où les plans tangents aux surfaces élémentaires en o sont normaux à ces mêmes surfaces.

On peut énoncer ainsi ce dernier résultat :

THÉORÈME 14'. — *Si un plan, passant par un rayon* G *d'un pinceau, tourne autour de cette droite, il touche successivement en o les surfaces élémentaires du pinceau : les distances du point o aux points où il est respectivement normal à ces surfaces sont données par la relation*

$$\frac{1}{\rho} = \frac{\cos^2\alpha}{R_1} + \frac{\sin^2\alpha}{R^2};$$

ρ *est la distance du point o au point où le plan tangent en o à une des surfaces élémentaires est normal à cette même surface;* R_1 *et* R_2 *sont les valeurs extrêmes de* ρ *et* α *est l'angle que le plan correspondant à* ρ *fait avec l'un des plans principaux du pinceau.*

La relation (11) exprime le théorème de Géométrie élémentaire qui suit :

THÉORÈME 15'. — *On a deux circonférences tangentes entre elles en o (fig. 99) et tangentes à une circonférence* C. *On trace une troisième circonférence tangente aux deux premières en* o ; *elle coupe* C *au point* e ; *on joint le point* o *au point* e ;

Fig. 99.

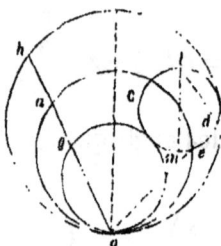

cette droite coupe C *une seconde fois au point* d. *On mène le diamètre lm de* C *parallèlement à la ligne des centres des trois autres circonférences. On a, quelle que soit la droite* oh *menée du point* o *et quel que soit le point* e *sur* C,

$$(13) \qquad \frac{\cos^2 mld}{oh} + \frac{\sin^2 mld}{og} = \frac{1}{oa}.$$

Reprenons la droite G du pinceau (*fig.* 100) et la circonférence C; traçons

Fig. 100.

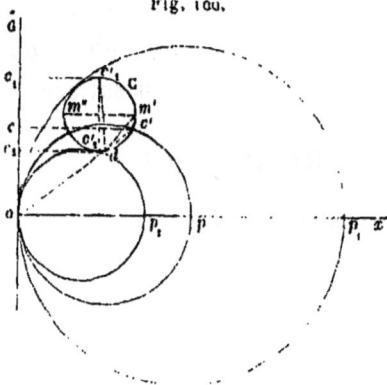

des circonférences tangentes en o à G et tangentes à C; nous avons ainsi deux circonférences coupant ox au point p_1, p_2. Traçons une troisième circonférence tangente en o à G rencontrant C au point c' et la droite ox au point p.

En appliquant le théorème précédent, on a

$$\frac{\cos^2 m''m'd}{op_1} + \frac{\sin^2 m''m'd}{op_2} = \frac{1}{op}.$$

Mais l'angle $m''m'd$ est égal à $\frac{\pi}{4} + \alpha$, puisque l'angle $c_2'c_1'd$ est égal à α. On a donc

$$(14) \qquad \frac{\cos^2\left(\alpha + \dfrac{\pi}{4}\right)}{op_1} + \frac{\sin^2\left(\alpha + \dfrac{\pi}{4}\right)}{op_2} = \frac{1}{op}.$$

Nous savons que op est égal à $\dfrac{oo_1}{\tang X}$ (p. 278); si l'on déplace o toujours perpendiculairement à G, à partir de sa position initiale, de la même longueur infiniment petite oo_1, en appelant X_1, X_2 les valeurs extrêmes de X, la formule (14) devient

$$(15) \qquad \tang X = \cos^2\left(\alpha + \frac{\pi}{4}\right) \tang X_1 + \sin^2\left(\alpha + \frac{\pi}{4}\right) \tang X_2,$$

ou simplement, en prenant les angles infiniment petits pour les tangentes,

$$(16) \qquad X = \cos^2\left(\alpha + \frac{\pi}{4}\right) X_1 + \sin^2\left(\alpha + \frac{\pi}{4}\right) X_2.$$

Cette formule donne l'angle dont tourne le plan tangent en o à une surface élémentaire, lorsqu'on se déplace, à partir de ce point sur cette surface, perpendiculairement au rayon et d'une quantité infiniment petite, en fonction des valeurs extrêmes que cet angle peut acquérir.

Appelons X' la valeur de X lorsqu'on remplace dans la formule (16) α par $\alpha + \dfrac{\pi}{2}$, on a alors évidemment

$$X + X' = X_1 + X_2.$$

On peut donc énoncer la propriété suivante :

THÉORÈME 16′. — *On prend dans un pinceau deux surfaces élémentaires perpendiculaires entre elles au point o; le plan tangent en ce point à chacune de ces surfaces, lorsqu'on se déplace sur chacune d'elles d'une même longueur infiniment petite, perpendiculaire à G, tourne respectivement d'un certain angle : la somme algébrique de ces deux angles est constante, quelles que soient les surfaces élémentaires considérées. *(STURM.)

Pour terminer ici ce qui concerne les pinceaux, je vais faire voir que les valeurs extrêmes qui entrent dans les différentes relations précédentes correspondent toujours à des surfaces élémentaires rectangulaires à l'origine o.

Pour déterminer ces valeurs extrêmes, nous avons toujours eu à construire des circonférences tangentes en o à une certaine droite ot (*fig.* 101) et tangentes à C.

Les points de contact avec C s'obtiennent de la manière suivante : on mène le diamètre de la circonférence C qui est perpendiculaire à la droite oi; on joint les extrémités de ce diamètre au point o; ces droites coupent C aux points de con-

Fig. 101.

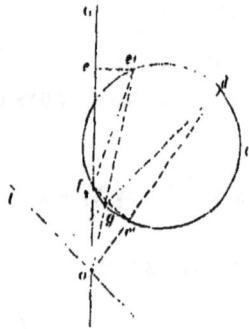

tact cherchés. Ce sont ces points qui, projetés sur G, déterminent les points centraux des surfaces élémentaires donnant lieu à des valeurs extrêmes.

Je dis que ces deux surfaces élémentaires sont rectangulaires en o; l'angle que le plan tangent en o à l'une d'elles fait avec le plan focal en f_2 est égal à $f_2 c'o$; l'angle analogue pour l'autre est $f_2 e'o$, et la différence de ces deux angles, comme on le voit par leur mesure, est bien égale à un angle droit.

Pinceaux de normales et normalies.

Le pinceau que nous allons étudier maintenant est celui qui est composé de normales à une surface.

Les surfaces élémentaires de ce pinceau sont des éléments de *normalies*. Il résulte du théorème que nous avons démontré page 137 que

THÉORÈME 17'. — *Lorsqu'un pinceau est formé par les normales à une surface, les foyers sont réels et les plans focaux sont perpendiculaires entre eux;*

et que

THÉORÈME 18'. — *Parmi les surfaces élémentaires d'un pinceau de normales, il y a deux éléments de normalies développables; ces éléments se coupent à angle droit.*

Puisque les plans focaux d'un pinceau de normales sont perpendiculaires entre eux, en vertu du théorème 7', la distance focale est égale à la distance

M.

des points limites. Il résulte de là que la circonférence C, caractéristique du pinceau de normales, a pour centre le centre du rayon de ce pinceau.

Reprenons les propriétés générales des pinceaux et examinons ce qu'elles deviennent lorsqu'on se place dans ces conditions particulières.

C ayant son centre sur G, on voit que les points limites sont confondus avec les foyers; les plans principaux sont aussi confondus avec les plans focaux. Le théorème 8' nous donne alors celui-ci :

Théorème 19'. — *Dans un plan passant par une normale G d'une surface, on porte sur les perpendiculaires à cette droite, menées des points centraux de toutes les normalies contenant G, et à partir de ces points, des longueurs égales au paramètre de distribution des plans tangents à ces normalies : les extrémités de ces perpendiculaires appartiennent à une circonférence dont le centre est sur G.*

Pour interpréter géométriquement les résultats obtenus pour un pinceau quelconque, je rappelle le théorème suivant, démontré page 143 :

Si à partir d'un point o sur une surface (S) on trace une courbe quelconque et qu'on prenne cette courbe comme directrice d'une normalie, le plan tangent en o à cette surface lui est normal au centre de courbure correspondant au point o de la section suivant laquelle il coupe (S).

Le théorème 14' qui a conduit à la relation

$$(17) \qquad \frac{1}{\rho} = \frac{\cos^2 \alpha}{R_1} + \frac{\sin^2 \alpha}{R_2}$$

nous donne maintenant la valeur du rayon de courbure d'une section normale faite dans une surface (S), en fonction des valeurs extrêmes de ce rayon.

D'après la construction donnée pour trouver ces valeurs extrêmes, nous voyons que R_1 est égal à of_1 et R_2 est égal à of_2; f_1 et f_2 sont par rapport à (S) les centres de courbure principaux qui correspondent au point o et les rayons de courbure R_1 et R_2 qui sont, l'un maximum et l'autre minimum, parmi tous les rayons de courbure des sections déterminées dans (S) par des plans normaux à cette surface en o, sont les *rayons de courbure principaux*. Nous pouvons dire :

Théorème 20'. — *Les plans focaux d'un pinceau de normales à (S) sont les plans qui déterminent dans cette surface des sections pour lesquelles les rayons de courbure sont l'un maximum, l'autre minimum.*

Ces plans focaux sont alors les *plans des sections principales* de (S).

La relation (17) n'est autre que la relation d'Euler qui conduit, comme l'on sait, à l'indicatrice de Dupin.

Faisons usage de cette courbe indicatrice. Prenons une courbe quelconque sur (S), la normalie correspondante et la droite auxiliaire de cette surface relative au point f_2 (*fig.* 102).

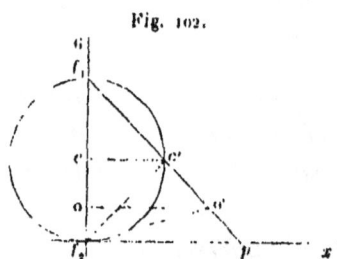

Fig. 102.

Cette droite auxiliaire doit passer par f_1, puisque les plans focaux sont rectangulaires : soient $f_1 c'$ cette droite et o le pied de la normale G sur (S). Le plan tangent en o à la normalie fait avec le plan tangent en f_2, et par suite avec le plan qui contient le grand axe de l'indicatrice en o, un angle qui est égal à $x f_2 o'$; le plan central de la normalie fait avec le même plan tangent en f_2 l'angle $x f_2 c'$. Le produit des tangentes de ces angles est $\dfrac{of_2}{oo'} \times \dfrac{oo'}{of_1}$, c'est-à-dire $\dfrac{R_2}{R_1}$; mais $\dfrac{R_2}{R_1} = \dfrac{b^2}{a^2}$, en appelant $\overline{a}$ et $\overline{b}$ les deux demi-axes de l'indicatrice en o. On retrouve ainsi le lemme démontré page 148.

Le rayon de courbure d'une section normale en un point o, qu'on peut obtenir au moyen de l'indicatrice en ce point, se construit très facilement à l'aide de la droite auxiliaire relative à la normalie qui a pour directrice cette section. Effectuons cette construction : soient G (*fig.* 103) la normale au point o et f_1, f_2 les centres de courbure principaux sur G.

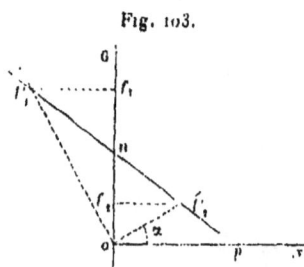

Fig. 103.

Menons du point o la droite of'_2 faisant avec ox l'angle α que le plan de la section normale fait avec le plan de la section principale qui contient le grand axe de l'indicatrice. Ce dernier plan est tangent en f_2. La droite auxiliaire relative au point o de la normalie que nous considérons passe donc par f_2.

Comme le plan tangent en f_1 est perpendiculaire au plan tangent en f_2, elle passera aussi au point de rencontre des perpendiculaires $f_1 f_1'$ et $o f_1'$ à G et à $o f_2'$. Cette droite est donc $f_1' f_2$ et, d'après le théorème rappelé page 290, le point n où elle rencontre G est le centre de courbure cherché. On retrouve ainsi la construction de la page 141.

A partir du point o sur (S) traçons des courbes quelconques et prenons ces courbes pour directrices de normalies. Sur un même plan passant par G, ces surfaces ont pour droites auxiliaires relatives au point o des droites telles que la portion interceptée sur chacune d'elles, par les perpendiculaires à G menées des centres de courbure principaux, est vue du point o sous un angle droit.

Ces droites enveloppent donc une conique ayant pour foyer le point o et la droite G pour l'un de ses axes.

Lorsqu'il s'agit d'un pinceau quelconque, et non plus d'un pinceau de normales, l'enveloppe des droites auxiliaires des surfaces élémentaires relatives à un même point o du rayon G est toujours une conique ayant pour foyer le point o et pour l'un de ses axes la droite qui va du point o au centre de la circonférence C; car les droites auxiliaires sont les perpendiculaires élevées des points de C aux lignes qui joignent ces points au point o.

La conique enveloppe des droites auxiliaires relatives aux normalies qui composent un pinceau de normales est une hyperbole pour les surfaces convexes, une ellipse pour les surfaces à courbures opposées et une parabole pour les surfaces développables.

Lorsque cette conique est une ellipse, on peut mener dans ce cas, et dans ce cas seulement, deux tangentes à cette courbe parallèlement à G. Ces tangentes sont deux droites auxiliaires qui rencontrent G à l'infini.

On retrouve ainsi que, pour les surfaces à courbures opposées, il existe, à partir d'un point o, deux directions telles que les plans normaux qui les contiennent donnent lieu à des sections dont le rayon de courbure est infini.

Reprenons, à partir du point o sur (S), une directrice quelconque et la normalie correspondante. Appelons toujours G la normale en o à (S), et o_1 un point de cette directrice infiniment voisin du point o; considérons le paraboloïde de raccordement à la normalie le long de la normale G, et dont l'un des plans directeurs est perpendiculaire à G. Le plan tangent en o à ce paraboloïde est le plan normal à (S) qui contient o_1, et l'on peut dire que le plan tangent en o_1 à ce paraboloïde est le plan normal à (S) en o.

D'après ce qui précède, en appelant ds la distance oo_1 et $d\theta$ l'angle que font entre eux ces plans tangents, on a

$$(19) \qquad d\theta = \frac{ds}{2}\left(\frac{1}{R_2} - \frac{1}{R_1}\right)\sin 2\alpha,$$

α étant toujours l'angle que le plan tangent en o à la normalie fait avec le plan de la section principale qui contient le grand axe de l'indicatrice en o.

On a aussi $d\theta = \frac{ds}{op}$, op étant toujours l'abscisse à l'origine de la droite auxiliaire de la normalie relative au point o.

L'angle $d\theta$ que font entre eux les plans normaux en o et o_1 et qui contiennent ces points peut être mesuré par l'angle que la normale au point o_1 fait avec le plan normal Goo_1.

L'expression de cet angle, donnée par la formule (19), est due à M. Bertrand, qui en a déduit ce théorème :

Si en un point A, pris sur une surface, on mène une normale AZ, puis que, par le point A, on fasse passer sur la surface deux lignes perpendiculaires sur lesquelles on prenne des longueurs infiniment petites égales AB, AC, la normale au point B fera, avec le plan ZAB, un angle égal à celui que la normale au point C fera avec le plan ZAC.

On arrive directement à la formule (19) de la manière suivante :

$d\theta$ étant égal à $\frac{ds}{op}$, calculons op.

On a (*fig.* 103)

$$\text{aire } f'_2 o f'_1 = \text{aire } p o f'_1 - \text{aire } p o f'_2$$

ou

$$of'_1 \times of'_2 = op.of'_1 \cos\alpha - op.of'_2 \sin\alpha,$$

qu'on peut écrire

$$\frac{1}{op} = \frac{\cos\alpha}{of'_2} - \frac{\sin\alpha}{of'_1};$$

mais

$$of'_1 = \frac{R_1}{\cos\alpha}, \qquad of'_2 = \frac{R_2}{\sin\alpha};$$

on a donc

$$\frac{1}{op} = \frac{\sin\alpha\cos\alpha}{R_2} - \frac{\sin\alpha\cos\alpha}{R_1} = \frac{1}{2}\left(\frac{1}{R_2} - \frac{1}{R_1}\right)\sin 2\alpha,$$

qui est l'expression déjà trouvée pour $d\theta$.

Supposons que sur (S) la directrice de la normalie soit une ligne asymptotique; la droite auxiliaire relative au point o est parallèle à G, et l'on a (*fig.* 104)

$$\overline{op}^2 = pf'_1 \times pf'_2 = R_1 R_2;$$

Fig. 104.

d'où

(20)
$$op = \sqrt{R_1 R_2}.$$

op, dans le cas actuel, est le paramètre de distribution des plans tangents à la normalie. Nous avons donc ce théorème :

Théorème 21'. — *Le paramètre de distribution des plans tangents à une normalie dont la directrice est une ligne asymptotique est une moyenne proportionnelle entre les rayons de courbure principaux* (Bonnet).

On voit aussi (*fig.* 104) que le point o est le point central sur G; par suite :

Théorème 22'. — *Lorsqu'une ligne asymptotique est directrice d'une normalie, elle est la ligne de striction de cette surface.*

La relation (20), qui existe lorsque la directrice de la normalie est une ligne asymptotique, est applicable à une surface gauche quelconque lorsque l'on prend pour directrice une génératrice même de la surface. Mais, pour une surface gauche, op ou $\dfrac{oo_1}{\tang X}$ est l'abscisse à l'origine de la droite auxiliaire de cette surface relative au point o.

On voit donc que :

Théorème 23'. — *La droite auxiliaire d'une surface gauche quelconque, relative à un point o d'une génératrice G de cette surface, rencontre la perpendiculaire élevée du point o à G en un point p, dont la distance à o est moyenne proportionnelle entre les rayons de courbure principaux de la surface gauche en o.*

D'après cela, on déterminera la moyenne proportionnelle entre les rayons de courbure principaux en un point *e* de la génératrice G d'une surface gauche, en construisant la droite auxiliaire relative à ce point et en prenant l'abscisse à l'origine de cette droite. On joint (*fig.* 105) le point *e* au point *c'*, qui a été ob-

Fig. 105.

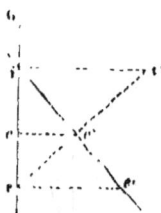

tenu à l'aide du point central *c* et du paramètre *cc'*; la perpendiculaire *c'e'* à la droite *ec'* coupe la perpendiculaire *ee'* à G au point *e'*, extrémité du segment *ee'* qu'il fallait déterminer.

En appelant *y* la distance *ec* et *k* le paramètre, on a

$$\frac{ee'}{ec'} \qquad \frac{ec'}{cc'};$$

d'où

$$ee' \quad \text{ou} \quad \sqrt{R_1 R_2} = \frac{y^2 + k^2}{k};$$

au point central *c*, on a simplement *k*.

Au point *i*, où le plan tangent en *e* à la surface gauche est normal à cette surface, le produit des rayons de courbure principaux est égal au carré de *ii'*; mais $ii'' \times ee' = \overline{ei'}^2$; donc :

THÉORÈME 24'. — *Aux points e et i, où un plan est tangent et normal à une surface gauche, le produit des rayons de courbure principaux est égal à la quatrième puissance de la distance ei qui sépare ces points.*

Supposons (*fig.* 105) que G soit la normale en *e* à la surface (S), et qu'un élément de normalie, le long de G à cette surface, ait pour droite auxiliaire *ie'* relativement à l'origine *e*. Le segment *ei* est alors le rayon de courbure de la section normale faite dans (S) par le plan tangent en *e* à cette normalie; l'angle *e'ei* est égal à l'angle que la tangente en *e* à la directrice de la normalie fait avec sa direction conjuguée (lemme, p. 148).

Dans le triangle *eii''*, on a

$$ii'' = ei \cot ii''e,$$

et, comme ii' est égal à la moyenne proportionnelle entre les rayons de courbure principaux de la normalie en i, on peut énoncer ce théorème :

THÉORÈME 25'. — *Le produit des rayons de courbure principaux d'une normalie à la surface* (S) *pour le point i, centre de courbure de la section faite dans* (S) *par le plan tangent en e à la directrice de cette normalie, est égal au carré du produit du rayon de courbure ei de cette section par la cotangente de l'angle que la directrice de la normalie fait avec sa direction conjuguée.*

Sur la *fig.* 104, nous avons trouvé $op = \sqrt{R_1 R_2}$, en considérant une normalie ayant pour directrice une ligne asymptotique de (S); mais, d'après ce que nous avons trouvé, op est aussi moyenne proportionnelle entre les rayons de courbure principaux de la normalie. Donc :

THÉORÈME 26'. — *Lorsque la directrice d'une normalie est une ligne asymptotique d'une surface, le produit des rayons de courbure principaux de cette normalie en chaque point de cette directrice est égal au produit analogue pour la surface au même point.*

Prenons pour directrice d'une normalie une ligne *géodésique* de (S), cette courbe a, en chacun de ses points, son plan osculateur normal à cette surface.

L'abscisse à l'origine de la droite auxiliaire de cette normalie, relative au pied o de la normale G, est égale, comme nous le savons, à $\frac{oo_1}{\tang X}$.

oo_1 est l'arc infiniment petit de la géodésique; X n'est autre que l'angle de deux plans osculateurs de cette courbe, infiniment voisins. $\frac{oo_1}{\tang X}$, dans le cas actuel, représente donc le rayon de seconde courbure de la ligne géodésique.

Fig. 106.

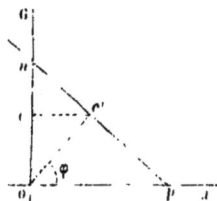

Appelons r ce rayon qui est égal à op; le rayon de courbure est égal à on. Ces deux rayons (*fig.* 106) sont liés par la relation

$$r = \rho \tang onp = \rho \tang \varphi,$$

φ étant l'angle que le plan central fait avec la directrice de la normalie, c'est-à-dire l'angle de cette directrice avec sa direction conjuguée.

Supposons tracée sur le plan tangent en o l'indicatrice en ce point et le rayon

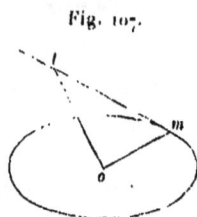

Fig. 107.

vecteur om (*fig.* 107) tangent à la ligne géodésique. L'angle φ de cette géodésique avec sa direction conjuguée est égal à tmo. On a

$$\rho = \lambda \overline{om}^2 ;$$

par suite

$$\overline{om}^2 = \frac{\rho}{\lambda} = \frac{r}{\lambda . \tan g \varphi},$$

d'où

$$om \times ot = \frac{r}{\lambda};$$

donc :

THÉORÈME 27′. — *Le triangle tmo rectangle en o, dont le côté om est tangent en o à une ligne géodésique tracée sur* (S), *dont l'hypoténuse mt est tangente en m à l'indicatrice relative au point o, a son aire proportionnelle au rayon de seconde courbure de cette ligne géodésique.*

Si la directrice de la normalie tracée sur (S) est quelconque, on a le théorème suivant :

THÉORÈME 28′. — *L'aire du triangle tmo, construit comme dans l'énoncé précédent, est proportionnelle à la racine carrée du produit des rayons de courbure principaux en o de la normalie qui a pour directrice une courbe tangente en o à om.*

La formule (9), lorsqu'il s'agit de normalies, peut s'écrire

$$l = R_1 \cos^2 \omega + R_2 \sin^2 \omega,$$

que nous avons déjà donnée page 151, lorsque nous avons établi l'expression du rayon de courbure de la courbe de contour apparent d'une surface.

M.

Occupons-nous maintenant de l'angle des deux normales infiniment voisines G et G_1. Désignons toujours par o et o_1 les pieds de ces normales; par c le point central sur G de la normalie à (S), dont oo_1 est la directrice, et par φ l'angle que oo_1 fait avec le plan central ou avec sa direction conjuguée.

Appelons dp la plus courte distance de G et G_1, $d\sigma$ l'angle de ces droites, k le paramètre de distribution de la normalie, et y la distance oc, on a (*fig.* 108)

$$\operatorname{tang}\varphi = \frac{y}{k};$$

mais

$$k = \frac{dp}{d\sigma},$$

on a donc

$$\operatorname{tang}\varphi = \frac{y\,d\sigma}{dp}.$$

oo_1 étant perpendiculaire à G, $dp = oo_1 \cos\varphi$; par suite

(21)
$$d\sigma = \frac{oo_1\sin\varphi}{y} = \frac{oo_1}{oc'};$$

en remplaçant oo_1 par ds, il vient $d\sigma = \frac{ds}{oc'}$ ([1]).

Fig. 108

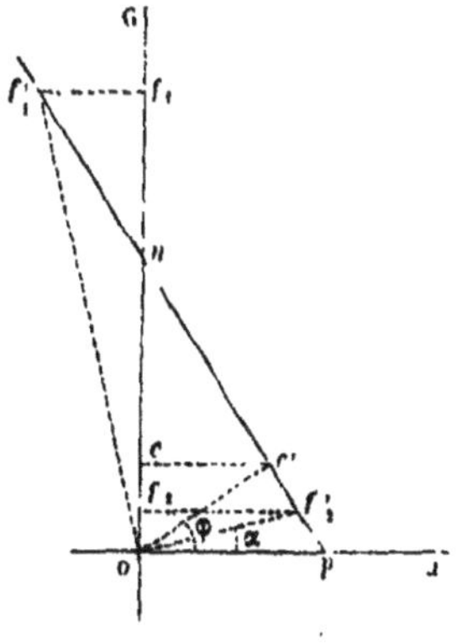

L'expression de $d\sigma$ peut être mise sous la forme connue; on a, en effet,

$$\frac{1}{oc'^2} = \frac{1}{of_1'^2} + \frac{1}{of_2'^2},$$

([1]) Il résulte de cette formule $d\sigma = \frac{oo_1}{oc'}$ que, *lorsqu'une droite G se déplace en restant normale à la trajectoire d'un de ses points, les arcs parcourus par les différents points de cette droite sont entre eux comme les distances de ces points au point représentatif de l'élément de surface engendré par G.*

ou

$$\frac{1}{oc'^2} = \frac{\cos^2\alpha}{R_1^2} + \frac{\sin^2\alpha}{R_2^2};$$

par suite

(22)
$$d\sigma = ds\sqrt{\frac{\cos^2\alpha}{R_1^2} + \frac{\sin^2\alpha}{R_2^2}}.$$

On a encore

$$\frac{1}{oc'^2} = \frac{1}{on^2} + \frac{1}{op^2},$$

et si la directrice de la normalie est une ligne géodésique dont les deux rayons de courbure sont ρ et r, il vient

(23)
$$d\sigma = ds\sqrt{\frac{1}{\rho^2} + \frac{1}{r^2}}.$$

En rapprochant la formule (21) $d\sigma = \frac{ds}{oc'}$ de celle déjà employée $d\theta = \frac{ds}{op}$, on voit que

$$\frac{d\theta}{d\sigma} = \frac{oc'}{op} = \cos\varphi;$$

de là cette propriété :

THÉORÈME 29'. — *L'angle de deux normales à* (S) *issues des points infiniment voisins* o, o₁ *est égal à l'angle des plans normaux qui contiennent ces deux points divisé par le cosinus de l'angle que fait* oo₁ *avec sa direction conjuguée.*

$\frac{d\sigma}{ds}$ ou $\frac{1}{oc'}$ est ce que Gilbert appelle la flexion de (S) suivant oo₁. La relation (22) donne l'expression de la flexion suivant une certaine direction en fonction des valeurs extrêmes de cette flexion.

Si la surface donnée (S) est une surface développable, l'un des rayons de courbure principaux est infini et la droite auxiliaire relative à une normale quelconque est alors perpendiculaire à of₂. On voit donc que :

THÉORÈME 30'. — *Quelles que soient les courbes tracées à partir d'un point* o *sur une surface développable, les normalies correspondantes ont pour point central sur la normale en* o *le centre de courbure principal de la surface développable.*

L'enveloppe des droites auxiliaires correspondant à toutes ces normalies est, sur un même plan mené par G, une parabole dont le foyer est en o et dont la tangente au sommet est la perpendiculaire f₂f₂ à G. Toutes ces normalies ont même plan central, puisqu'elles ont même plan tangent au point qui est à l'infini sur G. Ce plan central commun est le plan normal à la développable mené par la génératrice de cette surface qui passe au point o.

Si la courbe tracée sur la surface développable est une ligne géodésique, la normalie correspondante est le lieu des normales principales de cette courbe. Mais une courbe gauche quelconque étant toujours une ligne géodésique de la surface développable enveloppe de ses plans rectifiants, il suffit pour étudier la surface, lieu des normales principales d'une courbe gauche, de considérer la normalie à une surface développable et dont la directrice est une ligne géodésique de cette surface.

Si nous nous plaçons dans ce cas (*fig.* 109), *on* est le rayon de première courbure de la ligne géodésique et l'on a pour l'angle de deux normales infiniment voisines de cette courbe

$$d\tau \quad ds\sqrt{\frac{1}{\rho^2} - \frac{1}{r^2}}.$$

On voit aussi que l'on obtient le point central f_2 sur la normale principale G de la courbe gauche en portant *on* égal à ρ sur cette normale, *op* égal à r sur la

Fig. 109.

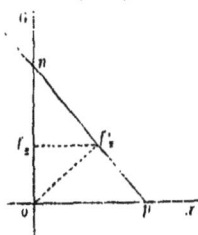

perpendiculaire élevée du point o à G et en projetant en f_2 sur G le pied de la perpendiculaire abaissée du point o sur *np*.

La distance of_2 est égale à

$$\frac{\overline{of_2''}^2}{on}$$

ou

$$\frac{\dfrac{1}{\rho}}{\dfrac{1}{\rho^2} + \dfrac{1}{r^2}}.$$

Le paramètre de distribution $f_2 f_2'$ est égal à

$$\frac{\dfrac{1}{r}}{\dfrac{1}{\rho^2} + \dfrac{1}{r^2}}.$$

Le plan central fait avec le plan tangent à la normalie en o, c'est-à-dire avec

le plan osculateur de la courbe gauche, l'angle pof_2 dont la tangente est égale
à $\frac{r}{\rho}$. Mais le plan central, d'après ce que nous venons de dire, contient la génératrice de la développable qui passe en o, et cette droite n'est autre que la
droite *rectifiante* de Lancret; nous retrouvons ainsi que *la droite rectifiante d'une
courbe gauche fait avec cette courbe un angle dont la tangente est* $\frac{r}{\rho}$.

Ajoutons qu'il est facile de voir *que le produit des rayons de courbure principaux de la surface lieu des normales principales d'une courbe gauche, qui correspondent au centre de courbure de cette courbe, est égal à* $\frac{\rho^4}{r^2}$ *et que le produit des
rayons de courbure principaux en o et n est* ρ^4 (théorème 24').

On voit tout de suite sur la figure qu'entre les quantités ρ, r, k on a la relation

$$\frac{1}{\rho^2} + \frac{1}{r^2} = \frac{1}{rk}.$$

Avant d'étudier deux normalies considérées simultanément, je vais rappeler ce

Fig. 110.

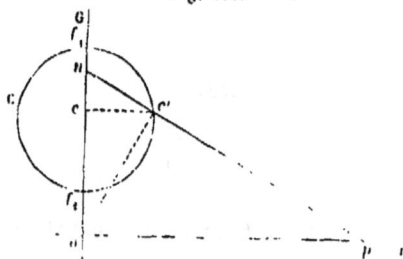

que l'on trouve sur la *fig.* 110 comme représentation géométrique d'éléments
relatifs à la courbure d'une surface.

G est la normale au point o à une surface (S), f_1, f_2 sont sur cette droite les
centres de courbure principaux de cette surface; la circonférence décrite sur
$f_1 f_2$ comme diamètre est caractéristique du pinceau des normales infiniment
voisines de G; une normalie dont le point central est c et le paramètre cc' a pour
droite auxiliaire relative au point o la perpendiculaire np menée du point c
à oc'.

n est le centre de courbure de la section déterminée dans (S) par le plan normal à cette surface, mené tangentiellement en o à la directrice de la normalie
dont np est la droite auxiliaire.

L'angle de la normale G et de la normale infiniment voisine, qui est une génératrice de cette normalie, est égal à $\frac{ds}{oc'}$.

$\frac{1}{oc'}$ représente la *flexion* de (S) suivant l'arc *ds*.

$\frac{ds}{op}$ est l'expression de l'angle de deux plans normaux de (S) qui passent par deux points infiniment voisins.

Par rapport à la directrice de la normalie, $\frac{1}{op}$ représente la *torsion géodé- sique*.

op est une moyenne proportionnelle entre les rayons de courbure principaux de la normalie en *o*.

Par rapport à la directrice de la normalie, *op* représente aussi ce que M. de la Gournerie a appelé *paramètre de déviation*.

poc' est l'angle de la directrice de la normalie et de sa direction conjuguée.

Si l'on considère la ligne géodésique tangente à la directrice de la normalie, *on* est le rayon de première courbure de cette courbe et *op* le rayon de seconde courbure.

Propriétés de deux normalies considérées simultanément.

Soient toujours G (*fig.* 111) la normale en *o* d'une surface (S), f_1 et f_2 les centres de courbure principaux.

Fig. 111.

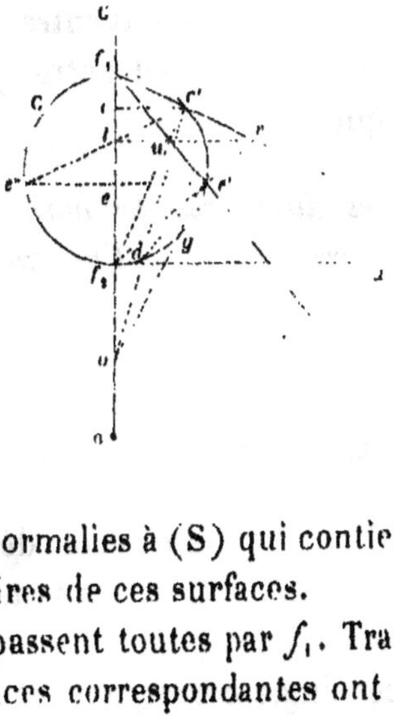

Considérons toutes les normalies à (S) qui contiennent G et prenons f_2 pour origine des droites auxiliaires de ces surfaces.

Ces droites auxiliaires passent toutes par f_1. Traçons les deux droites auxi- liaires $f_1 c'$, $f_1 c'$. Les surfaces correspondantes ont des plans centraux, faisant avec le plan focal en f_2 des angles qui sont xf_2c', xf_2e' ; ces plans centraux font donc entre eux l'angle $e'f_2c'$. On voit ainsi que :

THÉORÈME 31'. — *L'angle sous lequel on voit d'un point de la circonférence C l'arc compris entre les points c' et e', qui se projettent sur G aux points centraux de deux normalies, est égal à l'angle que font entre eux les plans centraux de ces surfaces.*

La démonstration que je viens de donner s'applique encore lorsque les plans focaux ne sont pas rectangulaires. Ce théorème subsiste donc lorsqu'il s'agit de deux surfaces élémentaires relatives à un pinceau quelconque.

Démontrons-le dans ce cas général en faisant usage des points représentatifs c', e'. Conservons la *fig.* 111 et ne supposons plus que le centre de C soit sur G.

L'angle que le plan central en c fait avec le plan focal en f_2 est égal à l'angle $cc'f_2$.

De même, pour le plan central en e, on a l'angle $ee'f_2$. La différence de ces angles est égale à l'angle que les plans centraux en c et e font entre eux.

La différence de la mesure de ces angles donne alors la mesure de l'angle des deux plans centraux. On voit ainsi que ce dernier angle a pour mesure la moitié de $c'e'$. Il est donc égal à l'angle sous lequel on voit d'un point de C l'arc $c'e'$.

Revenons au pinceau de normalies.

Les plans tangents en o aux deux normalies font avec le plan focal en f_2 des angles qui sont $f_2c'o$, $f_2e'o$. Par suite, ils font entre eux un angle dont la mesure est la moitié de l'arc dg. Cet angle n'est autre que l'angle des directrices des normalies. On voit donc que :

THÉORÈME 32'. — *L'angle des directrices des normalies en o est l'angle sous lequel on voit, d'un point de la circonférence C, l'arc gd compris entre les points où les droites oc', oe' coupent C.*

Dans la démonstration que je viens de donner, la position du centre de C n'intervient pas ; ce théorème est donc vrai pour un pinceau quelconque.

En joignant le point o de G aux points c', e' on détermine, comme nous venons de le dire, l'angle que font entre eux les plans tangents aux deux normalies au point o.

Les valeurs extrêmes de cet angle correspondent aux valeurs extrêmes de

$e'oc'$, et celles-ci s'obtiennent en prenant, pour sommet des angles tels que $e'oc'$, les points où G est touché par des circonférences passant par les points c' et e'.

La droite $e'c'$ coupe évidemment G au point pour lequel les plans tangents aux normalies font entre eux un angle égal à celui que font entre eux les plans centraux de ces surfaces.

Prenons le point de rencontre u de $f_2 c'$ avec $f_1 e'$. Ce point projeté en t sur G donne le point où le plan central de la normalie, dont le point central est e, touche la normalie dont le point central est c.

Mais, si l'on prolonge $f_2 e'$ jusqu'à sa rencontre avec $f_1 c'$, on obtient le point v qui se projette au même point t puisque les angles $f_1 c' f_2$ et $f_1 e' f_2$ sont droits. Donc :

THÉORÈME 33'. — *Deux normalies quelconques sont toujours telles que le plan central de l'une touche l'autre au point où le plan central de celle-ci touche la première.*

Considérons la surface parallèle à (S) qui passe par t. Supposons qu'on prenne pour directrices des deux normalies les traces de ces surfaces sur cette surface parallèle à (S) : je dis qu'*au point t ces directrices sont deux diamètres conjugués de l'indicatrice en ce point.*

Ceci est évident si l'on remarque que le plan tangent en t à l'une de ces normalies est le plan central de l'autre.

D'après cela, si l'on prend à partir d'un point t la directrice d'une normalie dont la droite auxiliaire est $f_1 c'$, on aura la droite auxiliaire de la normalie dont la directrice est conjuguée de la directrice de la première en opérant de la manière suivante :

On joint le point f_2 (*fig.* 111) au point v où $f_1 c'$ coupe la perpendiculaire tu à G : cette droite rencontre la circonférence C en un point e' qu'il suffit de joindre à f_1 pour avoir la droite auxiliaire demandée. Nous désignerons sous le nom de *normalies conjuguées* deux normalies ayant pour directrices deux courbes dont les tangentes à leur point de rencontre sont deux tangentes conjuguées.

Reprenons deux normalies quelconques et considérons leurs directrices sur une surface (S) passant au point o (*fig.* 111). Appelons δ l'angle que font en ce point ces deux directrices : cet angle est égal à $de'g$. Appelons γ l'angle que font entre eux les plans centraux des deux normalies : cet angle est égal à $e'dc'$. Dans le triangle $o\,de'$ on a

$$\frac{oe'}{od} = \frac{\sin\gamma}{\sin\delta},$$

mais

$$od \times oc' = R_1 R_2,$$

donc

(24)
$$\frac{oe' \times oc'}{R_1 R_2} = \frac{\sin \gamma}{\sin \delta},$$

relation entre les flexions d'une surface suivant deux directions arbitraires.

Si les normalies sont conjuguées, on a simplement $oe' \times oc' = R_1 R_2$, comme on peut le voir directement sur la *fig.* 112.

On peut interpréter de la manière suivante la relation (24).

Nous savons que l'on a

$$\frac{d\sigma}{ds} = \frac{1}{oc'},$$

$d\sigma$ étant l'angle des deux normales à la surface (S) élevées des extrémités de l'arc ds. On a de même

$$\frac{d\sigma_1}{ds_1} = \frac{1}{oe'}.$$

La relation (24) peut donc s'écrire

$$\frac{ds \times ds_1 \sin \delta}{R_1 R_2} = d\sigma \times d\sigma_1 \sin \gamma.$$

Menons une surface parallèle à (S) par le point o' de G (*fig.* 111). Cette surface est rencontrée par les deux normalies suivant deux courbes faisant entre elles un angle δ'. On a, comme précédemment, en employant les mêmes notations avec des accents,

$$\frac{ds' \times ds'_1 \sin \delta'}{R'_1 R'_2} = d\sigma \times d\sigma_1 \sin \gamma.$$

Les quantités qui entrent dans le second membre ne changeant pas si l'on prend les mêmes normales infiniment voisines de G, on a donc

$$\frac{ds \times ds_1 \sin \delta}{ds' \times ds'_1 \sin \delta'} = \frac{R_1 R_2}{R'_1 R'_2}.$$

Mais $ds \times ds_1 \sin \delta$ est le double de l'aire du triangle infiniment petit qui a pour côtés ds et ds_1. On voit alors que le rapport des aires des triangles infiniment petits, déterminés par les directrices des deux normalies sur (S) et (S'), est constant quelles que soient les deux normalies que l'on considère. Si l'on trace

M.

3g

autour du point *o* une courbe infiniment petite, les normales à (S) issues des points de cette courbe détermineront sur (S') une courbe infiniment petite autour de *o'*, et l'on voit, d'après ce que nous venons de dire, que les aires de ces deux courbes sont entre elles comme les produits des distances des points *o* et *o'* aux foyers du rayon G. Ceci s'étend évidemment à un pinceau quelconque ; on peut donc dire, en remplaçant (S) et (S') simplement par des plans perpendiculaires à G, que :

THÉORÈME 34'. — *Les aires des sections faites dans un pinceau par deux plans perpendiculaires au rayon sont entre elles comme les produits des distances de ces plans au foyer du rayon.* (KUMMER.)

Voici maintenant quelques propriétés des normalies conjuguées ; j'appellerai, avec Lamarle, *distance centrale* d'une normalie, la distance comprise sur une normale entre le point central et le pied de cette normale. En faisant usage de cette expression, on peut énoncer le théorème suivant :

THÉORÈME 35'. — *Le produit du rayon de courbure de la section normale à (S) qui est tangente à la directrice d'une normalie, par la distance centrale de la normalie conjuguée, est égal au produit des rayons de courbure principaux.* (LAMARLE.)

Fig. 117.

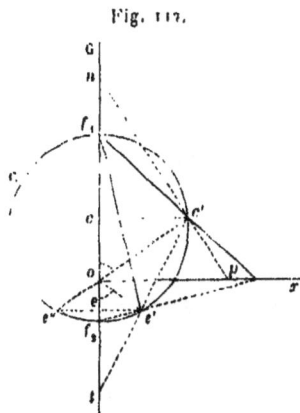

$f_1 c'$ (*fig.* 112) étant la droite auxiliaire d'une normalie, $f_1 e'$ est la droite auxiliaire de la normalie conjuguée pour le point *o*.

Les droites *oc'*, *oe'* étant également inclinées sur $f_1 f_2$, les triangles rectangles *onc'*, *oe'e* sont semblables ; ils donnent

$$\frac{on}{oc'} = \frac{oe'}{oe},$$

d'où

$$on \times oe = oc' \times oe' = R_1 R_2.$$

Donc

$$on \times oe = R_1 R_2,$$

ce qui exprime le théorème à démontrer ([1]).

Joignons le point c' au point e'; appelons t le point de rencontre de cette droite avec G; les points c, o, e, t forment une division harmonique; on a alors

$$\frac{2}{ot} = \frac{1}{oc} + \frac{1}{oe},$$

Mais le point t est fixe quelle que soit la direction de $f_1 c'$. Donc :

THÉORÈME 36'. — *La somme des inverses des distances centrales de deux norma-lies conjuguées autour d'un même point est constante.* (JOACHIMSTHAL.)

On voit au moyen de la *fig.* 112 que l'on a aussi le théorème suivant :

THÉORÈME 37'. — *Les paramètres de distribution de deux normalies conjuguées sont entre eux comme les distances centrales de ces normalies, et leurs carrés sont*

Fig. 113.

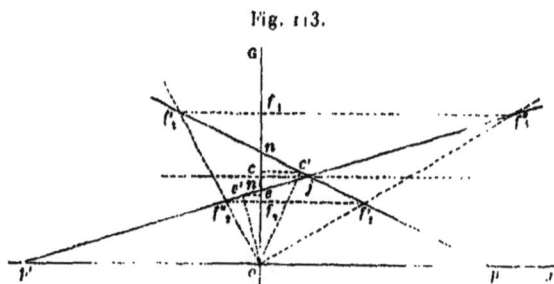

entre eux comme les produits des rayons de courbure principaux de ces surfaces au point o.

Au lieu de prendre des droites auxiliaires relatives au point f_2, on peut prendre pour origine le point o lui-même. On trouve alors que les droites auxiliaires qui correspondent à deux normalies conjuguées sont également inclinées sur G.

Prenons (*fig.* 113) le point o pour origine afin d'étudier deux normalies rec-tangulaires en ce point.

Soient toujours f_1, f_2 les centres de courbure principaux de (S) sur G. Pour

_____

([1]) La démonstration de ce théorème, à l'aide de l'indicatrice, est très simple aussi.

l'une des normalies, le plan tangent en o fait l'angle xof_1' avec le plan tangent en f_1; pour l'autre normalie, le plan tangent en o fait alors avec le même
plan tangent en f_1 l'angle xof_1'', les droites of_1' et of_1'' étant perpendiculaires
entre elles, puisque les normalies sont rectangulaires.

Les droites auxiliaires des deux normalies rectangulaires sont donc $f_1'f_2'$,
$f_1''f_2''$.

On voit tout de suite sur la figure que

$$\frac{1}{on} + \frac{1}{on'} = \frac{1}{R_1} + \frac{1}{R_2}.$$

Donc :

THÉORÈME 38'. — *En un point o d'une surface, deux sections normales perpendiculaires entre elles ont la somme de leur courbure constante.*

On voit aussi que $op = op'$. Cette relation donne le théorème de M. Bertrand,
énoncé page 293, ainsi que le théorème suivant :

THÉORÈME 39'.   *Pour deux normalies rectangulaires en o, le produit des
rayons de courbure principaux de chacune de ces surfaces est le même en ce point.*

En rapprochant ce résultat de celui que donne le théorème 25', nous voyons
qu'on peut dire :

THÉORÈME 40'. — *Les lignes asymptotiques d'une surface (S) et leurs trajectoires
orthogonales sont les directrices de normalies ayant en chaque point de (S) le produit de leurs rayons de courbure principaux égal au produit analogue pour (S).*

On peut aussi étudier les normalies rectangulaires en o en prenant (*fig.* 114)

Fig. 114.

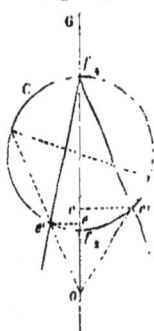

le point f_2 comme origine. Pour obtenir alors les droites auxiliaires de deux normalies rectangulaires, on mène un diamètre de C; on joint les extrémités de ce

diamètre au point o; ces droites coupent C aux points c', c''; enfin on joint ces deux points au point f_1.

On obtient les droites auxiliaires de deux normalies dont les plans centraux sont rectangulaires, en joignant f_1 aux extrémités d'un diamètre de C. Les tangentes en o aux directrices de ces normalies sont les lignes allant de ce point aux points de contact avec l'indicatrice en o de deux tangentes rectangulaires entre elles.

Si l'on marche dans deux directions ainsi déterminées, on voit tout de suite, sur la *fig.* 114, que *la somme des inverses des carrés des flexions de* (S) *est constante.*

Une droite D touche trois surfaces directrices (A), (C), (E); si on la déplace, de façon qu'elle les touche toujours, elle engendre une surface (D) circonscrite à chacune des surfaces données.

Nous avons montré comment on arrive de deux manières différentes à la construction de la tangente en un point de la courbe de contact de (D) avec l'une des surfaces directrices. Les deux constructions ainsi obtenues doivent être concordantes; leur rapprochement conduit à un théorème sur les normalies conjuguées dont la démonstration directe est très simple lorsqu'on fait usage de points représentatifs.

Supposons qu'il s'agisse de la tangente en a à la courbe de contact de (D) et de (A). Nous avons trouvé, page 183, que cette droite est la perpendiculaire au plan de la normale A et de la conjuguée Δ de D, qui est une génératrice du paraboloïde (P) des normales à (D) le long de D et qui passe par le point δ où (P) touche la normalie (N_1) à (A) dont la directrice est une courbe tangente en a à D.

D'autre part, nous avons trouvé, page 210, que la même tangente est conjuguée de la projection sur le plan tangent en a à (A) de la droite L adjointe au plan perpendiculaire à D, laquelle est la génératrice de (P) qui passe par le point λ où (P) touche la normalie (N_2) à (A) dont la directrice est une courbe tangente en a à la tangente conjuguée de D.

Rapprochant ces deux résultats, on peut dire :

THÉORÈME 41'. — *Par la normale* A *en* a *à* (A) *on fait passer deux normalies conjuguées* (N_1), (N_2) *et une surface réglée* (P) *qui a pour point central* a *sur* A *et pour plan central le plan tangent en* a *à* (N_1). *Les surfaces* (N_1) *et* (P), *qui se touchent déjà en* a, *se touchent en outre au point* δ.

Les surfaces (N_2) *et* (P), *qui ont même plan central, se touchent alors à l'infini et se touchent en outre au point* λ.

Quelle que soit (P), *pourvu seulement qu'elle remplisse les conditions énoncées,
la perpendiculaire élevée de a à son plan tangent en* δ *et la trace de son plan tangent en* λ, *sur le plan tangent à a en* (A), *sont deux tangentes conjuguées de* (A).

C'est cette propriété que je vais démontrer directement en faisant usage des
points représentatifs des éléments le long de A des surfaces (N₁), (N₂) et (P).
Pour cela, j'ai besoin du lemme suivant :

LEMME. — *Lorsque deux surfaces gauches ont une génératrice commune* A *et se
touchent en un point q de cette droite, on obtient leur autre point de contact en
prenant le point de rencontre de* A *et de la circonférence qui contient q et les points
représentatifs des éléments de ces surfaces gauches, points qui sont situés sur un
même plan passant par* A.

En effet, de chacun des points représentatifs, on doit voir sous des angles
égaux le segment de A compris entre les points de contact des surfaces gauches.

Dans le cas où *q* est à l'infini, l'autre point de contact des surfaces gauches
est alors à la rencontre de A et de la droite qui joint les deux points représentatifs.

Ce lemme établi, démontrons le théorème 41'. Prenons pour plan de la *fig.* 115
un plan arbitraire mené par A. Soient γ₁, γ₂ les centres de courbure principaux
de (A) situés sur A. Les normalies (N₁), (N₂) ont pour points représentatifs les

Fig. 115.

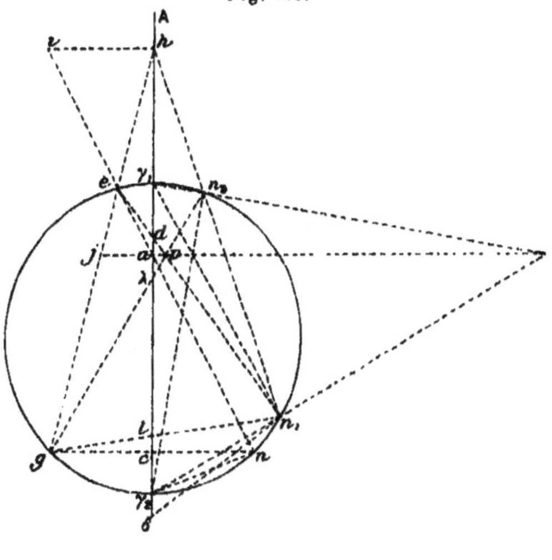

points *n₁*, *n₂* de la circonférence décrite sur γ₁, γ₂ comme diamètre. Comme
ces normalies sont conjuguées, les droites $n_2\gamma_2$, $n_1\gamma_1$ (ou $n_1\gamma_2$, $n_2\gamma_1$) se coupent
sur la perpendiculaire élevée de *a* à A.

Le point représentatif p de (P) est sur cette perpendiculaire, puisque a est le point central de (P) sur A.

La normalie (N_1) et la surface (P) se touchent déjà en a, l'autre point de contact de ces surfaces est sur A et sur la circonférence qui passe par les points a, p, n_1 : ce point δ est alors sur la perpendiculaire $n_1\delta$ à $n_1 p$.

La normalie (N_2) et la surface (P) ont même plan central en a : elles se touchent alors à l'infini. L'autre point de contact λ de ces surfaces est donc à la rencontre de A et de la droite $n_2 p$.

Le plan mené par A, perpendiculairement au plan tangent au point δ à (N_1), est tangent à cette normalie au point d où $n_1 p$ rencontre A, puisque l'angle $pn_1\delta$ est droit.

Le plan tangent en λ à (N_2) est tangent au point l à (N_1), puisque l'angle $\lambda n_2\gamma_2$ est égal à $ln_1\gamma_2$.

Il reste à faire voir que ces plans tangents à (N_1) en d et l contiennent des tangentes en a à (A) qui sont conjuguées.

La droite $n_1 d$ coupe la circonférence au point e et la droite ea coupe la circonférence au point n.

L'angle $dn_1\gamma_2$ étant égal à l'angle $an\gamma_2$, on voit que le plan tangent en d à (N_1) est tangent en a à une normalie (N) qui a n pour point représentatif.

On voit de même que le plan tangent en l à (N_1) est tangent en c à (N).

Ce sont donc les plans tangents en a et c à (N) qui doivent contenir des tangentes en a à (A) qui sont conjuguées. Si cela est vrai, c est le point central de (N) sur (A), c'est-à-dire que gn doit être perpendiculaire à A.

On ramène ainsi la vérification à faire à la démonstration d'une simple proposition de Géométrie élémentaire.

Prolongeons $n_1 n_2$ jusqu'au point h où cette droite coupe A : le point h a pour polaire ap. Les droites $n_2 g$, en_1 se coupant sur la polaire de h, les points h, e, g sont en ligne droite.

La perpendiculaire hi à A est la polaire de a; si l'on prolonge alors ne jusqu'à sa rencontre en i avec cette droite, les points i, e, a, n forment une division harmonique. Les points h, e, j, g forment aussi une division harmonique. Comme hi et aj sont perpendiculaires à A, il en est de même de gn. La vérification est ainsi achevée et le théorème sur les normalies conjuguées (N_1), (N_2) est démontré.

Avec la circonférence représentative d'un pinceau nous avons démontré, au moyen d'une figure plane, des propriétés relatives aux surfaces élémentaires de ce pinceau.

Lorsqu'au lieu d'un pinceau on en a simultanément plusieurs liés entre eux, l'emploi de leurs circonférences représentatives permet encore de ramener un problème de l'espace à une simple question de Géométrie plane.

C'est ce que nous verrons plus loin en étudiant soit la surface de l'onde lumineuse, soit le problème d'Optique relatif à la détermination d'un pinceau réfracté (¹).

QUELQUES MOTS SUR LE DÉPLACEMENT D'UNE FIGURE DE FORME INVARIABLE LORSQUE CE DÉPLACEMENT N'EST ASSUJETTI QU'A TROIS CONDITIONS.

Une figure, dont le déplacement est assujetti à trois conditions distinctes, de la nature de celles dont nous avons parlé précédemment, peut être considérée comme se déplaçant de façon que trois de ses points restent sur trois surfaces données.

Un point invariablement lié à cette figure peut, en général, être déplacé arbitrairement; mais nous allons voir qu'il y a une infinité de points appartenant à un même hyperboloïde qui, eux, admettent des surfaces trajectoires.

Soient a, b, c les points de la figure qui ont pour surfaces trajectoires [a], [b], [c] et A, B, C les normales à ces surfaces, issues de a, b, c pour une position de la figure.

Si l'on soumet le déplacement de la figure à une condition de plus, un point quelconque i ne peut plus se déplacer que sur une surface ayant pour normale en i une droite s'appuyant sur un couple de droites D, Δ.

Ces dernières droites rencontrent A, B, C. Toutes les droites telles que D, Δ

(¹) Les principales propriétés d'un pinceau auraient pu être obtenues en considérant le rayon du pinceau comme se déplaçant autour de deux droites qui rencontrent les normales aux surfaces focales issues des foyers de ce rayon; on obtient ainsi facilement le théorème 31'.

Mais, en général, ces démonstrations ne sont pas aussi simples que celles qui résultent de l'emploi de la circonférence représentative d'un pinceau.

Inversement, des propriétés d'un pinceau, on peut déduire des propriétés de certaines surfaces réglées ayant deux directrices rectilignes.

forment donc les génératrices d'un hyperboloïde défini par A, B, C ; par suite, si le point i appartient à cet hyperboloïde, la génératrice du même système que A, B, C issue de ce point i les rencontre toutes ; cette droite est alors la normale unique aux trajectoires du point i. Le point i ne peut donc se déplacer que sur une surface ayant cette droite pour normale. Ainsi :

THÉORÈME CXX. — *Lorsqu'une figure de forme invariable est assujettie pendant son déplacement à trois conditions descriptives distinctes, on peut, à partir d'une position de la figure, déplacer arbitrairement un point quelconque de cette figure, à l'exception de tous les points d'un certain hyperboloïde qui, eux, admettent des surfaces trajectoires.*

Voici une conséquence relative au trièdre trirectangle de sommet s dont les faces restent tangentes à un ellipsoïde de centre o.

Nous avons prouvé (p. 120) que s admet une surface trajectoire, et l'on sait que cette surface est une sphère dont la normale en s est so.

Les points de contact des faces du trièdre avec l'ellipsoïde, pour des déplacements infiniment petits à partir d'une position de la figure, ont cet ellipsoïde pour surface trajectoire.

Ces points de contact et s appartiennent alors à l'hyperboloïde dont nous venons de parler et, comme cette surface contient les normales aux surfaces trajectoires de ses points, on voit que :

THÉORÈME CXXI. — *Si un trièdre trirectangle de sommet s a ses faces tangentes à un ellipsoïde de centre o, la droite so et les normales à l'ellipsoïde, issues des points de contact des faces du trièdre, appartiennent à un même hyperboloïde.*

L'hyperboloïde, lieu des points d'une figure mobile assujettie à trois conditions et qui admettent des surfaces trajectoires, peut se réduire à deux plans lorsqu'on a des conditions multiples.

Considérons, par exemple, *le lieu des pieds des perpendiculaires abaissées d'un point fixe o sur tous les plans tangents d'une surface donnée* (A).

Appelons (P) l'un des plans tangents à (A), op la perpendiculaire abaissée du point fixe o sur ce plan.

L'ensemble du plan (P) et de la perpendiculaire op constitue une figure de forme invariable dont le déplacement n'est assujetti qu'à trois conditions : une, pour exprimer que le plan (P) est tangent, et deux conditions pour exprimer que la droite op passe par le point fixe o.

M.

Trois conditions complémentaires assurent l'immobilité d'un point quelconque invariablement lié à la figure mobile. Il faut une condition de moins pour assurer la fixité d'un point quelconque de la droite *op*, puisque, cette droite étant immobile, la figure peut encore tourner autour de cette ligne comme axe, sans cesser de remplir les conditions données.

Les points de *op*, n'exigeant que deux conditions complémentaires, se déplacent sur des surfaces.

Pour construire la normale en *p* à la surface décrite par ce point, cherchons d'abord un couple de droites D, Δ. Nous savons que ces droites doivent rencontrer la droite A normale en *a* à la surface (A) et deux normales à *op* issues du point *o*.

Menons en *o* un plan perpendiculaire à *op*, et prenons sur ce plan la trace *d* de la normale A.

La droite *od* est une des droites conjuguées, et l'autre est une ligne quelconque issue du point *d* et tracée dans le plan mené du point *o* perpendiculairement à *op*. La normale en *p* à la surface trajectoire de ce point est donc la ligne *pd*.

Voici encore un moyen d'arriver à construire la normale à la surface trajectoire de *p*.

Quelle que soit la position du point *p* sur sa surface trajectoire [*p*], surface qui est la surface podaire de (A) par rapport au point *o*, on a un angle droit tel que *opa* dont un côté passe par le point fixe *o*, dont l'autre côté est tangent à (A) et dont le plan est normal en *a* à cette surface. Pour un déplacement infiniment petit de l'angle *opa*, satisfaisant toujours à ces conditions, on obtient le foyer de son plan en élevant du point *o* la perpendiculaire *od* à *op* et en prenant le point *d* où cette droite rencontre la normale *ad* à (A).

Cette normale est, en effet, dans le plan *opa*, la normale à la surface engendrée par *pa*. Le foyer du plan *opa* est donc le point *d*, pied de la perpendiculaire abaissée de *o* sur *ad*. La normale à la trajectoire du point *p* est alors *pd*; comme cela est vrai, quel que soit le déplacement de l'angle *opa*, *la droite pd est la normale à la surface podaire* [*p*].

J'ai pris précédemment, d'une part, *od* et, d'autre part, une ligne menée du point *d*, pour former un couple de droites conjuguées. J'aurais pu prendre *od* et une ligne issue du point *o* et s'appuyant sur A. Cette dernière droite rencontre en effet A et les normales en *o* à *op*.

L'ensemble des droites conjuguées que l'on peut prendre ainsi constitue le lieu des points qui admettent des surfaces trajectoires. On voit donc que, dans cet exemple particulier, l'hyperboloïde du cas général se réduit à deux plans : le plan *opa* et le plan mené du point *o* perpendiculairement à *op*.

Sur la droite d'intersection de ces plans on a les deux points *o* et *d*, où vont aboutir les droites qui correspondent aux génératrices de l'hyperboloïde.

Lorsqu'une figure de forme invariable est assujettie à moins de quatre conditions, ses points, en général, peuvent être déplacés d'une infinité de manières. Indépendamment des points de l'hyperboloïde précédent, on doit encore dire en général, parce qu'il y a une surface limitant la région de l'espace que les points de la figure peuvent occuper et que les points appartenant à cette *surface limite* ne sont pas susceptibles d'être déplacés de toutes les manières possibles.

Les droites et les plans de la figure mobile ont aussi leurs surfaces limites. Je donnerai plus loin quelques résultats relatifs à la surface de l'onde considérée comme surface limite d'une droite liée à une figure mobile de forme invariable.

Je termine ici la partie théorique de la Géométrie cinématique de l'espace dans laquelle je me suis principalement occupé des déplacements d'une figure de forme invariable, lorsque ces déplacements sont assujettis à cinq, quatre ou trois conditions.

Au cours de mon exposition, j'ai déjà intercalé, comme on l'a vu, des applications de certaines propriétés de ces déplacements. C'est ainsi que j'ai été amené à parler du raccordement des surfaces réglées, des méthodes des normales dans l'espace, de la théorie géométrique de la courbure d'une surface autour d'un de ses points. En adoptant cette marche, j'avais l'avantage, non seulement de mieux faire comprendre les quelques théorèmes appliqués, mais aussi de faciliter l'exposition générale à l'aide des propriétés qui dérivent de ces premières applications.

Les théorèmes démontrés dans les théories précédentes sont très nombreux; mais la complication qui semble résulter de leur multiplicité n'est qu'apparente. D'une part, en effet, quelques-uns sont identiques au fond; il était cependant important de les présenter sous différents énoncés, afin de permettre un choix approprié aux circonstances. D'autre part, plusieurs n'ont été donnés que pour élucider le déplacement d'une figure dans l'espace; enfin un certain nombre se rapportent à des déplacements particuliers.

Du reste, comme dans les applications on s'appuie toujours sur les mêmes théorèmes, la connaissance approfondie de ces quelques théorèmes fondamentaux rend très simple l'emploi des théories générales.

Faisons remarquer encore que les procédés employés sont généraux; ainsi, lorsque, parmi les données des déplacements, il existe des trajectoires de points, ce sont des droites conjuguées qui interviennent, et que, lorsqu'il y a des plans assujettis à toucher des surfaces fixes, ce sont les adjointes aux plans respectivement perpendiculaires à leurs droites d'intersection dont on doit faire usage.

Dans ce qui suit, on va trouver des applications très diverses contenant des résultats intéressants. Mais, si j'ai fait une grande place aux applications, c'est surtout afin de montrer par quelles voies on peut poursuivre le développement de la Géométrie cinématique.

TROISIÈME PARTIE.

APPLICATIONS DIVERSES.

Dans cette troisième Partie, je ne vais résoudre qu'une seule question relative à la *Géométrie cinématique plane*, car la première Partie renferme déjà des applications nombreuses et, du reste, faciles à multiplier, grâce à des formules qui permettent de traiter les questions concernant les déplacements d'une figure polygonale de forme variable.

Dans les Applications de la *Géométrie cinématique de l'espace*, je ne donne pas la solution isolée de tel ou tel problème particulier.

Je réunis divers résultats en groupes dont chaque ensemble constitue un tout, une étude spéciale. Par exemple, le contact du troisième ordre de deux surfaces, les surfaces parallèles, la surface de l'onde, etc.

Je termine en appliquant les propriétés des déplacements d'une figure de forme invariable à la détermination de quelques formules nécessaires pour l'étude d'une figure polyédrale de forme *variable*. On doit remarquer que la marche suivie pour cette détermination est identique à celle qui a été adoptée dans la *Géométrie cinématique plane*.

Constructions du centre de courbure de l'ellipse de Cassini ([1]).

Cette courbe est le lieu du point m (*fig.* 116) dont le produit des distances à deux points fixes, f, f', est constant.

Cherchons d'abord la tangente aa' en m à cette courbe.

De la relation $mf \times mf' = $ const., on déduit que :

$$\frac{mf}{d.mf} = -\frac{mf'}{d.mf'}.$$

([1]) *Voir* une solution de M. E. Rousch dans les *Mathematisch-naturwissenschäftliche Mittheilungen* du Dr O. Böklen; 1888.

Supposons connue la normale $m\mu$ en m à la courbe (m).

Élevons au point f la perpendiculaire fn à fm, et soit n le point de rencontre de cette droite avec cette normale.

Fig. 116.

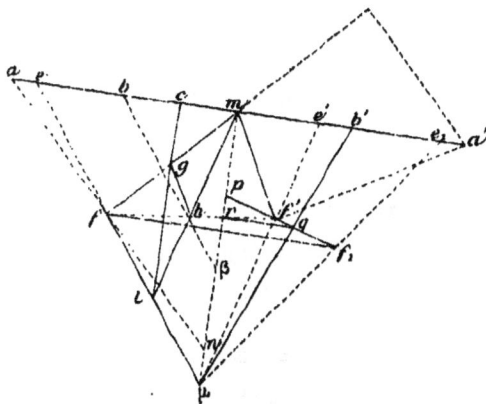

On a, en appelant $d\theta$ la variation angulaire de fm, pour un déplacement infiniment petit de m sur (m),

$$d.mf = fn\,d\theta = \frac{fn\,d(m)}{mn} = \frac{fm\,d(m)}{ma},$$

d'où

$$\frac{m^f}{d.mf} = \frac{ma}{d(m)}.$$

On a de même

$$\frac{mf'}{d.mf'} = \frac{ma'}{d(m)}.$$

Portant ces valeurs dans l'égalité précédente, il vient

$$ma = -\,ma'.$$

Il résulte de là que :

Le segment aa' de la tangente en m à (m), compris entre les perpendiculaires fa, $f'a'$ aux rayons vecteurs fm, $f'm'$, est partagé par le point m en deux parties égales. (STEINER.)

D'après cela, on peut construire ainsi aa' : on prolonge fm de sa propre longueur; de l'extrémité du segment ainsi obtenu, on élève une perpendiculaire à fm; cette droite rencontre en a' la perpendiculaire $f'a'$ à $f'm$: la droite $a'm$ est la tangente demandée.

Cherchons maintenant le centre de courbure μ de (m) pour le point m.

Le point m étant toujours le milieu de segments tels que aa', le point μ est le milieu du segment intercepté sur $m\mu$ par les normales en a et a' aux courbes (a), (a') décrites par ces points pendant le déplacement de m.

A la place des courbes (a), (a'), je vais employer les courbes (b), (b'), lieu des milieux b, b' des segments ma, ma'.

La distance bf étant égale à la longueur de la tangente bm à (m), on a tout de suite la normale en b à (b) en menant du point b la parallèle $b\beta$ à la droite $f\mu$ (p. 46).

Soit β le point de rencontre de cette normale avec $m\mu$. On a de même un point β' correspondant au point b'. Le centre de courbure μ doit se trouver au milieu du segment $\beta\beta'$, puisque m est au milieu de bb'.

On a alors

$$2\,m\mu = m\beta + m\beta',$$

d'où

$$2 = \frac{m\beta}{m\mu} + \frac{m\beta'}{m\mu}.$$

Prolongeons μf, $\mu f'$ jusqu'à leurs rencontres en e et e' avec aa'; on a

$$\frac{m\beta}{m\mu} = \frac{mb}{me}, \qquad \frac{m\beta'}{m\mu} = \frac{mb'}{me'},$$

Portant ces valeurs dans la relation précédente et tenant compte de l'égalité des segments mb, mb', on obtient

$$\frac{2}{mb} = \frac{1}{me} + \frac{1}{me'}.$$

On est maintenant amené à trouver un point μ, tel que les droites μfe, $\mu f'e'$ déterminent sur aa' des segments liés par cette dernière relation.

Menons la parallèle ml à $f'\mu$; elle coupe μf au point l. En vertu d'un théorème énoncé page 26, l'inverse de la distance du point l à la normale $m\mu$ est égal à $\frac{1}{me} + \frac{1}{me'}$.

De la dernière relation, il résulte alors que la distance de l à $m\mu$ est égale à la moitié de mb, c'est-à-dire à mc, en supposant que le point c soit le milieu de mb.

Menons la droite gh. Les triangles ghl, $mf'\mu$ ont leurs sommets sur trois droites concourantes, mais les côtés gl, $m\mu$ sont parallèles, ainsi que hl et $f'\mu$; donc gh est parallèle à mf'. On a alors la construction suivante :

Du point c, milieu de mb, on mène la parallèle cgl à la normale $m\mu$, et, du point g, la parallèle gh à mf'; la droite mh coupe cl au point l : la droite fl rencontre la normale mµ au centre de courbure cherché.

Voici comment on arrive à une autre construction de ce point.

Soit f_1 le point symétrique de f par rapport à la normale $m\mu$. La droite $\mu f_1 e_1$ est alors symétrique de μe, et l'on a

$$me_1 = me.$$

La relation précédente peut s'écrire

$$\frac{2}{mb'} = \frac{1}{me'} + \frac{1}{me_1}.$$

Cette relation montre que les points m, e', b', e_1 forment une division harmonique. Les droites qui partent de μ pour aboutir à ces points constituent un faisceau harmonique, qui détermine sur la droite $f'f_1$ les points p, f', q, f_1, qui forment alors une division harmonique.

On est ainsi amené à chercher le point q, puisque la droite $b'q$ coupe $m\mu$ au point μ.

Si l'on avait pris le symétrique f_1 de f', par rapport à $m\mu$, on aurait le quatrième sommet d'un trapèze, dont les côtés non parallèles se coupent en p sur $m\mu$, et les diagonales en r sur la même droite.

La perpendiculaire rq à $m\mu$ passe alors par le point q; on a donc cette construction :

On prend le point f_1, symétrique de f par rapport à $m\mu$. Du point de rencontre r de ff' avec $m\mu$, on élève à cette normale la perpendiculaire rq; la droite $b'q$ coupe $m\mu$ au centre de courbure demandé.

NORMALES ET NORMALIES.

Steiner, dans un *Mémoire sur les courbes et les surfaces algébriques* ([1]), dont la traduction a été insérée dans le *Journal de Mathématiques de Liouville* ([2]), a cherché le nombre des normales qu'on peut abaisser d'un point sur une courbe

---

([1]) *Journal de Crelle*, 49ᵉ Cahier.

([2]) Première série, t. XX, p. 36.

algébrique. Pour une courbe de degré *m*, il trouve de trois manières à montrer que d'un point on peut mener à cette courbe m^2 normales. Son premier procédé consiste à déplacer infiniment peu la courbe autour du point donné; les m^2 points d'intersection de la courbe considérée dans sa première position et dans sa position infiniment voisine sont les pieds des normales cherchées.

Steiner n'a pas étendu ce procédé au cas de l'espace. M. August a fait connaître cette généralisation ([1]); il considère pour cela deux déplacements infiniment petits autour de deux droites quelconques issues du point d'où l'on veut mener les normales.

Je vais montrer que, dans l'espace, l'emploi de déplacements infiniment petits conduit, non seulement au nombre de normales qu'on peut abaisser d'un point sur une surface algébrique, mais encore à quelques autres résultats intéressants.

Si l'on donne à une surface de degré *m* un déplacement infiniment petit autour d'une droite quelconque, on obtient une courbe gauche de degré m^2 résultant de l'intersection de la surface considérée dans deux positions infiniment voisines. Cette courbe est la caractéristique de la surface enveloppe de la surface mobile. Ces deux surfaces, l'enveloppe et l'enveloppée, se touchent suivant cette caractéristique. Les normales à ces surfaces issues de tous les points de cette ligne rencontrent l'axe de rotation. On peut donc dire que cette caractéristique est le lieu des pieds des normales abaissées de tous les points de l'axe de rotation sur la surface donnée; et, en tenant compte d'une remarque faite précédemment relativement au cercle imaginaire à l'infini, on peut dire :

Les pieds des normales abaissées de tous les points d'une droite sur une surface de degré m, qui ne contient pas le cercle imaginaire à l'infini, appartiennent à une courbe de degré m^2.

Chasles avait montré par une voie toute différente que les pieds des normales abaissées de tous les points d'une droite sur une surface du second degré appartiennent à une courbe du quatrième ordre.

Le théorème auquel nous venons d'arriver donne immédiatement la solution de cette question :

Quel est le degré de la surface enveloppe d'une surface de degré m qui ne contient pas le cercle imaginaire à l'infini, et qui tourne autour d'une droite?

Pour déterminer ce degré, menons un plan perpendiculaire à l'axe de rota-

---

([1]) *Journal de Crelle*, 68ᵉ Cahier, p. 242.

M.   41

tion. Ce plan coupe la caractéristique de l'enveloppe en m^2 points. Ces points, amenés dans un même plan méridien au moyen de rotations autour de l'axe, se trouvent alors sur une perpendiculaire à cet axe et appartiennent à la courbe méridienne de l'enveloppe. Cette courbe méridienne est donc d'un degré marqué par m^2. Comme on a deux fois cette courbe dans le plan méridien, la surface enveloppe est d'un degré marqué par $2m^2$.

Revenons maintenant aux normales à une surface de degré m abaissées de tous les points d'une droite, et cherchons combien de ces droites rencontrent une deuxième droite donnée.

Faisons tourner la figure autour de cette deuxième droite; après un déplacement infiniment petit, elle coupera la caractéristique dont j'ai parlé précédemment en m^3 points; donc :

Sur une surface de degré m, on peut abaisser m^3 normales qui rencontrent deux droites données (¹).

Nous savons (p. 132) que, dans le cas d'une figure de forme invariable dont les déplacements infiniment petits sont assujettis à quatre conditions, on obtient les points où une surface entraînée touche le lieu de ses intersections successives, en prenant les pieds des normales à cette surface qui rencontrent les deux axes simultanés de rotation. D'après ce que nous venons de trouver, ces points de contact pour une surface de degré m que l'on déplace sont au nombre de m^3. On peut alors dire :

THÉORÈME CXXII. — *Lorsque les déplacements d'une surface de degré m de forme invariable sont assujettis à quatre conditions, les points où cette surface touche le lieu de ses intersections successives sont au nombre de m^3.*

Nous venons de considérer la courbe lieu des pieds des normales abaissées de tous les points d'une droite sur une surface de degré m; cherchons le degré de la normalie à laquelle appartiennent ces normales. Je dis que :

Les normales abaissées de tous les points d'une droite sur une surface de degré m forment une normalie de degré m^3.

En effet, d'après ce que nous venons de voir, une droite rencontre cette surface en m^3 points.

(¹) Chasles avait trouvé que : *Étant données deux droites dans l'espace et une surface du second degré, il y a généralement huit normales à la surface qui s'appuient sur les deux droites.*

Cherchons *quel est le degré de la normalie à une surface de degré m dont la directrice est la courbe d'intersection de cette surface et d'une surface de degré p.*

Employons le même procédé : cherchons en combien de points une droite rencontre cette surface ou, ce qui revient au même, combien il y a de génératrices de cette normalie qui rencontrent une droite.

Pour cela, faisons tourner la surface de degré m autour de cette droite prise comme axe de rotation. Après un déplacement infiniment petit, cette surface coupe la directrice de la normalie de degré mp en m^2p points. Le degré cherché est donc m^2p.

Si $p = 1$, c'est-à-dire si la directrice de la normalie est une ligne plane, cette surface est du degré m^2. Le plan de la directrice de cette normalie coupe cette surface suivant une ligne de degré m^2. Cette intersection se compose de la directrice qui est une courbe du degré m et de normales dont le nombre est alors $m^2 - m$. On voit donc que :

Lorsqu'on coupe une surface de degré m par un plan arbitraire, ce plan contient $m(m - 1)$ *normales de la surface.*

En rapprochant ce résultat de celui qui donne le nombre des normales à une surface qui rencontrent deux droites, on a immédiatement le nombre des normales qu'on peut mener d'un point à une surface algébrique.

En effet, par le point donné menons deux droites quelconques. Nous avons m^3 normales qui rencontrent ces deux droites : ces normales sont celles qui passent par leur point de rencontre et celles qui sont dans leur plan. Ces dernières, d'après ce que nous venons de trouver, sont au nombre de $m(m-1)$; donc :

Le nombre des normales qu'on peut abaisser d'un point sur une surface algébrique de degré m est $m^3 - m(m - 1)$.

Ce nombre avait été trouvé analytiquement par Terquem ([1]).

Reprenons encore la surface lieu des normales abaissées de tous les points d'une droite sur une surface de degré m. Nous avons vu qu'elle est du degré m^3. Si on la coupe par une courbe C qui résulte de l'intersection de deux surfaces, l'une du degré q, l'autre du degré r, on aura m^3qr points de rencontre. Nous concluons de là que :

Il y a m^3qr *normales à une surface de degré m qui rencontrent une droite et une courbe* C, *résultant de l'intersection de deux surfaces de degrés q et r.*

([1]) *Journal de Mathématiques de Liouville,* 1re série, t. IV, p. 175.

Par suite :

La normalie à la surface de degré m, dont les génératrices s'appuient sur une courbe C, *résultant de l'intersection de deux surfaces de degrés q et r, est d'un degré marqué par* $m^3 qr$.

Coupons cette normalie par une courbe D résultant de l'intersection de deux surfaces de degrés *s* et *t*, nous aurons $m^3 qrst$ points de rencontre; donc :

Les normales à une surface de degré m, qui rencontrent deux courbes C, D, *la première résultant de l'intersection de deux surfaces de degrés q et r, la deuxième résultant de l'intersection de deux surfaces de degrés s et t, sont au nombre de* $m^3 qrst$.

Une surface du second ordre (S) tourne autour d'une droite arbitraire D; pour une position quelconque de cette surface, elle touche son enveloppe suivant une biquadratique B, qui est l'intersection de la surface mobile considérée dans deux positions infiniment voisines. Cette biquadratique rencontre D aux points où cette droite perce (S), et elle est le lieu des pieds des normales abaissées de chacun des points de D sur (S). D'après ce que nous venons de trouver, la normalie formée par ces normales est une surface du huitième ordre, et, comme d'un point quelconque de D on peut mener six normales à (S), cette droite est sextuple.

La biquadratique B peut être décomposée en courbes plus simples lorsque D occupe certaines positions particulières. Désignons par Δ une droite qui, prise comme axe de rotation, est telle que B se décompose en deux coniques *que nous désignerons toujours par* C. Ces coniques sont alors les directrices de normalies du quatrième ordre, sur chacune desquelles Δ est une droite triple. De là résulte que :

De chacun des points de Δ *on peut abaisser sur* (S) *trois normales dont les pieds sont sur une conique* C.

Désignons par δ le point où Δ rencontre C. Ce point n'est autre que le point de rencontre des deux normales à (S) qui sont dans le plan de C. On voit ainsi que :

Une conique C *est telle que les normales à* (S) *contenues dans son plan se coupent sur* (S).

Lorsque la conique C considérée comme figure de grandeur invariable se déplace sur (S), les plans normaux aux trajectoires de ses points se coupent suivant Δ.

En général, une conique quelconque tracée sur (S), et que l'on suppose de grandeur invariable, peut se déplacer sur cette surface (¹); mais les plans normaux aux trajectoires de ses points enveloppent un cône du second degré, dont le sommet est le foyer du plan de la conique. (CHASLES.)

Si l'on suppose que, pour trois points de cette conique, les normales à (S) se coupent en un même point, ce cône se réduit alors à une droite Δ.

De tout cela nous concluons que :

Si une conique est telle que les normales à (S) issues de trois de ses points se coupent en un même point, il y aura de même une infinité d'autres groupes analogues de trois normales à (S), et les points de rencontre de ces normales sont sur une même droite Δ. (DESBOVES.)

Le plan *d'une conique* C, que l'on déplace en la faisant tourner infiniment peu autour de la droite Δ correspondante, touche son enveloppe suivant une droite qui est la caractéristique du plan de C. Cette caractéristique n'est autre que la projection de Δ sur ce plan; elle passe par δ et rencontre de nouveau C en un point *a*.

Ce point *a*, appartenant à la caractéristique du plan de C, a sa trajectoire tangente à ce plan, et, comme il reste sur (S), sa trajectoire doit être tangente à C. Le plan normal à la trajectoire du point *a* passe par Δ, et la trace de ce plan passe par δ. La droite *a*δ, qui est cette trace, est donc normale à C. Ainsi :

_____

(¹) Cinq points quelconques de la conique étant assujettis à rester sur (S), le déplacement de cette courbe est bien déterminé. On peut ajouter que ce déplacement est le même, quels que soient ces cinq points. On a alors ces deux propriétés :

On coupe une surface du second ordre (S) par un plan non tangent à cette surface, et l'on prend sur la conique d'intersection quatre points quelconques; de chacun d'eux on élève une normale à (S). On construit le couple de droites D, Δ qui rencontrent ces quatre normales et la droite, issue d'un point arbitraire i, qui s'appuie sur D et Δ. Cette droite, menée du point i, reste dans un même plan lorsqu'on fait varier la position des points pris sur la conique.

En effet, cette droite appartient au plan normal relatif à la trajectoire de *i*, supposé entraîné avec la conique mobile.

Les données restant les mêmes :

On prend les traces de D et Δ sur un plan (P) et l'on joint ces traces par une droite. Les droites, analogues à celle-ci, obtenues lorsqu'on fait varier la position des points pris sur la conique, passent par un même point.

En effet, cette construction donne le foyer de (P), supposé entraîné avec la conique mobile.

On peut encore énoncer ces propriétés en disant que l'on prend les droites D, Δ, obtenues au moyen du système de quatre génératrices arbitraires de la normalie à (S), qui a pour directrice la conique.

La projection de Δ sur le plan de la conique C est une normale à cette courbe.
(DESBOVES.)

Tout plan mené par Δ coupe la normalie à (S), dont C est la directrice, suivant une seule droite, qui est une normale à (S). Ce plan est tangent à la normalie au point où cette normale rencontre Δ. Parmi les plans sécants, nous pouvons prendre le plan qui contient la droite normale à (S) et dont le pied est en δ. Ce plan, devant être tangent à la normalie au point δ, doit contenir la tangente en ce point à C. Donc :

Le plan normal à (S), qui contient la tangente au point δ à la courbe C, contient aussi la droite Δ.

La normalie à (S), dont C est la directrice, a pour contour apparent sur le plan de C la développée de cette courbe. La projection de Δ sur le plan de C est une tangente à cette développée. En dehors de son point de contact, cette tangente ne rencontre cette développée qu'en quatre points. Ce sont les projections de quatre points de Δ, qui sont des centres de courbure principaux de (S). Aux pieds des normales qui contiennent ces centres de courbure principaux, la courbe C est tangente à des lignes de courbure de (S). Comme une tangente à la développée de C ne rencontre cette développée qu'en deux points réels, nous voyons que :

C est tangente à quatre lignes de courbure de (S); *deux des points de contact sont réels* ([1]).

La biquadratique B, décomposée en deux coniques, est une courbe qui a pour points doubles les deux points de rencontre de ces coniques. La droite Δ est donc telle que, après une rotation infiniment petite de (S), cette surface vienne en (S₁), qui est doublement tangente à (S). Cherchons comment une droite doit être placée pour qu'une surface qui tourne autour de cette droite soit, après la rotation, tangente à la première position qu'elle occupait?

Prenons d'abord un déplacement fini de (S) autour d'un axe D, et soit (S₁) la

---

([1]) *Une conique quelconque tracée sur* (S) *est tangente à quatre lignes de courbure de cette surface.*

Circonscrivons à (S) un cône le long de cette conique. En général, du sommet de ce cône, on peut abaisser quatre normales sur cette conique; les pieds de ces normales sont les points où la conique touche des lignes de courbure de (S) : en effet, ces quatre normales et les tangentes à la conique, issues de leurs pieds, sont des tangentes conjuguées rectangulaires.

nouvelle position de (S). Je suppose que ces deux surfaces soient tangentes entre elles en un point *c*. La normale en *c* à (S) rencontre D au point *b*. De ce point *b* abaissons des normales sur (S); l'une *be*, qui a son pied en *e* sur (S), est, je suppose, celle qui, après la rotation, vient en *bc*. Puisque *be* en tournant autour de D vient en *bc*, c'est que *be* = *bc* et que la droite D est dans un plan perpendiculaire sur le milieu de *ec*.

Si nous considérons maintenant un déplacement infiniment petit de (S), les points *e* et *c* sont infiniment voisins et, comme les normales en ces points se rencontrent sur D, l'élément *ec* appartient à une ligne de courbure de (S) et le point *a* est un centre de courbure principal. Le plan des droites *be*, *bc* est le plan d'une section principale de (S) et il est normal en *b* à la développée de cette surface. La droite D, qui doit être dans un plan perpendiculaire à celui-ci et mené par la normale qui contient *b*, est donc, dans le plan de la section principale, tangente en *b* à la développée de (S). Nous avons ainsi la réponse à la question posée.

Autrement. Lorsqu'une surface tourne autour d'une droite, elle a pour enveloppe une surface de révolution qu'elle touche le long de la *caractéristique*. Cette caractéristique peut être considérée alors comme la directrice d'une normalie commune à ces deux surfaces. Si la caractéristique a un point double *c*, les deux surfaces, à partir de ce point, ont deux normales communes : elles ont donc, au point *c*, un contact du second ordre.

Pour la surface de révolution, l'un des centres de courbure principaux est au point de rencontre de l'axe D et de la normale issue du point *c*, et le plan de l'une des sections principales est le plan méridien passant en *c*. Il en est alors de même pour la surface mobile. On voit donc que :

THÉORÈME CXXIII. — *L'axe de rotation d'une surface mobile, laquelle touche son enveloppe en un point double de la caractéristique de cette enveloppe, est tangent à la développée de la surface mobile.*

Dans le cas particulier où cette surface mobile est une surface du deuxième ordre tournant autour d'une droite Δ, la caractéristique se compose de deux coniques donnant lieu à deux points doubles ; par suite :

La droite Δ est tangente à chacune des nappes de la développée de la surface du second ordre. (LAGUERRE.)

Si la caractéristique se décompose en une droite et une cubique gauche, l'axe de rotation correspondant est aussi bitangent à la développée de la surface mobile.

Prenons deux axes de rotation, qui coupent au même point d la normale A en a à une surface (S), et qui sont situés dans un même plan avec A.

Chacun de ces axes donne lieu à une surface de révolution enveloppe de (S) :

Les caractéristiques des deux surfaces de révolution ainsi obtenues sont tangentes en a.

Ces caractéristiques sont les traces sur (S) des deux normalies à cette surface qui contiennent respectivement les axes de rotation. Mais ces normalies se raccordent le long de A, puisqu'elles ont les mêmes plans tangents en d et aux centres de courbure principaux de (S) situés sur A; par suite, ces caractéristiques sont tangentes en a.

Les deux surfaces de révolution enveloppes de (S) ont en a un contact du second ordre.

Ces deux surfaces ont le plan (A, D) pour plan de section principale, et d est un centre de courbure principal pour chacune d'elles.

Le plan, mené par A perpendiculairement au plan (A, D), est leur autre plan de section principale. Ce plan touche au même point les deux normalies dont nous venons de parler. Ce point de contact est leur autre centre de courbure principal. Ces deux surfaces ont donc pour le point a mêmes plans de section principale et mêmes centres de courbure principaux; par suite, leur contact en a est du second ordre.

SUR LES SURFACES RÉGLÉES [1].

Prenons comme plan de la *fig.* 117 le plan central relatif à une génératrice G d'une surface gauche (G).

Appelons S la tangente en c à la ligne de striction (c) de (G); C la tangente conjuguée de S par rapport à l'indicatrice de (G) en c. Cette droite C est la caractéristique du plan central de G lorsqu'on passe du point central c au point infiniment voisin sur la ligne de striction (c). Menons sur le plan de la figure, et à partir de c, la droite G' faisant avec G un angle donné. En construisant ainsi

[1] A ce sujet, voir un travail de M. Franke *Sur la courbure des surfaces réciproques*, paru en 1877 dans le *Journal de Mathématiques*.

une droite dans chacun des plans centraux de (G), on a pour le lieu de ces droites une surface (G').

Fig. 117.

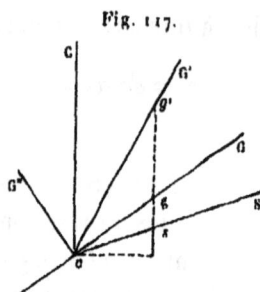

Je me propose de *déterminer le rapport des paramètres de distribution des plans tangents à* (G) *et* (G') *pour les génératrices* G, G'.

Considérons l'angle de grandeur invariable (G, G'), dont le sommet c décrit la ligne de striction (c), dont le côté G coïncide successivement avec les génératrices de (G) et dont le plan reste tangent à cette surface aux différents points de (c).

Le déplacement infiniment petit de cet angle est un déplacement hélicoïdal. Pendant ce déplacement, G et G' engendrent des éléments d'hélicoïde réglé qui se raccordent respectivement avec (G) et (G') le long de G et de G'.

L'axe du déplacement hélicoïdal est parallèle à C; par suite, le plan central relatif à (G') doit être parallèle à cette droite, c'est-à-dire qu'il se confond avec le plan central de (G), et alors c est le point central sur G'. Ainsi :

La surface (G') *a la même ligne de striction que* (G); *ces deux surfaces sont circonscrites l'une à l'autre le long de cette ligne.*

Pour construire le paramètre de distribution des plans tangents à l'hélicoïde réglé qui se raccorde avec G, on emploie la construction suivante : on élève en c une perpendiculaire à G et l'on porte sur cette droite un segment égal à la plus courte distance entre G et l'axe du déplacement hélicoïdal. De l'extrémité de ce segment on mène une parallèle à C; la portion sg interceptée sur cette droite par S et G est le paramètre de distribution cherché. De même pour G' on a le paramètre sg' (*voir* p. 114).

Appelons k_G, $k_{G'}$ ces paramètres. On a alors

$$\frac{k_G}{k_{G'}} = \frac{sg}{sg'};$$

mais

$$sg = cs\,\frac{\sin(S, G)}{\sin(G, C)}, \qquad sg' = cs\,\frac{\sin(S, G')}{\sin(G', C)}.$$

M.

On a donc

(1)
$$\frac{k_G}{k_{G'}} = \frac{\sin(S, G)}{\sin(G, C)} \frac{\sin(G', C)}{\sin(S, G')}.$$

Telle est la relation qui existe entre les paramètres de (G) et de (G′).

Plaçons-nous dans l'hypothèse où G′ est perpendiculaire à G, et appelons G″ la perpendiculaire à G menée du point c. Dans ce cas la formule (1) devient

(2)
$$\frac{k_G}{k_{G'}} = -\frac{\tan(S, G)}{\tan(G, C)}.$$

Transformons cette formule. Considérons une sphère de rayon 1 et sur cette sphère la courbe (γ) trace du cône qu'on obtient en menant du centre o de la sphère des rayons parallèles aux génératrices de (G).

Soit ol le rayon parallèle à G. Le plan normal à ce cône suivant ce rayon est parallèle au plan central relatif à G. Lorsqu'on passe au plan normal à ce cône, infiniment voisin de celui-ci, on a une caractéristique parallèle à C. Appelons oi cette caractéristique, le point i étant sur le plan tangent à la sphère en l.

Le segment il, qui est la tangente de l'angle iol, n'est autre que le rayon de courbure géodésique de la courbe (γ) au point l. Désignant par r ce rayon de courbure et remarquant que l'angle iol est égal à l'angle (G, C), la formule (2) peut s'écrire

(3)
$$\frac{k_G}{k_{G''}} = -\frac{\tan(S, C)}{r}.$$

Cette formule équivaut à la formule (15) du travail de M. Franke.

Nous avons vu que la surface (G′) circonscrite à (G) le long de (c) a aussi cette courbe pour ligne de striction. On peut encore démontrer cette propriété de la manière suivante. Menons respectivement par G et G′ des plans normaux en c à (G). Ces plans déterminent un dièdre qui, d'après la construction des génératrices de (G′), reste de grandeur constante, quelle que soit la position du point c sur (c).

Déplaçons infiniment peu ce dièdre, de façon que son arête, toujours normale à (G), passe par c′, infiniment voisin de c sur (c) et que ses faces contiennent les génératrices de (G) et de (G′) qui passent par c′.

Puisque c est le point central sur G, la face qui contient cette droite touche (G) à l'infini; par suite la caractéristique de cette face est parallèle à G, et elle est alors perpendiculaire à l'arête du dièdre. Mais on sait que dans ces conditions (p. 219) la caractéristique de l'autre face est aussi perpendiculaire à l'arête du dièdre; la face du dièdre qui contient G' touche alors (G') à l'infini. Le plan tangent en c, qui est perpendiculaire à cette face, est donc le plan central pour G' et c est le point central sur cette droite. Comme c est un point arbitraire de (c), cette courbe est alors la ligne de striction de (G').

On démontre de la même manière que : *Si l'on construit comme précédemment une surface* (G_1) *en employant, au lieu de* (c), *une courbe quelconque tracée sur* (G), *les points où cette courbe rencontre la ligne de striction de* (G) *sont des points centraux relatifs à des génératrices de* (G_1).

Ou autrement : *Les lignes de striction des surfaces* (G) *et* (G_1) *se coupent sur la courbe de contact de ces deux surfaces.*

SUR LE CONTACT DU TROISIÈME ORDRE DE DEUX SURFACES.

Depuis les travaux de Dupin, la théorie du contact de deux surfaces n'a guère fait de progrès. Les recherches sur ce sujet ne pouvaient être poursuivies dans la voie même adoptée par ce géomètre, et qui lui avait permis d'étudier d'une façon si lumineuse ce qui concerne le contact du deuxième ordre. C'est que déjà, pour étudier le contact du troisième ordre, on doit faire intervenir une surface comparatrice de cet ordre ou bien, en employant une indicatrice, on doit se servir d'une courbe du troisième ordre.

Reportons-nous aux deux procédés employés pour l'étude du contact des courbes planes. La marche suivie par Dupin est analogue au procédé qui consiste à comparer une courbe en un de ses points, soit à une circonférence de cercle, soit à une parabole, soit à une conique, etc.

L'autre procédé, dans lequel on fait usage des développées successives et de leurs centres de courbure, n'avait pas été étendu encore au cas de l'espace. On savait pourtant l'analogie qui existe entre la développée d'une courbe plane et la surface des centres de courbure principaux d'une surface. Les nappes de la surface des centres de courbure d'une surface sont, en effet, tangentes aux normales de cette surface, comme la développée est tangente aux normales de la courbe à laquelle elle correspond. Dans les deux cas, les points de contact de ces normales sont des centres de courbure.

Cette analogie n'est pas suffisante, puisque aux centres de courbure situés sur la normale d'une surface il faut encore joindre les directions des sections principales. Ce complément indispensable s'obtient immédiatement si l'on assimile aux normales d'une courbe les surfaces que j'ai appelées *normalies*. La normalie à une surface (S), qui contient la normale A au point *a* de cette surface, est en effet tangente aux nappes de la surface des centres de courbure de (S), et les plans tangents en ces points à ces nappes sont les plans des sections principales de (S) pour le point *a*.

Si, de ces points de contact, on élève respectivement les normales B et C à ces deux nappes, ces droites, normales communes à toutes les normalies dont les directrices sont tracées à partir du point *a* sur (S) sont des droites de courbure qui constituent dans l'espace un élément analogue au centre de courbure d'une courbe plane. Leur connaissance suffit pour étudier ce qui est relatif à la courbure de (S) au point *a*, comme je l'ai montré page 153.

Je vais faire voir que, pour étudier ce qui est relatif au contact du troisième ordre de deux surfaces, il suffit d'adjoindre aux droites B et C les droites de courbure relatives aux nappes de la surface des centres de courbure principaux de (S).

La voie que je vais suivre a donc, sur celle qui avait été adoptée par Dupin, l'avantage que, tandis que cet illustre géomètre, dans l'étude du contact des surfaces, devait faire usage successivement de courbes dont le degré allait en croissant, je n'ai que de nouveaux couples de droites à introduire.

Dupin a démontré que :

Dès que deux surfaces sont osculatrices en un même point, dans trois de leurs sections différentes, mais arbitraires, elles le sont encore dans toutes les sections possibles faites à partir du point de contact par une surface coupante quelconque.

Ce théorème se généralise immédiatement ainsi :

Dès que deux surfaces ont en un même point un contact du troisième ordre dans quatre de leurs sections différentes, mais arbitraires, elles ont encore le même contact dans toutes les autres sections possibles faites à partir du point de contact par une surface sécante quelconque (¹).

Ce théorème se démontre simplement en considérant les courbes d'intersec-

---

(¹) Quoique ce théorème, ainsi que certains autres parmi ceux qui vont suivre, soit susceptible d'être étendu au cas d'un contact du $n^{ième}$ ordre, mes énoncés se rapporteront simplement ici au contact du troisième ordre.

tion faites dans les deux surfaces par des plans sécants infiniment voisins du point de contact.

Dès que deux surfaces, passant par un même point a, admettent trois normalies ayant respectivement entre elles un contact du second ordre, ces deux surfaces ont en a un contact du troisième ordre.

Ce théorème se démontre comme le précédent, en menant des plans sécants infiniment voisins du point a. On projette respectivement sur ces plans les normalies qui ont pour directrices les courbes d'intersection des surfaces par ces plans. Les contours apparents de ces surfaces ont entre eux, et avec les développées de ces courbes, un contact du second ordre. Ces développées ont alors entre elles un contact du second ordre et, par suite, pour les courbes d'intersection, le contact est du troisième ordre. Ceci étant vrai pour un plan quelconque passant par a, les deux surfaces ont aussi en ce point un contact de ce même ordre.

Il résulte du théorème de Meusnier que les centres de courbure de toutes les sections faites dans une surface par des plans passant par une même tangente à cette surface et qui correspondent au point de contact de cette tangente sont sur une circonférence de cercle. Voici un théorème de même nature :

Les centres de courbure des développées de toutes les sections faites dans une surface par des plans passant par une même tangente à cette surface, et qui correspondent au point de contact de cette tangente, sont sur une ellipse.

Pour démontrer ce théorème, il suffit de faire voir, en admettant la conséquence du théorème de Meusnier que je viens de rappeler, que ces centres de courbure sont dans un même plan.

Appelons a le point de contact de la tangente at par laquelle on mène les plans sécants, α le centre de courbure de l'une des sections faites dans (S) par l'un de ces plans et γ le centre de courbure correspondant de la développée. Prolongeons $\gamma\alpha$ et portons à partir du point α une longueur égale à $\frac{\gamma\alpha}{3}$. Désignons par l l'extrémité du segment ainsi obtenu, la droite al est le diamètre des coniques ayant avec la section que nous considérons un contact du troisième ordre (p. 21).

La droite al a été appelée par Transon l'*axe de déviation* :

Les axes de déviation tels que al, que l'on obtient en considérant tous les plans sécants menés par al, sont dans un même plan.

Cette propriété, à laquelle Transon est arrivé analytiquement, étant démontrée, on en conclut tout de suite que les droites telles que $a\gamma$ appartiennent
aussi à un même plan. Voici une démonstration géométrique très simple de
cette propriété.

Prenons sur (S) un point a_1, infiniment voisin de a, et menons $a_1 a_2$ parallèlement à at. Cette droite coupe de nouveau (S) au point a_2. Désignons par m
le point milieu de $a_1 a_2$. Menons aux extrémités de cette corde des plans tangents à (S), et appelons T la droite d'intersection de ces deux plans. Tout plan
mené par la corde $a_1 a_2$ coupe T en un point, et la ligne qui joint ce point au
point m est à la limite l'axe de déviation de la section que ce plan détermine
dans (S); car, lorsque $a_1 a_2$ se rapproche indéfiniment de at, cette droite est à la
limite, le diamètre de la conique ayant en a un contact du troisième ordre avec
cette section.

Ceci s'applique à tous les plans menés par $a_1 a_2$, et les axes de déviation des
sections que ces plans déterminent sont alors dans la position limite du plan
(m, T); on voit de plus ainsi que :

*La trace du plan des axes de déviation sur le plan tangent en a est la tangente
conjuguée de at.*

Lorsqu'on considère les plans qui passent par l'un des axes de l'indicatrice
en a à (S), le plan des axes de déviation des sections déterminées par ces plans
sécants passe par l'autre axe de l'indicatrice, et par suite est perpendiculaire au
plan sécant normal à (S). Les centres de courbure des développées des sections déterminées par ces plans sécants sont aussi dans un plan perpendiculaire au même plan normal.

Désignons toujours par (S) une surface, par a un point de cette surface et A
la normale en ce point. Appelons b et c les centres de courbure principaux
de (S) situés sur A. Menons au point b la normale B à la nappe (B) de la développée de (S) et au point c la normale C à l'autre nappe (C) de cette développée. Les plans (A, B), (A, C) sont les plans des sections principales en a
de (S). Si l'on considère le dièdre droit formé par ces plans et si on le déplace
en assujettissant ses faces à rester tangentes aux nappes (B) et (C), tandis que
son arête A reste tangente à ces nappes, cette droite restera toujours normale
à (S).

Considérons une surface (B′) ayant en b avec (B) un contact du second
ordre et (C′) ayant aussi en c avec (C) un contact du second ordre : (B′) et (C′)
satisfaisant aux conditions géométriques qui existent entre les éléments de

courbure des nappes d'une développée (p. 224). Le dièdre droit des sections principales, pour des déplacements infiniment petits, lorsqu'on assujettit ses faces et son arête à être tangents à (B′) et (C′), est encore tel que A reste normale à des surfaces parallèles, et, en particulier, à une surface (S′) qui passe par *a*.

Traçons à partir de *b* sur (B) et (B′) des courbes ayant entre elles un contact du second ordre et prenons-les respectivement pour le lieu des points de contact de A avec chacune de ces surfaces.

La normale A, pendant les déplacements du dièdre qui est assujetti d'abord à avoir ses faces tangentes à (B) et (C), puis ensuite à toucher (B′) et (C′), engendre alors des normalies à (S) et (S′) qui ont même hyperboloïde osculateur. Ces normalies ont donc le long de A un contact du second ordre.

En faisant varier les courbes tracées à partir de *b* sur (B) et (B′), on obtient toutes les normalies à (S) et (S′). On voit ainsi que :

Si deux surfaces (S) *et* (S′) *sont telles que les nappes de leurs développées ont entre elles un contact du second ordre aux centres de courbure situés sur la normale commune* A *à* (S) *et* (S′), *ces surfaces jouissent de la propriété d'avoir des normalies qui ont le long de* A *un contact du second ordre.*

Il résulte de là et d'un théorème précédent que (S) et (S′) ont en *a* un contact du troisième ordre.

On peut donc dire :

Si, aux centres de courbure principaux communs à deux surfaces (S) *et* (S′) *qui passent par un même point* a, *les nappes des développées de ces surfaces ont entre elles un contact du second ordre, les surfaces* (S) *et* (S′) *ont, au point* a, *un contact du troisième ordre* (¹).

La marche que je viens de suivre montre bien que l'on pourra déterminer en *a*, sur une surface, ce qui est relatif au troisième ordre, lorsqu'on connaîtra les éléments qui servent à définir la courbure des nappes de la développée de cette surface.

Ces éléments, pour chacune des nappes, se composent de deux droites, mais les quatre droites que l'on obtient ainsi ne sont pas indépendantes. J'ai fait voir (p. 226) qu'en tenant compte de la liaison qui existe entre ces droites, quatre

---

(¹) M. Ribaucour a donné depuis une démonstration analytique de ce théorème dans les *Comptes rendus* pour 1872.

conditions suffisent pour déterminer ce qui concerne la courbure des nappes de la développée d'une surface. D'après cela, il suffit d'ajouter 4 au nombre 6, qui exprime le nombre des conditions auxquelles une surface est assujettie lorsqu'elle doit avoir avec une autre, en un point donné, un contact du troisième ordre, pour trouver *le nombre* 10, *qui est alors le nombre des conditions auxquelles on assujettit une surface lorsqu'on demande qu'elle ait, en un point d'une surface donnée et avec cette surface, un contact du troisième ordre.*

Nous avons maintenant le moyen de prouver que deux surfaces (S) et (S') ont en un même point *a* un contact du troisième ordre. Il suffit pour cela de démontrer que les nappes de leurs développées ont entre elles un contact du second ordre. C'est ainsi que je vais procéder pour démontrer ce théorème remarquable :

Lorsqu'en un point a deux surfaces (S) *et* (S') *ont des lignes de courbure ayant entre elles un contact du troisième ordre, les surfaces* (S) *et* (S') *ont entre elles en ce point a un contact de ce même ordre* (¹).

Désignons toujours par A la normale commune en *a* aux deux surfaces (S) et (S'), par A' et A" les axes de courbure des lignes de courbure données. Ces deux droites rencontrent A aux points *b* et *c*, centres de courbure principaux communs aux deux surfaces.

Menons au point *a* la tangente *ap* à la ligne de courbure dont l'axe de courbure est A' et appelons ω le centre de courbure de la développée de cette courbe. Le plan passant par le point ω et par la tangente en *a* à l'autre ligne de courbure est le lieu des centres de courbure des développées des sections faites dans les deux surfaces par des plans menés par *ap*. Ce plan rencontre la normale B, commune aux nappes (B) et (B') des développées de (S) et (S'), en un point δ qui est le centre de courbure commun des développées des sections faites dans les deux surfaces par le plan normal (A, *ap*).

Les sections faites dans (B) et (B') par ce plan normal (A, *ap*) ont alors entre elles un contact du second ordre.

Considérons les normalies à (B) et (B') qui ont ces courbes pour directrices. Le plan normal en *b* à ces courbes directrices touche les deux normalies au même point δ. Ces deux normalies ont, en outre, même plan tangent au point *b*; je vais faire voir qu'en un troisième point de B elles ont encore un plan tangent commun et que, par suite, elles se raccordent le long de B.

(¹) M. Ribaucour a donné depuis une démonstration analytique de ce théorème, *loc. cit.*

Les deux lignes de courbure tangentes à *ap* ayant entre elles un contact du troisième ordre, leurs surfaces polaires ont même axe de courbure. Cet axe est situé dans le plan normal commun à ces surfaces polaires, qui est mené par A′. Il est la caractéristique de ce plan normal entraîné lorsque *a* se déplace sur les lignes de courbure tangentes à *ap*, et il rencontre B en un point β qui est le point où ce plan normal touche les deux normalies.

Ainsi, c'est aux points *b*, β et δ que les deux normalies ont les mêmes plans tangents.

Ces deux normalies se raccordent donc; elles touchent le paraboloïde des huit droites, qui est le même pour les surfaces (S) et (S′), aux deux mêmes points.

Ce paraboloïde, comme ces normalies, est tangent aux plans des sections principales des nappes (B) et (B′); on voit donc que ces deux points de contact sont les centres de courbure principaux de ces nappes.

Les deux nappes (B), (B′), ayant les mêmes centres de courbure principaux sur B et les mêmes plans des sections principales, ont entre elles un contact du second ordre.

On démontre de même que (C) et (C′) ont entre elles un contact du second ordre en *c*. Il résulte alors de ce que nous avons trouvé précédemment que (S) et (S′) ont au point *a* un contact du troisième ordre.

Remarquons que, tandis qu'il est nécessaire que quatre courbes quelconques tracées sur deux surfaces (S) et (S′), à partir d'un point *a*, aient entre elles en ce point un contact du troisième ordre pour que les deux surfaces aient entre elles un contact de ce même ordre, on voit maintenant que, pour obtenir ce contact du troisième ordre, il suffit qu'il existe entre les deux lignes de courbure des deux surfaces (S) et (S′) au point *a*.

SOLUTIONS GÉOMÉTRIQUES DE PROBLÈMES RELATIFS A LA THÉORIE DES SURFACES ET QUI DÉPENDENT DES INFINIMENT PETITS DU TROISIÈME ORDRE.

Les questions qui dépendent des infiniment petits du second ordre et dont on s'est surtout occupé dans la théorie des surfaces sont celles qui concernent la courbure de ces surfaces.

Lorsqu'on veut aller au delà, on rencontre des questions plus difficiles et qui dépendent d'infiniment petits du troisième ordre, comme : construire le

M.   43

rayon de courbure de la développée d'une section faite dans une surface; construire le plan osculateur de la courbe de contact d'une surface et d'un cylindre qui lui est circonscrit, etc.

Pour résoudre ces questions, on pouvait chercher à suivre Euler et Dupin : Euler est arrivé à sa relation par la voie analytique et Dupin, au moyen de cette relation, a construit son indicatrice. On eût alors été conduit, à la suite de ces deux géomètres, à établir analytiquement une relation qui aurait donné lieu à une indicatrice du troisième ordre.

Je ne me suis pas engagé dans cette voie, et, pour arriver aux solutions géométriques que je vais exposer, je me sers, comme précédemment, des *droites de courbure* de la surface considérée et des nappes de sa développée, ces dernières droites satisfaisant du reste à certaines conditions (p. 223). On va voir avec quelle facilité elles se prêtent aux constructions que nécessitent les problèmes dont je vais m'occuper.

Je conserve les notations employées précédemment et que je rappelle : (S) est la surface donnée, a un point de cette surface et A la normale en ce point.

Sur A on a les centres de courbure principaux b, c de (S) et de ces points sont issues les droites de courbure B, C, normales aux nappes de la développée de (S). Sur la droite B, normale à (B) au point b, on a les centres de courbure principaux d, e de (B) et de ces points sont issues les droites de courbure D et E relatives à cette nappe. On a de même pour la nappe (C) les droites de courbure G et H.

Construire les tangentes aux courbes de contact d'une normalie à (S) *avec les nappes de la développée de cette surface.*

Par le point a de (S) menons un plan quelconque (Γ); il coupe cette surface suivant une courbe Γ. Prenons Γ pour directrice d'une normalie à (S). Cette surface peut être considérée comme le lieu d'une droite qui rencontre Γ et qui touche les nappes (B) et (C). Pour résoudre le problème que nous nous proposons, nous n'avons alors qu'à employer les constructions données (p. 184) pour déterminer la tangente à la courbe de contact d'une surface réglée avec l'une de ses surfaces directrices.

Voici ces constructions : cherchons, par exemple, la tangente issue du point b à la courbe de contact de la normalie avec (B). Du point d' où le plan (B, E) coupe C, on mène la droite dd'; on construit de même la droite ee'. On prend les traces de ces droites sur le plan normal en a à Γ, et l'on joint ces traces par une droite. Cette droite rencontre le plan (T), tangent en a à (S), en un point. De ce point, on mène la droite Δ qui rencontre B et C : la tangente cherchée est perpendiculaire à Δ, et comme elle est dans le plan tangent (A, C) à la nappe (B), elle est déterminée.

La tangente conjuguée de la tangente que nous venons de construire est une même droite, soit qu'on la cherche par rapport à la normalie ou par rapport à (B). On peut donc l'obtenir en faisant usage des droites de courbure D et E; mais on peut y arriver aussi de la manière suivante :

Les droites cc', dd' étant déterminées comme nous venons de le dire, on prend leurs traces sur le plan (T) tangent en a à (S). La droite qui joint ces traces rencontre la normale à Γ, qui est dans le plan (T), en un point l. De ce point on mène une droite L qui rencontre B et C. La projection de L sur le plan (A, C) est la tangente conjuguée cherchée. En projetant L sur le plan (A, B), on a aussi au point c la tangente conjuguée de la tangente à la courbe de contact de la normalie avec (C).

La droite L n'est autre que celle des génératrices du paraboloïde des huit droites qui rencontre la normale à Γ, issue de a, et qui est dans le plan (T).

Construire aux points b et c les asymptotes des indicatrices d'une normalie à (S).

D'après ce qui précède, nous connaissons au point b un système de diamètres conjugués de l'indicatrice de cette normalie; mais A est l'une des asymptotes de cette indicatrice : il suffit alors de prendre l'harmonique conjuguée de A par rapport à ce système de diamètres conjugués pour avoir l'autre asymptote de l'indicatrice en b.

On opère de même pour le point c ([1]).

Construire l'asymptote de l'indicatrice d'une normalie en un point de la courbe directrice de cette surface.

Cherchons, par exemple, l'asymptote de l'indicatrice de cette normalie pour le point a. Le plan tangent en a à cette surface est le plan déterminé par A et par la tangente at à Γ; ce plan est perpendiculaire au plan (T) tangent à (S) au même point a. Le plan tangent à la normalie et ce plan tangent à (S) forment un

---

[1] Il résulte de là que la construction des asymptotes des indicatrices en b et c ne dépend que de la tangente at, et nous retrouvons alors ce théorème : *Lorsque les courbes directrices de normalies sont tangentes entre elles en a, ces surfaces ont entre elles aux points b et c un contact du second ordre.*

dièdre qui reste toujours droit lorsqu'on fait varier la position du point a sur Γ. Le déplacement de ce dièdre sera bien défini si l'on ajoute que son arête doit rester tangente à Γ. Pour un déplacement infiniment petit de ce dièdre, ses faces ont chacune une caractéristique : la face tangente à (S) a pour caractéristique la tangente $a\tau$, conjuguée de at; la face tangente à la normalie a pour caractéristique une droite que l'on construit ainsi (p. 221) : par at on mène un plan perpendiculaire à Γ; par $a\tau$ un plan perpendiculaire au plan (T), ces deux plans se coupent suivant une droite dont la projection sur la face tangente à la normalie est la caractéristique cherchée, c'est-à-dire la conjuguée de at. On a donc, au point a, pour la normalie, un système de diamètres conjugués de l'indicatrice en ce point, et, comme A est une asymptote de cette indicatrice, il suffit de prendre l'harmonique conjuguée de cette droite, par rapport à ce système de diamètres conjugués, pour avoir l'asymptote cherchée ([1]).

Construire le plan osculateur en un point de la courbe de contact d'une surface et d'un cylindre qui lui est circonscrit.

(S) est la surface donnée, les génératrices du cylindre circonscrit à cette surface sont, je suppose, parallèles à la tangente $a\tau$. Appelons (Γ) le plan osculateur de la courbe de contact Γ, lequel passe par la tangente at conjuguée de $a\tau$. La normalie à (S) qui a Γ pour directrice est une surface qui admet un paraboloïde osculateur le long de A, puisque ses génératrices sont perpendiculaires à $a\tau$. Connaissant at, nous savons construire les asymptotes des indicatrices de la normalie aux points b et c; le paraboloïde osculateur a pour directrice ces deux droites et pour plan directeur le plan perpendiculaire à $a\tau$. Le plan (A, at), qui coupe ce paraboloïde suivant A, le coupe en outre suivant une autre droite qui est l'asymptote de l'indicatrice de la normalie en a. On a cette droite en coupant le plan (A, at) par un plan mené du point a parallèlement aux deux directrices du paraboloïde. L'harmonique conjuguée de at par rapport aux deux asymptotes de l'indicatrice de la normalie en a n'est autre que la tangente conjuguée de at.

Prenons maintenant le dièdre droit dont les faces sont le plan (A, at), tangent à la normalie au point a et le plan (T). Déplaçons ce dièdre de façon que ses faces restent tangentes l'une à la normalie, l'autre à (S), son arête devant

---

([1]) On déduit facilement de cette construction que le produit de la tangente de l'angle compris entre les deux asymptotes de l'indicatrice de la normalie en a par la tangente de l'angle compris entre at et $a\tau$ est égal au double de la tangente de l'angle que (Γ) fait avec (T). Faisons remarquer aussi qu'il n'intervient dans cette construction que (Γ) et les éléments de courbure de (S).

rester tangente à Γ. Les faces de ce dièdre ont alors pour caractéristiques des droites que nous connaissons : d'une part *a*τ, et d'autre part la tangente conjuguée de *a*ι que nous venons de construire. En menant des plans perpendiculaires à ces faces respectivement suivant leurs caractéristiques, on a, par leur intersection, une droite qui, avec *a*ι, détermine un plan perpendiculaire au plan osculateur (Γ) cherché. Ce plan est donc déterminé.

Nous avons vu comment on peut construire aux points *a*, *b*, *c* les asymptotes des indicatrices de la normalie à (S) qui a pour directrice une courbe Γ. En prenant ces droites comme directrices d'un hyperboloïde, on a tout de suite l'hyperboloïde osculateur de cette normalie le long de A. On sait donc : *construire l'hyperboloïde osculateur d'une normalie le long d'une génératrice de cette surface.*

Pour un point quelconque *m* de A, on peut construire la directrice (¹) de cet hyperboloïde, et comme cette droite est l'asymptote de l'indicatrice de la normalie, en ce point on sait aussi : *construire l'asymptote de l'indicatrice d'une normalie en un point quelconque de cette surface.*

Appliquons ces résultats au problème suivant :

Construire le plan osculateur, en un point m, de la trajectoire orthogonale (m) des génératrices d'une normalie.

Nous conservons toujours la normalie dont Γ est la directrice. Pour le point *m*, on connaît les deux asymptotes de l'indicatrice de cette surface. On peut donc déterminer, par rapport à la normalie, la tangente conjuguée de la tangente en *m* à (*m*).

En employant alors une construction identique à celle dont j'ai déjà fait usage pour trouver le plan osculateur de la courbe de contact d'une surface et d'un cylindre qui lui est circonscrit, on obtient le plan osculateur de (*m*).

Proposons-nous de :

Construire le rayon de courbure de la développée de la section Γ, faite dans une surface par un plan quelconque (Γ).

Projetons orthogonalement sur le plan (Γ) l'hyperboloïde osculateur le long

---

(¹) Je désigne ainsi une droite de l'hyperboloïde du même système que les trois directrices issues de *a*, *b*, *c*.

de A de la normalie à (S), dont Γ est la directrice. La courbe de contour apparent de cet hyperboloïde a, au centre de courbure ϰ de Γ, un contact du second
ordre avec la développée de cette courbe. On est alors amené à construire le rayon
de courbure en α de la conique, contour apparent de cet hyperboloïde. Cette
conique est bien déterminée : elle passe au point α, sa tangente en ce point
est la normale αϰ à Γ; enfin, elle est tangente aux projections sur (Γ) des directrices de l'hyperboloïde issues des points a, b, c.

Cherchons d'abord à *construire le rayon de courbure en un point a d'une conique,
connaissant la tangente en ce point à la courbe et trois autres points b, c, d* (¹).

La droite cb rencontre en e la tangente en a, qui est donnée; la droite cd rencontre la même tangente au point f. En désignant par ρ le rayon de courbure de
la conique pour le point a, on a

(1) $$\frac{1}{ae} + \frac{1}{af} = \frac{1}{2\rho}\left(\frac{1}{\tan g\,f\,\overline{ad}} + \frac{1}{\tan g\,b\,\overline{ae}}\right).$$

Dans l'Appendice, je montrerai comment on trouve facilement cette relation
en faisant usage du théorème de Carnot, et je donnerai, au moyen de cette formule, différentes manières de construire ρ.

Voici maintenant la solution de ce problème :

*Construire le rayon de courbure d'une conique en un point de cette courbe, con-
naissant la tangente en ce point et trois autres tangentes.*

Désignons par A, B, C, D (²) les quatre tangentes données, par a le point de
contact de A avec la conique, par ρ le rayon de courbure de cette courbe en a,
par β et δ les angles sous lesquels on voit du point a les côtés B et D du quadrilatère formé par les quatre tangentes données, par b et d les points de rencontre
de A avec B et D.

On a

(2) $$\frac{1}{ab} + \frac{1}{ad} = \frac{2}{\rho}\left(\frac{1}{\tan g\,\beta} + \frac{1}{\tan g\,\delta}\right).$$

On arrive facilement à cette relation en transformant la relation (1) par po-

---

(¹) Ces notations sont particulières à ce problème et n'ont aucun rapport avec celles qui viennent
d'être employées précédemment.

(²) Le quadrilatère ABCD est, je suppose, convexe; les notations sont spéciales à ce problème particulier et ne se rapportent pas aux notations précédentes.

laires réciproques, le cercle osculateur de la conique étant pris pour cercle directeur.

On peut construire ρ au moyen de la relation (2); on a alors, d'après ce qui précède, le rayon de courbure de la développée de Γ.

Voici une autre application de la relation (2) :

Construire le plan osculateur de la courbe de contact de (S) *et d'un cône qui lui est circonscrit.*

Reprenons les notations précédentes relatives à (S). Désignons par s le sommet du cône circonscrit à (S). La courbe de contact a, je suppose, pour tangente en son point a la droite at. J'appelle (Γ) le plan osculateur de cette courbe de contact Γ. L'hyperboloïde osculateur de la normalie à (S), dont Γ est la directrice, contient trois normales de (S) infiniment voisines. Il résulte de là que le cône supplémentaire du cône directeur de cet hyperboloïde et dont le sommet est en s est osculateur au cône circonscrit à (S) le long de as. Si l'on mène alors au point a un plan perpendiculaire à as, la trace de ce cône supplémentaire sur ce plan est une conique dont on connaît la tangente et le centre de courbure relatifs au point a. On connaît aussi deux tangentes de cette conique : ce sont les traces, sur le plan de cette courbe, des plans menés de s perpendiculairement aux directrices de l'hyperboloïde, issues des points b et c.

Cette conique est donc déterminée et, par suite, d'après ce que j'ai dit, le cône directeur de l'hyperboloïde l'est aussi. On peut alors construire la directrice de cet hyperboloïde qui passe en a et ensuite le plan (Γ) demandé.

Revenons au problème :

Construire le rayon de courbure de la développée de Γ (deuxième solution).

Appelons β le centre de courbure de la section faite dans (S) par le plan (A, at). La projection de β sur (Γ) est le centre de courbure α de Γ. Par la droite αβ menons un plan parallèle à at. Ce plan est normal au point β à l'hyperboloïde osculateur de la normalie dont Γ est la directrice.

Désignons par ρ le rayon de courbure de la section faite par ce plan dans cet hyperboloïde, par r le rayon de courbure de la développée de Γ. Celui-ci n'est autre que le rayon de courbure de la courbe de contour apparent de l'hyperboloïde projeté orthogonalement sur (Γ); il est égal à la distance centrale pour la normalie relative à cet hyperboloïde, et dont la directrice est conjuguée de βα. En appliquant le théorème 35', on voit que le produit des rayons de courbure ρ et r est égal au produit des rayons de courbure principaux de l'hyperboloïde au point β. D'après cela, pour déterminer r, on doit chercher le produit de ces rayons de courbure principaux, ainsi que le rayon ρ.

Ce produit des rayons de courbure principaux est égal au carré du produit que l'on obtient en multipliant $a\beta$ par la cotangente de l'angle $\tau a t$ (théorème 25′).

Le rayon ρ, étant le rayon de courbure de la section normale faite dans l'hyperboloïde par le plan qui contient $a\beta$, est facile à construire, car on connaît la tangente en β à cette section, ainsi que les trois points de cette courbe, qui sont les traces sur son plan des trois directrices connues de l'hyperboloïde. En employant la relation (1), on peut calculer ou construire ρ, et, par suite, on a r.

Construire le rayon de courbure de la développée de la section normale faite dans (S) *par le plan* (A, at) (p. 152).

Ce cas particulier est intéressant, parce que la connaissance du centre de courbure de cette courbe entraîne la connaissance du centre de courbure de la développée d'une section quelconque faite dans (S) par un plan mené par at : puisque tous ces centres de courbure sont dans un même plan, qui contient $a\tau$.

Désignons par Ξ la section faite dans (S) par le plan (A, at). L'asymptote de l'indicatrice en a de la normalie à (S), dont Ξ est la directrice, est maintenant la droite at elle-même. En opérant comme précédemment, on doit prendre la section faite dans l'hyperboloïde osculateur de cette normalie par un plan issu de β et perpendiculaire à A. La conique résultant de cette section, devant passer par la trace de at sur son plan, a un point à l'infini sur sa normale en β ; en tenant compte de cette remarque, l'expression de ρ d'après (1) est très simplifiée. La solution s'achève comme précédemment.

Construire les rayons de courbure principaux en un point quelconque m d'une normalie.

Nous connaissons, d'après ce qui précède, les asymptotes de l'indicatrice en m. En prenant les bissectrices des angles formés par ces droites, on a la direction des lignes de courbure de la normalie en m. Il suffit alors, par ces bissectrices, de mener des plans normaux à la normalie et de déterminer, au moyen de la relation (1), les rayons de courbure de ces sections normales pour avoir les rayons de courbure principaux demandés.

M. Ribaucour appelle *courbe à courbure normale constante* une courbe Σ tracée sur (S), telle que les sections normales à cette surface et tangentes à cette courbe ont, aux points où elles touchent Σ, des rayons de courbure égaux.

Proposons-nous le problème suivant :

Construire le plan osculateur de la courbe à courbure normale constante tangente en a à at.

Appelons Σ cette courbe, (Σ) son plan osculateur en a, α le centre de courbure de Σ correspondant au point a. La perpendiculaire au plan (Σ) élevée du point α est l'axe de courbure de Σ. Cette droite rencontre A au point β et le plan (T), tangent en a à (S), au point γ : β est le centre de courbure de la section faite dans (S) par le plan (A, at) et γ est le centre de courbure géodésique de Σ.

D'après la définition de Σ, les rayons de courbure des sections normales à (S) et tangentes à Σ sont égaux à $a\beta$. Les points tels que β sont alors sur une courbe (β), trajectoire orthogonale des génératrices de la normalie à (S) dont Σ est la directrice.

Le plan normal en a à Σ est tangent à cette normalie au point β; le plan normal à Σ, infiniment voisin de celui-ci, touche la normalie en un point de (β), infiniment voisin de β. La droite d'intersection de ces deux plans normaux, c'est-à-dire l'axe de courbure $\beta\alpha$, est donc la tangente conjuguée par rapport à la normalie de la tangente en β à (β). L'asymptote de l'indicatrice de la normalie au point β et la droite A forment avec ces tangentes conjuguées un faisceau harmonique. Et, comme $a\gamma$ est parallèle à l'une des droites de ce faisceau, elle est partagée en parties égales par les trois autres.

D'après cela, on obtient sur le plan (T) la trace j de l'asymptote de l'indicatrice au point β en prolongeant $a\gamma$ d'une longueur γj égale à $a\gamma$.

Considérons le long de A un hyperboloïde osculateur de la normalie à (S), dont Σ est la directrice. On sait construire les directrices de cet hyperboloïde issues de b et de c; appelons b' et c' les traces de ces directrices sur le plan (T). La trace de l'hyperboloïde sur ce plan (T) est une conique tangente en a à at, qui passe par les points b', c', j, et qui a pour centre de courbure le point γ [1].

Les droites ab' et ac' sont perpendiculaires l'une à l'autre, et si l'on appelle i

---

[1] Le plan (T) est normal à cet hyperboloïde, et la section oblique faite par (Σ) a pour centre de courbure α, pied de la perpendiculaire $\gamma\alpha$. En vertu du théorème de Meusnier, γ est donc bien le centre de courbure de la trace de l'hyperboloïde sur (T).

le point de rencontre de $b'c'$ et de $a\gamma$, on sait que l'on doit avoir (¹)

$$\frac{1}{ai} - \frac{1}{aj} = \frac{1}{2a\gamma};$$

mais $aj = 2a\gamma$; on a donc $ai = a\gamma$.

Ainsi la droite $b'c'$ contient le centre de courbure γ.

On obtient ainsi ce théorème :

Les asymptotes des indicatrices aux points b et c des normalies, dont les directrices sont tangentes à at, ont pour traces sur le plan (T) des points b', c' : la droite b'c' contient le centre de courbure géodésique de la courbe à courbure normale constante tangente en a à at. (RIBAUCOUR.)

De ce que nous venons de dire, il résulte une construction du point γ; la droite $\beta\gamma$ est alors déterminée, et, par suite aussi, le plan osculateur (Σ) qui lui est perpendiculaire.

Mener par at un plan tel, que la section qu'il détermine dans (S) soit surosculée par un cercle au point a.

Désignons par ω le centre de courbure de la section demandée. L'axe de courbure de cette section rencontre A au point β et le plan (T) au point δ, qui n'est autre que le centre de courbure géodésique de la section que nous cherchons.

Considérons cette section comme la directrice d'une normalie à (S). Puisque ω est le centre d'un cercle surosculateur, il y a trois normales infiniment voisines qui passent en ce point ω. Il y a donc alors trois génératrices infiniment voisines appartenant à la normalie, qui rencontrent l'axe de courbure $\omega\beta$. Il résulte de là que cet axe de courbure est l'asymptote de l'indicatrice de la normalie au point β. Considérons l'hyperboloïde osculateur de cette normalie le long de A. Sa trace sur (T) est une conique tangente en a à at, qui passe par les points b' et c' dont j'ai parlé précédemment, et qui passe par le point δ; en outre, δ doit être le centre de courbure de cette courbe pour le point a, en vertu du théorème de Meusnier.

En appelant toujours γ le point où $b'c'$ coupe $a\delta$, on a la relation

$$\frac{1}{a\gamma} - \frac{1}{a\delta} = \frac{1}{2a\delta},$$

(¹) Cela résulte aussi de la relation (1), p. 242.

d'où

$$a\gamma = \frac{2}{3} a\delta.$$

En tenant compte du théorème précédent, nous avons cette généralisation d'un théorème de M. Beltrami :

Le rayon de courbure géodésique d'une courbe Σ à courbure normale constante est les $\frac{2}{3}$ du rayon de courbure géodésique de la section plane surosculée par un cercle ayant même tangente. (RIBAUCOUR.)

Il résulte aussi de ce que nous venons de dire que le point γ étant déterminé au moyen de la droite $b'c'$, on a tout de suite le point δ et, par suite, l'axe de courbure $\beta\delta$ de la section cherchée.

Construire le centre de courbure de l'une des branches de la section faite dans (S) *par son plan tangent* (T).

Considérons cette courbe comme la directrice d'une normalie. L'hyperboloïde osculateur de cette normalie le long de A contient la perpendiculaire au plan (T) issue du centre de courbure ε cherché. La trace de cet hyperboloïde sur le plan (T) est une conique, tangente en a à la section faite dans (S) par le plan (T), qui passe par b'' et c'' (analogues aux points b' et c' considérés précédemment) et par le point ε. En outre, ε est le centre de courbure de cette courbe correspondant au point a. En appelant k le point où $b''c''$ rencontre $a\varepsilon$, on a

$$\frac{1}{ak} - \frac{1}{a\varepsilon} = \frac{1}{2a\varepsilon},$$

d'où

$$ak = \frac{2}{3} a\varepsilon.$$

On connaît k ([1]); par suite, ε est déterminé.

Revenons à la section menée par $a\iota$, et qui est surosculée par un cercle. On peut dire que cette section a une développée dont le rayon de courbure est nul. La normale $a\omega$ est alors l'axe de déviation de cette section.

Le plan déterminé par $a\omega$ et par $a\tau$, tangente conjuguée de $a\iota$ par rapport à (S), est le *plan de déviation* correspondant à la direction $a\iota$.

([1]) On peut remarquer que k est le centre de courbure de la ligne asymptotique tangente en a à la courbe dont le centre de courbure est ε.

Nous savons alors construire ce plan au moyen de ω, et, par suite, nous pouvons déterminer le plan qui contient les centres de courbure des développées des sections faites dans (S) par des plans menés par *at*. On a ainsi une troisième solution de ce problème :

Construire le rayon de courbure de la développée d'une section faite dans (S) par un plan mené par at.

Reprenons une normalie à (S) ayant pour directrice une courbe (*a*). Une autre normalie dont la directrice est tangente en *a* à cette courbe a, avec la première normalie, un contact du second ordre aux centres de courbure principaux *b*, *c* de (S).

En ces points, ces normalies ont les mêmes asymptotes pour leurs indicatrices : ce sont la normale A et les droites *bb'*, *cc'*.

Les hyperboloïdes osculateurs de ces normalies le long de A contiennent les droites *bb'* et *cc'*, et alors les traces de ces hyperboloïdes sur le plan (T) sont des coniques tangentes entre elles en *a* à (*a*) et qui passent par les points *b'* et *c'*.

Menons la droite *b'c'* et appelons *i* le point de rencontre de cette droite et de la normale commune en *a* à ces coniques. Le segment *ai* est alors une longueur qui est la même relativement à toutes ces courbes.

Nous n'avons donc qu'à chercher, au moyen des éléments relatifs à une courbe tracée sur (S), l'expression du segment *ai*, pour obtenir une fonction qui ne variera pas lorsqu'on passera de cette courbe à une autre qui lui est tangente en *a*.

Pour calculer *ai*, prenons en particulier la courbe (*a*), la normalie à (S), dont cette courbe est la directrice, et l'hyperboloïde osculateur de cette normalie le long de A. Cet hyperboloïde a pour trace sur (T) une conique qui contient *b'* et *c'* et dont le centre de courbure correspondant à *a* est un point que j'appelle γ. Appelons *j* le point de rencontre de cette conique et de la normale *a*γ; on a, puisque l'angle *b'ac'* est droit,

$$(3) \qquad \frac{1}{2a\gamma} + \frac{1}{aj} = \frac{1}{ai}.$$

Menons, à partir de *a* et à partir du point a_1, infiniment voisin de *a*, sur la courbe (*a*), des plans normaux à (*a*). Ces deux plans se coupent suivant l'axe de courbure de (*a*). Cette droite contient γ; elle rencontre A au point β, centre de courbure de la section faite dans (S) par le plan mené par A tangentiellement à (*a*). Le plan Aαγ normal à (*a*) est alors tangent en β à la normalie dont cette courbe est la directrice; le plan normal à (a) au point a_1 touche cette normalie au point β_1. La droite $\beta\beta_1$ et la droite $\beta\gamma$ sont deux tangentes conjuguées, puisque $\beta\gamma$ est l'intersection des plans tangents à la normalie aux points infiniment voisins β et β_1. Ces deux droites et les génératrices de l'hyperboloïde osculateur qui passent au point β forment un faisceau harmonique. Ces droites sont βa, $\beta\gamma$, βj et βk, en appelant k la trace de la droite $\beta\beta_1$ sur le plan (T). On a alors

$$\frac{1}{aj} = \frac{1}{2a\gamma} + \frac{1}{2ak}.$$

Portant cette valeur de $\frac{1}{aj}$ dans la relation (3), il vient

(4) $$\frac{2}{a\gamma} + \frac{1}{ak} = \frac{2}{ai}.$$

Calculons maintenant $a\gamma$ et ak. Désignons par ϖ l'angle que A fait avec le plan osculateur de (a) au point a et par R le rayon de courbure $a\beta$, on a

$$\frac{1}{a\gamma} = \frac{R}{\tang\varpi}.$$

Abaissons du point β_1 la perpendiculaire $\beta_1 e$ sur A. Dans le plan $Aa\gamma$, on a les deux triangles semblables, $\beta\beta_1 e$ et βka, qui donnent

$$\frac{1}{ak} = \frac{\beta e}{\beta a \times e\beta_1}.$$

β_1 est le centre de courbure de la section normale à (S), qui est tangente en a_1 à (a); alors $\beta_1 a_1$ est le rayon de courbure de cette section. La droite $\beta_1 e$ pouvant être considérée comme un élément de la trajectoire orthogonale des génératrices de la normalie, le segment ae est égal à $\beta_1 a_1$; on voit ainsi que βe est égal à dR.

La distance $e\beta_1$ est égale à R $d\theta$, en désignant par $d\theta$ la torsion géodésique de (a). On a donc

$$\frac{1}{ak} = \frac{d\text{R}}{\text{R}^2 d\theta}.$$

En portant dans la relation (4) les valeurs de $\frac{1}{a\gamma}$ et $\frac{1}{ak}$, il vient

$$2\tang\varpi + \frac{d\text{R}}{\text{R}\,d\theta} = \frac{2\text{R}}{ai} = \text{const.}$$

Ainsi, *quelle que soit la courbe tracée sur* (S), *tangentiellement à* (a) *au point* a, *on a toujours*

(5)
$$\frac{dR}{R} + 2\tang\varpi\, d\theta = \text{const.}$$

On peut, à la place de R, introduire le rayon de courbure ρ de (a). On a

$$\rho = R\cos\varpi,$$

d'où

$$\frac{dR}{R} = \frac{d\rho}{\rho} + \tang\varpi\, d\varpi.$$

En portant cette valeur dans l'équation (5), il vient, en représentant par $\frac{ds}{r}$ la torsion absolue de (a),

$$\frac{1}{3}\frac{d\rho}{\rho} + \tang\varpi\left(d\varpi - \frac{2}{3}\frac{ds}{r}\right) = \text{const.}$$

Si l'on considère deux courbes tangentes entre elles, en appelant ρ', ϖ', r' les éléments analogues à ρ, ϖ, r, on a

$$\frac{1}{3}\frac{d\rho}{\rho} + \tang\varpi\left(d\varpi - \frac{2}{3}\frac{ds}{r}\right) \cdot \frac{1}{3}\frac{d\rho'}{\rho'} + \tang\varpi'\left(d\varpi' - \frac{2}{3}\frac{ds}{r'}\right).$$

Laguerre est arrivé analytiquement à cette relation.

Surfaces parallèles.

Une droite A, normale en son point a à une surface (S), se déplace en restant constamment normale en ce point à cette surface : ses autres points ont pour surfaces trajectoires des surfaces parallèles à (S). Les propriétés des trajectoires des points de la normale A, relativement à ces surfaces parallèles, sont des cas particuliers des propriétés générales concernant les trajectoires des points d'une droite mobile quelconque étudiées page 161.

Je n'examinerai pas, dans le cas des surfaces parallèles, ce que deviennent ces propriétés générales, dont quelques-unes sont alors illusoires ; je ferai seulement quelques remarques relatives à certaines trajectoires particulières, et je passerai tout de suite aux propriétés dépendant des éléments de troisième ordre.

Soient a, a_1, a_2, ... des points arbitraires marqués sur A. Ces points, que j'appelle *correspondants*, décrivent pendant le déplacement de A les trajectoires

correspondantes (a), (a_1), (a_2), ...; je dis aussi que les tangentes at, $a_1 t_1$, ...
à ces lignes sont des *tangentes correspondantes*.

Pour tous les déplacements de A, à partir d'une position de cette droite, les
trajectoires des points correspondants sont normales à A; par suite, les surfaces
trajectoires de ces points ont, pour normale commune, la droite A. Ceci est vrai,
quelle que soit la position de A; donc :

Les normales à une surface (S) *sont aussi normales aux surfaces* (S_1), (S_2), (S_3)
qui lui sont parallèles.

De là résulte immédiatement que :

(S) *et ses surfaces parallèles ont les mêmes normalies, les mêmes plans de sections
principales et la même développée.*

Et, par suite, comme on le sait,

Sur les surfaces parallèles, les lignes de courbure sont des lignes correspondantes.

Si (a) est une ligne asymptotique de (S), elle est la ligne de striction de la
normalie à (S) qui a cette courbe pour directrice (théorème 22'). Il résulte de
là que :

*Les lignes qui correspondent à une ligne asymptotique ne sont pas des lignes
asymptotiques.*

Il faut pourtant excepter le cas où la ligne asymptotique est plane : alors
toutes les lignes correspondantes sont des lignes asymptotiques. Par exemple, la
cyclide de Dupin est touchée par des plans suivant des circonférences qui sont
des lignes asymptotiques et auxquelles correspondent des circonférences analogues sur les surfaces parallèles qui sont des cyclides comme la première.

Si (a) est une ligne géodésique de (S), ses plans osculateurs sont normaux à
cette surface et, par suite, ils sont tangents à la normalie à (S) dont (a) est la
directrice. Cette courbe (a) est alors une ligne asymptotique de cette normalie,
et les normales à (S), génératrices de cette normalie, sont les normales principales
de (a). Pour qu'une des lignes correspondantes à cette courbe soit aussi une
ligne géodésique sur la surface parallèle qui la contient, elle doit donc avoir les
mêmes normales principales que (a). Afin qu'il en soit ainsi, en vertu d'une
propriété que je démontrerai plus loin, les courbures de (a) doivent être liées
par une relation linéaire. On voit donc que :

Parmi les lignes correspondantes à une ligne géodésique (a), *il existe une ligne
géodésique, lorsque entre les courbures de* (a) *il existe une relation linéaire.*

Circonscrivons des surfaces cylindriques à (S) et aux surfaces qui lui sont parallèles. Les lignes de contact (a), (a_1), (a_2), ... des surfaces (S), (S_1), (S_2), ... avec ces cylindres sont des lignes correspondantes. Elles appartiennent à une normalie (A), commune à toutes ces surfaces, et dont les génératrices sont parallèles à un même plan (V), qui est perpendiculaire aux génératrices des cylindres.

Les traces (a'), (a'_1), (a'_2), ... de ces cylindres sur (V) sont, sur ce plan, les lignes de contour apparent des surfaces parallèles, et ces lignes sont des courbes parallèles.

La génératrice $a\tau$ du cylindre circonscrit à (S), qui passe par le point a, est la tangente conjuguée de la tangente at à (a). De même en a_1, on a les tangentes conjuguées $a_1 t_1$ et $a_1 \tau_1$, et ainsi de suite pour a_2, a_3, ... Les droites $a\tau$, $a_1\tau_1$, $a_2\tau_2$, ... sont dans un même plan (C), qui est le plan central de la normalie (A) pour la génératrice A.

Le plan de déviation de (S) relatif à la tangente at, c'est-à-dire le lieu des axes de déviation des sections faites dans (S) par des plans passant par at, est un plan qui contient $a\tau$ et est alors perpendiculaire à (V). Sa projection sur (V) est donc une simple droite issue de a'. Cette droite est l'axe de déviation de la courbe de contour apparent (a') pour le point a'. Ceci peut se répéter pour les plans de déviation de (S_1), (S_2), ... relativement aux tangentes correspondantes à at. Mais les axes de déviation des courbes parallèles (a'), (a'_1), (a'_2) ... pour les points correspondants a'_1, a'_2, ... passent par un même point (¹); par conséquent, *les plans de déviation, dont ces droites sont les projections, passent par une même droite perpendiculaire à* (V).

Fig. 118.

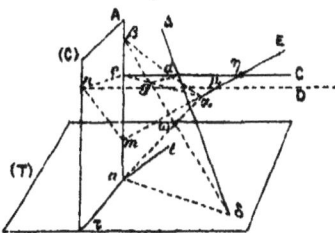

Appelons ϵ (*fig.* 118) le point central de (A), situé sur A, et C la normale en ϵ à la normalie (A), c'est-à-dire la perpendiculaire au plan central (C).

(¹) Cela résulte de la construction de l'axe de déviation en un point d'une courbe, obtenu en faisant usage du centre de courbure de la développée de cette courbe et de cette remarque que des courbes parallèles ont même développée.

La projection de e sur (V) est le centre de courbure de la courbe de contour apparent (a') et le point de convergence des axes de déviation des courbes de contour apparent est un point de la projection de C sur (V). Ce point de convergence est la projection sur ce plan de la droite E, perpendiculaire à (V), par laquelle passent les plans de déviation des surfaces parallèles et qui sont menés par les tangentes correspondantes à at. Cette droite E, parallèle à $a\tau$, rencontre C à angle droit. On peut maintenant énoncer ce théorème :

THÉORÈME 1″. — *Les plans de déviation de surfaces parallèles, relatifs à des tangentes correspondantes at, $a_1 t_1$, ... se coupent suivant une même droite E. Cette droite, perpendiculaire à la normale commune A à ces surfaces, coupe à angle droit la normale C à la normalie (A), élevée du point central de cette surface, point qui est situé sur A.*

Menons par at le plan qui coupe (S) suivant une section surosculée par un cercle. Le rayon de ce cercle surosculateur appartient au plan de déviation de (S) relatif à at, il rencontre alors E. Donc :

THÉORÈME 2″. — *Si, par des tangentes correspondantes at, $a_1 t_1$, on mène des plans qui coupent des surfaces parallèles suivant des sections qui sont respectivement surosculées par un cercle, les rayons de ces circonférences issues des points correspondants a, a_1, a_2, ... s'appuient sur une même droite E.*

Dans le cas particulier où le plan, qui coupe l'une des surfaces suivant une section surosculée par un cercle, contient la normale A, alors la droite E rencontre cette normale et, pour que les rayons des cercles surosculateurs des autres sections rencontrent cette droite, ils doivent se confondre avec A.

On voit ainsi que :

THÉORÈME 3″. — *Si, parmi les plans menés par des tangentes correspondantes et qui coupent des surfaces parallèles suivant des sections surosculées par un cercle, l'un d'eux est un plan normal à ces surfaces, il en est de même de tous les autres.* (RIBAUCOUR) ([1]).

Reprenons le cas où la droite E ne rencontre pas A. Les rayons des cercles surosculateurs s'appuient sur cette droite E et sont des tangentes au paraboloïde des normales à la normalie (A) relatif à A.

Comme E est parallèle au plan central (C), qui est un plan directeur de ce paraboloïde des normales, ces rayons appartiennent à un paraboloïde qui con-

---

([1]) Il résulte de ce théorème que *les lignes tangentes aux sections normales surosculées par des cercles se correspondent sur les surfaces parallèles.*

M. 45

tient E, et qui est de raccordement avec le paraboloïde des normales, ou encore qui est normal à (A) le long de A. Nous ajoutons alors :

THÉORÈME 4″. — *Les rayons des cercles surosculateurs, qui entrent dans l'énoncé du théorème 2″, appartiennent à un paraboloïde normal à (A) le long de (A) et qui contient* E.

Autrement : *Ces rayons rencontrent une infinité de droites parallèles au plan* (C).

Le paraboloïde, lieu de ces rayons, a pour plan directeur le plan central (C), et, comme C est une de ses génératrices, son second plan directeur est perpendiculaire à (C). Ainsi :

THÉORÈME 5″. — *Les rayons des cercles surosculateurs, qui entrent dans l'énoncé du théorème 2″, se projettent sur le plan* (C) *suivant des droites parallèles entre elles.*

Menons par la normale A un plan faisant un angle de 45° avec le plan central (C). Ce plan est normal à la normalie (A) en un point m, qui est à une distance du point central e égale à k : paramètre de distribution des plans tangents à (A). Ce plan coupe E en un point μ. Le segment $m\mu$ est le rayon du cercle surosculateur relatif à la tangente correspondante à at et qui est menée par le point m.

Le plan qui projette orthogonalement $m\mu$ sur le plan (C), *est le second plan directeur du paraboloïde formé par les rayons des cercles surosculateurs.*

Ce plan coupe le plan (C, E) suivant une droite D parallèle à C, et il coupe le plan (C) suivant la droite mn. De la construction de mn, il résulte que $en = e\eta$.

Nous connaissons bien maintenant la situation des rayons des cercles surosculateurs et nous allons nous occuper des axes de courbure des sections surosculées par ces cercles.

Construisons l'axe de courbure relatif au point a de la section surosculée par un cercle et qui passe par at. Pour cela, déterminons d'abord le rayon du cercle surosculateur de cette section. Par le point a, je mène un plan parallèle au plan directeur (m, D), il coupe E au point α : $a\alpha$ est le rayon du cercle surosculateur relatif à at. Le plan (A, $a\alpha$) est normal à la normalie (A) au point a et tangent à cette normalie au point β, qui est tel que $ea \times e\beta = k^2$. Le point β est le centre de courbure de la section faite dans (S) par le plan (A, at) : l'axe de courbure cherché est alors la perpendiculaire $\beta\delta$, abaissée du point β sur le rayon $a\alpha$.

Appelons g le point où cet axe rencontre $e\alpha$. Dans le triangle $a\alpha\beta$, les droites αe, $\beta\delta$ sont deux hauteurs, on a

$$eg \times e\alpha = ea \times e\beta = k^2.$$

D'après cela, on voit que *pour les points correspondants à a, les points, tels que g, appartiennent à une circonférence qui est la transformée de* E *par rayons vecteurs réciproques par rapport au pôle e.*

Le centre de cette circonférence est sur C puisque cette droite est perpendiculaire à E. En élevant alors la perpendiculaire gd à eg, nous obtenons l'extrémité d du diamètre ed de cette circonférence.

Le plan de l'axe de courbure $\beta\delta$ et de la droite gd contient la normale en β à la normalie (A); il coupe alors le paraboloïde des normales à (A) suivant une autre droite. Mais il coupe déjà la normale C au point d, donc il rencontre le paraboloïde des normales suivant la génératrice Δ de cette surface qui passe par d. On voit par là que $\beta\delta$ est la projection de Δ sur le plan normal en a à (a). Ainsi :

THÉORÈME 6″. — *Les sections surosculées par des cercles, qui sont tangentes en a_1, a_2, aux traces de* (A) *sur les surfaces parallèles à* (S), *ont pour axes de courbure des droites qu'on obtient en projetant une même droite Δ sur les plans respectivement normaux en ces points à ces traces.*

De là résulte tout de suite que :

THÉORÈME 7″. — *Le lieu des axes de courbure des sections surosculées par des cercles, qui entrent dans l'énoncé précédent, est un hyperboloïde à une nappe dont les sections circulaires sont respectivement perpendiculaires à* A *et à* Δ.

La circonférence qui a ed pour diamètre est l'une de ces sections, et, comme l'on a

$$ed \times e\eta = k^2,$$

on peut dire :

THÉORÈME 8″. — *Le produit des distances du point central e aux droites Δ et* E *est égal au carré du paramètre de distribution des plans tangents à la normalie* (A).

L'axe de courbure $\beta\delta$, qui est perpendiculaire sur $a\alpha$, rencontre ce rayon en un point ω, qui est le centre du cercle surosculateur tangent à at. Pour trouver le lieu des points tels que ω, nous n'avons qu'à chercher la ligne d'intersection du paraboloïde lieu des rayons tels que $a\alpha$ et de l'hyperboloïde lieu des axes tels que $\beta\delta$.

Ces deux surfaces ont en commun la droite A; la partie restante de leur intersection est alors une cubique gauche. Ainsi :

THÉORÈME 9″. — *Le lieu des centres des cercles surosculateurs relatifs aux tangentes correspondantes al, $a_1 l_1$, $a_2 l_2$, ... est une cubique gauche.*

L'axe de courbure $\beta\delta$ rencontre Δ au point δ de la droite $a\delta$ normale à (A). Ce point δ, qui est dans le plan tangent en a à (S), est alors le centre de courbure géodésique de la section surosculée par un cercle dont le plan est ωal. Comme le point a est arbitraire, on voit que

THÉORÈME 10″. — *Les courbes surosculées par des cercles, tangentes aux traces d'une normalie sur des surfaces parallèles, ont leurs centres de courbure géodésique sur une même droite.*

Cette droite Δ, génératrice du paraboloïde des normales à (A), se projette sur le plan tangent (T) suivant une parallèle à la trace du plan central (C) sur le même plan (T). Le segment $a_1 \delta_1$ (¹) analogue à $a\delta$ étant parallèle à (T) se projette sur ce plan sans altération de grandeur. Au moyen de cette projection, on voit que ces rayons de courbure géodésique sont inversement proportionnels aux cosinus des angles qu'ils font avec le plan qui touche (A) au point à l'infini sur A. La droite A et la génératrice de (A), qui lui est infiniment voisine, déterminent sur (a) et sur la ligne correspondante (a_1) des arcs infiniment petits qui sont dans le même rapport. On a donc ce théorème :

THÉORÈME 11″. — *Les sections surosculées par des cercles, tangentes en a_1, a_2, ... aux traces d'une normalie sur des surfaces parallèles, ont, en ces points correspondants, des angles de contingence géodésique égaux entre eux.*

Les théorèmes que nous venons de démontrer ne sont pas particuliers aux sections surosculées par des cercles, tangentes aux traces d'une normalie sur des surfaces parallèles. Nous allons trouver des théorèmes analogues pour d'autres courbes en suivant une voie absolument inverse de celle suivie jusqu'à présent.

Soient b et c (*fig.* 119) les centres de courbure principaux des surfaces (S), (S₁), ... situés sur la normale A. Toutes les normalies, dont les directrices sont

---

(¹) Ce segment n'est pas représenté sur la figure.

tangentes en a à (a), ont entre elles, aux points b et c, un contact du second ordre. En ces points, les indicatrices de ces normalies ont les mêmes asym-

Fig. 119.

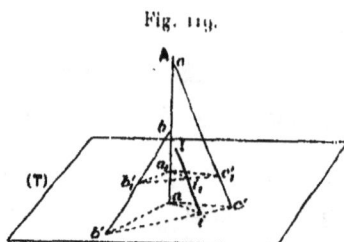

ptotes : l'une de ces droites est A, et les autres sont bb', cc'. Ce sont ces deux droites déjà employées précédemment dont je vais encore faire usage.

Les courbes dont je parlerai d'abord sont les *courbes à courbure normale constante* définies page 344. Appelons-les Σ.

Traçons sur (S) une courbe Σ tangente en a à at. Pour déterminer le centre de courbure géodésique de Σ au point a, on a la construction suivante (p. 346) :

On prend sur le plan tangent (T) les traces $b'c'$ des droites bb', cc'; on joint les points b' et c' par une droite; cette droite coupe en i la normale ai à (a); le point i est le centre de courbure géodésique de Σ.

Traçons sur (S_1) une courbe Σ tangente en a_1 à $a_1 t_1$, et construisons, au moyen d'une droite $b'_1 c'_1$, le centre de courbure géodésique i_1 de cette courbe.

Pour toutes les surfaces parallèles à (S), on a de la même manière des points tels que i, i_1, ... *Je dis que tous ces points sont en ligne droite.*

Les droites ai, $a_1 i_1$ sont normales à la normalie (A) et appartiennent alors au paraboloïde des normales à cette surface. Ce paraboloïde a pour plan directeur le plan (T) et le plan central (C).

Les droites $b'c'$, $b'_1 c'_1$, ... appartiennent aussi à un paraboloïde; celui-ci a pour plan directeur le plan (T) et pour directrices les droites bb', cc'.

Ces deux paraboloïdes, qui ont un plan directeur commun, ont aussi en commun les normales en b et c aux nappes de la développée de (S).

La partie restante de leur intersection est une simple droite, que j'appelle I, et l'on peut énoncer ce théorème :

THÉORÈME 12''. — *Les centres de courbure géodésique des courbes à courbure normale constante, tangentes aux traces d'une normalie sur des surfaces parallèles, sont en ligne droite.*

Dans le cas particulier où l'un des centres de courbure géodésique est à l'infini, la droite I est tout entière à l'infini et l'on a comme conséquence un théorème analogue au théorème 3″.

Comme précédemment on démontre que :

THÉORÈME 13″. — *Les angles de contingence géodésique des courbes à courbure normale constante, tangentes aux traces d'une normalie sur des surfaces parallèles, sont égaux entre eux.*

Le plan (A, ai) (*fig.* 120), qui est normal en a à Σ, est tangent à la normalie (A)

Fig. 120.

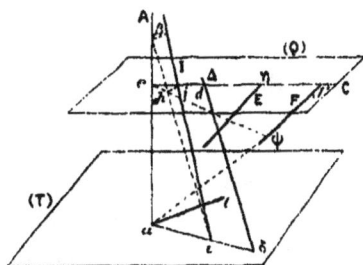

au point β, centre de courbure de la section faite dans (S) par le plan (A, ai). La droite βi est alors l'axe de courbure de Σ relatif au point a. Mais, puisque I est une génératrice du paraboloïde des normales à (A), cette droite est rencontrée non seulement par ai, mais aussi par la normale au point β à cette surface, c'est-à-dire par la perpendiculaire élevée du point β au plan (A, ai). On voit ainsi que βi est la projection de I ([1]). Ceci est vrai pour les courbes Σ relatives aux lignes correspondantes (a), (a_1), … Donc :

THÉORÈME 14″. — *Le lieu des axes de courbure des courbes à courbure normale constante, tangentes aux traces d'une normalie sur des surfaces parallèles, est un hyperboloïde dont les plans des sections circulaires sont respectivement perpendiculaires à A et I.*

La normale principale de Σ au point a est la perpendiculaire abaissée de ce point sur βi. Appelons ψ le point où cette perpendiculaire rencontre le plan (Q) perpendiculaire à A au point central e, et appelons h le point où βi rencontre

---

([1]) On peut remarquer que la projection de I sur le plan (A, C) est parallèle à A et que cette projection contient le point de rencontre des projections sur le même plan des droites bb', cc' représentées *fig.* 119.

le même plan. Les points e, h, ψ sont en ligne droite et l'on a

$$eh \times e\psi = ea \times e\beta = k^2;$$

mais les points tels que h appartiennent à la section circulaire suivant laquelle le plan (Q) coupe l'hyperboloïde des axes de courbure des courbes Σ : donc le lieu des points tels que ψ est une droite, transformée par rayons vecteurs réciproques de cette circonférence. Cette droite, que j'appelle F, est perpendiculaire au diamètre ej de la circonférence transformée. Elle est donc parallèle à la droite E, dont nous avons parlé précédemment.

Les normales principales des courbes Σ relatives aux points correspondants a, a_1, a_2 sont donc des droites qui s'appuient sur une droite F et qui sont tangentes au paraboloïde des normales à A. Comme F est parallèle au plan directeur de ce paraboloïde, nous pouvons dire :

THÉORÈME 15″. — *Pour les points correspondants a, a_1, a_2, les normales principales des courbes à courbure normale constante, menées tangentiellement aux traces d'une normalie sur les surfaces parallèles, appartiennent à un paraboloïde hyperbolique.*

Les plans directeurs de ce paraboloïde sont le plan central (C) et un plan perpendiculaire à I. Rapprochons ce que nous venons de trouver de ce que nous avons établi précédemment pour les sections surosculées par des cercles.

On sait que (p. 347)

$$ai = \tfrac{2}{3} a\delta.$$

On en conclut facilement que

$$\tang(A, I) = \tfrac{2}{3} \tang(A, \Delta).$$

Comme les droites A, I, Δ sont parallèles au plan (C), on a

$$\frac{ej}{ed} = \frac{ai}{a\delta} = \tfrac{2}{3}.$$

Mais

$$ej = \frac{k^2}{ef}, \qquad ed = \frac{k^2}{e\eta};$$

on a donc aussi

$$\frac{e\eta}{ef} = \tfrac{2}{3},$$

ce qui donne *la relation de position des droites* E, F.

On sait que $3e\eta$ est égal au rayon de courbure de la développée des courbes de contour apparent (a'), (a'_1), ... des surfaces parallèles; on voit donc que *ce rayon de courbure est égal à* $2ef$ ou $\dfrac{3h^2}{ej}$.

On voit, par ce que nous venons de dire des courbes Σ, qu'il a suffi de démontrer le théorème 12″ pour arriver à tous les théorèmes analogues à ceux que nous avions trouvés pour les sections surosculées par des cercles.

On a encore des théorèmes analogues à ceux-ci pour les lignes dont je vais parler maintenant.

Traçons sur (S) et tangentiellement à (a) en a une courbe qui coupe sous des angles égaux les lignes de courbure de l'un des systèmes de (S). Appelons cette courbe *une ligne trajectoire des lignes de courbure de* (S). On a de même sur (S_1), tangentiellement à (a_1) en a_1, une ligne trajectoire des lignes de courbure de (S_1), et ainsi de suite pour les surfaces parallèles à (S).

Le centre de courbure géodésique de la ligne trajectoire tracée sur (S) tangentiellement à (a) en a, s'obtient en prenant sur le plan (T) le point de rencontre l de la normale al à cette courbe avec la trace du paraboloïde des huit droites relatif à (S) (p. 229). Ce paraboloïde est le même pour toutes les surfaces parallèles à (S), et les droites telles que al appartiennent au paraboloïde des normales à la normalie (A).

Ces deux paraboloïdes ont en commun les normales élevées des centres de courbure principaux b et c aux nappes de la développée de (S) et, comme ils ont un plan directeur commun, la partie restante de leur ligne d'intersection est une droite. On a donc ce théorème :

Théorème 16″. — *Les lignes trajectoires des lignes de courbure des surfaces parallèles, lignes qui sont menées tangentiellement aux traces d'une normalie sur ces surfaces, ont leurs centres de courbure géodésique sur une même droite.*

De là, on peut déduire, comme précédemment, toute une suite de théorèmes.

Construction du centre de courbure de la développée de la courbe de contour apparent d'une surface que l'on projette orthogonalement sur un plan.

Je viens de donner, au haut de cette page, une expression de ce rayon de courbure. Je vais montrer comment on peut l'obtenir directement.

Il s'agit moins ici de résoudre un problème particulier que de faire voir encore l'utilité de deux droites déjà employées.

En effet, à l'aide de ces deux droites, on peut résoudre avec la plus grande facilité des questions pour lesquelles la méthode analytique, au milieu de ses formules, ne laisse pas apercevoir les éléments simples qui doivent seuls subsister dans toute bonne construction. Les deux droites dont je parle sont de ces éléments simples. Je rappelle ce que sont ces droites. A partir d'un point a sur la surface (S) traçons des courbes tangentes entre elles. Les normalies à (S) dont ces courbes sont les directrices ont entre elles un contact du second ordre aux deux centres de courbure principaux b, c situés sur la droite A normale en a à (S). Ces normalies ont donc en ces points les mêmes indicatrices.

Les asymptotes de ces indicatrices sont alors les mêmes pour toutes ces normalies et, comme A est l'une de ces asymptotes, les autres asymptotes communes sont deux droites issues respectivement des points b et c. Ce sont là les deux droites que je vais encore employer. Je puis me les donner d'avance car, si, pour définir les éléments du troisième ordre de la surface (S), on suppose connues les droites de courbure des nappes de la développée de (S), on peut, comme je l'ai fait voir, construire ces deux droites (p. 339).

Fig. 121.

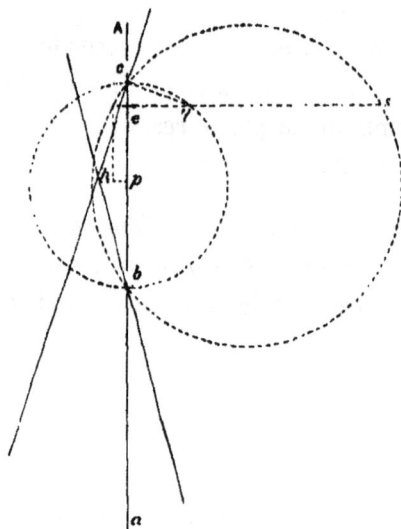

Supposons que le plan de projection contienne la normale A (*fig.* 121); la courbe de contour apparent de (S) sur ce plan est la trace d'un cylindre circonscrit à cette surface et dont les génératrices sont perpendiculaires au plan de

projection. Le centre de courbure de la courbe de contour apparent qui correspond au point *a* s'obtient de la manière suivante (p. 150) : *Les points b, c situés
sur* A *étant les centres de courbure principaux de* (S), *on décrit sur bc comme diamètre
une circonférence de cercle. Du point c, extrémité du rayon de courbure principal
maximum, on mène la droite c*γ *comprenant avec* A *un angle égal à l'angle que les
projetantes font avec le grand axe de l'indicatrice de* (S) *en a*; *cette droite rencontre la circonférence au point* γ : *la projection de ce point sur* A *est le centre de
courbure e cherché.*

La développée de la courbe de contour apparent de (S) touche A au point *e*;
ce que nous nous proposons de déterminer, c'est le centre de courbure de cette
développée qui correspond à ce point *e*.

Le cylindre circonscrit à (S), et dont les génératrices sont perpendiculaires
au plan de projection, touche cette surface suivant une courbe que je prends
pour directrice d'une normalie à (S). Les génératrices de cette normalie sont
parallèles au plan de projection, et leurs projections sur ce plan sont des tangentes à la développée de la courbe de contour apparent de (S).

Puisque les génératrices de cette normalie sont parallèles au plan de projection, il existe le long de A un paraboloïde osculateur de cette normalie. Ce paraboloïde osculateur a pour plan directeur le plan de projection, et pour directrices les asymptotes des indicatrices de la normalie en *b* et *c*, qui ne sont pas
la droite A. Ces deux asymptotes sont les deux droites dont j'ai parlé plus haut
et qui conduisent immédiatement à la solution du problème actuel.

Supposons que leurs projections soient *ch* et *bh*. Le paraboloïde osculateur
de la normalie a pour contour apparent sur le plan de projection une parabole
qui a, au point *e*, un contact du second ordre avec la développée de la courbe de
contour apparent de (S).

On est donc ramené à chercher le rayon de courbure de cette parabole pour le
point *e*. Cette parabole est tangente en ce point à A, et elle a pour tangentes *ch*
et *bh*. Dans ces conditions, pour déterminer au point *e* son rayon de courbure ρ,
on a cette formule (p. 342) :

$$\frac{1}{ec} + \frac{1}{eb} = \frac{2}{\rho}\left(\frac{1}{\text{tang}\,ech} + \frac{1}{\text{tang}\,ebh}\right),$$

ou, en abaissant la perpendiculaire *hp* sur A,

$$\frac{bc}{eb \times ec} = \frac{2}{\rho}\left(\frac{cp}{ph} + \frac{bp}{ph}\right),$$

$$\frac{1}{eb \times ec} = \frac{2}{\rho \times ph}.$$

D'après cela, pour déterminer le centre de courbure demandé, on a la construction suivante :

Sur la perpendiculaire es à A, *qui est la normale à la développée de la courbe de contour apparent de* (S), *on projette le point milieu de hp. La circonférence qui passe par le point ainsi obtenu et par les points b, c coupe la normale es au centre de courbure demandé s.*

Le point *e* est sur A le point central de la normalie. Aux points *b, c* les plans tangents à cette normalie sont rectangulaires. Le produit *eb* × *ec* est alors égal au carré du paramètre de distribution des plans tangents à cette normalie pour la droite A. En appelant *k* ce paramètre, la formule précédente devient

$$\rho = \frac{2\,k^2}{ph}.$$

On retrouve ainsi l'expression déjà obtenue page 360.

Remarque. — J'ai démontré (théorème 12″) que :

Les centres de courbure géodésique des courbes à courbure normale constante, tangentes aux traces d'une normalie sur des surfaces parallèles, sont sur une même droite I.

Cette droite I est à la fois une génératrice du paraboloïde des normales à la normalie dont j'ai parlé précédemment, et une génératrice du paraboloïde dont un plan directeur est perpendiculaire à A, et dont les directrices sont les deux droites projetées en *bh* et *ch*.

La droite I appartenant au paraboloïde des normales à la normalie est parallèle au plan central de cette surface. Comme ce plan central passe par A et est perpendiculaire au plan de projection, la droite I se projette suivant une parallèle à A.

La droite I, étant une génératrice de l'autre paraboloïde, sa projection passe par le point *h*. Donc :

La droite I *se projette suivant la parallèle menée de h à la droite* A.

SURFACE GAUCHE, LIEU DES NORMALES PRINCIPALES DE DEUX COURBES.

« Sur la surface gauche formée par l'ensemble des rayons de courbure d'une courbe donnée, peut-on tracer une seconde courbe dont les génératrices de la surface soient aussi des rayons de courbure? »

Cette question fut proposée aux géomètres par M. de Saint-Venant dans son *Mémoire sur les lignes courbes non planes* (¹).

M. Bertrand y a répondu (²) en donnant la relation qui doit exister entre les deux rayons de courbure d'une courbe pour que les normales principales de cette courbe soient en même temps normales principales d'une autre courbe.

Je vais commencer par établir géométriquement cette relation, en faisant usage de la *droite auxiliaire* dont j'ai donné la construction et les propriétés (p. 270).

En outre, après avoir démontré une propriété de la surface gauche dont les génératrices sont les normales principales de deux courbes, j'étends à cette surface toutes les propriétés dont jouit un pinceau quelconque de droites. J'arrive ainsi à des résultats qui ne rappellent à l'esprit rien d'analogue : c'est que la marche suivie pour les obtenir n'est elle-même analogue en rien aux procédés employés jusqu'alors pour la démonstration des vérités géométriques.

Lorsque j'aurai étudié la surface gauche des normales principales communes à deux courbes en faisant usage de droites auxiliaires, je reprendrai la même question au moyen des procédés de la Géométrie cinématique.

Désignons par (*o*) une courbe gauche, par *o* un point de cette courbe, par G la normale principale en ce point et par (G) la surface gauche formée par les normales principales de (*o*).

La courbe (*o*) est une trajectoire orthogonale des génératrices de (G), et, comme son plan osculateur au point quelconque *o* est tangent à (G), on voit que :

THÉORÈME Ier. — *Une courbe quelconque est une ligne asymptotique qui rencontre à angle droit les génératrices de la surface formée par ses normales principales.*

(¹) *Journal de l'École Polytechnique*, XXXe Cahier.

(²) *Journal de Mathématiques*, 1re série, t. XV, p. 332.

Réciproquement :

THÉORÈME 2'''. — *Lorsque la trajectoire orthogonale des génératrices d'une surface gauche* (G) *est une ligne asymptotique de cette surface, elle a pour normales principales les génératrices de* (G).

La question posée par M. de Saint-Venant équivaut donc à celle-ci :

PROBLÈME I. — *Dans quel cas peut-on tracer sur une surface gauche deux lignes asymptotiques, trajectoires orthogonales des génératrices de cette surface ?*

Je dis d'abord que :

THÉORÈME 3'''. — *S'il y a plus de deux lignes asymptotiques d'une surface gauche qui rencontrent à angle droit une génératrice de cette surface, il y en a une infinité.*

Appelons toujours (G) la surface gauche et G une génératrice de cette surface. Les asymptotes des indicatrices de (G) pour les différents points de G appartiennent à un hyperboloïde : hyperboloïde osculateur de (G) le long de G. Sur cet hyperboloïde il n'y a que deux génératrices de l'un des systèmes qui rencontrent à angle droit une génératrice de l'autre système. On voit ainsi que, généralement, il y a deux lignes asymptotiques de (G) qui rencontrent G à angle droit.

S'il y en a plus de deux, c'est que, au lieu d'un hyperboloïde osculateur, il existe un paraboloïde osculateur, et alors toutes les lignes asymptotiques de la surface gauche rencontrent G à angle droit.

Revenons maintenant à la question précédemment posée et d'abord modifions-en l'énoncé.

Menons par les différents points d'une courbe (o) des plans respectivement perpendiculaires aux normales principales de cette courbe. Ces plans enveloppent une surface développable (T) qui est la surface rectifiante de (o).

Les plans osculateurs de (o) étant normaux à cette développable, la courbe (o) est une ligne géodésique de la surface (T). Ainsi :

THÉORÈME 4'''. — *La surface* (G), *lieu des normales principales d'une courbe* (o), *est, relativement à la surface rectifiante de cette courbe, une normalie dont la directrice est une ligne géodésique de cette surface rectifiante.*

Réciproquement :

THÉORÈME 5'''. — *Si l'on prend une ligne géodésique pour directrice d'une normalie à une surface, cette courbe est une asymptotique de cette normalie.*

Toute surface parallèle à (T) coupe cette normalie suivant une trajectoire orthogonale des génératrices de cette surface; et, pour que cette ligne soit une asymptotique de cette normalie, il faut qu'elle soit une géodésique sur la surface parallèle qui la détermine.

La question revient donc à celle-ci :

PROBLÈME II. — *Étant données une surface développable* (T) *et une normalie à cette surface dont la directrice est une ligne géodésique* (o) *de* (T), *dans quel cas peut-on déterminer une surface* (T') *parallèle à* (T) *qui soit coupée aussi par cette normalie suivant une géodésique?*

Appelons (a) la courbe d'intersection de (T') et de la normalie et supposons que cette courbe soit une géodésique sur (T'). Alors la transformée de cette courbe après le développement de (T') est une ligne droite. (T) et (T'), étant des surfaces parallèles, ont leurs génératrices parallèles entre elles. Après le développement de ces surfaces, ces génératrices parallèles deviennent les tangentes aux transformées des arêtes de rebroussement de (T) et (T'), et toutes ces tangentes peuvent être placées de manière à être respectivement parallèles entre elles. Ces tangentes, ainsi correspondantes, sont coupées par les droites transformées de (o) et de (a) sous des angles dont la différence est égale à l'angle que ces droites font entre elles. Par suite, les courbes (o) et (a) elles-mêmes rencontrent les génératrices de (T) et (T') sous des angles dont la différence est constante, ou, ce qui revient au même, aux points o et a, où les courbes (o) et (a) rencontrent une même génératrice de la normalie, les tangentes à ces courbes comprennent entre elles un angle qui est le même, quelle que soit la génératrice considérée.

Mais cet angle mesure l'angle que font entre eux les plans tangents en o et a à la normalie, et, comme ces plans tangents ne sont autres que les plans osculateurs des courbes (o) et (a), on peut dire :

THÉORÈME 6‴. — *Lorsque deux courbes admettent les mêmes normales principales, les plans osculateurs de ces courbes aux points où elles rencontrent une même normale font entre eux un angle qui est le même, quelle que soit cette normale.* (BONNET.)

Reprenons les courbes (o) et (a) ayant les mêmes normales principales. Appelons toujours (G) la surface formée par ces normales, G une génératrice de cette surface, o et a les points de rencontre de cette droite avec les deux courbes (o) et (a), G' une autre génératrice de (G), i et j les points de rencontre de

cette droite avec les courbes (*o*) et (*a*). Nous savons que (G) est, par rapport
à (T), une normalie dont la directrice est une géodésique de (T).

Amenons la génératrice G' en coïncidence avec G, le point *i* venant en *o*, et
le plan tangent en *i* à (G) coïncidant avec le plan tangent en *o* à cette même
surface. Alors le point *j* vient en *a* et le plan tangent en *j* coïncide avec le plan
tangent en *a*.

Amenons ainsi en coïncidence avec G toutes les génératrices de (G), et
entraînons en même temps que ces génératrices, et avec chacune de ces droites,
un élément de la surface (G).

Les éléments, réunis de cette façon, constituent les *surfaces élémentaires* d'un
pinceau dont G est le rayon, *o* et *a* les *foyers* de ce rayon, et dont les plans tangents en ces points sont les *plans focaux*.

Étudions ce pinceau au moyen des droites auxiliaires relatives à ces surfaces
élémentaires.

Prenons *o* pour origine, et traçons sur un plan quelconque mené par G la
droite auxiliaire de l'une des surfaces élémentaires.

Pour cela, élevons dans ce plan la perpendiculaire *aa'* à G (*fig.* 122); menons

Fig. 122.

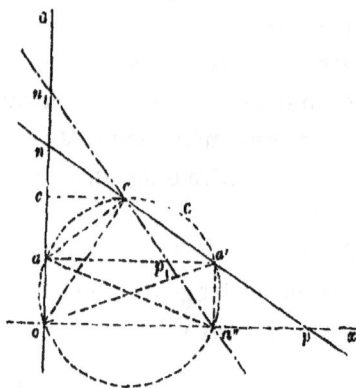

du point *o* la droite *oa'* faisant avec la perpendiculaire *ox* à G l'angle α, que les
plans tangents en *o* et *a* font entre eux : une droite *np*, qui contient *a'*, peut être
considérée comme la droite auxiliaire d'une des surfaces élémentaires du
pinceau.

Si, par exemple, cette surface élémentaire provient de l'élément infiniment
petit de (G) le long de G', alors *on* est le rayon de première courbure ρ de (*o*)
pour le point de rencontre *i* de G' et de (*o*), *op* est le rayon de seconde courbure *r*
de (*o*) pour le même point *ι*.

Le pied c' de la perpendiculaire oc' abaissée de o sur np se projette sur G au point c : ce point c est ce que devient le point central de (G) sur G' lorsque G' coïncide avec G. Enfin, l'inclinaison de oc' sur ox est l'angle φ que le plan central pour la génératrice G' fait avec le plan tangent en i à (G).

Les triangles pon et $a'an$ sont semblables; ils donnent

$$\frac{op}{on} = \frac{aa'}{an}$$

ou, en désignant simplement par l la distance focale oa,

$$\frac{r}{\rho} = \frac{\dfrac{l}{\tang\alpha}}{\rho - l},$$

que l'on peut écrire

(1)
$$\frac{\dfrac{l}{\tang\alpha}}{r} + \frac{l}{\rho} = 1.$$

Telle est *la relation qui existe entre les rayons de courbure de* (o), *dont les normales principales sont les normales principales d'une autre courbe* (a).

La relation (1) peut s'écrire

$$\rho = l + \frac{l}{\tang\alpha}\,\frac{\rho}{r};$$

mais $\dfrac{r}{\rho}$ est égal, comme on le voit sur la figure, à la tangente de l'angle φ, et, comme le plan central contient la génératrice de la développable (T), φ est l'angle que fait avec cette génératrice la tangente à la courbe (o). La dernière relation, que l'on peut écrire

$$\rho = l + \frac{l}{\tang\alpha}\,\cot\varphi,$$

établit donc *la liaison qui existe entre les rayons de courbure d'une géodésique tracée sur une développable et les angles sous lesquels cette courbe rencontre les génératrices de cette surface lorsque les normales principales de cette courbe sont les normales principales d'une autre courbe.*

J'ai dit que on et op étaient les rayons de première et de seconde courbure de (o); il est facile de déterminer les rayons de courbure de (a). Il suffit, pour cela, de construire la droite auxiliaire de la surface élémentaire considérée précédemment en prenant le point a pour origine : on élève au point c' une perpendiculaire à la droite ac'. On obtient ainsi la nouvelle droite auxiliaire $n_1 p_1$

Le segment an_1 est le rayon de première courbure ρ_1 de la courbe (a), et le segment ap_1 est le rayon de seconde courbure de la même courbe.

PROBLÈME III. — *Cherchons quelles relations existent entre les rayons de courbure des courbes (o) et (a) qui ont les mêmes normales principales.*

Prolongeons la droite $n_1 p_1$ jusqu'au point a'' où elle rencontre ox; la droite $a'a''$ est perpendiculaire à ox; les triangles $ap_1 a''$ et $oa'p$ sont semblables. Ils donnent

$$\frac{ap_1}{aa''} = \frac{oa'}{op} \quad \text{ou} \quad \frac{r_1}{\dfrac{l}{\sin\alpha}} = \frac{\dfrac{l}{\sin\alpha}}{r},$$

que l'on peut écrire

(2)
$$rr_1 = \frac{l^2}{\sin^2\alpha}.$$

Telle est la relation fort simple qui existe entre les rayons de seconde courbure des courbes (o) et (a).

On peut énoncer ainsi ce résultat :

THÉORÈME 7‴. — *Aux points situés sur une même normale, le produit des rayons de seconde courbure de deux courbes, qui ont les mêmes normales principales, est constant quelle que soit cette normale.*

La *fig.* 122 peut s'appliquer à un élément quelconque de (G). Quel que soit cet élément, la droite auxiliaire correspondante, en prenant le point o pour origine, est une droite passant par le point a'.

Il résulte de là que les points tels que c' appartiennent à la circonférence C qui passe par les points o, a, a', a''.

Les droites auxiliaires relatives au même élément infiniment petit de (G), lorsqu'on prend le point o ou le point a pour origine, passent toujours par le point a' ou par le point a'', et elles se coupent sur la circonférence C.

On a donc pour les différents éléments de (G) des droites telles que $c'a'$, $c'a''$, qui, jointes aux deux droites $c'a$, $c'o$, forment un faisceau de quatre droites donnant toujours lieu au même rapport anharmonique.

Les droites de ce faisceau coupent G aux quatre points o, a, n, n_1 donnant lieu à un rapport anharmonique qui est alors aussi le même pour les différentes génératrices de (G); mais n et n_1 sont des centres de courbure de (o) et de (a). On peut donc dire :

THÉORÈME 8‴. — *Les points où deux courbes ayant les mêmes normales princi-*

M.

pales rencontrent une de leurs normales et les centres de courbure de ces courbes situés sur cette normale déterminent quatre points dont le rapport anharmonique est constant, quelle que soit la normale considérée.

Ce théorème exprime sous une forme particulière la relation qui existe entre les rayons de première courbure ρ et ρ_1 des courbes (o) et (a). Je vais établir directement cette relation.

Nous avons trouvé

$$\frac{\frac{l}{\tang\alpha}}{r} + \frac{l}{\rho} = 1;$$

d'où

$$\frac{\frac{l}{\tang\alpha}}{r} = 1 - \frac{l}{\rho}.$$

On a de même pour la courbe (a)

$$\frac{\frac{l}{\tang\alpha}}{r_1} = 1 + \frac{l}{\rho_1}.$$

En faisant le produit membre à membre de ces deux égalités, il vient

$$\frac{\frac{l^2}{\tang^2\alpha}}{rr_1} = \left(1 - \frac{l}{\rho}\right)\left(1 + \frac{l}{\rho_1}\right).$$

Remplaçant rr_1 par sa valeur $\frac{l^2}{\sin^2\alpha}$, on obtient

$$(3) \qquad \cos^2\alpha = \left(1 - \frac{l}{\rho}\right)\left(1 + \frac{l}{\rho_1}\right).$$

Faisons remarquer que les relations (2) et (3) obtenues directement sur la figure sont des plus simples.

La même figure permet aussi d'établir, comme je vais le montrer, une relation bien connue.

Deux génératrices infiniment voisines G et G_1 de la surface (G) déterminent sur les courbes (o) et (a) des arcs infiniment petits ds, ds_1, qui sont entre eux dans le rapport de oc' à ac'.

Mais on voit sur la figure que

$$\frac{1}{oc'^2} = \frac{1}{\rho^2} + \frac{1}{r^2},$$

$$\frac{1}{ac'^2} = \frac{1}{\rho_1^2} + \frac{1}{r_1^2};$$

on a donc la relation

$$\frac{ds}{ds_1} = \sqrt{\frac{\frac{1}{\rho_1^2} + \frac{1}{r_1^2}}{\frac{1}{\rho^2} + \frac{1}{r^2}}},$$

qu'il s'agissait d'établir.

Reprenons le pinceau dont les surfaces élémentaires ont été obtenues en réunissant toutes les génératrices de (G), ainsi que les éléments le long de ces génératrices.

Les propriétés de la surface (G) vont se déduire immédiatement des propriétés de ce pinceau. Pour les énoncer plus facilement, j'appelle *projection* d'un point de cette surface sur une génératrice G le point de rencontre avec cette droite de la courbe partant du point considéré et qui coupe orthogonalement les génératrices de (G).

Les théorèmes démontrés pages 281 et suivantes donnent :

THÉORÈME 9‴. — *La surface* (G), *lieu des normales principales de deux courbes* (o), (a), *est telle que ses points centraux pour ses différentes génératrices se projettent sur un segment déterminé d'une quelconque de ses génératrices.*

Les extrémités de ce segment sont les projections des points centraux, que j'appellerai *points limites.* J'appellerai aussi *distance centrale* la distance d'un point central à la courbe (o).

Cette distance centrale acquiert ses valeurs extrêmes aux points limites.

THÉORÈME 10‴. — *La distance comprise sur une même normale entre les points a et o des courbes* (a) *et* (o) *est égale à la différence des distances centrales des points limites multipliée par le sinus de l'angle que font entre eux les plans osculateurs de* (a) *et* (o) *aux points a et o.*

THÉORÈME 11‴. — *Si, dans un plan passant par G, on porte, sur des perpendiculaires à cette droite élevées des projections des points centraux de* (G) *et à partir de ces points, des longueurs égales aux paramètres de distribution de* (G) *qui correspondent respectivement à ces points centraux, les extrémités des longueurs ainsi portées sont sur une circonférence de cercle.*

THÉORÈME 12‴. — *Aux points limites de la surface* (G), *les plans centraux font avec la courbe* (o) *des angles dont la différence est égale à un angle droit.*

Ces plans centraux aux points limites, je les appellerai *plans principaux.*

Prenons l'angle que le plan central en un point central quelconque de (G) fait

avec la courbe (*o*), ainsi que l'angle analogue relatif à l'un des plans principaux, et désignons par ω la différence de ces angles.

Désignons par *l* la *distance centrale* pour le point central que nous considérons, par l_1 et l_2 les distances centrales des *points limites*.

On a

$$l_1 \cos^2\omega + l_2 \sin^2\omega = l.$$

Cette relation peut être considérée comme une équation de la ligne de striction
de (G) écrite dans un système particulier de coordonnées.

Si nous disons que ω est l'inclinaison d'un plan central sur l'un des plans
principaux, les coordonnées employées dans l'équation précédente sont alors la
distance centrale pour un point central et l'inclinaison du plan central correspondant sur l'un des plans principaux.

THÉORÈME 13‴. — *Lorsque deux points de la ligne de striction de* (G) *ont même
distance centrale, les plans centraux qui correspondent à ces points sont également
inclinés sur les plans principaux.*

THÉORÈME 14‴. — *Le produit des paramètres de distribution de* (G) *relatifs aux
deux génératrices de cette surface, pour lesquelles les plans centraux ont même distance centrale, est égal au produit des distances de l'un de ces points centraux aux
courbes* (*a*), (*o*).

THÉORÈME 15‴. — *Les génératrices de* (G) *pour lesquelles cette surface a même
paramètre de distribution ont leurs points centraux respectivement à la même
distance des courbes* (*a*), (*o*).

Appelons *k* le paramètre de distribution de (G) pour une génératrice quelconque G, k_1, k_2 les valeurs extrêmes de *k*, et ψ l'excès de l'angle que le plan
central pour G fait avec le plan tangent en *o* sur l'angle que le plan central relatif à la génératrice, dont le paramètre de distribution est maximum, fait avec
le même plan tangent.

On a

$$k = k_1 \cos^2\psi + k_2 \sin^2\psi.$$

A partir d'un point quelconque *b* de G, traçons la trajectoire orthogonale (*b*)
des génératrices de (G).

Soit *h* le point de G pour lequel le plan tangent en ce point à (G) fait avec le
plan tangent en *b* un angle β.

Désignons par *h* la distance *hb* du point *h* à la courbe (*b*); sur chaque génératrice de G, il y a un point tel que h. On a la relation

$$\frac{1}{h} = \frac{\cos^2\left(\alpha + \dfrac{\dfrac{\pi}{4} - \beta}{2}\right)}{h_1} + \frac{\sin^2\left(\alpha + \dfrac{\dfrac{\pi}{2} - \beta}{2}\right)}{h_2},$$

dans laquelle β est un angle constant, h_1, h_2 sont les valeurs extrêmes de h, et α l'inclinaison du plan tangent en b sur l'un des plans principaux, inclinaison comptée comme nous l'avons dit précédemment.

Dans le cas particulier où l'angle β est droit, on a simplement

$$\frac{1}{h} = \frac{\cos^2\alpha}{h_1} + \frac{\sin^2\alpha}{h_2}.$$

On peut remarquer que h est pour le point b le rayon de courbure géodésique de la courbe (b) qui est tracée sur (G).

On a aussi ce théorème :

THÉORÈME 16^m. — *On prend, sur une trajectoire orthogonale (b) des génératrices de* (G), *deux points b_1, b_2, tels que les plans tangents en ces points fassent avec l'un des plans principaux des angles dont la différence soit égale à un droit. On parcourt sur* (b), *à partir de ces points, des arcs infiniment petits de même longueur; les plans tangents en b_1 et b_2 à* (G) *tournent alors respectivement d'un certain angle : la somme de ces angles est constante, quelle que soit la position des points b_1, b_2 sur* (b).

Si l'on se reporte aux démonstrations que j'ai données des propriétés d'un pinceau quelconque, on aura, par cela même, les démonstrations des théorèmes qui viennent d'être seulement énoncés.

En un point quelconque d'une trajectoire orthogonale (b) des génératrices de (G), prenons la génératrice qui passe par ce point, la tangente à (b) et la perpendiculaire à ces deux droites, afin de former un trièdre trirectangle. On peut déplacer ce trièdre de façon que ses arêtes conservent la même relation de position par rapport à (b). Un déplacement infiniment petit de ce trièdre donne lieu à un axe de déplacement; on a ainsi un axe de déplacement correspondant à chaque point de (b) pris comme sommet du trièdre.

On entraîne tous ces axes, en même temps qu'on réunit en une seule, comme précédemment, toutes les génératrices de (G), de manière à faire décrire aux points de ces droites des trajectoires orthogonales à ces génératrices.

Ces génératrices portant chacune un élément de (G), on forme ainsi le pinceau [G].

Les axes de déplacement sont maintenant dans la position des axes relatifs au trièdre que l'on entraine avec G, lorsque cette droite engendre toutes les surfaces élémentaires de [G], ses points décrivant toujours des éléments qui lui sont perpendiculaires. Mais, en vertu du théorème CXIX, nous savons que ces axes de déplacement appartiennent à un conoïde de Plücker; on peut alors dire :

THÉORÈME 17ᵐ. — *Un trièdre trirectangle a pour arêtes une génératrice de (G), la tangente, issue d'un point arbitraire de cette droite, à la trajectoire orthogonale (b) des génératrices de cette surface et une perpendiculaire à ces deux droites. Pour un déplacement infiniment petit de ce trièdre, auquel on conserve cette relation de position par rapport à (b), on a un axe de déplacement. Lorsque le trièdre se déplace toujours ainsi, si l'on prend successivement tous les axes de déplacement, le lieu de ces droites est, par rapport au trièdre, un conoïde de Plücker* (¹).

La marche qui m'a conduit à un certain nombre de propriétés de la surface formée par les normales principales communes à deux courbes est applicable à une normalie dont la directrice est une courbe à courbure normale constante.

Dans ce cas, on a, par définition (p. 344), une suite de rayons de courbure égaux. On peut les amener en coïncidence en entrainant avec chacun d'eux un élément de la normalie, de telle façon que les plans tangents à cette surface aux extrémités de ces rayons de courbure viennent se confondre respectivement avec deux plans nécessairement rectangulaires.

On obtient ainsi un pinceau de normales dont les propriétés donnent inversement des propriétés de la normalie.

Reprenons, en nous servant de propriétés de la Géométrie cinématique, l'étude des courbes ayant les mêmes normales principales et de la surface formée par ces normales.

Changeons un peu les notations : soient (a) et (a') les courbes ayant les mêmes normales principales et (S_N) la surface formée par ces normales. Sur

---

(¹) M. Demoulin avait démontré analytiquement que : *Lors du déplacement du trièdre principal relatif à une courbe à torsion constante, l'axe hélicoïdal instantané décrit, par rapport à ce trièdre, un conoïde de Plücker.*

cette surface, (a) et (a') sont des trajectoires orthogonales des génératrices; elles interceptent sur ces droites un segment de grandeur constante; nous désignerons encore par l la longueur de ce segment.

Ces courbes sont des lignes asymptotiques de (S_N), puisque leurs plans osculateurs sont tangents à cette surface.

Ces lignes rencontrant à angle droit les génératrices de (S_N), on peut dire :

En un point quelconque d'une ligne asymptotique de (S_N), *les rayons de courbure principaux de cette surface sont égaux et de signes contraires, et les plans des sections principales de* (S_N) *font des angles de* 45° *avec le plan normal mené à la courbe en ce point.*

Démontrons à nouveau le théorème 6‴ dont je rappelle l'énoncé :

Si deux courbes admettent les mêmes normales principales, les plans osculateurs de ces courbes aux points où elles rencontrent une même normale font entre eux un angle constant, quelle que soit cette normale.

Plaçons (a) de façon que le plan tangent à (S_N) au point à l'infini sur la normale aa' soit horizontal. Déplaçons aa' sur (S_N) de manière que cette droite vienne coïncider avec la génératrice qui lui est infiniment voisine, et entraînons en même temps le plan osculateur en a afin qu'il vienne coïncider avec le plan osculateur de (a) au point infiniment voisin de a. Ce plan osculateur a pour caractéristique la tangente à (a) en a, c'est-à-dire une ligne de plus grande pente, et, pendant ce déplacement, il conserve alors son inclinaison sur un plan horizontal. Cela peut se répéter pour le plan osculateur de (a'). Le dièdre formé par ces deux plans osculateurs, lorsque aa' se déplace infiniment peu, en restant horizontale, est alors tel que ses faces conservent leurs inclinaisons sur un plan ; *il est donc de grandeur invariable.* Nous appellerons ici ω cet angle dièdre.

Le plan tangent en a à (S_N) est normal à cette surface au centre de courbure α de (a). De même pour (a'). On a alors aux points a, a' et aux centres de courbure des courbes de (a) et de (a') des plans tangents à (S_N) qui, d'après le théorème précédent, forment un faisceau de grandeur invariable. Le rapport anharmonique de ce faisceau est alors constant, mais il est égal au rapport anharmonique des points de contact de ces plans avec (S_N). Donc :

Les points où deux courbes ayant les mêmes normales principales rencontrent une de leurs normales et les centres de courbure de ces courbes déterminent quatre

points dont le rapport anharmonique est constant, quelle que soit la normale con-
sidérée.

C'est le théorème 8'" déjà démontré.

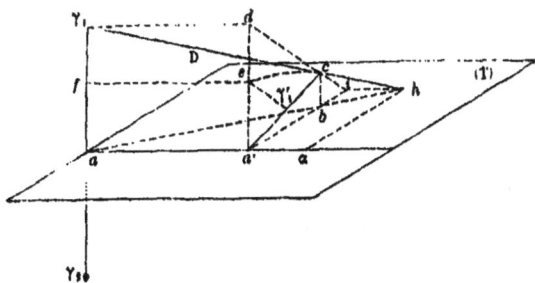

Reprenons le dièdre de tout à l'heure et déplaçons-le comme il a été dit. Les
caractéristiques des faces de ce dièdre étant perpendiculaires à l'arête aa', son
déplacement ne peut être obtenu par une simple rotation (p. 218). Employons
alors deux axes simultanés de rotation. Appelons (T) le plan osculateur de (a)
en a. Ce plan peut être déplacé d'une infinité de manières en restant toujours
tangent à (S_N), pendant que la droite aa', qui lui est liée, vient coïncider avec
la génératrice infiniment voisine de (S_N). Les axes de rotation D, Δ au moyen
desquels on obtient tous ces déplacements sont issus des centres de courbure
principaux γ_1 et γ_2 de (S_N) et sont dans les plans des sections principales correspondantes. Et comme la normale à la surface trajectoire engendrée pendant
ces déplacements par un point quelconque de aa', c'est-à-dire une normale
de (S_N), doit les rencontrer, ces droites D, Δ sont des génératrices du paraboloïde formé par les normales à (S_N) issues des points de la génératrice aa'.

Construisons D. Sur (T) traçons le triangle rectangle isoscèle $aa'b$; le plan $\gamma_1 ab$,
perpendiculaire à (T), est le plan d'une section principale de (S_N). Le point c,
où il rencontre la normale $a'_1 c$ à (S_N), est à l'intersection de cette normale et de
la perpendiculaire bc à (T). La droite $\gamma_1 c$ est l'axe D cherché; l'autre axe Δ
s'obtient de la même manière.

Il résulte de cette construction que

$$a'b = l, \qquad a'c = \frac{l}{\sin \omega} = \text{const.}$$

Puisque D et Δ sont des génératrices du paraboloïde des normales à (S_N), ces droites sont parallèles au plan central de cette surface pour la génératrice aa'. Donc :

Théorème 18'''. — *Les plans menés par les centres de courbure principaux* γ_1, γ_2, *parallèlement au plan central de* (S_N) *relatif à la génératrice* aa', *déterminent sur la normale* $a'c$ *à* (S_N) *un segment qui est de grandeur constante, quel que soit le point pris sur* (a) ([1]).

Le plan mené du point γ_1, parallèlement au plan central relatif à aa', a pour trace la droite $\gamma_1 d$ sur le plan $(\gamma_1 aa')$, et sur le plan $(ca'd)$, perpendiculaire en a' à aa', il a pour trace la droite cd.

Si nous appliquons le théorème précédent à la courbe (a'), nous devons alors mener du centre de courbure principal γ'_1, la droite $\gamma'_1 e$ parallèlement à cd et ef parallèlement à ae'. On a alors

$$af \quad \text{ou} \quad ae = \frac{l}{\sin \omega}.$$

Les triangles semblables $a'e\gamma'_1$ et $a'dc$ donnent

$$\frac{a'd \ \text{ou} \ a\gamma_1}{a'e} = \frac{a'c}{a'\gamma'_1},$$

d'où

$$a\gamma_1 \times a'\gamma'_1 = \frac{l^2}{\sin^2 \omega}.$$

Ainsi :

Théorème 19'''. — *Aux points situés sur une même normale principale, le produit des rayons de courbure principaux de* (S_N) *est constant, quelle que soit cette normale.*

Le rayon de courbure principal $a\gamma_1$ est le segment compris entre le point a et le point où la normalie à (S_N), dont la directrice est (a), est touchée par l'un des plans de section principale de (S_N) mené par $a\gamma_1$.

Comme a est le point central sur la génératrice $a\gamma_1$ de cette normalie et que les plans de section principale de (S_N) font un angle de 45° avec le plan central de la normalie qui est relatif à $a\gamma_1$, on voit ainsi que :

Théorème 20'''. — *Le rayon de courbure principal* $a\gamma_1$ *est égal au paramètre*

([1]) En vertu de ce théorème, et puisque l est constant ainsi que l'angle des normales à (S_N) aux points correspondants de (a) et (a'), on peut dire avec E. Lucas que :

Les centres de courbure principaux de (S_N) *pour des points correspondants de* (a) *et* (a') *sont les sommets d'un tétraèdre dont le volume est constant, quels que soient ces points.*

M.   48

de distribution relatif à la génératrice $a\gamma_1$ *des plans tangents à sa normalie à* (S_N), *dont la directrice est* (a).

Ce paramètre de distribution est égal à $d(a)$, divisé par l'angle que font entre elles les normales à (S_N) élevées des extrémités de cet arc infiniment petit. Cet angle est égal à l'angle des plans tangents à (S_N) qui sont respectivement perpendiculaires à ces normales et, comme ces plans tangents sont des plans osculateurs de (a), on conclut que :

THÉORÈME 21'''. — *Le paramètre de distribution relatif à* $a\gamma_1$, *des plans tangents à la normalie à* (S_N), *dont la directrice est* (a), *est égal au rayon de seconde courbure de* (a).

Par suite, en rapprochant ces résultats :

THÉORÈME 22'''. — *Le rayon de courbure principal* $a\gamma_1$ *est égal au rayon de seconde courbure de la courbe* (a) *au point* (a) [1].

Le théorème 19''' relatif au produit des rayons de courbure $a\gamma_1$, $a'\gamma_1'$ peut alors s'énoncer comme précédemment (théorème 7''') :

Pour deux points situés sur une même normale, le produit des rayons de seconde courbure de deux courbes qui ont les mêmes normales principales est constant, quelle que soit cette normale [2].

Le plan normal en a à (a) est tangent à (S_N) au point α, centre de courbure de (a). La normale αh à (S_N) est alors dans le plan (T). Cette droite passe par la trace h de D sur ce plan. Le plan $\gamma_1 dc$ a pour trace sur (T) la parallèle hi à aa'. On a alors $a'i = \alpha h = a\alpha$ ou ρ.

Les triangles semblables $a'di$, bci donnent

$$\frac{bc}{a'd} = \frac{bi}{a'i} \quad \text{ou} \quad \frac{\dfrac{l}{\tan g\,\omega}}{r} = \frac{\rho - l}{\rho},$$

que l'on peut écrire

$$\frac{\dfrac{l}{\tan g\,\omega}}{r} + \frac{l}{\rho} = 1,$$

relation linéaire entre les courbures de (a) dont les normales principales sont les normales principales de (a').

---

[1] Il résulte de cette démonstration que ce théorème est vrai pour une courbe gauche arbitraire.

[2] Voir *Allgemeine Theorie der Curven doppelter Krümmung in rein geometrischer Darstellung* du professeur W. Schell, p. 76. Leipzig, 1859.

Dans l'Appendice, je montrerai l'extension que l'on peut donner à quelques-uns des résultats précédents en exposant un mode de représentation plane d'une classe de surfaces réglées.

Je ferai voir aussi comment on obtient la liaison géométrique qui existe entre les sphères osculatrices de deux courbes qui ont les mêmes normales principales.

MODE DE TRANSFORMATION EN GÉOMÉTRIE CINÉMATIQUE ET TRANSFORMATION DE DÉMONSTRATION.

On ne connaissait pas de mode de transformation applicable en Géométrie cinématique, car il ne faut pas songer à faire usage des procédés de transformation ordinairement employés en Géométrie : il est bien clair, en effet, qu'à une figure invariable prise dans différentes positions, ne correspondent pas, en général, des figures de forme invariable.

Les propriétés relatives au déplacement des points d'une droite et celles qui concernent des faisceaux de plans de grandeur invariable ont été étudiées séparément dans le cours de cet Ouvrage. Les analogies très grandes qu'elles présentent, et que j'ai déjà eu l'occasion de signaler page 214, m'ont fait penser qu'il devait y avoir un procédé de transformation permettant de passer des premières propriétés aux autres.

J'ai pu effectivement découvrir un pareil procédé. Je vais l'exposer en l'appliquant à quelques théorèmes.

Prenons d'abord ce théorème démontré page 197 :

Une droite D se déplace de façon que trois de ses points a, b, c restent respectivement sur des sphères dont les centres α, β, γ appartiennent à une droite O; les autres points de D se déplacent aussi sur des sphères dont les centres sont sur O.

De chacun des points α, β, γ, comme centres, décrivons une sphère. Ces sphères fixes, je les désignerai par (F). Du point a, décrivons une sphère tangente à la sphère de centre α; de même pour b et c. Appelons (M) ces nouvelles sphères que je suppose de grandeur invariable.

Pendant le déplacement de D, les sphères (M) entraînées restent respectivement tangentes aux sphères fixes (F). Puisque pendant le déplacement de D un point arbitraire l de cette droite reste sur une sphère, dont le centre λ est sur O, une sphère de grandeur invariable, dont le centre est l et entraînée avec ce point, restera tangente à deux sphères concentriques dont le centre commun est λ
On a alors ce théorème :

Théorème CXXIV. — *Des sphères* (M), *dont les centres appartiennent à une droite* D, *forment une figure de grandeur invariable. Si on les déplace de façon que trois d'entre elles restent respectivement tangentes à trois sphères fixes* (F), *dont les centres appartiennent à une droite* O, *chacune des sphères mobiles* (M) *reste tangente à deux sphères concentriques dont le centre commun est sur* O.

Si l'on suppose la droite D à l'infini, les sphères (M) deviennent alors des plans parallèles à une droite, et ce théorème pourrait être énoncé dans ce cas particulier; mais, au lieu de plans parallèles à une droite, on peut prendre simplement un faisceau de plans, et l'on retrouve ce théorème démontré directement page 212.

Un faisceau de plans de grandeur invariable se déplace de façon que trois de ces plans restent respectivement tangents à des sphères fixes dont les centres appartiennent à une droite O; *un plan quelconque du faisceau mobile reste tangent à une sphère dont le centre est sur* O.

Ce théorème est tout à fait analogue au théorème qui a servi de point de départ, et l'on voit comment il en est la transformation. On peut dire que ces théorèmes sont des cas particuliers du théorème CXXIV. Cela montre l'avantage qu'il y a à substituer l'étude des déplacements de la figure de grandeur invariable formée par des sphères dont les centres sont en ligne droite à celle des déplacements de points en ligne droite, puisqu'une pareille figure conduit aux points en ligne droite lorsque les sphères mobiles ont leur rayon nul, et aux plans parallèles à une droite lorsque les rayons de ces sphères sont infinis.

Pour simplifier le langage, je propose de nommer *file de sphères* la figure de forme invariable constituée par des sphères dont les centres appartiennent à une droite.

Avant de passer à un autre exemple relatif à une file de sphères, remarquons que l'on peut aussi faire différentes hypothèses sur les rayons des sphères fixes qui entrent dans l'énoncé du théorème CXXIV. On arrive ainsi à ces théorèmes:

Théorème CXXV. — *Un prisme de grandeur invariable se déplace de façon que trois de ses faces latérales passent respectivement par trois points d'une droite fixe* O; *une autre face latérale du prisme reste tangente à une sphère dont le centre est un point de* O.

Théorème CXXVI. — *Si l'on déplace une file de sphères de façon que trois de ces sphères restent respectivement tangentes à trois plans fixes parallèles à une droite, chacune des autres sphères mobiles reste tangente à deux plans parallèles à cette droite.*

THÉORÈME CXXVII. — *Une droite se déplace de façon que trois de ses points restent respectivement sur des plans fixes parallèles à une droite. Un point quelconque de la droite mobile décrit un plan parallèle à la droite fixe.*

Appliquons encore notre mode de transformation au théorème suivant que j'ai démontré page 255 :

Les centres de courbure principaux des surfaces trajectoires des points d'une droite mobile sont sur une courbe gauche du sixième ordre.

Remplaçons la droite mobile par une file de sphères. Pendant le déplacement, ces sphères restent tangentes à des surfaces respectivement parallèles aux surfaces trajectoires de leurs centres. On peut donc dire :

THÉORÈME CXXVIII. — *Les centres de courbure principaux des surfaces auxquelles restent tangentes les sphères d'une file de sphères qui est mobile sont sur une courbe gauche du sixième ordre.*

Si la droite des centres des sphères mobiles est rejetée à l'infini, on arrive à un théorème dont j'énonce seulement ce cas particulier :

THÉORÈME CXXIX. — *Les surfaces auxquelles les plans d'un faisceau de grandeur invariable restent tangents pendant les déplacements de ce faisceau ont leurs centres de courbure principaux sur une courbe gauche du sixième ordre.*

Ce théorème, tout à fait analogue au théorème d'où je suis parti, en est, comme on le voit, la transformation.

Je vais maintenant parler du cas où les points de la droite mobile décrivent seulement des lignes trajectoires.

La marche à suivre est toujours la même. On remplace d'abord la droite mobile par une *file de sphères*, puis on suppose que la droite des centres de ces sphères est rejetée à l'infini, afin de transformer ces surfaces en plans.

Dans le cas actuel, chacune des sphères mobiles a une enveloppe qui est une *surface-canal*. La caractéristique de cette enveloppe est le grand cercle d'intersection de la sphère mobile et du plan mené du centre de cette surface normalement à la trajectoire de ce point.

Cette caractéristique, prise dans ses différentes positions, forme un premier système de lignes de courbure de la surface-canal. Le deuxième système de lignes de courbure est formé par l'ensemble des trajectoires orthogonales des caractéristiques.

Pour un point d'une caractéristique, l'un des centres de courbure principaux de la surface-canal est le centre de courbure de cette caractéristique.

· L'autre centre de courbure principal est sur la droite d'intersection du plan de cette caractéristique et du plan de la caractéristique infiniment voisine de celle-ci.

Cette droite d'intersection, qui est un lieu de centres de courbure principaux de la surface-canal, je la désignerai sous le nom d'*axe de courbure* de cette surface par analogie avec ce que j'ai fait pour une courbe gauche.

Cet axe de courbure est une génératrice de la surface développable enveloppe des plans des caractéristiques. Il touche l'arête de rebroussement de cette surface en un point qui est le centre des sphères osculatrices des lignes de courbure du deuxième système de la surface-canal pour les points de rencontre de ces lignes et de la caractéristique dont le plan contient cet axe de courbure.

Ceci posé, je passe à quelques transformations.

Prenons comme exemple ce théorème :

Les plans normaux aux trajectoires des points d'une droite se coupent suivant une droite.

Remplaçant la droite mobile par une file de sphères, on obtient :

THÉORÈME CXXX. — *Les plans des caractéristiques, suivant lesquelles les sphères d'une file de sphères mobiles touchent les surfaces-canaux qui sont leurs enveloppes, passent par une même droite.*

Rejetant à l'infini la droite des centres des sphères mobiles, ces surfaces deviennent des plans parallèles à une droite, auxquels on peut appliquer le théorème précédent.

On peut prendre simplement un faisceau de plans de grandeur invariable et dire :

Les plans normaux aux plans d'un faisceau mobile de grandeur invariable qui, pour une position du faisceau, sont menés respectivement par les caractéristiques de ces plans, se coupent suivant une droite.

Ce théorème, déjà trouvé page 105, est ici, comme on le voit, le résultat de la transformation.

Voici maintenant un autre exemple, dans lequel j'emploie l'*axe de courbure* d'une surface-canal pour effectuer la transformation.

Les axes de courbure des trajectoires des points d'une droite mobile appartiennent à un hyperboloïde (HAAG).

Remplaçant la droite mobile par une file de sphères, il vient :

THÉORÈME CXXXI. — *Les axes de courbure des surfaces-canaux, enveloppes des sphères d'une file de sphères mobiles, appartiennent à un hyperboloïde.*

On déduit de là, comme précédemment :

THÉORÈME CXXXII. — *Les axes de courbure des surfaces développables, enveloppes des plans d'un faisceau mobile de grandeur invariable, appartiennent à un hyperboloïde,* théorème qui est le transformé du théorème de M. Haag.

Ce que j'ai dit relativement aux sphères osculatrices des lignes de courbure d'une surface-canal va me permettre de transformer ce théorème :

Les centres des sphères osculatrices des trajectoires des points d'une droite mobile sont sur une cubique gauche (HAAG).

Introduisant une file de sphères, on est conduit à ce théorème :

THÉORÈME CXXXIII. — *Les centres des sphères osculatrices des lignes de courbure des surfaces-canaux, enveloppes des sphères d'une file de sphères mobiles correspondant aux points où ces lignes rencontrent les caractéristiques des surfaces-canaux, sont sur une cubique gauche.*

Comme précédemment, ce théorème donne le suivant :

THÉORÈME CXXXIV. — *Les centres des sphères osculatrices des lignes de courbure des surfaces développables, enveloppes des plans d'un faisceau mobile de grandeur invariable, et correspondants aux points où ces plans rencontrent les caractéristiques de ces développables, sont sur une cubique gauche.*

Ces théorèmes généraux, auxquels, comme on vient de le voir, conduit mon mode de transformation, donnent lieu aussi à des résultats dignes d'être signalés lorsqu'on particularise les conditions de déplacement de la figure mobile.

Un mode de transformation peut s'appliquer, soit à des propriétés, soit à des constructions, soit à des formules. J'ai montré comment on peut transformer les propriétés des trajectoires des points d'une droite; je vais montrer, maintenant, l'application de mon mode de transformation à la transformation d'une construction. Il est sans doute inutile de dire que l'on n'avait pas donné de mode de transformation applicable aux constructions de la Géométrie cinématique, pas plus qu'on n'en avait donné pour la transformation des propriétés du genre de celles dont j'ai parlé précédemment.

Faisons d'abord remarquer, bien qu'il soit évident que si l'on donne les trajectoires de deux points d'une droite le déplacement de cette droite est bien déterminé, et que, par suite, la connaissance des éléments des deux trajectoires données doit entraîner celle des éléments analogues pour les autres trajectoires décrites, on n'avait pas encore de solution pour résoudre des problèmes de ce genre lorsqu'en 1870 j'ai fait connaître la construction importante qui permet de déterminer l'axe de courbure de la trajectoire d'un point quelconque d'une droite mobile lorsqu'on a les axes de courbure des trajectoires de deux points de cette droite.

Voici cette construction dont je vais m'occuper et que j'établirai plus loin lorsque j'étudierai les figures polyédrales mobiles de forme variable.

Une droite mobile D se déplace de façon que ses points a et b décrivent des trajectoires données (a), (b). Les plans normaux en a et b aux trajectoires de ces points se coupent suivant la droite Δ_1 conjuguée de D. Sur le plan normal en a à (a), on a la droite Δ_1 et l'axe de courbure Γ de (a). Ces deux droites se coupent en r. La droite at, perpendiculaire en t à Δ_1, rencontre Γ en i. On prend un point k tel que

$$\frac{1}{tk} = \frac{1}{ti} - \frac{1}{ta}.$$

On joint le point k au point r par la droite K, et, suivant cette droite, on mène un plan (K) perpendiculaire au plan normal en a à (a).

Pour chacun des points de D, on a un plan tel que (K) : *tous ces plans se coupent suivant une même droite* Δ_2.

Cette droite Δ_2 est déterminée par l'intersection des plans tels que (K) relatifs aux trajectoires données (a), (b). Sa projection sur le plan normal à la trajectoire d'un point quelconque de D permet, par une construction inverse de la précédente, de déterminer l'axe de courbure relatif à ce point.

Telle est la construction à transformer.

Remplaçons D par une file de sphères, et supposons tout de suite que D soit rejeté à l'infini. On obtient *un dièdre mobile de grandeur invariable, dont les faces touchent respectivement deux surfaces développables données. Pour une position de ce dièdre, on connaît les axes de courbure des deux surfaces développables; il s'agit de déterminer l'axe de courbure de l'enveloppe d'un plan* (P), *entraîné avec le dièdre, et qui est parallèle à l'arête* G *de ce dièdre.*

On a

$$tk = rt \tan(\Delta_1, k), \qquad ti = rt \tan(\Delta_1, \Gamma), \qquad ta = rt \tan(\Delta_1, ra).$$

Portant ces valeurs dans la relation précédente, elle devient

$$\frac{1}{\tang(\Delta_1, K)} = \frac{1}{\tang(\Delta_1, \Gamma)} - \frac{1}{\tang(\Delta_1, ra)},$$

La droite Δ_1 est, dans le cas actuel, l'adjointe L_1 au plan perpendiculaire à G, la droite Γ est l'axe de courbure de la surface développable enveloppe du plan qui provient de la sphère de centre a, la droite ra, que je désigne par H, est perpendiculaire à ce plan; la dernière relation peut donc s'écrire

$$\frac{1}{\tang(L_1, K)} = \frac{1}{\tang(L_1, \Gamma)} - \frac{1}{\tang(L_1, H)}.$$

Cette relation permet de construire une droite K, et, par suite, comme précédemment, un plan (K). L'intersection des plans tels que (K), relatifs aux deux surfaces développables données, est la droite L_2, qui remplace Δ_2. La projection de L_2 sur le plan mené normalement à (P), suivant la caractéristique de ce plan, permet, par une construction inverse de celle qui a donné L_2, d'obtenir l'axe de courbure de la développable enveloppe de (P).

Notre construction est donc transformée. On a retrouvé ainsi la construction que j'avais fait connaître dans les *Comptes rendus*, en 1870, et à laquelle j'étais arrivé directement.

Passons à la transformation d'une formule.

Conservons les notations précédentes. Appelons D' la nouvelle position de D après son déplacement infiniment petit et Δ'_1 la conjuguée de D'. On a la formule suivante, que je démontrerai plus loin,

$$\frac{\widehat{(D, D')}}{\widehat{(\Delta_1, \Delta'_1)}} = \frac{\sin(D, \Delta_1)}{\tang(\Delta_1, \Delta_2)}.$$

Pour transformer cette formule, substituons toujours une file de sphères à la droite D, et arrivons tout de suite à un faisceau de plans de grandeur invariable dont l'arête est G. Appelons G' la position infiniment voisine de G, après un déplacement infiniment petit du faisceau, et L'_1 l'adjointe au plan perpendiculaire à G'.

L_1 est la conjuguée de D, qui est maintenant à l'infini sur un plan perpendiculaire à G. La droite de ce plan, qui rencontre L_1 et lui est perpendiculaire, est aussi perpendiculaire à D; par suite, l'angle de L_1 et de D est égal à l'angle de L_1 et de (P).

Appliquant alors les formules de la page 117, on a

$$\widehat{(D, D')} = \tang(D, L_1)\,\widehat{(G, G')}.$$

Portant cette valeur dans la formule précédente et remplaçant Δ_1 par L_1 et Δ_2 par L_2, elle devient

$$\frac{\widehat{(G, G')}}{\widehat{(L_1, L_1')}} = \frac{\cos(D, L_1)}{\tang(L_1, L_2)};$$

comme D et G font avec L_1 des angles complémentaires, on arrive en définitive à

$$\frac{\widehat{(G, G')}}{\widehat{(L_1, L_1')}} = \frac{\sin(G, L_1)}{\tang(L_1, L_2)},$$

formule complètement analogue à celle d'où nous sommes parti. Cette analogie entre le point de départ et le point d'arrivée n'est pas un fait isolé, car on peut remarquer qu'elle existe pour tous les résultats obtenus par notre transformation.

Il n'est donc pas étonnant que j'aie pu autrefois signaler des analogies dignes d'être remarquées, entre les propriétés relatives au déplacement d'une droite et celles qui concernent un faisceau mobile de grandeur invariable, bien avant d'avoir trouvé un mode de transformation applicable en Géométrie cinématique.

Dans la première édition de son *Traité de Géométrie supérieure*, parue en 1852, Chasles a dit (p. 436), à propos d'une propriété des coniques obtenue par la méthode des figures corrélatives appliquée à un théorème sur le cercle : « Assurément, le théorème sur le cercle et sa démonstration tout intuitive ne donnent aucune ouverture sur la manière dont cette propriété des coniques se pourra démontrer directement. »

Contrairement à cette idée, j'ai montré en 1857 (¹) qu'on pouvait effectuer la transformation d'une démonstration géométrique ou analytique d'un théorème pour obtenir la démonstration directe de ce théorème transformé.

Chasles adopta complètement ma manière de voir et, dans la deuxième édition de son Livre (p. 402), modifia dans ce sens le passage précédemment cité.

Je vais effectuer une transformation de démonstration à propos du mode de

---

(¹) *Voir* ma Brochure sur la *Transformation des propriétés métriques des figures à l'aide de la théorie des polaires réciproques.*

transformation en *Géométrie cinématique* que je viens d'exposer. J'appellerai ainsi à nouveau l'attention sur la transformation de démonstration.

Rappelons d'abord la démonstration d'un théorème que je vais prendre comme exemple et ensuite je la transformerai. On sait que :

Les plans normaux aux trajectoires des points d'une droite se coupent suivant une même droite.

Ces plans normaux constituent un faisceau. Après un déplacement infiniment petit de la droite mobile, on a un deuxième faisceau analogue à celui-ci et qui lui est homographique. Après un nouveau déplacement infiniment petit, on a un troisième faisceau homographique aux premiers. Les plans correspondants de ces trois faisceaux se coupent en des points qui appartiennent à une cubique gauche. Ces points sont les centres des sphères osculatrices des trajectoires des points de la droite mobile; donc, ainsi que nous l'avons déjà vu :

Les centres des sphères osculatrices des trajectoires des points d'une droite mobile sont sur une cubique gauche.

Un plan arbitraire coupe cette courbe en trois points et, s'il la rencontre en plus de trois points, il en contient une infinité. Cette circonstance se présente constamment lorsque quatre points d'une droite mobile restent sur quatre sphères fixes dont les centres sont sur un même plan. Le centre de la sphère osculatrice de la trajectoire d'un point quelconque de cette droite mobile doit alors être toujours sur ce plan, et comme le lieu des centres des sphères osculatrices relatives aux points d'une courbe ne peut être une courbe plane, nous devons conclure que ce centre est fixe, ou situé sur une droite, pendant le déplacement; donc :

Lorsque quatre points d'une droite mobile restent sur des sphères fixes dont les centres sont dans un même plan, un point quelconque de la droite décrit une ligne qui appartient à une sphère dont le centre est sur le plan des centres de quatre sphères fixes (¹).

(¹) J'ai dit que *le lieu des centres des sphères osculatrices d'une courbe ne peut être plan*. En effet, ce lieu est l'arête de rebroussement de la surface enveloppe des plans normaux à cette courbe. Ces plans normaux sont les plans osculateurs de cette arête de rebroussement et seraient alors réduits à un seul plan si cette arête était une ligne plane.

Faisons remarquer aussi que si ce lieu était une droite, comme tous les plans normaux passent par cette droite la courbe serait une circonférence de cercle, c'est-à-dire aussi une ligne sphérique.

On peut ajouter que *les centres des sphères qui contiennent les lignes décrites appartiennent à une conique*, comme je l'ai déjà fait voir page 180.

Faisant usage du mode de transformation qui consiste à remplacer d'abord la droite mobile par une file de sphères, je vais transformer la démonstration que je viens de rappeler.

En transformant le théorème qui sert de point de départ, on obtient le théorème suivant, dont on connaît la démonstration directe :

Les plans normaux aux plans d'un faisceau mobile de grandeur invariable menés, pour une position du faisceau, respectivement par les caractéristiques de ces plans, se coupent suivant une même droite.

Nous pouvons dire maintenant, en suivant pas à pas la démonstration précédente :

Ces plans normaux constituent un faisceau. Après un déplacement infiniment petit de la figure mobile, on a un deuxième faisceau, analogue à celui-ci et qui lui est homographique. Après un nouveau déplacement infiniment petit, on a un troisième faisceau homographique aux premiers.

Les plans correspondants de ces trois faisceaux se coupent en des points qui appartiennent à une cubique gauche. Ces points sont les centres des sphères osculatrices des lignes de courbure des surfaces enveloppes des plans du faisceau mobile ; donc :

Les centres des sphères osculatrices des lignes de courbure des surfaces enveloppes des plans d'un faisceau mobile de grandeur invariable, correspondant aux points où ces lignes rencontrent les caractéristiques de ces développables, sont sur une cubique gauche.

Un plan arbitraire coupe cette courbe en trois points, et s'il la rencontre en plus de trois points il en contient une infinité. Cette circonstance se présente constamment lorsque quatre plans du faisceau mobile restent tangents à quatre sphères fixes dont les centres sont sur un même plan. Le centre de la sphère osculatrice d'une quelconque des lignes de courbure de la surface enveloppe d'un plan quelconque du faisceau mobile doit alors être toujours sur ce plan, et comme le lieu des centres des sphères osculatrices relatives aux points d'une courbe ne peut être une courbe plane, nous devons conclure que ce centre est fixe ou situé sur une droite pendant le déplacement ; par suite :

Lorsque quatre plans d'un faisceau mobile touchent respectivement quatre sphères fixes dont les centres sont dans un même plan, un plan quelconque du faisceau reste tangent à une sphère dont le centre est un point du plan des centres des sphères fixes ([1]).

On voit bien que ces théorèmes sont liés entre eux par des raisonnements tout à fait analogues à ceux qui lient les théorèmes dont ils sont les transformés.

Faisons remarquer que la simplicité de la démonstration ainsi obtenue est due à l'emploi des lignes de courbure des surfaces enveloppes des plans du faisceau mobile.

Dans la recherche d'une démonstration directe du dernier théorème, on n'aurait peut-être pas songé à faire usage de ces lignes de courbure que la transformation de démonstration a introduites si naturellement.

L'emploi systématique de la transformation de démonstration pourra conduire ainsi, dans bien des cas, à des démonstrations simples, et souvent inattendues.

DÉPLACEMENT D'UNE FIGURE DE FORME INVARIABLE DONT TOUS LES PLANS PASSENT PAR DES POINTS FIXES.

Le problème que je vais résoudre est le suivant :

Trouver directement les conditions de déplacement d'une figure de grandeur invariable, conditions telles que tous les plans de l'espace, en nombre infini, liés à cette figure et entraînés avec elle, passent par des points fixes.

Au premier abord un pareil déplacement paraît impossible. L'étude *directe* n'en a pas été faite et, à ma connaissance, je ne puis citer sur ce sujet qu'une remarque due à M. Darboux ([2]).

Après en avoir rappelé la démonstration, je commencerai l'étude directe du déplacement dont il s'agit en démontrant cette importante proposition :

Les cônes de révolution enveloppés par les plans de la figure mobile ont leurs axes parallèles.

Je crois nécessaire de développer avec détails la démonstration de cette pro-

---

([1]) On peut encore ajouter ici que *les sphères auxquelles les plans du faisceau mobile sont tangents ont leurs centres sur une conique*, ainsi que je l'ai fait voir page 212.

([2]) *Comptes rendus de l'Académie des Sciences*, séance du 17 janvier 1881.

riété, fondamentale ici, parce que, par ses conséquences, elle conduit immédiatement à la solution du problème que nous avons en vue.

Rappelons d'abord la démonstration de la remarque de M. Darboux.

Prenons deux plans parallèles faisant partie de la figure mobile. Chacun d'eux passe par un point fixe, mais l'un restant à une distance constante de l'autre est à une distance constante du point par lequel passe ce dernier plan : il est donc tangent à une sphère qui a ce point fixe pour centre.

Un plan qui passe par un point fixe et qui est tangent à une sphère, enveloppe un cône de révolution; donc :

Si l'on suppose que l'on puisse déplacer une figure de forme invariable de façon que tous ses plans passent par des points fixes, ces plans enveloppent des cônes de révolution.

J'arrive maintenant à la démonstration de la proposition énoncée plus haut. Prenons un faisceau de plans de la figure mobile et appliquons ce théorème, démontré page 216 et que nous venons de retrouver par transformation : les axes de courbure des surfaces enveloppées par les plans d'un faisceau mobile de grandeur invariable sont les génératrices d'un hyperboloïde appartenant au même système.

Comme ici les surfaces enveloppes des plans mobiles sont simplement des cônes de révolution et que l'axe de courbure d'un cône n'est autre que son axe de révolution, on peut déjà dire que : les axes des cônes de révolution enveloppes des plans d'un faisceau de grandeur invariable sont les génératrices d'un même système d'un hyperboloïde.

Nous savons que, pour une position du faisceau, les plans normaux à ces cônes, menés respectivement par les génératrices de contact, se coupent suivant une même droite parallèle à l'axe de déplacement de la figure mobile. Comme ces plans normaux sont des plans méridiens, la parallèle à l'axe du déplacement, qui est leur droite d'intersection, rencontre alors les axes de révolution des cônes. Cette parallèle est, par suite, une génératrice de l'hyperboloïde formé par les axes de ces cônes.

Les génératrices du cône directeur de cet hyperboloïde sont donc à la fois parallèles aux axes des cônes enveloppés et parallèles aux axes des déplacements successifs de la figure mobile. Un autre faisceau de plans entraîné dans le déplacement donne lieu de même à des cônes de révolution. Les axes de ces cônes sont parallèles aux génératrices du cône directeur précédent, puisque celui-ci a ses génératrices parallèles aux axes de déplacement et que ces axes sont les mêmes pour deux faisceaux entraînés simultanément. On voit ainsi tout de suite que les axes des cônes de révolution enveloppes des plans de deux faisceaux sont parallèles deux à deux.

Prenons maintenant un dièdre formé par deux plans (A), (B) qui enveloppent des cônes dont les axes sont parallèles. Lions ce dièdre à un plan (H) perpendiculaire à ces axes; on peut le déplacer de façon que (H) glisse sur lui-même, tandis que les faces (A), (B) restent tangentes aux cônes qu'elles enveloppent; un plan quelconque (C), entraîné avec le dièdre mobile, fait alors constamment le même angle avec (H).

Si l'on prend le dièdre dans l'une quelconque de ses positions, on peut le faire glisser sur lui-même dans la direction de son arête sans changer cette position et le plan arbitraire (C) entraîné, qui est transporté parallèlement à lui-même, peut être assujetti à passer par un point fixe. Pendant le déplacement du dièdre, ce plan (C), faisant toujours le même angle avec (H) et étant assujetti à passer par le même point, enveloppe alors aussi un cône de révolution.

Nous avons ainsi démontré cette proposition, sur l'importance de laquelle j'ai insisté précédemment.

Si l'on suppose que tous les plans d'une figure mobile de grandeur invariable passent par des points fixes, leurs enveloppes sont des cônes de révolution dont les axes sont parallèles.

Comme conséquence, on voit tout de suite que si le plan entraîné est parallèle à la direction des axes des cônes, il enveloppe un cylindre de révolution. Et si l'on entraîne en même temps le plan qui lui est parallèle et qui passe par l'axe de ce cylindre, ce plan a simplement cette droite pour enveloppe, c'est-à-dire qu'il passe constamment par la même droite.

On peut répéter ceci pour un autre plan parallèle aux axes des cônes enveloppés et l'on obtient un nouveau plan qui passe aussi par une droite fixe.

Ces deux plans forment un dièdre qui reste de grandeur invariable pendant le déplacement, et dont l'arête est parallèle aux axes des cônes. Nous savons qu'un plan arbitraire mené par l'arête du dièdre, et entraîné, passe constamment par une droite fixe et que cette droite est une génératrice du cylindre de révolution qui, passant par l'arête du dièdre, contient les deux droites fixes par lesquelles passent les faces de ce dièdre (p. 7).

De tout cela résulte que :

Si une figure de grandeur invariable peut se déplacer de façon que tous ses plans passent par des points fixes, il existe une infinité de plans de cette figure, formant un faisceau, et qui passent respectivement par des droites fixes. *Toutes ces droites sont les génératrices d'un cylindre de révolution.*

Et encore :

Le déplacement de cette même figure peut être obtenu en l'entraînant avec un trièdre mobile dont deux faces passent constamment par deux droites fixes parallèles, tandis que la troisième face passe toujours par un même point.

Appelons toujours (H) un plan perpendiculaire aux deux droites fixes parallèles par lesquelles passent deux des faces du trièdre mobile. Les traces de ces faces sur (H) sont des droites qui comprennent un angle qui reste de grandeur invariable pendant le déplacement et dont les côtés passent respectivement par un point fixe.

Sur le plan (H) le déplacement de cet angle peut être obtenu (p. 13) en le liant à une circonférence mobile qui roule sur une circonférence fixe, située dans son intérieur, et dont le rayon est moitié du sien.

D'après cela, on peut dire :

Si une figure mobile de grandeur invariable peut se déplacer de façon que tous ses plans passent par des points fixes, on obtient son déplacement en la liant à un cylindre de révolution mobile (C) *qui roule sur un cylindre fixe* $\left(\dfrac{C}{2}\right)$, *situé dans son intérieur, dont le rayon de section droite est moitié du rayon de section droite de* (C), *et qui glisse dans la direction de son axe de façon qu'un plan lié au cylindre mobile passe par un point fixe.*

Jusqu'à présent nous n'avons pas démontré que le déplacement dont nous nous occupons est possible. Pour faire voir sa possibilité, il suffirait de prendre l'une ou l'autre des conditions de déplacement déjà trouvées pour la figure mobile et de démontrer qu'alors un plan quelconque entraîné passe par un point fixe.

Mais, au lieu d'opérer ainsi, je vais prendre des conditions de déplacement plus générales et établir la proposition suivante :

THÉORÈME CXXXV. — *Un trièdre de grandeur invariable se déplace de façon que deux de ses faces* (A), (B) *restent tangentes à des cônes de révolution dont les axes sont parallèles et que la troisième face* (C) *passe par un point fixe; un plan quelconque entraîné avec ce trièdre mobile passe toujours par un point fixe et enveloppe un cône de révolution dont l'axe est parallèle aux axes des cônes donnés.*

Plaçons verticalement les axes des cônes de révolution enveloppés par les

faces (A), (B) du trièdre mobile, et prenons pour plan de la *fig.* 124 le plan
horizontal (H).

Fig. 124.

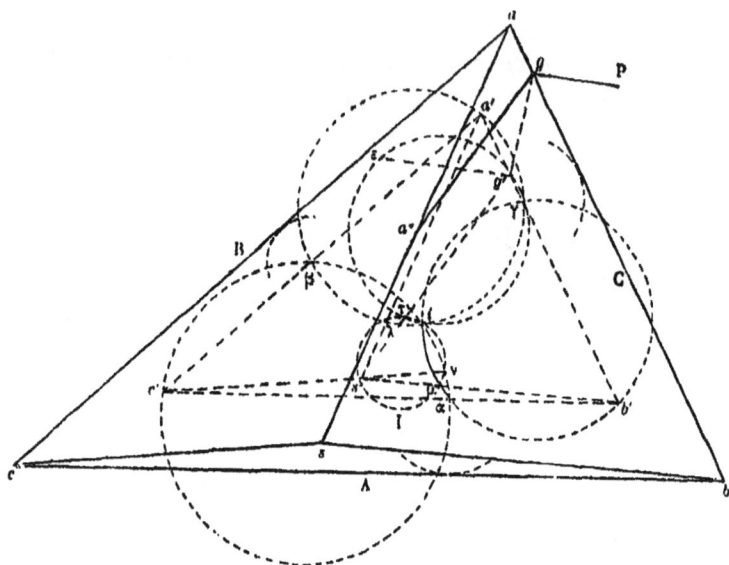

La face (C), ainsi que nous venons de le voir, fait toujours le même angle
avec (H), et, comme cette face passe par un point fixe, elle enveloppe aussi un
cône de révolution dont l'axe est vertical.

Soient *a*, *b*, *c* les traces sur (H) des arêtes du trièdre, A, B, C les traces des
faces de ce trièdre, et α, β, γ les centres des circonférences traces des cônes enveloppés.

Pendant le déplacement du trièdre, ses arêtes font toujours les mêmes angles
avec (H) et avec A, B, C; par suite, les projections *as*, *bs*, *cs* de ces arêtes font,
avec A, B, C, des angles qui restent de grandeur invariable. Les parallèles à
A, B, C menées des points α, β, γ déterminent le triangle *a'b'c'*, dont les angles
sont alors constants.

*Les points a', b', c' appartiennent alors chacun à une circonférence de cercle; les
trois circonférences ainsi obtenues, qui se coupent deux à deux en α, β, γ, passent,
comme il est facile de le voir, par un même point i.*

Le triangle *a'b'c'* est semblable au triangle *abc*, et, si l'on mène de ses som
mets des parallèles aux droites *as*, *bs*, *cs*, elles passent par un même point *s'*,
qui est l'homologue du point *s*.

Puisque *as* fait avec B et C des angles constants, la parallèle *a's'* à cette droite

M.

fait avec $a'\beta$, $a'\gamma$ des angles constants; donc : *a's' passe toujours par le même point λ, où elle rencontre la circonférence $\beta a'\gamma$*; de même *on a μ et ν pour les droites b's', c's'*.

D'après ce que nous avons démontré page 7, *le point λ est le centre de la circonférence enveloppée par as, de même μ et ν sont les centres des circonférences enveloppées par bs, cs*.

Les droites $a's'$, $b's'$, $c's'$, qui passent par les points fixes λ, μ, ν, comprennent entre elles des angles constants; donc

Le point s' appartient nécessairement à la circonférence $\lambda\mu\nu$.

Du reste, en prenant le triangle $s'a'b'$ et les circonférences $\lambda\gamma a'$, $a\gamma b'$, qui se coupent en i, on voit d'abord que

Les points s', λ, i, μ sont sur une même circonférence.

Puis si l'on prend le triangle $a's'c'$, on voit que ν *est sur cette même circonférence.*

Cette circonférence, qui contient les points λ, μ, ν, i, s', nous l'appellerons I. On peut dire que

Les points homologues au point s', par rapport aux triangles semblables à a'b'c', dont les côtés passent toujours par les mêmes points α, β, γ, sont sur la circonférence I.

Considérons maintenant un plan arbitraire (P) lié invariablement au trièdre mobile. Il détermine avec ce trièdre un tétraèdre de grandeur invariable. Pendant le déplacement, le plan (P), d'après ce qui a été démontré, fait toujours le même angle avec (H). Il en est de même de chacune des droites d'intersection de (P) et des faces du trièdre; par suite,

Le tétraèdre mobile se projette sur (H) suivant une figure de grandeur invariable.

Soit $a''g$ la projection de la droite d'intersection de (P) et de (C). Puisque la figure formée par $a''g$, *as*. *bs* est de grandeur invariable et que ces deux dernières droites enveloppent des circonférences.

La droite a''g enveloppe aussi une circonférence de cercle et le centre de cette circonférence est le point τ, où la parallèle menée de s' à a''g rencontre la circonférence I (p. 7).

La droite $s'\tau$, qui est parallèle à $a''g$, fait toujours le même angle avec $a'b'$; le point de rencontre g' de ces deux droites appartient alors constamment à la circonférence $\tau g' \gamma$. Les distances de g à $s'g'$ et à $\gamma g'$, étant égales aux rayons des circonférences enveloppées par $a''g$ et C, sont constantes; par suite,

Le segment gg' est de grandeur invariable ainsi que les angles qu'il fait avec $s'g'$ et $\gamma g'$.

Désignons par P la trace du plan (P) sur (H). La droite P fait avec C un angle constant, la parallèle $g'\varepsilon$ à P rencontre alors la circonférence $\tau g'\gamma$ en un point ε qui est fixe. Comme le segment gg' de grandeur constante fait toujours le même angle avec C et par suite avec $g'\varepsilon$, la distance du point g à cette dernière droite est constante; donc :

La droite P enveloppe une circonférence de cercle dont le centre est ε.

Le plan (P), dont la trace sur (H) enveloppe une circonférence de cercle, faisant un angle constant avec ce plan, a donc pour enveloppe un cône de révolution dont le sommet est projeté en ε. La proposition est donc démontrée. Nous allons en modifier l'énoncé.

Pour obliger une face du trièdre à envelopper un cône de révolution, il suffit de l'assujettir à passer par un point fixe et, en même temps, à assujettir un plan qui lui est parallèle à passer par un point fixe, la droite qui joint ces deux points étant l'axe du cône enveloppe. De même pour l'autre face. On peut donc dire :

THÉORÈME CXXXVI. — (A), (A'), (B), (B'), (C) *étant les faces d'un parallélépipède, on prend respectivement un point sur chacune de ces faces, de façon que la droite qui joint les points situés sur les faces parallèles (A), (A') soit parallèle à la droite analogue pour (B), (B'). Le parallélépipède restant de grandeur invariable, si on le déplace de façon que ses faces passent toujours par les points qu'elles contiennent et qui sont fixes, tout plan entraîné avec le parallélépipède passera par un point fixe.*

Remarques. — Une droite quelconque entraînée se projette suivant une droite qui détermine avec sa, sb un triangle de grandeur invariable; cette projection enveloppe alors une circonférence dont le centre est un point de I; donc :

Toutes les droites entraînées avec le trièdre mobile restent tangentes à des cylindres de révolution dont les axes sont des génératrices du cylindre (I), qui a I pour section droite.

Parmi toutes ces droites, celles qui s'appuient sur la verticale qui contient s'

ne cessent pas de rencontrer respectivement les mêmes génératrices du cylindre (I).

Quel que soit le plan mené par $a''g$ et entraîné avec la figure mobile, il enveloppe un cône de révolution dont l'axe est une verticale qui rencontre la circonférence $\tau g'\gamma$; de là résulte que :

Les axes des cônes de révolution, enveloppes des plans d'un faisceau entraîné avec le trièdre mobile, appartiennent à un cylindre de révolution.

Ainsi, dans les circonstances actuelles du déplacement de la figure, l'hyperboloïde relatif à un faisceau de plans mobiles, dont nous avons parlé page 390, se réduit à un cylindre de révolution.

On voit facilement que :

Les sommets de ces cônes sont sur une cubique gauche.

Ce qui concerne le déplacement plan permet aussi de dire :

Les trajectoires de tous les points entraînés avec le trièdre mobile se projettent sur (H), suivant des conchoïdes de cercle ou suivant des formes particulières de ces courbes.

PROBLÈME I. — *Un point étant donné sur (H), trouver un plan dont le cône enveloppe a pour axe la verticale qui passe par ce point.*

Pour le plan (P), dont la trace est P, nous avons trouvé que l'axe du cône enveloppé se projette en ε sur la circonférence $\tau g'\gamma$. Faisons d'abord remarquer, en considérant le triangle $a's'g'$ et les circonférences qui passent par ses sommets, que cette circonférence $\tau g'\gamma$ passe aussi par le point i.

Si nous supposons maintenant que ε soit le point donné, il suffit d'après cela de faire passer une circonférence par les points γ, ε, i pour avoir la circonférence $\tau g'\gamma$. La droite, qui joint le point ε au point de rencontre g' de cette circonférence et de $a'b'$, donne la direction de la trace P demandée.

Du point g, où P coupe C, menons ga'' parallèlement à $g's'$: la droite P et la droite de la face (C) projetée suivant $a''g$ déterminent un plan qui répond à la question posée.

PROBLÈME II. — *Déterminer directement le lieu des axes de déplacement du trièdre mobile.*

Conservons toujours les mêmes notations.

Les plans normaux aux cônes enveloppes de (B) et de (C), menés par les

génératrices de contact de ces plans, se coupent suivant une verticale L projetée (*fig.* 125) au point *l*, qui est à la rencontre des perpendiculaires élevées

Fig. 125.

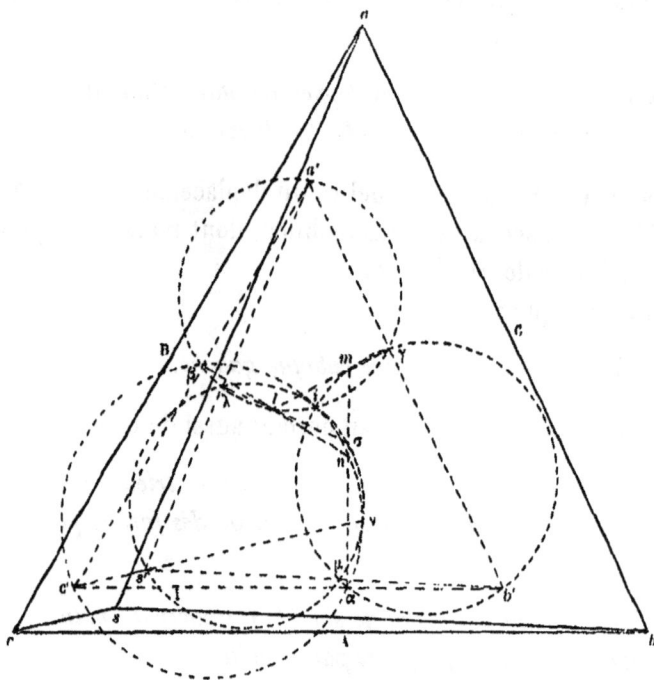

respectivement à B et C des points β et γ. Cette verticale L est l'adjointe au plan
perpendiculaire à l'arête du trièdre projeté en *as*. Par suite, la perpendiculaire
commune à L et à cette arête rencontre à angle droit l'axe de déplacement demandé. Cette perpendiculaire commune se projette sur (H) suivant la perpendiculaire abaissée de *l* sur *as*.

On peut répéter ce que nous venons de dire, en prenant deux à deux les faces
du trièdre; on obtient ainsi les perpendiculaires abaissées de *m* et de *n* sur *bs*
et *cs*. Ces trois droites doivent alors se couper en un même point qui est sur (H)
le pied de l'axe demandé.

Du reste, elles se coupent au même point parce que, en opérant ainsi, on
construit par rapport au triangle *lmn*, semblable à *a'b'c'*, l'homologue de *s'*.

On peut dire aussi : la perpendiculaire abaissée de *l* sur *a's'* passant par λ,
qui est un point de I, rencontre alors cette circonférence au point σ, diamétralement opposé à *s'*. Répétant la même chose pour *m* et *n*, on voit bien ainsi que
les perpendiculaires abaissées respectivement de *l*, *m*, *n* sur *a's'*, *b's'*, *c's'* se
coupent au même point σ; on voit, en outre, quelle est la position de ce point.

On peut dire alors :

*L'axe du déplacement est une verticale qui passe toujours par le point de la cir-
conférence I, diamétralement opposé à s' ; le lieu de ces axes est le cylindre droit qui
a pour base I.*

Nous retrouvons ainsi le cylindre (I) auquel nous étions déjà arrivé.

Le problème que nous nous étions proposé est donc *directement* résolu.

Supposons maintenant que les données, d'abord fixes, du déplacement que
nous venons d'étudier, soient rendues mobiles, par rapport à la figure de grandeur invariable devenue fixe à son tour, nous pouvons dire que, dans ces conditions, tous les points entraînés décriront des lignes planes.

Ce procédé permet de déduire du théorème CXXXV le théorème suivant :

THÉORÈME CXXXVII. — *Un triangle de grandeur invariable se déplace de façon
que ses sommets restent respectivement sur des plans fixes et qu'un plan qui lui est
lié reste parallèle à lui-même : tout point entraîné avec le triangle décrit une ligne
plane* (¹).

M. le professeur Dr Schœnflies a trouvé le cas particulier où le plan du triangle
reste parallèle à lui-même.

De même, les conditions de déplacement qui ont été trouvées pour que tous
les points d'une figure mobile de grandeur invariable décrivent des lignes
planes conduisent inversement à de nouvelles conditions de déplacement qui
répondent à la question qui vient d'être traitée. Voici un exemple :

On donne un tétraèdre fixe et une droite D. *On construit une droite* O *sur laquelle les faces du tétraèdre déterminent les plus petits segments proportionnels à
ceux qu'elles déterminent sur* D. *On déplace* D *de façon que ses points de rencontre
avec les faces du tétraèdre restent toujours sur ces faces. On entraîne avec cette
droite le plan qui la contient et qui reste constamment parallèle à* O : *tous les points
invariablement liés à ce plan mobile décrivent des lignes planes.*

De là résulte :

THÉORÈME CXXXVIII. — *On donne un tétraèdre et une droite* D *qui rencontre les
faces du tétraèdre en m, n, p, q. On construit une droite* O *sur laquelle les faces du
tétraèdre déterminent les plus petits segments proportionnels aux segments compris*

(¹) On peut ajouter que cette ligne est une ellipse (théorème LXIX).

entre m, n, p, q. On déplace le tétraèdre de façon que ses faces passent respective-
ment par les points fixes m, n, p, q et que la droite O reste parallèle à un plan fixe,
parallèle à D : tout plan lié au tétraèdre mobile passe par un point fixe.

Donc, directement d'abord, puis indirectement, j'ai résolu le problème que je m'étais posé. Nous avons ainsi prouvé qu'une figure de forme invariable peut être déplacée de façon que tous ses plans passent par des points fixes, et nous avons déterminé sous quelles conditions ce déplacement peut être effectué. La démonstration de l'existence d'un pareil déplacement ne permet plus de mettre en doute sa possibilité, mais elle ne détruit pas cependant un sentiment d'étonnement que légitime son impossibilité apparente.

SURFACE DE L'ONDE.

Premières définitions. Normale.

Comme première définition de la surface de l'onde, je prends la suivante que l'on donne dans la Théorie de la lumière.

On prend un ellipsoïde dont le centre est en o (*fig.* 126); on joint le point o à un point m de cet ellipsoïde. Dans le plan mené par om et par la normale mn

Fig. 126.

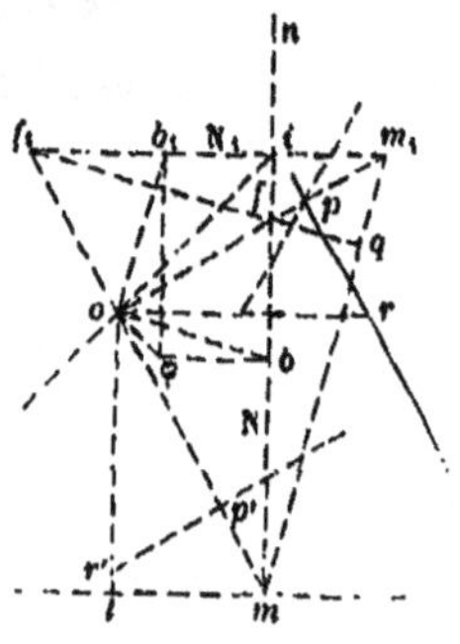

en m à l'ellipsoïde (plan que nous prenons pour plan de la figure), on élève une perpendiculaire à om, et l'on porte sur cette droite une longueur $op = \dfrac{k^2}{om}$, k étant une constante. Par le point p, on mène un plan perpendiculaire à op : ce plan est tangent à une surface qui est la surface de l'onde.

Menons par om un plan perpendiculaire au plan omn; il coupe le plan tangent en m à l'ellipsoïde suivant une droite tangente à la section qu'il détermine dans l'ellipsoïde et qui est perpendiculaire à *om*. On voit ainsi que le point *m* est un sommet de la section faite dans l'ellipsoïde par le plan diamétral mené par *om* perpendiculairement au plan de la figure; *om* est l'un des demi-axes de cette section, et la longueur *op* est inversement proportionnelle à la longueur de cet axe. On peut dire, d'après cela, que

La surface de l'onde est une surface tangente à des plans menés parallèlement aux plans diamétraux d'un ellipsoïde et à des distances de ces plans inversement proportionnelles aux axes des sections faites dans l'ellipsoïde par ces plans diamétraux.

Proposons-nous de construire le point où le plan que nous venons de mener par le point *p* touche la surface de l'onde. Puisque ce plan tangent à la surface de l'onde a été mené perpendiculairement à *op*, le point *p* est le pied de la perpendiculaire abaissée du point *o* sur ce plan, et les points tels que *p* appartiennent à la surface podaire [*p*] de la surface de l'onde relative au point *o*.

Si nous savions construire la normale à cette surface podaire [*p*], nous aurions le point de contact demandé (p. 314) sur une droite qui est menée du point *o* de façon à rencontrer la normale en *p* à [*p*] et faisant avec *op* un angle égal à l'angle que cette normale fait avec cette droite.

Cherchons la normale à la surface podaire [*p*]. Portons sur *op* une longueur om_1 égale à *om*; au point *m* de l'ellipsoïde correspond ainsi un point m_1, et l'on peut dire qu'à l'ellipsoïde correspond une surface [m_1] lieu des points tels que m_1.

On a

$$op \times om = k^2,$$

et aussi alors

$$op \times om_1 = k^2.$$

La surface podaire et la surface [m_1], ayant leurs points correspondants liés entre eux par cette dernière relation ([1]), jouissent de cette propriété :

La sphère tangente en p à [p] et qui contient m_1 est tangente en ce point à la surface [m_1].

Mais les normales en m_1 et en *p* à cette sphère sont deux droites qui se rencontrent et qui sont également inclinées sur *op*; rapprochant alors ce résultat de ce qui a été dit précédemment, on voit que la normale au point m_1 à la surface [m_1] est parallèle à la droite que nous nous proposons de trouver et qui

---

([1]) La surface [m_1] est la transformée de [*p*] par rayons vecteurs réciproques.

rencontre le plan tangent à la surface de l'onde au point de contact qu'il s'agit de construire.

Le problème est donc ramené à la construction de la normale en m_1 à $[m_1]$.

Joignons le point m_1 au point m. Le triangle mom_1 est un triangle rectangle isocèle de grandeur *variable*. Pour construire la normale à la surface sur laquelle reste le sommet m_1, nous allons profiter de ce qu'il existe des éléments de grandeur invariable dans ce triangle.

Prenons l'angle omm_1 de grandeur invariable; cherchons quel est le foyer du plan de cet angle quand on le déplace de façon que, m restant sur l'ellipsoïde, ce plan contienne toujours la normale en ce point à cette surface et qu'en outre le côté om passe constamment par le centre o.

Quand le point m se déplace sur l'ellipsoïde dans une direction arbitraire, le foyer de ce plan est sur la normale à la trajectoire du point m; donc il est un point de la normale mn à l'ellipsoïde. Comme le côté om passe toujours par le point o, le point de cette droite qui, après le déplacement infiniment petit, vient au point o, décrit un élément dans la direction même de om; la normale, dans le plan omn, à la trajectoire de ce point, est alors la perpendiculaire élevée du point o à la droite om. Cette droite rencontre mn au point f, qui est le foyer cherché.

En appliquant le théorème V, nous n'avons qu'à abaisser du point f une perpendiculaire sur le côté mm_1 pour avoir le point q où la surface engendrée par mm_1 est normale au plan omm_1.

Prenons maintenant l'angle om_1m de grandeur invariable. Le plan de cet angle coïncide toujours avec le plan de omm_1; mais ces deux angles ne sont pas soumis au même déplacement, puisque le triangle omm_1 est de grandeur variable. Cherchons le foyer relatif au déplacement du plan de l'angle om_1m. Le côté om_1 passant par le point o, le foyer cherché se trouve sur la perpendiculaire élevée du point o à la droite om_1, c'est-à-dire sur mo ou sur son prolongement. Ce foyer se trouve aussi sur la normale à la surface engendrée par m_1m, menée du point q où cette surface est normale au plan mobile. Le foyer se trouve donc au point f_1, à la rencontre de fq et de mo. La droite f_1m_1 est alors la normale à la trajectoire du point m_1, et, comme le point f_1 ne dépend pas de la direction du chemin suivi par m sur l'ellipsoïde, la droite f_1m_1 est normale à la trajectoire du point m_1 quelle que soit cette trajectoire; donc cette droite est la normale à la surface $[m_1]$, sur laquelle se déplace le point m_1.

Dans le triangle f_1mm_1, l'angle m_1om est droit, l'angle f_1qm est droit; le point f est donc le point de rencontre des hauteurs de ce triangle, et la droite f_1m_1 est perpendiculaire sur mn. On voit ainsi que, pour avoir la normale

M. 51

à la surface [m_1], il suffit d'abaisser du point m_1 une perpendiculaire sur la normale mn à l'ellipsoïde.

Comme il faut mener du point o une parallèle à cette normale pour avoir le point de contact du plan tangent à la surface de l'onde, on voit que :

La perpendiculaire abaissée du point o sur la normale mn rencontre le plan tangent à la surface de l'onde au point de contact cherché.

Du point o abaissons la perpendiculaire ot sur le plan tangent à l'ellipsoïde. Les deux triangles opr, otm sont semblables; on a

$$\frac{ot}{om} = \frac{op}{or};$$

d'où

$$ot \times or = op \times om = k^2.$$

Puisque $ot \times or$ est un produit constant, on peut faire correspondre le point r au plan tangent mt de l'ellipsoïde et dire :

Le point r de la surface de l'onde est l'extrémité du segment or parallèle à la projection de om sur le plan tangent en m à l'ellipsoïde et dont la longueur est inversement proportionnelle à la distance du point o à ce plan tangent.

Dans cette deuxième définition, les points de la surface de l'onde correspondent aux plans tangents de l'ellipsoïde, tandis que dans la première les plans tangents de la surface de l'onde correspondaient à des points de l'ellipsoïde.

De cette définition résulte facilement que :

La surface de l'onde est le lieu des extrémités des rayons vecteurs qui partent de o et qui sont inversement proportionnels aux axes des ellipses de contour apparent de l'ellipsoïde que l'on projette orthogonalement sur des plans respectivement perpendiculaires à ces rayons vecteurs.

Avec ces définitions, on se rend compte de la forme de la surface de l'onde; elle a les mêmes plans principaux que l'ellipsoïde, et l'on voit aisément que :

Sur un quelconque de ces plans principaux la trace de la surface de l'onde se compose d'un cercle et d'une conique homothétique à la conique trace de l'ellipsoïde sur ce plan principal.

Dans le plan principal perpendiculaire à l'axe moyen de l'ellipsoïde, la circonférence et la conique, traces de la surface de l'onde, se rencontrent en des points réels. Soient ac' (*fig.* 127) la conique et bb' la circonférence de cercle sur le plan des xz. Sur le plan des xy, on a une circonférence de cercle qui passe par le point *a* et dont le rayon est *oa*. Sur le plan des *zy*, la circonférence de cercle a pour rayon *oc'*. Sur le plan des *xy*, la conique a pour demi-axes *ob'* et *oc*, et sur le plan des *ys*, elle a pour axes *ob* et *oa'*.

Fig. 127.

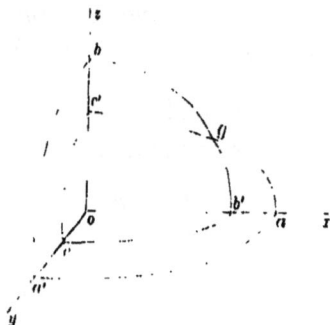

La surface de l'onde se compose de deux nappes : l'une, extérieure, qui a pour traces les arcs *ga*, *gb*, *aa'*, *ba'*; l'autre, intérieure, qui a pour traces les arcs *gb'*, *gc'*, *b'c*, *cc'*.

Points singuliers.

Aux points tels que *g*, la surface de l'onde a une infinité de plans tangents dont l'enveloppe est une surface conique. C'est pourquoi le point *g* est appelé *point conique*. Nous allons montrer qu'*en un point conique de la surface de l'onde l'enveloppe des plans tangents est une surface conique du second degré*.

Fig. 128.

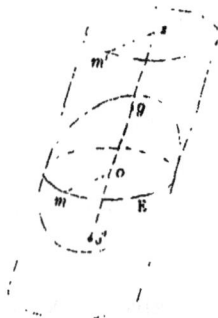

Prenons (*fig.* 128) l'ellipsoïde et l'un des cylindres de révolution qu'on peut circonscrire à cette surface. Employons la deuxième définition de la surface de l'onde, celle qui détermine par points cette surface en faisant correspondre ses points aux plans tangents de l'ellipsoïde. Puisque les distances du point o aux plans tangents de l'ellipsoïde, qui sont des plans tangents à ce cylindre de révolution, sont égales, les distances du point o aux points de la surface de l'onde qui correspondent à tous ces plans tangents sont égales. Ainsi, à tous ces plans tangents correspondent sur la surface de l'onde les deux seuls points g, g' qu'on obtient en menant du point o une parallèle aux génératrices du cylindre et en portant, à partir du point o, une longueur og ou og' égale au carré k^2 divisé par la distance du point o aux plans tangents du cylindre circonscrit.

Le point g ainsi déterminé est un point conique. Construisons le plan tangent à la surface de l'onde au point g supposé le correspondant du plan tangent en m. Menons un plan parallèle au plan de la courbe de contact E de l'ellipsoïde et du cylindre circonscrit. La trace du plan gom sur ce plan est la droite sm' parallèle à om. D'après ce qui précède, le plan tangent au point g à la surface de l'onde est parallèle au plan mené par sm' perpendiculairement à $m'os$, ou encore, le plan tangent à la surface de l'onde est perpendiculaire à la perpendiculaire abaissée du point o sur $m's$.

Lorsque m varie sur E, les plans tangents en g à la surface de l'onde sont toujours respectivement perpendiculaires aux perpendiculaires abaissées du point o sur les droites qui, partant du point s, sont tracées sur le plan parallèle au plan de E. L'ensemble de ces perpendiculaires forme un cône du second degré, et, comme ce cône est supplémentaire du cône formé par les plans tangents à la surface de l'onde, on voit que :

Les plans tangents au point g à la surface de l'onde enveloppent une surface conique du second degré.

Plans tangents singuliers.

Prenons l'ellipsoïde et l'une de ses sections circulaires C (*fig.* 129). Employons la première définition de la surface de l'onde; à un point m pris sur C correspond un plan (P) parallèle au plan de cette section circulaire, et ce plan est le même, quel que soit le point pris sur C. On a donc là un plan (P) qui est tangent à la surface de l'onde en des points qui varient lorsqu'on prend différents points sur la section circulaire de l'ellipsoïde.

Cherchons le lieu des points de contact de (P) et de la surface de l'onde. Pour avoir sur (P) le point de contact qui correspond à m, on doit abaisser du point o une perpendiculaire sur la normale en m à l'ellipsoïde et prendre la trace de cette droite sur le plan (P). Les normales à l'ellipsoïde, dont les pieds sont sur C, sont parallèles à un plan (Q) mené perpendiculairement au diamètre conjugué du plan de la circonférence C; en outre, elles rencontrent le diamètre perpendiculaire au plan de la section circulaire; ces normales sont donc parallèles à toutes les droites que l'on peut tracer sur le plan (Q) à partir du point u,

Fig. 129.

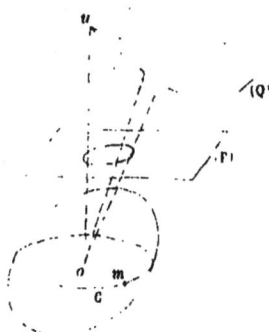

où ce diamètre perpendiculaire au plan de C rencontre (Q). Pour avoir les points de contact du plan (P), on doit donc abaisser du point o des perpendiculaires sur toutes les droites tracées sur le plan (Q) à partir du point u et prendre les traces sur (P) de ces perpendiculaires.

Mais le lieu de ces droites est une surface conique dont les sections circulaires sont, les unes parallèles au plan (Q), les autres perpendiculaires à ou; la trace de cette surface conique sur le plan tangent (P) à la surface de l'onde est alors une circonférence de cercle.

Le plan (P) est donc tangent à la surface de l'onde aux différents points d'une circonférence de cercle.

A chacune des sections circulaires diamétrales de l'ellipsoïde correspondent ainsi deux plans tangents singuliers qui touchent la surface de l'onde suivant des circonférences de cercle. Ces plans tangents singuliers sont (*fig.* 127) perpendiculaires au plan xoz, et leurs traces sur ce plan sont les tangentes communes à la conique ac' et au cercle bb'.

Les points coniques, qui sont des points singuliers de la surface de l'onde, donnent lieu à ce qu'on appelle en Optique la *réfraction conique*, et les plans tangents singuliers, tels que (P), donnent lieu au phénomène que l'on désigne sous le nom de *réfraction cylindrique*.

Autre définition et autre moyen de trouver la normale.

Du point o comme centre (*fig.* 126) décrivons une sphère de rayon k, et prenons, par rapport à cette sphère, la polaire réciproque de l'ellipsoïde [m] : on obtient un nouvel ellipsoïde (M). Cette surface est tangente au plan polaire de m, plan qui est perpendiculaire à om et qui est à une distance op' du point o égale à op. La trace de ce plan polaire sur le plan de la figure est $p'r'$; elle rencontre ot au point r', pôle du plan tangent tm. Ce point r' est le point de contact avec (M) du plan tangent $p'r'$.

En faisant dériver la surface de l'onde [r] de l'ellipsoïde (M), on a cette troisième définition :

On joint le centre de l'ellipsoïde (M) *au point* r' *de cette surface. Dans le plan mené par* or' *normalement à* (M) *en* r', *on élève à* or' *la perpendiculaire* or, *et l'on porte sur cette droite le segment* or *égal à* or' : *le lieu des points* r *est une surface de l'onde.*

Il résulte de cette troisième définition que la surface [m_1] est aussi une surface de l'onde [1].

D'après ce qui précède, on peut dire que, si l'on fait tourner le rayon vecteur om d'un angle droit autour du point o et dans le plan omn pour l'amener en om_1, on entraîne en même temps la normale N en m à l'ellipsoïde (E), cette droite vient en N_1 qui est la normale en m_1 à la surface de l'onde [m_1] que je désignerai par (S_0).

Je vais démontrer à nouveau que N_1 est la normale en m_1 à (S_0).

Traçons sur (E) à partir de m une courbe quelconque et prenons cette courbe comme directrice d'une normalie (N) à (E). En répétant la construction précédente pour les différentes génératrices de (N), on obtient les génératrices d'une surface (N_1).

Les droites N, N_1 et la bissectrice oi (*fig.* 126) de l'angle droit compris entre ces droites déterminent une figure de forme invariable. Déplaçons cette figure de façon que la droite oi passe toujours par o et que N coïncide successivement avec les génératrices de (N), alors N_1 coïncide avec les génératrices de (N_1).

---

[1] Cette génération de la surface de l'onde est due à Mac-Cullagh, qui a trouvé aussi que la normale à [m_1] en m_1 est la perpendiculaire à la normale en m_1 à l'ellipsoïde et rencontre cette droite.

Pour un déplacement infiniment petit de cette figure, son plan a pour foyer un certain point φ de la perpendiculaire élevée du point o à la droite oi. Les pieds b et b_1 des perpendiculaires abaissées de ce foyer sur N et N$_1$ sont les points pour lesquels le plan (N, N$_1$) est normal à (N) et (N$_1$). Il résulte de la construction de b et de b_1 que l'angle bob_1 est droit et que $ob_1 = ob$; par suite, on a aussi $b_1 m_1 = bm$.

Laissons ce déplacement de la figure et supposons maintenant que l'on déplace N, de façon que son pied m décrive la directrice de (N). Le point b, supposé marqué sur N, décrit alors une trajectoire normale à N, et, comme il se déplace dans le plan tangent en b à (N), plan qui est perpendiculaire au plan de la figure, il décrit un élément normal au plan de la figure.

Puisque ob_1 est égal à ob et que l'angle bob_1 est droit, le point b_1 décrit aussi un élément perpendiculaire à N$_1$. Mais, lorsque N décrit (N), bm reste de grandeur invariable; il en est alors de même de $b_1 m_1$, qui lui est égal : le point m_1 décrit alors aussi un élément normal à N$_1$. Ceci est vrai quelle que soit la directrice de (N) : donc N$_1$ est normal à tous les éléments décrits par m_1; par suite, c'est la normale à la surface $[m_1]$.

Ainsi, on obtient bien la normale N$_1$ en m_1 en faisant tourner d'un angle droit la normale N autour de o dans le plan (o, N).

On peut ainsi chercher les droites correspondantes aux génératrices d'une surface réglée quelconque. Cela constitue un mode de transformation de cette surface dont nous allons nous occuper. Mais, d'après ce qui vient d'être démontré, nous pouvons énoncer tout de suite cette propriété :

Un pinceau de normales à une surface a pour transformée un pinceau de normales.

Centres de courbure principaux et directions des lignes de courbure.

Considérons la figure de forme invariable formée par la droite oi et par N : pendant son déplacement, la droite N reste normale à (E) et la droite oi est assujettie à passer par le point fixe o.

Autrement, on peut dire que la droite N, restant tangente aux nappes de la développée de (E), le point o marqué sur oi décrit un élément dans la direction de oi. Les axes simultanés de rotation relatifs à tous les déplacements de cette figure sont alors une droite D issue de o et qui rencontre les droites de courbure de (E), issues des points où N touche les nappes de la développée de (E), et une droite Δ qui rencontre ces droites de courbure et qui est dans le plan mené en o perpendiculairement à oi.

Ces droites D, Δ sont alors déterminées. Comme N_1 est une droite entraînée en même temps que l'angle (oi, N), on obtient les foyers du pinceau engendré par cette droite en prenant sur N_1 les pieds des perpendiculaires à cette droite qui rencontrent D, Δ. Les plans menés par N_1 respectivement par ces perpendiculaires sont les plans focaux de ce pinceau.

Mais ce pinceau est un pinceau de normales à la surface de l'onde. Ses foyers et ses plans focaux sont alors les centres de courbure principaux et les plans des sections principales de la surface de l'onde (S_0), qui sont alors construits.

D'après cela, on peut énoncer ce théorème :

Les droites de courbure de (E) et celles de la surface de l'onde (S_0), relatives à des normales de ces surfaces qui se correspondent, rencontrent deux droites, dont l'une passe par o et dont l'autre est dans le plan mené de o perpendiculairement à oi.

Nous allons arriver à un autre moyen d'obtenir les éléments de courbure de la surface de l'onde, après avoir résolu le problème suivant :

Quelles sont les normalies à l'ellipsoïde dont les transformées sont, pour la surface de l'onde, des normalies développables?

D'après ce que nous avons vu précédemment, nous pouvons déjà dire que :

Une normalie (N) à l'ellipsoïde et sa transformée (N_1) sont normales au plan (o, N) (fig. 130) en des points b, b_1 tels que l'angle bob_1 soit droit.

Pour un déplacement infiniment petit de m sur la directrice de (N), le plan (o, N) a une caractéristique qui passe par le point a, où il touche (N). Mais cette droite doit passer aussi par le point a_1 où ce plan touche (N_1), puisque dans chacune de ses positions ce plan contient une génératrice de cette surface; donc :

Les points a, a_1 où le plan (o, N) touche (N) et sa transformée (N_1) sont sur une droite qui passe par le point o.

Supposons que la normalie à la surface de l'onde soit développable. Si le plan (o, N) n'est pas tangent à cette surface le long de (N_1), il doit être considéré comme lui étant tangent et normal au même point. Ce point, où viennent se confondre les points a_1 et b_1, n'est autre qu'un des centres de courbure principaux de la surface de l'onde. Puisque b_1 se confond avec a_1, la droite ob_1 est confondue avec la droite oa, et, comme nous avons trouvé que l'angle bob_1 est droit, nous voyons que l'angle boa doit être droit.

Concluons de là que :

Une normalie développable à la surface de l'onde est la transformée d'une normalie à l'ellipsoïde pour laquelle le plan passant par le centre o et par une génératrice quelconque touche cette surface en un point a et lui est normal en un point b, tels que l'angle boa soit droit. La droite oa contient alors b_1, l'un des centres de courbure principaux de la surface de l'onde.

Telle est la propriété dont jouit une génératrice quelconque de la normalie à l'ellipsoïde, dont la transformée est une normalie développable à la surface de l'onde.

Transformons ce résultat par polaires réciproques. Prenons pour cela une sphère décrite du point o comme centre.

Les points a et b, situés sur la normale N, sont tels que l'angle boa soit droit et qu'en ces points les plans tangents à la normalie à l'ellipsoïde soient rectangulaires. A ces points correspondent alors par polaires réciproques deux plans rectangulaires qui touchent la polaire réciproque de la normalie en des points tels que les droites qui les joignent au point o soient à angle droit.

Mais, comme le pôle du plan (o, N) est à l'infini, le plan polaire du point b est un plan central, et le pied de la perpendiculaire abaissée de o sur la polaire de N est un point central.

On voit donc que :

La transformée par polaires réciproques de la normalie à l'ellipsoïde, d'où dérive pour la surface de l'onde une normalie développable, est une surface réglée dont la ligne de striction est le lieu des pieds des perpendiculaires abaissées du centre o sur les génératrices de cette surface.

Il ne faut pas oublier que, cette surface réglée étant la transformée d'une normalie, ses génératrices sont tangentes à deux surfaces, et si l'on joint le centre o aux points où l'une quelconque de ces génératrices touche ces deux surfaces, on a deux droites perpendiculaires entre elles.

Appelons c et d (*fig.* 130) les centres de courbure principaux de l'ellipsoïde situés sur la normale N.

Le rapport anharmonique des plans tangents aux points a, b, c, d à la normalie à l'ellipsoïde, d'où dérive pour la surface de l'onde une normalie développable, est égal au rapport anharmonique de ces quatre points, et par suite est égal

M.   52

au rapport anharmonique du faisceau que l'on obtient en joignant le centre o aux points a, b, c. Dans ce dernier faisceau, l'angle boa est droit; on peut alors écrire ainsi son rapport anharmonique :

$$\frac{\cot aoc - \cot aod}{\cot aoc} \quad \text{ou} \quad 1 - \frac{\cot aod}{\cot aoc},$$

Les plans tangents en a et b à la normalie sont à angle droit, ainsi que les

Fig. 130.

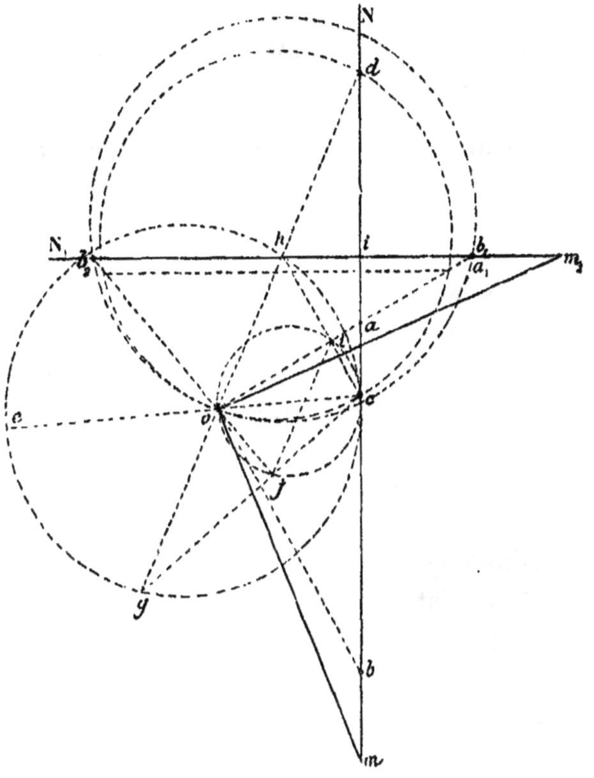

plans tangents en c et d : le rapport anharmonique de ces plans tangents correspondant au précédent rapport est

$$1 + \frac{1}{\cot^2 \gamma},$$

en appelant γ l'angle que les plans tangents en a et en c font entre eux. On a, en égalant ces rapports anharmoniques,

$$\frac{\cot aod}{\cot aoc} = -\frac{1}{\cot^2 \gamma}$$

ou bien encore

$$\frac{\tang\,aoc}{\tang\,aod} = \tang^2\gamma.$$

Cette relation permet de construire oa, comme nous allons le voir ; elle donne deux solutions : ce sont, d'après ce que nous avons dit précédemment, les droites allant du point o aux centres de courbure principaux de la surface de l'onde. On peut donc énoncer cette propriété :

Dans le plan (o, N), *les droites allant du point o aux centres de courbure principaux de la surface de l'onde font respectivement, avec les droites allant du point o aux centres de courbure principaux de l'ellipsoïde, des angles dont les tangentes sont proportionnelles.*

Construisons oa ; pour cela, prolongeons co jusqu'en e de façon que l'on ait

$$\frac{oc}{oe} = \tang^2\gamma.$$

Décrivons deux circonférences, ayant l'une co, l'autre ce pour diamètre. Cette dernière rencontre od aux deux points g et h. Joignons ces points au point c. Les droites cg et ch coupent la circonférence décrite sur oc aux points l et j. Les droites ol et oj sont les droites cherchées. On a, en effet,

$$\frac{\tang\,aoc}{\tang\,aod} = \frac{lc}{lf} = \frac{oc}{oe} = \tang^2\gamma.$$

De même pour la droite oj.

Joignons le point l au point j. Cette droite et la droite od sont parallèles ; elles interceptent alors des arcs égaux sur la circonférence décrite sur oc comme diamètre. Par suite, les angles aod et ocj sont égaux, ou encore les angles aod, joc sont complémentaires. On a aussi

$$\widehat{col} + \widehat{dob_2} = 1^d.$$

On peut donc dire :

Dans le plan (o, N), *la droite, qui va du point o à l'un des centres de courbure principaux de la surface de l'onde, fait, avec la droite allant du point o à l'un des centres de courbure principaux de l'ellipsoïde, un angle qui est complémentaire de l'angle que font entre elles les droites allant du point o aux autres centres de courbure principaux de la surface de l'onde et de l'ellipsoïde.*

Il résulte de là que, si l'on fait passer par les points o, c, d une circonférence de cercle, elle rencontrera les droites ol, oj, qui contiennent les centres de courbure principaux b_1, b_2 de la surface de l'onde, en deux points tels que la droite qui les joint soit perpendiculaire à cd, ou encore soit parallèle à b_1, b_2. Nous concluons de là que :

Dans le plan (o, N), la circonférence qui passe par les centres de courbure principaux de l'ellipsoïde et par le point o, et la circonférence qui passe par les centres de courbure principaux de la surface de l'onde et par le point o sont tangentes entre elles en ce point o.

Nous savons maintenant construire les centres de courbure principaux de la surface de l'onde; il reste à déterminer la direction des lignes de courbure de cette surface pour le point m_1.

Reprenons pour cela l'angle mim_1 et déplaçons le plan de cet angle, comme nous l'avons fait précédemment. Nous savons que les plans centraux des surfaces engendrées par N et N, et le plan perpendiculaire au plan mobile mené par sa caractéristique sont parallèles à l'axe de déplacement de cette figure. Nous connaissons la caractéristique oa du plan mobile, ainsi que le plan central de la normalie à l'ellipsoïde, puisque la trace de ce plan sur le plan tangent en m à cette surface est la tangente conjuguée de la tangente à la directrice de cette normalie : nous pouvons donc déterminer la direction de l'axe de déplacement au moyen de l'intersection de ce plan central et du plan mené par oa perpendiculairement au plan mim_1.

Le plan central de la normalie à la surface de l'onde est alors le plan mené par N_1 parallèlement à la droite que nous venons de construire. Mais ce plan central est relatif à une normalie développable : il est donc normal à cette surface, et sa trace sur le plan tangent en m_1 à la surface de l'onde est tangente à l'une des lignes de courbure passant au point m_1.

Voici encore comment on peut déterminer les éléments de courbure d'une surface de l'onde. Cette troisième manière a le très grand avantage de donner ces éléments au moyen de constructions planes.

Reprenons une normalie quelconque (N) à l'ellipsoïde.

Étudions la transformée (N_1) de (N), obtenue, comme précédemment, en faisant tourner une génératrice quelconque N de (N) d'un angle droit autour du point o, dans le plan (o, N).

Pour cela, représentons un élément de (N) pris le long de N par une *droite auxiliaire*, et cherchons, au moyen de cette droite, la *droite auxiliaire* de l'élé-

ment de (N_1) relatif à N_1. Pour construire cette droite, on doit connaître les normales à (N_1) en trois points de N_1; cherchons ces trois points.

Prenons l'angle droit (N, N_1) et sa bissectrice oi (*fig.* 131).

Fig. 131.

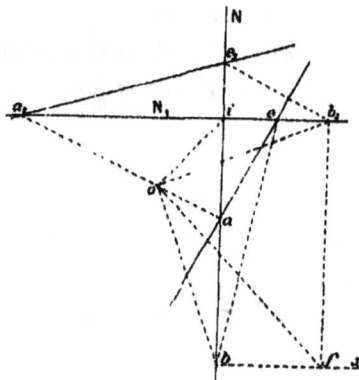

Déplaçons cet angle de façon que N engendre (N), que i décrive la ligne d'intersection des surfaces (N) et (N_1) et que la droite io passe toujours par le
point o : alors N_1 engendre (N_1). On obtient ainsi la surface (N_1) engendrée par
une droite N_1, qui fait partie d'une figure mobile de grandeur invariable.

Nous avons vu, page 4o8, que :

*Les points de contact a, a_1 du plan (N, N_1) avec les surfaces (N) et (N_1) sont
sur une droite qui passe par le point o.*

Ainsi, il suffit de joindre le point o au point a, où le plan (N, N_1) touche (N),
pour avoir une droite qui donne, sur N_1, le point a_1 où le même plan touche la
surface (N_1). Nous obtenons ainsi un premier point a_1, pour lequel on connaît
la normale à (N_1).

Soit f le foyer du plan mobile (N, N_1) relatif à ce déplacement. Ce point est
sur la perpendiculaire of à oi, puisque la droite oi passe toujours par le point o.
Projetons f en b et b_1 sur N et N_1. Le plan (N, N_1) est normal à (N) et à (N_1)
en ces points b et b_1. Les points o, f, b, i, b_1 sont sur une circonférence décrite
sur fi comme diamètre. L'angle bob_1 est alors droit et, comme o est sur la bissectrice oi de l'angle (N, N_1), le point b_1 est dans la position que prend b
lorsque N est venu en N_1 après avoir tourné autour de o.

En disant que b_1 correspond à b, on a alors cette propriété :

*Le plan (N, N_1) est normal aux surfaces (N) et (N_1) en des points b, b_1 qui se
correspondent.*

Ainsi, il suffit d'élever au point o une perpendiculaire à la droite qui joint ce point au point b, où le plan (N, N_1) est normal à (N), pour avoir une droite qui coupe N_1 au point b_1 où ce même plan est normal à (N_1) : on obtient ainsi sur N_1 un point b_1 qui est le deuxième pour lequel on connaît la normale à (N_1).

Le plan normal en i à la trajectoire de ce point passe par le foyer f; sa trace sur le plan (N, N_1) est alors if. Appelons b' (ce point est en dehors du plan de la figure) le point où ce plan normal rencontre la perpendiculaire élevée en b_1 au plan (N, N_1). La droite ib' est la normale en i à (N) et fb' est parallèle à la normale en i à (N_1). Appelons ν l'angle que la normale en i à (N) fait avec la normale en b à cette surface.

On a

$$\tan \nu = \frac{b_1 b'}{ib_1};$$

de même pour (N_1), on a

$$\tan \nu_1 = \frac{b_1 b'}{bi},$$

par suite

$$\frac{\tan \nu}{\tan \nu_1} = \frac{bi}{b_1 i}.$$

On a donc l'inclinaison du plan tangent en i à (N), sur le plan (N, N_1). Le point i est sur N_1 le troisième point pour lequel on connaît la normale à (N_1).

Connaissant maintenant les normales à (N_1) aux points a_1, b_1, i de la génératrice N_1, nous pouvons construire la droite auxiliaire de la surface (N_1).

Traçons d'abord la droite auxiliaire relative à l'élément de (N) le long de N, en prenant le point b pour origine des segments et la perpendiculaire bx à N pour origine des angles. Menons be de façon que l'angle xbe soit égal à ν; cette droite rencontre N_1, qui est la perpendiculaire à N issue du point i, en un point e qui appartient à la droite auxiliaire cherchée. Mais cette droite passe par le point a, puisque la normale en a à (N) est perpendiculaire à la normale en b à cette surface : donc ae est la droite auxiliaire de l'élément de (N) le long de N.

Au moyen de l'angle ν_1, traçons de même la droite auxiliaire $a_1 e_1$.

On a

$$\tan \nu = \frac{bi}{ie}, \qquad \tan \nu_1 = \frac{b_1 i}{ie_1},$$

d'où

$$\frac{\tan \nu}{\tan \nu_1} = \frac{bi}{b_1 i} \times \frac{ie_1}{ie}.$$

En comparant cette expression avec celle qui a été trouvée précédemment, on voit que $ie_1 = ie$.

Ainsi :

Pour construire la droite auxiliaire relative à l'élément de (N_1) *le long de* N_1, *il suffit de joindre le point* a_1 *au point* e_1, *obtenu après avoir fait tourner* ie *sur le plan de la figure d'un angle droit autour de* i *dans le même sens que celui qui amène* N *en* N_1.

Cette droite auxiliaire a_1e_1 permet de déterminer tout ce qui est relatif à l'élément de (N_1). Ainsi, pour avoir le *point central* sur N_1, on abaisse du point b_1 une perpendiculaire sur a_1e_1 et l'on projette sur N_1 le pied de cette perpendiculaire.

Si (N) est une surface développable, a et b sont confondus; l'angle b_1oa_1 est alors droit. Donc :

La transformée d'une surface développable est telle qu'un plan, passant par o *et une génératrice, touche cette transformée et lui est normal en des points qui comprennent un segment vu du point* o *sous un angle droit.*

La réciproque de cette proposition a déjà été trouvée, et l'on peut remarquer que oa_1 rencontre N au point a où cette génératrice touche l'arête de rebroussement de la surface développable.

Les transformées des éléments de normalies qui forment un pinceau $[N]$ sont les éléments de normalies à la surface de l'onde qui forment le pinceau $[N_1]$; *les foyers et les plans focaux de ce dernier pinceau sont les éléments de courbure de la surface de l'onde.*

Effectuons la transformation du pinceau $[N]$; nous n'avons pour cela qu'à transformer les éléments de normalies le long de N, qui en sont les surfaces élémentaires.

Soient c et d (*fig.* 132) les centres de courbure principaux de l'ellipsoïde situés sur la normale N. Prenons l'élément de normalie à cette surface qui est normal en b au plan (o, N), plan de la figure.

Cet élément est représenté par la droite auxiliaire $c'd'$: ses normales en c et d étant perpendiculaires entre elles, l'angle $d'bc'$ est droit; la droite bd' fait avec la perpendiculaire bx à N un angle xbd' qui est égal à l'angle α que font entre elles les normales en b et d à la normalie. Cet angle α est alors l'angle compris entre le plan de la figure et le grand axe de l'indicatrice de l'ellipsoïde en m.

Un autre élément de normalie le long de N est représenté par une droite auxiliaire que l'on obtient en menant d'un point de N des droites parallèles à *bd'* et *bc'* ; il résulte facilement de là que :

Les droites auxiliaires de toutes les surfaces élémentaires du pinceau [N] *passent par un même point.*

Fig. 132.

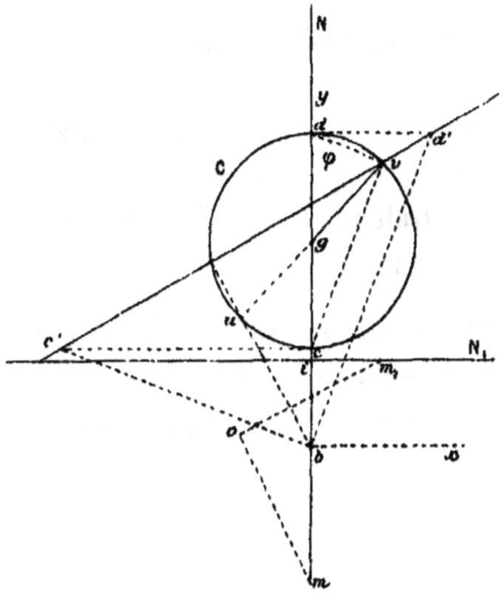

Pour déterminer ce point, nous n'avons qu'à construire deux droites auxiliaires. Supposons que l'origine d'abord en *b* soit prise successivement en *c* et *d*. Les droites auxiliaires, correspondant à chacun de ces points, sont *cv, dv,* menées parallèlement à *bd'* et *bc'*.

Ces droites sont perpendiculaires entre elles, et leur point de rencontre *v* est sur la circonférence C décrite sur *cd* comme diamètre.

On peut dire alors :

Le point fixe v, par lequel passent les droites auxiliaires des surfaces élémentaires du pinceau [N], *est sur la circonférence C décrite sur cd comme diamètre. L'angle cdv est égal à l'angle φ que le grand axe de l'indicatrice de l'ellipsoïde en m fait avec le plan de la figure.*

J'ai montré (p. 281 et suiv.) que la circonférence C permet de déterminer ce qui est relatif au pinceau [N]. En marquant le point *v* sur C, la position du pinceau [N] est fixée par rapport à un plan mené par le rayon de ce pinceau.

Ceci s'étend à un pinceau quelconque; on peut dire :

Un pinceau est représenté de forme et de position, par rapport à un plan mené par son rayon, au moyen d'une circonférence tracée sur ce plan et sur laquelle un seul point est marqué.

Ce mode de représentation, sur lequel je reviendrai, est extrêmement avantageux, puisqu'il permet d'étudier sur une figure plane ce qui concerne une transformation de pinceau. Appliquons-le au pinceau de normales [N] que nous transformons dans le pinceau [N₁].

Rappelons d'abord que le pied de la perpendiculaire abaissée de b sur la droite auxiliaire correspondante $c'd'$ est un point de C. Cette perpendiculaire passe par le point u diamétralement opposé au point v. Ceci est vrai pour un point quelconque de N; donc :

Les perpendiculaires aux droites auxiliaires des surfaces élémentaires du pinceau [N], *abaissées respectivement des origines relatives à ces droites, passent par un point fixe u, qui est sur C diamétralement opposé au point v.*

Cherchons maintenant à construire (*fig.* 133) la circonférence C₁ relative au

Fig. 133.

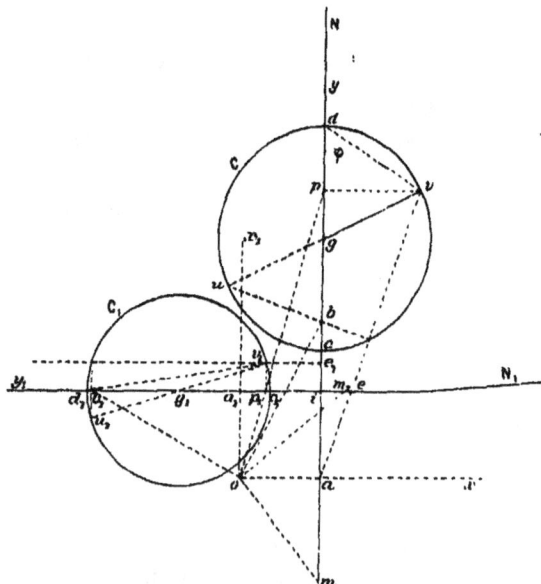

pinceau [N₁] et le point v_1 sur cette courbe, ou, ce qui revient au même, le rayon $g_1 v_1$ de cette circonférence. Le centre g_1 de C₁ est sur le rayon N₁ du pinceau [N_1], puisque ce pinceau est un pinceau de normales à la surface de l'onde.

Construisons les droites auxiliaires des surfaces élémentaires de [N_1], au moyen des droites analogues relatives à [N].

Prenons comme droite auxiliaire d'une surface élémentaire de [N] la perpendiculaire vp à N. A cette droite correspond, d'après ce que nous avons vu précédemment, la perpendiculaire p_1v_1 à N_1.

Prenons comme droite auxiliaire la droite va, qui passe par le pied a de la perpendiculaire oa à N. A cette droite correspond la droite auxiliaire e_1v_1, parallèle à N_1, et dont la distance à cette droite est égale à ie.

On a alors
$$v_1p_1 = ie,$$
et le point v_1 est déterminé.

On peut construire ce point au moyen d'autres droites auxiliaires; ainsi, on peut employer la droite iv_1, qui est perpendiculaire à iv.

La surface élémentaire, qui a va pour droite auxiliaire, est normale au plan (o, N) au point b, où N est rencontrée par la perpendiculaire abaissée de u sur va. La surface élémentaire correspondante est alors normale au plan (o, N) au point b_1, qui est tel que l'angle bob_1 est droit.

Comme la perpendiculaire abaissée de b_1 sur e_1v_1 doit passer par le point u_1, qui, sur C_1, est diamétralement opposé à v_1, le centre de cette circonférence est le point g_1, milieu de p_1b_1. Le centre g_1 est donc déterminé, et, comme nous avons déjà obtenu le point v_1, nous pouvons dire :

Le segment g_1v_1 est alors construit de grandeur et de position, et l'on a la circonférence représentative du pinceau [N_1] en décrivant du point g_1 avec g_1v_1 une circonférence C_1.

On peut ajouter : *On obtient les centres de courbure principaux c_1, d_1 de la surface de l'onde (S_0) en prenant les points de rencontre de C_1 et de N_1 ; en outre, l'angle $g_1d_1v_1$ est égal à l'angle que le grand axe de l'indicatrice en m_1 à cette surface fait avec le plan de la figure.*

Déduisons de là les relations qui existent entre les éléments de C et de C_1. Appelons l la distance ga, y et x les coordonnées de v, en prenant pour axes N et la perpendiculaire oax. De même, appelons l_1 la distance g_1a_1, et y_1, x_1 les coordonnées de v_1 par rapport aux axes a_1y_1 et a_1x_1. Enfin désignons par k la longueur des segments égaux oa et oa_1.

Les triangles semblables vpa, cia donnent

$$(1) \qquad x_1 = \frac{k \cdot x}{y}.$$

Les triangles semblables oap, $a_1 p_1 o$ donnent

$$(2) \qquad y_1 = \frac{k^2}{y}.$$

On a

$$ac \times ad \qquad \text{ou} \qquad l^2 - [x^2 + (y-l)^2] = ap \times ab = y \times a_1 b_1 = 2 l_1 y + y y_1,$$

d'où

$$- x^2 - y^2 + 2 l y = 2 l_1 y + k^2,$$

par suite

$$(3) \qquad l - l_1 = \frac{k^2 + x^2 + y^2}{2 y}.$$

Les relations (1), (2), (3) permettent d'obtenir facilement les relations qui existent entre les éléments de [N] et de [N$_1$].

Si l'on détermine l, x, y en fonction de l_1, x_1, y_1, on obtient des relations de mêmes formes que (1), (2), (3).

On pouvait prévoir ce résultat, puisque de la surface de l'onde on peut faire dériver l'ellipsoïde, comme de l'ellipsoïde on a fait dériver la surface de l'onde.

Pour déterminer les éléments de courbure de [S$_0$], on peut encore suivre une autre marche, qui a, entre autres avantages, celui de ne pas supposer connu que N$_1$ est une normale à la surface de l'onde.

Prenons toujours (*fig.* 134) le centre o, la droite N, la circonférence C décrite sur cd comme diamètre et le point v tel que l'angle cdv soit égal à l'angle que le grand axe de l'indicatrice de l'ellipsoïde [m] en m fait avec le plan de la figure (o, N).

Soit va la droite auxiliaire de l'une des surfaces élémentaires de [N] dont la transformée est un élément de surface développable. En abaissant du point u, qui est sur C diamétralement opposé à v, la perpendiculaire ub sur va, on obtient sur N le point b où cette surface élémentaire est normale au plan (o, N). Nous savons, d'après ce qui a été démontré précédemment, que l'angle boa est droit, et qu'en joignant le point o au point a on a une droite qui rencontre N$_1$ au point c_1, qui est un foyer du pinceau [N$_1$].

Cherchons ce point c_1. Appelons s le point où ub rencontre C. Les droites partant respectivement des points o, s et qui aboutissent aux points b, c, a, d forment deux faisceaux ayant des rapports anharmoniques égaux; on a

$$(4) \qquad \frac{\tang coa}{\tang aod} = \frac{\tang csa}{\tang asd} \quad \text{ou} \quad \frac{\tang cdv}{\tang vcd}.$$

Par les points o, c, d faisons passer une circonférence; appelons c_2 le point

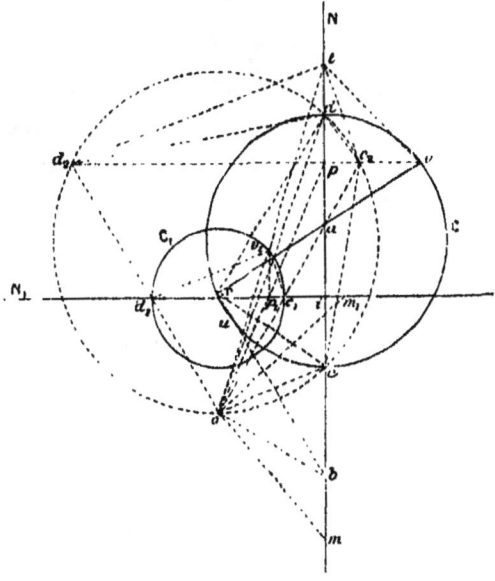

Fig. 131.

où elle coupe oa. L'angle coa est égal à l'angle cdc_2 et l'angle aod est égal à l'angle c_2cd. La relation (4) peut alors s'écrire

$$\frac{\tang cdc_2}{\tang c_2cd} = \frac{\tang cdv}{\tang vcd}.$$

Il résulte de là que la droite vc_2 est perpendiculaire à N, c'est-à-dire que le point c_2 est un point d'intersection de la perpendiculaire vp à N et de la circonférence ocd.

La droite oc_2 donne c_1 sur N_1. On a de même l'autre foyer d_1 en employant le point d_2. Nous savons donc déjà construire les foyers c_1, d_1 du pinceau $[N_1]$.

Je vais montrer que $[N_1]$ est un pinceau de normales à la surface de l'onde $[m_1]$. Portons pt égal à pv; on a

$$pd_2 \times pc_2 = pd \times pc = \overline{pv}^2 = \overline{pt}^2.$$

L'angle d_2tc_2 est alors droit, et, en construisant le triangle $d_1v_1c_1$ semblable au triangle $d_2\,tc_2$, on obtient le point v_1 sur la circonférence C_1 décrite sur $c_1\,d_1$ comme diamètre. Le point v_1 ainsi construit est le point de rencontre de la droite $p_1\,v_1$, correspondant à pv, et de la droite auxiliaire ot qui correspond à vt; il est donc l'analogue du point v. Comme la circonférence C_1, qui contient $c_1\,d_1\,v_1$, a son centre sur N_1, *le pinceau* $[N_1]$ *est un pinceau de normales.*

De tout cela, il résulte que, pour déterminer les éléments de courbure de la surface de l'onde, on doit faire les constructions planes suivantes :

A partir du centre de courbure principal d de l'ellipsoïde $[m]$, *on trace sur le plan* (o, N) *la droite dv, telle que l'angle cdv soit égal à l'angle que le grand axe de l'indicatrice en m fait avec le plan* (o, N). *Par les points o, c, d on fait passer une circonférence de cercle et l'on prend ses points d'intersection $c_2\,d_2$ avec la perpendiculaire vp abaissée de v sur N.*

1° *Les centres de courbure principaux de la surface de l'onde sont les points de rencontre de N_1 et des droites oc_2, od_2;*

2° *En portant pv en pt sur N et en joignant le point t aux points c_2, d_2, on a l'angle $c_2\,d_2\,t$ qui est égal à l'angle que le grand axe de l'indicatrice en m_1, à la surface de l'onde fait avec le plan* (o, N).

Les triangles $oc_2\,d_2$, $oc_1\,d_1$ sont homothétiques. Les circonférences circonscrites à ces triangles sont alors tangentes entre elles au point o; on a donc ce théorème :

Dans le plan (o, N), *la circonférence, qui passe par les centres de courbure principaux de l'ellipsoïde et par le centre o, et la circonférence analogue pour la surface de l'onde sont tangentes entre elles au point o.*

Les droites cd, $c_2\,d_2$ étant perpendiculaires l'une à l'autre, l'angle coc_2 est complémentaire de l'angle dod_2; de là ce théorème :

Dans le plan (o, N), *les droites, allant du point o à l'un des centres de courbure principaux de l'ellipsoïde et à l'un des centres de courbure principaux de la surface de l'onde, comprennent entre elles un angle qui est complémentaire de l'angle que font entre elles les droites qui vont du point o aux autres centres de courbure de l'ellipsoïde et de la surface de l'onde* [1].

---

[1] *Voir* dans l'Appendice d'autres démonstrations de ce théorème et des précédents, basées sur 1 construction d'une droite auxiliaire particulière.

On peut dire aussi :

Les bissectrices des angles formés par oc et od et les bissectrices des angles formés par oc_1, od_1 comprennent entre elles des angles de 45°.

Le point p, d'après sa construction, est le centre de courbure de la courbe de contour apparent de l'ellipsoïde projeté orthogonalement sur le plan mené par N perpendiculairement au plan (o, N) (p. 151). De même pour p_1 relativement à la surface de l'onde. Comme p et p_1 sont sur un même diamètre, on a ce théorème :

Les centres de courbure des courbes de contour apparent de l'ellipsoïde et de la surface de l'onde, projetés respectivement sur les plans menés par N et N, perpendiculairement au plan (o, N), sont sur un même diamètre de ces surfaces.

De la relation (4) résulte ce théorème :

Dans le plan (o, N), la droite qui va du centre o à l'un des centres de courbure principaux de la surface de l'onde fait, avec les droites allant du même point o aux centres de courbure principaux de l'ellipsoïde, des angles dont les tangentes sont proportionnelles aux tangentes des angles que les plans des sections principales de l'ellipsoïde font avec le plan (o, N).

Voici encore un moyen d'arriver à construire les plans des sections principales de la surface de l'onde.

Fig. 135.

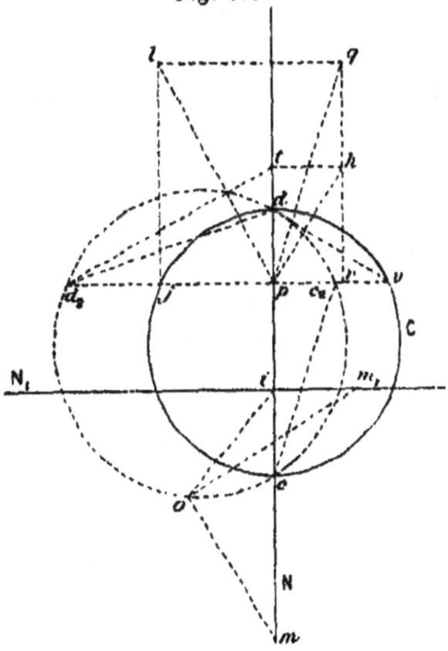

Menons (*fig.* 135) un plan $c_2 d_2$ perpendiculairement au plan (o, N), et prenons son intersection avec le plan de la section principale de l'ellipsoïde qui contient le grand axe de l'indicatrice en m.

Faisons tourner autour de $c_2 d_2$ le plan perpendiculaire à (o, N), de façon qu'il vienne sur le plan de la figure au-dessus de $c_2 d_2$. Son intersection avec le plan de la section principale de l'ellipsoïde est alors rabattue suivant la perpendiculaire ph abaissée du point p sur vd.

De même, pour la surface de l'onde, rabattons, autour de N, sur le plan de la figure le plan mené par cette droite perpendiculairement au plan (o, N). Son intersection avec le plan mené par $c_2 d_2$ parallèlement au plan de la section principale de la surface de l'onde qui contient le grand axe de l'indicatrice en m_1 est alors rabattue suivant la perpendiculaire pl abaissée du point p sur la droite $d_2 t$.

Menons un plan parallèle au plan de la figure et à une distance de celui-ci égale à pt. Ce plan coupe le plan de la section principale de l'ellipsoïde, qui contient le grand axe de l'indicatrice en m, suivant une droite dont la projection orthogonale sur le plan (o, N) est la droite hr parallèle à N.

Ce même plan, parallèle au plan de la figure, coupe le plan mené par $c_2 d_2$ parallèlement au plan de la section principale de la surface de l'onde, suivant une droite dont la projection orthogonale sur le plan (o, N) est lq, parallèle à N_1.

Les droites hr et lq se coupent au point q, et la droite pq est la projection sur le plan (o, N) d'une droite parallèle à la ligne d'intersection des plans des sections principales de l'ellipsoïde et de la surface de l'onde, plans qui contiennent respectivement les grands axes des indicatrices. Puisque pt égale pv qui est égal à pj, il résulte de ces constructions que pr est égal à pd et que rq est égal à lj et par suite à pd_2.

L'angle pqr est alors égal à l'angle $pd_2 d$ et à l'angle $c_2 cd$. La droite pq est donc parallèle à cc_2.

Nous arrivons ainsi à ce résultat :

Les plans des sections principales de l'ellipsoïde et de la surface de l'onde, qui contiennent respectivement les grands axes des indicatrices de ces surfaces en m et m_1, se coupent suivant une droite dont la projection orthogonale sur le plan (o, N) est parallèle à cc_2. Les autres plans des sections principales de l'ellipsoïde et de la surface de l'onde se coupent suivant une droite dont la projection est parallèle à dd_2.

Comme la figure permet d'obtenir les droites cc_2, dd_2 et qu'on connaît les plans des sections principales de l'ellipsoïde, il est alors facile de construire les plans des sections principales de la surface de l'onde.

Faisons remarquer que les dernières solutions exposées reposent sur la représentation géométrique d'un élément de surface réglée au moyen d'une droite auxiliaire et sur la représentation d'un pinceau de droites au moyen d'une circonférence et d'un point.

Ces représentations sont applicables à l'étude de tous les modes de transformation des pinceaux de droites : elles constituent une méthode générale fertile en conséquences intéressantes et dont je donne dans l'Appendice une application à la solution d'un problème d'Optique.

Ombilics.

Nous allons appliquer la première construction donnée page 407 pour déterminer les centres de courbure principaux de (S_0) au cas où l'on suppose que m_1 est un ombilic de cette surface. Les centres de courbure principaux de (S_0) sont alors confondus en un point que j'appelle μ_1 (*fig.* 136). La droite D de cette con-

Fig. 136.

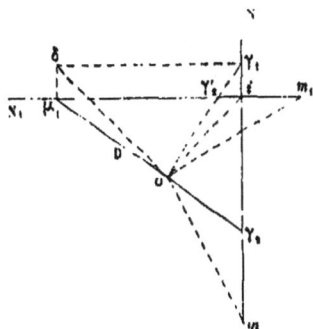

struction est alors $o\mu_1$. La droite Δ est une perpendiculaire au plan de la figure, issue du point d'intersection δ des droites $\mu_1\delta$ et $o\delta$, tracées sur le plan de la figure perpendiculairement à $m_1\mu_1$ et à oi.

Abaissons sur N la perpendiculaire $\delta\gamma_1$; cette droite rencontre D et Δ. Du point γ_2, où D rencontre N, menons une perpendiculaire au plan de la figure : cette droite rencontre aussi D et Δ.

Les points γ_1, γ_2 sont alors les centres de courbure principaux de l'ellipsoïde correspondant à m, et les plans des sections principales de cette surface pour ce point sont le plan de la figure et le plan perpendiculaire à celui-ci mené par N.

Nous trouvons donc que, pour le point m de l'ellipsoïde, d'où dérive un ombilic de la surface de l'onde, le plan d'une des sections principales de l'ellipsoïde contient le centre de cette surface. Ce point m doit être alors dans l'un des plans principaux de l'ellipsoïde, et il en est de même de l'ombilic qui lui correspond. Ainsi,

Les ombilics de la surface de l'onde sont dans les plans de symétrie de cette surface.

La construction qui donne les centres de courbure principaux γ_1, γ_2 montre que l'angle $\gamma_1 o \mu_1$ est droit; on peut dire alors :

Un point m de l'ellipsoïde, d'où dérive un ombilic m_1 de la surface de l'onde est tel, que les diamètres $o\gamma_1$, $o\gamma_2$, allant aux centres de courbure principaux de l'ellipsoïde relatifs à ce point, soient à angle droit.

Le point γ_1 est le centre de courbure de la section faite dans l'ellipsoïde par le plan de la figure que nous savons être un plan principal de cette surface. L'autre centre de courbure γ_2 et les autres plans principaux déterminent, comme on sait, sur la normale N des segments mesurés à partir de m et qui sont proportionnels aux carrés des axes de l'ellipsoïde.

En faisant tourner d'un angle droit le plan de la figure autour de o, le point m vient en m_1 sur la conique de la surface $[m_1]$, conique située dans le même plan principal. Cette courbe doit alors avoir μ_1 pour centre de courbure, et le point γ'_2, nouvelle position de γ_2, doit remplir sur N, le même rôle que γ_2 sur N.

D'après cela, on voit, en représentant la surface de l'onde (*fig.* 137), que

Fig. 137.

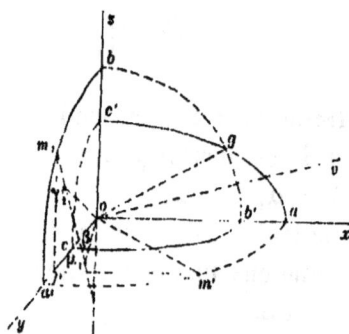

nous devons déterminer, sur l'une des coniques de cette surface, un point m_1, pour lequel l'angle $\gamma'_2 o \mu_1$ soit droit, le point γ'_2 étant tel que sur la normale $m_1 \beta$ on ait

$$\frac{m_1 \gamma'_2}{m_1 \beta} = \frac{c^2}{b^2},$$

en appelant a, b, c les longueurs des demi-axes oa, ob, oc de la surface de l'onde et en conservant les notations précédentes.

Désignons par y et z les coordonnées inconnues de m_1. Il résulte des conditions que doit remplir ce point que l'on a

$$\frac{z^4}{y^4} = \frac{b^4(a^2 - c^2)}{a^4(b^2 - c^2)}.$$

Au moyen de cette relation, construisons m_1. Appelons g l'un des points singuliers de la surface de l'onde et ω l'angle xog. On a

$$\frac{1}{\cos^2\omega} = \frac{b^2(a^2 - c^2)}{a^2(b^2 - c^2)};$$

par suite,

$$\frac{z^2}{y^2} = \frac{b^2}{a^2}\frac{1}{\cos\omega}.$$

Par le point m_1, menons le plan m_1pm' parallèlement au plan des xz (le point m' est sur la circonférence dont le rayon est oa). Désignons $m'p$ par ξ; on a

$$\frac{z}{\xi} = \frac{b}{a},$$

et alors

$$\frac{\xi^2}{y^2} = \frac{1}{\cos\omega}.$$

En appelant φ l'angle xom', on a alors

$$\operatorname{tang}^2\varphi = \cos\omega,$$

que l'on peut écrire

$$\cos\frac{1}{2}\omega\,\cos\varphi = \cos\frac{\pi}{4}.$$

La bissectrice ov de l'angle xog fait donc avec om' un angle égal à $\frac{\pi}{4}$. On détermine alors les ombilics de la surface de l'onde de la manière suivante :

On mène la bissectrice ov de l'angle xog que le diamètre og fait avec l'un des axes ox de la conique qui contient g. A partir de o, on mène une droite faisant avec ov un angle égal à $\frac{\pi}{4}$. Cette droite, en tournant autour de ov, engendre un cône qui rencontre en quatre points la circonférence de rayon oa. Par ces points, on mène des plans parallèles au plan des xz. Ces plans rencontrent la conique de la surface de l'onde, située dans le plan perpendiculaire à ox, en quatre points réels qui sont des ombilics de la surface de l'onde.

En employant la bissectrice de l'angle *goz*, on trouve quatre ombilics réels sur la conique dont le plan est perpendiculaire à *oz*.

On voit ainsi que

Sur la surface de l'onde il y a huit ombilics réels,

et l'on voit aussi comment on détermine ces points. On peut remarquer que la conique qui contient les points singuliers réels est la seule sur laquelle il n'y ait pas d'ombilics réels.

La surface de l'onde considérée comme surface limite.

Nous avons vu que cinq conditions permettent le déplacement d'une figure de forme invariable et que les points de la figure mobile décrivent alors des lignes trajectoires; nous savons aussi que si la figure n'est assujettie qu'à quatre conditions, ses points décrivent des surfaces trajectoires.

Mais si la figure est assujettie à moins de quatre conditions, ses points, en général, peuvent être déplacés d'une infinité de manières. Comme nous l'avons déjà dit, il y a une surface qui limite la région de l'espace que les points de la figure peuvent occuper, et les points appartenant à cette *surface limite* ne sont pas susceptibles d'être déplacés de toutes les manières possibles. Pour les droites et les plans de la figure mobile, il existe aussi des surfaces limites.

Dans les numéros de juin et octobre 1879 du *Quarterly Journal*, M. J.-W.-L. Glaisher a considéré une surface limite de ce genre. Il a déterminé l'équation de la surface qui limite la région des positions que peut prendre le milieu d'une corde de grandeur constante dont les extrémités restent sur un ellipsoïde donné.

Lorsque la position de la corde est arbitraire, son déplacement peut être obtenu au moyen d'une rotation autour d'une quelconque des droites qui s'appuient sur les normales à l'ellipsoïde dont les pieds sont les extrémités de la corde. Les points de la corde peuvent alors être déplacés dans une direction arbitraire. Mais, si ces normales se coupent, tous ces axes de rotation passent par leur point d'intersection; la droite qui joint ce point à celui marqué sur la corde mobile est toujours la normale à la trajectoire décrite et par suite à la surface sur laquelle ce point se déplace. C'est le lieu des intersections successives de pareilles surfaces trajectoires qui est la *surface limite*. Ainsi :

Lorsque, pour une position de la corde mobile, les normales à l'ellipsoïde dont les pie ls sont les extrémités de cette corde se rencontrent, le milieu de cette corde appartient à une surface limite. La droite, qui joint ce point milieu au point de rencontre de ces normales, est normale à cette surface limite.

Je vais parler de la surface de l'onde considérée comme surface limite.

Painvin, qui a étudié (¹) *le complexe du deuxième ordre formé par les arêtes d'un dièdre droit dont les faces sont tangentes à un ellipsoïde,* est arrivé au théorème suivant :

Les droites réelles du complexe passent toutes entre les deux nappes d'une surface de l'onde, sans jamais pénétrer dans l'intérieur de la nappe inférieure : les positions limites de ces droites sont des tangentes à la surface de l'onde (²).

Partant de là et raisonnant comme précédemment, on trouve que :

L'arête d'un des dièdres droits circonscrits à l'ellipsoïde est une droite limite G, *lorsque les normales* A, B *à cette surface, dont les pieds sont les points de contact a, b des faces* (A), (B) *de ce dièdre, se rencontrent.*

Ou autrement : *lorsque* G *est perpendiculaire à sa polaire a'b.*

Le point de contact c de G *et de la surface limite, qui est une surface de l'onde, est le point de rencontre de cette droite et du plan* (A, B).

De là résulte cette génération de la surface de l'onde :

Si un angle droit acb circonscrit à un ellipsoïde est tel que son plan soit normal à cette surface aux points de contact a, b de ses côtés, son sommet appartient à une surface de l'onde [c].

Il est alors facile de voir que :

Quel que soit le déplacement du plan mobile (acb), *son foyer est au point de rencontre f des normales* A, B. *La droite cf est la normale à la surface de l'onde* [c]; ou : *La normale à la surface de l'onde* [c] *est la droite qui joint le sommet c de l'angle droit au milieu de la corde de contact ab des côtés de cet angle.*

On peut modifier cette dernière génération de la surface de l'onde et dire :

Les cônes circonscrits à l'ellipsoïde et dont une section principale est un angle droit ont leurs sommets sur la surface de l'onde [c].

(¹) *Nouvelles Annales de Mathématiques,* 2° série, t. XI; 1872.

(²) On a aussi cette propriété si le dièdre a ses faces respectivement tangentes à deux ellipsoïdes homofocaux, et alors les théorèmes qui en résultent peuvent être généralisés en prenant dans leurs énoncés deux ellipsoïdes homofocaux au lieu d'un seul ellipsoïde.

On peut remarquer que :

Parmi ces cônes, ceux qui sont de révolution ont leurs sommets aux points coniques de la surface de l'onde.

D'après ce qui précède, on voit que :

Si l'on projette orthogonalement l'ellipsoïde sur son plan tangent au point quelconque m et si l'on mène de m des normales à la ligne de contour apparent ainsi obtenue, les pieds de ces normales sont les points où cette ligne touche la surface de l'onde [c].

Transformons par polaires réciproques les résultats précédents en prenant le centre de la surface de l'onde pour centre de la sphère directrice et appuyons-nous sur ce que la polaire réciproque d'une surface de l'onde est une surface de l'onde ; nous trouvons que :

Les cordes d'un ellipsoïde, qui sont vues sous un angle droit du centre o de cette surface, ont pour surface limite une surface de l'onde [γ].

Les cordes, qui touchent la surface de l'onde [γ], *sont telles que les plans diamétraux qui les contiennent sont respectivement perpendiculaires aux plans diamétraux qui contiennent leurs polaires prises par rapport à l'ellipsoïde.*

Le point où une corde limite touche la surface de l'onde [γ] *est le pied de la perpendiculaire abaissée du centre o sur cette corde.*

Si un angle circonscrit à l'ellipsoïde est toujours tel que le diamètre qui contient son sommet et les diamètres qui passent par les points de contact de ses côtés forment un trièdre trirectangle, le plan de cet angle reste tangent à une surface de l'onde. Le point de contact de ce plan est le pied de la perpendiculaire abaissée du centre de l'ellipsoïde sur la corde de contact de l'angle circonscrit.

Si la section faite dans l'ellipsoïde par un plan (P) *est la base d'un cône de révolution, dont le sommet est au centre de l'ellipsoïde, et dont l'angle au sommet est droit,* (P) *touche la surface de l'onde* [γ] *suivant une circonférence de cercle.*

Les cônes qui ont pour sommets les points d'un ellipsoïde et pour directrices les sections faites dans cette surface par des plans diamétraux respectivement aux diamètres qui passent par ces points sont tangents à une surface de l'onde.

Enfin on peut ajouter que :

Les pieds des perpendiculaires abaissées du centre o d'un ellipsoïde sur les cordes

*vues de ce point sous un angle droit occupent dans l'espace une région qui est limi-
tée par une surface de l'onde.*

Reprenons une droite limite G.

Les droites telles que G forment une congruence dont la focale se compose
de deux nappes : l'une est [c] et l'autre une certaine surface [e].

Proposons-nous de *construire le point e où G touche* [e] *et la normale* E *en ce
point à cette surface.*

La droite G est la projection du diamètre *oc* de [c] sur le plan (T), tangent
en *c* à cette surface, ou encore, la droite G est l'arête du dièdre droit, dont les
faces sont (T) et le plan diamétral (*o*, G).

Fixons à ce dièdre le plan qui coïncide avec (A, B), c'est-à-dire le plan mené
par *c* perpendiculairement à G. On a alors un trièdre trirectangle dont les arêtes
sont : G, la normale C en *c* à la surface de l'onde, et une droite menée de *c* perpendiculairement à ces deux droites.

Si l'on déplace d'abord ce trièdre de façon que (T) reste tangent à [c] et
que C soit toujours normale à cette surface, tous les déplacements de cette
figure de forme invariable peuvent s'obtenir au moyen d'une infinité de couples
d'axes de rotation. Ces axes sont, comme l'on sait (p. 136), des droites menées,
à partir des centres de courbure principaux situés sur C, dans les plans des sections principales de [c].

Mais puisque la face (*o*, G) du trièdre mobile doit toujours contenir le centre *o*,
les axes D, Δ, au moyen desquels on peut obtenir tous les déplacements du
trièdre, sont alors déterminés : ils doivent rencontrer la perpendiculaire élevée
de *o* au plan (*o*, G). On a donc cette construction :

Du point o on élève une perpendiculaire au plan (*o*, G); *cette droite rencontre
en* α, β *les plans des sections principales de* [c] *pour le point c*; *on joint respective-
ment* α, β *aux centres de courbure* γ_1, γ_2 *de* [c]; *les droites* $\alpha\gamma_1$, $\beta\gamma_2$ *sont les axes* D,
Δ *cherchés.*

Connaissant ces axes, on peut répondre ainsi à la question posée :

Les perpendiculaires à G, *qui rencontrent* D, Δ, *sont les normales* C, E *aux nappes
de la focale, et les pieds e, c de ces perpendiculaires sont les points de contact de* G
avec cette focale.

Les droites D, Δ permettent aussi de construire le point où la face du trièdre,
qui coïncide avec (A, B), touche la surface à laquelle elle reste tangente; il

suffit pour cela de *prendre sur cette face le pied de la droite qui lui est perpendiculaire et qui rencontre* D, Δ.

Considérons le paraboloïde hyperbolique dont les directrices sont D, Δ et dont (A, B) est le plan directeur. Les points *c*, *e* sont les points de rencontre de G et de ce paraboloïde. Pour avoir *e*, coupons ce paraboloïde par le plan (*o*, G) : la section se compose de C et d'une droite qui contient *e*. Mais cette droite passe par *o* et elle doit être dans un plan parallèle à D, Δ; donc :

Le plan mené par o parallèlement à D, Δ *coupe* G *au point cherché e.*

Ce plan rencontre C en un point *i*, qui appartient à la droite *eo*. On a

$$\frac{\gamma_1 i}{i\gamma_2} = \frac{\alpha o}{o\beta}.$$

Conséquemment,

Le point i partage γ_1, γ_2 *en segments proportionnels aux tangentes des angles que le plan* (*o*, G) *fait avec les plans des sections principales de* [*c*].

D'après cela, il est facile de construire *i*, et par suite d'obtenir *e*, au moyen de la droite *ioe*. Il en résulte aussi que

Le point i est le centre de courbure, correspondant à c, de la courbe de contour apparent de [*c*] *projetée orthogonalement sur* (A, B).

On peut faire dériver [*c*] d'un certain ellipsoïde (L), en employant la troisième définition de la surface de l'onde (p. 406).

Le point *c* de [*c*] correspond à un point *l* de (L).

Construisons, pour ce point *l*, une droite G' analogue à G; les droites G' forment une congruence dont la focale se compose de (L) et d'une autre surface. Sur G', on peut déterminer, comme nous venons de le voir, le point *e'* où cette droite touche cette dernière surface.

En vertu d'un lemme démontré (p. 141), *o*, *e*, *e' sont en ligne droite*.

Il résulte de là qu'on obtient *e* au moyen des éléments de courbure de (L) sans avoir besoin de connaître les éléments de courbure de [*c*].

Surface de l'onde et surfaces homofocales du second ordre.

A un ellipsoïde donné (O) *de centre o, on circonscrit des cônes dont une section principale est un angle droit : les sommets de ces cônes sont sur une surface de l'onde* [*c*].

Cette génération de la surface de l'onde, dont je viens de parler page 428, va me servir de point de départ.

Considérons les trois surfaces du second degré homofocales à l'ellipsoïde (O) qui passent par le sommet c de l'un de ces cônes.

On sait que ces surfaces sont respectivement tangentes en c aux plans principaux de ce cône, ou, ce qui revient au même, les normales à ces surfaces en ce point sont les axes principaux de ce cône.

Parmi ces surfaces il y a un ellipsoïde. Nous le désignerons par (E); il coupe la surface de l'onde, suivant une courbe E. La normale en c à cet ellipsoïde est la bissectrice $c\beta$ de l'angle droit acb.

La normale en c à la surface de l'onde est, comme je l'ai démontré, la droite $c\mu$, qui joint le point c au milieu μ de la corde de contact ab.

Le plan (acb) est alors le plan normal en c à la courbe E; par suite la droite G élevée du point c perpendiculairement au plan (acb) est la tangente en c à cette courbe; on sait aussi que la droite G, qui est l'un des axes principaux du cône de sommet c, est l'un des axes de l'indicatrice de l'ellipsoïde (E) au point c, c'est-à-dire qu'elle est tangente à une ligne de courbure (E).

Ceci est vrai pour un point quelconque de E; on voit alors que :

La surface de l'onde [c] est coupée par un ellipsoïde (E) *homofocal à l'ellipsoïde qui entre dans la génération précédente, suivant une ligne de courbure de cet ellipsoïde* (E).

Comme cette ligne de courbure est l'intersection de l'ellipsoïde (E) et d'un hyperboloïde homofocal, ce théorème s'applique aussi à cet hyperboloïde.

Considérons maintenant l'autre hyperboloïde homofocal, celui qui est tangent en c au plan (acb) ou, ce qui revient au même, dont la normale en c est la droite G. Appelons (c) l'intersection de cet hyperboloïde et de la surface de l'onde. Projetons l'ellipsoïde donné sur le plan (acb). On obtient ainsi une ellipse de contour apparent, tangente en a et b aux côtés de l'angle droit acb. Le centre de cette ellipse est un point de $c\mu$, mais ce centre est la projection du centre o de l'ellipsoïde donné : donc *le plan* (G, $c\mu$) *contient le centre o de l'ellipsoïde* (O).

La droite G est la normale à l'hyperboloïde, et la droite $c\mu$ est la normale à la surface de l'onde. Le plan de ces deux droites est alors normal en c à l'intersection (c) de ces deux surfaces. Mais, comme nous venons de le voir, ce plan contient o : donc co est une normale à cette courbe d'intersection. Ainsi les droites partant de o, et qui s'appuient sur (c), rencontrent cette courbe à angle droit; donc :

La courbe (c) *est une ligne sphérique.*

Les droites $c\mu$ et G étant perpendiculaires l'une à l'autre, l'hyperboloïde et la surface de l'onde se coupent en c à angle droit; et comme ceci est vrai pour un point quelconque de (c), on conclut que :

Le long de la ligne sphérique (c), *la surface de l'onde et l'hyperboloïde se coupent à angle droit.*

Cette courbe sphérique (c) est du quatrième ordre; elle n'est pas alors l'intersection complète de l'hyperboloïde et de la surface de l'onde. La partie restante de cette intersection est une courbe du quatrième ordre, lieu du sommet d'angles droits tels que acb, mais dont le plan est normal à l'hyperboloïde : cette courbe est alors une ligne de courbure de cet hyperboloïde.

Ce que nous disons pour cet hyperboloïde est applicable à l'autre, et l'on voit que :

Les hyperboloïdes homofocaux à l'ellipsoïde qui entre dans la dernière définition de la surface de l'onde, coupent chacun cette surface suivant une ligne sphérique et une de leurs lignes de courbure.

La tangente en c à la courbe sphérique (c) est perpendiculaire au plan $(G, c\mu)$; elle est alors perpendiculaire à G qui est la tangente à E; donc :

Les courbes telles que (c) *et* E *se rencontrent à angle droit.*

On peut dire aussi :

Les courbes sphériques (c) *suivant lesquelles la surface de l'onde* [c] *est coupée par des sphères concentriques ont pour trajectoires orthogonales les courbes* E (¹), *suivant lesquelles cette surface est coupée par des ellipsoïdes homofocaux à celui qui entre dans la dernière définition de la surface de l'onde.*

Le cône du second ordre, qui a pour sommet o et pour directrice (c), a pour plan tangent le long de oc un plan perpendiculaire au plan $(G, c\mu)$. Mais ce plan $(G, c\mu)$ est tangent au cône du second ordre dont la directrice est E.
Donc :

Les cônes du second ordre de sommet o, *et qui ont pour directrices des courbes telles que* (c) *et* E, *se coupent à angle droit.*

(¹) Les courbes E sont les *courbes ellipsoïdales* de Lamé.
M.

On peut dire que la droite G est la projection de *oc* sur le plan tangent en *c* à la surface de l'onde, et qu'alors, au moyen de la projection de *oc*, on obtient la tangente en *c* à la ligne de courbure E. Appliquons cette remarque :

Le cône de sommet *o*, dont la directrice est (*c*), a pour plan tangent le long de *oc* un plan perpendiculaire au plan (*o*, *c*μ) normal en *c* à la surface de l'onde. Ce plan tangent est alors le plan normal à la surface de l'onde au point γ, où le rayon *oc* rencontre cette surface. D'après la remarque précédente, il coupe le plan tangent en γ à la surface de l'onde, suivant la tangente en ce point à une ligne de courbure de l'ellipsoïde homofocal à l'ellipsoïde donné, et qui contient γ. On voit ainsi que :

Le cône de sommet o, et dont la directrice est (*c*), *rencontre de nouveau la surface de l'onde, suivant une courbe telle que* E.

On démontre facilement la proposition inverse.

En rapprochant les résultats précédents de ceux trouvés par MM. W. Roberts et Massieu, au moyen de l'équation de la surface de l'onde en coordonnées elliptiques, on voit que l'ellipsoïde, qui entre dans la dernière définition de la surface de l'onde, fait partie des surfaces homofocales qui interviennent dans cette équation.

Jusqu'à présent, nous avons considéré une surface de l'onde et des ellipsoïdes homofocaux. Nous allons maintenant prendre un ellipsoïde fixe et une série de surfaces [*c'*], chacune étant *le lieu des sommets de cônes circonscrits à l'ellipsoïde donné* (O), *et dont une section principale est égale à un angle donné arbitrairement*. Nous verrons que ces surfaces coupent aussi cet ellipsoïde suivant des lignes de courbure; nous obtiendrons alors une nouvelle génération des lignes de courbure des surfaces du second ordre.

Appelons *c'a'*, *c'b'* les deux génératrices, qui forment une section principale du cône circonscrit de sommet *c'*, comprenant entre elles l'angle donné : les points *a'* et *b'* étant les points de contact de ces génératrices et de l'ellipsoïde (O). On peut dire que :

La surface [*c'*] *est le lieu du sommet d'un angle de grandeur constante a'c'b', circonscrit à l'ellipsoïde* (O), *et dont le plan est normal à cet ellipsoïde en chacun des points de contact a' et b'.*

Pour un déplacement infiniment petit de l'angle de grandeur constante *a'c'b'*, le foyer du plan de cet angle est à la rencontre *f* des normales élevées des points a' et b' à l'ellipsoïde donné. Comme la position de ce foyer est indépendante du déplacement de l'angle mobile, nous en concluons que :

La droite $c'f$ est la normale en c' à la surface $[c']$.

La bissectrice de l'angle $a'c'b'$ est toujours la normale en c' à un ellipsoïde (E) *homofocal à l'ellipsoïde* (O) *et qui contient c'.* Le plan de ces deux normales, c'est-à-dire le plan de l'angle mobile, est alors le plan normal en c' à la ligne d'intersection de (E) et de $[c']$. La tangente à cette courbe d'intersection est alors, comme précédemment, l'un des axes principaux du cône de sommet c' circonscrit à l'ellipsoïde donné et aussi l'un des axes de l'indicatrice de (E) en c'. Ceci est vrai pour un autre point tel que c'; on a alors ce théorème :

Un angle de grandeur constante, circonscrit à un ellipsoïde donné (O) *et dont le plan est normal à cette surface en chacun des points de contact des côtés de cet angle, se déplace de façon que son sommet reste sur l'ellipsoïde* (E) *homofocal à l'ellipsoïde donné : ce sommet décrit une ligne de courbure de* (E) (¹).

Appliquons ce théorème.

Appelons maintenant c le sommet de l'angle mobile de grandeur arbitraire, ca, cb ses deux côtés et a et b les points de contact de ces côtés avec l'ellipsoïde (O). L'angle acb est l'une des sections principales du cône circonscrit à l'ellipsoïde (O) et dont le sommet est c. Si l'on prend un ellipsoïde homofocal à (O) et si on lui circonscrit de même un cône de sommet c, on sait que le plan de l'angle acb est aussi le plan d'une des sections principales de ce cône.

Appelons ca', cb' les génératrices qui forment cette section principale. On peut de même considérer une suite d'ellipsoïdes homofocaux à (O) et l'on aura pour chacun d'eux des droites telles que ca, cb, ca', cb', etc. D'après ce que je viens de rappeler, *toutes ces droites sont dans le même plan* (acb).

Par le point c (*fig.* 138), élevons la droite G perpendiculairement au plan (acb). Les droites ca, cb, G forment un trièdre, que nous allons entraîner en même temps que l'angle acb et qui reste de grandeur invariable pendant le déplacement de cet angle. La droite G, ainsi entraînée, reste tangente en son point c à la ligne de courbure E décrite par ce point.

(¹) La ligne de courbure ainsi décrite rencontre toujours à angle droit le plan de l'angle mobile. On peut dire aussi :

Par une tangente à une ligne de courbure d'un ellipsoïde on mène deux plans qui touchent respectivement un ellipsoïde homofocal à celui-ci; l'angle compris entre ces plans est de grandeur constante, quelle que soit cette tangente.

La caractéristique du plan de la face (G,*ca*) est la droite *ca*, car cette droite passe par les points où cette face touche E et l'ellipsoïde (O). Le lieu des posi-

Fig. 138.

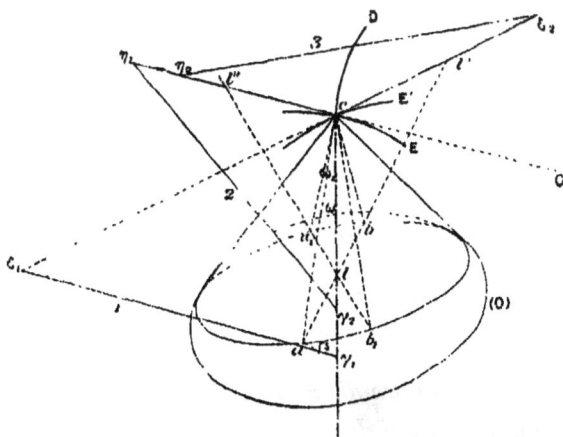

tions du côté *ca* est alors la surface développable, enveloppe du plan (G,*ca*). J'appelle (*a*) la courbe lieu des points de contact, tels que *a*, de cette surface développable et de (O).

Prenons cette courbe (*a*) comme directrice d'une normalie à l'ellipsoïde donné. Pendant le déplacement du trièdre, le plan (*acb*) contient successivement une génératrice de cette normalie. Sa caractéristique passe alors par le point α, où il touche cette normalie. Mais la tangente en *a* à (*a*) et la tangente *ac* sont deux tangentes conjuguées relativement à (O); le plan (*acb*) est alors un plan central de la normalie et le point α est le point central pour la génératrice *a*α de cette surface.

Le point α est aussi le centre de courbure de la courbe de contour apparent de l'ellipsoïde (O) projeté du point *c* sur un plan mené en *a* perpendiculairement à *ca* (p. 150). De même, en considérant des ellipsoïdes homofocaux à l'ellipsoïde (O), on aura pour les points *a'*, *a''*,... des centres de courbure α', α'',... tels que α. Tous ces points sont aussi sur la caractéristique du plan (*acb*), c'est-à-dire qu'ils appartiennent à une même droite.

Ce que je viens de dire est applicable aux centres de courbure correspondants aux points *b'*, *b''*,... tels que *b*. On a alors ce théorème :

Les centres de courbure des courbes de contour apparent d'une suite d'ellipsoïdes homofocaux, projetés coniquement d'un même point c sur des plans issus des points a, a', ..., b, b', ... et perpendiculaires respectivement aux tangentes ca, ca', ..., cb, cb', ... qui sont dans un même plan doublement normal à ces ellipsoïdes, appartiennent à une même droite.

J'appelle 1 cette droite. Puisqu'elle est la caractéristique du plan mobile (acb), et que ce plan reste constamment normal à la courbe E, on voit que :

La droite 1 est l'axe de courbure de la courbe E.

Et alors :

Le point γ_1, où elle rencontre la normale en c à l'ellipsoïde (E) est l'un des centres de courbure principaux de cette surface.

La courbe E est l'intersection de cet ellipsoïde et d'un hyperboloïde homofocal (D); donc :

La droite 1 rencontre la normale en c à cet hyperboloïde en un point δ_1, qui est un centre de courbure principal de cet hyperboloïde.

Nous n'avons considéré jusqu'à présent que l'angle *acb*, section principale du cône de sommet c circonscrit à l'ellipsoïde (O). Prenons maintenant l'autre section principale a_1cb_1 de ce cône et supposons qu'on déplace le sommet c sur l'ellipsoïde (E), de façon que l'angle a_1cb_1 reste de grandeur constante, le plan de cet angle restant toujours doublement normal à cet ellipsoïde. Le sommet c décrit alors sur (E) une ligne de courbure E' de cette surface et, en raisonnant comme précédemment, on détermine la droite 2, axe de courbure de E'.

La droite 2 rencontre au point γ_2 la normale en c à l'ellipsoïde (E), et au point η_1 la normale en c à l'hyperboloïde (H) homofocal à (O), et qui coupe (E) suivant la ligne de courbure E'. Les points γ_2 et η_1 sont des centres de courbure principaux.

Au moyen des droites 1 et 2, nous avons donc déterminé les deux centres de courbure principaux γ_1, γ_2 de l'ellipsoïde (E), et le problème de la détermination des éléments de courbure de cette surface est ainsi résolu.

Il n'en est pas de même pour les hyperboloïdes (D) et (H).

Pour ces surfaces, nous n'avons encore déterminé qu'un seul centre de courbure principal : occupons-nous maintenant de déterminer les deux autres.

Dans son *Résumé d'une théorie des surfaces du second ordre homofocales* ([1]), Chasles est arrivé au théorème suivant, qu'il a énoncé ainsi :

([1]) *Comptes rendus des séances de l'Académie des Sciences*, séances des 11 et 18 juin 1860.

Étant données deux surfaces homofocales A *et* A′; *si on leur circonscrit deux cônes ayant le même sommet, la courbe de contact de la surface* A *sera la focale d'une surface inscrite dans* A′ *suivant la courbe de contact de celle-ci.*

Appelons (S) la surface ainsi inscrite dans A′ et menons par le sommet du cône un plan sécant. La section faite dans (S) par ce plan est doublement tangente à la section faite dans A′ par ce même plan. Ceci est vrai, quel que soit le plan sécant; il en résulte, lorsque le sommet du cône vient sur A′, que :

Si l'on a une surface du second ordre A *et un cône qui lui soit circonscrit, la surface du second ordre* (S), *qui a pour focale la courbe de contact de* A *et de ce cône, et qui est tangente au sommet de ce cône à une surface homofocale à* A, *possède, avec cette surface en ce point, un contact du troisième ordre.*

Supposons que le sommet du cône soit dans l'un des plans principaux de A; la courbe de contact de A et de ce cône, c'est-à-dire la focale de (S), est alors rencontrée normalement par ce plan principal; ces points de rencontre avec ce plan principal sont les foyers de la section faite dans (S) par ce plan. On est ainsi amené au théorème suivant :

Deux coniques homofocales étant données, si, d'un point m de l'une, on mène deux tangentes à l'autre et que l'on trace une conique passant par le point m et ayant pour foyers les points de contact de ces tangentes, elle aura avec la première un contact du troisième ordre au point m (CROFTON).

Reprenons maintenant l'ellipsoïde (O) et l'ellipsoïde (E) qui lui est homofocal. Projetons ces surfaces sur le plan (acb) qui est le plan d'une section principale de (E). En vertu d'un théorème connu, les lignes de contour apparent de (O) et de (E) sur ce plan sont deux courbes homofocales. Mais la ligne de contour apparent de (E) a, pour rayon de courbure en c, le rayon de courbure principal $c\gamma_2$ de (E) : on aura donc ce rayon $c\gamma_2$ en appliquant le théorème précédent. Voici la construction qui sur le plan (acb) donne ce rayon de courbure : au point a on élève une perpendiculaire à ac. Du point où cette droite rencontre la normale $c\gamma_1$, on élève une perpendiculaire à cette normale. Cette perpendiculaire rencontre ca en un point que l'on joint par une droite au point obtenu de la même manière sur cb; cette droite rencontre la normale $c\gamma_1$ au point γ_2 qui est le centre de courbure cherché.

On construit de la même manière sur la normale $c\delta_1$ le centre de courbure δ_2 de l'hyperbole qui a pour foyers a et b, et qui passe par le point c. Ce point δ_2 est un centre de courbure principal de l'hyperboloïde (D).

En faisant usage des points a_1, b_1, on retrouve le centre de courbure γ_1 et l'on détermine sur la normale $c\eta_1$ le centre de courbure principal γ_{12} de l'hyperboloïde (H).

Nous avons donc déterminé les centres de courbure principaux δ_2, γ_{12} qui nous restaient à trouver.

La droite $\delta_2\eta_2$ est l'axe de courbure de la courbe d'intersection D des deux hyperboloïdes (D) et (H).

Comme on a pu le remarquer, en même temps que nous déterminions les points δ_2, η_2 nous avons retrouvé les centres de courbure principaux de l'ellipsoïde (E).

Ces points γ_1, γ_2 établissent donc une liaison entre les constructions résultant des deux théorèmes absolument différents d'où nous sommes parti. Vérifions directement cette liaison et pour cela démontrons deux lemmes.

1° *On donne un angle mcn (fig. 139) et un point fixe i de sa bissectrice. Par le*

Fig. 139.

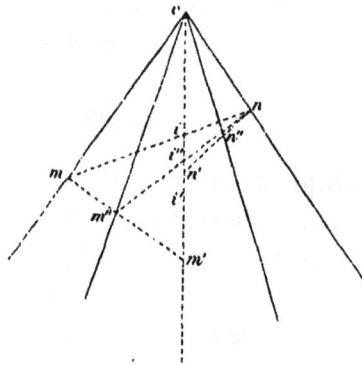

point i on mène la transversale mn et des points m, n on élève respectivement des perpendiculaires aux côtés de l'angle. Ces perpendiculaires rencontrent la bissectrice aux points m', n' : le conjugué harmonique i' de c, par rapport à m', n' est le même quelle que soit la transversale mn.

En effet, le point i étant le conjugué harmonique de c par rapport aux points obtenus en projetant m et n sur ci, on a

$$\frac{1}{cm} + \frac{1}{cn} = \frac{2\cos\alpha}{ci},$$

en appelant α la moitié de l'angle donné. Il résulte de là :

$$\frac{1}{cm'\cos\alpha} + \frac{1}{cn'\cos\alpha} = \frac{2\cos\alpha}{ci},$$

d'où

$$\frac{1}{cm'} + \frac{1}{cn'} = \frac{2\cos^2\alpha}{ci}.$$

Mais le premier membre de cette égalité est égal à $\frac{2}{ci'}$: on a donc

$$ci' = \frac{ci}{\cos^2\alpha}.$$

Cette valeur de ci' étant indépendante de la direction de mn, le premier lemme est démontré.

2° *On donne deux angles* mcn, $m''cn''$ (*fig.* 139) *ayant même sommet c et même bissectrice ci. Du point fixe i on mène une transversale mn qui rencontre les côtés de l'un des angles en m, n. De ces points on élève respectivement à ces côtés les perpendiculaires mm″, nn″. Ces droites rencontrent les côtés du second angle en m″, n″ : la droite m″n″ coupe la bissectrice ci en un point i″ qui reste fixe lorsque mn tourne autour de i.*

En effet, comme précédemment, on a

$$\frac{1}{cm} + \frac{1}{cn} = \frac{2\cos\alpha}{ci},$$

d'où

$$\frac{1}{cm''} + \frac{1}{cn''} = \frac{2\cos\alpha\cos(\alpha-\beta)}{ci},$$

en appelant β la moitié de l'angle $m''cn''$.

Mais le premier membre de cette égalité est égal à $\frac{2\cos\beta}{ci''}$. On a donc

$$\frac{1}{ci''} = \frac{\cos\alpha\cos(\alpha-\beta)}{ci\cos\beta}.$$

Cette valeur de ci'' étant indépendante de la direction de mn, le second lemme est démontré.

Reprenons le cône circonscrit à (O) et dont le sommet est c (*fig.* 138). Appelons l le point où le plan (ab, a_1b_1) rencontre la normale $c\gamma_1$. Faisons tourner le plan a_1cb_1 autour de cl pour le faire coïncider avec le plan acb. Désignons par ω l'angle lca et par ω_1 l'angle lca_1; nous supposerons ω plus grand que ω_1.

ainsi amenés en coïncidence, les angles acb, a_1cb_1 forment, sur le plan acb, une figure analogue à la *fig.* 139.

Il résulte du second lemme que le centre de courbure γ_1 peut s'obtenir, comme précédemment, en menant sur le plan acb et par le point l une droite quelconque. Prenons alors la transversale menée par le point l perpendiculairement à cl. Cette droite rencontre les côtés de l'angle acb aux extrémités du grand axe de l'ellipse qui résulte de l'intersection du cône et d'un plan, issu du point l et perpendiculaire à cl. Appelons (l) cette ellipse de centre l.

Les demi-axes de l'ellipse (l) sont égaux à $cl\tan\omega$, $cl\tan\omega_1$. Le rayon de courbure ρ de cette courbe à l'extrémité du grand axe est alors égal à $\dfrac{cl\tan^2\omega_1}{\tan\omega}$.

D'après le second lemme, le centre de courbure principal du cône correspondant à l'extrémité du grand axe de (l) se projette sur cl au point γ_1 ([1]).

On a alors

$$c\gamma_1 = cl + l\gamma_1 = cl + \rho\tan\omega,$$

et, en introduisant la valeur de ρ, il vient

$$c\gamma_1 = \frac{cl}{\cos^2\omega_1}.$$

Mais cette valeur de $c\gamma_1$, on l'obtient directement d'après le premier lemme en prenant la section principale a_1cb_1; la vérification que nous nous proposons de faire est donc achevée.

Nous avons en outre les expressions des rayons de courbure principaux des surfaces homofocales à (0), ainsi :

$$c\gamma_1 = \frac{cl}{\cos^2\omega_1}, \qquad c\gamma_2 = \frac{cl}{\cos^2\omega_1}.$$

De la même manière, en appelant l' et l'' les points de rencontre du plan (ab, a_1b_1) avec les normales $c\delta_1$, $c\eta_1$, on a

$$c\delta_2 = \frac{cl'}{\sin^2\omega}, \qquad c\eta_2 = \frac{cl''}{\sin^2\omega_1}.$$

Pour déterminer $c\delta_1$ et $c\eta_1$, nous n'avons qu'à considérer le demi-angle compris entre les asymptotes de l'ellipse (l). Appelons Φ cet angle. On a

$$\tan^2\Phi = \frac{-\overline{cl}^2\tan^2\omega_1}{\overline{cl}^2\tan^2\omega} = -\frac{\tan^2\omega_1}{\tan^2\omega},$$

---

[1] Cette perpendiculaire à c_1 qui donne le point γ_1 remplace la droite I, dont nous avons parlé précédemment.

d'où

$$\cos^2 \Phi = \frac{\operatorname{tang}^2 \omega}{\operatorname{tang}^2 \omega - \operatorname{tang}^2 \omega_1},$$

et par suite

$$c\delta_1 = \frac{cl'(\operatorname{tang}^2 \omega - \operatorname{tang}^2 \omega_1)}{\operatorname{tang}^2 \omega}, \qquad c\eta_1 = \frac{cl''(\operatorname{tang}^2 \omega - \operatorname{tang}^2 \omega_1)}{\operatorname{tang}^2 \omega_1}.$$

Il faut remarquer que δ_2 et le point l' sont par rapport à c d'un même côté sur la normale cl', et que le centre de courbure δ_1 est de côté différent si nous supposons que δ_1 et δ_2 soient les centres de courbure principaux de l'hyperboloïde à une nappe (D) qui est une surface à courbures opposées.

Au moyen de ces valeurs, on vérifie tout de suite le théorème de Lamé qui consiste en ce que :

Le produit $c\gamma_1 \times c\delta_2 \times c\eta_1$ *est égal et de signe contraire au produit* $c\gamma_2 \times c\delta_1 \times c\eta_2$.

Puisque les rayons de courbure principaux $c\gamma_1$, $c\gamma_2$ ne dépendent que du segment cl et des angles compris entre les génératrices qui forment les sections principales du cône de sommet c, on a le théorème suivant :

On donne un cône du second ordre de sommet c, un point l sur l'un de ses axes, et par ce point on mène un plan arbitraire qui coupe le cône suivant une certaine courbe. Le long de cette courbe on inscrit dans le cône une surface du second ordre quelconque, et l'on construit la surface homofocale à celle-ci qui passe en c et qui a pour normale en ce point la droite cl. Cette surface et toutes les surfaces analogues, que l'on obtient en faisant varier le plan sécant mené par l et les surfaces du second ordre inscrites, ont au point c un contact du second ordre.

Reprenons la ligne de courbure E de l'ellipsoïde (E); cette ligne étant le lieu du sommet de l'angle constant acb, il résulte de l'expression de $c\gamma_2$ que :

Les rayons de courbure tels que $c\gamma_2$ des sections faites dans (E) *par des plans normaux à E sont proportionnels aux segments tels que cl.*

La ligne de courbure E peut être engendrée, comme nous l'avons dit, en employant l'un quelconque des ellipsoïdes homofocaux à (O). Parmi ceux-ci on peut prendre celui qui, limité à l'ellipse focale de (E), est infiniment aplati et appliquer le résultat précédent. On voit alors que :

Les rayons de courbure, tels que $c\gamma_2$, des sections faites dans (E) *par des plans normaux à E sont proportionnels aux segments compris sur ces rayons entre les points de E et les points où ces rayons rencontrent le plan de l'ellipse focale de* (E).

Comme les plans principaux d'un ellipsoïde déterminent sur une normale quelconque de cette surface des segments proportionnels, *on peut remplacer dans cet énoncé le plan de l'ellipse focale par l'un quelconque des plans principaux de l'ellipsoïde.*

Appelons *n* le point où la normale *cl* rencontre le plan de l'ellipse focale de (E). Puisque les rayons de courbure tels que $c\gamma_2$ pour les points de E sont proportionnels à *cl* et à *cn*, ces segments sont proportionnels entre eux. On a alors ce théorème :

Les normales à (E), *issues des points de* E, *sont partagées par les plans polaires de ces points pris par rapport à des ellipsoïdes homofocaux à* (E), *en segments proportionnels.*

Cherchons comment varient pour les points de E les rayons de courbure, tels que $c\gamma_1$, des sections faites dans (E) par des plans normaux à cette surface et tangents à E.

On sait, avec Dupin (¹), que le produit des rayons de courbure principaux en un point d'une surface du second ordre est inversement proportionnel à la quatrième puissance de la distance du centre de la surface au plan tangent en ce point.

Appelons *op* la perpendiculaire abaissée de *o* sur le plan tangent en *c* à (E). On a alors $c\gamma_1 \times c\gamma_2 = \dfrac{\text{const.}}{\overline{op}^4}$.

Et comme le produit $op \times cn = \text{const.}$, on a donc

$$c\gamma_1 \times c\gamma_2 = \text{const.} \times cn^4.$$

Mais pour les points de E les rayons de courbure tels que $c\gamma_2$ sont proportionnels à *cn* ; d'après cela, nous retrouvons ce théorème connu :

Les rayons de courbure, tels que $c\gamma_1$, *des sections faites dans* E *par des plans normaux à cette surface et tangents à* E, *sont proportionnels au cube des normales issues des points de cette courbe* (²).

Et comme $\dfrac{cl}{cn}$ est constant pour les points de E, nous ajoutons :

Ces rayons de courbure sont aussi proportionnels aux cubes des segments tels que cl.

(¹) *Développements de Géométrie*, p. 212.

(²) De ce théorème résulte facilement que : *Les lignes de contour apparent de* (E), *projeté orthogonalement sur des plans normaux à cette surface et tangents à* E, *sont des ellipses de même aire.*

D'après cela, on peut écrire

$$\frac{cl}{\cos^2\omega_1} = \text{const.} \times \overline{cl}^3,$$

d'où

$$cl \times \cos\omega_1 = \text{const.}$$

Ainsi

Les projections des segments tels que cl sur les droites telles que ca_1 sont de grandeur constante, quelle que soit la position de c sur E.

La ligne de courbure E peut être prise dans l'un des plans principaux de (E); on voit ainsi que ce théorème s'applique à deux coniques homofocales.

Prenons arbitrairement un ellipsoïde homofocal à (O). Soit, dans le plan a_1cb_1 la génératrice ca_2 du cône de sommet c qui est circonscrit à cette surface. On a

$$c\gamma_1 = \frac{cl}{\cos^2\omega_1} = \frac{cl_1}{\cos^2\omega_2},$$

en appelant cl_1 et ω_2 les éléments relatifs à cette surface et qui sont analogues à cl et ω_1. Mais cl_1 est proportionnelle à cn. Donc le rapport $\frac{cl}{cl_1}$ est constant pour les points de E. On voit alors que $\frac{\cos\omega_1}{\cos\omega_2} = \text{const.}$; ou en prenant les compléments des angles :

Les droites telles que ca_1, ca_2, font avec le plan tangent en c à (E) des angles dont le rapport des sinus est constant, quelle que soit la position de c sur E.

Ce théorème étant vrai pour la ligne de courbure de (E) qui est dans l'un des plans principaux de cette surface s'applique à des coniques homofocales; par conséquent :

Étant données trois coniques homofocales, si d'un point c de l'une on mène une tangente à chacune des deux autres, le rapport des sinus des angles, que ces tangentes font avec la tangente en c à la première, est constant, quelle que soit la position de c sur cette courbe.

Voici encore un moyen de faire voir comment sont liés entre eux les centres de courbure principaux des trois surfaces homofocales à (O) qui passent par c.

Dans le plan (acb), les points γ_2 et δ_2 sont les centres de courbure de deux coniques qui ont pour foyers les points a et b, et qui passent par c. On sait alors (¹) que le point δ_2, relatif à l'une de ces courbes, est le pôle de la droite

_____

(¹) *Voir* G. Salmon, *Treatise on conic sections,* 6ᵉ éd., p. 56.

$c\gamma_2$ par rapport à l'autre courbe. Il résulte de là que la droite $\gamma_2\delta_2$ est perpendiculaire à la droite qu'on obtient en prenant la symétrique, par rapport à $c\gamma_2$, de la projection du diamètre oc sur le plan (acb) (¹).

De même pour la droite $\gamma_1\delta_1$, elle est perpendiculaire au symétrique, par rapport à la normale cl, de la projection sur le plan a_1cb_1 du même diamètre oc. On peut alors dire :

Les droites $\gamma_1\delta_1$, $\gamma_2\delta_2$ sont perpendiculaires à la direction suivant laquelle le diamètre oc serait réfléchi en c si la surface (E) était réfléchissante.

Reprenons les deux ellipsoïdes homofocaux (E) et (O) de centre o. Menons au point m de (E) la normale N à cette surface (²). Appelons (H') et (H'') les hyperboloïdes homofocaux à (E) qui passent par m; menons aussi de ce point les normales N', N″ à ces surfaces.

Les droites N', N″ sont les axes de l'indicatrice de (E) en m et les plans (N, N'), (N, N'') sont les plans des sections principales de (E) relatifs à ce point. Les six centres de courbure principaux des surfaces (E), (H'), (H'') sont μ_1, μ_2 sur N, μ_1', μ_2' sur N', μ_1'', μ_2'' sur N″.

Circonscrivons à (O) un cône dont le sommet soit m. Les axes de ce cône sont N, N', N″. Le plan (N, N') est le plan d'une section principale de ce cône; il coupe cette surface suivant deux génératrices qui font avec N un angle ω. Le plan de la courbe de contact de ce cône, c'est-à-dire le plan polaire de m par rapport à (O), rencontre N, N', N″ aux points l, l', l''.

En vertu de relations établies précédemment (p. 441), on a

$$m\mu_1 = \frac{ml}{\cos^2\omega}, \qquad m\mu_1' = \frac{ml'}{\sin^2\omega},$$

d'où

$$\frac{ml}{m\mu_1} + \frac{ml'}{m\mu_1'} = 1.$$

Lorsque l'on prend d'autres surfaces homofocales que (O), on a d'autres points, tels que l, l', et si l'on considère ml, $m'l'$ comme coordonnées d'un

---

(¹) Pour arriver à ce résultat, il suffit d'appliquer au point δ_2 de la tangente $c\delta_2$ ce théorème dû à Ribaucour :

D'un point m, pris arbitrairement sur la tangente en c à une conique, on abaisse des perpendiculaires sur la polaire de m et sur le diamètre aboutissant en c; elles interceptent, sur la normale en c, un segment égal au rayon de courbure de la conique en ce point.

(²) Les notations sont modifiées, afin d'avoir plus de symétrie.

certain point du plan (N, N'), le lieu de ce point, d'après l'équation précédente,
est la droite $\mu_1\mu_1'$.

Il résulte de là que :

*Les droites, telles que ll', enveloppent une parabole, elles déterminent sur N et N'
des segments proportionnels. Cette parabole touche N et N' aux centres de courbure
principaux μ_1, μ_1', relatifs à la section principale (N, N') des surfaces (E) et (H')
normales à N et N'.*

Ce que nous venons de dire pour le plan (N, N') peut se répéter pour les
plans (N, N″), (N', N″) et dans chacun de ces plans on a une parabole.

Les paraboles qui sont dans les plans (N, N″), (N', N″), touchent respectivement N et N' aux centres de courbure μ_2 et μ_2' des sections faites dans (E) et
(H') par ces deux plans, qui sont menés par N″. Par suite :

La droite $\mu_2\mu_2'$ est l'axe de courbure de la ligne d'intersection de (H) et de (H').

Nous verrons tout à l'heure que cet axe de courbure est tangent à la parabole qui est dans le plan (N, N').

Nous avons trouvé que les droites, telles que ll', déterminent sur N et N' des
segments proportionnels. Il en est de même des droites telles que ll″ relativement à N et N'; nous avons donc ce théorème :

*Les plans polaires d'un point m, par rapport à des surfaces homofocales, déter-
minent des segments proportionnels sur les droites N, N', N″, axes des cônes circonscrits à ces surfaces et dont le sommet est m.*

Parmi ces plans polaires, il y a les plans (N, N'), (N, N″), (N', N″) qui sont
les plans tangents en *m* aux surfaces (E), (H'), (H″) et les plans principaux des
surfaces homofocales, qui sont les plans polaires de *m*, par rapport à celles de
ces surfaces qui sont infiniment aplaties.

L'enveloppe de ces plans polaires est alors une surface développable tangente
à ces six plans. La trace de cette surface développable sur le plan (N, N') est la
parabole enveloppe des droites telles que ll'; cette développable, qui est tangente
au plan (N, N'), étant coupée par ce plan suivant une parabole, est alors du
quatrième degré. Nous avons donc ce théorème :

*Les plans polaires d'un point m, par rapport à des surfaces homofocales, enve-
loppent une surface (D) du quatrième degré, qui est tangente aux plans principaux
des surfaces homofocales, ainsi qu'aux plans principaux des cônes de sommet m
circonscrits à ces surfaces.*

Comme les paraboles suivant lesquelles la surface (D) coupe les plans (N, N'), (N, N''), (N', N''), sont les paraboles dont nous avons déjà parlé, on a ce théorème :

La développable (D), *enveloppe des plans polaires de m, touche les droites* N, N', N'', *aux six centres de courbure principaux de* (E), (H'), (H''), *et touche les plans* (N, N'), (N, N''), (N', N''), *suivant les axes de courbure des courbes d'intersection de ces surfaces prises deux à deux.*

On voit bien maintenant pourquoi les axes de courbure de ces courbes sont tangentes aux paraboles, traces de (D), sur les plans (N, N'), (N, N''), (N', N'').

Par N', menons des plans tangents à (O). Ces plans touchent le cône de sommet *m* circonscrit à cette surface suivant les deux génératrices qui sont dans le plan de la section principale de ce cône, perpendiculaire à N'. De là résulte que, par rapport à (O), ce plan, qui n'est autre que le plan (N, N''), est le plan polaire de *l'*. De même le plan (N, N') est le plan polaire de *l''* par rapport à la même surface. Rapprochons indéfiniment (O) de l'ellipsoïde (E), nous arrivons à ce théorème :

La normale en m à l'une des surfaces homofocales a pour polaire, par rapport à cette surface, l'axe de courbure de la ligne d'intersection des deux autres surfaces homofocales qui passent en m.

On retrouve aussi ce théorème connu :

Les centres de courbure principaux d'une surface du second ordre pour le point m sont les pôles du plan tangent en ce point à cette surface par rapport aux deux surfaces homofocales qui passent par m.

Appelons *a, b, c* les points où N perce les plans principaux des surfaces homofocales. De même, appelons *a', b', c', a'', b'', c''* les points analogues pour N' et N''. Puisque les plans principaux sont des plans tangents à la surface développable (D), *les droites aa', bb', cc' sont tangentes à la parabole trace de* (D) *sur le plan* (N, N').

Comme cette parabole est tangente à N au centre de courbure μ_1, on voit que :

Le centre de courbure μ_1 de la section faite dans (E) *par le plan* (N, N') *est placé sur* N, *par rapport à a, b, c, comme le point m est placé sur* N', *par rapport à a', b', c'.*

Ce que nous disons pour ce centre de courbure peut se répéter pour les autres. De là résultent, pour ces points, différentes constructions que je ne crois pas nécessaire de développer.

Des points l, l', l'', où l'un des plans polaires de m rencontre N, N', N'', élevons respectivement des plans perpendiculaires à ces normales. Ces trois plans se coupent en un point λ. Puisque les plans polaires de m déterminent sur N, N', N'' des segments proportionnels, nous voyons que :

Les points, tels que λ, relatifs aux plans polaires de m par rapport aux surfaces homofocales, sont en ligne droite.

Nous désignerons cette droite par Λ; on peut la construire en employant deux plans principaux des surfaces homofocales qui sont deux plans polaires particuliers de m.

Prenons le plan (N, N') pour plan de la *fig.* 140. Marquons sur N et N' les

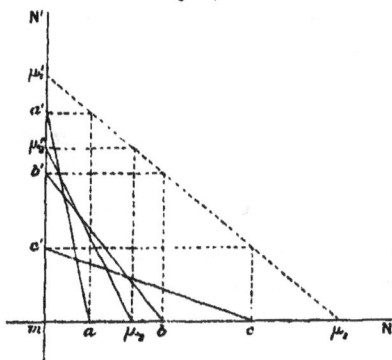

Fig. 140.

points a, b, c, a', b', c' où ces droites rencontrent les plans principaux des surfaces homofocales. Sur N et N' nous avons les centres de courbure principaux μ_1, μ_1'.

D'après ce que nous avons vu, la parabole tangente à aa', bb', cc', N, N' touche ces dernières droites aux points μ_1, μ_1'. Les points a, a' sont alors les projections sur N et N' d'un point de la corde de contact $\mu_1 \mu_1'$. De même pour b, b' et c, c'.

Pour avoir sur N le centre de courbure μ_2, nous devons prendre un point qui soit placé par rapport à a, b, c comme le point m est placé sur N''([1]) par rapport à a'', b'', c''. Le point μ_2' s'obtient de la même manière sur N'. Les points μ_2 et μ_2'

([1]) N'' n'est pas sur la figure, ni les points a'', b'', c''.

sont alors aussi les projections sur N et N' d'un même point de la corde de contact $\mu_1 \mu'_1$.

La droite $\mu_2 \mu'_2$ est donc tangente à la parabole comme nous l'avions déjà trouvé.

Les segments ab, $a'b'$ sont les projections sur N et N' d'un segment de $\mu_1 \mu'_1$, qui, lui-même, est la projection sur le plan (N, N') du segment de Λ, qui se projette sur N″ en $a''b''$.

Ce segment de Λ rencontre le plan (N, N') au point de $\mu_1 \mu'_1$ qui se projette sur N et N' en μ_2 et μ'_2.

Ce que nous venons de trouver en considérant le plan (N, N') peut se répéter pour les plans (N, N″), (N', N″).

De tout cela résulte cette propriété qui établit une liaison très simple entre les six centres de courbure principaux de (E), (H'), (H″).

Trois surfaces homofocales du second ordre se coupent en un point m. Les normales à ces surfaces en ce point sont N, N', N″. Ces normales rencontrent les plans principaux des surfaces homofocales, la première en a, b, c, la deuxième en a', b', c', et la troisième en a″, b″, c″. On élève respectivement de ces points des plans perpendiculaires à ces normales. Les plans issus des points a, a', a″ se coupent en un certain point. On obtient de même un point pour b, b', b″ et un troisième point pour c, c', c″. Ces trois points appartiennent à une même droite Λ.

Les projections de Λ, sur les plans déterminés par les normales N, N', N″, prises deux à deux, rencontrent ces normales aux centres de courbure principaux des trois surfaces homofocales.

Ces centres de courbure sont alors aussi les projections sur les normales N, N', N″ des points où Λ perce les plans déterminés par ces normales prises deux à deux. La droite, qui joint les projections sur deux de ces normales du point où Λ perce le plan de ces droites, est l'axe de courbure de la ligne d'intersection des surfaces homofocales normales à ce plan.

Comme je vais le montrer, on peut arriver à ce dernier théorème lorsqu'on sait déterminer pour un point d'une surface du second ordre les axes de l'indicatrice et les rayons de courbure principaux.

Soit m le point de (E) pour lequel nous allons chercher les axes de l'indicatrice et les rayons de courbure principaux de cette surface.

Appelons x, y, z les points de rencontre du plan tangent en m avec les trois axes de (E). Prenons x comme sommet d'un cône que nous circonscrivons à (E). Le plan de la courbe de contact de ce cône est parallèle au plan (oy, oz), et la

M.

trace de ce plan sur le plan tangent (xyz) est la parallèle à yz menée du point m. Cette parallèle et mx sont alors deux diamètres conjugués de l'indicatrice de la surface (E) en m. Ceci peut se répéter en prenant les cônes circonscrits à (E) qui ont pour sommet y ou z.

Nous trouvons ainsi que les droites mx, my, mz et les parallèles aux côtés du triangle xyz, issues du point m, sont trois couples de diamètres conjugués de l'indicatrice en m et forment alors un faisceau de six droites en involution [1].

Tous les systèmes de diamètres conjugués de l'indicatrice forment un faisceau en involution, et comme *dans un faisceau en involution il existe toujours un système de deux rayons conjugués rectangulaires, et qu'il n'en existe qu'un* [2], nous n'avons qu'à construire ce système de rayons rectangulaires pour avoir les axes de l'indicatrice en m.

Effectuons cette construction, qui n'est autre que la construction connue à l'aide de laquelle on détermine la direction des axes d'une conique lorsqu'on donne deux systèmes de diamètres conjugués.

Sur yz, prenons le segment compris entre le point y et la parallèle à xz menée du point m. Sur ce segment comme diamètre, décrivons une circonférence de cercle. Élevons une perpendiculaire à yz à partir du point où cette droite est rencontrée par xm. Cette perpendiculaire rencontre en deux points la circonférence que nous venons de décrire : les droites qui joignent ces deux points au point m comprennent entre elles des angles dont les bissectrices sont les axes de l'indicatrice en m.

Par les quatre points m, x, y, z, faisons passer une hyperbole équilatère. On sait que cette courbe passe par le point de rencontre des hauteurs du triangle xyz (ce point est le pied p de la perpendiculaire abaissée du centre o sur le plan tangent xyz). Coupons cette hyperbole par la droite à l'infini sur son plan. Joignons, par des droites, le point m aux points où cette droite rencontre l'hyperbole et les côtés du quadrilatère $mxyz$. Nous obtenons ainsi : les parallèles menées du point m aux asymptotes de la courbe, les droites mx, mz et les parallèles menées du point m aux côtés xy, yz. D'après le théorème de Desargues, ces droites forment un faisceau en involution. En rapprochant ce résultat de ce qui précède, nous voyons que :

---

(1) On sait du reste, indépendamment de ce que nous venons de dire, que : *si par un même point on mène des droites aux trois sommets d'un triangle, et des parallèles aux trois côtés, ces six droites forment trois couples en involution.* (CHASLES, *Traité de Géométrie supérieure*, 2ᵉ éd., p. 247.)

(2) *Loc. cit.*, p. 165.

Les axes de l'indicatrice en m sont parallèles aux asymptotes de l'hyperbole équilatère qui passe par les points m, x, y, z ([1]).

Dans cette hyperbole, nous avons deux triangles inscrits : ce sont xyz et le triangle formé par la droite de l'infini et les parallèles aux asymptotes menées de m. Les six côtés de ces triangles sont alors tangents à une conique. Cette conique est une parabole, puisqu'elle est tangente à la droite de l'infini. Le point m est un point de la directrice de cette parabole, ainsi que le point p. Nous avons alors ce théorème :

Les axes de l'indicatrice en m sont tangents à la parabole inscrite dans le triangle xyz et dont la directrice est la droite qui joint le point m au pied de la perpendiculaire abaissée du centre o sur le plan tangent (xyz) ([2]).

Conservons les notations précédentes. Appelons toujours N la normale en m à (E), et N′, N″ les axes de l'indicatrice de (E) en m. Désignons par a, b, c les points de rencontre de N avec les plans principaux de (E); de même, pour N′, on a les points a', b', c', et pour N″ les points a'', b'', c''. Nous venons de démontrer que les droites N′, N″, $a'a''$, $b'b''$, $c'c''$ sont tangentes à une même parabole, et, comme nous pouvons appliquer le même théorème aux deux surfaces homofocales (H′), (H″) à (E) qui passent par m, nous voyons que dans chacun des plans (N, N′), (N, N″), nous avons aussi une parabole tangente aux plans principaux de (E); l'une est tangente à N et N′, l'autre est tangente à N et N″.

Considérons en particulier la parabole qui, sur le plan (N, N′), est tangente aux droites N, N′, aa', bb', cc'. Les tangentes à cette parabole déterminent sur deux tangentes fixes des segments proportionnels. Prenons, comme tangentes fixes, N et la tangente qui est infiniment voisine de celle-ci. Puisque cette dernière droite est dans le plan d'une section principale de (E) et qu'elle est partagée, comme N, par N′ et les plans principaux, elle est, dans le plan (N, N′), la normale de (E) qui est infiniment voisine de N ([3]). Le point de rencontre μ, de ces deux tangentes infiniment voisines, qui est le point où la parabole

---

([1]) Il résulte de là ce théorème connu : *Les axes de* (E), *le diamètre om et les parallèles menées du point o aux axes de l'indicatrice en m appartiennent à un même cône du second ordre.*

([2]) On peut arriver à ce théorème sans passer par le théorème précédent en appliquant le corrélatif du théorème de Desargues.

([3]) Je m'appuie ici sur cette propriété que les normales d'une surface du second ordre sont partagées par cette surface et par ses plans principaux en segments proportionnels, propriété qui permet aussi d'arriver directement à la parabole employée ici.

touche N, est alors le centre de courbure principal de la section faite dans (E) par le plan NN′ ([1]). De même, on a sur N′ le point de contact μ'_1 de cette droite avec la parabole, qui est le centre de courbure principal de la section faite dans (H′) par le plan (N, N′). Ce que nous venons de trouver pour la parabole inscrite dans l'angle (N, N′) peut se répéter pour les deux autres. On voit donc que *ces trois paraboles touchent les droites* N, N′, N″, *aux six centres de courbures principaux des surfaces homofocales* (E), (H′), (H″).

La même propriété des tangentes à une parabole nous donne aussi $\dfrac{ab}{bc} = \dfrac{a'b'}{b'c'}$, et, comme ce dernier rapport est égal à $\dfrac{a''b''}{b''c''}$, nous retrouvons ce théorème :

Les normales en m aux trois surfaces homofocales qui passent par ce point sont partagées par les plans principaux en segments proportionnels.

En appliquant toujours la propriété des tangentes à une parabole de déterminer sur deux tangentes fixes des segments proportionnels, on voit encore que :

Le centre de courbure μ_1, situé sur la normale N *à* (E), *est placé, par rapport aux points a, b, c où cette normale rencontre les plans principaux, comme le point m est placé sur* N′, *par rapport aux points a′, b′, c′, où cette normale rencontre les plans principaux.*

De même, l'autre centre de courbure principal μ_2 situé sur N *est placé par rapport aux points a, b, c comme m est placé sur* N″ *par rapport aux points a″, b″, c″.*

D'après cela, on peut construire μ_1 et μ_2 de bien des manières différentes. Voici une des constructions donnant ces points :

Par les points a, a′, a″, on mène des plans respectivement perpendiculaires à N, N′, N″; *ces plans se coupent en un point α. De même, les points b, b′, b″ conduisent de la même manière à un point β. Les projections de la droite αβ sur les plans des sections principales* (N, N′), (N, N″) *de* (E) *rencontrent* N *aux centres de courbure principaux μ_1, μ_2.*

Cette même droite αβ, appelée Λ précédemment, conduit aussi aux centres de courbure principaux des surfaces (H′), (H″), ainsi qu'aux axes de courbure des lignes de courbure suivant lesquelles les trois surfaces homofocales (E), (H′), (H″) se coupent deux à deux.

([1]) On peut donc énoncer pour l'espace un théorème analogue à celui-ci : *La parabole tangente aux axes d'une ellipse ainsi qu'à la tangente et à la normale passant par un point donné touche cette normale au centre de courbure de l'ellipse*, théorème que j'ai donné, en 1857, dans les *Nouvelles Annales de Mathématiques*, p. 328. (*Voir* dans l'Appendice.)

Nous retrouvons ainsi le théorème démontré page 449.

Cette solution est plus rapide que la précédente. Connaissant les résultats de la première solution, la seconde devenait plus facile à établir.

DÉPLACEMENT D'UN DOUBLE CÔNE [1]:

Le corps mobile (S) se compose de deux cônes de révolution égaux, ayant pour base commune une circonférence C dont le plan est vertical et que je prends pour plan de la *fig.* 141. Les sommets s_1, s_2 des deux cônes se projettent au

Fig. 141.

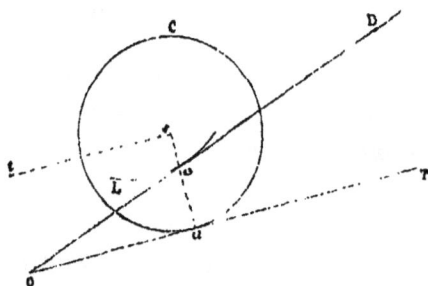

centre s de C. Ces cônes reposent sur deux droites directrices D_1, D_2 symétriquement placées par rapport au plan de C et qui se projettent sur ce plan suivant la même droite D.

Le plan tangent au cône s_1 mené par la droite D_1, sur laquelle il repose, coupe le plan analogue relatif au cône s_2 suivant la droite T tangente à C et qui passe par le point de rencontre o des directrices D_1, D_2.

Appelons c_1 le point où le cône de sommet s_1 touche D_1 et c_2 le point analogue pour l'autre cône; la droite $c_1 c_2$ est perpendiculaire au plan de C et le coupe au point c.

Lorsque le corps (S), formé par les deux cônes, se déplace, la circonférence C reste toujours tangente à la droite T, par suite :

Le centre s de C décrit une droite st parallèle à T.

Le déplacement infiniment petit du corps mobile (S) est une rotation autour

---

Voir *Comptes rendus*, 20 octobre 1890, une Communication de M. Resal sur ce sujet.

de la droite $c_1 c_2$, qui est un axe instantané de rotation. Cela étant vrai quelle que soit la position de (S), on voit que :

Le plan $(D_1 D_2)$ *des directrices est le lieu des axes instantanés de rotation.*

Ces axes instantanés, perpendiculaires au plan de C, sont parallèles : par suite les droites qui deviennent ces axes forment une surface cylindrique. C'est cette surface cylindrique qui, en roulant sur le plan $(D_1 D_2)$, entraîne le corps (S). Cherchons la nature de la section déterminée dans ce cylindre par le plan de C.

Pendant le roulement du cylindre cette courbe de section se déplace sur son plan en roulant sur D. Mais nous savons que le point s, entraîné dans ce déplacement, décrit une droite; la courbe roulante est donc telle qu'un point de son plan décrit une droite : c'est alors une spirale logarithmique L, comme nous le verrons dans l'Appendice.

Nous arrivons ainsi à ce résultat curieux :

Le déplacement du double cône (S) *s'obtient en liant ce corps à un cylindre, dont les génératrices sont horizontales et dont la section droite est une spirale logarithmique, cylindre qui roule sur le plan des directrices* D_1, D_2.

On comprend qu'il est facile maintenant d'examiner comment ce déplacement est modifié lorsqu'on change les dimensions du corps (S) et l'angle des directrices.

Prenons seulement le cas où les directrices, passant toujours par o et restant toujours dans les plans tangents aux cônes qui les contiennent, comprennent entre elles un nouvel angle. Ces nouvelles directrices se projettent suivant une droite qui part de o et qui est différente de D. Par suite, la spirale logarithmique section droite du cylindre qui roule sur le plan incliné formé par les nouvelles directrices est différente de la première L. On voit ainsi que :

Les cônes restant toujours tangents aux mêmes plans, le déplacement de (S) *est modifié lorsqu'on fait varier l'angle des directrices.*

On peut ajouter que *le lieu des points de contact de l'un des cônes avec la directrice sur laquelle il repose est une courbe qui coupe sous le même angle les génératrices de ce cône, c'est-à-dire une loxodromie;*

Et que, *sur le cylindre mobile, cette courbe est une hélice* (¹).

(¹) M. Resal a cherché la courbe décrite par le centre d'une sphère mobile que l'on substitue au

Un problème n'est complètement étudié que si l'on se rend assez compte de la manière dont les données interviennent dans sa solution pour qu'on puisse modifier ces données sans altérer le résultat.

C'est ainsi qu'après avoir fait voir que le déplacement d'un double cône sur deux directrices rectilignes peut être obtenu en liant ce corps à un cylindre dont la section droite est une spirale logarithmique, je vais montrer qu'on arrive à ce même résultat en remplaçant les directrices rectilignes par des directrices en hélices.

Appelons toujours C la base commune des cônes. Le plan de C qui est supposé vertical est pris pour plan de la *fig.* 142. Les sommets s_1, s_2 des deux cônes, sy-

Fig. 142.

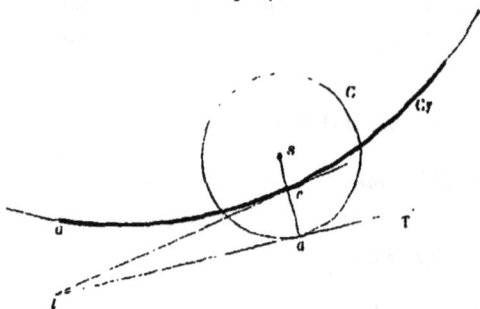

métriques par rapport au plan de C, se projettent au centre s de la circonférence C. Ces cônes reposent maintenant sur deux hélices qui se projettent sur l'arc, tracé en trait fort, de la circonférence Cy qui est la projection du cylindre de révolution sur lequel sont ces hélices. Ces courbes, symétriques par rapport au plan de la figure, partent du point o de ce plan.

Pour une position du double cône (S), ce corps touche les hélices directrices aux points c_1, c_2 qui se projettent en c. Le plan tangent au cône de sommet s_1 qui touche en c_1 l'une des hélices contient la tangente à cette courbe et fait, avec le plan de la figure, un angle qui ne varie pas lorsqu'on déplace (S).

Les plans tangents analogues à celui-là sont donc des plans menés par les tangentes à une hélice tracée sur un cylindre de révolution et qui font des angles égaux avec un plan de section droite de ce cylindre.

double cône. Il a trouvé que cette courbe est une ellipse. M'appuyant alors sur la réciproque d'une proposition démontrée page 28, je puis dire :

Le déplacement de cette sphère mobile s'obtient en la liant à un cylindre, dont les génératrices sont horizontales et dont la section droite est une épicycloïde ordinaire, cylindre qui roule sur le plan des directrices. L'intersection de ce cylindre et de la sphère est le lieu des points de contact de cette sphère et des directrices.

L'enveloppe de ces plans est un hélicoïde développable dont la trace sur le plan de la figure est une développante d'un cercle concentrique à Cy.

Appelons t la trace sur le plan de la figure de la tangente à l'hélice en c_1, et T la trace sur le même plan du plan tangent au cône de sommet s_1 mené par c_1t.

La droite T touche C au point a où cette circonférence est rencontrée par sc, projection de la génératrice de contact du cône s_1 et de son plan tangent mené par c_1t. Le point a est le point de contact de T et de la développante de cercle dont je viens de parler.

Comme le rayon de C est constant, le point s décrit alors aussi une développante d'un cercle concentrique à Cy.

Mais (comme je le démontrerai plus loin) la courbe qui, en roulant sur Cy, fait décrire à un point de son plan une développante d'un cercle concentrique Cy, est une spirale logarithmique.

Raisonnant alors comme précédemment, on arrive à ce résultat :

Le déplacement d'un double cône sur deux hélices, qui sont tracées sur un cylindre de révolution perpendiculaire au plan de la base des cônes et qui sont symétriques par rapport à ce plan, s'obtient en liant ce double cône à un cylindre dont la section droite est une spirale logarithmique et qui roule sur le cylindre de révolution de façon que ses génératrices viennent successivement coïncider avec celles de ce cylindre.

Lorsque le cylindre de révolution sur lequel sont tracées les hélices directrices se réduit à un plan, ces hélices deviennent les directrices rectilignes du double cône mobile; on retrouve ainsi, comme cas particulier, la proposition à laquelle j'étais arrivé directement (p. 454).

Il reste à démontrer ce théorème sur lequel je me suis appuyé :

La courbe qu'il faut faire rouler sur un cercle Cy pour qu'un point de son plan décrive une développante d'un cercle concentrique à Cy est une spirale logarithmique.

Les portions des normales à la développante du cercle concentrique à Cy, comprises entre cette développante et Cy, sont ce que deviennent successivement les rayons vecteurs de la courbe roulante que nous cherchons. Mais les normales à cette développante étant tangentes au cercle concentrique à Cy font des angles égaux avec Cy. La courbe roulante est alors une courbe qui rencontre ses rayons vecteurs sous des angles égaux. C'est donc une spirale logarithmique et le point décrivant est le pôle de cette spirale.

Pour terminer j'ajoute que, dans le cas où l'on substitue une sphère (Σ) au double cône, le centre de cette sphère est sur la surface-canal enveloppe d'une sphère égale à (Σ) et dont le centre décrit une des hélices directrices Comme le centre de la sphère mobile (Σ) reste dans le plan de la figure, on voit que ce centre décrit une section plane de la surface-canal.

Il suffirait de connaître la génération de cette courbe, considérée comme une roulette dont la base est une circonférence de cercle, pour achever le problème du déplacement de la sphère mobile, ainsi que je viens de le faire pour le déplacement du double cône.

NOTIONS SUR LE DÉPLACEMENT INFINIMENT PETIT D'UNE FIGURE POLYÉDRALE DE DIMENSIONS VARIABLES.

Faisons remarquer d'abord que l'étude relative à une figure polyédrale de forme variable correspond dans l'espace à l'étude analogue qui a été faite en Géométrie cinématique plane (p. 44) dans le cas du déplacement infiniment petit d'une figure polygonale. J'ai donné alors quelques formules qui ont permis de résoudre un grand nombre de questions.

Mais dans le cas d'un polygone variable, il suffit de considérer les côtés et les angles, tandis que pour le problème analogue de l'espace, il faut ajouter, aux côtés et aux angles plans, les faces donnant lieu aux angles dièdres.

En outre, sur le plan, un point décrit toujours une ligne et dans l'espace on doit étudier les déplacements pour lesquels les points se déplacent sur leurs surfaces trajectoires. On comprend d'après cela de quelle étendue serait l'étude du déplacement d'une figure polyédrale si l'on voulait lui donner le développement qu'elle comporte. Ici je me propose simplement de l'aborder ; je donnerai certaines formules, non seulement en vue de quelques applications, mais aussi et surtout pour montrer la marche uniforme qui permet de les obtenir facilement.

Les conditions de déplacement d'une figure polyédrale sont métriques ou descriptives. S'il s'agit de conditions métriques, on doit chercher l'expression de la variation de grandeur d'un côté, l'expression de la variation de grandeur d'un angle plan, l'expression de la variation de grandeur d'un angle dièdre.

Je dirai plus loin quelques mots pour montrer comment on obtient ces trois expressions.

Je vais d'abord parler des conditions du déplacement qui sont descriptives en commençant par le cas où les points décrivent des lignes trajectoires.

M.

Ainsi que je l'ai déjà dit, le déplacement infiniment petit d'un point sur sa trajectoire peut être obtenu au moyen d'une rotation autour d'une droite quelconque tracée sur le plan normal à la trajectoire du point mobile, pourvu que cette droite ne passe pas par le point.

Soient a le point mobile, p la distance de ce point à l'axe de rotation, $d\omega$ l'angle infiniment petit dont tourne la figure autour de cet axe, on a

$$(1) \qquad d(a) = p.d\omega.$$

Une droite G pendant son déplacement engendre une surface réglée (G). On peut l'amener de la position qu'elle occupe à sa position infiniment voisine, d'une infinité de manières, en la faisant tourner autour d'une quelconque de ses conjuguées qui sont, comme nous l'avons vu, les génératrices du paraboloïde des normales relatif à (G).

Soient Δ cette conjuguée, $d\omega$ l'angle de rotation autour de Δ et G' ce que devient G après cette rotation infiniment petite.

Nous avons trouvé, page 117,

$$(2) \qquad \left(\widehat{G, G'}\right) = \sin(G, \Delta)\,d\omega.$$

Si le point a est un point de G, en rapprochant les formules (1) et (2), il vient

$$(3) \qquad \left(\widehat{G, G'}\right) = \frac{\sin(G, \Delta)\,d(a)}{p}$$

ou

$$(3') \qquad d(a) = \frac{p \times \left(\widehat{G, G'}\right)}{\sin(G, \Delta)}.$$

Lorsqu'il s'agit du déplacement d'une droite G indépendamment des trajectoires de ses points, si on la lie à un plan qui lui est perpendiculaire, on peut employer l'adjointe L à ce plan; alors aussi, $d\omega$ étant l'angle de rotation de L,

$$\left(\widehat{G, G'}\right) = \sin(G, L)\,d\omega,$$

puisque L est une génératrice du paraboloïde des normales relatif à (G).

Appelons dg la plus courte distance de G à G'.

Le paramètre de distribution des plans tangents à (G) pour la génératrice G est égal à $n_{G, \Delta}.\cot(G, \Delta)$, en désignant par $n_{G, \Delta}$ la plus courte distance de G et de sa conjuguée Δ (p. 114). Ainsi

$$\frac{dg}{(G, G')} \cdot n_{(G, \Delta)} \cot(G, \Delta),$$

d'où, en employant la formule (2),

(4) $$dg = n_{(G, \Delta)} \cos(G, \Delta)\, d\omega$$

et, par suite,

(3″) $$d(a) - \frac{p.dg}{n_{(G, \Delta)} \cos(G, \Delta)}.$$

Prenons maintenant un plan (P). Pendant le déplacement il enveloppe une surface développable et, pour une position de la figure, il touche cette surface suivant sa caractéristique C.

On peut amener (P) de la position qu'il occupe à sa position infiniment voisine en le faisant tourner autour d'une droite du plan mené par C perpendiculairement à (P), pourvu que cette droite ne soit pas perpendiculaire à C.

Appelons R l'axe de rotation ainsi choisi, $d\omega$ l'angle infiniment petit dont tourne la figure autour de R et $d\varphi$ l'angle que fait (P) avec sa position infiniment voisine.

On a (p. 117)

(5) $$d\varphi = \cos[(P), R]\, d\omega.$$

Si a est un point marqué du plan (P), on a

$$d(a) = p_{(a, R)}\, d\omega;$$

en désignant par $p_{(a, R)}$ la distance de a à R; donc

(6) $$d(a) - \frac{p_{(a, R)}\, d\omega}{\cos[(P), R]}.$$

L'axe de rotation R est alors l'intersection du plan normal relatif à (a) et du plan mené par C perpendiculairement au plan (P).

Supposons que la droite G soit une droite marquée du plan (P) et que G engendre (G). Le déplacement de la droite et du plan ne peut plus s'obtenir par une simple rotation, mais il est facile de construire l'adjointe L au plan perpendiculaire à (G) et cette droite suffit pour déterminer les variations angulaires relatives à (P) et à G.

Pour construire L, on mène par la caractéristique C de (P) un plan perpendiculaire à celui-ci, on prend sur le plan ainsi mené les traces de deux normales à G et l'on joint par une droite ces deux traces.

On a

$$d\varphi = \cos[(P), L]\, d\omega,$$

$$\left(\widehat{G, G'}\right) = \sin(G, L)\, d\omega,$$

d'où

(7)
$$d\varphi = \frac{\cos[(P), L]\left(\widehat{G, G'}\right)}{\sin(G, L)}.$$

Introduisons l'angle (G, C), on a

$$\cos(G, L) = \cos(G, C)\cos(L, C),$$

et comme l'angle (L, C) est l'angle de L et de (P), on voit que

$$\cos[(P), L] = \frac{\cos(G, L)}{\cos(G, C)}.$$

Portant cette valeur dans (7), il vient

(8)
$$\left(\widehat{G, G'}\right) = \operatorname{tang}(G, L)\cos(G, C)\, d\varphi.$$

Le paramètre de distribution des plans tangents à (G) pour G est

$$\frac{dg}{\left(\widehat{G, G'}\right)}$$

qui est égal à

$$n_{(G, L)}\cot(G, L);$$

on a alors, en employant la formule (8),

(9)
$$dg = n_{G, L}\cos(G, C)\, d\varphi.$$

Toutes ces formules sont relatives à une figure de forme invariable, mais elles permettent très facilement de trouver des relations entre des éléments qui se rapportent à une figure de forme variable.

Si, par exemple, *on a une droite mobile* G *qui reste tangente à trois surfaces et dont les extrémités a, b restent sur deux surfaces fixes données* (A), (B), *on peut chercher le rapport* $\dfrac{d(a)}{d(b)}$.

On considère a comme un point marqué de G.

La normale en a à (A) rencontre le paraboloïde des normales relatif à (G) en un seul point, puisque a est déjà un point de cette surface. La génératrice de ce paraboloïde, qui passe par ce point, est l'axe de rotation à l'aide duquel on peut amener G dans sa position infiniment voisine en même temps que a décrit (a). On peut alors appliquer la formule (3′) pour avoir $d(a)$. On opère de même pour le point (b) et la formule (3′) donne l'expression de $d(b)$.

Le rapport $\dfrac{d(a)}{d(b)}$ est alors immédiatement obtenu au moyen de termes finis, puisque l'angle infiniment petit $\left(\stackrel{\frown}{\mathrm{G},\ \mathrm{G}'}\right)$ a disparu. On a donc ainsi l'expression du rapport des chemins parcourus par les extrémités d'une droite mobile de longueur variable.

Un plan mobile (P) *rencontre deux courbes* (a), (b) *aux points a, b; quelle est l'expression du rapport* $\dfrac{d(a)}{d(b)}$?

Soit C la caractéristique de (P) pour une de ses positions.

Menons par cette droite un plan perpendiculaire à (P) et prenons l'intersection R de ce plan et du plan normal relatif à a. La droite R est l'axe de rotation qui permet d'amener le plan (P) dans sa position infiniment voisine, en entraînant a considéré comme point marqué de ce plan.

On peut alors appliquer la formule (6) pour obtenir l'expression de $d(a)$. On obtient de même l'expression de $d(b)$.

Le rapport de ces deux expressions donne la valeur de $\dfrac{d(a)}{d(b)}$ en termes finis.

Un plan mobile (P) *rencontre trois courbes* (a), (b), (c). *On mène la droite bc; quelle est l'expression du rapport de* $d(a)$ *à l'angle que fait bc avec sa position infiniment voisine?*

On considère a comme un point marqué de (P) et l'on a alors l'expression de $d(a)$ par la formule (6). Puis on suppose que bc est une droite marquée de (P) et l'on détermine par la formule (8) l'angle de bc avec sa position infiniment voisine.

Le rapport de ces deux expressions est ce qu'il fallait déterminer.

Ces quelques exemples montrent, je pense, assez clairement, la marche constante que l'on doit suivre pour trouver le rapport d'éléments infiniment petits déterminés simultanément pendant la déformation d'une figure polyédrale mobile.

Voici maintenant une autre application des formules précédentes; elle va nous conduire à des résultats dont il a déjà été question (p. 384).

Une droite D *se déplace de façon que deux de ses points* a, b *décrivent des courbes données* (a), (b) : *construire l'axe de courbure de la trajectoire d'un point quelconque de* D.

Considérons a comme un point marqué de son plan normal relatif. Appelons Γ l'axe de courbure de (a) et ρ_a le rayon de courbure de cette courbe. La droite Γ est la caractéristique du plan normal relatif à a. Désignons par $d\varphi$ la rotation infiniment petite de a autour de Γ. On a

$$d(a) = \rho_a \, d\varphi.$$

Appelons Δ_1 la conjuguée de D. Considérons Δ_1 comme une droite marquée du plan normal relatif à (a). Après un déplacement infiniment petit de D, sa conjuguée Δ_1 vient en Δ'_1. Appelons dg_{Δ_1} la plus courte distance de Δ_1 et Δ'_1. On a, en appliquant la formule (3),

$$dg_{\Delta_1} = n_{(\Delta_1, L)} \cos(\Delta_1, \Gamma) \, d\varphi.$$

Alors

$$d(a) = \frac{\rho_a \, dg_{\Delta_1}}{n_{(\Delta_1, L)} \cos(\Delta_1, \Gamma)}.$$

Le point a étant un point marqué sur D, on a aussi, en appliquant la formule (3''),

$$d(a) = \frac{p_{(a, \Delta_1)} \, dg_D}{n_{(D, \Delta_1)} \cos(D, \Delta_1)}.$$

Rapprochant ces deux expressions de $d(a)$, il vient

$$\frac{p_{(a, \Delta_1)} \, dg_D}{n_{(D, \Delta_1)} \cos(D, \Delta_1)} = \frac{\rho_a \, dg_{\Delta_1}}{n_{(\Delta_1, L)} \cos(\Delta_1, \Gamma)},$$

qu'on peut écrire

$$\frac{\rho_a}{n_{(\Delta_1, L)} \times p_{(a, \Delta_1)} \cos(\Delta_1, \Gamma)} = \frac{dg_D}{dg_{\Delta_1} \times n_{(D, \Delta_1)} \cos(D, \Delta_1)}.$$

Mais, pour un déplacement infiniment petit, le second membre de cette égalité est constant : donc quelle que soit la position de a sur D, on a

$$n_{(\Delta,\,L)} \times p_{(a,\,\Delta_1)} \frac{\rho_a}{\cos(\Delta_1,\,\Gamma)} = \text{constante.}$$

Prenons deux plans de projection (*fig.* 143), l'un mené par a et Δ_1, et l'autre

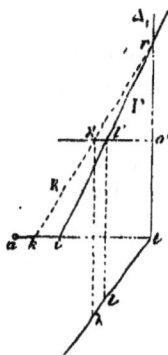

Fig. 143.

mené par a perpendiculairement à Δ_1. Ces deux plans se coupent suivant la perpendiculaire ai abaissée de a sur Δ_1.

Sur le plan (a, Δ_1) on a ir qui est l'axe de courbure Γ de (a) et $o'l'$ qui est la projection de la perpendiculaire commune à Δ_1 et L.

Sur l'autre plan de projection, cette perpendiculaire commune se projette sans altération de grandeur suivant tl.

On a

$$\rho_a = ai\cos(\Delta_1, \Gamma).$$

La relation précédente peut alors s'écrire

$$\frac{ai}{ti \times at} = \text{constante.}$$

Soit $\dfrac{1}{i\lambda}$ cette constante.

On a alors

$$\frac{ai}{at} = \frac{tl}{i\lambda} = \frac{o'l'}{o'\lambda'} = \frac{ti}{tk}.$$

Ainsi

$$\frac{ai}{at} = \frac{ti}{tk}$$

que l'on peut écrire

$$\frac{1}{tk} = \frac{1}{ti} = \frac{1}{at},$$

ce qui permet de construire k.

Remarquons maintenant que pour chacune des positions de D on a une position de Δ_1 et que, par conséquent, lorsque D engendre (D), Δ_1 engendre une surface (Δ_1).

L'adjointe L est une génératrice du paraboloïde des normales relatif à (Δ_1) et le point o', qui est sur Δ_1 le pied de la perpendiculaire commune à cette droite et à L, est alors le point central sur Δ_1.

En outre, puisque le plan normal relatif à (a) passe successivement par les différentes positions de Δ_1, la caractéristique de ce plan, c'est-à-dire Γ, coupe Δ_1 au point r où le plan (a, Δ_1) touche (Δ_1).

Un plan quelconque mené par la perpendiculaire élevée du point r au plan de projection, autrement dit un plan normal en r à (Δ_1), coupe le paraboloïde des normales à (Δ_1) suivant une génératrice de ce paraboloïde. Ceci est vrai pour le plan projeté suivant kr. Mais ce plan rencontre au point (λ, λ') la perpendiculaire commune à Δ_1 et à L, c'est-à-dire la normale élevée du point central o', et ce point d'intersection est fixe sur cette normale quel que soit le point considéré sur D, puisque la distance $t\lambda$ est constante; donc les plans tels que celui qui est mené par (k, r) perpendiculairement à (a, Δ_1) se coupent suivant une même génératrice du paraboloïde des normales à (Δ_1).

J'appellerai K la droite kr; je désignerai par (K) le plan mené par kr perpendiculairement au plan (a, Δ_1). La droite suivant laquelle se coupent les plans tels que (K), je l'appellerai Δ_2.

Résumant alors ce qui précède, voici comment on détermine Δ_2.

Sur le plan normal en a à (a) on a la conjuguée Δ_1 de D et l'axe de courbure Γ de (a). Ces deux droites se coupent en r. La perpendiculaire at à Δ_1 coupe Γ en i. Sur ta, on prend un point k tel que

$$\frac{1}{tk} = \frac{1}{ti} - \frac{1}{ta}.$$

On joint le point k au point r par la droite K, et suivant cette droite on mène un plan (K) perpendiculairement au plan normal en a à (a) :

Pour chacun des points de D on a un plan tel que (K) : *tous ces plans se coupent suivant la même droite* Δ_2.

La droite Δ_2 est donc facile à construire lorsqu'on connait les axes de courbure des trajectoires (a) et (b) de D.

Cette droite étant connue, on construit comme il suit l'axe de courbure de la trajectoire d'un point quelconque c de D : on projette Δ_2 sur le plan (c, Δ_1); la droite ainsi obtenue coupe Δ_1 au point r' et la perpendiculaire ct', abaissée de c sur Δ_1, au point k'; on détermine sur ct' un point i' tel que

$$\frac{1}{i'k'} = \frac{1}{i'i'} - \frac{1}{i'c'}.$$

La droite $i'r'$ est l'axe de courbure de (c).

Le plan mené de c perpendiculairement à cette droite est le plan osculateur de (c) et le point de rencontre de ce plan et de cette droite est le centre de courbure de (c).

La question posée est ainsi résolue.

Les droites telles que kr, $k'r'$, étant les projections de Δ_2 sur des plans passant par Δ_1, sont les génératrices d'un hyperboloïde qui contient Δ_1, Δ_2. D'un

Fig. 144.

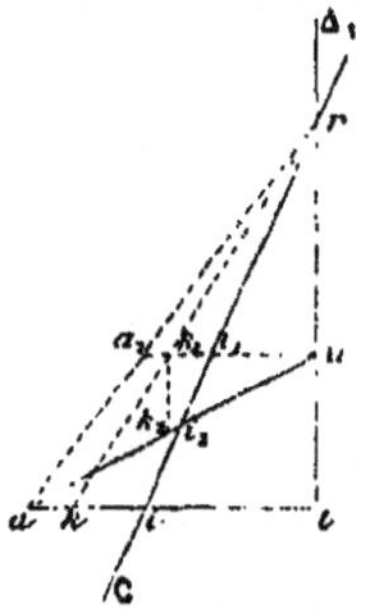

autre côté, les perpendiculaires telles que at, abaissées des points de D sur Δ_1, forment un paraboloïde hyperbolique qui contient aussi Δ_1. Les points tels que k, qui appartiennent à la ligne d'intersection de ces deux surfaces, sont donc sur une cubique gauche. Au lieu d'une cubique gauche, on a simplement une circonférence de cercle lorsqu'il s'agit d'une droite qui glisse sur un plan; dans ce cas, la droite Δ_2 est, comme Δ_1, perpendiculaire au plan sur lequel s'effectue le déplacement.

Reprenons, comme plan de la *fig.* 144, le plan normal relatif au point a.

Menons la droite arbitraire au et du point u la perpendiculaire ua_1 à Δ_1. Les droites ri, rk coupent cette droite aux points i_1, k_1.

On a aussi

$$\frac{1}{uk_1} = \frac{1}{ui_1} - \frac{1}{ua_1}.$$

M.

59

Mais l'angle ari, coupé par les deux transversales ua_1, ua, donne

$$\frac{1}{ui_1} - \frac{1}{ua_1} = \left(\frac{1}{ui_2} - \frac{1}{ua}\right)\frac{1}{\sin rua};$$

par suite, en employant la relation précédente,

$$\frac{\sin rua}{uk_1} = \frac{1}{ui_2} - \frac{1}{ua},$$

et si l'on prend sur ua un point k_2 tel que

$$\frac{1}{uk_2} = \frac{1}{ui_2} - \frac{1}{ua},$$

on voit que $k_1 k_2$ est parallèle à Δ_1.

Après avoir construit k_2 sur au, comme on construit k sur at, *on obtiendra donc k, à la rencontre de la perpendiculaire uk_1 à Δ_1 et de la parallèle à Δ_1 menée de k_2.*

Voici comment on emploie le point k_2.

Supposons que le point a soit sur la surface $[a]$ ayant pour normale la droite au. Le point i_2 est alors le centre de courbure de la section faite dans $[a]$ par le plan normal à cette surface et qui est tangent à (a). Ce point i_2 est le même lorsque la trajectoire du point a varie sur $[a]$ en restant tangente à (a). Les axes de courbure de ces courbes passent tous par ce point i_2 et le point k_2 obtenu par la relation

$$\frac{1}{uk_2} = \frac{1}{ua} - \frac{1}{ui_2}$$

est alors un point qui, sur la normale au, est le même pour toutes les courbes tangentes en a à (a). Par suite, il en est de même du point k_1.

On voit donc que :

Lorsque les différentes trajectoires de a sont tangentes entre elles en a sur $[a]$, les droites telles que kr passent par un même point k_1.

Cette remarque conduit à la solution du problème suivant :

Une droite D *se déplace de façon que quatre de ses points restent sur quatre surfaces données, construire l'axe de courbure de la trajectoire d'un point quelconque de la droite mobile.*

Pour une position de la droite mobile, menons respectivement des quatre points donnés les normales aux surfaces directrices. La conjuguée Δ_1 est la droite qui rencontre ces quatre normales.

Si a est le point de D qui reste sur $[a]$ et si au est la normale en a à cette surface, on connaît le centre de courbure i_2 de la section faite dans $[a]$ par le plan mené par au perpendiculairement au plan (a, Δ_1). Par suite, on peut déterminer k_2 et puis k_1.

Mais ce point est sur kr; donc la droite élevée de ce point perpendiculairement au plan (a, Δ_1) rencontre Δ_2.

Pour chacun des quatre points de D, on sait donc déterminer une droite que Δ_2 doit rencontrer. Au moyen de ces quatre droites, nous pouvons construire Δ_2.

La connaissance de la droite Δ_2 permet d'obtenir facilement l'axe de courbure de la trajectoire d'un point arbitraire de D, comme je l'ai déjà dit.

Les quatre droites qui servent à construire Δ_2 sont perpendiculaires à Δ_1; c'est pourquoi il n'y a qu'une seule droite Δ_1 à distance finie qui les rencontre.

Comme cas particulier, on peut considérer le suivant :

Un point a d'une droite mobile D reste sur une courbe donnée, tandis que deux autres de ses points restent sur deux surfaces données : chercher l'axe de courbure de la trajectoire d'un point de D.

Les deux points qui se déplacent chacun sur une surface donnent lieu à deux droites qui rencontrent Δ_2.

Comme en outre Δ_2 doit être dans un plan tel que (K), que l'on détermine facilement puisque l'on connaît l'axe de courbure de (a), elle est alors la droite qui joint les traces sur ce plan des deux droites dont je viens de parler.

La droite Δ_2 étant connue, la solution s'achève comme précédemment.

Ce cas particulier permet de résoudre ce problème :

Une droite D se déplace de façon que trois de ses points restent sur trois surfaces données : déterminer les éléments de courbure de la surface trajectoire d'un point quelconque de D.

Soient a, b, c les points de D qui restent sur $[a]$, $[b]$, $[c]$; par la normale A en a à $[a]$ menons un plan arbitraire.

Il est rencontré par les normales en b et c à $[b]$ et $[c]$ en deux points : la droite qui joint ces deux points est une conjuguée Δ_1 de D. Le plan arbitraire mené par A coupe $[a]$ suivant une courbe (a).

Si le point a de D décrit (a) tandis que b et c restent sur $[b]$ et $[c]$, on peut, en appliquant le cas particulier précédent, déterminer la droite Δ_2 qui permet de construire l'axe de courbure de la trajectoire d'un point quelconque m de D.

Modifions le plan arbitraire mené par A: nous aurons une autre trajectoire pour m et un nouvel axe de courbure. On peut déterminer pour le même point un troisième axe de courbure relatif à une nouvelle trajectoire de m.

La connaissance de ces trois axes de courbure permet d'achever facilement le problème proposé.

Ces différents problèmes sont des exemples de l'emploi de la droite Δ_2 pour la détermination des axes de courbure; on peut aussi remarquer que cette droite étant une génératrice du paraboloïde des normales relatif à (Δ_1) conduit immédiatement à la construction des plans tangents à cette surface pour les points de Δ_1.

Nous avons posé (p. 463)

$$\frac{dg_D}{dg_{\Delta_1} \times n_{(D, \Delta_1)} \cos(D_1, \Delta_1)} = \frac{1}{l\lambda}.$$

Mais

$$\frac{dg_D}{(D, D')} = \frac{n_{(D, \Delta_1)}}{\tan(D, \Delta_1)}, \qquad \frac{dg_{\Delta_1}}{(\widehat{\Delta_1, \Delta_1'})} = \frac{l\lambda}{\tan(\Delta_1, \Delta_2)};$$

on a alors

$$\frac{(\widehat{D, D'})}{(\widehat{\Delta_1, \Delta_1'})} = \frac{\sin(D, \Delta_1)}{\tan(\Delta_1, \Delta_2)},$$

égalité dont j'avais annoncé la démonstration page 385.

Les formules démontrées précédemment peuvent être utilisées pour répondre à beaucoup de questions. En particulier, on peut les employer pour résoudre ce problème :

Un dièdre de grandeur invariable se déplace de façon que ses faces restent chacune tangente à une développable donnée; connaissant les axes de courbure de ces surfaces développables, construire l'axe de courbure de la surface développable enveloppe d'un plan lié au dièdre mobile et qui passe par l'arête de ce dièdre.

Mais, comme on l'a vu page 384, le mode de transformation dont j'ai parlé permet de déduire la solution de ce problème de la solution du problème relatif aux axes de courbure des trajectoires des points d'une droite mobile : il n'y a donc pas lieu de le traiter directement.

Il est inutile aussi de chercher le rapport $\dfrac{(\widehat{G, G'})}{(\widehat{L_1, L_1'})}$, dans lequel G est l'arête du dièdre et G' sa position infiniment voisine, L_1 est l'adjointe au plan perpendiculaire à G, et L' sa position infiniment voisine, parce que j'ai montré aussi, page 385, que l'expression de ce rapport résulte, par transformation, de l'expression du rapport $\dfrac{(\widehat{\mathrm{D}, \mathrm{D}'})}{(\Delta_1, \Delta'_1)}$, et qu'il est égal à $\dfrac{\sin(\mathrm{G}, \mathrm{L}_1)}{\tan(\mathrm{L}_1, \mathrm{L}_4)}$.

Jusqu'à présent, je n'ai parlé, pour le déplacement d'une figure polyédrale, que de conditions descriptives. Pour terminer, je vais dire quelques mots des conditions métriques.

Les éléments métriques d'une figure polyédrale sont les angles dièdres, les angles plans et les côtés.

Les expressions des variations des angles dièdres ou plans se déduisent très simplement des formules données page 94. Cherchons, par exemple,

L'expression de la variation de l'angle dièdre compris entre les plans tangents menés d'un point a, d'une courbe (a), à deux surfaces développables données lorsque a se déplace sur (a).

Soient respectivement B, C les droites de contact des faces du dièdre et des surfaces développables données. Ces droites sont les caractéristiques des faces du dièdre pour un déplacement infiniment petit de *a* sur (*a*).

Les plans normaux aux faces du dièdre menés respectivement par B et C se coupent suivant L, qui est l'adjointe au plan perpendiculaire à l'arête G du dièdre. Le plan mené par G parallèlement à L est le plan central de (G) pour G.

Du centre *o* d'une sphère, menons des plans parallèles aux faces du dièdre et les rayons *og*, *ob*, *oc* parallèles aux droites G, B, C. La variation de l'angle *bgc*, lorsque *g* se déplace sur (*g*) qui correspond à (G), est égale à la variation de l'angle dièdre. Pour avoir la variation de l'angle *bgc*, menons en *g* le plan normal à (*g*), et en *b* et *c* les plans normaux aux arcs enveloppés par les grands cercles correspondant aux faces du dièdre. Ces plans sont respectivement parallèles au plan central de (G) pour G et aux plans normaux à (B) et (C) menés suivant les caractéristiques de ces faces.

Sur la sphère, en appelant γ et γ' les points de rencontre de l'arc de grand cercle normal à (*g*) avec les arcs normaux en *b* et *c* aux enveloppes des côtés de l'angle, on a

$$d\Phi = d(g)\left(\frac{1}{\tan b\gamma} - \frac{1}{\tan c\gamma'}\right).$$

Appelons Γ et Γ' les traces des plans normaux aux développables suivant B et C sur le plan central de (G). Appliquant cette formule, on a pour l'expression de la variation de l'angle dièdre

$$d\Phi = \left(\widehat{\mathrm{G}, \mathrm{G}'}\right)\left[\frac{1}{\tan g(\mathrm{G}, \Gamma)} - \frac{1}{\tan g(\mathrm{G}', \Gamma')}\right].$$

De la même manière, en appliquant la formule sphérique donnée en haut de la page 94, on a tout de suite l'expression de la variation de grandeur d'un angle plan.

L'angle mobile peut être donné ainsi : son sommet a est sur une surface $[a]$, l'un des côtés est tangent en b et c à deux surfaces données (B) et (C); l'autre côté est tangent en g, h à deux autres surfaces données (G), (H). Montrons que :

Les caractéristiques qu'on obtient pour tous les déplacements de a, à partir de la position qu'il occupe, passent par un même point.

Soient A, B, C les normales à $[a]$, (B), (C) élevées de a, b, c. Considérons ab comme une droite marquée du plan de l'angle. La conjuguée Δ de cette droite est dans le plan mené par A normalement à la trajectoire de a et elle passe par les traces de B et C sur ce plan. Elle est alors une génératrice de l'hyperboloïde défini par A, B, C. Coupons cet hyperboloïde par un plan mené par ab perpendiculairement au plan de l'angle. Puisque ab est une génératrice de l'hyperboloïde, la section ainsi obtenue est une droite M. Le point de rencontre de Δ et de M se projette sur ab en un point de la caractéristique relative au déplacement qui a donné Δ. Pour l'autre côté de l'angle, on peut répéter ce que nous venons de dire et l'on a une droite N.

On obtient une caractéristique en projetant sur le plan de l'angle la droite qui joint les points de rencontre de M et de N avec un plan passant par A. Toutes les caractéristiques sont alors les projections des génératrices de l'hyperboloïde défini par A, M, N. Mais, parmi ces génératrices, il y en a une projetée en a, donc il y en a une autre parallèle à cette droite qui se projette en un point, et ce point est celui par lequel passent toutes les caractéristiques.

On peut dire aussi que les caractéristiques du plan de l'angle mobile passent par le point où ce plan touche la surface à laquelle il reste tangent.

Cherchons *l'expression de la variation de longueur d'un segment d'une droite mobile dans l'espace.*

La droite mobile G (*fig. 145*) se déplace en restant tangente à trois surfaces données, (L), (M), (N); elle est limitée en a et b à deux surfaces $[a]$, $[b]$: on demande la variation de longueur de ab pour un déplacement infiniment petit de G.

Les normales aux surfaces (L), (M), (N), dont les pieds sont les points de contact de G avec ces surfaces, définissent le paraboloïde des normales à la surface (G) engendrée par G pendant son déplacement.

Fig. 145.

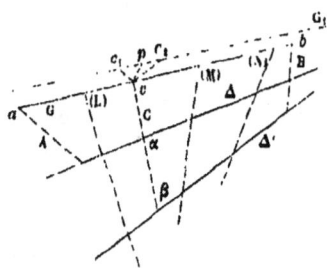

Menons du point a la normale A à $[a]$. Cette droite rencontre ce paraboloïde des normales en un point. La génératrice Δ de ce paraboloïde qui passe par ce point est l'axe de rotation instantané qui permet d'amener G dans sa position infiniment voisine, le point a restant sur $[a]$.

Menons la perpendiculaire commune à G et Δ; elle rencontre G au point c, qui est le point central de (G), et Δ en un point que nous désignons par α.

En considérant le point b, nous avons de la même manière une droite Δ'. Cette droite rencontre à angle droit la perpendiculaire commune à G et Δ, en un point que nous désignons par β.

Après le déplacement infiniment petit de G tournant autour de Δ, cette droite vient en G'; le point central c vient en c_1 sur G'.

On peut aussi faire tourner G autour de Δ' pour l'amener à coïncider avec G'; le point c vient alors en c_2.

La variation de longueur de ab est le segment infiniment petit $c_1 c_2$.

Pour évaluer ce segment, abaissons du point c une perpendiculaire cp sur G'. On a

$$c_1 p = cc_1 \sin pcc_1,$$
$$c_2 p = cc_2 \sin pcc_2.$$

Mais les angles pcc_1, pcc_2 sont respectivement égaux aux angles (G, Δ) et (G, Δ') et l'on a, comme il est facile de le voir,

$$cc_1 = c\alpha \frac{d\gamma}{\sin(G, \Delta)}, \qquad cc_2 = c\beta \frac{d\gamma}{\sin(G, \Delta')},$$

en désignant par $d\gamma$ l'angle $(\vec{G}, \overset{\to}{G'})$. On obtient donc

$$c_1 p = c\alpha\, d\gamma, \qquad c_2 p = c\beta\, d\gamma,$$

d'où

$$c_1 c_2 = \alpha\beta\, d\gamma.$$

Telle est la formule, complètement analogue à celle qui a été trouvée, page 45, pour le déplacement plan, et qui donne la variation de longueur d'un segment de droite dans l'espace. Appliquons cette formule.

On donne une surface gauche (G) *sur laquelle on a tracé deux courbes* (m), (n); *on demande le plan normal relatif à la courbe* (i) *lieu de points i qui partage, dans un rapport donné, les segments des génératrices de* (G) *compris entre* (m), (n).

La normale en m à (G) rencontre le paraboloïde des normales relatif à la génératrice G de (G) en un point par lequel passe la génératrice Δ de ce paraboloïde. De même pour n, on a Δ'.

Ces deux droites rencontrent en r et r' la normale à (G) issue du point central situé sur G. On prend sur rr' un point i' tel que $\dfrac{ri'}{i'r'} = \dfrac{mi}{in}$. La génératrice du paraboloïde des normales qui passe par i' est dans le plan normal relatif à i et le détermine.

Autrement. — Comme les génératrices du paraboloïde des normales partagent en segments proportionnels les normales à G issues des points de (G), il suffit alors de prendre deux de ces normales, les points où elles sont rencontrées par Δ et Δ', et, sur chacune d'elles, les points qui partagent, dans le rapport $\dfrac{mi}{in}$, les segments interceptés sur ces droites par Δ et Δ' : la droite qui joint ces deux points, et le point i, déterminent le plan demandé. On voit qu'il est inutile de connaître le point central sur G.

Une droite G, tangente en a et b à deux surfaces, est limitée en m et n à deux surfaces données [m], [n]. *On partage le segment mn au point i dans un rapport donné : quelle est la normale à la surface* [i] *engendrée par i lorsqu'on déplace G?*

Soient M, A, B, N les normales aux surfaces données issues des points m, a, b, n.

La droite Δ qui rencontre ces quatre droites est dans le plan normal à la trajectoire (i) décrite lorsque G tourne autour de sa conjuguée Δ. Cette droite Δ coupe alors la normale demandée.

Menons Δ' qui rencontre M, A, B; les points d'intersection avec A, B sont a', b'; menons Δ'' parallèlement au plan (G, Δ') et qui rencontre A, B, N; Δ'' coupe A, B aux points a'', b''.

On partage $a'a''$, $b'b''$ dans le rapport $\frac{mi}{in}$ aux points i', i'' : la normale cherchée est issue de i et rencontre $i'i''$, ainsi que la droite Δ.

Voici une autre solution de la même question. Projetons sur le plan tangent en a, à l'une des surfaces données, la normale cherchée. Cette projection est la normale à la courbe lieu des points i, lorsque la droite mobile se déplace sur le plan tangent en a; on connaît donc cette projection. De même pour le point b: la normale cherchée est alors déterminée par ses projections sur deux plans donnés.

Aux formules déjà trouvées et appliquées, j'en ajoute une relative au cas où les points se déplacent sur leurs surfaces trajectoires et qui résulte de ce théorème démontré page 306 :

Les aires des sections faites dans un pinceau par deux plans perpendiculaires au rayon de ce pinceau sont entre elles comme les produits des distances de ces plans aux foyers du pinceau situés sur ce rayon.

Si le rayon ab, sur lequel se trouvent les foyers f, f', rencontre les surfaces $[a]$ et $[b]$ sous des angles α, β, en appelant $d[a]$, $d[b]$ les aires des sections faites dans le pinceau par $[a]$ et $[b]$, on a

$$\frac{d[a]\sin\alpha}{d[b]\sin\beta} = \frac{af.af'}{bf.bf'}.$$

Dans le cas particulier où les surfaces $[a]$, $[b]$ ne forment qu'une surface sphérique, il vient simplement

$$\frac{d[a]}{d[b]} = \frac{af.af'}{bf.bf'},$$

d'où résulte que :

Si l'aire $d[a]$ est équivalente à l'aire $d[b]$, les foyers sont à égales distances du milieu de ab.

Faisons une autre application. Des points d'une surface $[o]$ comme centre, on décrit des sphères tangentes à une surface $[a]$; ces sphères sont tangentes à une surface $[b]$. Soient o un point de $[o]$, a le point où la sphère de centre o touche $[a]$, b le point où cette sphère touche $[b]$.

M.

Lorsque le point o se déplace sur $[o]$ autour de la position qu'il occupe, chacun des côtés du triangle aob engendre un pinceau. Nous allons montrer que :

Les foyers de ces pinceaux appartiennent à une conique.

Appelons toujours f, f' les foyers situés sur le rayon ab ; f_a, f'_a les points analogues sur ao, et f_b, f'_b les foyers sur ob.

Les droites oa, ob, normales à $[a]$ et $[b]$, sont également inclinées sur $[o]$, et font, je suppose, avec cette surface un angle ω. La droite ab fait avec $[a]$ et $[b]$ des angles égaux.

On a

$$\frac{d[a]}{d[b]} = \frac{af.af'}{bf'.bf'},$$

$$\frac{d[b]}{d[o]\sin\omega} = \frac{bf_b.bf'_b}{of_b.of'_b},$$

$$\frac{d[a]\sin\omega}{d[a]} = \frac{of_a.of'_a}{af_a.af'_a},$$

Multipliant membre à membre ces trois relations, on obtient une relation qui, d'après un théorème de Carnot, montre que f, f', f_a, f'_a, f_b, f'_b appartiennent à une conique : c'est ce qu'il fallait démontrer.

Les résultats obtenus précédemment pour une droite mobile permettent de traiter des problèmes relatifs à des figures de l'espace. Prenons un exemple :

Un tétraèdre se déplace de façon que son sommet a reste sur (a), b sur (b) et c sur une surface $[c]$; déterminer l'axe de courbure de (c) et l'axe de courbure de la trajectoire du quatrième sommet s du tétraèdre.

Voici la solution de cette question.

Pour une position du tétraèdre, les plans normaux en a et b à (a) et (b) se coupent suivant la conjuguée de ab. Cette droite rencontre le plan (abc) au point f, foyer de ce plan.

Le plan normal relatif à c est déterminé par la normale en c à $[c]$ et par la droite cf.

L'intersection de ce plan normal avec les plans normaux relatifs à (a) et (b) détermine les conjuguées de ac et de bc.

Les projections de ces conjuguées sur le plan (abc) rencontrent respectivement ac et bc ; la droite qui joint ces deux points est la caractéristique du plan (abc).

L'axe de courbure de (a) relatif à a rencontre af au point i, où le plan normal relatif à (a) touche la surface gauche lieu des droites telles que af.

On connaît alors pour cette surface gauche les normales en a, en i et en e, point où af est rencontrée par la caractéristique du plan (abc). On peut alors construire la normale à cette surface pour le point f.

On a de même la normale en ce point à la surface gauche lieu des droites telles que bf.

Ces deux normales issues de f donnent le plan normal relatif à la courbe lieu des points tels que f.

Considérons maintenant la surface gauche lieu des droites telles que cf. On connaît les normales à cette surface en f, c et g, où la caractéristique du plan (abc) rencontre cf. On peut alors construire le point où le plan normal relatif à c touche cette surface gauche, c'est-à-dire un point de l'axe de courbure de (c).

Mais cette droite passe aussi par le centre de courbure de la section normale faite dans $[c]$ et qui est tangente à (c); on a donc deux points de cette droite, par suite elle est déterminée.

Nous savons comment on peut construire le plan normal relatif à (s) et la caractéristique de la face (asb); on peut alors refaire pour cette face ce que nous avons fait pour la face (abc) et par suite déterminer l'axe de courbure de (s).

D'après cela, on sait construire l'axe de courbure de la trajectoire d'un point quelconque lié au tétraèdre mobile.

La méthode employée pour déterminer les formules relatives aux éléments d'une figure polyédrale de dimensions *variables*, ou pour résoudre quelques-unes des questions qui viennent d'être traitées, est constamment la même. Comme on doit le remarquer, elle consiste toujours à profiter des éléments de grandeur *invariable*.

Ainsi, les propriétés concernant les déplacements des figures de grandeur invariable, dont l'étude a fait l'objet principal de cet Ouvrage, permettent, grâce à la méthode dont je viens de parler, d'étudier les différents cas de déplacement des figures, qu'elles soient de grandeur invariable ou non.

APPENDICE.

Le Lecteur sait déjà ce que renferme cet Appendice. Dans la Préface, j'ai annoncé que je reproduirais mes premières recherches pour montrer comment j'ai abordé l'étude du déplacement sur son plan d'une figure polygonale de forme variable, et que je donnerais les solutions de questions qui se rattachent par quelques points à la *Géométrie cinématique*.

Successivement dans le texte de cet Ouvrage, j'ai indiqué aussi les sujets sur lesquels je comptais revenir. Je vais commencer par un travail paru en 1857. A cette époque, et plusieurs années ensuite, je n'avais pas fait la distinction importante qui différencie un déplacement d'un mouvement : j'employais alors ce dernier mot.

Afin de rendre uniforme le langage constamment adopté, je substituerai partout le mot *déplacement* à celui de *mouvement;* mais pour chaque travail je conserverai les anciennes notations et les numéros destinés aux renvois.

Construction de la tangente; du point de contact d'une droite avec son enveloppe pour certains lieux géométriques; applications à la détermination du centre de courbure des coniques ([1]).

1. Soient o_1 et o_2 deux circonférences se coupant aux points c, f. Par le point c, menons une droite arbitraire qui coupe la circonférence o_1 au point a et la circonférence o_2 au point b; sur ab, construisons un triangle abd semblable à un triangle donné :

Le lieu décrit par le point d, lorsque la droite ab tourne autour du point c, est une circonférence o_3 passant par le point f ([2]).

([1]) *Nouvelles Annales de Mathématiques;* 1857.

([2]) Je ne démontre pas ce théorème, que l'on énonce plus complètement de la manière suivante :

Sur les droites telles que ab on construit des figures semblables à une figure donnée : les points homologues décrivent des circonférences passant par le point f, les côtés homologues tournent autour de points fixes.

2. Au point a menons la tangente T_1 à la circonférence o_1, et au point b la tangente T_2 à la circonférence o_2. T_1 et T_2 se coupent au point i; la circonfé-

Fig. 146.

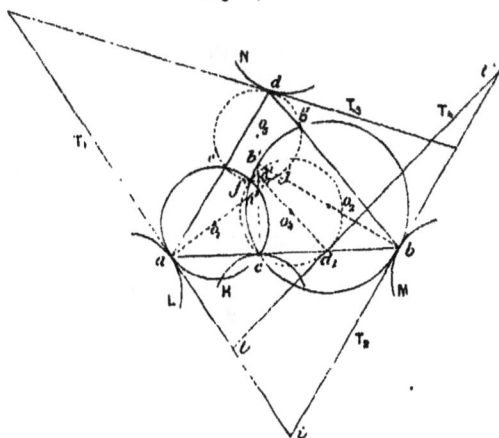

rence aib passe par le point f. En menant au point d la tangente T_3 à la circonférence o_3, on obtiendra de même deux autres circonférences se coupant en f.

3. Dans le cas particulier où le point d est en d_1 sur ab, de telle façon que $\dfrac{ad_1}{d_1b} = $ const., *le lieu des points d_1 est la circonférence o_4 passant en c et en f* [1].

Observation. — Nous conserverons toujours d pour le cas général et d_1 pour le cas particulier.

4. T_4 étant la tangente en d_1 à la circonférence o_4, le point f est commun aux circonférences circonscrites aux quatre triangles déterminés par les droites T_1, T_2, T_4 et ab.

Cette remarque permet de résoudre la question suivante :

5. *Pour un déplacement infiniment petit d'une droite ab, le point a parcourt un élément d'une droite T_1 ; le point b un élément d'une droite T_2 ; le point d_1, qui partage ab dans un rapport constant, un élément d'une droite T_4 ; on demande autour de quel point la droite ab a tourné.*

On détermine le point f en circonscrivant des circonférences aux quatre

---

[1] Si l'on transforme cette proposition par la méthode des rayons vecteurs réciproques en prenant le point c pour pôle de transformation, on retrouve une proposition connue. Cette dernière proposition est un cas particulier de celle qui résulte de la transformation de la première, le point c étant toujours pris pour pôle de transformation.

triangles formés par les droites T_1, T_2, T_4 et ab; on décrit une circonférence passant par le point f et tangente en d_1 à la droite T_4 : cette circonférence coupe la droite ab au point cherché.

6. Revenons au cas général 1. Au point a, traçons une courbe quelconque L tangente à la circonférence o_1; au point b, une courbe quelconque M tangente à o_2, au point c une courbe quelconque H tangente à ab. Lorsque la droite ab se déplace en restant tangente à la courbe H, ses extrémités parcourant les courbes L, M, le sommet d du triangle abd construit sur ab et semblable à un triangle donné décrit une courbe N dont on obtient la tangente au point d de la manière suivante : Par le point de contact c de ab et de H, on décrit une circonférence o_1 tangente à L au point a, et une circonférence o_2 tangente à M au point b; o_1 coupe ad en e, o_2 coupe bd en g. Les quatre points d, e, f, g sont sur une même circonférence o_3. On mène au point d la tangente T_3 à cette circonférence et l'on a la tangente cherchée.

7. Réciproquement, connaissant T_3, on peut déterminer c en s'appuyant sur ce qu'on a dit plus haut (n° 2).

8. Dans le cas particulier où l'on considère le point d_1 (n° 3), les points e, g se confondent en c, et l'on a la circonférence o_4 passant par les points c, f, d_1 pour déterminer la tangente T_4 à la courbe décrite par le point d_1 ([1]).

9. Les circonférences o_1, o_2 et o_4 passent par les mêmes deux points c, f.

Dans ces circonférences, les extrémités a', d_1', b' des diamètres qui passent par les points a, d_1, b sont sur une droite ca' perpendiculaire à la droite acb; on a, d'après (n° 3),

$$\frac{a'd_1}{d_1'b'} = \frac{ad_1}{d_1b}.$$

Les diamètres aa', bb' sont connus, puisque ce sont les normales aux courbes L, M. On déterminera le point d_1', et, par suite, $d'd_1$ qui est la normale à la courbe décrite par d_1 ([2]).

10. Réciproquement, connaissant T_1, on peut déterminer c comme on l'a dit (n° 5) en remplaçant les courbes données par leurs tangentes.

([1]) Pour déterminer T_4, on remplace les courbes L, M par leurs tangentes T_1, T_2; le lieu décrit par le point d_1 est alors une hyperbole dont les asymptotes sont parallèles aux droites T_1, T_2; on détermine ces asymptotes et, par suite, T_4.

([2]) Pour un déplacement infiniment petit de ab, les normales aux courbes décrites par tous les points tels que d_1 enveloppent une parabole tangente aux droites ca, ca'.

On peut aussi tracer les normales aa', $d_1 d_1'$, bb', puis chercher une droite perpendiculaire à ab qui soit coupée par ces normales aux points a', d_1', b', de façon que

$$\frac{a'd_1'}{d_1 b} = \frac{ad_1}{d_1 b}.$$

Cette droite, qu'il est facile de déterminer, coupe ab au point cherché.

Remarque. — Soit j le point de rencontre de aa' et de bb', menons jd_1', et abaissons du point j une perpendiculaire sur ab; cette perpendiculaire, les droites ja, jb et jd_1' forment un faisceau dont le rapport anharmonique est $\frac{ad_1}{d_1 b}$.

11. Problème. — *Trois droites,* T_1, T_2, T_4, *étant données, on mène une droite* ab *qui coupe* T_1 *au point* a, T_2 *au point* b *et* T_4 *au point* d_1; *on a*

$$\frac{ad_1}{d_1 b} = \text{const.}$$

On demande l'enveloppe de ab *et le point* c *où elle touche son enveloppe.*

Solution. — Soient t et t' les points où T_4 coupe T_1 et T_2. On a

$$\frac{ad_1}{d_1 b} = \frac{ta \sin(T_1, T_4)}{t'b \sin(T_2, T_4)},$$

d'où

$$\frac{ta}{t'b} = \text{const.}$$

L'enveloppe de ab *est donc une parabole tangente aux trois droites données.*

Pour déterminer c, on a

$$\frac{ac}{cd_1} = \frac{ib}{bt'}, \qquad \frac{cd_1}{d_1 b} = \frac{at}{ti}.$$

D'où les constructions suivantes :

1º Du point d_1 on mène une parallèle à T_2; cette droite coupe tb en un certain point: de ce point on mène une parallèle à T_1 qui coupe ab au point cherché. On a une construction analogue en commençant par mener at'.

2º Par le point t on mène une parallèle à ab; par le point a, une parallèle à T_2; ces deux droites se coupent en un certain point; la droite qui le joint au point t' coupe ab au point c. De même en commençant par mener du point t' une parallèle à ab.

3º Par le point b on mène une parallèle à T_4; cette droite coupe id_1 en un certain point; de ce point, on mène une parallèle à T_1 qui coupe ab au point c. De même en commençant la construction par le point a.

4º Par le point b on mène une parallèle à T_1; cette droite coupe at' en un certain point; de ce point on mène une parallèle à T_4 qui coupe ab au point c. De même en commençant par le point a on a une construction analogue.

En opérant inversement, ces constructions, à l'exception de la dernière, donnent T_4.

12. Lorsque la courbe L se confond avec H, le point a' est le centre de courbure de la courbe H et la circonférence o_1 est décrite sur le rayon de courbure comme diamètre.

Cette remarque permet de déterminer la tangente à la courbe décrite par le sommet de triangles semblables construits sur la portion de tangente comprise entre son point de contact et le point où elle coupe une courbe quelconque. Par suite, on a la tangente à la courbe décrite par un point qui partage dans un rapport constant la portion de la tangente mobile.

Réciproquement, connaissant cette tangente, on peut déterminer le centre de courbure de la courbe H.

Applications à la recherche du centre de courbure des coniques.

13. Soient A et B des droites sur lesquelles sont les axes d'une ellipse donnée;

o le centre de cette ellipse;

m un point quelconque de cette courbe;

T et N la tangente et la normale issues de ce point.

La droite T coupe A au point t et la droite B au point t'. La droite N coupe A au point n et la droite B au point n'.

On sait que $\frac{mn}{mn'}$ est constant.

Pour un déplacement infiniment petit de N, qui reste normale à l'ellipse, n parcourt A, n' parcourt B et m parcourt T; on demande le point autour duquel la droite N a tourné, c'est-à-dire le centre de courbure de l'ellipse pour le point m.

Il faut pour cela chercher le point que nous avons désigné par f en circonscrivant des circonférences aux triangles déterminés par les droites A, B, T, N.

et en décrivant par ce point une circonférence tangente à T au point *m* : cette circonférence coupe N au point cherché.

Il est même inutile de décrire une circonférence. En effet, le point *f* est le point de rencontre de *tn'* et de *t'n*, comme il est facile de le voir en remarquant que les angles $\left(\widehat{T, N}\right)$ et $\left(\widehat{A, B}\right)$ sont droits. On joint le point *f* au point *m*, on élève *fc* perpendiculairement à *fm*, le point de rencontre *c* de cette ligne et de N est le centre de courbure cherché.

14. Le point *f* est le foyer de la parabole tangente aux droites A, B, T, N; l'angle $\left(\widehat{T, N}\right)$ étant droit, le point *m* est un point de la directrice de cette parabole, et, par suite, *c* est le point où cette courbe touche N.
   On déduit de là que

La parabole tangente aux axes d'une ellipse, à la tangente et à la normale passant par un point donné, touche cette normale au centre de courbure de l'ellipse.

15. La circonférence *cfm* coupe *tn'* en *f'*,

$$cf'n' = cmf = otn',$$

donc *cf'* est parallèle à A, et, par suite, *mf'* à B, ce qui donne une nouvelle construction du centre de courbure.

On peut aussi considérer le point de rencontre *f"* de la circonférence *cfm* et de *t'n*. La droite *mf"* est parallèle à A et *cf"* à B.

16. Par le point *n*, on mène B' parallèlement à B; par le point *n'*, A' parallèlement à A. Il faut, pour obtenir *c* (10), mener une droite parallèle à T et qui soit partagée par N, A', B' dans le rapport $\frac{mn}{mn'}$.
   La construction se réduit à mener par le point *l*, intersection de B' et de *tn'*, une parallèle à T. Cette droite coupe N au centre de courbure.

17. Ce que l'on vient de dire (14, 15, 16) peut se conclure du nº 11; on peut en outre déterminer *c* à l'aide des autres constructions indiquées sous ce numéro.

18. A partir du point *m* sur N, je porte *ms* = *ms'* = le demi-diamètre conjugué de *om*.

On sait que *os* est égal à la demi-somme des axes et que *os'* est égal à leur demi-différence. Pour un déplacement infiniment petit de N, les points *s, s'* décrivent des arcs de cercle et le point *m*, milieu de *ss'*, décrit un élément de T; les normales à ces trois courbes sont *os, os'* et N. En appliquant la remarque du n° 10, on conclut que *oc, os, os'* et la perpendiculaire abaissée du point O sur N forment un faisceau harmonique. On a donc

$$\rho = \frac{d^2}{h},$$

en appelant ρ le rayon de courbure *mc*, *h* la distance du point *o* à T et *d* le demi-diamètre conjugué de *om*. Cette expression de ρ est connue; nous la retrouverons plus loin comme cas particulier.

19. *Une droite ab, corde d'une certaine courbe N, détache de cette courbe un segment d'aire constante; on demande, pour une position de ab, le centre de courbure de la courbe enveloppée par cette corde.*

Du milieu de *ab* on élève à cette droite une perpendiculaire, on prend le milieu de la portion de cette droite comprise entre les points où elle est coupée par les normales menées à la courbe N aux points *a, b*; ce point milieu est le centre de courbure cherché (12).

Comme cas particulier, on a une hyperbole lorsque la courbe N se réduit à deux droites.

Voici un autre cas particulier :

Soient une ellipse dont le centre est *o, m* un point de la courbe et T la tangente en ce point. A partir du point *m* sur T, on porte deux longueurs égales *ma, mb*. On peut considérer *ab* comme la corde d'une ellipse homothétique à l'ellipse de centre *o*; la corde détachant un segment d'aire constante, le point *m* décrit l'ellipse donnée; on peut donc appliquer la construction précédente.

Pour obtenir les normales aux points *a* et *b*, on opère de la manière suivante.

Au point *a* on mène la tangente *aa'* à l'ellipse donnée, *a'* est le point de contact, la perpendiculaire abaissée du point *a* sur *ma'* est l'une des normales cherchées; de même, on obtient l'autre pour le point *b*. Ces deux normales coupent la normale au point *m* en deux points; le milieu du segment compris entre ces points est le centre de courbure de l'ellipse donnée qui est relatif à *m*.

De cette construction, on déduit ce qui suit :

Du point *a* on mène une parallèle à *mb'*, du point *b* une parallèle à *ma'*, ces deux droites se coupent en un certain point; H désignant la distance de ce point à T et D étant la longueur *ma*, on a

$$\rho = \frac{D^2}{H}.$$

Dans le cas particulier où D est égal au demi-diamètre conjugué de *om*, la construction précédente se simplifie et l'expression du rayon de courbure devient celle qui a été donnée au n° 18.

20. On peut chercher le centre de courbure de la parabole en s'appuyant sur cette propriété que la tangente au sommet partage en deux parties égales la portion de tangente comprise entre la courbe et l'axe.

21. *Soit bfc un triangle rectangle mobile et variable de grandeur dont le sommet de l'angle droit est fixe en f et dont l'hypoténuse bc est tangente en son extrémité c à une circonférence donnée o : on demande la normale à la courbe décrite par le point b.*

Le milieu *a* de *bc* décrit une droite, axe radical de *f* et de *o*.

A l'aide de cette remarque, on trouve facilement la construction suivante :

Par le point *a* on mène une parallèle à *fo*; cette droite, perpendiculaire à l'axe radical, coupe le rayon *oc* au point *a'*. On prolonge *oa'* de sa longueur même jusqu'en *b'* : *bb'* est la normale cherchée.

La droite *b'a* prolongée coupe *of* au point *e* et l'on a

$$b'a = ae.$$

Cette remarque nous sera utile.

On peut encore trouver un grand nombre de constructions de la tangente à la courbe décrite par le point *b*; il suffit pour cela de transformer les constructions connues du centre de courbure des coniques, à l'aide de la théorie des polaires réciproques, en prenant pour courbe directrice une circonférence décrite de l'un des foyers de cette conique comme centre.

Réciproquement, une construction de la tangente à la courbe décrite par le point *b* conduit, à l'aide de la théorie des polaires réciproques, à une construction du centre de courbure des coniques.

22. Considérons une conique ayant pour cercle osculateur la circonférence *o* de la question précédente et pour foyer le point *f*.

Le point *b* parcourt la directrice, on connaît donc *bb'*; cette droite coupe la normale *co* au point *b'*; joignons ce point au point *a*, milieu de *bc*, prolongeons *b'a* de sa longueur même jusqu'en *e*.

Les droites *ef* et *b'c* se coupent au centre de courbure.

On peut facilement transformer cette construction de la manière suivante : Du point *c* on abaisse une perpendiculaire sur la directrice, au point *b* on élève une perpendiculaire à *bc* : ces deux droites se coupent en un point *d*. *df* coupe la normale *co* au centre de courbure.

Cette construction est applicable aux trois coniques.

En considérant la seconde directrice, on obtient une nouvelle droite passant par le centre de courbure. On est ainsi conduit à la construction suivante :

On élève une perpendiculaire à la tangente au point où elle coupe l'axe parallèle aux directrices; cette droite coupe la parallèle *cg* à l'autre axe au point *g*. La droite qui joint *g* au centre de la conique coupe la normale au centre de courbure cherché.

23. Pour terminer, voici quelques questions que l'on traitera facilement :

1° *On donne trois courbes* A, B, C *et un point fixe o par lequel on mène une transversale arbitraire qui coupe les courbes aux points a, b, c; on prend sur cette transversale un point d, tel que* $\frac{cd}{ab} =$ *constante. On demande la tangente à la courbe décrite par le point d, lorsque la transversale tourne autour de o.*

Comme cas particulier, on a la conchoïde du cercle, la cissoïde de Dioclès, etc.

2° *Étant données deux droites* A, B *et une courbe* C, *d'un point de la courbe, on mène des parallèles aux droites fixes, on joint les points a, b, où ces parallèles coupent* A, B; *on demande le point où ab touche son enveloppe.*

3° *On partage le rayon de courbure d'une courbe donnée dans un rapport constant; ces différents points déterminent une courbe dont on demande de construire la normale.*

Constructions du centre de courbure de la courbe, lieu des points dont les distances à deux courbes données sont dans un rapport constant.

LEMME. — *D'un point quelconque a de la courbe* A (*fig.* 147), *on abaisse la normale ab sur la courbe* B; *aux points a, b, on mène les tangentes al, bl aux courbes* A, B; *lorsque a parcourt* A, *le point l décrit un lieu dont on demande de construire la tangente* L.

Soient A' et B' des courbes symétriques de A et de B par rapport à la tangente *al*; faisons rouler A' sur A, soit D la courbe enveloppe de B' entraînée dans

Fig. 147.

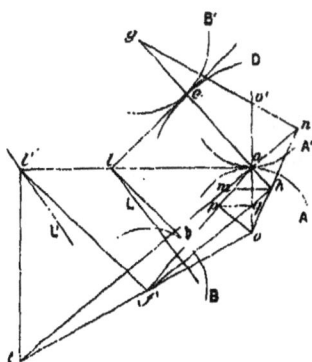

ce déplacement; D touche B' au point *e*, pied de la normale abaissée du point *a*
sur B'; ce point est le symétrique de *b* par rapport à *al*; par suite, la tangente
en *e* à la courbe D passe par *l*; en outre, les tangentes *le* et *lb* sont égales.
D'après cela, en remplaçant les courbes B et D par leurs cercles osculateurs
en *b* et en *e*, le point *l* décrit une droite, axe radical de ces circonférences. Il
nous reste à construire cet axe radical qui n'est autre que la tangente demandée.

Cet axe passe par le point *l* et doit être perpendiculaire à la ligne des centres
des cercles osculateurs; on connaît le centre de courbure *f* de B, cherchons
celui de D correspondant au point *e*.

Le centre de courbure de D, correspondant au point *e*, n'est autre que le
centre de courbure de la courbe décrite par *g*, centre de courbure de B'; en appliquant la construction connue (p. 24) qui est indiquée sur la figure, on trouve
le point *h*.

Nous allons modifier la construction de ce point. On a

$$\left(\frac{1}{ah} + \frac{1}{ga}\right)\cos oah \quad \frac{2}{ao};$$

d'un autre côté, en menant des points *h* et *q* les parallèles *hm* et *qp* à la tangente *al*, on obtient quatre points *a, m, p, f,* qui forment une division harmonique, et l'on a

$$\frac{1}{am} \quad \cdots \quad \frac{1}{af} \quad \cdot \quad \frac{2}{ap};$$

en comparant cette relation avec la précédente et remarquant que *am = ah*,

$gu = af$, on conclut que le point p est la projection du centre de courbure o sur la droite af.

D'après cela, il suffit d'abaisser du point o la perpendiculaire op sur fa, et du point p, la perpendiculaire pq sur ao; on obtiendra, en joignant le point f au point q, une ligne fq qui passe par le point h.

L'axe radical cherché, qui n'est autre que la tangente demandée, est la perpendiculaire L abaissée du point l sur fq.

Réciproquement, connaissant cette tangente, on peut, à l'aide de la construction inverse, déterminer le centre de courbure de l'une des courbes, l'autre centre étant supposé connu.

Seconde solution. — Remplaçons la courbe A par une conique ayant pour foyer le point f, pour centre de courbure o et passant en a; remplaçons en b la courbe B par son cercle osculateur.

Cette conique et ce cercle sont deux courbes homologiques ayant f pour centre d'homologie; le point l décrit alors un axe d'homologie (*Traité des propriétés projectives des figures*, de Poncelet, n° 459). Cet axe étant perpendiculaire à la ligne des foyers de la conique, il faut, pour le construire, chercher cette dernière droite.

Pour cela, on abaisse du centre de courbure o la perpendiculaire op sur fa, du point p la perpendiculaire pq sur ao, la ligne fq passe par le second foyer de la conique; la perpendiculaire L abaissée du point l sur fq est la droite cherchée. On retrouve ainsi la première construction.

On arrive à une autre construction de la manière suivante : l'axe d'homologie que nous cherchons étant parallèle à la directrice de la conique, il suffit de chercher cette droite. Le point l', intersection de la tangente al et de la ligne fl' perpendiculaire à fa, est un point de cette directrice; au point l', on élève à $l'a$ la perpendiculaire $l't$; cette droite rencontre of au point t; la ligne ta est perpendiculaire à la directrice L' cherchée; il suffit alors d'abaisser du point l la perpendiculaire L sur ta pour avoir la tangente demandée.

Remarques. — 1° Nous venons de voir qu'il suffisait de chercher L'; nous avons donné une construction d'une pareille droite au n° 21, page 484.

2° Le lemme que nous avons résolu est un cas particulier de la question suivante :

On donne deux courbes quelconques A, B et un point f arbitraire dans le plan de ces courbes, de ce point; on mène une transversale quelconque qui coupe A au point a et B au point b; de ces points, on mène aux courbes A et B les tangentes al

*et bl qui se coupent en l; on demande la tangente à la courbe décrite par le point l
lorsque la transversale tourne autour du point f.*

Pour résoudre cette question, on remplace en *a* et en *b* les courbes A en B par
des coniques osculatrices, ayant pour foyer commun le point *f,* et l'on cherche
pour celles-ci l'axe d'homologie qui passe par le point *l.*

Cette droite, qui est la tangente cherchée, passant aussi par le point de rencontre des directrices de ces coniques, est facile à déterminer.

Arrivons maintenant aux constructions du centre de courbure de la courbe,
lieu des points dont les distances à deux courbes données sont dans un rapport
constant.

Soient B, C (*fig.* 148) les courbes données, A la ligne dont on veut construire
le centre de courbure correspondant à un point quelconque *a,* et qui est tel que

$$\frac{ab}{ac} = \text{const.};$$

il est facile de voir que, d'après cette condition, les tangentes *al, bl, cl* aux trois
courbes A, B, C se coupent au même point *l.*

Soient *o* le point cherché, *f* le centre de courbure de B pour le point *b, f'* le
centre de courbure de C pour le point *c.*

Fig. 148.

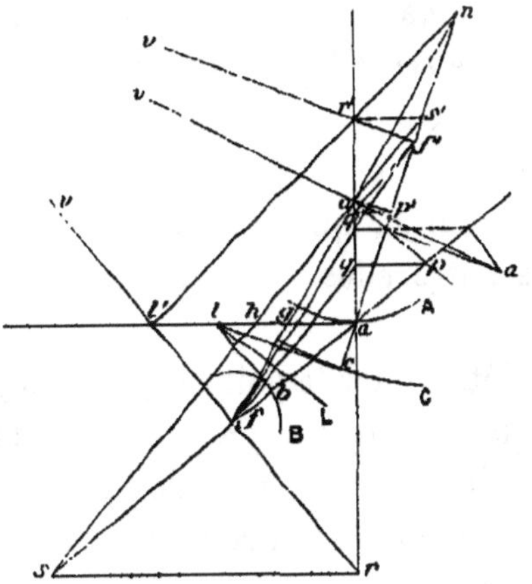

D'après le lemme précédent, on construit la tangente L à la courbe décrite
par le point *l,* considéré comme point de rencontre des tangentes *al, bl,* de la
manière suivante :

Du point o, on abaisse sur af la perpendiculaire op, et du point p sur ao la perpendiculaire pq; la ligne fq est perpendiculaire à la tangente cherchée L.

En considérant le point l comme le point de rencontre des tangentes al, cl, nous pouvons, d'après la réciproque du lemme, déduire de la connaissance de L la détermination du centre de courbure f' de C par la construction suivante (*fig.* 149): du point o, on abaisse sur ac la perpendiculaire op'; du point p', on abaisse sur ao la perpendiculaire $p'q'$; en menant la ligne $q'f'$ parallèlement à qf, on a une ligne perpendiculaire à L, qui passe par le centre de courbure f' cherché. Nous avons ainsi une construction que nous appellerons *construction* (1), qui

Fig. 149.

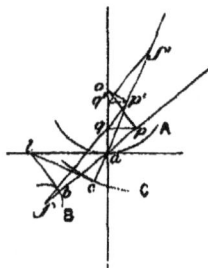

Construction (1).

est symétrique par rapport aux points f et f', et qui permet de déterminer l'un de ces points lorsque l'autre est donné ainsi que le point o; il nous reste à transformer cette construction afin de déterminer o lorsque l'on donne f et f'.

Au point f (*fig.* 148), élevons sur af la perpendiculaire fr; au point r, élevons sur ao la perpendiculaire rs; la ligne so est parallèle à fq: en effet, l'hexagone $opqfrs$ inscrit dans l'angle oaf a déjà les côtés op, fr parallèles entre eux, ainsi que pq, rs; donc os est parallèle à fq. On démontre de même, en effectuant une construction analogue pour f', que os' est parallèle à $f'q'$; mais fq et $f'q'$ sont des lignes parallèles entre elles: donc les points s, o, s' sont en ligne droite.

Nous avons alors, pour déterminer le point o (*fig.* 150), la construction suivante, que nous appellerons *construction* (2): aux points f et f', on élève aux droites af et af' les perpendiculaires fr, $f'r'$; des points r, r', on élève sur la normale ao, qui est connue puisqu'on sait construire al, les perpendiculaires rs, $r's'$; la ligne ss' coupe la normale ao au point o cherché.

Cette construction symétrique par rapport aux points f et f' peut se transformer de la manière suivante: prolongeons (*fig.* 148) rf jusqu'à sa rencontre l' avec al; les triangles $l'fa$ et $r'os'$ sont tels que leurs côtés se coupent en trois

M.

points en ligne droite : $l'f$ et $r'o$ se coupent en r, af et $s'o$ se coupent en s, $l'a$ et $r's'$ sont parallèles à la ligne sr; donc ils ont leurs sommets sur trois droites

Fig. 150.

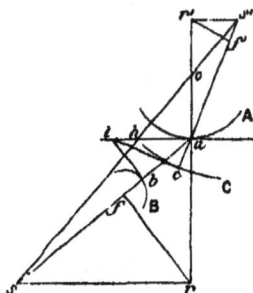

Construction (2).

concourantes : ainsi les lignes $l'r'$, fa se coupent en n sur af; de là (*fig.* 151) une construction que nous appellerons *construction* (3), qui lie les trois points f,

Fig. 151.

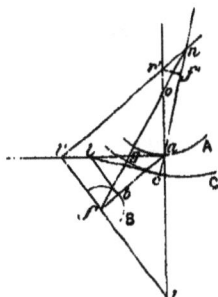

Construction (3).

o, f' et qui permet de déterminer o ou f' connaissant f et l'un de ces points. Il existe une construction analogue qui permet de déterminer o ou f connaissant f' et l'un de ces points.

Applications. — Lorsque les lignes B, C sont des circonférences, et que le rapport $\frac{ab}{ac}$ diffère de l'unité, la ligne A est une ovale de Descartes; lorsque le rapport constant est l'unité, A est une conique à centre; lorsque les lignes B et C se réduisent à un point et à une droite, A est une conique quelconque. Dans tous les cas il est facile de construire le centre de courbure de A.

En appliquant aux coniques les constructions données plus haut, on ne retrouve pas la construction que nous avons employée dans la deuxième solution du lemme, et qui nous a conduit à la première construction de L.

Nous allons y arriver, comme cas particulier d'une nouvelle construction générale. Nous avons vu (*fig.* 148) que si du point *o* on abaisse sur *af, af'* les perpendiculaires *op, op'*, et que si des points *p, p'* on abaisse sur *ao* les perpendiculaires *pq, p'q'*, les lignes *fq, f'q'* sont parallèles. On peut opérer inversement : menons des points *f, f'* des parallèles quelconques qui rencontrent *ao* en deux points; en ces points, élevons sur *ao* des perpendiculaires qui coupent *af, af'*; enfin de ces points d'intersection, élevons sur *af, af'* des perpendiculaires qui se coupent en ω (¹); à chaque direction des parallèles issues des points *f, f'* correspond un point tel que ω; il est facile de voir que tous ces points sont en ligne droite. Le centre de courbure cherché est donc l'intersection de *ao* et de cette droite. Pour construire celle-ci, nous allons chercher deux de ses points; si les parallèles menées des points *f, f'* sont perpendiculaires à *ao*, on obtient un point *v* de cette droite en prolongeant jusqu'à leur rencontre les lignes *rf, r'f'*; si les parallèles menées des points *f, f'* se confondent en une seule droite *ff'*, on obtient le point *u* comme l'indique la figure et la ligne *uv* coupe la normale *ao* au centre de courbure cherché.

Dans le cas particulier où l'on considère une conique, le point ω est sur la normale *ao*; donc c'est le centre de courbure de la conique. Telle est la construction que nous nous étions proposé de retrouver.

Application au problème de la caustique par réfraction. — La ligne A (*fig.* 149) est telle que, pour un point quelconque *a*, on a

$$\frac{ab}{ac} = \text{const.};$$

mais

$$ab = al \sin bla = al \sin bar, \qquad ac = al \sin cla = al \sin car;$$

donc

$$\frac{\sin bar}{\sin car} = \frac{ab}{ac} = \text{const.}$$

D'après cela, si *fa* est la direction d'un rayon lumineux, A la ligne séparatrice des milieux, *af'* enveloppe une caustique par réfraction dont C est la caustique secondaire.

En employant l'une quelconque des constructions précédentes, il est facile de déterminer le point *f'* où le rayon réfracté *af'* touche son enveloppe.

_____

(¹) Ce point n'est pas sur la figure.

Nous allons chercher maintenant la formule qui lie entre elles les longueurs af, af', ao et les lignes trigonométriques des angles d'incidence et de réfraction.

Employons la *construction* (3) : soient g le point où fn coupe al', i l'angle d'incidence et i' l'angle de réfraction; on a dans l'angle rfn coupé par les transversales ro, al' (p. 26),

$$\left(\frac{1}{ao} - \frac{1}{ar}\right)\frac{1}{\sin i} = \left(\frac{1}{ag} - \frac{1}{al'}\right)\frac{1}{\sin l'af \text{ ou } \cos i'},$$

l'angle $l'nf$ coupé par les mêmes transversales donne

$$\left(\frac{1}{ao} - \frac{1}{ar'}\right)\frac{1}{\sin i'} = \left(\frac{1}{ag} - \frac{1}{al'}\right)\frac{1}{\cos i'}.$$

Divisant membre à membre ces deux égalités et remplaçant ar et ar' par leurs valeurs $\frac{as}{\cos i}$, $\frac{as'}{\cos i'}$, on a la relation cherchée.

Autrement. — Employons la *construction* (2) : Soit h le point où ss' coupe al, on a dans l'angle rso coupé par les transversales ar, al,

$$\left(\frac{1}{ao} - \frac{1}{ar}\right)\frac{1}{\sin i} = \frac{1}{ah \cos i};$$

dans l'angle $r's'o$ coupé par les mêmes transversales, on a

$$\left(\frac{1}{ao} - \frac{1}{ar'}\right)\frac{1}{\sin i'} = \frac{1}{ah \cos i'};$$

en divisant membre à membre ces deux égalités, on obtient la relation cherchée.

Remarque. — Les constructions (1), (2), (3) ont été déduites de la première construction de L; on peut y arriver en partant de la deuxième construction de cette droite.

Note de Géométrie infinitésimale [1].

Reprenons le problème suivant pour en donner une autre solution :

1. *On donne* (fig. 152) *deux courbes quelconques*, A, A', *et un point f ar-*

---

[1] *Annales de Tortolini*; 1859.

bitraire dans le plan de ces courbes, de ce point, on mène une transversale quel-
conque qui coupe A au point a et A′ au point a′; de ces points, on mène aux

Fig. 152.

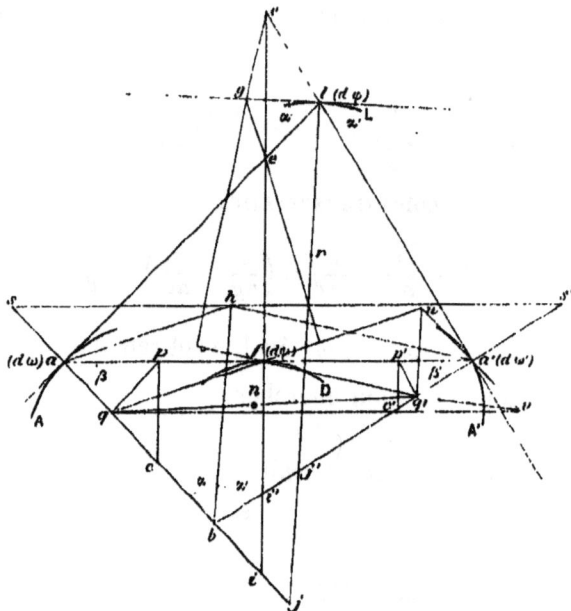

courbes A et A′ les tangentes al, a′l qui se coupent en l; on demande la tangente
à la courbe décrite par le point l lorsque la transversale tourne autour du point f (¹).

Pour résoudre cette question, avons-nous dit (p. 488), on remplace en *a* et en
a′ les courbes A et A′ par des coniques osculatrices, ayant pour foyer commun le
point*f*, et l'on cherche pour celles-ci l'axe d'homologie qui passe par le point *l*.
Cette droite, qui est la tangente cherchée, passant aussi par le point de rencontre des directrices de ces coniques, est facile à déterminer. D'après cela, il
faut chercher les directrices de ces coniques.

Du centre de courbure *c*, correspondant au point *a* de A, abaissons sur *aa′* la
perpendiculaire *cp*; du point *p*, abaissons sur *ac* la perpendiculaire *pq* : la
ligne *fq* est l'axe de la conique osculatrice de A, laquelle a pour foyer *f*. Élevons
sur *aa′* la perpendiculaire *fe* qui coupe *al* en *e*; le point *e* est un point de la directrice de cette conique : la perpendiculaire abaissée de ce point sur *fq* est
donc cette directrice.

De même, la directrice de la conique osculatrice de A′ est la perpendiculaire

(¹) Dans l'*Analyse des infiniment petits*, le marquis de l'Hôpital s'est occupé du même problème.

abaissée du point e' sur fq'. Ces deux directrices se coupent en g, et, d'après ce que nous avons dit plus haut, la droite gl est la tangente cherchée. Simplifions cette construction.

Des points a, a' menons les droites ah, $a'h$ parallèlement à fq, fq'; nous obtenons ainsi un triangle $aa'h$ semblable au triangle $ee'g$, puisque ses côtés sont perpendiculaires aux côtés de ce dernier. De même, le quadrilatère $aba'h$ est semblable à $ele'g$; la droite bh est donc perpendiculaire à la tangente lg. De là résulte la construction suivante :

2. *Des centres de courbure c, c', on abaisse sur aa' les perpendiculaires cp, $c'p'$; des points p, p', on abaisse sur ac, $a'c'$ les perpendiculaires pq, $p'q'$; on joint le point f aux points q, q'; on mène, parallèlement à ces droites, les lignes ah, $a'h$ qui se coupent en h; en abaissant du point l une perpendiculaire sur bh, on a la tangente cherchée.*

3. Pour déduire, de cette construction, une relation métrique, menons, par le point h, la droite ss' parallèlement à aa'.

On a

$$\frac{sb}{sh} = \frac{\sin shb}{\sin hbs}, \qquad \frac{s'b}{s'h} = \frac{\sin bhs'}{\sin s'bh};$$

d'où, en posant

$$\widehat{hbs} = \alpha, \qquad \widehat{s'bh} = \alpha' : \qquad \frac{sb}{s'b}\frac{s'h}{sh} = \frac{\sin\alpha'}{\sin\alpha}$$

ou

$$\frac{sa}{s'a'}\frac{s'h}{sh} = \frac{\sin\alpha'}{\sin\alpha};$$

mais

$$\frac{sa}{sh} = \frac{aq}{af}, \qquad \frac{s'a'}{s'h} = \frac{a'q'}{a'f};$$

donc

(a)
$$\frac{\frac{aq}{af}}{\frac{a'q'}{a'f}} = \frac{\sin\alpha'}{\sin\alpha}.$$

4. Lorsque la droite aa' reste parallèle à une direction donnée, le point f est à l'infini et la relation (a) devient

(b)
$$\frac{aq}{a'q'} = \frac{\sin\alpha'}{\sin\alpha}.$$

D'après cela, on construira facilement la tangente lg dans ce cas particulier. Nous donnerons plus loin cette construction comme conséquence d'une construction générale que nous allons trouver directement.

Seconde solution. — Nous avons supposé que la transversale tourne autour du point fixe f; mais tout ce que nous avons dit s'applique au cas où l'on considère une courbe D à laquelle la droite aa' est constamment tangente. Nous allons exposer notre seconde solution en faisant cette nouvelle hypothèse.

5. LEMME. — *Soit une droite af (fig.* 152), *tangente à une courbe* D, *et coupant en a une courbe* A. *Si l'on appelle $d\omega$ et $d\psi$ les angles de contingence des courbes* A *et* D *aux points a et f, on a*

$$\frac{d\omega}{d\psi} = \frac{ai}{ac};$$

et, en appelant $d\sigma$ un élément de A,

$$d\sigma = ai.d\psi.$$

Nous laissons de côté la démonstration, qui est très simple.

6. D'après ce lemme, on a, en considérant les courbes A, D,

$$\frac{d\omega}{d\psi} = \frac{ai}{ac};$$

de même, A′, D donnent

$$\frac{d\omega'}{d\psi} = \frac{a'i'}{a'c'};$$

donc

$$\frac{d\omega}{d\omega'} = \frac{ai}{ac}\frac{a'c'}{a'i'}.$$

Cette relation, qu'on peut écrire ainsi

$$\frac{d\sigma}{d\sigma'} = \frac{ai}{a'i'} \qquad (^1),$$

exprime le théorème suivant :

Les arcs infiniment petits, déterminés sur deux courbes fixes A, A′, *par deux positions successives d'une droite telle que aa', constamment tangente à une courbe* D, *sont entre eux comme les normales ai, $a'i'$ à* A, A′, *limitées à la perpendiculaire à aa', menée par le point où celle-ci touche* D.

7. En appelant $d\varphi$ l'angle de contingence en l de la courbe L, lieu du point l,

---

(^{1}) On a aussi $\dfrac{d\sigma}{d\sigma'} = \dfrac{al \times af}{a'l \times a'f}.$

et r le centre de courbure de cette courbe situé sur la normale lj, on a

$$\frac{d\varphi}{d\omega} = \frac{lj}{lr},$$

De même, A' et L donnent

$$\frac{d\varphi}{d\omega'} = \frac{lj'}{lr};$$

donc

$$\frac{d\omega}{d\omega'} = \frac{lj'}{lj}.$$

Cette relation exprime le théorème suivant :

Les angles de contingence, aux points a, a' où deux courbes A, A' sont touchées par les tangentes la, la' issues d'un point l d'une courbe L, sont en raison inverse des portions lj, lj' de la normale de L, comprises entre le point l et les points où cette droite est coupée par les normales aj, a'j' aux courbes A, A'.

8. En égalant entre elles les valeurs de $\frac{d\omega}{d\omega'}$ trouvées plus haut, il vient

$$\frac{ai \times a'c'}{ac \times a'i} = \frac{lj'}{lj},$$

mais

$$lj = \frac{al}{\sin \alpha}, \qquad lj' = \frac{a'l}{\sin \alpha'}, \qquad ai = \frac{af}{\cos \beta}, \qquad a'i = \frac{a'f}{\cos \beta'};$$

on a donc, en substituant,

$$\frac{\sin \alpha'}{\sin \alpha} = \frac{ac \times a'f \times \cos^2 \beta}{a'c' \times af \times \cos^2 \beta'},$$

d'où

$$\frac{\sin \alpha'}{\sin \alpha} = \frac{\dfrac{aq}{af}}{\dfrac{a'q'}{a'f}}.$$

Nous retrouvons ainsi la relation (a).

9. Cherchons directement, au moyen de cette relation, la direction de la tangente lg. Du point a' menons à aq la parallèle $a'u$; les triangles qaf, $a'fu$ donnent

$$\frac{a'u}{a'f} = \frac{aq}{af},$$

d'où

$$a'u = \frac{\frac{aq}{af}}{\frac{1}{a'f}},$$

et par suite

$$\frac{a'u}{a'q'} = \frac{\frac{aq}{af}}{\frac{a'q'}{a'f}} = \frac{\sin \alpha'}{\sin \alpha};$$

on voit donc que la ligne uq' est parallèle à bh (¹); de là résulte la construction suivante :

On détermine les points q, q' comme précédemment ; du point a' on mène à aq la parallèle $a'u$, cette droite coupe qf en u : la ligne uq' est perpendiculaire à la tangente cherchée.

10. Lorsque le point f est à l'infini sur aa', la droite qf est alors qv menée parallèlement à aa' et la tangente cherchée est perpendiculaire à $q'v$. Dire que le point f est à l'infini sur aa', c'est supposer cette droite parallèle à une direction donnée; on a donc, dans ce cas, la construction suivante :

On détermine les points q, q' comme précédemment ; on mène, par le point q, la droite qv parallèlement à la direction donnée; cette ligne coupe $a'v$ menée du point a' parallèlement à aq, en un point v : la droite $q'v$ est perpendiculaire à la tangente demandée.

11. Reprenons la construction donnée au n° 9; menons fn parallèlement à uq'; cette droite coupe qq' en n; on a

$$\frac{qn}{nq'} = \frac{qf}{fu} = \frac{af}{fa'};$$

fn étant parallèle à uq' est perpendiculaire à la tangente cherchée; on peut donc dire :

On détermine les points q, q' comme précédemment ; on cherche un point n qui divise qq' comme f divise aa'; la ligne nf est perpendiculaire à la tangente demandée.

12. Nous avons jusqu'à présent cherché la tangente à la courbe L; il est bien

---

(¹) Cela peut évidemment se démontrer sans passer par l'intermédiaire de la relation (*a*).

évident que, si L, A, A' sont connues, on peut déterminer f. Il suffit pour cela d'inverser la construction du n° 9. On peut aussi se donner L, f, A et son centre de courbure c, et chercher le centre de courbure c' de A'.

Proposons-nous, par exemple, le problème suivant :

13. *On demande de construire le centre de courbure de la courbe que l'on obtient en divisant dans un rapport constant m les ordonnées d'une courbe donnée.*

Pour les deux points correspondants a, a', les tangentes aux courbes se coupent en l sur l'axe des abscisses.

Dans ce cas, L est alors cet axe et la droite aa' lui est toujours perpendiculaire. D'après cela, les points q, q', v de la construction du n° 10 sont en ligne droite et l'on construit c' de la manière suivante :

On détermine q et l'on mène qq' parallèlement à aa'; cette droite coupe la perpendiculaire $a'q'$, élevée sur $a'l$, au point q'; on revient de ce point au centre de courbure cherché.

Solution directe. — Remplaçons en a la courbe A par une parabole osculatrice ayant pour axe une droite parallèle à aa'. On trouve évidemment qq' pour l'axe de cette parabole. En divisant ses ordonnées dans le rapport constant m, on obtient une parabole ayant même axe que la première et osculatrice de A' ([1]). Connaissant l'axe qq' de cette parabole, on a q' et par suite c'.

En appliquant la relation (b), on trouve que

$$(c) \qquad \frac{\dfrac{ac}{al^3}}{\dfrac{a'c'}{a'l^3}} \quad \frac{1}{m} \quad ([2]).$$

14. Nous avons supposé les ordonnées perpendiculaires à L; la construction du n° 10 s'applique évidemment au cas où elles sont obliques. On a aussi la relation (c).

Si l'on suppose $m = 1$, les ordonnées étant obliques, on a

$$\frac{ac}{al^3} = \frac{a'c'}{a'l^3};$$

([1]) On sait, en effet, que lorsqu'une transformation est telle qu'à un point d'une courbe correspond un point de sa transformée, elle donne lieu, pour deux courbes osculatrices, à deux courbes qui sont aussi osculatrices.

([2]) Voir *Des méthodes en Géométrie*, par P. Serret, p. 96.

on voit donc que :

Pour deux points correspondants a, a', les rayons de courbure sont entre eux comme les cubes des tangentes al, a'l ([1]).

De la relation (*b*), on déduit aussi, en supposant toujours *m* = 1, que *les projections de aq et de a'q sur aa' sont égales.*

Il est facile de voir que ces deux dernières propriétés sont vraies pour deux points quelconques d'une conique. On a alors ce théorème :

D'un point l on mène à une conique les tangentes la, la', on détermine les points q et q' comme précédemment; les segments aq, a'q' sont vus du point l sous des angles égaux.

D'où celui-ci :

La bissectrice de l'angle ala' partage en parties proportionnelles les segments aa', qq'.

15. La construction du nº 10 s'applique aussi au problème suivant :

Par un point a d'une courbe donnée A, on mène une parallèle à l'axe des abscisses; par le pied de l'ordonnée du même point, on mène une parallèle à une direction donnée; ces deux lignes se coupent en a' : lorsque le point a décrit A, a' décrit A', dont on demande de construire le centre de courbure.

Les deux propriétés énoncées au nº 14 sont encore vraies pour les points correspondants *a, a'*.

Observation. — Les lemmes, qui précèdent ordinairement les recherches de Géométrie infinitésimale, pourraient être mis en ordre et constituer des *Éléments de Géométrie infinitésimale.* C'est dans le but de fournir des matériaux pour la formation de ces éléments que nous avons explicitement énoncé les théorèmes 6 et 7.

A ces théorèmes nous ajoutons :

Pour un déplacement infiniment petit de aa', les variations angulaires dλ, dλ'

([1]) Cette propriété peut s'énoncer ainsi :

Lorsqu'une courbe possède un diamètre rectiligne, les rayons de courbure, correspondant aux extrémités a, a' d'une corde conjuguée, sont entre eux comme les cubes des tangentes al, a'l issues des points a, a' et limitées à leur point de rencontre l.

des lignes oa, oa', que l'on obtient en joignant un point quelconque o aux points a, a', sont entre elles comme $\sin foa \times \sin loa$ *est à* $\sin foa' \times \sin loa'$.

Lieu des positions successives des centres de courbure d'une courbe qui roule sur une droite [1].

1° Soient a (*fig.* 153) le point où une courbe quelconque A touche une droite D sur laquelle elle roule, c le centre de courbure de A correspondant au point

Fig. 153.

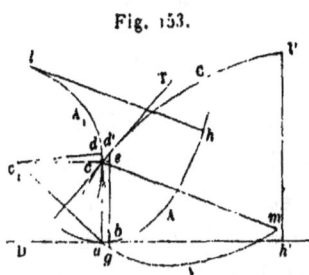

de contact a; pour chacune des positions de A, il existe un point tel que c; tous ces points sont sur une certaine courbe C, dont nous allons nous occuper.

2° *Construction de la tangente* T *au point* c *de la courbe* C. — Soient b (*fig.* 153) un point infiniment rapproché de a, d le centre de courbure correspondant à ce point; après un déplacement infiniment petit de A, b est venu sur D, et le point d est venu en d' sur la courbe C.

Pour déterminer la tangente T, il suffit de chercher la limite de $\dfrac{d'e}{ce}$, le point e étant sur la parallèle ce à D. Le segment ce égale ab qui est un élément de A; en appelant ρ le rayon de courbure ca et ω l'angle de contingence de A au point a, on a

$$ab = \rho \cdot d\omega;$$

$d'e$ égale cd, qui est un élément de la développée A_1 de A; en appelant ρ_1 le rayon de courbure cc_1 de A_1, on a

$$cd = \rho_1 \, d\omega;$$

[1] *Journal de Mathématiques*, 1859.

on a donc

$$\frac{d'e}{cc'} = \frac{\rho_1}{\rho};$$

d'où résulte que T est perpendiculaire à ac_1. On peut dire aussi que ac_1 est parallèle à la normale de C issue du point c.

On arrive, de la même manière, à la construction de la normale à la courbe lieu des positions successives des points tels que c_1, etc.

3° *Arc équivalent en longueur à un arc de* C. — Prolongeons cb d'une longueur bg égale à dc, joignons le point a au point g; nous obtenons ainsi un triangle abg qui est égal au triangle ced' : on a donc

$$cd' = ag.$$

Ce que nous venons de dire pour cd' est vrai, comme il est facile de le voir, pour les autres éléments de C ainsi que pour leur somme; en supposant donc que h est venu en h', l en l', et que le segment cm est égal et parallèle à lh, on a l'arc cl' de C égal à l'arc am de V; la courbe V étant le lieu des extrémités des droites, issues d'un point fixe, égales et parallèles aux rayons de courbure de A.

4° *Aire équivalente à l'aire* $cah'l'$ *comprise entre* C, D *et deux ordonnées de* C. — Nous venons de considérer une certaine courbe V; il est facile de voir que le secteur $cagm$ limité à cette courbe est équivalent à l'aire $cahl$ comprise entre A et sa développée. Cette dernière aire est équivalente à la moitié de l'aire $cah'l'$: en effet, le rectangle $cabe$ est double du triangle cab; ce que nous disons pour un élément est vrai pour les autres éléments ainsi que pour leur somme : donc $cah'l'$ est double de $cahl$ ou de son égal $cagm$.

5° *Remarque*. — L'équation en coordonnées rectangles de C n'est autre que l'équation de A_1, en prenant pour abscisses des arcs de A et pour ordonnées les rayons de courbure de cette courbe.

Applications.

Spirale logarithmique. — Soit a (*fig.* 154) le point où la spirale A touche la droite D : on sait que, pour construire le centre de courbure correspondant au point a, il faut élever, sur le rayon vecteur oa, la perpendiculaire oc jusqu'à sa rencontre en *c* avec la normale qui passe en *a*. Le point *c* ainsi obtenu est le centre de courbure cherché.

Fig. 154.

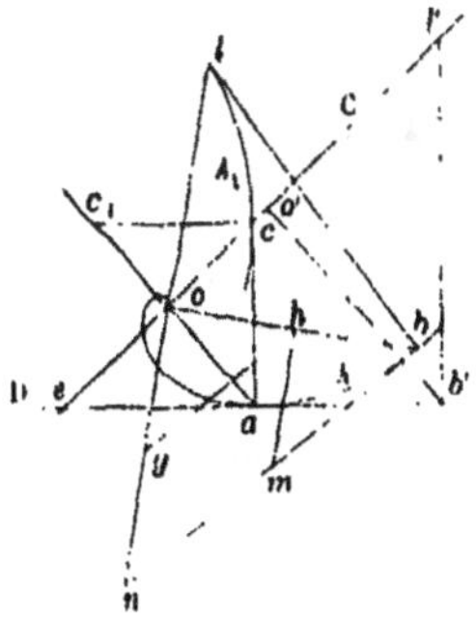

En appliquant la construction de la page 25, on trouve que le centre de courbure de l'élément décrit par *o* pendant le roulement de A est à l'infini sur *oa*; on peut conclure de là que :

Le lieu décrit par le point o est la perpendiculaire C élevée du point a sur oa ([1]); *par suite, le lieu des points tels que c est cette même droite C.*

La courbe V relative à A est une spirale logarithmique, d'où l'on conclut que cette courbe est rectifiable.

Cette rectification est aussi une conséquence de la connaissance de la courbe décrite par le point *o* : puisque ce point décrit une droite, le point *e* où celle-ci coupe D correspond à la position qu'occuperait *o* sur D par suite du roulement, et la distance *ae* est égale à l'arc de spirale compris entre *o* et *a*. De même, en élevant *on* perpendiculairement à *ob* jusqu'à sa rencontre en *n* avec la tangente *bn*, on a *bn* égal à l'arc *bo*; d'après cela, en prenant (*bn* — *ae*), on a une droite égale à l'arc *ab*. On sait que l'angle *oae* est constant quel que soit le point de la spirale; il suffit donc de porter *oa* en *oh* sur *ob*, d'élever la perpendiculaire *hm* sur *ob*, et l'on obtient le segment *bm* qui est égal à l'arc *ab*.

L'aire *cabl*, étant la moitié de *cab'l'*, a pour mesure l'arc *ab* multiplié par la demi-somme des rayons de courbure *ac*, *bl*. On peut exprimer cette aire en fonction des rayons vecteurs *oa*, *ob* et de l'angle constant *oae*.

([1]) Réciproquement : *La courbe A, qu'il faut faire rouler sur une droite D pour que son pôle o décrive une droite C, est une spirale logarithmique.* En effet, les droites telles que *oa* étant perpendiculaires à C, font avec D des angles égaux; par suite, la courbe A rencontre, sous des angles égaux, les rayons vecteurs qui partent de *o*; donc, etc.

Désignons cet angle par α et les rayons vecteurs par r et R, on a

$$\text{arc } ab = mb = \frac{R-r}{\cos\alpha}, \qquad ac = \frac{r}{\sin\alpha}, \qquad bl = \frac{R}{\sin\alpha};$$

par suite,

$$\text{aire } cabl = \frac{R^2 - r^2}{\sin 2\alpha}.$$

En considérant la courbe V, on trouve que l'aire du secteur oab est égale à $\dfrac{R^2 - r^2}{2\cos\alpha}$.

D'après la remarque du n° 5, nous avons pour l'équation de la développée de la spirale A

$$\frac{y}{x} = \cot\alpha,$$

y représentant les rayons de courbure de A, x les arcs de cette courbe comptés à partir de son pôle, et α l'angle constant des rayons vecteurs avec les tangentes. On peut remarquer aussi que y est la longueur de l'arc de la développée correspondant à l'arc oa, et l'équation précédente exprime alors que le rapport de ces arcs est constant. Quant à la courbe lieu des positions successives des centres de courbure tels que c_1 de la développée A_1, nous dirons seulement que c'est encore une droite qui passe par e.

Développante de cercle. — Pour déterminer la nature de C (*fig.* 155), nous allons

Fig. 155.

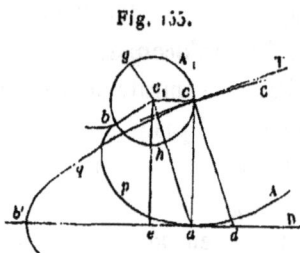

construire la tangente T qui passe par le point c, centre de courbure de la développante A, correspondant au point a. Soit c_1 le centre de la circonférence A_1, développée de A; d'après ce que nous savons (2°), il faut abaisser du point c une perpendiculaire sur ac_1, et l'on a la tangente cherchée.

Menons du point c la parallèle cd à ac_1, nous avons ainsi la normale à la courbe C; par suite de cette construction, la sous-normale ad étant égale à c_1c, est constante, donc :

La courbe C est une parabole.

Du point c_1 menons la droite c_1e égale et parallèle à ca; on trouve ainsi le point e sur D ; nous voyons donc que dans le cas de la développante de cercle la courbe V se confond avec le lieu des pieds des perpendiculaires abaissées du centre c_1 sur les tangentes de A.

Il est facile de voir que cette courbe est une spirale d'Archimède. Du point c_1 élevons sur c_1b la perpendiculaire c_1g; nous avons l'angle gc_1h égal à l'angle bc_1c; ce dernier est proportionnel à l'arc bhc qui est égal à ca; nous voyons ainsi que les rayons vecteurs tels que c_1e qui est égal à ca sont proportionnels aux angles tels que gc_1h comptés à partir de c_1g, par suite le lieu décrit par le point e est une spirale d'Archimède.

En considérant le point e comme le pied de la perpendiculaire c_1e abaissée sur D, on voit qu'il est toujours le sommet d'un angle droit dont l'un des côtés passe par c_1, et dont l'autre côté est tangent à la courbe A ; dans ce cas la normale à la courbe décrite par le point e passe en c, et la sous-normale c_1c étant constante, le point e décrit donc une spirale d'Archimède [1].

D'après 3°, nous voyons que la rectification de l'arc d'une spirale d'Archimède dépend de celle de la parabole.

D'après 4°,

$$\text{aire } bpachb = \frac{\text{aire } b'acqb'}{2};$$

nous avons donc

$$\frac{2\,b'a \times ac}{3} \quad \text{ou} \quad \frac{2\,bpa \times bhc}{3} \quad \text{pour l'aire } bpachb.$$

Ainsi, *l'aire comprise entre un arc bhc et l'arc correspondant bpa de sa dévelop-pante est égale aux deux tiers du produit de ces arcs.*

D'après 5°, en appelant r le rayon de A_1, l'équation de cette circonférence est $y^2 = 2rx$, les abscisses étant des arcs de sa développante A, et les ordonnées les rayons de courbure de cette courbe. L'ordonnée étant égale à bhc, nous voyons que $\dfrac{\overline{bhc}^2}{bpa}$ est constant.

L'arc de la développante correspondant à la circonférence A_1 est égal à $2\pi^2 r$,

---

[1] La distance ca étant constante, on peut supposer le point e lié à la droite ca pendant le roulement de celle-ci sur la circonférence A_1, et appliquer la construction connue pour déterminer le centre de courbure de la spirale d'Archimède ainsi engendrée. Voici la construction du centre de courbure de cette courbe correspondant au point e; en c, et perpendiculairement à ce, on mène la droite cf qui coupe D en f: la ligne qui joint le point c_1 au point f coupe la normale ce au centre de courbure cherché.

on peut remarquer que le rapport de la longueur de cet arc à celui de la circonférence A, est égal à π.

Dans le cas du roulement de la développante A, le lieu des positions successives des centres de courbure de sa développée n'est autre que celui du point c_i, il est évident que ce point décrit une parabole. On peut alors retrouver une construction connue du centre de courbure de la parabole.

Cycloïde. — Comme dans le cas précédent, nous allons chercher T pour déterminer la nature de C (*fig.* 156). Au point de contact a de la cycloïde A et de la

Fig. 156.

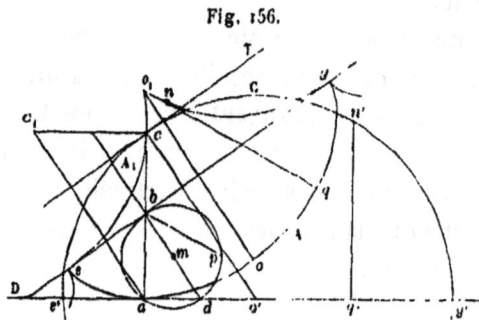

droite D, élevons à cette dernière la perpendiculaire ab; cette droite coupe la base de la cycloïde au point b, et l'on obtient le centre de courbure c de la cycloïde en prolongeant ab de sa propre longueur. Au point c élevons à ac la perpendiculaire cc_i, et du point a abaissons sur la base de la cycloïde la perpendiculaire ac_i, ces deux perpendiculaires se coupent en c_i, centre de courbure de la développée de la cycloïde.

La tangente T est la perpendiculaire abaissée du point c sur ac_i; on peut remarquer que T est parallèle à la base de la cycloïde; en menant co' parallèlement à la droite ac_i, nous avons la normale à la courbe C.

La droite co' est égale au double du diamètre bd du cercle m générateur de la cycloïde : donc co' a une longueur constante, et par suite :

La courbe C est une circonférence ayant un rayon quadruple de celui de la circonférence m.

Le point o' est fixe, il correspond au point milieu de l'arc eag de A; nous avons l'arc ao égal à ao', c'est-à-dire double de ad; nous retrouvons ainsi la rectification connue. Nous pouvons dire aussi que l'arc ao de la cycloïde est égal à la portion de tangente ao' comprise entre le point de contact a et le point o' où cette tangente est coupée par la perpendiculaire abaissée, sur la base de la

M.   64

cycloïde, du centre de courbure c correspondant au point a. Nous verrons plus loin que cette rectification n'est qu'un cas particulier.

La courbe V, comme il est facile de le voir, est dans ce cas une circonférence de cercle double de m.

D'après 4° nous avons aire $aoqno_1ca$ égale à la moitié de l'aire $aq'n'o_1ca$, et puisque la circonférence m est la moitié de V, en menant bp parallèlement à nq, nous avons aussi aire $aoqno_1ca$ égale à quatre fois $adpba$.

En désignant par r le rayon md, par y les arcs de A comptés à partir de o, par x les rayons de courbure de A, nous avons pour équation de la cycloïde A,

$$y^2 + x^2 = 16r^2.$$

En prenant le point c pour origine des arcs, nous avons

$$y^2 + x^2 - 8rx = 0,$$

qui exprime la relation qui existe entre un arc et l'arc correspondant de sa développée.

Pendant le roulement de A, le lieu des positions successives des centres de courbure de sa développée est une ellipse dont le grand axe est double du petit.

Épicycloïde. — La développante de cercle et la cycloïde que nous avons déjà examinées ne sont que des cas particuliers de l'épicycloïde dont nous allons maintenant nous occuper.

L'épicycloïde A (*fig.* 157) a été engendrée par le point a de la circonférence m qui a roulé sur la circonférence f. Pour obtenir le centre de courbure c correspondant au point a, on applique la construction de la page 24; on joint le point a au centre m; cette ligne rencontre la circonférence m au point d: la ligne qui joint le point f au point d coupe la normale ab au centre de courbure c. On sait que la développée A_1 de A est une courbe semblable à celle-ci, et que la développée A_2 de A_1 est une épicycloïde semblable et semblablement placée à A; on obtiendra donc le centre de courbure de A_1 correspondant au point c en joignant le point f au point a et cherchant le point c_1 où cette droite coupe la normale cc_1.

Soit o le milieu de l'épicycloïde A; en joignant le point f au point o on obtient sur A_2 le milieu i de cette épicycloïde; mais l'arc c_1i est égal à c_1c; donc, en prolongeant fd jusqu'à sa rencontre en o' avec D, on obtiendra ao' égal à l'arc ao [1].

[1] Nous pouvons donc dire que l'arc d'épicycloïde compris entre un point a et le milieu o de cette courbe est égal à la portion de tangente ao' comprise entre a et le point où cette tangente est coupée par la ligne qui joint le point f au centre de courbure c correspondant au point a. Cette rectification comprend, comme cas particulier, celle que nous avons déjà donnée pour la cycloïde.

D'après cela, le point o' est le point où o, pendant le roulement de A, vient toucher D : ce point o' est donc un point fixe.

Fig. 157.

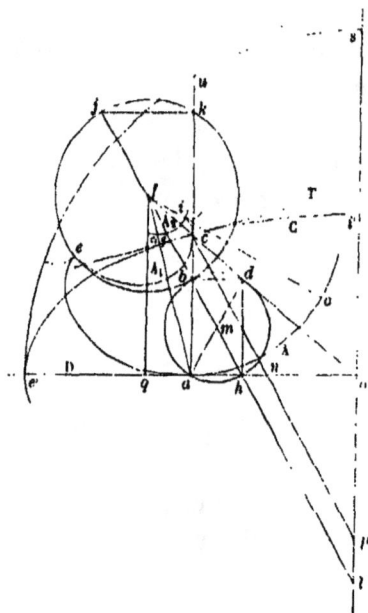

Au point o' élevons une perpendiculaire sur D, et du point c menons cp parallèlement à fm, nous allons faire voir que les distances cn et cp sont constantes, et par suite que :

La courbe C est une ellipse ayant pour centre o'.

La distance cn est égale à gh; pour déterminer celle-ci, prenons l'angle fdu coupé par les transversales ca, fm; nous avons

$$\left(\frac{1}{cb} + \frac{1}{ba}\right) \cos abh = \frac{1}{fb} + \frac{1}{bm},$$

ou, en désignant fb par R, bm par r,

$$\frac{\cos cbg}{cb} + \frac{\cos abh}{ba} = \frac{1}{R} + \frac{1}{r},$$

$$\frac{1}{gb} + \frac{1}{2r} = \frac{1}{R} + \frac{1}{r},$$

d'où $gb = \dfrac{2Rr}{R + 2r}$; ajoutant $2r$ à cette valeur de gb, on obtient

$$cn = \frac{4r(R + r)}{R + 2r}.$$

La distance cp est égale à bl ou à $2r + hl$. Pour déterminer hl, on a

$$\frac{hl}{bh} = \frac{do'}{cd} = \frac{bh}{gb},$$

d'où

$$hl = \frac{2r(R + 2r)}{R},$$

et par suite

$$cp = \frac{4r(R + r)}{R}.$$

La courbe C est donc une ellipse ayant pour grand axe $\frac{8r(R + r)}{R}$ et pour petit axe $\frac{8r(R + r)}{R + 2r}$; il est du reste évident que le grand axe est égal à la longueur de l'épicycloïde A et que le petit axe est égal à la longueur de la développée A_1.

Nous pouvons donc énoncer la proposition suivante :

Lorsqu'une épicycloïde roule sur une droite, le lieu des positions successives de ses centres de courbure est une ellipse ayant pour grand axe la longueur de cette épicycloïde et pour petit axe la longueur de la développée de cette courbe ([1]).

Pour construire la courbe V, prenons pour point fixe le centre f. De ce point menons une parallèle à ca; soit q le point où cette droite coupe D, on a

$$\frac{fq}{ca} = \frac{fh}{cn} = \text{const.}$$

Le rapport $\frac{fq}{ca}$ étant constant, la courbe V est semblable à la courbe lieu des projections du centre fixe f sur les tangentes à l'épicycloïde. D'après cela, en vertu d'un théorème qui sera démontré page 511, les arcs de cette dernière courbe sont exprimables en arc d'ellipse.

Du point o' comme centre avec $o'e'$ pour rayon, décrivons une circonférence; soient u et s les points où elle est coupée par les lignes ac, $o'i'$; on a

$$\text{aire } aci'o' = \text{aire } auso' \times \frac{cn}{cp} :$$

nous avons donc

$$\text{aire } acioa = \frac{cn}{cp} \times \frac{\text{aire } auso'}{2}.$$

([1]) Nous avons déjà démontré (p. 28) que : *Lorsqu'une épicycloïde roule sur une droite, le centre de sa base décrit une ellipse.*

Il est facile de voir que les points tels que c_1 sont sur une ellipse; on peut donc dire :

Lorsqu'une épicycloïde A *roule sur une droite, le lieu des positions successives des centres de courbure de sa développée* A_1 *est une ellipse.*

On peut remarquer, en outre, que *cette ellipse a pour petit axe la longueur de la développée* A_1, *et pour grand axe une droite égale à la somme des longueurs des courbes* A *et* A_2.

Chaînette. — Soient D (*fig.* 158) la droite sur laquelle roule la chaînette A et

Fig. 158.

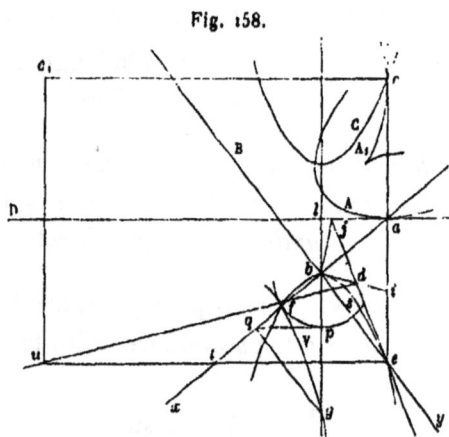

B la base de cette chainette; au point a, où la courbe A touche D, élevons la perpendiculaire ac sur D, cette droite coupe B au point e; en prenant ac égal à ae, on a le centre de courbure c correspondant au point a. D'après cela, le lieu des points tels que c de la courbe C est symétrique, par rapport à D, de la courbe décrite par le point e. Pour avoir ce lieu, considérons le point i milieu de ae, on a, en appelant b le pied de la perpendiculaire abaissée de a sur B,

$$bi = ai;$$

mais le point b est fixe ([1]), donc le point i décrit une parabole : il en est de même du point e; par suite, *la courbe* C *est une parabole.*

Prolongeons ab de sa propre longueur en bq : du point b menons bg parallèlement à ae, et du point q, qg parallèlement à be; ces deux droites se cou-

---

([1]) On sait en effet que : *lorsqu'une chaînette roule sur une droite, sa base passe par un point fixe.*

pent en g : si l'on suppose fixe la chaînette A, le point g construit comme nous venons de le faire décrit la courbe V. Pour obtenir l'équation de cette courbe, nous remarquerons, en abaissant la perpendiculaire qp sur bg, que bp est constant ; en désignant ce segment par m, on a

$$\overline{qb}^2 = m \sqrt{\overline{qg}^2 + \overline{qb}^2}.$$

En prenant pour axes les lignes fixes be, bq, on peut donc écrire

$$x^2 = m \sqrt{x^2 + y^2}$$

pour l'équation de la courbe V.

Il est facile de construire cette courbe en décrivant du point b comme centre avec m pour rayon une circonférence ; au point p on élève à bg la perpendiculaire pq, au point q on élève à bf la perpendiculaire qg, et l'on obtient le point g de la courbe V.

Du point e menons une parallèle à D, soit t le point où elle coupe bq ; prolongeons et de sa longueur jusqu'en u : le point u ainsi obtenu est le symétrique, par rapport à D, du centre de courbure c, de la développée A_1 : d'après la construction de ce point u, on trouvera facilement l'équation du lieu des positions successives des centres de courbure de la développée d'une chaînette pendant le roulement de celle-ci sur une droite.

Pour construire la tangente au point u de ce lieu, on élève à bi la perpendiculaire bj, on joint le point j au point e : la droite je, tangente à la parabole, coupe la droite bi au point d ; en joignant le point d au point u, on a la tangente cherchée. La dernière partie de cette construction résulte de cette propriété :

Un angle mobile de grandeur constante tbe a son sommet fixe en b, et ses côtés rencontrent des courbes aux points t, e. Les tangentes à ces courbes en ces points se coupent en d : la droite bd et la droite qui joint b au point où te touche son enveloppe sont également inclinées sur bt et be.

Ici le point de contact de te avec son enveloppe est à l'infini ; on détermine alors bd et ensuite la tangente td. Comme ut est égal à te, la tangente à la courbe lieu des points u est bien ud.

Longueurs comparées d'arcs de courbes différentes (¹).

1. Dans la séance du 23 janvier 1858, M. Catalan a présenté, de ma part, à la Société Philomathique, ce théorème relatif aux arcs de courbes :

THÉORÈME I. — *Lorsqu'une courbe plane* ACB *(fig. 159) roule sur une droite*

Fig. 159.

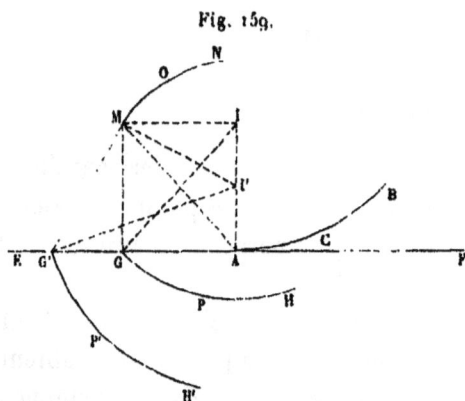

fixe EF, *la rouette décrite par un point* M, *lié à la courbe roulante, a même longueur que la courbe* GPH, *lieu des projections du point* M *sur les tangentes à* ACB.

Théorème qu'on peut énoncer ainsi :

Lorsqu'un arc de courbe plane roule sur une droite, un point quelconque de son plan, entraîné dans le déplacement, décrit un arc de roulette égal en longueur à l'arc de podaire correspondant.

Le théorème I, inséré dans le journal *l'Institut* (24 février 1858), avec plusieurs de ses conséquences, fut remarqué par M. Lamarle, qui en donna une démonstration et une généralisation. Une Note de M. Lamarle, publiée dans les *Bulletins de l'Académie royale de Belgique*, 2ᵉ série, t. IV, a fait connaître cette généralisation :

THÉORÈME II. — *Lorsqu'une courbe plane* ACB *(fig. 159) roule sur une droite fixe* EF, *il existe un rapport constant entre la longueur de la roulette* MON, *décrite par un point* M *lié à la courbe roulante, et la longueur correspondante de la courbe* G'P'H'.

(¹) *Journal de l'École Polytechnique*, XI.ᵉ Cahier ; 1863.

lieu des points où les tangentes à ACB *sont coupées, sous l'angle* β, *par des droites partant de* M. *Ce rapport est exprimé par l'égalité*

$$\frac{MON}{G'P'H'} = \sin\beta.$$

M. Paul Serret a trouvé, de son côté, le théorème I et l'a démontré dans les *Nouvelles Annales de Mathématiques*, t. XVIII, p. 341; 1859.

Mais nous avions été précédé par Steiner qui le premier énonça le même théorème, en le déclarant très intéressant, dans un Mémoire *sur le centre de gravité de la courbure*, inséré dans le *Journal de Crelle*, t. 21, p. 35; 1840.

Le théorème I appartient donc à ce géomètre; nous l'appellerons *théorème de Steiner*.

2. La démonstration que nous en avions trouvée ne diffère pas au fond de celle de M. Lamarle. Pour un déplacement infiniment petit de la courbe roulante, on peut considérer (*fig.* 159) le point M comme tournant, autour du centre instantané de rotation A, de l'angle *d*α égal à l'angle de contingence de la courbe ACB en A; l'arc élémentaire de la roulette MON est donc égal à

$$AM\,d\alpha.$$

D'autre part, pour trouver l'arc élémentaire de la podaire GPH, remarquons que l'angle droit AGM, dont un côté est tangent à la courbe ACB en A et dont l'autre côté passe constamment par le point fixe M, est une figure de grandeur invariable. Pour un déplacement angulaire *d*α de la tangente AG, on peut considérer l'angle AGM comme tournant du même angle *d*α autour du centre instantané I, point de rencontre des droites MI et AI, respectivement perpendiculaires aux côtés MG et AG. Pendant ce déplacement, le point G décrit l'arc élémentaire de la podaire, qui est donc égal à

$$IG\,d\alpha.$$

Mais le quadrilatère AGMI est un rectangle : IG est donc égal à AM; par suite, l'arc élémentaire de la podaire est égal à l'arc élémentaire de la roulette. Les arcs élémentaires correspondants sont constamment égaux, et en faisant leur somme on arrive à l'égalité des arcs finis correspondants MON, GPH.

Le théorème de Steiner étant démontré, il est facile d'en déduire le théorème de M. Lamarle, puisque les courbes GPH et G'P'H' sont semblables. On peut, du reste, démontrer directement ce dernier théorème par la considération des centres instantanés de rotation. L'arc élémentaire de la roulette est toujours égal à $AM\,d\alpha$; quant à l'arc élémentaire de la courbe $G'P'H'$, il suffit, pour l'obtenir, de remarquer que le quadrilatère $AG'MI'$ (le sommet I' étant le centre instantané de rotation) est inscriptible dans une circonférence, et qu'alors $AM = I'G'\sin\beta$, d'où, etc.

Le théorème de Steiner est l'un des rares théorèmes de Géométrie à l'aide desquels on établit une relation entre des arcs de courbes très différentes. Il m'a paru intéressant de chercher soit des théorèmes plus généraux d'où l'on pût le déduire, soit des propriétés du même genre relatives aux arcs de courbes.

Les conséquences de ces recherches devant se rapporter par la particularisation à la roulette et à la podaire, commençons par nous occuper de ces deux lieux.

3. La roulette peut être considérée comme la trajectoire d'un point entraîné dans le déplacement d'une figure, puisque celui-ci est épicycloïdal. Pendant ce déplacement, le point décrivant est supposé fixe par rapport à la figure mobile; donnons-lui un mouvement propre, et la trajectoire absolue du point dans ces conditions nouvelles est évidemment une courbe plus générale que la roulette ordinaire. Cette courbe est la première qui nous occupera. On peut la définir : la trajectoire absolue d'un point entraîné dans le déplacement d'une figure de grandeur invariable, et animé en même temps d'un mouvement par rapport à cette figure. Cette définition mécanique, très propre à faire concevoir la roulette généralisée, ne convient pas à notre objet, et nous devons tout d'abord la présenter sous une forme géométrique.

Fig. 160.

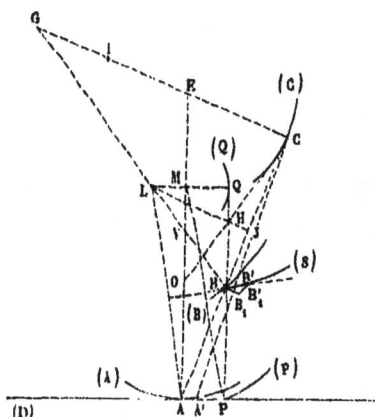

Considérons sur un plan (*fig.* 160) deux courbes (A) et (B). (A) est la figure

invariable de forme qui, en roulant sur la droite (D), entraine la courbe (B),
trajectoire du point B.

Pour fixer la position de ce point, nous allons le rattacher au point où (A)
touche (D). Soient B la position occupée par le point décrivant et A le point de
contact de (A) et de (D); joignons ces deux points par la droite AB et supposons
cette même construction effectuée pour chaque position du point mobile B : nous
obtenons ainsi sur le plan de (A) une série de droites qui enveloppent une
courbe (C).

Les trois courbes (A), (B), (C) étant données, on a tous les éléments géométriques nécessaires pour déterminer la trajectoire absolue de B : en effet, dans
chacune des positions de (A), il suffit de mener du point A, où elle touche (D),
une tangente AC à (C) et de prendre le point B où cette droite coupe (B); le lieu
des points ainsi obtenus est la roulette généralisée.

Désignant par (S) cette courbe et appelant points correspondants les points
tels que A et B, nous dirons que (S) est le lieu des positions successives des
points d'une courbe (B), entraînée dans le mouvement de roulement d'une
courbe (A), points qui correspondent à ceux où cette courbe touche la droite (D)
sur laquelle s'effectue le roulement.

Cette première courbe définie, passons à la généralisation de la podaire.

Il suffit pour cela d'effectuer pour chacun des points de la courbe (B) la construction relative à la podaire d'un point, c'est-à-dire de projeter les points
de (B) sur les tangentes aux points correspondants de (A). Voici comment on
opère : les trois courbes (A), (B), (C) étant fixes, d'un point A de (A) on mène
à (C) la tangente AC : soit B le point de rencontre de cette droite et de (B); on
projette orthogonalement B en P sur la tangente à (A) au point A, on effectue
successivement la même construction pour tous les points de (A); on obtient
une courbe (P), lieu des points tels que P, qui est la podaire généralisée. Nous
dirons simplement que (P) est le lieu des projections des points de la courbe (B)
sur les tangentes correspondantes de la courbe (A).

Les deux courbes (S), (P) conduisent à la roulette et à la podaire lorsque (B)
et (C) se confondent en se réduisant à un point. Nous allons chercher pour chacune d'elles la direction de la normale et l'expression de la longueur d'un arc
élémentaire. Ces déterminations effectuées, il suffira de comparer les résultats
relatifs à (S) et (P) pour trouver quelques généralisations du théorème de
Steiner et des propriétés analogues sur les arcs de courbes.

Commençons par la courbe (S).

4. On donne (*fig.* 160) *trois courbes* (A), (B), (C) *liées invariablement;*

(A) *touche une droite* (D) *en* A; *de ce point on mène à* (C) *la tangente* AC, *cette droite coupe* (B) *en* B; *lorsque* (A) *roule sur* (D), *on obtient, en effectuant cette construction pour chacun des points où* (A) *touche* (D), *un point tel que* B : *le lieu de ces points est une courbe* (S); *on demande pour un point quelconque* B *la direction de la normale à cette courbe et, pour un déplacement infiniment petit de* (A), *l'expression de son arc élémentaire.*

Soit CA′ la tangente infiniment voisine de CA; cette droite coupe (B) en B′; après un roulement infiniment petit de (A), le point A′ étant le nouveau point de contact de (A) et de (D), le point B′ est venu en B′₁, et la droite BB′ est la tangente en B à (S).

Après ce roulement, B est venu en B₁ et l'arc BB′ est en B₁B′₁; cherchons les expressions des longueurs des côtés BB′ et B₁B′₁ du triangle infiniment petit BB₁B′₁. Appelons $d(A)$ l'arc infiniment petit AA′ et $d\alpha$ l'angle de contingence de (A) en A, et de même pour (B), (C), on a $d(B)$, $d(C)$, $d\beta$, $d\gamma$,

$$BB_1 = AB.d\alpha = AB . \frac{d(A)}{AO},$$

AO étant le rayon de courbure de (A) en A.

Les deux tangentes de (C) qui sont infiniment voisines déterminent sur (A) et (B) des arcs élémentaires; on a

$$\frac{d(B)}{d(A)} = \frac{BG}{AE},$$

AE, BG, CE étant les normales en A, B, C aux trois courbes (A), (B), (C).

On tire de là

$$d(B) \quad \text{ou} \quad B_1B'_1 = \frac{BG}{AE} d(A);$$

et, en divisant l'expression de BB₁ par celle-ci, il vient

$$\frac{BB_1}{B_1B'_1} = \frac{AB}{BG \times \dfrac{AO}{AE}}.$$

Supposons que BL soit égal à $BG \times \dfrac{AO}{AE}$, c'est-à-dire que le point L partage BG comme le centre de courbure O partage AE; l'égalité précédente s'écrit alors

$$\frac{BB_1}{B_1B'_1} = \frac{AB}{BL}.$$

Joignons le point A au point L et comparons les triangles ABL et BB₁B′₁. Le côté BB₁ fait avec AB un angle droit, l'angle que fait B₁B′₁ avec BG est droit à un infiniment petit près; on peut dire alors que l'angle BB₁B′₁ est égal à l'angle ABL; de plus, les côtés qui comprennent ces angles sont proportionnels, en vertu de l'égalité précédente; les triangles BB₁B′₁, ABL sont donc semblables, et BB′₁ est perpendiculaire à AL. D'après cela, *la droite AL est parallèle à la normale en B à la courbe* (S).

Jusqu'à présent nous avons supposé que le point L était construit; on peut l'obtenir de plusieurs manières; nous ferons usage de la construction suivante :

On joint le centre de courbure O au point C, on mène la droite BH parallèlement à la normale AE; cette ligne coupe OC en H; de ce point on mène une parallèle à la normale GC, qui rencontre BG au point L.

Pour obtenir d(S), reprenons les triangles semblables BB₁B′₁ et ABL : ils donnent

$$\frac{BB'_1}{AL} = \frac{BB_1}{AB};$$

mais BB₁ est égal à AB $d\alpha$: on a donc

$$BB'_1 \quad \text{ou} \quad d(S) = AL\, d\alpha.$$

Les mêmes triangles semblables donnent aussi

$$B_1B'_1 \quad \text{ou} \quad d(B) = BL\, d\alpha;$$

sous cette forme, l'expression de d(B) nous sera utile.

Nous avons donc pour la courbe (S) les résultats suivants :

La normale en B à (S) *est parallèle à la droite AL obtenue en joignant le point A au point L qui partage BG comme le centre de courbure O partage AE;*

L'arc élémentaire d(S), correspondant à un déplacement infiniment petit de (A), *est égal au produit de AL par l'angle de contingence dα de* (A) *en A.*

Effectuons des recherches analogues pour (P).

5. On a (*fig.* 160) *les trois courbes fixes* (A), (B), (C), *d'un point A de* (A) *on mène à* (C) *la tangente AC qui coupe* (B) *en B; on projette ce point en P sur la tangente AP à* (A); *lorsque A parcourt* (A), P *décrit* (P); *on demande la normale en P à cette courbe et l'expression de son arc élémentaire correspondant à un déplacement infiniment petit de A sur* (A).

Soient PM la normale en P à (P) et (Q) la courbe enveloppe des droites telles que BP. Pour un déplacement infiniment petit de A sur (A) on peut considérer l'angle APB comme tournant autour du centre instantané M, point de rencontre des normales AM et PM; le pied Q de la perpendiculaire abaissée de M sur BP est le point où cette droite touche son enveloppe (Q).

Désignons par $d(P)$ l'arc élémentaire décrit par P pendant le déplacement infiniment petit de A sur (A); on a, en appliquant encore l'expression du rapport des chemins élémentaires parcourus par les extrémités d'une droite variable de position et de longueur,

$$\frac{d(P)}{d(A)} = \frac{PM}{AO},$$

$$\frac{d(A)}{d(B)} = \frac{AE}{BG},$$

Multipliant membre à membre ces deux égalités, on obtient

$$\frac{d(P)}{d(B)} = \frac{PM}{BG \times \frac{AO}{AE}}$$

ou

$$\frac{d(P)}{d(B)} = \frac{PM}{BL}.$$

De cette proportion on conclut que le point L appartient à la droite QM.

Réciproquement, si le point L est construit, on a le point M en projetant L sur AE; la droite qui joint le point M ainsi déterminé au point P est la normale cherchée à la courbe (P).

Quant à l'expression de $d(P)$, il suffit pour l'obtenir de reprendre l'égalité

$$\frac{d(P)}{d(A)} = \frac{PM}{AO},$$

d'où l'on déduit

$$d(P) = PM\, d\alpha.$$

Cette dernière expression résulte aussi de la considération de la rotation infiniment petite de la figure APB autour du centre instantané M. On peut remarquer que, PM étant égal à AQ, on a aussi

$$d(P) = AQ\, d\alpha.$$

Nous avons donc pour la courbe (P) les résultats suivants :

La normale en P à (P) s'obtient en joignant le point P au pied M de la perpendiculaire abaissée du point L sur la normale AE;

L'arc élémentaire d(P), *correspondant à un déplacement infiniment petit de* A *sur* (A), *est égal au produit de la normale* PM *par l'angle de contingence* dα *de* (A) *en* A.

Comparons maintenant ces résultats aux résultats analogues obtenus pour (S), en faisant successivement des hypothèses particulières sur les courbes (A), (B), (C).

6. Les courbes (A) et (C) (*fig.* 161) étant arbitrairement choisies, la direction du premier élément de (S) à partir de B ne dépend que de la direction de la normale de (B) en ce point. Si l'on fait varier cette direction en se reportant à la construction de L (4), il est facile d'avoir successivement les directions correspondantes du premier élément de (S); la droite HL est, en effet, indépendante de la direction de BG : il suffit donc de mener une droite quelconque du point B, et, en la considérant comme normale à (B), de joindre le point A au point où elle coupe HL, pour avoir la direction de la normale à (S).

Prenons un exemple, supposons que la normale en B à (B) soit parallèle à la normale en A à (A) et que cela soit vrai pour tous les points correspondants des courbes (A) et (B). Dans cette hypothèse la courbe (B) peut être considérée comme arbitraire, les points correspondants des courbes (A), (B) sont ceux où ces courbes sont touchées par des tangentes parallèles entre elles; (S) *est alors le lieu des positions successives des points où la courbe* (B), *entraînée dans le roulement de* (A), *est dans chacune de ses positions touchée par une tangente parallèle à* (D).

La courbe (C) étant donnée de manière que les points tels que A et B rem-

Fig. 161.

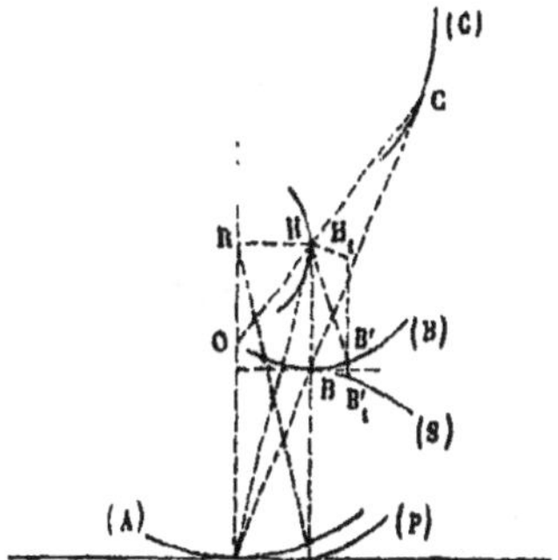

plissent cette condition particulière, on voit que le point L se confond avec H. La normale à la courbe (S) au point B (*fig.* 161) est dans ce cas parallèle à AH.

La normale en P à la podaire correspondante s'obtient, d'après ce qui précède, en projetant le point H en R sur AO et en joignant ce point R au point P. On peut déjà remarquer que les éléments correspondants des courbes (S) et (P) sont également inclinés sur BP puisqu'ils sont respectivement perpendiculaires aux diagonales du rectangle APHR.

La longueur de l'élément de (S) correspondant à un déplacement infiniment petit de (A) est égal à

$$AH\,d\alpha;$$

l'arc de podaire d(P) correspondant est égal à

$$PR\,d\alpha;$$

mais AH = PR, donc les éléments correspondants de (S) et de (P) sont égaux.

Les arcs finis correspondants des courbes (S) et (P), étant la somme d'arcs élémentaires égaux, sont eux-mêmes égaux; on a donc le théorème suivant :

THÉORÈME III. — *Un arc* (A) (*fig.* 161) *roule sur une droite* (D) *en entraînant un arc* (B); *pour chacune des positions de* (A), *on mène à* (B) *une tangente parallèle à* (D); *le lieu des points de contact ainsi déterminés est une courbe* (S); *d'autre part, on mène à* (A) *et* (B), *laissés fixes, des tangentes parallèles; les points de contact étant A et B, on projette B en P sur la tangente en A à* (A); *cette même construction étant faite pour tous les points de l'arc* (B), *les points tels que P ainsi obtenus appartiennent à une courbe* (P); *les courbes* (S) *et* (P) *sont telles que les arcs correspondant à un même arc* (A) *sont égaux en longueur.*

Ce théorème, qui conduit au théorème de Steiner, lorsque (B) se réduit à un point, nous paraît assez intéressant pour mériter une démonstration directe. En voici une très simple.

Désignons par H (*fig.* 161) le centre de courbure de (B) correspondant au point B; par B′ le point infiniment voisin de B, qui, après un roulement infiniment petit de (A), vient en B′, sur (S). Après ce déplacement infiniment petit, la normale HB′, qui est égale à HB, est venue en H, B, perpendiculairement à (D). L'élément BB′, de (S) est donc égal et parallèle à HH,, c'est-à-dire perpendiculaire à AH et égal à AH$d\alpha$.

D'un autre côté, la courbe (P), obtenue en projetant les points tels que B sur les tangentes correspondantes de (A), peut être considérée comme le lieu des sommets d'un angle droit tel que APH, dont un côté est tangent à (A) et dont l'autre est tangent en H à la développée de (B).

D'après cela la normale à (P) en P passe par le point de rencontre R des normales AR et HR à (A) et à la développée de (B); et l'élément d(P) est égal à PR $d\alpha$ ou AH $d\alpha$. On voit donc que d(S) est égal à d(P); de là on déduit le théorème III.

Le centre de courbure H de (B) (*fig.* 161) est le même que le point désigné par la même lettre (*fig.* 160). Nous reviendrons encore sur le théorème III.

D'après ce théorème, on peut dire :

Lorsqu'une courbe roule sur une droite en entraînant une courbe qui lui est homothétique, le lieu des positions successives des points de cette courbe qui sont les homologues des points de contact de la courbe roulante avec la droite donnée, est une courbe dont les arcs sont égaux aux arcs de la podaire correspondante.

Comme exemple considérons (*fig.* 162) deux circonférences (O) et (O').

Fig. 162.

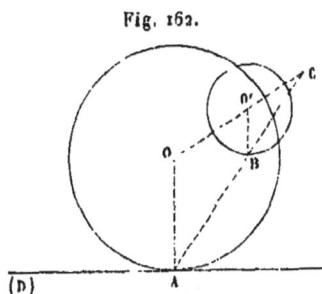

A étant le point où la circonférence (O) touche (D), on obtient son homologue B en menant le rayon O'B parallèlement à OA. On sait que les droites telles que AB, qui joignent deux points homologues, passent par un point fixe C, l'un des centres de similitude des deux circonférences.

Le point C, entraîné dans le roulement de (O), décrit une cycloïde allongée ou raccourcie, et comme le rapport de AC à BC est constant, on voit que, dans ce cas, la courbe (S) est le lieu des points obtenus en partageant dans un rapport constant les normales d'une telle cycloïde.

La développée de la courbe entraînée pendant le roulement de (O) est simplement le point O'; la courbe (P) dans ce cas n'est donc autre que la courbe podaire de la circonférence (O) correspondant à ce point. Mais on sait que les arcs d'une pareille courbe sont exprimables en arcs d'ellipses; nous pouvons donc dire, en appliquant le théorème III :

Lorsqu'on partage dans un rapport constant les normales d'une cycloïde allongée ou raccourcie, le lieu des points qu'on obtient ainsi a ses arcs exprimables en arcs d'ellipses.

Comme autre application du théorème III, on peut faire rouler sur une droite (D) une courbe à centre; le point B correspondant au point de contact A de la courbe roulante et de (D) est le symétrique de ce point A par rapport au centre de la courbe mobile, et le lieu de ces points a ses arcs égaux aux arcs de la podaire correspondante.

7. Pour les courbes (S) et (P) définies, comme on vient de le voir dans l'énoncé du théorème III, les arcs correspondants sont égaux entre eux. Cette circonstance d'égalité d'arcs se présente encore si l'on a (*fig.* 160), en conservant toujours les mêmes notations, AL égal à PM ou à AQ, ou, ce qui revient au même, LV égal à VB.

Cherchons à construire des courbes (A) et (B) satisfaisant à cette condition. Admettons pour cela que (*fig.* 163) les courbes (A) et (B) soient telles que le

Fig. 163.

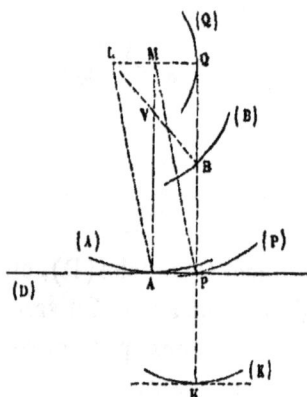

segment LM égale MQ, BL étant toujours la normale en B à la courbe (B), et (Q) la courbe enveloppe des droites telles que BQ qui est menée de B parallèlement à la normale à (A) issue du point A, correspondant de B.

(A) et (B) étant fixes, prolongeons la droite QB, à partir du point P où elle rencontre la tangente AP, d'une longueur PK égale à BP, et opérons de même pour tous les points de (B); nous aurons une courbe (K) pour lieu des points K.

La normale en K à cette courbe s'obtient très simplement, car, PK étant égal à BP, les normales BL, PM et la normale cherchée aux trois courbes (B), (P), (K) doivent intercepter des segments égaux sur la normale QL à (Q). Pour avoir un point de la normale à (K), il faut donc prolonger la droite LM d'une longueur égale à elle-même; mais par hypothèse MQ = LM : donc, dans le cas actuel, la normale en K à (K) passe par le point Q. Ainsi la normale en K est tangente à

M.
66

la courbe (Q), et, comme le point B est arbitraire, nous pouvons dire que cela est vrai pour un point quelconque de (K); donc cette courbe est une développante de (Q). La courbe (A) est donc l'enveloppe des droites telles que PA, élevées perpendiculairement aux milieux des segments déterminés, sur les tangentes à une courbe quelconque (Q), par une développante (K) de cette courbe et par une courbe arbitraire (B).

Nous pouvons d'après cela énoncer le théorème suivant :

THÉORÈME IV. — *L'enveloppe des perpendiculaires élevées des milieux des segments interceptés, sur les tangentes à une courbe quelconque* (Q) (*fig.* 163), *par une des développantes* (K) *de cette courbe et par une courbe arbitraire* (B), *est une courbe* (A) *qui jouit de la propriété suivante : Si on la fait rouler sur une droite* (D), *en entraînant à la fois* (Q) *et* (B), *on obtient pour lieu des positions successives des points où* (B) *est rencontré par les tangentes de* (Q) *menées perpendiculairement à* (D), *une courbe* (S) *dont les arcs sont égaux aux arcs de la podaire correspondante.*

Voici comment on peut démontrer directement ce théorème en s'appuyant sur le théorème III :

Le lieu $(S)_K$ des positions successives des points tels que K, où la développante (K), entraînée pendant le roulement de (A), est rencontrée dans chacune de ses positions par les tangentes à (Q) menées perpendiculairement à (D), est évidemment symétrique de la courbe analogue $(S)_B$ obtenue en considérant (B); ainsi les arcs de $(S)_B$ sont égaux aux arcs de $(S)_K$.

D'après la génération même de $(S)_K$, on voit que le théorème III est applicable, et comme la podaire de $(S)_K$ n'est autre que la podaire correspondant à $(S)_B$, le théorème IV est démontré ([1]).

On peut supposer que les courbes (B) et (Q) soient réunies en une seule (Q); (A) est alors l'enveloppe des perpendiculaires élevées aux milieux des rayons de courbure tels que QK, le point L devient le centre de courbure de (Q), et la normale à la courbe $(S)_Q$, correspondant au lieu des points Q, lorsque (A) roule sur une droite, est parallèle à la droite qui joint le point A à ce centre de courbure.

Voici un exemple : (Q) (*fig.* 164) est une cycloïde, sa développante (K) est une cycloïde, l'enveloppe (A) des perpendiculaires telles que PA est aussi une cycloïde. Lorsque (A) roule sur (D), la courbe $(S)_Q$ est une circonférence, la

---

([1]) Au lieu de prendre la courbe (A), obtenue comme on vient de le dire, on peut faire rouler sur une droite une courbe parallèle à (A).

podaire correspondante est la droite(P) tangente au sommet de la cycloïde (A).

Fig. 164.

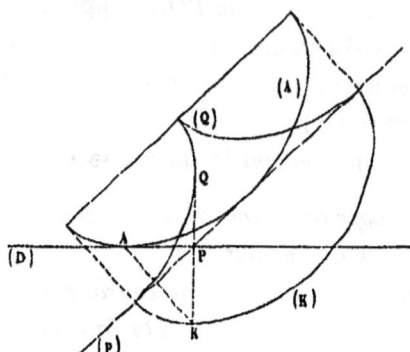

Les arcs de la circonférence $(S)_Q$ sont égaux en longueur aux segments correspondants de la droite (P).

8. Nous n'avons étudié jusqu'ici que les résultats provenant d'une première hypothèse sur la direction de la normale en B à la courbe (B). Nous venons de voir ce qui arrive lorsque cette droite est parallèle à la normale au point correspondant de la courbe (A); examinons maintenant le cas où la normale en B passe par le point correspondant A. La courbe (C) est alors la développée de (B).

Supposons donc que l'on ait (*fig.* 165) une courbe (A), une courbe (B) et la

Fig. 165.

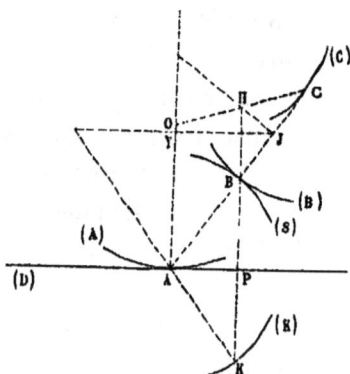

développée (C) de celle-ci. Nous avons vu que, pour avoir la direction de la normale en B à (S), il faut joindre le point A au point où la perpendiculaire HJ est rencontrée par la normale en B à (B). Ce point de rencontre est sur la droite AB prolongée : donc AB est aussi la normale à la courbe (S). La droite AB est à la fois normale à (B) et à (S), ce qu'il était facile de prévoir, puisque (S) n'est autre, évidemment, que l'enveloppe de (B).

On a

$$AJ = AB + BJ,$$

d'où

$$AJ\, d\alpha \quad \text{ou} \quad d(S) = AB\, d\alpha + BJ\, d\alpha;$$

mais, d'après une remarque faite précédemment (p. 516), BJ.$d\alpha$ est l'expression de $d(B)$; on a donc

$$d(S) = AB\, d\alpha + d(B);$$

on retrouve ainsi un résultat connu.

Prolongeons la perpendiculaire BP, abaissée du point B sur la tangente correspondante à (A), d'une longueur PK égale à BP, jusqu'au point K, et opérons de même pour tous les points de (B) : nous obtiendrons une certaine courbe (K).

La normale à cette courbe, devant passer par le point qu'on obtient en prolongeant JY d'une longueur égale à elle-même, contient le point A, et, comme AP est une perpendiculaire sur le milieu de BK, on a AK = AB.

D'après cela, une circonférence décrite du point A comme centre, avec AB pour rayon, sera tangente en K à (K) et, ceci étant vrai pour un point quelconque de ce lieu, on peut le considérer comme faisant partie de l'enveloppe d'une suite de cercles ayant leurs centres sur (A) et tangents à (B).

On a alors, en appliquant une formule connue (p. 84)

$$d(K) - d(B) = 2AB.d\alpha,$$

et, comme nous venons de trouver

$$AB.d\alpha = d(S) - d(B),$$

il vient

$$d(K) - d(B) = 2\, d(S) - 2\, d(B),$$

d'où

$$d(S) = \frac{d(K) + d(B)}{2},$$

et, par suite, l'arc (S) est la demi-somme des arcs (K) et (B).

On a donc le théorème suivant :

THÉORÈME V. — *L'arc* (S), *enveloppe d'un arc* (B) *entraîné pendant le roulement d'un arc* (A) *sur une droite, est égal à la demi-somme de l'arc* (B) *et de l'arc obtenu en abaissant de chacun des points de l'arc* (B), *sur les tangentes correspo, dantes de* (A), *des perpendiculaires que l'on prolonge respectivement de leurs pr pres longueurs* (¹).

Ce théorème est une généralisation du théorème de Steiner, car on obtien celui-ci lorsque (B) se réduit à un point. Pour arriver au théorème V, nou avons fait usage de l'expression de la différence des arcs enveloppes d'une sui de cercles; on peut encore y parvenir comme il suit.

La courbe enveloppe de (K), entraînée pendant le roulement de (A), est s métrique, par rapport à (D), de la courbe enveloppe de (B); ainsi $(S)_K = (S)_B$.

Nous avons trouvé

$$d(S)_B = AB\, d\alpha + d(B);$$

on a aussi

$$d(S)_K \quad \text{ou} \quad d(S)_B = d(K) - AK.d\alpha;$$

en ajoutant ces deux égalités, on arrive à l'expression qui conduit au théo rème V. Nous retrouverons encore le même théorème.

9. Examinons une troisième hypothèse sur la direction de la normale à (B) celle où la normale en un point quelconque de cette courbe et la normale au poin correspondant de (A) comprennent entre elles un angle constant.

Soient donc (*fig.* 166) trois courbes fixes (A), (B), (C), telles que, si l'on mèn

Fig. 166.

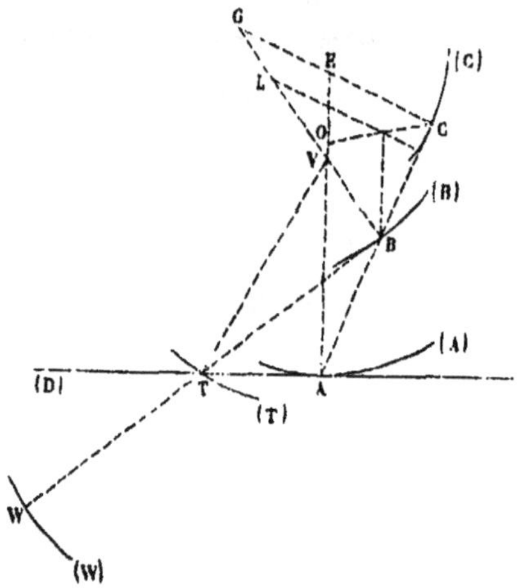

à (C) une tangente quelconque AB, les normales AV et BV comprennent entre

---

(¹) Lorsque le point J est entre les points A et B, (S) est égal à la demi-différence des arcs (B) et (K).

elles un angle constant. Menons la tangente BT à (B) : cette droite fait avec la tangente AT à (A) un angle qui est égal à l'angle AVB, c'est-à-dire à l'angle donné. Occupons-nous, pour un instant, du lieu des points tels que T, obtenu en donnant à la tangente à (C) toutes les positions possibles. Puisque l'angle ATB est constant, la normale en T en ce lieu passe par le point de rencontre V des normales AV et BV.

Appelons provisoirement L, le centre de courbure de (B) correspondant au point B; on a, pour un déplacement infiniment petit de la tangente AC,

$$\frac{d(A)}{d(B)} = \frac{AE}{BG},$$

$$\frac{d(B)}{d(T)} = \frac{BL_1}{TV},$$

$$\frac{d(T)}{d(A)} = \frac{TV}{AO};$$

multipliant membre à membre ces égalités, il vient

$$\frac{AE}{BG} \times \frac{BL_1}{AO} = 1, \qquad \text{d'où} \qquad BL_1 = BG\frac{AO}{AE}.$$

En se reportant à la page 515, on voit que la valeur trouvée pour BL et cette valeur de BL_1, sont identiques; ainsi, dans ce cas particulier, le centre de courbure de (B) n'est autre que le point que nous avons jusqu'ici désigné par L. Donc :

Théorème VI. — *On fait rouler* (A) (*fig.* 166) *sur une droite* (D); *le lieu des points* (S), *où une courbe* (B) *entraînée dans le déplacement est dans chacune de ses positions touchée par des droites également inclinées sur* (D), *est une courbe dont la normale en B est parallèle à la droite qui joint le point correspondant A au centre de courbure L de la courbe* (B).

L'expression de $d(S)$ est toujours

$$AL.d\alpha \quad \text{ou encore} \quad AL.d\beta,$$

puisque dans le cas actuel $d\alpha = d\beta$.

Lorsque les tangentes menées à (B) sont parallèles à (D), on retrouve les résultats obtenus au n° 6.

Le déplacement de (B) est une simple rotation, lorsque (A) se réduit à un point; la normale à la courbe (S), correspondant à ce cas, s'obtient toujours comme on vient de le dire au théorème VI. Or je dis que, dans ce cas, *la courbe* (S) (*fig.* 167) *n'est autre que la courbe symétrique, par rapport au milieu*

Fig. 167.

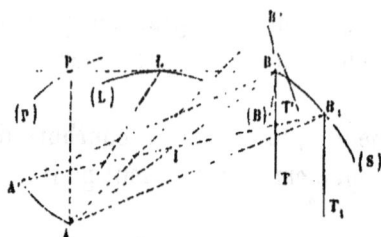

de AB, *de la roulette engendrée par le point* A *entraîné pendant le roulement de la développée de* (B) *sur une droite.*

En effet, lorsque (L) roule sur BL, la courbe (B) glisse sur BT, en touchant toujours cette droite au même point T; un point tel que B' viendra en B pendant que A décrira l'arc AA'; ainsi

$$B'A = BA',$$

et l'angle AB'T' est égal à l'angle A'BT. Si l'on fait tourner (B) autour du point A, jusqu'à ce que AB' soit parallèle à A'B, la tangente B'T' sera venue en B, T,, et dans cette position elle sera parallèle à BT : le point B, est donc un point de (S).

La droite AB, étant égale et parallèle à A'B, la ligne A'B, passe par le point I milieu de AB et A'I est égale à IB, ; le point B, est donc symétrique de A' par rapport au milieu de AB. Le point A' étant un point quelconque de la roulette décrite par A, ce que nous disons pour un point est vrai pour toute la courbe; ainsi la courbe (S) et la roulette décrite par A sont symétriques par rapport au point I.

De là on peut conclure que la normale en B à (S) est parallèle à AL, et que d(S) est égal à AL. $d\beta$; on retrouve ainsi des résultats auxquels nous sommes déjà arrivé.

On peut faire maintenant un rapprochement qui permet d'énoncer le théorème de Steiner sous une autre forme.

L'arc (S), étant égal en longueur à l'arc de roulette (A), est aussi égal en longueur à l'arc de podaire (P), obtenu en projetant A sur les tangentes de (L) ou, ce qui revient au même, sur les normales de (B).

On peut donc dire :

THÉORÈME VII. — *Une courbe* (B) *tourne autour d'un point fixe* A; *l'arc* (S), *lieu des points où* (B) *est touchée par des droites parallèles, est égal en longueur à l'arc obtenu en projetant le point* A *sur les normales issues de tous les points de l'arc* (B).

Lorsque (B) est une courbe algébrique, il en est de même de (S), ainsi que de la podaire (P). Le théorème VII établit donc une relation entre les arcs correspondants de deux courbes algébriques, ce qui est intéressant au point de vue analytique.

Si, par exemple, on fait tourner une parabole autour de son foyer, la courbe (S) est une courbe du quatrième degré dont les arcs sont exprimables en arcs de parabole.

Voici une conséquence presque immédiate du théorème VI :

L'épicycloïde indéfinie, engendrée par un point d'une circonférence qui roule sur une circonférence, est telle que les points où elle est successivement touchée par des droites parallèles appartiennent à une ellipse.

Admettons que les courbes (B) et (C) se confondent, (S) devient le lieu des points où (C) est successivement touchée par des tangentes issues des points de contact de (A) et de (D).

La construction de la normale au point C de cette courbe, que nous désignerons par $(S)_c$, résulte de ce que nous avons dit au n° 4 ; le point G (*fig.* 160) devient le centre de courbure I de (C) ; il faut alors partager IC en deux parties proportionnelles aux segments déterminés sur AE par le centre de courbure O, pour avoir un point qui, joint au point A, donne une parallèle à la normale cherchée.

Enfin, comme cas très particulier, si la courbe (C) est la développée de (A), la courbe $(S)_c$ est le lieu des positions successives des centres de courbure de (A), et l'on retrouve que la normale en un point C de cette courbe est parallèle à la droite qui joint le point A au centre de courbure de (C).

La courbe $(S)_c$ a déjà été étudiée (p. 500), j'en reparlerai plus loin.

Occupons-nous maintenant des courbes gauches.

Théorème 1. — *Si l'on fait rouler sur un plan la portion d'une surface développable comprise entre deux génératrices* A *et* A', *un point* B *de l'espace, entraîné dans ce déplacement, décrit un arc* (B) *égal à l'arc* (P) *lieu des pieds des perpendiculaires abaissées du point* B *sur les plans tangents qui touchent la surface développable entre* A *et* A'.

Du point B, menons un plan perpendiculaire à la génératrice A ; ce plan contient les arcs élémentaires $d(S)$ et $d(P)$ décrits pendant un déplacement infiniment petit de la surface développable autour de la génératrice A; il coupe la développable suivant une courbe à laquelle appartient $d(S)$. En appliquant à cette courbe le théorème de Steiner, on conclut que les arcs $d(S)$ et $d(P)$ sont égaux.

Une suite de déplacements infiniment petits donnent des arcs élémentaires respectivement égaux; en faisant de part et d'autre les sommes de ces éléments, on trouve que l'arc (B) est égal en longueur à l'arc (P).

Lorsque la surface développable est une surface conique, la ligne (B) est une ligne sphérique, et il est facile de substituer à (P), comme nous allons le montrer, une autre ligne sphérique; on arrive ainsi à un théorème de Géométrie de la sphère.

Du sommet O comme centre, et avec OB pour rayon, décrivons une sphère. Pendant le roulement du cône sur un plan, sa trace sur cette sphère roulera sur un grand cercle et la courbe décrite par B est une roulette sphérique.

La perpendiculaire BP, abaissée du point B sur un plan tangent au cône, peut être considérée comme la moitié de la corde de la sphère, abaissée d'un point B de cette surface sur un plan passant par le centre O. Si donc on prolonge la droite BP, d'une longueur PK égale à elle-même, le lieu des points analogues à K est une ligne sphérique; de plus, la courbe (K) est semblable à (P), et ses arcs sont doubles en longueur des arcs correspondants de (P). La courbe (K) peut être obtenue en abaissant de B des arcs de grand cercle perpendiculaires sur les arcs tangents à la ligne sphérique (trace du cône sur la sphère), et en prolongeant respectivement ces arcs de leurs longueurs mêmes. Nous pouvons donc énoncer pour la sphère le théorème suivant :

THÉORÈME IX. — *Un arc d'une ligne sphérique roule sur un grand cercle en entraînant un point* B; *l'arc* (B) *ainsi décrit est égal en longueur à la moitié de l'arc obtenu en menant du point* B, *sur les grands cercles tangents à l'arc de la ligne sphérique mobile, des arcs de grand cercle perpendiculaires qu'on prolonge de leurs longueurs mêmes.*

Pour arriver à une application intéressante du théorème IX, rappelons le suivant :

Si d'un point pris sur une ligne focale d'un cône du second degré, on abaisse des perpendiculaires sur les plans tangents à ce cône, leurs pieds seront sur un cercle (¹).

(¹) Ce théorème est dû à Chasles, qui l'a donné à la page 25 de son Mémoire *Sur les propriétés générales des cônes du second degré*.

M.   67

D'après cela, sachant que la trace de la ligne focale, sur une sphère décrite du sommet du cône comme centre, est le foyer de la conique sphérique tracée du cône sur la même sphère, on voit, en combinant ensemble ce théorème et le théorème IX, que :

La courbe décrite par le foyer d'une ellipse sphérique, pendant le roulement de cette courbe sur un grand cercle, a ses arcs exprimables en arcs de cercle.

La démonstration directe du théorème IX peut se faire ainsi : l'arc élémentaire de la roulette $d(B)$, décrit pendant le roulement de (A), a pour expression

$$\sin AB.da,$$

en appelant da l'angle de contingence géodésique de la ligne mobile.

Le lieu (K), obtenu comme précédemment, peut être considéré comme l'enveloppe d'une suite de cercles décrits des points de (A) comme pôles, avec les distances sphériques telles que AB pour rayons.

En appliquant une formule que j'ai reproduite (p. 91), on a pour la longueur de $d(K)$

$$2 \sin AB.da.$$

En comparant cette expression à celle de $d(B)$, on en déduit le théorème IX, qui correspond sur la sphère au théorème de Steiner.

Le théorème III se généralise de la manière suivante :

THÉORÈME X. — *Une surface développable roule sur un plan en entraînant une surface quelconque* (Σ); *dans chacune de ses positions on mène un plan tangent à cette surface parallèlement au plan donné : le lieu des points de contact ainsi déterminés est une courbe dont les arcs sont égaux aux arcs de la podaire correspondante.*

Propriétés de courbes de deux séries [1].

Les rayons vecteurs d'une courbe partent d'un pôle o. Appelons n la longueur du segment de la normale en a à cette courbe, segment qui est compris entre ce point et celui où cette normale est rencontrée par la perpendiculaire élevée de o à oa.

---

[1] *Bulletin de la Société mathématique de France*; 1876.

Je vais m'occuper de courbes que je désignerai par E, et qui sont telles que pour leur point arbitraire a, le rapport de n au rayon de courbure relatif à a est constant [1].

Parmi ces courbes, il y a l'hyperbole équilatère, la droite, la parabole, le limaçon de Pascal, la spirale logarithmique, la circonférence de cercle, la lemniscate.

La construction donnée page 25 conduit immédiatement à cette propriété :

Lorsqu'une courbe E roule sur une droite D, le pôle o décrit une courbe B dont es rayons de courbure sont partagés par D dans un rapport constant. (BONNET.)

La construction donnée page 36 pour construire le centre de courbure d'une podaire montre que :

La podaire d'une courbe E, par rapport à son pôle o, est une courbe E. (HIRST.)

En effet, si L (*fig.* 27) est une courbe E, on a $\dfrac{lp}{pq} =$ const. Mais ce rapport est égal à $\dfrac{la}{a\nu}$, et l'on a

$$\frac{la}{a\nu} = \frac{mp}{a\nu} = \frac{m\mu}{a\mu}.$$

Ce dernier rapport est alors constant et la propriété est démontrée.

En vertu du théorème démontré page 511, on peut alors dire maintenant :

Les arcs d'une courbe B sont exprimables en arcs d'une courbe E.

Il est facile de construire le centre de courbure de la développée d'une courbe E ou d'une courbe B. Au moyen de ces constructions et de quelques considérations géométriques, on arrive aux propriétés suivantes :

Le lieu des positions successives des centres de courbure d'une courbe E qui roule sur une droite D est une courbe que l'on obtient en dilatant dans un rapport constant les ordonnées d'une courbe B, qui sont perpendiculaires à D.

Lorsqu'une courbe B, qui a été engendrée par le pôle d'une courbe E roulant sur une droite D, roule elle-même sur une droite en entraînant D, l'enveloppe de cette droite est encore une courbe B.

Lorsqu'une courbe B roule sur une courbe qui lui est égale et symétrique par rap-

---

[1] M. Haton de la Goupillière, dans sa Thèse d'Astronomie, a étudié ces courbes sous le nom de *spirale sinusoïde*; il en a publié aussi, en 1876, dans les *Nouvelles Annales de Mathématiques*, une intéressante monographie.

port à l'une de ses tangentes, la droite D *enveloppe une courbe, dont les arcs sont exprimables en arcs d'une courbe* B, *et qui partage dans un rapport constant les rayons de courbure d'une courbe* B.

Le lieu des positions successives des centres de courbure d'une courbe B *qui roule sur une droite est une courbe que l'on obtient en dilatant dans un rapport constant les ordonnées d'une courbe* B.

En un point quelconque d'une courbe B, *on mène la tangente et la normale à cette courbe. Du point où la normale rencontre* D, *on élève une perpendiculaire à cette droite; cette perpendiculaire rencontre la tangente à* B *en un certain point : le lieu des points analogues est une courbe que l'on obtient en dilatant les ordonnées d'une courbe* B.

On projette un point quelconque m *d'une courbe* B *sur la droite* D, *et le point ainsi obtenu on le projette sur la tangente à* B *en* m : *le lieu des points analogues à celui que l'on obtient ainsi est une courbe qui partage dans un rapport constant les rayons de courbure d'une courbe* B.

Mode de représentation plane de classes de surfaces réglées [1].

Ce mode de représentation permet d'arriver, d'une manière simple, non seulement à des propriétés déjà démontrées, ainsi qu'à des extensions dues à O. Bonnet, mais encore à d'autres extensions qui n'avaient pas été signalées.

Pour représenter ce qui concerne les plans tangents à une surface réglée (G) pour une génératrice G, j'emploie une *droite auxiliaire*.

Si, au lieu de prendre une seule génératrice, on considère toutes les génératrices et leurs droites auxiliaires rapportées à un même système d'axes, on a par l'enveloppe de ces droites une courbe représentative de la surface réglée.

Pour exposer ce mode de représentation, appliquons-le d'abord aux *surfaces formées par les normales principales communes à deux courbes.*

Appelons (S_N) le lieu des normales principales d'une courbe (o) : soit $n_1 p$ (*fig.* 168) la droite auxiliaire relative à o et à la normale G. Appelons a' le point où $n_1 p$ est coupé par la droite auxiliaire relative au point de (o) qui est infiniment voisin de o et à la normale correspondante G′, droite auxiliaire rapportée aux mêmes axes que la première. Projetons a' en a_1 et portons $o_1 a_1$ en oa sur G.

---

[1] *Comptes rendus*, séances des 29 octobre. 5. 19 novembre 1877 et 20 mai 1878.

Sur G', nous avons un point analogue à *a* en portant le même segment $o_1 a_1$. Le plan tangent en ce point fait, avec le plan tangent au point où G' coupe (o),

Fig. 168.

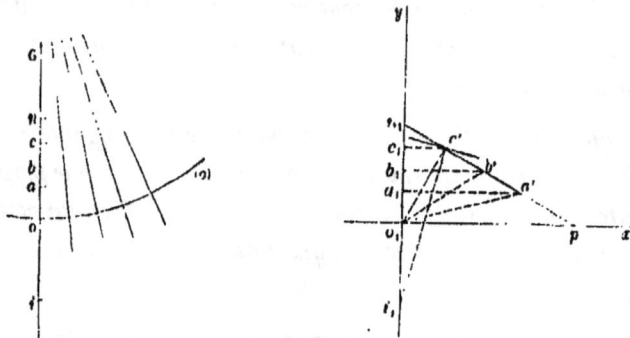

un angle qui est égal à l'angle des plans tangents en *o* et *a*, parce que chacun de ces angles est égal à $xo_1 a'$, et, comme deux droites auxiliaires se coupent toujours, on voit que :

Si l'on déplace infiniment peu le faisceau formé par tous les plans passant par G, de façon que cette droite reste une génératrice de (S_N), que o décrive (o), il existe toujours un de ces plans qui, après le déplacement, est tangent à (S_N) au point où vient se placer le point où il touchait cette surface.

La caractéristique de ce plan tangent est perpendiculaire à G, parce que, (o) étant une ligne asymptotique de (S_N), la caractéristique du plan tangent en *o* est perpendiculaire à G. Ainsi, pendant que *a* décrit un élément perpendiculaire à G, le plan tangent en *a* a pour caractéristique une perpendiculaire à G : l'élément décrit par *a* appartient donc à une ligne asymptotique de (S_N). Ainsi :

Sur la normale principale S d'une courbe (o) il existe toujours un point a pour lequel la ligne asymptotique de la surface des normales principales de (o) est perpendiculaire à G.

En *a*, les rayons de courbure principaux de (S_N) sont égaux et de signes contraires. Je désignerai par (a) le lieu des points tels que *a*.

Puisque deux droites auxiliaires ne peuvent avoir deux points communs sans se confondre, on voit que :

Si, sur une normale G, il y a, en dehors de o, deux points pour lesquels les lignes asymptotiques de (S_N) rencontrent G à angle droit, tous les autres points de G jouissent de la même propriété.

Supposons maintenant que toutes les droites auxiliaires relatives à une surface (S_N) et rapportées à un même système d'axes, passent par un même point a', c'est-à-dire que *la courbe représentative soit la plus simple de toutes, qu'elle soit réduite à un point.*

On a alors, entre les inverses des coordonnées à l'origine de ces droites, une relation linéaire. Désignons par ρ le rayon de courbure $o_1 n_1$ de (o), par r le rayon de seconde courbure $o_1 p$, par a le segment $o_1 a_1$ et par ω l'angle $p o_1 a'$; cette relation est

$$\frac{\dfrac{a}{\tang\omega}}{r} + \frac{a}{\rho} = 1.$$

La courbe (a) est, dans le cas actuel, une trajectoire orthogonale de (S_N), et cette courbe, d'après ce qui précède, est une ligne asymptotique de cette surface: ou encore (S_N) est le lieu des normales principales de (a). On voit donc que :

Si, entre les courbures d'une courbe, on a une relation linéaire, les normales principales de cette courbe sont les normales principales d'une autre courbe.

Parmi les droites auxiliaires qui passent en a', on doit signaler $o_1 a'$ et $a_1 a'$. A chacune de ces droites correspondent sur (S_N) des génératrices le long desquelles il y a un plan tangent unique. Ainsi :

Sur la surface formée par les normales principales communes à deux courbes, il y a toujours au moins deux génératrices pour chacune desquelles la surface admet un plan tangent unique.

Supposons que *la courbe représentative soit une simple droite.*

Cela revient à dire que toutes les droites auxiliaires sont confondues en une seule (¹). Chacun des points de cette droite jouit alors de la propriété démontrée précédemment pour le point a' et toutes les lignes asymptotiques de la surface réglée (S_N) sont, dans ce cas, des trajectoires orthogonales des génératrices de cette surface. La ligne de striction elle-même est une de ces trajectoires orthogonales, ligne asymptotique de (S_N). Si nous prenons alors, comme origines des droites auxiliaires, les points de cette ligne de striction, la surface (S_N) sera représentée par une droite parallèle à l'axe des y. Cette nouvelle

---

(¹) On pourrait conclure de là que (o) est une hélice, si l'on admettait comme démontré que la courbe dont les deux rayons de courbure sont constants est une hélice.

représentation montre qu'en chacun de ses points la ligne de striction a un rayon de courbure infini; par suite, c'est *une ligne droite*.

La surface (S_N) a toutes ses génératrices perpendiculaires à cette droite. Elle admet donc un plan directeur. Projetons-la sur ce plan directeur; la ligne de striction se projette en un point, les génératrices se projettent suivant des droites partant de ce point, et les lignes asymptotiques se projettent suivant des trajectoires orthogonales de ces droites, c'est-à-dire suivant des circonférences de cercles concentriques. Par suite, les génératrices de (S_N) sont normales à des cylindres dont l'axe de révolution est la ligne de striction de cette surface, et alors les lignes asymptotiques de (S_N) ont leurs plans osculateurs normaux à ces cylindres et sont des lignes géodésiques de cylindres de révolution, c'est-à-dire des hélices. Nous pouvons dire alors que :

La surface lieu des normales principales d'une courbe, qui est représentée par une droite, est un hélicoïde gauche à plan directeur.

On a maintenant tout de suite la réponse à cette question :

Quelle est la surface réglée pour laquelle les rayons de courbure principaux sont, en chaque point, égaux et de signe contraire?

Cette surface a pour lignes asymptotiques des trajectoires orthogonales de ses génératrices. Elle est alors représentée par une droite, donc :

Cette surface est un hélicoïde gauche à plan directeur.

Supposons que *la courbe représentative d'une surface* (S_N) *soit une parabole* ayant o_1 *pour foyer et* $o_1 y$ *pour axe*.

La relation entre les rayons de courbure de (o) est alors l'équation tangentielle d'une parabole, c'est-à-dire :

(1) $$\frac{1}{\rho^2} + \frac{1}{r^2} = \frac{1}{\lambda \rho}.$$

Les projections de o_1 sur les tangentes de cette parabole appartiennent à la tangente au sommet de cette courbe. Les points, tels que c', se projettent alors en un même point c_1 sur $o_1 y$. De là résulte que

La ligne de striction de la surface (S_N), *relative à une courbe dont les rayons de courbure sont liés par la relation* (1), *est une trajectoire orthogonale des génératrices de cette surface.*

Prenons pour origines des droites auxiliaires les points de cette ligne de striction. Les nouvelles droites auxiliaires, rapportées toujours aux mêmes axes, sont alors parallèles à o_1y, et nous voyons ainsi que, pour un quelconque de ses points, la ligne de striction a un rayon de courbure géodésique infini. Cette ligne est donc une ligne géodésique de (S_N); ses plans osculateurs sont alors normaux à cette surface et nous avons cette propriété :

La surface (S_N), *relative à une courbe dont les rayons de courbure ont entre eux la relation* (1), *est le lieu des binormales d'une courbe gauche.*

Si les origines des droites auxiliaires sont les points d'une trajectoire orthogonale quelconque de la surface formée par les binormales d'une courbe gauche, ces droites envelopperont encore une parabole. De là ce théorème :

Sur la surface formée par les binormales d'une courbe gauche, les trajectoires orthogonales des génératrices ont leurs rayons de courbure géodésique et leurs rayons de torsion géodésique liés par la relation

$$\frac{1}{\rho_g^2} + \frac{1}{r_g^2} = \frac{1}{\lambda\rho_g},$$

dans laquelle ρ_g *est un rayon de courbure géodésique,* r_g *un rayon de torsion géodésique et* λ *une constante.*

Les propriétés de la parabole conduisent à des propriétés des surfaces représentées par cette courbe. En voici un seul exemple : la portion d'une tangente à une parabole comprise entre son point de contact et l'axe de la courbe est partagée en parties égales par la tangente au sommet. On déduit de là que :

Sur la surface (S_N) *relative à une courbe* (o) *dont les rayons de courbure ont entre eux la relation* (1), *la ligne de striction partage en parties égales les segments compris sur chaque normale de* (o) *entre le centre de courbure de cette courbe et le point pour lequel* (S_N) *a ses rayons de courbure égaux et de signes contraires.*

Avant d'énoncer d'autres résultats, nous pouvons maintenant faire quelques remarques générales relatives à notre mode de représentation.

Donner une relation entre les rayons de courbure d'une courbe revient à donner l'équation tangentielle de la courbe représentative des surfaces formées par les normales principales des courbes pour lesquelles cette relation a lieu. La podaire de cette courbe représentative, pour l'origine o_1, correspond à la ligne de striction de ces surfaces. Cette courbe podaire ne change pas lorsqu'on prend de nouvelles origines pour les droites auxiliaires; on peut dire alors que cette courbe podaire est aussi une courbe pouvant représenter ces surfaces.

C'est ainsi que la surface formée par les normales principales communes à deux courbes est représentée par une circonférence de cercle (p. 364).

Et alors, si nous revenons pour ces dernières surfaces aux courbes représentatives formées par l'enveloppe des droites auxiliaires relatives aux points d'une trajectoire orthogonale quelconque, pris comme origines, nous voyons que :

La surface formée par les normales principales communes à deux courbes est représentée par une ellipse ou une hyperbole, selon la position de la trajectoire orthogonale de ces normales dont on prend les points comme origines des droites auxiliaires.

Par l'équation tangentielle de cette conique, on a tout de suite *la liaison suivante, qui existe entre les rayons de courbure géodésique et les rayons de torsion géodésique pour les points d'une trajectoire orthogonale des normales principales communes à deux courbes :*

$$\left(\frac{1}{\rho_g}-\frac{1}{\lambda}\right)^2+\left(\frac{1}{r_g}-\frac{1}{\mu}\right)^2=\frac{1}{\nu^2},$$

dans lesquelles λ, μ, ν, *sont des constantes.*

Après ce qui précède, on démontre facilement les théorèmes suivants :

Lorsque le produit des courbures d'une courbe est constant, les milieux des rayons de courbure de cette courbe sont les points pour lesquels la surface formée par ses normales principales a ses rayons de courbure égaux et de signes contraires.

Lorsque la somme des carrés des courbures d'une courbe est constante, les points centraux des génératrices de la surface formée par ses normales principales sont les points pour lesquels les rayons de courbure principaux de cette surface sont égaux et de signes contraires, etc., etc., etc.

Supposons que (G) soit une surface réglée quelconque. Prenons, comme origines des droites auxiliaires correspondant aux génératrices de cette surface, les points de rencontre de ces dernières droites avec une de leurs trajectoires orthogonales (o). Conservons les mêmes figures et les mêmes notations que précédemment, avec la différence que nous venons d'indiquer. Alors les ordonnées à l'origine des droites auxiliaires sont les rayons de courbure géodésique de (o), et les abscisses à l'origine de ces droites sont les rayons de torsion géodésique de cette courbe.

M.

68

En reproduisant ce que nous avons déjà dit, lorsque (o) était en outre une ligne asymptotique de (G), on voit que l'on a toujours ce théorème :

Si l'on déplace infiniment peu le faisceau formé par tous les plans passant par G, de façon que cette droite reste une génératrice de (G), que o décrive (o), il existe toujours un de ces plans qui, après le déplacement, est tangent à (G) au point où vient se placer le point a où il touchait cette surface ([1]).

Et si l'on veut que (G) soit telle que cette propriété du plan tangent en *a* subsiste pour toutes les positions de ce point entraîné pendant le déplacement continu de G sur (G), il faut que les droites auxiliaires relatives aux génératrices de cette surface et rapportées à un même système d'axe, passent par un même point *a'*.

De là résulte, comme précédemment :

Si, pour une trajectoire orthogonale d'une surface gauche (G), on a la relation

$$(2) \qquad \frac{a}{\frac{\tan g\omega}{r_g}} + \frac{a}{\rho_g} = 1,$$

il existe une autre trajectoire orthogonale des génératrices de (G), telle que les plans tangents à cette surface, aux points où une génératrice est rencontrée par ces deux trajectoires orthogonales, comprennent entre eux un angle constant, quelle que soit cette génératrice.

Si, sur une surface gauche (G), il existe deux trajectoires orthogonales des génératrices, telles qu'aux points où elles rencontrent une de ces génératrices les plans tangents à (G) comprennent entre eux un angle qui est toujours le même, quelle que soit cette droite, on a, pour l'une ou l'autre de ces trajectoires, une relation telle que (2).

Démontrons encore, à l'aide de la figure, ce théorème dû à O. Bonnet ([2]) :

Les torsions géodésiques des trajectoires orthogonales (b) et (o) de (G), aux points b et o, sont entre elles dans le rapport inverse des carrés des éléments interceptés sur ces deux trajectoires par G et par la génératrice qui est infiniment voisine de celle-ci.

([1]) Ce théorème est vrai aussi lorsque l'on considère un déplacement fini de G. Il est utile d'avoir fait cette remarque, pour rapporter aux surfaces réglées les propriétés de leurs courbes représentatives.

([2]) Voir *Mémoire sur la théorie générale des surfaces*, p. 60.

La torsion géodésique de (o) en o est $\dfrac{1}{o_1 p}$, qui est égal à $\dfrac{\overline{c_1 c'}}{\overline{o_1 c'}^2}$.

De même, pour la trajectoire (b), la torsion géodésique en b est $\dfrac{\overline{c_1 c'}}{\overline{b_1 c'}^2}$.

Le rapport des torsions géodésiques en o et b des trajectoires (o) et (b) est donc $\dfrac{\overline{o_1 c'}^2}{\overline{b_1 c'}^2}$, et, comme ce rapport est égal au rapport des carrés des éléments compris sur (b) et (o), entre (G) et la génératrice infiniment voisine de celle-ci (p. 298), le théorème est démontré.

Nous pourrions, comme je l'ai fait précédemment, considérer les surfaces gauches correspondant à des courbes représentatives simples; mais, après ce qui précède, nous n'ajouterons qu'un seul exemple.

Prenons comme origines des droites auxiliaires correspondant aux génératrices de (G) les points d'une trajectoire coupant sous un angle constant ω ces génératrices. En conservant toujours les mêmes figures et les mêmes notations, et en se rappelant que $o_1 p$ est maintenant égal à la moyenne géométrique des rayons de courbure principaux de (G) en o, on trouve que :

Si un segment de droite de longueur l qui vient successivement coïncider avec les génératrices d'une surface (G) est tel que les plans tangents à cette surface aux extrémités de ce segment conservent entre eux toujours le même angle ω, on a, pour l'une ou l'autre des courbes décrites par les extrémités de ce segment, la relation

$$\frac{\dfrac{l}{\tan g\,\omega}}{n} + \frac{l}{\sqrt{R_1 R_2}} = 1,$$

dans laquelle n représente la distance comprise entre l'une des extrémités de ce segment et le point où le plan tangent à (G) à cette extrémité est normal à cette surface, et R_1, R_2 sont les rayons de courbure principaux de (G) à cette extrémité du segment.

On trouve encore, à l'aide de la figure, les théorèmes suivants :

Si un segment de droite peut successivement coïncider avec les génératrices d'une surface gauche (G), de façon que les plans tangents à cette surface aux extrémités de ce segment conservent entre eux toujours le même angle, le produit des rayons de courbure principaux de (G) aux extrémités de ce segment est constant.

Pour une position quelconque du segment, les plans tangents à ses extrémités sont normaux à (G) en deux points; ces points et les extrémités du segment donnent *quatre points dont le rapport anharmonique est constant, quelle que soit la position du segment mobile.*

La position d'une courbe représentative R d'une surface réglée, par rapport aux axes coordonnés, permet d'obtenir quelques éléments de cette surface. C'est ce que je vais faire voir en considérant la surface (S_N), formée par les normales principales d'une courbe gauche (o).

Soit ν l'angle que fait avec la normale G en o (*fig.* 169) la courbe lieu des

Fig. 169.

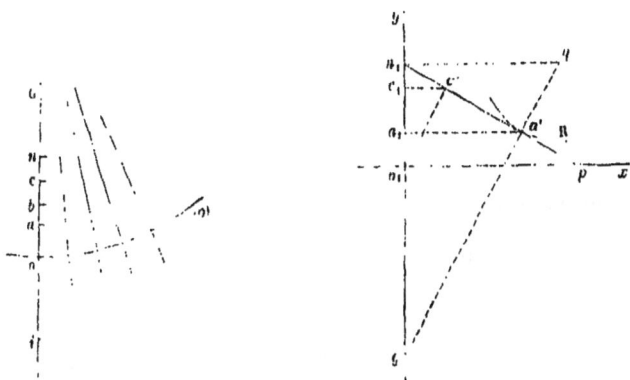

centres de courbure de (o). Cherchons l'expression de $\tan\nu$. Prenons sur (o) le point o' infiniment voisin de o et menons la normale G' correspondante. G' et o' donnent lieu à une droite auxiliaire infiniment voisine de $n_1 p$, rapportée aux mêmes axes que cette droite; elle coupe $n_1 p$ en a'. Le segment intercepté sur $o_1 y$ par ces deux droites auxiliaires est la variation de longueur $d\rho$ du rayon de courbure on, lorsque l'on passe de o à o'. Menons, à partir de n, la trajec-toire orthogonale (n) des normales principales de (o). G et G' interceptent sur cette courbe un arc $d(n)$: on a

$$\tan\nu = \frac{d(n)}{d\rho}.$$

Désignons par φ l'angle de $n_1 p$ avec $o_1 y$ et par $d(o)$ l'arc oo', on sait que $\frac{d(n)}{d(o)} = \frac{c'n_1}{c'o_1}$ (p. 298) et que

$$d\rho = n_1 q\, d\varphi \;(^1):$$

_____

$(^1)$ $d\varphi$ est l'angle de contingence de R en a', et q est le point où la perpendiculaire $n_1 q$ à $o_1 y$ est rencontrée par la normale en a' à R.

on a donc

$$\tan v = \frac{c'n_1}{c'o_1 . n_1 q} \cdot \frac{d(o)}{d\varphi} = \frac{1}{n_1 g} \cdot \frac{d(o)}{d\varphi},$$

Introduisons l'angle θ que font entre elles les normales G et G', en employant la relation connue $d\theta = \frac{d(o)}{o_1 c'}$ (p. 298); il vient

$$\tan v = \frac{\rho}{qg} \cdot \frac{d\theta}{d\varphi}.$$

Nous verrons, page 543, qu'on a $\tan v = \frac{\rho}{s}$, en appelant s la distance à G du centre de la sphère osculatrice en o à (o). De ces deux expressions de $\tan v$, il résulte que

(3)
$$s = qg \frac{d\varphi}{d\theta}.$$

Lorsque deux courbes ont les mêmes normales principales, le rapport $\frac{d\varphi}{d\theta}$ est le même pour deux points de ces courbes situés sur une même normale. On voit donc que :

Lorsque deux courbes (o) et (a) ont les mêmes normales principales, les distances à une de leurs normales communes des centres des sphères osculatrices correspondant à o et à a, situées sur cette normale, sont entre elles dans le rapport $\frac{qg}{q'g'}$ [$q'g'$ étant pour (a) le segment analogue à qg].

De là le moyen de déterminer le rayon de la sphère osculatrice d'une de ces courbes, connaissant le rayon de la sphère osculatrice de l'autre. Problème que nous allons résoudre directement.

Dans le cas particulier où les rayons de courbure de la courbe gauche sont égaux, la courbe R est réduite à un point de $o_1 y$; le segment qg est alors toujours nul, ainsi que s. Nous retrouvons ainsi ce théorème :

Lorsque les rayons de courbure d'une courbe gauche sont égaux, les centres des sphères osculatrices et les centres de courbure de cette courbe coïncident.

**Liaison géométrique entre les sphères osculatrices de deux courbes
qui ont les mêmes normales principales (¹).**

Soient (*fig.* 170) (*a*). (*a*) les courbes qui ont les mêmes normales principales,
aa' une de leurs normales communes,
α le centre de courbure de (*a*),
α' le centre de courbure de (*a'*).

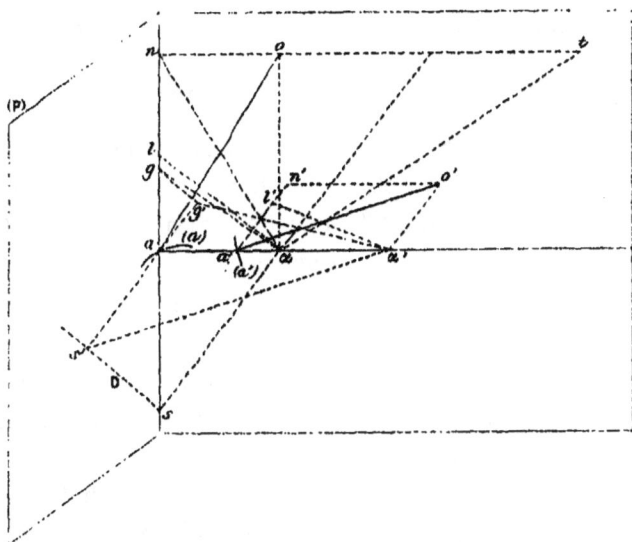

Fig. 170.

*Le centre o de la sphère osculatrice de (a) pour a étant donné, on demande de
construire le centre o' de la sphère osculatrice de (a') pour a'.*

Cherchons d'abord comment, au moyen du point o, on peut construire en α
la tangente à la courbe (α) lieu des centres de courbure de (*a*). Les plans normaux à (*a*) enveloppent la surface polaire de cette courbe. L'arête de rebroussement de cette surface développable est la courbe (*o*) lieu des centres tels
que *o*.
  Développons cette surface polaire sur son plan tangent le long de sa génératrice *ao*; les points de (*a*) se réunissent alors en *a*, et la transformée de (α) est

(¹) *Proceedings of the London mathematical Society*, 1885.

la podaire de la transformée de l'arête de rebroussement (*o*) par rapport au point *a*.

La tangente en α à cette podaire est la perpendiculaire α*t*, à la diagonale α*n* du rectangle *a*α*on*; mais cette tangente est aussi la tangente en α à la courbe (α); donc :

La tangente en α à (α) est la perpendiculaire α t à α n (¹).

Appelons (S_N) la surface formée par les normales principales communes aux courbes (*a*) et (*a'*). Le plan normal en *a* à (*a*) est normal en ce point à (S_N) et touche cette surface au point α. Le plan normal à (*a*), au point de cette courbe infiniment voisin de *a*, touche (S_N) au point de (α) infiniment voisin de α. Ces deux plans normaux infiniment voisins se coupent suivant l'axe de courbure α*o*, et la droite qui joint les points où ils touchent (S_N) est α*t*; donc :

Les droites α t, α o sont deux tangentes conjuguées de (S_N).

On connaît, pour le point α de (S_N), les deux tangentes conjuguées α*t*, α*o* et la droite α*a* qui est une des asymptotes de l'indicatrice de (S_N) en α; il est alors facile de construire l'autre asymptote de cette indicatrice. Il suffit pour cela de joindre le point α au point milieu du segment *ot*, qui est parallèle à α*a*; ou encore, d'élever du point α une perpendiculaire à la droite α*l* qui passe par le point *l*, milieu de *an*.

On voit ainsi comment la connaissance du centre *o* de la sphère osculatrice de (*a*) en *a* entraîne la connaissance de l'asymptote de l'indicatrice de (S_N) au point α, centre de courbure de (*a*).

Inversement, la connaissance de cette asymptote permet de construire le centre *o*. Nous n'avons, d'après cela, qu'à déterminer l'asymptote de l'indicatrice de (S_N) en α' pour arriver au centre *o'* de la sphère osculatrice de (*a'*) en *a'*.

Les asymptotes des indicatrices de (S_N) en *a* et *a'* sont les tangentes en ces points à (*a*) et (*a'*). Nous connaissons alors les asymptotes des indicatrices de (S_N) aux trois points *a*, *a'*, α, et nous pouvons construire l'asymptote de l'indicatrice en un point quelconque de *aa'*. Toutes ces droites appartiennent, en effet, à un même hyperboloïde qui est l'hyperboloïde osculateur de (S_N) le long de *aa'*.

_____

(¹) D'après cela, en faisant usage des notations de la page 541, on peut écrire tang ε = $\frac{\rho}{s}$, relation déjà employée.

Effectuons les constructions en faisant usage du plan (P) mené du point a perpendiculairement à aa'. Ce plan contient déjà l'asymptote de l'indicatrice en a; il ne coupe plus alors l'hyperboloïde osculateur que suivant une droite D. Cette droite est le lieu des traces sur (P) des asymptotes des indicatrices de (S_N) pour les points de aa'. Soit s la trace sur (P) de l'asymptote de l'indicatrice en α. Menons de s une parallèle à l'asymptote relative au point a', c'est-à-dire à la tangente en a' à (a'). Nous obtenons ainsi la droite D.

L'asymptote relative au point α' est dans le plan tangent en ce point à (S_N), c'est-à-dire dans le plan normal en a' à (a'). La trace de ce plan sur (P) est alors la perpendiculaire as' abaissée du point a sur D, et *la droite $\alpha's'$ est l'asymptote de l'indicatrice de (S_N) en α'.*

Connaissant cette droite, il est facile de déterminer o'. Pour cela, du point a' on mène une parallèle à as', et du point α', dans le plan $a\alpha's'$, on élève une perpendiculaire $\alpha'l'$ à $\alpha's'$: ces deux droites se coupent en l'. On prolonge le segment $a'l'$ de sa propre longueur jusqu'en n' et l'on construit le rectangle $n'a'\alpha'o'$:

Le sommet o' de ce rectangle est le centre de la sphère osculatrice demandé.

Nous avons ainsi une construction du centre o'; nous allons la simplifier, après avoir fait remarquer, comme conséquence du tracé de αs, que la perpendiculaire abaissée du centre de courbure α sur le rayon ao de la sphère osculatrice rencontre sa en un point g qui est tel que ag est égal à la moitié de as. On obtient de même pour la courbe (a') un point g' tel que ag' est égal à la moitié de as'. La droite gg' est alors parallèle à D, c'est-à-dire à la tangente en a' à (a'). On a donc cette propriété :

Les perpendiculaires, abaissées respectivement des centres de courbure α, α' sur les rayons ao, $a'o'$ des sphères osculatrices à (a) et (a'), rencontrent le plan, mené en a perpendiculairement à aa', en deux points g, g' : le triangle agg' est rectangle en g' et la droite gg' est parallèle à la tangente en a' à (a').

Cette propriété établit entre les centres o et o' une liaison géométrique simple qui permet de construire l'un de ces points lorsqu'on connaît l'autre.

Sur la surface de l'onde ([1]).

Établissons d'abord la construction d'une droite auxiliaire particulière.
N (*fig.* 171) est la génératrice d'une surface réglée (N) et *o* un point fixe. Le

Fig. 171.

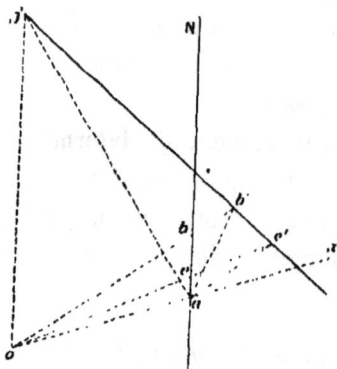

plan (*o*, N), que je prends pour plan de la figure, touche la surface (N) au
point *a*, menons la droite *oax*. Joignons le point *o* à un point quelconque *b* de N
et menons *ab'* de façon que l'angle *xab'* soit égal à l'angle que le plan tangent
en *b* à (N) fait avec le plan tangent en *a*, c'est-à-dire avec le plan de la figure.

Le point *b'* correspond au point *b*, et l'on a ainsi pour chacun des points de N
un point correspondant.

Les droites telles que *ob* et les droites telles que *ab'* forment deux faisceaux
homographiques, en vertu de ce théorème dû à Chasles :

*Quatre plans tangents à une surface gauche menés par une même génératrice
ont leur rapport anharmonique égal à celui de leurs quatre points de contact.*

Comme le rayon *oa* du premier faisceau coïncide avec le rayon *ox* du second
faisceau, les rayons correspondants de ces faisceaux se rencontrent en des
points en ligne droite.

Ainsi, les points tels que *b'*, *c'*, ..., sont sur une même droite. Nous la désignerons sous le nom de *droite auxiliaire*. Il résulte de sa construction que :

([1]) *Congrès de Paris*, 1878.

M.

Les plans tangents en deux points e et b de N font entre eux un angle qui est égal à l'angle e'ab' sous lequel on voit du point a le segment e'b' intercepté sur la droite auxiliaire par les droites ob, oe.

Comme application de cette propriété, construisons le point central sur N. Menons la droite *oj* parallèlement à N et élevons au point *a* une perpendiculaire à *aj* (supposons que ce soit *ae'*); alors le point central sur N est le point *e*, où cette droite est coupée par *oe'*. Car le plan tangent en ce point est perpendiculaire au plan tangent au point qui correspond à *j*, c'est-à-dire au point qui est à l'infini sur N.

Arrivons à la surface de l'onde (S$_0$).

Le point *o* (*fig.* 172) est le centre d'un ellipsoïde (E), *m* un point de cette

Fig. 172.

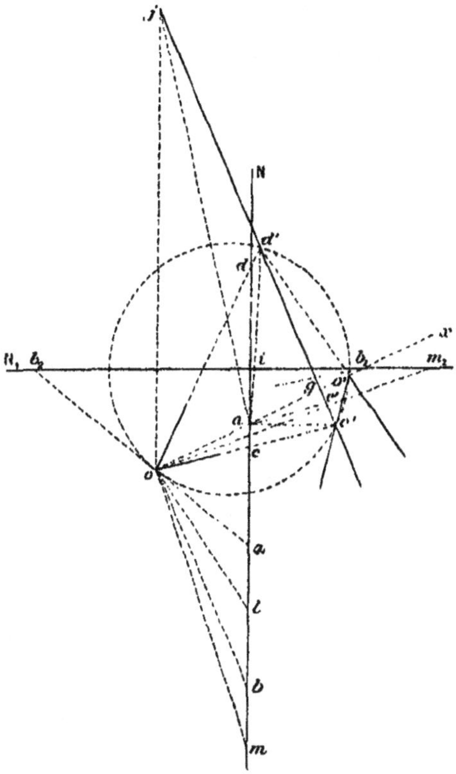

surface et N la normale en ce point à (E). Dans le plan (*o*, N), on élève à *om* une perpendiculaire sur laquelle on porte le segment *om*$_1$ égal à *om*. On obtient ainsi le point *m*$_1$ de (S$_0$) qui correspond à *m*.

La normale en m_1 à la surface de l'onde est la perpendiculaire N_1 abaissée de m_1 sur N.

On obtient N_1 en faisant tourner le plan de la figure sur lui-même d'un angle droit autour de o et en prenant la nouvelle position de N.

On peut ainsi faire tourner chacune des génératrices d'une normalie (N) à (L) et l'on obtiendra les génératrices d'une normalie à (S_0).

Supposons que (N) soit une normalie d'où dérive ainsi une normalie développable.

Construisons pour la génératrice N de (N) la *droite auxiliaire*, comme il vient d'être expliqué.

Appelons

c et d les centres de courbure principaux de (E) situés sur N,

a le point où le plan (o, N) touche (N),

b le point où le même plan est normal à cette surface.

Aux points c et d correspondent les points c' et d' tels que l'angle $c'ad'$ est droit, puisque les plans tangents en c et d sont les plans des sections principales de (E). Les angles xac', xad' que ces plans font avec le plan de la figure sont, je suppose, connus. La droite $c'd'$ est alors la *droite auxiliaire*. Mais j'ai démontré (page 409) que, pour une normalie telle que (N), les plans tangents en a et b étant à angle droit, l'angle boa est droit aussi; par suite, la droite $c'd'$, qui doit être telle que oa et ob interceptent sur cette droite un segment vu du point a sous un angle droit, est perpendiculaire à oa.

Pour construire la droite auxiliaire correspondant à une normalie (N), nous devons alors inscrire dans l'angle cod un triangle rectangle $c'ad'$ tel que l'hypoténuse soit perpendiculaire à une droite oa, qui partage l'angle droit $c'ad'$ comme le plan (o, N) partage le dièdre droit formé par les plans des sections principales de (E). Ceci revient à dire que les angles aigus du triangle $c'ad'$ sont connus.

Pour effectuer les constructions, prenons un triangle rectangle semblable au triangle $c'ad'$, et décrivons sur son hypoténuse un segment capable de l'angle cod. La circonférence, qu'on trace pour cela, rencontre la hauteur du triangle rectangle en deux points qui correspondent aux deux positions que peut occuper dans l'angle cod le triangle demandé. On arrive, de cette façon, à deux solutions qui donnent les droites oa, $o\alpha$.

Nous avons une figure analogue à celle qu'on doit ainsi tracer en circonscrivant une circonférence au triangle $c'od'$ et en joignant les points c' et d' au point o' où oa rencontre cette circonférence; la droite $o'a$ occupe, par rapport à l'angle formé par $d'o'$ et $c'o'$, la position de $o\alpha$ par rapport à l'angle cod. Il résulte de là que l'angle αoc est égal à l'angle $oo'c$, et, par suite, que $o\alpha$ est une tangente à la circonférence $oc'd'$.

Chacune des droites oa, $o\alpha$, auxquelles nous sommes ainsi conduit, correspond à une normalie telle que (N). Ces normalies touchent le plan de la figure en a et en α.

En se reportant à ce que j'ai démontré (page 409), on peut ajouter que les droites oa, $o\alpha$ rencontrent N, aux points b_1 et b_2, qui sont les centres de courbure principaux de la surface de l'onde. La construction des droites oa, $o\alpha$ que je viens de donner conduit donc à la construction des centres de courbure principaux de (S_0).

La figure tracée pour déterminer les droites oa, $o\alpha$ donne immédiatement quelques propriétés de ces centres de courbure, ainsi qu'on va le voir.

L'angle coa et l'angle $d'c'o$ sont complémentaires : mais ce dernier est égal à l'angle dob_2; nous retrouvons alors ce théorème :

Dans le plan (o, N), *la droite qui va du point o à l'un des centres de courbure principaux de* (S_0) *fait avec la droite allant du point o à l'un des centres de courbure principaux de l'ellipsoïde, un angle qui est complémentaire de l'angle que font entre elles les droites allant du point o aux autres centres de courbure principaux de* (S_0) *et de* (E).

On voit tout de suite sur la figure que

$$\frac{\tan g\, coa}{\tan g\, aod} = \frac{gc'}{gd'} = \frac{\tan g.\, \alpha ac'}{\tan g.\, \alpha ad'},$$

ce qui donne ce théorème démontré page 411 :

Dans le plan (o, N) *la droite qui va du point o à l'un des centres de courbure principaux de* (S_0) *fait avec les droites allant du point o aux centres de courbure principaux de* (E) *des angles dont les tangentes sont proportionnelles aux tangentes des angles que les plans des sections principales de* (E) *font avec le plan* (o, N).

Appelons γ l'angle $\alpha ac'$ que le plan de la section principale de (E), qui est tangent en c à la normalie (N), fait avec le plan de la figure. On a

$$\frac{\tan g\, aoc}{\tan g\, aod} = -\tan g^2\, \gamma.$$

Comme l'ellipsoïde (E) peut être considéré comme dérivé de (S_0), on a aussi, en appelant β l'angle que fait avec le plan (o, N) le plan de la section principale de (S_0) qui est tangent en b aux normalies de cette surface,

$$\frac{\tan g\, doa}{\tan g\, dob_2} = -\tan g^2 \beta.$$

En divisant terme à terme ces deux égalités, il vient

$$\frac{\tan g\, coa \times \tan g\, dob_2}{\tan g^2\, aod} = \frac{\tan g^2 \gamma}{\tan g^2 \beta},$$

et, comme les angles coa et dob_2 sont complémentaires, on a simplement

$$\frac{\tan g\, \gamma}{\tan g\, \beta} = \frac{1}{\tan g\, aod},$$

relation qui permet de calculer l'angle que le plan d'une des sections principales de (S_0) fait avec le plan (o, N).

Au moyen de la droite auxiliaire $c'd'$, il est facile de construire les plans des sections principales de (S_0), comme je vais le montrer.

Menons oj parallèlement à N; cette droite rencontre $c'd'$ au point j. Élevons ac' perpendiculairement à aj et menons du point b une parallèle à la droite ac'.

Lorsque nous ferons tourner d'un angle droit le plan de la figure autour de oa de façon que ac' vienne dans le plan central de (N), cette parallèle menée du point b vient dans le plan d'une des sections principales de (S_0).

Pour le voir, il suffit de se rappeler que, si l'on a une normalie à (E) touchant le plan de la figure en l, par exemple, et la normalie correspondante à (S_0), les plans centraux de ces surfaces rencontrent le plan mené par ol perpendiculairement au plan de la figure suivant des droites parallèles.

Dans le cas particulier où l'on a une normalie (N), la normalie correspondante pour (S_0) est une normalie développable dont le plan central est un plan de section principale pour cette surface. C'est ce qui explique la construction précédente.

Appelons ε l'angle que le plan central de (N) fait avec le plan de la figure. De ce que nous venons de dire et de ce que le point o est à égales distances de N et de N_1, il résulte que

$$\frac{\tan g\, \varepsilon}{\tan g\, \beta} = \frac{oa}{ob_1};$$

comme ob_1 est égal à ob, on peut écrire

$$\frac{\tan g\, \varepsilon}{\tan g\, \beta} = \frac{1}{\tan g\, oab},$$

d'où

$$\tan\beta = \tan\varepsilon \tan\omega ab,$$

relation qui permet de calculer β lorsqu'on connait ε.

Mémoire d'Optique géométrique (¹).

Ce Mémoire renferme la solution géométrique complète, donnée pour la première fois et dans le cas le plus général, du problème de la détermination des éléments des surfaces caustiques.

Quelques mots d'historique vont me permettre de préciser l'état de la question : « De Tschirnhausen ouvrit la voie à de nouvelles spéculations géométriques en considérant la courbe enveloppe d'une série de rayons lumineux réfléchis par une ligne *dirimante* et correspondant à des rayons incidents parallèles (*Acta Lipsiæ*, nov. 1682). Ces nouvelles courbes reçurent le nom de *caustiques par réflexion*, et furent étudiées par de la Hire, Leibnitz (*Acta Lipsiæ*, janvier 1689) et Jean Bernoulli (janvier 1692). Enfin Jean Bernoulli, considérant les caustiques par réfraction, donna la construction géométrique du point où chaque rayon réfracté touche son enveloppe (janvier 1693) et le marquis de l'Hôpital (*Anal. des inf. petits*, propos. I, sections 6 et 7) substitua à ces constructions deux formules qui ont été reproduites par Petit et ont conservé son nom. » (*Corresp. sur l'École Polytechn.*, t. II, p. 354) (²).

M. A. Cornu a donné une construction élégante du point où un rayon réfracté touche son enveloppe, en faisant usage d'un point qu'il appelle *centre de jonction* (³).

Ainsi, pour le cas du plan, on a formules et constructions.

Ce n'est qu'au commencement de ce siècle (1808) que la question de l'espace fut abordée par Malus dans son *Optique* (⁴). Cet illustre physicien démontra que, « toutes les fois que l'on considère un système de lignes droites émanant de tous les points d'une surface courbe suivant une loi analytique quelconque, le lieu des points de rencontre des lignes proposées est compris sur deux sur-

---

(¹) *Atti della R. Accademia dei Lincei* (1885-1886) et *Journal de Mathématiques*; 1886.

(²) PAUL SERRET, *Des méthodes en Géométrie*, p. 72.

(³) *Nouvelles Annales de Mathématiques*, 2ᵉ série, t. II, p. 311.

(⁴) *Journal de l'École Polytechnique*, XIVᵉ Cahier.

faces courbes ». Lorsque ces droites sont des rayons lumineux réfractés, Malus donne à ces surfaces le nom de *surfaces caustiques*. Il a aussi découvert un théorème généralisé ainsi par Dupin :

Des rayons lumineux normaux à une surface se réfléchissent ou se réfractent suivant des directions normales à une surface.

On sait qu'on appelle *foyers* les deux points où un rayon lumineux réfracté touche les surfaces caustiques : ces points ne sont pas toujours réels. Les plans tangents des surfaces caustiques aux deux foyers sont les *plans focaux*.

Restant dans le cas particulier où les rayons lumineux sortent normalement d'une surface, Sturm, dans son *Mémoire sur l'Optique* (¹), a étudié analytiquement les éléments de courbure des surfaces auxquelles ces rayons sont normaux après leur réfraction et a trouvé des formules intéressantes.

Dans son Mémoire sur la *Théorie générale des surfaces* (²), revenant sur le même sujet, toujours dans le cas des rayons lumineux normaux à une surface, M. Bertrand, par des considérations de Géométrie infinitésimale, a retrouvé les formules dues à Sturm et en a ajouté une nouvelle. Ces formules permettent de calculer les éléments des surfaces caustiques.

Enfin, en 1845, Sturm a traité de nouveau analytiquement le même problème à la fin de son *Mémoire sur la vision* (³).

Ainsi, dans l'espace pour le seul cas particulier qui eût été traité, on avait trouvé des formules, mais pas de construction effective. Tel était, à ma connaissance, l'état de la question lorsque j'ai commencé à l'étudier.

La solution géométrique que je vais exposer est complète et aboutit à plusieurs *constructions planes* des éléments des surfaces caustiques, et cela, je le répète, dans le cas le plus général.

Les solutions de nombreuses questions ne sont vraiment achevées que lorsque l'on fait connaître les constructions qu'elles exigent; elles ne peuvent attendre cet achèvement que de la Géométrie. La question d'Optique résolue dans ce travail en est un nouvel exemple.

Déjà, au moyen de constructions planes, j'ai déterminé les éléments de courbure de la surface de l'onde (page 421). Pour cela, j'ai fait usage d'un mode

(¹) *Journal de Mathématiques*, 1ʳᵉ série, t. III.

(²) *Ibid.*, 1ʳᵉ série, t. IX.

(³) *Comptes rendus*, premier semestre 1845.

Ribaucour s'est aussi occupé du même cas particulier, mais on ne connaît de son travail que l'annonce qu'on a faite, en 1873, dans sa Notice sur ses travaux mathématiques.

de représentation plane d'un pinceau que je vais encore employer et que je
crois utile de rappeler.

Représentation plane d'un pinceau.

Les différents éléments de normalies qui appartiennent à un pinceau de normales [N] à une surface (S) peuvent être représentés chacun par leur point représentatif, et comme, de chacun de ces points, on doit voir sous un angle droit le
segment compris entre les centres de courbure principaux γ_1, γ_2 situés sur la normale N de (S) (*fig.* 173), ces points représentatifs appartiennent à la circonfé-

Fig. 173.

rence C décrite sur le segment $\gamma_1\gamma_2$ comme diamètre. Pour fixer la position du
pinceau par rapport à un plan fixe mené par la normale N que nous prenons pour
plan de la figure, supposons donné l'angle ω dont il faut faire tourner autour de N
le plan tangent commun en γ_2 aux normalies pour amener ce plan à coïncider avec
le plan fixe de la figure. Menons la droite $\gamma_1 v$ qui fait avec $\gamma_1\gamma_2$ cet angle ω. Une
normalie, qui touche le plan de la figure au point arbitraire a, a pour point représentatif le point de rencontre γ de va avec C, car il résulte bien de cette
construction que l'angle $\gamma_2\gamma a$ est égal à ω. Le point v, qui est fixe sur C, permet
donc d'avoir immédiatement le point représentatif de l'élément de normalie qui
touche le plan de la figure en un point donné de N.

*Il suffit donc de la circonférence C, dont le centre est sur N, et du point v marqué
sur C pour représenter de forme et de position le pinceau de normales à (S), dont
le rayon est N ([1]).*

([1]) J'ai déjà donné ce mode de représentation page 417.

Reprenons l'élément de normalie représenté par γ; menons la droite qui joint le point o de N au point γ : elle coupe en s la circonférence C.

Joignons le point s au point t, situé à la rencontre de C et de la perpendiculaire abaissée de v sur N. L'angle vts est égal à l'angle aγo, par conséquent il est égal à l'angle que le plan tangent en o à la normalie fait avec le plan de la figure. Le point t, comme le point v, est fixe sur C et peut être employé pour tous les éléments de normalies du pinceau de normales.

Remarquons que les droites qui partent du point t, telles que ts et relatives aux différents éléments de normalies du pinceau forment une figure qui est égale à la figure formée sur un plan mené en o perpendiculairement à N par les traces des plans tangents en o à tous ces éléments de normalies.

Il y a encore un point fixe de C dont nous ferons usage, c'est le point u de cette circonférence qui est diamétralement opposée à v. La droite qui joint ce point u au point représentatif γ d'un élément de normalie coupe N au point b où cet élément est normal au plan de la figure, car l'angle bγa est droit.

Tout ce que je viens d'expliquer pour un pinceau de normales s'étend à un pinceau quelconque en vertu des propriétés de ce pinceau. Un pareil pinceau est toujours représenté par une circonférence sur laquelle on marque un point fixe. Ce point dépend de l'orientation du pinceau par rapport à un plan fixe mené par le rayon du pinceau. Pour fixer cette orientation, on se donne l'angle dont il faut faire tourner l'un des plans principaux du pinceau pour amener ce plan à coïncider avec le plan fixe.

Première construction plane des éléments des surfaces caustiques.

Cette construction est obtenue en appliquant une méthode générale qui consiste, pour l'étude des transformations des pinceaux, à rechercher la correspondance qui existe entre leurs représentations planes ([1]).

Voici l'énoncé du problème d'Optique que je vais résoudre :

Étant donnés les éléments d'un pinceau quelconque de rayons lumineux incidents et les éléments de courbure de la surface séparatrice des milieux traversés par ces rayons, déterminer les éléments du pinceau formé par ces rayons après leur réfraction.

([1]) Cette méthode s'étend naturellement à toutes les transformations des figures de l'espace dont on connaît la représentation plane.

Appelons (S) la surface séparatrice des milieux.

Un rayon incident I rencontre (S) au point o et il est réfracté suivant le rayon R. Le plan des droites I et R contient la droite N, normale en o à (S), et l'on a, quel que soit le rayon incident,

$$\frac{\sin(I, N)}{\sin(R, N)} = \text{const.}$$

Cette constante est l'indice de réfraction que nous désignerons par λ. Nous désignerons par i l'angle (I, N) et par r l'angle (R, N).

Prenons pour plan de la *fig.* 174 le plan des trois droites I, R, N. Représentons

Fig. 174.

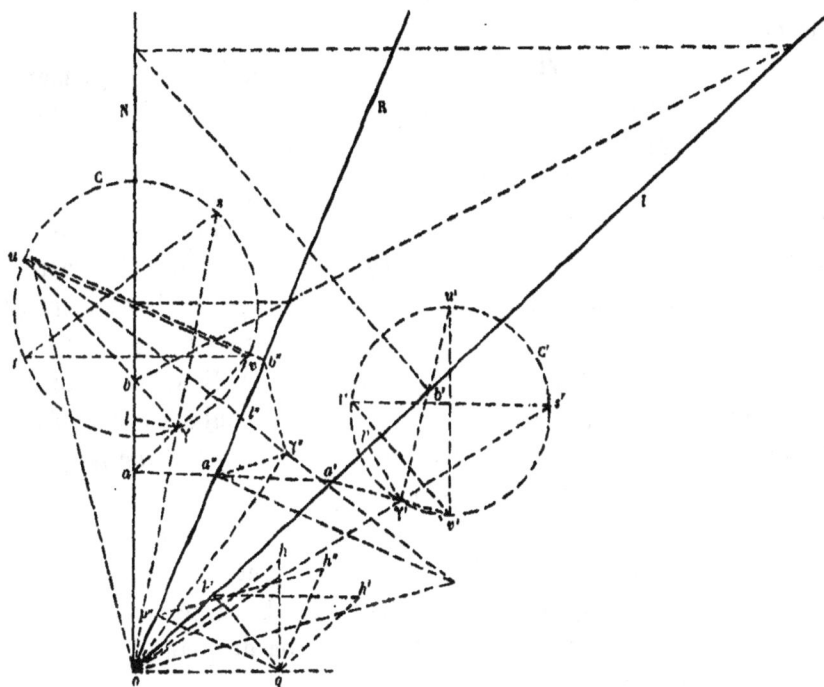

le pinceau [N] des normales à (S) dont les pieds sont des points infiniment voisins de o, par la circonférence C sur laquelle est marqué le point v. Représentons de même par C′ et v' le pinceau [I] des rayons lumineux incidents.

Pour résoudre notre problème, nous nous proposons de construire pour le pinceau [R] des rayons réfractés la circonférence C″ et le point v'' qui le représentent.

Appelons (I) une surface élémentaire du pinceau [I]. A cette surface correspondent un élément de normalie (N) et une surface élémentaire (R). Ce que nous allons d'abord chercher, c'est le point représentatif γ″ de (R) qui correspond au point représentatif γ′ de (I).

Pour construire γ″, déterminons en trois points de R les plans tangents à la surface élémentaire (R).

Ces trois points sont : le point o, le point pour lequel (R) est tangent au plan de la figure et le point pour lequel cette surface élémentaire est normale au plan de la figure.

Nous conservons pour le pinceau [N] les notations employées précédemment lorsqu'il s'est agi de la représentation plane d'un pinceau. Pour le pinceau [I], nous prenons les mêmes notations avec les lettres marquées d'un accent, et enfin, pour le pinceau [R], nous prenons encore les mêmes lettres marquées de deux accents.

La surface élémentaire (I) étant représentée par le point γ′, menons la droite oγ′; elle coupe C′ au point s′; l'angle v′t′s′ est alors égal à l'angle que le plan tangent en o à (I) fait avec le plan de la figure.

Cherchons tout de suite les angles analogues pour (N) et (R).

D'un point arbitraire q de la perpendiculaire élevée en o à N, abaissons sur I et R les perpendiculaires qp′, qp″. Du point p′, menons p′h′ parallèlement à t′s′. Cette droite rencontre en h′ la perpendiculaire qh′ à qp′, et le segment qh′ est égal à la portion de la perpendiculaire menée du point q au plan de la figure et comprise entre ce plan et le plan tangent en o à (I). Il suffit maintenant de porter sur la perpendiculaire qh à oq et sur la perpendiculaire qh″ à qp″ des segments qh et qh″ *égaux à* qh′ *pour avoir les angles* qoh, qp″h″ *que les plans tangents en o à* (N) *et à* (R) *font avec le plan de la figure.*

Appelons I₁ le rayon lumineux infiniment voisin de I qui détermine avec ce rayon la surface élémentaire (I). La droite I₁ rencontre (S) au point o₁, d'où partent la normale N₁ à (S) et le rayon réfracté R₁. Les trois droites I₁, N₁, R₁ sont dans un même plan qui est la nouvelle position du plan (I, R, N) lorsque le point o est venu en o₁.

Le déplacement du plan (I, R, N) donne lieu à une caractéristique qui est la droite d'intersection de ce plan et du plan (I₁, R₁, N₁). Cette caractéristique contient les points a, a′, a″, où le plan de la figure touche les surfaces élémentaires (N), (I), (R) (page 141).

On voit ainsi que :

Les surfaces élémentaires correspondantes touchent le plan de la figure en des points qui appartiennent à une même droite.

La surface (I) touche le plan de la figure au point a' où $v'\gamma'$ rencontre I. Pour avoir le point a, où la normalie (N) touche ce même plan, menons du point t la droite ts parallèlement à oh (afin de construire l'angle vts égal à l'angle que le plan tangent en o à N fait avec le plan de la figure). Joignons le point s au point o. Cette droite rencontre C au point γ, qui est le point représentatif de l'élément de normalie (N). Cette construction est, en effet, la construction inverse de celle qui donnerait l'angle vts si le point γ était donné. Ayant construit le point γ, on mène la droite $v\gamma$, elle coupe la droite N au point a demandé.

D'après la propriété qui vient d'être démontrée, la droite aa' rencontre R au point a'' où (R) touche le plan de la figure.

Nous avons ainsi construit sur R un point a'', qui est le deuxième pour lequel nous connaissons le plan tangent à (R). Le point o était le premier pour lequel on connaissait le plan tangent à cette surface.

Occupons-nous maintenant des points où les surfaces élémentaires correspondantes (N), (I), (R) sont normales au plan de la figure.

Le point où (I) est normal au plan de la figure est le point b', où la droite $\gamma' u'$ rencontre I. De même le point où (N) est normal au plan de la figure est le point b où la droite γu rencontre N. Connaissant b et b', nous allons déterminer le point b'' où (R) est normal au plan de la figure.

Les droites I_1, N_1, R_1 font entre elles des angles tels que

$$\frac{\sin(I_1, N_1)}{\sin(R_1, N_1)} = \lambda.$$

Les projections sur le plan de la figure des angles (I_1, N_1), (R_1, N_1) ne différant de ces angles que d'infiniment petits d'ordre supérieur, on a, entre les sinus des angles obtenus ainsi en projection, le même rapport λ. Les points b, b', b'' sont du reste les points où les droites I, R, N sont respectivement rencontrées par les projections de I_1, R_1, N_1. En considérant ces projections sur le plan de la figure comme de nouvelles positions de I, N, R, on peut alors supposer que ces trois droites se déplacent sur le plan de la figure pour occuper ces nouvelles positions de façon que o se déplace normalement à N, tandis que ces droites touchent leurs enveloppes respectivement en b, b', b'', le rapport des sinus des angles qu'elles comprennent restant égal à λ. Les points b, b', b'' sont alors liés par la construction plane suivante :

Sur le plan de la figure, on élève en b' une perpendiculaire à I. Du point où cette droite coupe N, on élève une perpendiculaire à cette droite N. Cette perpendiculaire *rencontre* I *en un point que l'on joint au point b. Cette droite coupe* R *en un point que l'on projette sur* N; *le point ainsi obtenu étant projeté sur* R *donne le point b″* (page 66).

Nous connaissons donc, pour la surface élémentaire (R) :

1° Le point *a″*, où elle touche le plan de la figure;

2° Le point *b″*, où elle lui est normale;

3° L'angle *qp″h″* que le plan tangent en *o* à cette surface fait avec le plan de la figure. Nous allons alors pouvoir construire le point représentatif *γ″* de la surface élémentaire (R).

Ce point *γ″* doit être sur la circonférence décrite sur *a″b″* comme diamètre, puisque les plans tangents en ces points à (R) sont rectangulaires.

Le point *γ″* doit être aussi sur le segment capable de l'angle *qp″h″* décrit sur *oa″*. Mais nous avons vu (page 141), à propos de la courbure des surfaces, comment on détermine linéairement l'intersection de ces deux circonférences. C'est cette construction que nous employons pour déterminer le point *γ″* :

Du point o, on mène une parallèle à p″h″ et une perpendiculaire à cette droite. Ces deux droites rencontrent respectivement les perpendiculaires à R *élevées des points a″ et b″ : la projection du point o sur la droite qui joint ces deux points donne le point γ″.*

En partant du point représentatif *γ′* d'une surface élémentaire du pinceau [I], nous sommes arrivé au point représentatif *γ″* de la surface élémentaire correspondante du pinceau [R]. Une autre surface élémentaire de [I], dont le point représentatif est *γ′₁*, (¹), donnera de la même manière le point représentatif *γ″₁* de la surface élémentaire qui lui correspond dans le pinceau [R]. La connaissance des deux points *γ″* et *γ″₁* suffit pour déterminer la circonférence C″ et le point *v″* qui représentent le pinceau réfracté [R].

Voici comment on effectue les tracés : on mène la droite *a″γ″* et la droite analogue *a″₁γ″₁*; ces deux droites se coupent au point *v″*. On mène la droite *b″γ″* et la droite analogue *b″₁γ″₁*; ces deux droites se coupent au point *u″*.

La circonférence décrite sur u″v″ comme diamètre est la circonférence C″ relative au pinceau [R], *et le point v″ de cette courbe permet d'avoir l'orientation du pinceau.*

(¹) Pour ne pas compliquer la figure, nous n'avons pas indiqué les points *γ′₁*, *γ″₁*, *v″*, *u″* ni la circonférence C″.

La connaissance de cette circonférence C″ entraîne la connaissance des éléments du pinceau [R]. Ainsi, les points de rencontre de C″ et de R sont les foyers sur ce rayon, et l'angle sous lequel on voit d'un point de C″ le segment compris entre ces deux foyers est égal à l'angle compris entre les plans focaux. Ces foyers et cet angle sont les éléments des surfaces caustiques relatives à R. Nous avons donc résolu le problème d'Optique énoncé précédemment.

La solution que nous venons d'exposer est absolument générale, puisque nous n'avons fait aucune hypothèse relativement au pinceau [I] en le représentant par une circonférence de cercle.

Nous verrons plus loin que la construction plane précédente permet de prouver que lorsque le centre de cette circonférence est sur I, c'est-à-dire lorsque [I] est un pinceau de normales, le centre de la circonférence C″ est sur le rayon R et le pinceau [R] est aussi un pinceau de normales. Nous retrouverons ainsi le théorème de Malus et de Dupin sur lequel nous n'avons pas eu besoin de nous appuyer.

Remarques ([1]). — Lorsque le rayon lumineux I varie de position, il en est de même de R et, par suite, du plan (I, R, N). Ce plan, pour un déplacement de I, a pour caractéristique une droite telle que *aa′a″*. Mais, lorsqu'on déplace I de toutes les manières possibles autour de sa première position, le plan (I, R, N) reste tangent à une surface, et chacun des déplacements de ce plan donne lieu à une caractéristique qui passe par le point de contact de ce plan avec cette surface. Donc :

Toutes les droites telles que aa′a″ passent par un même point.

Prenons quatre surfaces élémentaires du pinceau [I]; chacune d'elles touche le plan de la figure en un point tel que *a′*. Joignons ces quatre points au point *v′*. Ces droites rencontrent C′ en des points tels que γ′. Joignons ces points au point *u′*. Ces quatre droites déterminent sur I quatre points tels que *b′*. Il résulte de cette construction que l'on a deux faisceaux de droites dont les sommets sont *u′* et *v′* et dont les droites correspondantes se coupent sur C′. Les rapports anharmoniques de ces deux faisceaux sont alors égaux et, par suite :

Les rapports anharmoniques de quatre points tels que b′ sont égaux aux rapports anharmoniques de quatre points tels que a′.

_____

([1]) Ces remarques ne sont pas utiles pour la suite.

Mais le théorème précédent montre que le rapport anharmonique des points tels que a' sur I est égal au rapport anharmonique des points correspondants tels que a sur N et a'' sur R; donc il en est de même pour les points tels que b sur N et b'' sur R.

Ainsi :

Sur I, N, R, *les rapports anharmoniques des points correspondants tels que* b, b', b'' *sont égaux entre eux.*

Comme le point o peut être à la fois un point tel que b, b', b'', nous voyons que :

Les droites telles que bb' *passent par un même point, et qu'il en est de même pour les droites telles que* $b'b''$ *et pour les droites telles que* bb''.

Appelons α le point fixe relatif aux droites bb', β le point fixe relatif aux droites $b'b''$, et enfin δ le point fixe relatif aux droites bb''.

Les trois points α, β, δ *sont en ligne droite;* car les triangles tels que $bb'b''$ ont toujours leurs sommets sur les droites I, N, R qui concourent au point o.

La droite $\beta\alpha$ *coupe* N, I, R *en des points tels que* b, b', b'', comme il est facile de le voir. Si l'on applique à ces trois points particuliers la construction linéaire qui les relie, on voit tout de suite que les perpendiculaires à I et à R, élevées respectivement des points particuliers tels que b' et b'', concourent en un point de la perpendiculaire élevée en o à N.

Par suite, si l'on projette un point quelconque de oq sur I et R, la droite qui joint les points ainsi obtenus est parallèle à $\alpha\beta\delta$. Donc :

La droite $\alpha\beta\delta$ *est parallèle à* $p'p''$.

Si le point tel que b' *est sur* I *la projection d'un point tel que* b *sur* N, *le point* b'' *correspondant est aussi la projection de ce point* b *sur* R.

Cela résulte immédiatement de la construction qui lie les points tels que b, b', b''.

On peut remarquer que la droite qui joint les points particuliers tels que b' et b'' de l'énoncé précédent est perpendiculaire à la droite $\alpha\beta\delta$.

Première modification de la construction précédente.

Les plans tangents en o aux surfaces élémentaires correspondantes (I), (R), (N) se coupent suivant une même droite du plan (T), tangent en o à (S).

Cette remarque va me permettre de modifier la construction précédente.

Prenons pour plan de la *fig.* 175 le plan qui projette orthogonalement la gé-

Fig. 175.

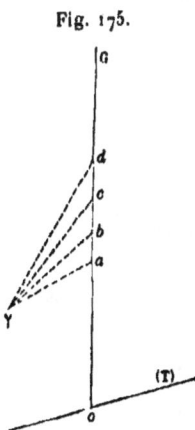

nératrice G d'une surface réglée (G) sur un plan fixe quelconque (T) (¹). Soient
a, *b*, *c*, *d* quatre points arbitraires sur (G), et (A), (B), (C), (D) les plans tangents en ces points à (G). Construisons sur *ab* un segment capable de l'angle
compris entre les traces de (A) et de (B) sur (T), et sur *bc* décrivons un segment capable de l'angle analogue relatif à (B) et (C); ces deux circonférences
se coupent en *b* et en un autre point γ. En vertu d'un théorème de Chasles, les
droites γ*a*, γ*b*, γ*c*, γ*d* forment un faisceau dont les rapports anharmoniques
sont égaux aux rapports anharmoniques du faisceau formé par les traces des
quatre plans (A), (B), (C), (D) sur le plan (T). Mais, par construction, trois
droites du premier faisceau comprennent entre elles des angles respectivement
égaux aux angles formés par les droites correspondantes du deuxième faisceau.
Ces deux faisceaux sont alors égaux, et l'angle sous lequel on voit *cd* du point γ
est égal à l'angle compris entre les traces sur (T) des plans tangents (C) et (D).
Comme le point *d* est arbitraire, on a alors ce théorème :

*Sur un plan passant par une génératrice G d'une surface réglée (G), il existe un
point d'où l'on voit un segment quelconque de G sous un angle égal à l'angle
compris entre les traces, sur un plan fixe arbitraire, des plans tangents à (G) aux
extrémités de ce segment.*

C'est ce point que nous allons prendre pour point représentatif de l'élément
de (G) le long de G.

En faisant usage de pareils points, un pinceau est toujours représenté par une circonférence de cercle. De chacun des points de cette courbe, on voit la distance focale du pinceau sous un angle égal à l'angle compris entre les traces des plans focaux du pinceau sur le plan fixe.

On doit remarquer que la circonférence qui représente un pinceau de normales n'a plus son centre sur le rayon du pinceau; mais, dans tous les cas, on a, comme précédemment, un point fixe marqué sur la circonférence pour indiquer l'orientation du pinceau.

Reprenons (*fig.* 176) le pinceau [I] ainsi que les notations précédentes, et

Fig. 176.

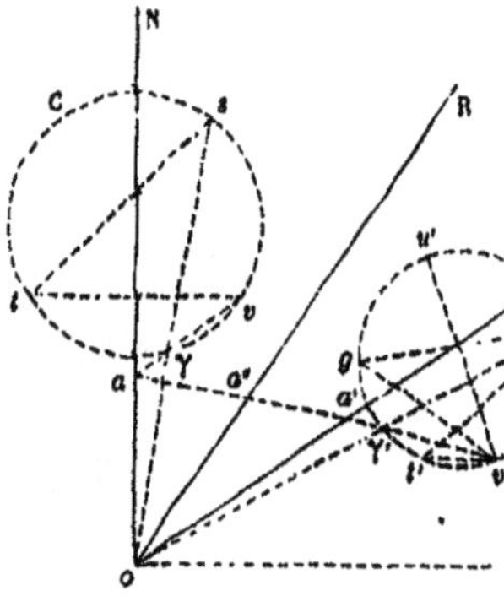

choisissons pour plan fixe le plan (T) tangent en o à (S). Le plan de la figure est toujours le plan des trois droites I, R, N qui est perpendiculaire à (T). Le pinceau [I] est représenté par la circonférence C′ et le point v'. Menons par le point v' une perpendiculaire à N. Cette droite coupe C′ au point t'. Le point γ′ étant le point représentatif de la surface élémentaire (I), menons la droite oγ′; elle coupe C′ au point s'. L'angle $v' t' s'$ est égal à l'angle compris entre les traces sur (T) du plan tangent en o à (I) et du plan de la figure. La droite v'γ′ rencontre I au point a' où (I) touche le plan de la figure. La droite γ′u' (¹) coupe, comme précédemment, I au point b' où la surface (I) est normale au plan de la figure, parce que le plan de la figure et un plan qui lui est perpendiculaire ont pour traces sur (T) des droites perpendiculaires entre elles.

Pour déterminer les points a et b relatifs à (N), la construction précédente se simplifie, puisqu'il suffit de mener ts parallèlement à $t's'$.

Supposons a'' et b'' déterminés comme précédemment et construisons γ″. Pour

----

(¹) Pour ne pas la compliquer, nous n'avons pas complété la figure.

M.

cela, décrivons sur $a''b''$ une circonférence de cercle comme diamètre; γ'' est sur cette courbe. Ce point γ'' est aussi sur le segment capable de l'angle $v't's'$ décrit sur oa''. Nous pouvons déterminer le point de rencontre de ces deux circonférences comme précédemment. Du point v' abaissons sur R la perpendiculaire $v'g$; cette droite coupe C′ au point g que l'on joint au point s'. Du point o on mène une parallèle à gs' et une perpendiculaire à cette droite. Ces deux droites rencontrent respectivement les perpendiculaires à R issues des points a'' et b'' en des points que l'on joint par une droite : la projection de o sur cette droite est le point γ'' cherché. Après avoir déterminé un autre point représentatif tel que γ'', la solution s'achève comme précédemment.

Seconde construction plane des éléments des surfaces caustiques.

Reprenons (*fig.* 177) les droites I, R, N, sur lesquelles nous avons les points en ligne droite a, a', a'' où les surfaces élémentaires correspondantes (I), (R),

Fig. 177.

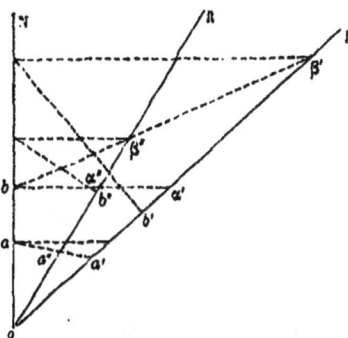

(N) touchent le plan (I, R, N) et les points b, b', b'', liés par la construction reproduite sur la figure, où ces surfaces sont normales au plan (I, R, N).

Menons du point b une perpendiculaire à N et appelons α' et α'' les points où cette droite coupe I et R.

L'angle $\alpha'b\beta'$, coupé par les deux transversales I et R, donne

$$\left(\frac{1}{o\alpha'} - \frac{1}{o\beta'}\right)\frac{1}{\sin i} = \left(\frac{1}{o\alpha''} - \frac{1}{o\beta''}\right)\frac{1}{\sin r}.$$

Mais

$$o\alpha' = \frac{ob}{\cos i}, \qquad o\alpha'' = \frac{ob}{\cos r}, \qquad o\beta' = \frac{ob'}{\cos^2 i}, \qquad o\beta'' = \frac{ob''}{\cos^2 r};$$

on a donc

(1)
$$\left(\frac{\cos i}{ob} - \frac{\cos^2 i}{ob'}\right)\frac{1}{\sin i} = \left(\frac{\cos r}{ob} - \frac{\cos^2 r}{ob''}\right)\frac{1}{\sin r}.$$

Appelons φ, φ', φ'' les angles compris entre le plan de la figure et les plans tangents en o aux surfaces élémentaires correspondantes (N), (I), (R), on a

$$\tan\varphi = \cos i\,\tan\varphi', \qquad \tan\varphi = \cos r\,\tan\varphi''.$$

La formule précédente peut alors s'écrire

$$\left(\frac{\cos i}{ob\,\tan\varphi} - \frac{\cos i}{ob'\,\tan\varphi'}\right)\frac{1}{\sin i} = \left(\frac{\cos r}{ob\,\tan\varphi} - \frac{\cos r}{ob''\,\tan\varphi''}\right)\frac{1}{\sin r},$$

que nous allons interpréter géométriquement.

Soient toujours (*fig.* 178) pour le rayon I, les points a' et b' où la surface

Fig. 178.

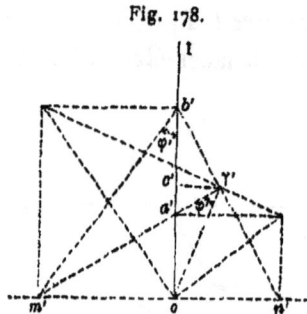

élémentaire (I) est respectivement tangente et normale au plan de la figure, et γ' le point représentatif de cette surface. Reproduisons une figure analogue à la *fig.* 71 employée à propos de la théorie de la courbure des surfaces. Ici $a'\gamma'o$ est égal à φ'. La circonférence qui contient les points o, γ', b' coupe la perpendiculaire élevée en o à I au point m' qui appartient à la droite $\gamma'a'$, et l'on voit tout de suite que

$$om' = ob'\,\tan\varphi'.$$

De la même manière, on obtient, pour les surfaces élémentaires (N) et (R) des segments om et om'' respectivement égaux à $ob\,\tan\varphi$ et $ob''\,\tan\varphi''$.

La dernière formule peut donc s'écrire

(1')
$$\left(\frac{\cos i}{om} - \frac{\cos i}{om'}\right)\frac{1}{\sin i} = \left(\frac{\cos r}{om} - \frac{\cos r}{om''}\right)\frac{1}{\sin r},$$

qui prouve que

Si (fig. 179) on amène sur om, en les faisant tourner dans le sens direct autour de o, les segments om', om", et si, des extrémités des segments ainsi amenés, on

Fig. 179.

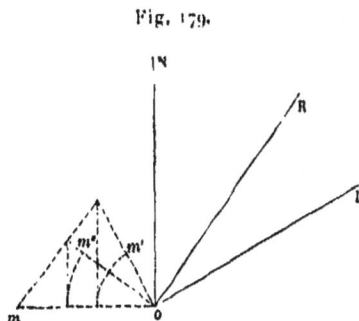

Fig. 179.

élève des perpendiculaires à om, ces droites rencontrent respectivement om' et om" en des points qui sont sur une même ligne droite avec m.

Cette liaison des points m, m', m'' permet de construire m'' lorsqu'on connaît m et m'.

Reprenons (*fig.* 177) les deux transversales I et R qui coupent les côtés de l'angle formé par la droite aa' et par la perpendiculaire élevée du point a à N, on a

(2)
$$\left(\frac{\cos i}{oa} - \frac{\mathrm{I}}{oa'}\right)\frac{\mathrm{I}}{\sin i} = \left(\frac{\cos r}{oa} - \frac{\mathrm{I}}{oa''}\right)\frac{\mathrm{I}}{\sin r}.$$

Cette formule peut s'écrire

$$\left(\frac{\operatorname{tang}\varphi\cos i}{oa} - \frac{\operatorname{tang}\varphi'\cos i}{oa'}\right)\frac{\mathrm{I}}{\sin i} = \left(\frac{\operatorname{tang}\varphi\cos r}{oa} - \frac{\operatorname{tang}\varphi''\cos r}{oa''}\right)\frac{\mathrm{I}}{\sin r}.$$

Prolongeons sur la *fig.* 178 la droite $b'\gamma'$ jusqu'à sa rencontre n' avec la perpendiculaire élevée en o à I; on voit facilement que $\frac{\operatorname{tang}\varphi'}{oa'} = \frac{\mathrm{I}}{on'}$. De même, pour les surfaces élémentaires (N) et (R), on a des points n et n'' analogues à n'. La relation précédente devient alors

$$\left(\frac{\cos i}{on} - \frac{\cos i}{on'}\right)\frac{\mathrm{I}}{\sin i} = \left(\frac{\cos r}{on} - \frac{\cos r}{on''}\right)\frac{\mathrm{I}}{\sin r},$$

qui montre que les points n, n', n'' sont liés par une construction analogue à la construction qui lie entre eux les points m, m', m'' de la *fig.* 179. Le point n'' peut alors se construire lorsqu'on connaît les points n et n'.

Nous allons faire usage de ces points m'', n''; mais, au lieu de prendre deux surfaces élémentaires arbitraires du pinceau (I), nous emploierons la surface

élémentaire $(I)_o$ qui fait en o avec le plan de la figure un angle nul et la surface
élémentaire $(I)_d$ qui fait en o un angle droit avec le plan de la figure.

A ces surfaces élémentaires particulières correspondent pour les pinceaux [N]
et [R] des surfaces élémentaires, les unes qui touchent aussi le plan de la
figure au point o et les autres qui sont normales aussi en o au plan de la figure.

Nous adoptons les notations suivantes : les points ou segments relatifs aux
surfaces élémentaires qui font en o avec le plan de la figure un angle nul seront
indiqués avec des lettres marquées de l'indice o, et les points ou les segments
relatifs aux surfaces élémentaires correspondantes qui font en o un angle droit
avec le plan de la figure seront indiqués par des lettres marquées de l'indice d.

Fig. 180.

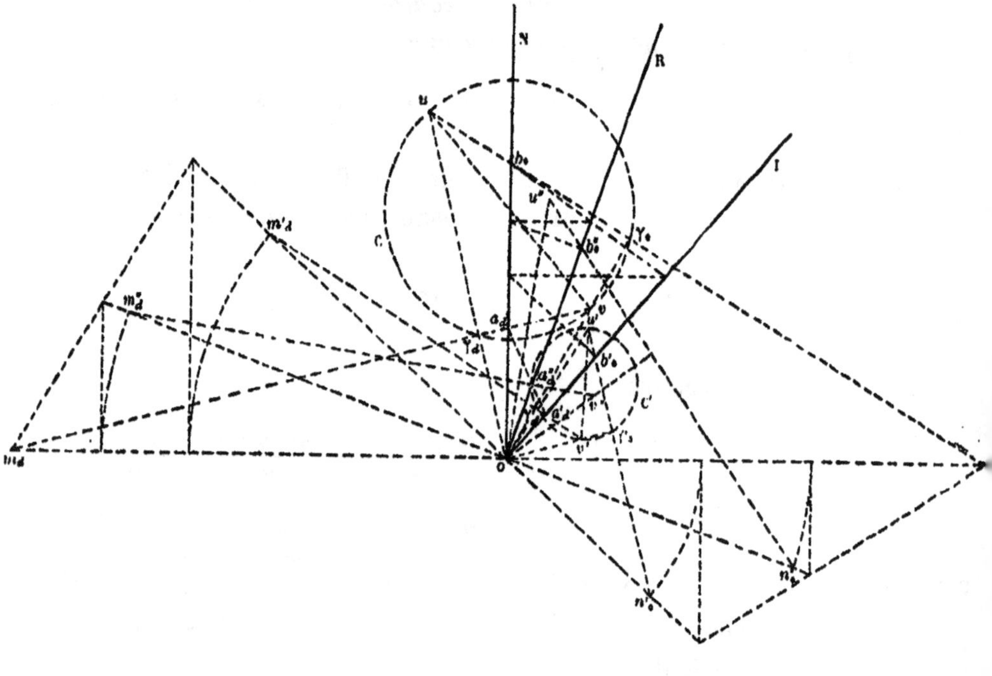

Faisant usage de ces notations, on a (*fig.* 180) la construction suivante pour
déterminer u'' et v''.

On joint le point o au point u'. Cette droite coupe C' au point γ'_d. La droite $v'\gamma'_d$
rencontre I au point a'_d et la perpendiculaire élevée du point o à I au point m'_d.
On détermine de même sur N le point a_d et sur la perpendiculaire élevée en o
à N le point m_d.

La droite $a_d a'_d$ rencontre R au point a''_d et la connaissance des points m_d et m'_d
entraîne la connaissance des points m''_d.

La droite $m''_d a''_d$ contient le point v'' et la perpendiculaire abaissée du point o sur cette droite contient u''.

On joint le point o au point v', cette droite coupe C' au point γ'_o. La droite $u'\gamma'_o$ rencontre I au point b'_o et la perpendiculaire élevée du point o à I, au point n'_o. On détermine de même sur N le point b_o et, sur la perpendiculaire élevée du point o à N, le point n_o.

La connaissance des points b_o et b'_o permet de construire b''_o, comme nous l'avons dit précédemment.

La droite $n''_o b''_o$ contient le point u'' et la perpendiculaire abaissée du point o sur cette droite contient le point v''.

On a donc deux paires de droites qui contiennent les points u'' et v'' : ces points sont alors déterminés.

La connaissance des points u'' et v'' entraîne, comme nous l'avons déjà dit, celle des foyers et des plans focaux relatifs au rayon réfracté R.

Le problème d'Optique est donc encore ainsi résolu par une seconde construction dans le cas le plus général.

Remarques. — 1° [N] *étant un pinceau de normales, je dis que* $om_d = on_o$.

Pour le démontrer, prolongeons (*fig.* 181) $\gamma_d v$ jusqu'à sa rencontre en g

Fig. 181.

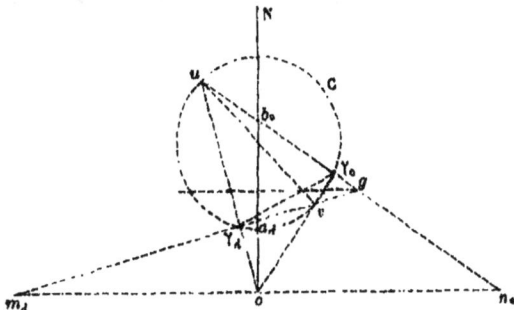

avec $u\gamma_o$. La droite qui joint le point g au point de rencontre de vu et de $\gamma_d \gamma_o$ est la polaire du point o. Cette droite est alors perpendiculaire à N qui contient le centre de C. Cette polaire est alors aussi parallèle à $m_d n_o$. La droite N est divisée harmoniquement par cette polaire, par le point o et par vg et ug. Les droites ug, vg, og et la polaire forment alors un faisceau harmonique, comme $m_d n_o$ est parallèle à la polaire de o, les droites vg, og, ug déterminent sur $m_d n_o$ des segments égaux.

Le théorème énoncé est ainsi démontré.

2° *Sa réciproque est vraie,* c'est-à-dire si $om_d = on_o$; alors la droite qui joint le point g au point de rencontre de vu et de $\gamma_d \gamma_o$ est parallèle à $m_d n_o$ et par suite perpendiculaire à N; et, comme elle est la polaire de o, la droite N qui lui est perpendiculaire doit contenir le centre de C.

Supposons maintenant que (I) soit un pinceau de normales. On a alors (*fig.* 180) $om'_d = on'_o$ et, comme $om_d = on_o$, on voit, par la construction de om''_d et de on''_o que ces deux segments sont égaux. Par suite, [R] est un pinceau de normales, *puisque* R *doit contenir le centre de* C″.

Le théorème de Malus et de Dupin se trouve ainsi démontré.

3° Dans la relation (1) remplaçons $\cos^2 i$ par $\dfrac{\tan g^2\varphi}{\tan g^2\varphi'}$ et $\cos^2 r$ par $\dfrac{\tan g^2\varphi}{\tan g^2\varphi''}$, elle devient

$$(\text{1}'') \qquad \left(\frac{\cos i}{ob\tan g^2\varphi} - \frac{1}{ob'\tan g^2\varphi'}\right)\frac{1}{\sin i} = \left(\frac{\cos r}{ob\tan g^2\varphi} - \frac{1}{ob''\tan g^2\varphi''}\right)\frac{1}{\sin r};$$

ajoutant membre à membre les relations (1″) et (2), on a

$$\frac{1}{\sin i}\left[\cos i\left(\frac{1}{ob\tan g^2\varphi} + \frac{1}{oa}\right) - \left(\frac{1}{ob'\tan g^2\varphi'} + \frac{1}{oa'}\right)\right]$$
$$= \frac{1}{\sin r}\left[\cos r\left(\frac{1}{ob\tan g^2\varphi} + \frac{1}{oa}\right) - \left(\frac{1}{ob''\tan g^2\varphi''} + \frac{1}{oa''}\right)\right].$$

Appelons toujours l (*fig.* 174) le point de rencontre de N avec la perpendiculaire élevée du point γ à γo, et l', l'' les points analogues sur I et R. Nous avons vu dans la théorie de la courbure des surfaces que

$$\frac{1}{ol} = \frac{\cos^2\varphi}{ob} + \frac{\sin^2\varphi}{oa},$$

d'où

$$\frac{1}{ol\sin^2\varphi} = \frac{1}{ob\tan g^2\varphi} + \frac{1}{oa};$$

de même,

$$\frac{1}{ol'\sin^2\varphi'} = \frac{1}{ob'\tan g^2\varphi'} + \frac{1}{oa'};$$

$$\frac{1}{ol'\sin^2\varphi''} = \frac{1}{ob''\tan g^2\varphi''} + \frac{1}{oa''}.$$

La relation précédente peut alors s'écrire

$$(3) \qquad \frac{1}{\sin i}\left(\frac{\cos i}{ol\sin^2\varphi} - \frac{1}{ol'\sin^2\varphi'}\right) = \frac{1}{\sin r}\left(\frac{\cos r}{ol\sin^2\varphi} - \frac{1}{ol''\sin^2\varphi''}\right).$$

Interprétons géométriquement cette relation.

Sur ol' comme diamètre (*fig.* 182) décrivons une circonférence de cercle.

Fig. 182.

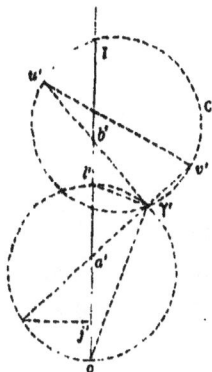

Prolongeons $\gamma' a'$ jusqu'à sa rencontre avec cette courbe et projetons le point ainsi obtenu en j' sur I.

On voit facilement sur la figure que $oj' = ol'\sin^2\varphi'$.

Appelons j et j'' les points qui, sur N et R, sont analogues à j'. La relation (3) peut alors s'écrire

$$\frac{1}{\sin i}\left(\frac{\cos i}{oj} - \frac{1}{oj'}\right) = \frac{1}{\sin r}\left(\frac{\cos r}{oj} - \frac{1}{oj''}\right),$$

qui est tout à fait analogue à la relation (2) et qui montre que *les points j, j', j'' sont en ligne droite.*

Lorsque, au lieu de prendre une surface élémentaire (1) quelconque, on choisit celle qui est normale en o au plan de la figure et dont le point représentatif est γ'_d à la rencontre de C' avec $u'o$, alors le point j'' devient le point central relatif à cette surface.

La propriété générale que nous venons de démontrer conduit alors à ce théorème :

Les surfaces élémentaires correspondantes, normales en o au plan de la figure, ont leurs points centraux en ligne droite.

4° Hamilton a donné, pour un pinceau quelconque, une relation que j'ai démontrée géométriquement page 286 et qui est tout à fait analogue à la relation d'Euler démontrée page 146.

On pourrait alors établir l'indicatrice d'un pinceau quelconque, indicatrice qui, dans le cas d'un pinceau de normales, se confond avec l'indicatrice de Dupin. L'emploi de cette indicatrice d'un pinceau quelconque permet d'interpréter d'une autre manière la relation (3). Je donnerai cette interprétation plus loin dans le cas où [I] est un pinceau de normales.

Seconde modification de la première construction générale.

La première construction générale est basée sur la détermination du point représentatif γ'' de la surface élémentaire (R).

Voici une nouvelle construction de ce point, qui résulte de l'emploi de la liaison géométrique qui existe entre les points m, m', m'' ou entre les points n, n', n''.

La connaissance du point représentatif γ' entraîne, comme nous l'avons vu, celle du point γ. La droite $v\gamma$ coupe N en a et rencontre au point m la perpendiculaire à N issue de o. On obtient de même a' et m' au moyen de la droite $v'\gamma'$. D'autre part, au moyen des droites $u\gamma$ et $u'\gamma'$, on détermine les points n et n'.

Pour construire γ'', voici maintenant comment on opère : on prend le point de rencontre de R et de aa', qui est le point a''. Au moyen de m et m' on détermine m''; et au moyen de n et n' on détermine n''. Sur $m''n''$ comme diamètre, on décrit une circonférence de cercle : cette courbe est coupée par la droite $m''a''$ au point γ'' cherché. Cela se voit au moyen d'une figure analogue à la *fig.* 178.

De la même manière, on construit un point représentatif γ''_1, et la première construction s'achève alors comme précédemment.

Cas particulier où les rayons incidents sont normaux à une surface.

Supposons que [I] soit un pinceau de normales à une surface donnée. Appelons (S_1) la surface parallèle à cette surface et qui passe par le point o. Le pinceau [R] est alors un pinceau de normales. Appelons (S_R) la surface passant par o et à laquelle les rayons réfractés sont normaux.

M.

Les éléments des pinceaux [I], [N], [R] sont maintenant les éléments de courbure des surfaces (S_I), (S) et (S_R).

Appelons toujours ω l'angle dont il faut faire tourner dans le sens direct le plan de la section principale de (S), qui contient le grand axe de l'indicatrice en o pour amener ce plan à coïncider avec le plan de la figure.

Sur la *fig.* 173, cet angle ω est égal à l'angle $\gamma_2 \gamma a$.

Appelons ω' et ω" les angles analogues pour les surfaces (S_I) et (S_R). Désignons par R_1 et R_2 les rayons de courbure principaux de (S) en o, par R'_1 et R'_2 les rayons de courbure principaux de (S_I) en o, et de même par R''_1 et R''_2 les rayons de courbure principaux de (S_R). Ces rayons de courbure sont les distances du point o aux points où N, I, R sont respectivement rencontrés par les circonférences C, C', C", dont les centres sont maintenant sur ces droites.

La relation (1') s'écrit

$$\left(\frac{1}{om_d} - \frac{1}{om'_d} \right) \frac{1}{\tan i} = \left(\frac{1}{om_d} - \frac{1}{om''_d} \right) \frac{1}{\tan r}.$$

Cherchons l'expression de om_d en fonction des éléments de courbure de (S).

Fig. 183.

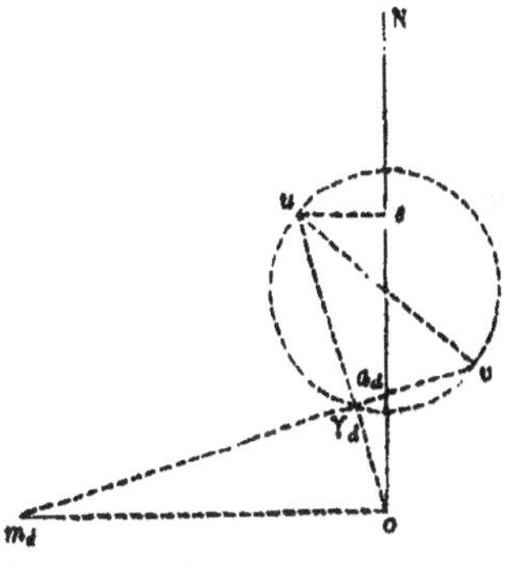

Abaissons (*fig.* 183) du point u la perpendiculaire ue sur N. Le triangle $m_d o \gamma_d$ est semblable au triangle oue. On a

$$\frac{o\gamma_d}{om_d} = \frac{ue}{uo},$$

d'où

$$\frac{1}{om_d} = \frac{ue}{o\gamma_d \times uo} = \frac{\frac{uv}{2} \sin 2\omega}{o\gamma_d \times uo} = \frac{\sin 2\omega}{2} \left(\frac{1}{R_2} - \frac{1}{R_1} \right).$$

De même pour om'_d et om''_d ([1]). Introduisons ces valeurs dans la relation précédente, elle devient

$$(1'') \quad \frac{\sin 2\omega}{2}\left(\frac{1}{R_2} - \frac{1}{R_1}\right)\left(\frac{1}{\tang i} - \frac{1}{\tang r}\right) = \frac{\sin 2\omega'}{2}\left(\frac{1}{R'_2} - \frac{1}{R'_1}\right) - \frac{\sin 2\omega''}{2}\left(\frac{1}{R''_2} - \frac{1}{R''_1}\right),$$

qui est une relation trouvée par M. Bertrand.

La relation $(1')$, d'où nous avons déduit la relation $(1''')$, peut s'obtenir directement, comme je le montrerai plus loin.

Lorsque [I] est un pinceau de normales, le point appelé précédemment l', qui est à la rencontre de I et de la perpendiculaire à $o\gamma'$ élevée du point γ', devient le centre de courbure de la section faite dans (S_I) par le plan tangent en o à la surface élémentaire (I).

De même pour l et l''.

Appelons ρ, ρ', ρ'' les rayons de courbure ol, ol', ol''.

La relation (3) peut s'écrire

$$(3') \quad \frac{1}{\sin i}\left(\frac{\cos i}{\rho \sin^2\varphi} - \frac{1}{\rho' \sin^2\varphi'}\right) = \frac{1}{\sin r}\left(\frac{\cos r}{\rho \sin^2\varphi} - \frac{1}{\rho'' \sin^2\varphi''}\right).$$

Lorsque φ' est droit, il en est de même de φ et φ'', et l'on a simplement

$$(3'') \quad \frac{1}{\sin i}\left(\frac{\cos i}{\rho_d} - \frac{1}{\rho'_d}\right) = \frac{1}{\sin r}\left(\frac{\cos r}{\rho_d} - \frac{1}{\rho''_d}\right),$$

relation analogue à la relation (2) et qui montre que, dans ce cas, *les centres de courbure des sections faites respectivement dans* (S), (S_I), (S_R) *par les plans menés par* N, I, R *perpendiculairement au plan de la figure sont en ligne droite.*

Démontrons directement ce théorème, dû à Sturm.

Le plan mené par N perpendiculairement au plan de la figure détermine dans (S) une section dont le centre de courbure est le point où ce plan est normal à la normalie à (S), dont la directrice est perpendiculaire en o au plan de la figure.

Ou encore, ce centre de courbure est le point où le plan de la figure est tangent à cette normalie.

([1]) Si f'_1 et f'_2 sont les foyers d'un pinceau [I] et si θ' est l'angle compris entre les plans focaux de ce pinceau, on trouve facilement que, dans ce cas, $\frac{1}{om'_1}$ et $\frac{1}{on'_1}$ ont pour valeurs

$$\frac{\sin 2\omega'}{2\sin\theta'}\left(\frac{1}{of'_2} - \frac{1}{of'_1}\right) \pm \frac{1}{2\tang\theta'}\left(\frac{1}{of'_2} - \frac{1}{of'_1}\right).$$

De même pour les points analogues relatifs aux normalies correspondantes. Mais les points de contact du plan de la figure avec les normalies correspondantes sont toujours en ligne droite, comme nous l'avons vu précédemment; donc le théorème est démontré.

Appelons ot la trace commune sur (T) des plans tangents en o aux normalies correspondantes (N), (I) et (R). On a

$$\frac{\sin\varphi}{\sin\varphi'} = \sin(ot, I), \qquad \frac{\sin\varphi}{\sin\varphi''} = \sin(ot, R);$$

la relation (3') peut alors s'écrire

(3") $$\frac{1}{\sin i}\left[\frac{\cos i}{\rho} - \frac{\sin^2(ot, I)}{\rho'}\right] = \frac{1}{\sin r}\left[\frac{\cos r}{\rho} - \frac{\sin^2(ot, R)}{\rho''}\right],$$

relation qui a été trouvée par Sturm.

Interprétons géométriquement cette relation. Traçons sur le plan tangent (T) l'indicatrice n de (S) avec un paramètre μ; traçons sur le plan mené en o perpendiculairement à I l'indicatrice (i) de (S$_i$) avec un paramètre μ'; projetons obliquement cette courbe sur (T) au moyen de droites parallèles à I. Appelons (i') la conique ainsi obtenue. De même, pour (S$_R$), nous avons l'indicatrice (r) construite avec le paramètre μ'' et qui est projetée obliquement sur (T) au moyen de droites parallèles à R suivant la conique (r').

Sur ot, la conique (n) intercepte le diamètre δ, la conique (i') intercepte le diamètre δ' et la conique (r') intercepte δ''.

On a
$$\rho = \mu\,\delta^2, \qquad \rho' = \mu'\,\delta'^2\sin^2(ot, I), \qquad \rho'' = \mu''\,\delta''^2\sin^2(ot, R);$$

la relation précédente peut alors s'écrire

$$\frac{1}{\sin i}\left(\frac{1}{\mu\,\delta^2} - \frac{1}{\mu'\,\delta'^2}\right) = \frac{1}{\sin r}\left(\frac{1}{\mu\,\delta^2} - \frac{1}{\mu''\,\delta''^2}\right).$$

Posons
$$\frac{\mu}{\mu'} = \cos i, \qquad \frac{\mu}{\mu''} = \cos r;$$

on a alors
$$\frac{1}{\tang i}\left(\frac{1}{\delta^2} - \frac{1}{\delta'^2}\right) = \frac{1}{\tang r}\left(\frac{1}{\delta^2} - \frac{1}{\delta''^2}\right).$$

De là ce théorème :

La différence des inverses des carrés des diamètres interceptés par (n) et (i') sur une droite issue de o est dans un rapport constant avec la différence des inverses des *carrés des diamètres interceptés par (n) et (r') sur cette droite, quelle qu'en soit la direction.*

Dans le cas particulier où $\delta = \delta'$, on a aussi

$$\delta = \delta'' ;$$

donc

Les coniques (n), (i') et (r') passent par les mêmes points.

Ce dernier théorème est dû à Sturm.

Calcul des éléments du pinceau réfracté, lorsque ce pinceau est formé de normales à une surface.

Je vais traduire en formules la dernière construction générale, dans le cas où (I) est un pinceau de normales.

Il est bien clair qu'on pourrait faire cette recherche aussi facilement dans le cas d'un pinceau quelconque, mais les formules seraient encore plus compliquées. Les éléments du pinceau de normales [R] sont les éléments de courbure de (S_R), c'est-à-dire ω'', R_1'' et R_2''. Ce sont ces éléments qu'il s'agit de calculer.

Joignons (*fig.* 184, qui est la reproduction, pour R, de la *fig.* 181) le point o

Fig. 184.

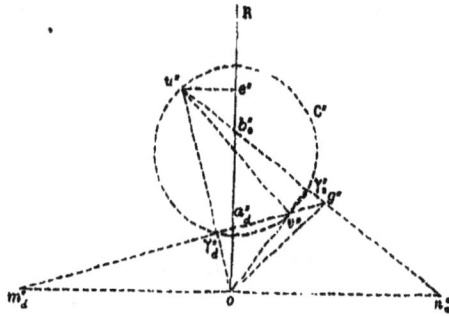

au point de rencontre g'' des droites $u''\gamma_o''$ et $v''\gamma_d''$. Dans le triangle $og''u''$ les droites $g''\gamma_d''$ et $o\gamma_o''$ sont deux hauteurs; par conséquent, $u''v''$ est perpendiculaire à og''. Les droites og'' et on_o'' étant respectivement perpendiculaires à $u''v''$ et R, l'angle $n_o''og''$ est égal à $2\omega''$.

L'angle $m_d''g''n_o''$, coupé par les deux transversales R et $m_d''n_o''$, donne

$$\left(\frac{1}{oa_d''} - \frac{1}{ob_o''}\right)\frac{1}{\sin g''oa_d''} = \left(\frac{1}{on_o''} + \frac{1}{om_d''}\right)\frac{1}{\sin n_o''og''},$$

d'où

(4)
$$\frac{1}{\tan g\,2\,\omega'} = \frac{om''_d}{2}\left(\frac{1}{oa''_d} - \frac{1}{ob''_o}\right).$$

On voit tout de suite sur la figure que

(5)
$$\frac{1}{R''_1} + \frac{1}{R''_2} = \frac{1}{oa''_d} + \frac{1}{ob''_o}$$

et

$$R''_1 R''_2 = o\gamma''_d \times ou''.$$

Projetons u'' en e'' sur R; on a alors

$$R''_1 R''_2 = oa''_d \times oe''.$$

Calculons oe'' ([1]). L'angle $n''_o u'' e''$, coupé par les transversales R et on''_o, donne

$$\left(\frac{1}{ob''_o} - \frac{1}{oc''}\right)\frac{1}{\sin b''_o ou''} = \frac{1}{on''_o}\frac{1}{\sin n''_o ou''}$$

ou

$$\left(\frac{1}{ob''_o} - \frac{1}{oe''}\right)\frac{1}{\tan g\, b''_o ou''} = \frac{1}{om''_d};$$

mais l'angle $b''_o ou''$ est égal à l'angle $om''_d a''_d$, dont la tangente est $\frac{a''_d o}{m''_d o}$; on a donc

$$\frac{1}{oe''} = \frac{1}{ob''_o} - \frac{oa''_d}{\overline{om''_d}^2};$$

par suite,

(6)
$$\frac{1}{R''_1 R''_2} = \frac{1}{oa''_d \times ob''_o} - \frac{1}{\overline{om''_d}^2}.$$

Dans les seconds membres des formules (4), (5) et (6), il n'entre que om''_d, oa''_d, ob''_o, dont voici les valeurs en fonction des éléments de courbure de (S) et de (S$_1$).

La relation ($1'''$) donne

$$\frac{1}{om''_d} = \frac{\sin 2\omega'}{2}\left(\frac{1}{R'_2} - \frac{1}{R'_1}\right)\frac{1}{\tan g\, i} \quad \frac{\sin 2\omega}{2}\left(\frac{1}{R_2} - \frac{1}{R_1}\right)\left(\frac{1}{\tan g\, i} - \frac{1}{\tan g\, r}\right).$$

La relation ($3''$) donne

$$\frac{1}{\rho''_1} \qquad \text{ou} \qquad \frac{1}{oa''_d} = \frac{1}{\sin i}\left[\frac{\sin(i-r)}{\rho_1} + \frac{\sin r}{\rho'_1}\right].$$

([1]) On peut remarquer que oe'' est le rayon de courbure de la courbe de contour apparent de (S$_n$) projetée sur le plan de la figure.

Remplaçons $\frac{1}{\rho_d}$ et $\frac{1}{\rho_o}$ en fonction des éléments de courbure de (S) et de (S$_1$); il vient

$$\frac{1}{oa_d''} = \frac{1}{\sin i}\left[\sin(i-r)\left(\frac{\sin^2\omega}{R_1} + \frac{\cos^2\omega}{R_2}\right) + \sin r\left(\frac{\sin^2\omega'}{R_1'} + \frac{\cos^2\omega'}{R_2'}\right)\right].$$

De la relation (3'''), on déduit

$$\frac{1}{\rho_o''} \quad \text{ou} \quad \frac{1}{ob_o''} = \frac{1}{\sin i \cos^2 r}\left[\frac{\sin(i-r)}{\rho_o} + \frac{\sin r \cos^2 i}{\rho_o'}\right];$$

remplaçons $\frac{1}{\rho_o}$ et $\frac{1}{\rho_o'}$ en fonction des éléments de courbure de (S) et de (S$_1$), il vient

$$\frac{1}{ob_o''} = \frac{1}{\sin i \cos^2 r}\left[\sin(i-r)\left(\frac{\cos^2\omega}{R_1} + \frac{\sin^2\omega}{R_2}\right) + \sin r \cos^2 i\left(\frac{\cos^2\omega'}{R_1'} + \frac{\sin^2\omega'}{R_2'}\right)\right];$$

il suffit de porter ces valeurs de $\frac{1}{om_d''}$, $\frac{1}{oa_d''}$, $\frac{1}{ob_o''}$ dans les équations (4), (5) et (6) pour avoir les éléments de courbure de (S$_R$).

Comme on le voit, les expressions des éléments de courbure de (S$_R$) en fonction des éléments de courbure de (S) et de (S$_1$) sont des expressions compliquées.

On peut y arriver par les méthodes analytiques; mais il nous semble qu'il aurait été difficile, pour ne pas dire plus, de revenir de ces expressions compliquées à des constructions géométriques simples.

Cette remarque en faveur de la Géométrie ne doit pas faire perdre de vue que ma solution de la question d'Optique n'est ici qu'une nouvelle application de la méthode générale dont j'avais déjà fait usage pour construire les éléments de courbure de la surface de l'onde (p. 412).

Remarque. — Prenons (*fig.* 174) la surface parallèle à (S$_1$) qui passe par le point p' et désignons cette surface par (S$_1'$); de même, appelons (S$_R'$) la surface parallèle à (S$_R$) qui passe par le point p''.

La surface (S) est le lieu des points dont les distances aux surfaces (S$_1'$) et (S$_R'$) sont dans le rapport constant $\frac{op'}{op''}$.

Il résulte de la solution de la question d'Optique développée dans ce travail que nous savons déterminer les éléments de courbure de (S) lorsque l'on suppose connus les éléments de courbure des surfaces (S$_1'$) et (S$_R'$).

Nous avons donc résolu aussi le problème suivant :

Construire les éléments de courbure de la surface lieu des points dont le rapport de distances à deux surfaces données est constant.

Démonstration directe de la relation $\left(\dfrac{1}{om} - \dfrac{1}{om'}\right)\dfrac{1}{\tang i} = \left(\dfrac{1}{om} - \dfrac{1}{om'}\right)\dfrac{1}{\tang r}$ (p. 563).

De l'égalité $\sin i = \lambda \sin r$, on déduit

$$\cos i \, di = \lambda \cos r \, dr,$$

d'où

$$\frac{di}{dr} = \frac{\tang i}{\tang r}.$$

Cherchons les expressions de di et de dr, et pour cela appliquons la formule qui donne la variation de longueur d'un arc de grand cercle que l'on déplace sur une sphère.

Appelons a_s et b_s (*fig.* 185) les extrémités de l'arc de grand cercle mobile

Fig. 185.

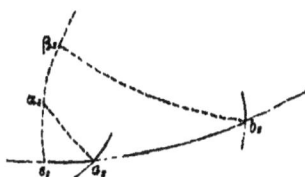

et e_s le point de contact de cet arc avec son enveloppe. Menons par les extrémités a_s et b_s des arcs de grands cercles respectivement normaux aux trajectoires de ces points. Désignons par α_s et β_s les points où ils rencontrent l'arc normal en e_s à $a_s b_s$, et appelons $d\varepsilon$ l'angle compris entre $a_s b_s$ et cet arc dans sa position infiniment voisine. On a (p. 94)

$$d.a_s b_s = d\varepsilon \, (\tang e_s \beta_s - \tang e_s \alpha_s).$$

Appliquons cette formule, et pour cela supposons que a_s et b_s soient les traces sur la sphère de rayons parallèles à N et I et que les positions infiniment voisines de a_s et b_s soient les traces sur la sphère des positions infiniment voisines de N et de I. Les plans des arcs $a_s\alpha_s$, $b_s\beta_s$ sont respectivement parallèles aux plans centraux des surfaces élémentaires (N) et (I), et le plan de l'arc $e_s\alpha_s$ est parallèle au plan mené perpendiculairement au plan (N, I, R), suivant la caractéristique $aa'a''$ de ce plan. Sur ce dernier plan, les traces des plans centraux des surfaces (N) et (I) font avec $aa'a''$ des angles que je désigne par η

et η' et qui sont respectivement égaux à $e_s\alpha_s$ et e_sb_s. On a alors

$$di = de\,(\tang\eta' - \tang\eta).$$

De même, on a

$$dr = de\,(\tang\eta'' - \tang\eta);$$

donc

$$\frac{di}{dr} = \frac{\tang\eta' - \tang\eta}{\tang\eta'' - \tang\eta},$$

et, comme $\dfrac{di}{dr} = \dfrac{\tang i}{\tang r}$, il vient

$$\frac{\tang i}{\tang r} = \frac{\tang\eta' - \tang\eta}{\tang\eta'' - \tang\eta}.$$

Appelons Θ, Θ', Θ'' les angles que les plans centraux des surfaces correspondantes (N), (I), (R) font avec le plan de la figure.
On a

$$\tang\eta = \tang\Theta\,\sin oa a',$$
$$\tang\eta' = \tang\Theta'\,\sin oa' a'',$$
$$\tang\eta'' = \tang\Theta''\,\sin oa'' a.$$

Portons ces valeurs dans la relation précédente; celle-ci devient

$$\frac{\tang i}{\tang r} = \frac{\tang\Theta'\,\sin oa' a'' - \tang\Theta\,\sin oaa'}{\tang\Theta''\,\sin oa'' a - \tang\Theta\,\sin oaa'}.$$

Divisons les deux termes du second membre de cette relation par $\sin oaa'$ et remplaçons les rapports des sinus par $\dfrac{oa}{oa'}$ et $\dfrac{oa}{oa''}$; il vient

$$\frac{\tang i}{\tang r} = \frac{\dfrac{\tang\Theta'}{oa'} - \dfrac{\tang\Theta}{oa}}{\dfrac{\tang\Theta''}{oa''} - \dfrac{\tang\Theta}{oa}}.$$

On voit (*fig.* 178) que l'angle $c'\gamma'a'$ est égal à Θ' et, par suite, que $\dfrac{\tang\Theta'}{oa'} = \dfrac{1}{om'}$; de même pour les autres termes du second membre de la relation précédente. Elle peut donc s'écrire

$$\left(\frac{1}{om'} - \frac{1}{om}\right)\frac{1}{\tang i} = \left(\frac{1}{om''} - \frac{1}{om}\right)\frac{1}{\tang r},$$

relation qu'il s'agissait d'établir.

M.

**Rayon de courbure en un point d'une conique dont on connaît la tangente
en ce point et trois autres points ([1]).**

Dans une intéressante Communication, qu'il a faite à l'Académie des Sciences dans la séance du 14 avril 1890, M. Fouret a traité ce problème.

Les curieuses applications qu'il a faites de la solution de cette question en montrent l'intérêt. Ce n'est qu'incidemment, et à propos d'une de ses applications, que j'ai donné (p. 342) une formule résolvant le même problème. Je vais faire connaître la marche que j'avais suivie pour y arriver.

Fig. 186.

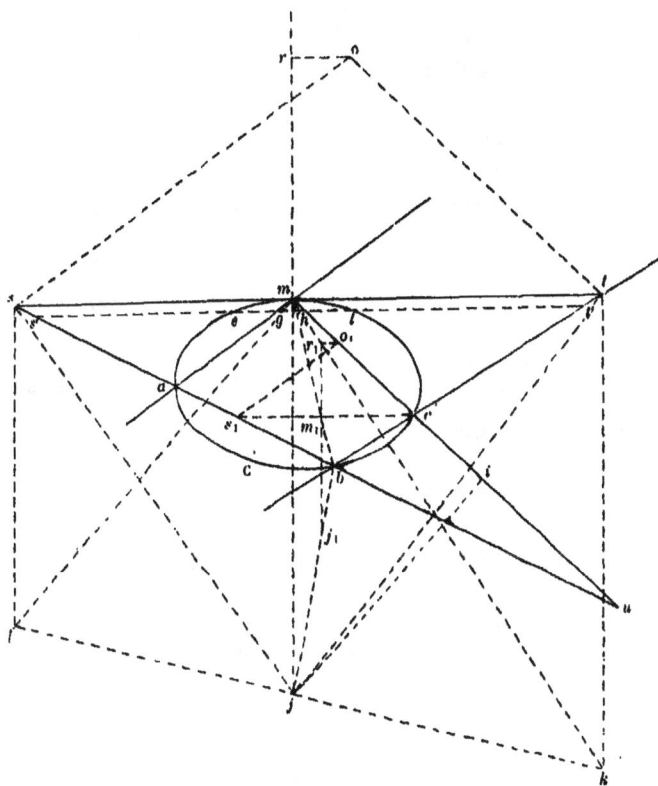

Soient (*fig.* 186) *m*, *a*, *b*, *c* les points donnés de la conique C et *mt* la tan-

---

gente en m à cette conique. Désignons par s et t les points de rencontre de cette tangente avec ba et bc. Appelons u le point de rencontre de ab et de mc.

Menons $s't'$ parallèlement à st et à une distance infiniment petite de cette droite.

En vertu du théorème de Carnot appliqué à la conique C coupée par les côtés du triangle $s'hu$, on a

$$s'e.s'l.hm.hc.ub.ua = s'a.s'b.uc.um.hl.he.$$

Par les points infiniment voisins e, m, l, faisons passer une circonférence de cercle qui est alors le cercle osculateur de C pour le point m.

Désignons par i le point où cette circonférence rencontre mc, on a

$$he.hl = hm.hi.$$

Tenant compte de cette égalité et supposant que la droite $s't'$ soit confondue avec st, la relation précédente devient

(1)
$$\overline{sm}^2.mc.ub.ua = sa.sb.uc.um.mi.$$

Le même triangle $s'hu$ rencontre l'ensemble des droites am, bc et donne, en vertu du théorème de Carnot,

$$s'g.s't'.hm.hc.ub.ua = s'a.s'b.uc.um.hg.hl'.$$

Remplaçant $\dfrac{hm}{hg}$ par $\dfrac{\sin sma}{\sin amc}$, et supposant que la droite $s't'$ soit confondue avec st, cette dernière relation devient

(2)
$$sm.st \sin sma.mc.ub.ua = sa.sb.uc.um \sin amc.mi.$$

Divisant terme à terme la relation (1) par la relation (2), il vient

$$\frac{1}{mi} = \frac{st}{sm.mi}\frac{\sin amt}{\sin amc}.$$

Appelons ρ le rayon de courbure de C en m, on a

$$mi = 2\rho \sin cmt;$$

portant cette valeur dans la relation précédente, on obtient

(3)
$$\frac{1}{2\rho} = \frac{st}{sm.mi}\frac{\sin amt \sin cmt}{\sin amc},$$

que l'on peut écrire

(4)
$$2\rho = \frac{\dfrac{1}{\tan g\, cml} - \dfrac{1}{\tan g\, aml}}{\dfrac{1}{sm} + \dfrac{1}{ml}},$$

C'est la relation que j'avais donnée en 1875 et qui est employée p. 342.

Il est facile de transformer cette expression de 2ρ en faisant usage du lemme de la page 26.

Prenons l'angle abc coupé par les deux transversales st et mu, on a

$$\left(\frac{1}{sm} + \frac{1}{ml}\right)\frac{1}{\sin bml} = \left(\frac{1}{mc} - \frac{1}{mu}\right)\frac{1}{\sin bmc}$$

ou

$$\frac{1}{sm} + \frac{1}{ml} = \left(\frac{1}{mc} - \frac{1}{mu}\right)\frac{\sin bml}{\sin bmc}.$$

Portons cette valeur dans la relation (4) et rétablissons les sinus au lieu des tangentes, on a

$$2\rho = \frac{\sin amc \sin bmc}{\sin aml \sin bml \sin cml \left(\dfrac{1}{mc} - \dfrac{1}{mu}\right)},$$

qui n'est autre que la relation de M. Fouret et d'où il a déduit pour ρ différentes expressions remarquables par leur symétrie.

Construisons 2ρ. Pour cela reprenons la relation (3), que l'on peut écrire

$$2\rho.sl = \frac{sm}{\sin cml} \times \frac{ml}{\sin aml} \sin amc.$$

Élevons au point m la perpendiculaire mf à mc. Cette droite coupe au point f la perpendiculaire sf à sl. On a

$$mf = \frac{sm}{\sin mfs} = \frac{sm}{\sin cml}.$$

De même, en élevant respectivement à ma et ml les perpendiculaires mk et lk, on a

$$mk = \frac{ml}{\sin aml}.$$

La relation précédente peut alors s'écrire

$$2\rho.sl = mf.mk \sin amc = mf.mk \sin fmk,$$

puisque les angles amc, fmk sont supplémentaires.

Le deuxième membre de cette égalité donne le double de l'aire du triangle *fmk*. Comme ce triangle est équivalent à *sjt*, dont le double de l'aire est égal à $st \times mj$, on a alors

$$2\rho.st = st.mj,$$

ainsi

$$2\rho = mj.$$

Il suffit donc de *mener la droite fk pour avoir à sa rencontre avec la normale en m à C le point j, qui est l'extrémité du segment mj, dont la longueur est double de celle du rayon de courbure de C en m.*

De là résulte cette propriété : *quelle que soit la position des points a, b, c sur C, les droites telles que fk passent par le même point j.*

Voici comment on peut arriver à une autre construction de 2ρ :

Par les points *s* et *t*, menons respectivement des parallèles à *am* et *cm*; soit *o* le point de rencontre de ces droites; on a

$$st = \frac{\sin sot.ot}{\sin tso} = \frac{\sin amc.ot}{\sin amt}.$$

Mais, en abaissant du point *o* la perpendiculaire *or* sur *mj*, on a

$$mr = ot\sin mto = ot\sin cmt,$$

donc

$$st = \frac{\sin amc.mr}{\sin amt.\sin cmt}.$$

Portant cette valeur de *st* dans la relation (3), on obtient

$$sm.mt = 2\rho.mr.$$

Ainsi *les points j, s, r, t appartiennent à une même circonférence de cercle.*

D'après cela, *le point j est sur la perpendiculaire abaissée du point s sur la droite qui joint le point m au milieu du segment rt.*

Cette construction, appliquée au cas où l'on *donne le point m d'une hyperbole, la tangente en ce point, un second point o et les directions asymptotiques ma, mc* fait retrouver la construction donnée par M. Fouret.

Comme cela arrive souvent, une construction obtenue pour un cas particulier conduit à une construction générale; c'est, en effet, cette construction qui m'a suggéré, pour une conique quelconque, la seconde construction que je viens de donner.

Comme les points *s* et *t* peuvent être trop éloignés, on effectue alors la seconde construction de 2ρ en employant une figure semblable à celle qu'il faudrait tracer.

Par le point c on mène la parallèle cs_1 à la tangente donnée mt. Du point s_1 on mène $s_1 o_1$ parallèlement à am. On obtient m_1 à la rencontre de bm et de cs_1 et r_1 au pied de la perpendiculaire abaissée de o_1 sur la parallèle $m_1 r_1$ à mr. Au moyen des points s_1, r_1, c et m_1, on détermine j_1; comme précédemment on a construit j à l'aide des points s, r, t, m : la droite bj_1 rencontre la normale en m à C au point j.

Le point b est ici, en effet, le centre de similitude de deux figures homothétiques.

Il est inutile de faire remarquer que la relation (3) peut donner lieu à des constructions très diverses du point j et que le rapprochement de ces constructions peut conduire à des propriétés géométriques nouvelles.

FIN.

TABLE DES MATIÈRES.

—••••—

PREMIÈRE PARTIE.

GÉOMÉTRIE CINÉMATIQUE PLANE.

—

THÉORIE DU DÉPLACEMENT D'UNE FIGURE PLANE SUR SON PLAN.

SECONDE PARTIE.

GÉOMÉTRIE CINÉMATIQUE DE L'ESPACE.

M.   74

TROISIÈME PARTIE.
APPLICATIONS DIVERSES.

APPENDICE.

PARIS. — IMPRIMERIE GAUTHIER-VILLARS ET FILS,

18750   QUAI DES GRANDS-AUGUSTINS, 55.

www.ingramcontent.com/pod-product-compliance
Lightning Source LLC
Chambersburg PA
CBHW031722210326
41599CB00018B/2480